CAX工程应用丛书

ANSYS ICEM CFD 网格划分技术案例详解

视频教学版

丁 源 著

清華大学出版社
北 京

内 容 简 介

本书通过大量工程案例由浅入深地介绍ICEM CFD网格划分的各种功能，重点讲解ICEM CFD进行网格划分，特别是结构化网格划分的方法。本书共分为12章，包括计算流体的基础理论与方法、创建几何模型、二维网格划分、三维网格划分、结构化网格划分、非结构网格划分、网格边界等功能的介绍，针对每个ICEM CFD可以解决的网格划分问题进行详细的讲解，并辅以相应的实例，使读者能够快速、熟练、深入地掌握ICEM CFD软件。

本书还提供了同步教学视频和上机练习素材文件，以方便读者更好地使用本书。

本书结构严谨，条理清晰，重点突出，非常适合作为广大ICEM CFD初学者和工程技术人员的自学用书，也可作为高校相关专业及有关培训机构的教学用书。

图书在版编目（CIP）数据

ANSYS ICEM CFD 网格划分技术案例详解 ：视频教学版 / 丁源著. -- 北京 ：清华大学出版社，2025. 1.
(CAX 工程应用丛书). -- ISBN 978-7-302-67822-9

I. O241. 82-39

中国国家版本馆 CIP 数据核字第 2024K9A986 号

责任编辑：王金柱
封面设计：王　翔
责任校对：闫秀华
责任印制：曹婉颖

出版发行：清华大学出版社
网　　址：https://www.tup.com.cn，https://www.wqxuetang.com
地　　址：北京清华大学学研大厦 A 座　　　邮　　编：100084
社 总 机：010-83470000　　　邮　　购：010-62786544
投稿与读者服务：010-62776969，c-service@tup.tsinghua.edu.cn
质量反馈：010-62772015，zhiliang@tup.tsinghua.edu.cn
印 装 者：涿州汇美亿浓印刷有限公司
经　　销：全国新华书店
开　　本：203mm×260mm　　印　　张：24.5　　字　　数：690 千字
版　　次：2025 年 1 月第 1 版　　印　　次：2025 年 1 月第 1 次印刷
定　　价：109.00 元

产品编号：109165-01

前言 Preface

ICEM CFD 是一款计算前处理软件，包括几何创建、网格划分、前处理条件设置等功能。在 CFD 网格生成领域，ICEM CFD 的优势更为突出。

ICEM CFD 提供了高级几何获取、网格生成、网格优化以及后处理工具，以满足当今复杂分析对集成网格生成与后处理工具的需求。ICEM CFD 2024 是一个很好、很强大的网格划分软件，它是 ANSYS 公司推出的新版本，较以前的版本在性能方面有了一定的改善，克服了以前版本中一些不尽如人意的地方。

本书内容

本书依次介绍了计算流体力学与网格划分基础、ICEM CFD 软件简介、创建几何模型、二维平面模型结构网格划分、三维模型结构网格划分、四面体网格自动生成、棱柱体网格自动生成、以六面体为核心的网格划分、混合网格划分、曲面网格划分、网格编辑和 ICEM CFD 在 Workbench 中的应用。本书共为 12 章，具体章节安排如下：

第 1 章　计算流体力学基础与网格概述
第 2 章　ICEM CFD 软件简介
第 3 章　几何模型处理
第 4 章　二维平面模型结构网格划分
第 5 章　三维模型结构网格划分
第 6 章　四面体网格自动生成
第 7 章　棱柱体网格自动生成
第 8 章　以六面体为核心的网格划分
第 9 章　混合网格划分
第 10 章　曲面网格划分
第 11 章　网格编辑
第 12 章　ICEM CFD 协同仿真

本书特点

本书由从事多年 Fluent 工作的一线从业人员编写。在编写的过程中，不仅注重绘图技巧的介绍，还将重点讲解 Fluent 和工程实际的关系。本书主要有以下特色：

- 软件操作与工程经验相结合。本书结合作者二十余年工程经验，全面系统地介绍了 ICEM CFD

软件的各功能模块，内容详略得当，紧密结合工程实际。

- 案例丰富，全流程详细说明。本书结构清晰、由浅入深，在讲解基础知识的过程中穿插案例操作，全书提供了 30 余个应用案例，每个案例都有详尽的步骤解析，展示了软件在多种场景下的强大功能，丰富了读者的视野。
- 图文并茂，辅以视频教学：本书在讲解过程中辅以相应的图示和视频教学，使读者在阅读过程中一目了然，并可借助同步教学视频，快速理解书中内容，大大降纸了学习难度，提高了学习效率。

读者对象

本书主要适合以下读者阅读：

- 正在学习 CFD 和 ICEM CFD 软件的初学者和爱好者。
- 高校相关专业的本科生和研究生。
- 从事流体仿真的科研和工程技术人员。

配书资源

本书提供了同步教学视频，读者扫描书中各章二维码既可观看。

本书所有实例的资源文件，读者可以使用 ICEM CFD 打开资源文件，根据本书的介绍进行学习。扫描以下二维码即可获取本书资源文件。还可以关注“算法仿真”公众号，并发送关键词“109165”获取素材文件的下载链接。

如果在下载过程中出现问题，请电子邮件联系 booksaga@126.com，邮件主题为“ANSYS ICEM CFD 网格划分技术案例详解（视频教学版）”。

虽然编者在本书的编写过程中力求叙述准确、完善，但由于水平所限，书中难免存在疏漏之处，希望广大读者和同仁不吝提出宝贵建议和意见。

编　者
2024 年 8 月

目录 Contents

第1章

计算流体力学基础与网格概述

导言

计算流体动力学分析（Computational Fluid Dynamics，CFD）的基本定义是通过计算机进行数值计算，模拟流体流动时的各种相关物理现象，包含流动、热传导、声场等。计算流体动力学分析广泛应用于航空航天器设计、汽车设计、生物医学工业、化工处理工业、涡轮机设计、半导体设计等诸多工程领域。

本章将介绍流体动力学的基础理论、计算流体力学的基础知识和常用的CFD软件。

学习目标

- ❖ 掌握流体动力学分析的基础理论
- ❖ 通过实例掌握流体动力学分析的过程
- ❖ 掌握计算流体力学的基础知识
- ❖ 了解常用的CFD软件

1.1 计算流体力学基础

本节介绍计算流体力学的一些重要的基础知识，包括计算流体力学的基本概念、求解过程、数值求解方法等。了解计算流体力学的基础知识，将有助于理解ICEM CFD软件中相应的设置方法，是做好工程模拟分析的根基。

1.1.1 计算流体力学的发展

计算流体力学是20世纪60年代起伴随计算科学与工程（Computational Science and Engineering，CSE）迅速崛起的一门学科分支，经过半个世纪的迅猛发展，这门学科已经相当成熟，一个重要的标志是近几十年来，各种CFD通用软件陆续出现，成为商品化软件，服务于传统的流体力学和流体工程领域，如航空、航天、船舶、水利等。

由于CFD通用软件的性能日益完善，应用范围也不断扩大，在化工、冶金、建筑、环境等相关领域中被广泛应用，现在我们利用它来模拟计算平台内部的空气流动状况，也算是在较新的领域中的应用。

现代流体力学研究方法包括理论分析、数值计算和实验研究三个方面。这些方法针对不同的角度进行研究并相互补充。理论分析研究能够表述参数影响形式，为数值计算和实验研究提供有效的指导；试验是认识客观现实的有效手段，可验证理论分析和数值计算的正确性；计算流体力学通过提供模拟真实流动的经济手段补充理论和试验的空缺。

更重要的是，计算流体力学提供了廉价的模拟、设计和优化工具，并且提供了分析三维复杂流动的工具。在复杂情况下，测量往往是很困难的，甚至是不可能的，而计算流体力学则能方便地提供全部流场范围的详细信息。与试验方法相比，计算流体力学具有以下优势：参数选择灵活、成本较低且在模拟过程中不会对流场造成干扰。出于计算流体力学的这种优点，我们选择它来进行模拟计算。简单来说，计算流体力学扮演的角色是通过直观地显示计算结果对流动结构进行仔细的研究。

计算流体力学在数值研究方面大体上沿两个方向发展：一个是在简单的几何外形下，通过数值方法来发现一些基本的物理规律和现象，或者发展更好的计算方法；另一个则为解决工程实际需要，直接通过数值模拟进行预测，为工程设计提供依据。理论的预测出自数学模型的结果，而不是出自一个实际的物理模型的结果。计算流体力学是多领域交叉的学科，涉及计算机科学、流体力学、偏微分方程的数学理论、计算几何、数值分析等。这些学科的交叉融合，相互促进和支持，推动了学科的深入发展。

CFD方法是对流场的控制方程用计算数学的方法将其离散到一系列网格节点上求其离散的数值解的一种方法。控制所有流体流动的基本定律是质量守恒定律、动量守恒定律和能量守恒定律，由它们分别导出连续性方程、动量方程（N-S方程）和能量方程。应用CFD方法进行平台内部空气流场模拟计算时，首先需要选择或建立过程的基本方程和理论模型，依据的基本原理是流体力学、热力学、传热传质等平衡或守恒定律。

由基本原理出发可以建立质量、动量、能量、湍流特性等守恒方程组，如连续性方程、扩散方程等。这些方程构成非线性偏微分方程组，不能用经典的解析法，只能用数值方法求解。

求解上述方程必须先给定模型的几何形状和尺寸，确定计算区域并给出恰当的进出口、壁面及自由面的边界条件，同时需要适宜的数学模型，以及包括相应的初值在内的过程方程的完整数学描述。

求解的数值方法主要有有限差分法（Finite Difference Method，FDM）、有限元法（Finite Element Method，FEM）及有限分析法（Finite Analytic Method，FAM），应用这些方法可以将计算域离散为一系列的网格并建立离散方程组，离散方程的求解是由一组给定的猜测值出发迭代推进，直至满足收敛标准。常用的迭代方法有Gauss-Seidel迭代法、TDMA（Tri-Diagonal Matrix Algorithm）方法、SIP（Simultaneous Iterative Procedure）法及LSORC（Locally Optimized Successive Over-Relaxation with Chebyshev）法等。利用上述差分方程及求解方法即可以编写计算程序或选用现有的软件实施过程的CFD模拟。

1.1.2　计算流体力学的求解过程

CFD数值模拟一般遵循以下5个步骤：

步骤01 建立所研究问题的物理模型，在将其抽象为数学、力学模型之后，确定要分析的几何体的空间影响区域。

步骤02 建立整个几何形体及其空间影响区域，即计算区域的CAD模型，对几何体的外表面和整个计算区域进行空间网格划分。网格的稀疏和网格单元的形状都会对以后的计算产生很大影响。不同的算法格式为保证计算的稳定性和计算效率，一般对网格的要求也不一样。

步骤03 加入求解所需要的初始条件，入口与出口处的边界条件一般为速度、压力条件。

步骤04 选择适当的算法，设定具体的控制求解过程和精度的一些条件，对所需分析的问题进行求解，并保存数据文件结果。

步骤05 选择合适的后处理器（Post Processor）读取计算结果文件，分析并显示出来。

以上这些步骤构成了CFD数值模拟的全过程，其中数学模型的建立是理论研究的课堂，一般由理论工作者完成。

1.1.3　数值模拟方法和分类

在运用CFD方法对一些实际问题进行模拟时，通常需要设置工作环境、边界条件和选择算法等，特别是算法的选择，对模拟的效率及其正确性有很大影响，需要特别重视。要正确设置数值模拟的条件，有必要了解数值模拟的过程。

随着计算机技术和计算方法的发展，许多复杂的工程问题都可以采用区域离散化的数值计算并借助计算机得到满足工程要求的数值解。数值模拟技术是现代工程学形成和发展的重要动力之一。

区域离散化就是用一组有限个离散的点来代替原来连续的空间，实施过程是把所计算的区域划分成很多互不重叠的子区域，确定每个子区域的节点位置和该节点所代表的控制体积。

节点是指需要求解的未知物理量的几何位置、控制体积、应用控制方程或守恒定律的最小几何单位。一般把节点看成控制体积的代表。控制体积和子区域并不总是重合的。在区域离散化过程开始时，由一系列与坐标轴相应的直线或曲线簇划分出来的小区域称为子区域。网格是离散的基础，网格节点是离散化物理量的存储位置。

常用的离散化方法有有限差分法、有限元法和有限体积法。

1. 有限差分法

有限差分法是数值解法中最经典的方法。它是将求解区域划分为差分网格，使用有限个网格节点代替连续的求解域，然后将偏微分方程（控制方程）的导数用差商代替，推导出含有离散点上有限个未知数的差分方程组。

有限差方法的产生和发展较早，技术也相对成熟，广泛应用于求解双曲线和抛物线型问题。然而，当求解边界条件复杂，尤其是椭圆形问题时，不如有限元法或有限体积法方便。

构造差分的方法有多种，目前主要采用的是泰勒级数展开方法。其基本的差分表达式主要有4种格式，即一阶向前差分、一阶向后差分、一阶中心差分和二阶中心差分，其中前两种格式为一阶计算精度，后两种格式为二阶计算精度。通过对时间和空间的不同差分格式进行组合，可以形成多种计算方案。

2. 有限元法

有限元法是将连续的求解域划分成适当形状的许多微小单元，并在各小单元上构造插值函数，然后根据极值原理（例如变分原理或加权余量法）将问题的控制方程转换为所有单元上的有限元方程，把总体的极值作为各单元的极值之和，即将局部单元的极值相加，形成嵌入指定边界条件的代数方程组，求解该方程组，可以得到各节点上待求的函数值。这种方法对椭圆形问题有更好的适应性。

需要注意的是，有限元法的求解速度比有限差分法和有限体积法慢，在商用CFD软件中的应用并不广泛。目前常用的商用CFD软件中，只有FIDAP采用的是有限元法。

3. 有限体积法

有限体积法也称为控制体积法，是将计算区域划分为网格，并使每个网格点周围有一个互不重复的控制体积。将待解的微分方程对每个控制体积积分，从而得到一组离散方程。其中的未知数是网格节点上的因变量。有限体积法的基本思想是子域法结合离散化，其基本原理易于理解，并能得出直接的物理解释。离散方程的物理意义是因变量在有限大小的控制体积中的守恒原理，类似于微分方程表示因变量在无限小的控制体积中的守恒原理。

有限体积法得出的离散方程要求因变量的积分守恒对任意一组控制体积都得到满足，对整个计算区域自然也得到满足，这是有限体积法吸引人的优点之一。与一些离散方法（如有限差分法）相比，有限体积法即使在粗网格情况下，也显示出准确的积分守恒。

就离散方法而言，有限体积法可视作有限元法和有限差分法的中间产物，三者各有所长。有限差分法直观、理论成熟，精度可选，但处理不规则区域较为烦琐。虽然网格生成可以使有限差分法应用于不规则区域，但对于区域的连续性等要求严格。有限差分法易于编程和并行化。有限元法适合处理复杂区域，精度可选，但内存和计算量较大，且并行化不如有限差分法和有限体积法直观。有限体积法适用于流体计算，可以应用于不规则网格，适用于并行计算，但其精度基本上只能是二阶。有限元法在应力应变、高频电磁场方面的特殊优点正逐渐受到重视。

由于ANSYS CFD是基于有限体积法的，因此下面将以有限体积法为例介绍数值模拟的基础知识。

1.1.4　有限体积法的基本思想

有限体积法是从流体运动积分形式的守恒方程出发来建立离散方程的。三维对流扩散方程的守恒型微分方程如下：

$$\frac{\partial(\rho\phi)}{\partial t}+\frac{\partial(\rho u\phi)}{\partial x}+\frac{\partial(\rho v\phi)}{\partial y}+\frac{\partial(\rho w\phi)}{\partial z}=\frac{\partial}{\partial x}(K\frac{\partial\phi}{\partial x})+\frac{\partial}{\partial x}(K\frac{\partial\phi}{\partial y})+\frac{\partial}{\partial x}(K\frac{\partial\phi}{\partial z})+S_\phi \tag{1-1}$$

其中，ϕ是对流扩散物质函数，如温度、浓度。

式（1-1）用散度和梯度表示：

$$\frac{\partial}{\partial t}(\rho\phi)+\mathrm{div}(\rho u\phi)=\mathrm{div}(K\mathrm{grad}\phi)+S_\phi \tag{1-2}$$

将式（1-2）在时间步长Δt内对控制体体积CV积分，可得：

$$\int_{CV}\left(\int_{t}^{t+\Delta t}\frac{\partial}{\partial t}(\rho\phi)\mathrm{d}t\right)\mathrm{d}V+\int_{t}^{t+\Delta t}\left(\int_{A}n\cdot(\rho u\phi)\mathrm{d}A\right)\mathrm{d}t \tag{1-3}$$
$$=\int_{t}^{t+\Delta t}\left(\int_{A}n\cdot(K\mathrm{grad}\phi)\mathrm{d}A\right)\mathrm{d}t+\int_{t}^{t+\Delta t}\int_{CV}S_{\phi}\mathrm{d}V\mathrm{d}t$$

其中，散度积分已用格林公式转换为面积积分，A为控制体的表面积。

该方程的物理意义是：Δt 时间段和体积 CV 内 $\rho\phi$ 的变化，加上 Δt 时间段通过控制体表面的对流量 $\rho u\phi$，等于 Δt 时间段通过控制体表面的扩散量，加上 Δt 时间段控制体 CV 内源项的变化。

例如，一维非定常热扩散方程：

$$\rho c\frac{\partial T}{\partial t}=\frac{\partial}{\partial x}\left(k\frac{\partial T}{\partial t}\right)+S \tag{1-4}$$

在 Δt 时段和控制体积 CV 内部对式（1-4）积分：

$$\int_{t}^{t+\Delta}\int_{CV}\rho c\frac{\partial T}{\partial t}\mathrm{d}V\mathrm{d}t=\int_{t}^{t+\Delta}\int_{CV}\frac{\partial}{\partial}\left(k\frac{\partial T}{\partial x}\right)\mathrm{d}V\mathrm{d}t+\int_{t}^{t+\Delta}\int_{CV}S\mathrm{d}V\mathrm{d}t \tag{1-5}$$

如图1-1所示，式（1-5）可改写成如下形式：

$$\int_{w}^{e}\int_{t}^{t+\Delta}\rho c\frac{\partial T}{\partial t}\mathrm{d}t=\int_{t}^{t+\Delta}\left[\left(kA\frac{\partial T}{\partial X}\right)_{e}-\left(kA\frac{\partial T}{\partial x}\right)_{W}\right]\mathrm{d}t+\int_{t}^{t+\Delta}\bar{S}\Delta V\mathrm{d}t \tag{1-6}$$

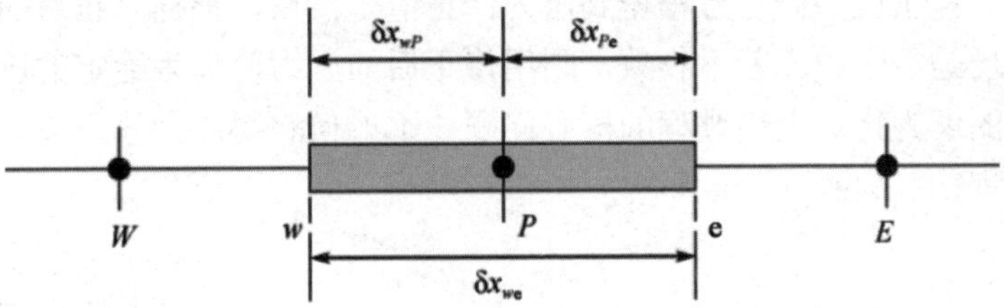

图1-1　一维有限体积单元示意图

式（1-6）中，A 是控制体面积，ΔV 是体积，$\Delta V=A\Delta x$，Δx 是控制体宽度，$\bar{S}$ 是控制体中的平均源强度。设 P 点 t 时刻的温度为 T_P^0，而 $t+\Delta t$ 时的 P 点温度为 T_P，则式（1-6）可转换为：

$$\rho c(T_P-T_P^0)\Delta V=\int_{t}^{t+\Delta t}\left[k_{\mathrm{e}}A\frac{T_E-T_P}{\delta x_{PE}}-k_{w}A\frac{T_P-T_W}{\delta x_{WP}}\right]\mathrm{d}t+\int_{t}^{t+\Delta t}\bar{S}\Delta V\mathrm{d}t \tag{1-7}$$

为了计算式（1-7）中右端的 T_P、T_E 和 T_W 对时间的积分，引入一个权数 $\theta=0\sim1$，将积分表示成 t 和 $\mathrm{t}+\Delta t$ 时刻的线性关系：

$$I_T=\int_{t}^{t+\Delta t}T_p\mathrm{d}t=[\theta T_p+(1-\theta)T_p^0]\Delta t \tag{1-8}$$

式（1-7）可改写成：

$$\rho c\left(\frac{T_P-T_P^0}{\Delta t}\right)\Delta x=\theta\left[\frac{k_{\mathrm{e}}(T_E-T_P)}{\delta x_{PE}}-\frac{k_{\mathrm{w}}(T_P-T_W)}{\delta x_{WP}}\right]+(1-\theta)\left[\frac{k_{\mathrm{e}}(T_E^0-T_P^0)}{\delta x_{PE}}-\frac{k_{\mathrm{w}}(T_P^0-T_W^0)}{\delta x_{WP}}\right]+\bar{S}\Delta x \tag{1-9}$$

因为上式左端第二项中 t 时刻的温度为已知，所以该式是 $t+\Delta t$ 时刻 T_P、T_E、T_W 之间的关系式。

列出计算域上所有相邻三个节点上的方程，则可形成求解域中所有未知量的线性代数方程，给出边界条件后可求解代数方程组。

由于流体运动的基本规律都是守恒的，而有限体积法的离散形式也是守恒的，因此有限体积法在流体流动计算中应用广泛。

1.1.5　有限体积法的求解方法

控制方程被离散化后，就可以进行求解了。下面介绍几种常用的压力与速度耦合求解算法，分别是SIMPLE算法、SIMPLEC算法和PISO算法。

1. SIMPLE算法

SIMPLE算法是目前实际工程中应用最为广泛的一种流场计算方法，它属于压力修正法的一种。该方法的核心是采用“猜测-修正”的过程，在交错网格的基础上计算压力场，从而达到求解动量方程的目的。

SIMPLE算法的基本思想为：对于给定的压力场，求解离散型时的动量方程，得到速度场。因为压力是假定的或不精确的，这样得到的速度场一般不能满足连续性方程的条件，所以必须对给定的压力场进行修正。修正的原则是修正后的压力场相对应的速度场能够满足这一迭代层次上的连续方程。

根据这个原则，把由动量方程的离散形式规定的压力与速度的关系代入连续方程的离散形式，从而得到压力修正方程，再由压力修正方程得到压力修正值。然后，根据修正后的压力场，求得新的速度场。最后检查速度场是否收敛。若不收敛，则用修正后的压力值作为给定的压力场开始下一层次的计算，直到获得收敛的解为止。上述过程的核心问题在于如何获得压力修正值，以及如何根据压力修正值构造速度修正方程。

2. SIMPLEC算法

SIMPLEC算法与SIMPLE算法的思路基本一致，不同之处是SIMPLEC算法在通量修正方法上有所改进，加快了计算的收敛速度。

3. PISO算法

PISO算法的压力速度耦合格式是SIMPLE算法族的一部分，它基于压力和速度之间的高度近似关系。SIMPLE和SIMPLEC算法的一个限制是，在解出压力校正方程后，新的速度值和相应的流量可能不满足动量平衡，因此必须重复计算直到达到平衡。

为了提高计算效率，PISO算法引入了两个附加的校正步骤：相邻校正和偏斜校正。PISO算法的核心思想是消除SIMPLE和SIMPLEC算法在压力校正方程求解阶段所需的重复计算。通过一个或多个附加的PISO循环，校正后的速度将更接近满足连续性和动量方程的要求。这一迭代过程也被称为动量校正或邻近校正。

尽管PISO算法在每次迭代中可能需要更多的CPU时间，但它显著减少了达到收敛所需的迭代次数，特别是在处理瞬态问题时，这一优势尤为明显。对于具有一定倾斜度的网格，单元表面的质量流量校正和邻近单元压力校正差值之间的关系相对简单。由于沿着单元表面的压力校正梯度分量最初是未知的，因此需要进行一个类似于PISO邻近校正的迭代步骤。

在初始化压力校正方程的解之后，重新计算压力校正梯度，并用新计算出的值更新质量流量校正。这个过程称为偏斜校正，它极大地减少了在计算高度扭曲网格时遇到的收敛性问题。PISO偏斜校正使我们能够在基本相同的迭代步骤中，从高度倾斜的网格上获得与更为正交的网格相当的结果。

1.2 网格概述

CFD计算分析的第一步是生成网格，即对空间上连续的计算区域进行剖分，把它划分成多个子区域，并确定每个区域中的节点。

由于实际工程计算中大多数计算区域较为复杂，因此不规则区域内网格的生成是计算流体力学的一个十分重要的研究领域。实际上，CFD计算结果最终的精度及计算过程的效率主要取决于所生成的网格与所采用的算法。

1.2.1 网格划分技术

现有的各种网格生成方法在特定条件下都有其优势和局限性，同样，各种求解流场的算法也各有其适用范围。一个成功且高效的数值计算，只有在网格生成和流场求解算法之间实现良好的匹配时才能达成。

自从1974年Thompson等提出适体坐标生成方法以来，网格生成技术在计算流体力学和传热学领域的重要性日益被研究者所认识。

网格生成技术的核心思想是根据物理问题的特点构建合适的网格布局，并将原始物理坐标（x,y,z）中的基本方程转换到计算坐标（ξ,η,ζ）中的均匀网格上求解，以此提高计算精度。

总体而言，CFD计算中使用的网格大致可分为结构化网格和非结构化网格两大类。在数值计算中，无论是正交还是非正交曲线坐标系生成的网格，都属于结构化网格。其特点是每个节点与其邻点之间的连接关系是固定且隐含在网格生成过程中的，因此我们不需要额外的数据来确定节点与其邻点之间的联系。严格来说，结构化网格指的是网格区域内所有内部点都具有相同数量的邻接单元。结构化网格主要有以下几个优点：

（1）网格生成速度快。

（2）网格质量高。

（3）数据结构简单。

（4）对曲面或空间的拟合大多数采用参数化或样条插值的方法得到，使得区域光滑，更贴近实际模型。

（5）易于实现区域边界的拟合，适合流体动力学和表面应力集中等方面的计算。

结构化网格最明显的缺点是适用范围相对较窄。尤其是随着近几年计算机和数值方法的快速发展，人们对求解区域复杂性的要求越来越高，在这种情况下，结构化网格生成技术就显得力不从心了。

在结构化网格中，虽然每个节点及其控制容积的几何信息需要存储，但节点的邻接关系可以依据网格编号的规律自动得出，因此不需要专门存储这类信息，这也是结构化网格的一大优点。

当计算区域较为复杂时，即使采用网格生成技术也可能难以妥善处理不规则区域。在这种情况下，可以采用组合网格，也称为块结构化网格。这种方法将整个求解区域划分为若干小块，每个小块内部使用结构化网格。块与块之间可以是并接的，即通过一条公共边相连，也可以是部分重叠的。这种网格生成方法既保留了结构化网格的优点，又避免了需要一条网格线贯穿整个计算区域的限制，为处理不规则区域提供了便利，目前应用广泛。在这种网格生成方法中，关键环节是块与块之间的信息传递。

与结构化网格的定义相对应，非结构化网格指的是网格区域内的内部点不具有相同数量的毗邻单元，即不同内点相连的网格数目不同。从定义上可以看出，结构化网格和非结构化网格之间存在重叠，即非结构化网格中可能包含结构化网格的部分。

非结构化网格技术自20世纪60年代起开始发展，主要是为了弥补结构化网格在处理任意形状和任意连通区域网格剖分方面的不足。

由于非结构化网格的生成技术较为复杂，随着求解区域复杂性的增加，对非结构化网格生成技术的要求也在不断提高。到了20世纪90年代，非结构化网格的文献数量达到了高峰。根据目前的文献调查，非结构化网格生成技术中，平面三角形的自动生成技术已经相对成熟，而平面四边形网格的生成技术也正在逐步成熟。

1.2.2 结构化网格

结构化网格生成方法主要有两种，即单块结构网格生成和分区结构网格生成。

1. 单块结构网格生成技术

1）代数方法

在物理平面上生成适体坐标系，即在物理平面上构建一个与求解区域边界相匹配的网格系统，使得在计算平面的直角坐标系$\xi-\eta$中，与物理平面求解区域相对应的计算区域呈现为正方形或矩形。

作为网格生成的已知条件，物理平面上求解区域边界上的节点分布是预先确定的，而在计算平面上，网格通常是均匀分布的。

因此，如果将物理平面上节点的位置（以其半径$r(x,y)$为代表）视为计算平面上ξ,η的函数，那么生成网格的过程就是已知计算平面边界上每一点的$r(\xi,\eta)$，需要确定计算区域内每个节点相应的$r(\xi,\eta)$。

显然，对边界上的已知值进行插值是获取区域内各节点值的一种简单直接的方法。这种生成网格的方法旨在寻找合适的插值函数，这种方法被称为代数法。这是因为用于生成网格的表达式都是代数方程。

接下来讨论生成网格的无限插值法，也称为无限变换。为了便于说明问题，首先以线性插值为例进行分析。如果在ξ、η两个方向上分别应用Lagrange线性插值，则有：

$$r(\xi,\eta)=\sum_{i=1}^{2}h_i\left(\frac{\xi}{L}\right)r(\xi_i,\eta) \tag{1-10}$$

$$r(\xi,\eta)=\sum_{j=1}^{2}h_j\left(\frac{\xi}{M}\right)r(\xi,\eta_j) \tag{1-11}$$

其中，L、M分别为ξ方向与η方向的区域长度。这种两个方向的插值（双向的插值）称为无限插值，

因为它对 $\xi=0\sim\xi=L$ 及 $\eta=0\sim\eta=M$ 的整个计算范围内的空间位置进行了插值，所以可以认为插值的点数是无限的。

现在从式（1-10）和式（1-11）得出一个无限插值的统一表达式：

$$r_{\text{TFI}}(\xi,\eta)=\sum_{j=1}^{N_j}h_j\left(\frac{\eta}{M}\right)r(\xi,\eta_j)+\sum_{i=1}^{N_i}h_i\left(\frac{\xi}{L}\right)\left[r(\xi_i,\eta)-\sum_{j=1}^{N_j}h_j\left(\frac{\eta}{M}\right)r(\xi_i,\eta_j)\right] \tag{1-12}$$

式（1-12）中对两条 η 为常数（$\eta=0$、$\eta=M$）及与之相交的两条 ξ 为常数（$\xi=0$、$\xi=L$）的曲线进行了拟合，同时对位于 $0<\eta<M$ 及 $0<\xi<L$ 的四边形范围内的点进行了位置矢量 $r(\xi,\eta)$ 的插值，于是完成了在 $0\leqslant\eta\leqslant M$、$0\leqslant\xi\leqslant L$ 的矩形范围内的网格生成。

2）保角变换方法

保角变换方法是利用解析的复变函数来完成物理平面到计算平面的映射。保角变换方法的主要优点是能精确地保证网格的正交性，主要缺点是对于比较复杂的边界形状，有时难以找到相应的映射关系式且局限于二维问题。

3）微分方程方法

在微分方程方法中，物理空间坐标和计算空间坐标之间是通过偏微分方程组联系起来的。

根据生成贴体网格所采用的偏微分方程的类型，可以将其分为椭圆形方程方法、双曲型方程方法和抛物型方程方法。其中，椭圆形方程方法最为常用，这是因为对于大多数实际流体力学问题，物理空间中的求解域通常是具有复杂几何形状的已知封闭边界区域，并且在这些封闭边界上的计算坐标对应值是预先给定的。

拉普拉斯方程是最简单的椭圆形方程，但泊松方程由于其非齐次项可以用来调节求解域中网格密度的分布，因此被更广泛地使用。

如果只在求解域的一部分边界上规定了计算坐标值，那么可以采用抛物型或双曲型偏微分方程来生成网格。例如，在流场的内边界是已知的，而外边界是任意的情况下，就可以使用这种方法。

4）变分原理方法

变分原理方法通过将生成网格所需满足的条件表达为某个目标函数（泛函）的极值问题。这种方法常用于创建自适应网格，因为自适应网格的要求可以较为方便地通过某个变分原理来表述。随后，可以推导出与该变分原理相对应的偏微分方程，即欧拉方程。

2. 分区结构网格生成方法

以上是单块结构网格的生成方法，对于复杂多部件或多体的实际工程外形，如战斗机和捆绑火箭，生成统一的贴体网格相当困难，即使勉强生成，网格质量也无法保证，从而影响流场数值计算效果。

为了克服上述困难，CFD工作者发展了分区网格和分区计算方法。它的基本思想是根据整体外形特点，先将整个计算域分成若干子域，然后在每个子域内分别生成网格并进行数值计算，各子域间的信息传递通过边界处的耦合条件来实现。

常用的分区结构网格方法有三种，即组合网格、搭接网格和重叠网格。

1）组合网格

组合网格各子域之间没有重叠，要求子域交接面上的网格节点重合。生成步骤大致为：根据外形和流动特点将整个计算域分区并确定每个区中的网格拓扑；在上述几何处理的基础上，按网格疏密的要求生成各部件或各体表面的网格。

注意，在此阶段应确保各子域交接面处的网格节点重合。在计算域被划分为多个子域后，相邻子域之间的公共交接面通常是一个空间曲面。这个空间曲面的位置、方向及其上的网格分布对相邻子域内空间网格的生成过程和质量有着重要影响。在生成交接面上的网格时，应根据实际情况选择适当的方法。

一旦交接面上的网格生成完成，各子域的边界也就确定了。此时，可以使用代数方法或求解偏微分方程的方法来生成各子域的空间网格。

2）搭接网格

搭接网格的子域间同样不存在重叠区域，但与组合网格不同，它不要求子域交接面上的网格节点必须重合。在这种情况下，可以在每个子域内独立生成各自的空间网格，而不必先在子域间的交接面上生成网格。这种方法可以确保每个子域内的网格质量都很高。

然而，需要注意的是，相邻子域交接面上的网格节点数量和分布应该大致相同。如果两者相差太大，可能会导致插值误差，进而影响计算结果的准确性。

3）重叠网格

重叠网格技术允许在整个计算域的分区过程中子域间的网格发生重叠，而不必要求各子域共享边界。这样的设计显著降低了各子域在生成自身网格时的难度。区域分解技术包含两个主要方面的含义：一是涉及将整个计算域划分为若干子域；而是涉及建立子域间的信息传递机制。

1.2.3 非结构化网格

前面介绍的结构化网格生成方法表明，当用于计算相对简单的流场时，结构化网格能够构建出精细的网格，并求得精确的解。然而，面对复杂外形或流场的网格划分，结构化网格的适应性就显得不足，通常需要大量的人工干预。这样，计算机自动化的优势未能得到充分发挥，而人工构造所耗费的时间往往超过了机器的工作时间，导致人力资源的浪费。

尽管结构化网格已经发展出一系列成熟的构造技术，但随着问题的复杂性增加，每种构造技术对使用者的经验要求也随之提高，这使得许多初学者感到困惑。因此，在结构化网格生成方法难以适应的领域，研究者们发展了非结构化网格的生成方法。非结构化网格因其在几何适应性方面的优势而受到青睐，随之出现了多种非结构化网格自动生成技术，主要包括四叉树/八叉树方法、Delaunay方法和阵面推进法。

1. 四叉树（二维）/八叉树方法（三维）

四叉树/八叉树方法的核心思想是，首先用一个较粗略的矩形（二维）或立方体（三维）网格覆盖包含物体的整个计算域。然后，根据网格尺度的要求，不断细分这些矩形（立方体），即将一个矩形划分为4个子矩形（二维情况下）或一个立方体划分为八个子立方体（三维情况下）。最终，这些矩形（立方体）被划分为三角形（二维）或四面体（三维）。

例如，一个没有中间点的矩形可以被划分为两个三角形，而一个没有棱上中间点的立方体可以被划分为5个或6个四面体。对于流场边界附近被边界切割的矩形（立方体），需要考虑各种可能的情况，并进行特殊的划分。

四叉树/八叉树方法直接将矩形/立方体划分为三角形/四面体，由于不涉及邻近点面的查找，以及邻近单元间的相交性和相容性判断等问题，因此网格生成速度较快。然而，这种方法的缺点是网格质量可能较差，特别是在流场边界附近，被切割的矩形/立方体的形状可能非常不规则，这可能导致由此划分的三角形/四面体的质量难以保证。

尽管存在这些局限性，四叉树/八叉树作为一种可以提高搜索效率的数据结构，已经被广泛应用于阵面推进法和Delaunay方法中，以优化网格生成过程。

2. Delaunay方法

Delaunay三角化是基于Dirichlet在1850年提出的一种理论，该理论利用一组已知点将平面划分为凸多边形。该理论的核心思想是：如果平面上存在一组点，那么可以将平面划分为不重叠的Dirichlet子域（也称为Voronoi子域）。每个Dirichlet子域内包含点集中的一个点，且该子域内的任意点P到该点的距离小于到点集中的其他点的距离。将相邻Voronoi子域的边界点连接起来，就构成了唯一的Delaunay三角网格。

CFD领域的研究者将上述Dirichlet理论简化为Delaunay准则，即每个三角形的外接圆内不包含除其三个顶点之外的其他节点，从而简化了三角形的划分方法。具体来说，从一个人工构造的简单初始三角形网格系开始，引入一个新点，标记并删除不满足Delaunay准则的三角形单元，形成一个多边形空洞，然后将新点与多边形空洞的顶点连接，构成新的Delaunay网格系。重复这一过程，直到网格系达到预期的分布。

Delaunay方法的一个显著优点是它能够使给定点集中的每个三角形单元的最小角尽可能地大，从而得到尽可能等边的高质量三角形单元。此外，由于Delaunay方法在插入新点时同时生成多个单元，因此网格生成效率较高，并且可以直接推广到三维问题。

然而，Delaunay方法也存在不足之处，它可能在流场边界以外的区域构成非凸域或与边界相交的单元，即不能保证流场边界的完整性。为了实现任意外形的非结构化网格生成，需要对边界附近的操作施加某些限制，这可能会使边界附近的网格失去Delaunay性质。另外，对于三维复杂外形，构造初始网格可能比较烦琐。

3. 阵面推进法

阵面推进法的基本思想是，首先将流场边界划分为小型的阵元，构成初始阵面。然后，选择某一阵元，并将其与流场中新插入的点或原阵面上已存在的点相连，形成非结构化单元。随着新单元的生成，会产生新的阵元，形成新的阵面，这一阵面不断向流场内部推进，直到整个流场被非结构化网格完全覆盖。

阵面推进法具有其自身的优缺点。首先，阵面推进法的初始阵面即为流场边界，推进过程是阵面不断向流场内部收缩的过程，因此不存在保证边界完整性的问题。其次，阵面推进是一个局部过程，相交性判断仅涉及局部邻近的阵元，这减少了由于计算机截断误差而导致推进失败的可能性，并且局部性使得执行过程可以在推进的任意中间状态重新开始。第三，由于在流场内引入新点是随着推进过程自动完成的，这有助于控制网格的步长分布。然而，每推进一步，仅生成一个单元，因此阵面推进法的效率较四叉树/八叉树方法和Delaunay方法要低。推进效率低的另一个原因是在每一步推进过程中都涉及邻近点、邻近阵元的搜索及相交性判断。

另外，尽管阵面推进法的思想可以直接推广到三维问题，但在三维情况下，阵面的形状可能非常复杂，使得相交性判断变得更加烦琐。

1.3　常用的网格划分软件

为了完成网格的生成，过去多是用户自己编写计算程序，但由于网格生成的复杂性及计算机硬件条件的多样性，使得用户各自的应用程序往往缺乏通用性，而网格划分本身又有其鲜明的系统性和规律性，因此比较适合被制成通用的商用软件。

1.3.1　Gridgen

Gridgen能够轻松生成二维和三维的单块网格或分区多块对接的结构化网格，同时也支持生成非结构化网格，尽管非结构化网格的生成并非其主要优势。该软件用户友好，易于上手，用户可以在一到两周内学会生成复杂外形的网格。生成的网格可以直接用于Fluent、CFX、StarCD、Phonics等多款CFD软件，非常便捷。Gridgen功能强大，其生成的网格也可以直接被用户的计算程序读取（特别是当采用Plot3D格式输出时）。因此，Gridgen在CFD高级用户中拥有相当多的拥趸。

1.3.2　Gambit

Gambit作为Fluent的配套网格生成软件，主要设计用于为Fluent生成非结构化网格。由于Gambit输出的网格文件格式特殊，难以被其他计算流体动力学软件直接读取，因此它通常只在准备用于Fluent计算时使用。然而，由于Fluent拥有庞大的用户群体，Gambit也随之拥有相当数量的用户基础。

Gambit的强项在于生成非结构化网格，但它在生成适用于黏性计算的网格方面存在一定的局限性。

1.3.3　Hypermesh

Hypermesh的图形用户界面设计直观，易于学习。它支持直接导入现有的三维CAD几何模型，如ProE、UG、CATIA等，且导入过程高效，模型质量优良，这可以显著减少重复性工作，让用户能够将更多精力和时间投入分析计算中。

此外，Hypermesh还提供了一系列工具，用于优化和改进输入的几何模型。由于输入的几何模型可能存在间隙、重叠和缺陷，这些都可能妨碍高质量网格的自动划分。通过消除这些缺陷、填补孔洞以及压缩相邻曲面的边界，用户可以在模型内进行更大范围、更合理的网格划分，从而提升网格划分的速度和质量。Hypermesh还具备云图显示网格质量、单元质量跟踪检查等实用工具，便于用户及时发现并改进网格质量。

1.3.4　Tgrid

Tgrid是一款专业的完全非结构化网格生成软件，它在生成网格时不受几何结构的复杂性或尺寸的限制，特别适合用于复杂几何形状的网格生成。在网格生成过程中，用户只需提供边界网格，而无须提供三维适体几何模型。此外，Tgrid还整合了Hexcore技术，能够在边界附近生成四面体网格，在远离边界的区域生成六面体网格，从而结合了四面体和六面体网格的优势。

1.3.5　ICEM CFD

ICEM CFD的前处理器主要包含4个核心模块：CAD几何建模处理、网格生成处理、网格优化处理以及网格输出处理。每个核心模块根据特定需求进一步细分为独立的子模块。

这些模块之间的整合度高，操作便捷，并配备了丰富的教程资源供用户参考。因此，ICEM CFD的前处理器具备一系列优势，包括强大的系统性、便捷的建模工具、友好的用户界面、多样的模块选择、清晰的网格划分策略、快速的运算能力、多样的接口支持以及便捷的学习途径，这些优点使其在众多网格划分软件中脱颖而出。

1.4　本章小结

本章首先介绍了计算流体力学的基础知识，随后阐述了网格生成的基本概念，最后介绍了几款常用的商用网格划分软件。通过学习本章内容，读者将能够掌握计算流体力学的基本概念，并了解目前市场上流行的商用网格划分软件。

第2章

ICEM CFD软件简介

导言

在商用计算流体动力学（CFD）软件的使用过程中，大约有80%的时间被用于网格划分，这表明网格划分的技能水平是决定工作效率的关键因素之一。对于复杂的CFD问题，网格生成不仅耗时，而且容易出错，因此网格的质量直接关系到CFD计算的准确性和计算速度。因此，对网格生成方法应给予充分的重视。

本章将重点介绍前处理软件ANSYS ICEM CFD在生成网格时的基本流程。

学习目标

❖ 掌握网格生成的基本概念

❖ 掌握ANSYS ICEM CFD软件的基本使用方法

❖ 掌握ANSYS ICEM CFD的工作过程

2.1 ANSYS ICEM CFD简介

ANSYS ICEM CFD提供了高级几何获取、网格生成、网格优化及后处理工具，以满足当今复杂分析对集成网格生成与后处理工具的需求。

ANSYS ICEM CFD的网格生成工具提供了参数化创建网格的能力，包括很多不同的格式。例如：

- Multiblock Structured（多块结构化网格）。
- Unstructured Hexahedral（非结构化六面体网格）。
- Unstructured Tetrahedral（非结构化四面体网格）。
- Cartesian with H-grid Refinement（带H型细化的笛卡儿网格）。
- Hybird Mesh Comprising Hexahedral, Tetrahedral, Pyramidal and/or Prismatic Elements（混合了六面体、四面体、金字塔或棱柱形网格的杂交网格）。
- Quadrilateral and Triangular Surface Meshes（四边形和三角形表面网格）。

ANSYS ICEM CFD建立了几何建模与分析之间的直接联系。在ICEM CFD中，几何模型可以通过多种格式导入，包括商用CAD设计软件包、第三方公共格式、扫描数据或点云数据。

2.1.1　ICEM CFD的特点

ICEM CFD软件具有以下特色功能。

1）丰富的几何接口

- 支持 UG、Creo、SolidWorks、CATIA 等软件的直接接口。
- 支持 IGES、STEP、DWG 等格式文件的导入。
- 支持格式化点数据的导入。

图2-1展示了通过UG和SolidWorks创建的几何模型。

（a）通过UG建立的几何模型

（b）通过SolidWorks建立的几何模型

图2-1　几何模型

2）强大的几何模型创建和修改功能

- 可以方便地通过创建点、线、面等几何元素来生成几何模型。
- 能够检测修补导入几何模型中存在的缝隙、孔等缺陷。

图2-2展示了通过ICEM CFD创建的几何模型。

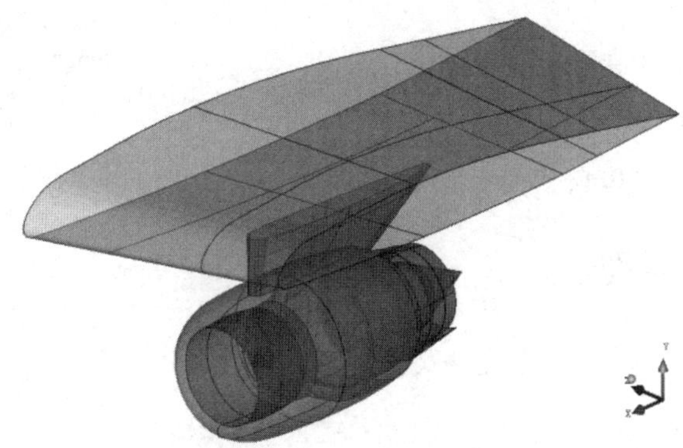

图2-2　通过ICEM CFD创建的几何模型

3）几何小面无关性（Patch Independent）

- 自动忽略几何模型的缺陷及多余的细小特征。
- 自动生成表面、体网格划分。

表面网格与体网格如图2-3和图2-4所示。

4）强大的六面体网格生成技术

快速生成以六面体为主的网格，如图2-5所示。

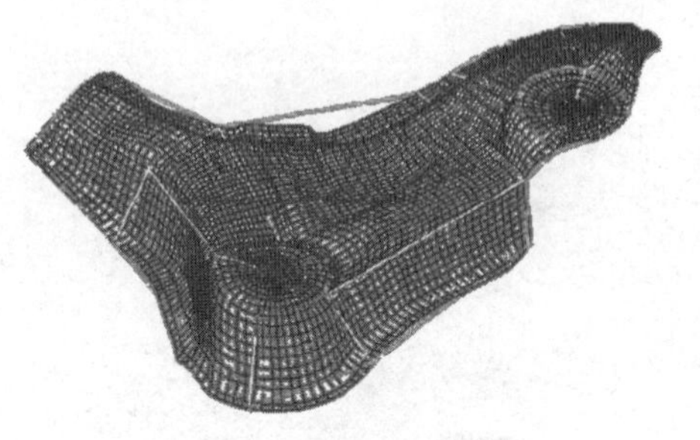

图2-3　表面网格

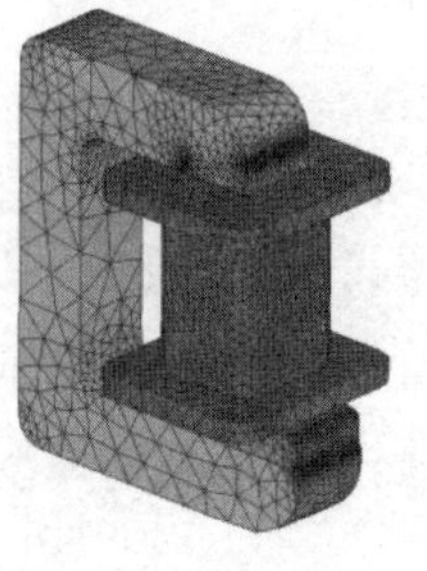

图2-4　体网格

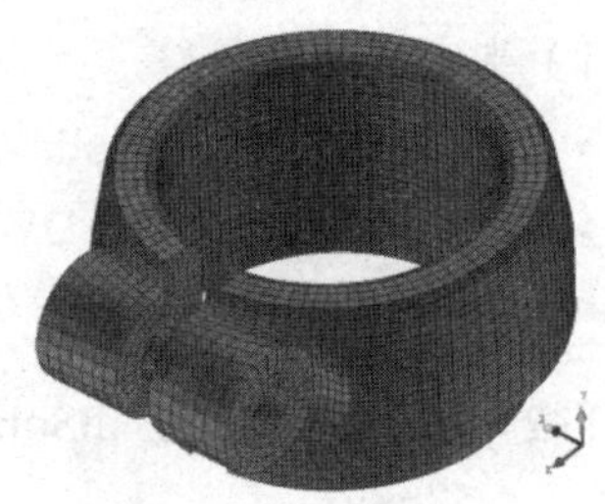

图2-5　六面体网格

5）四/六面体混合网格生成技术

三棱柱与非结构化网格之间采用金字塔网格，如图2-6所示。

6）先进的O型网格技术

O型网格如图2-7所示。

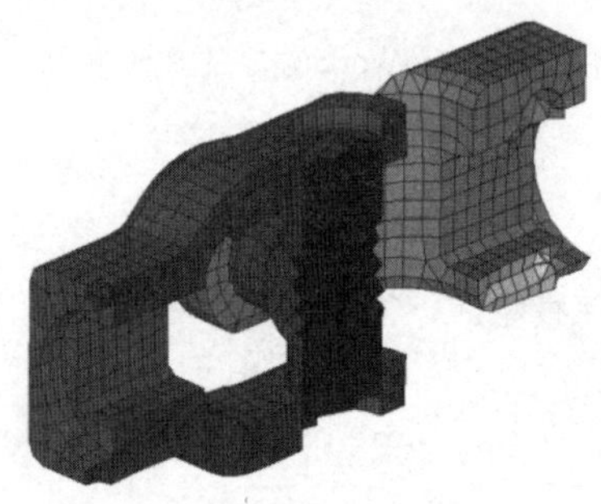

图2-6　混合网格

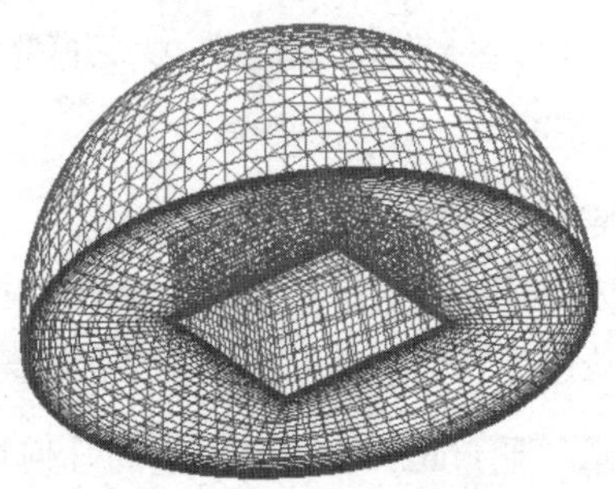

图2-7　O型网格

7）灵活地建立拓扑结构

既可以自顶向下建立，也可以自下而上建立。

2.1.2　ICEM CFD的文件类型

ICEM CFD的工作流程中涉及的常见文件类型如表2-1所示。

表2-1　ICEM CFD的文件类型

文件类型	扩　展　名	说　　明
Tetin	*.tin	包括几何实体、材料点、块关联及网格尺寸等信息
Project	*.prj	工程文件，包含项目信息
Blocking	*.blk	包含块的拓扑信息
Boundary Conditions	*.fbc	包含边界条件
Attributes	*.atr	包含属性、局部参数及单元信息

（续表）

文件类型	扩　展　名	说　　明
Parameters	*.par	包含模型参数及单元类型信息
Journal	*.jrf	包含所有操作的记录
Replay	*.rpl	包含重播脚本

各种类型文件分别存储不同的信息，可以单独读入或导出ICEM CFD，以此提高使用过程中文件的输入/输出速度。

2.2　ICEM CFD的图形用户界面

ICEM CFD的图形用户界面（Graphical User Interface，GUI）提供了一个用于创建及编辑计算网格的完整环境。图2-8展示了ICEM CFD的图形用户界面。

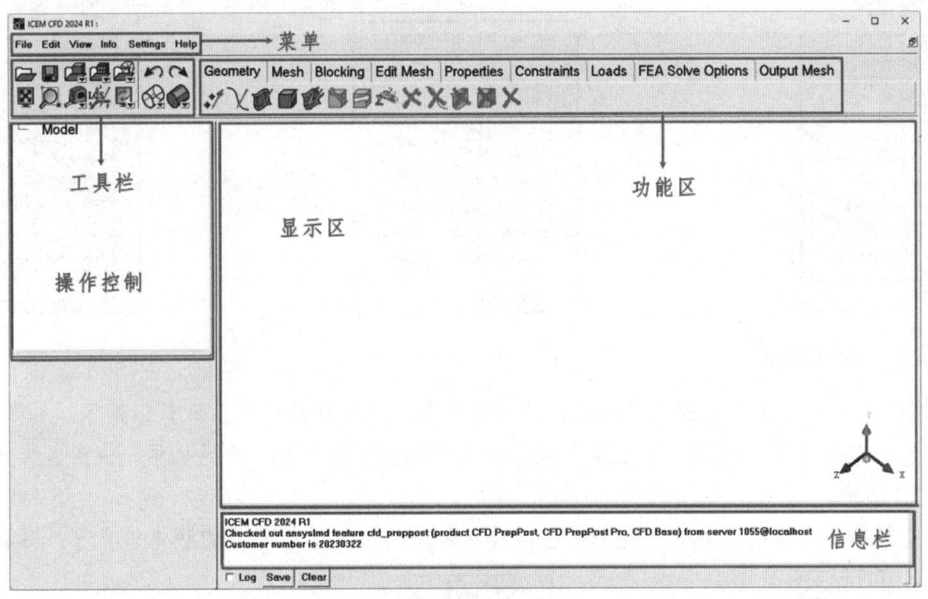

图2-8　ICEM CFD的图形用户界面

左上角为主菜单，在其下方为工具按钮，包含流程如Save及Open之类的命令。与工具栏齐平的为功能区，其从左至右的顺序反映了一个典型网格生成流程。

单击选项卡上的标签页可将功能按钮显示在前台，单击其中的按钮可激活该按钮所关联的数据对象区（Data Entry Zone）。

在界面的右下角还包含消息窗口及直方图显示窗口。在用户界面的左上角是显示控制树形菜单，用户可以使用该属性菜单控制部件显示、修改属性及创建子集等。

在菜单栏可以进行一些模型的基本操作，如打开文件、设定工作目录、导入几何模型、控制模型的显示角度、查看几何模型信息等。

- File（文件）：文件菜单的主要功能包括项目文件的打开和读入、设定工作目录、导入几何模型、网格文件导出等，如图 2-9 所示。

- ➢ 设定工作目录主要是设定项目文件保存和读取的位置。可以通过 File→Change Working Dir... 来修改工作目录。
- ➢ 导入几何模型主要是导入由第三方 CAD 软件建立的几何模型。ICEM CFD 具有丰富的 CAD 软件接口，支持 Unigraphics、Pro/Engineer、SolidWorks、CATIA 等 CAD 模型直接导入，同时支持 IGES、STEP、DWG 等格式文件导入。
- ➢ ICEM CFD 生成的网格可以直接输入 Fluent、CFX、StarCD 等计算软件中，非常方便。

- Edit(编辑)：编辑菜单的主要功能包括操作步骤的取消与恢复，网格数据与几何数据之间的转化等，如图 2-10 所示。
- View（视图）：视图菜单的主要功能包括几何模型显示的放大与缩小、控制模型的显示角度等，如图 2-11 所示。

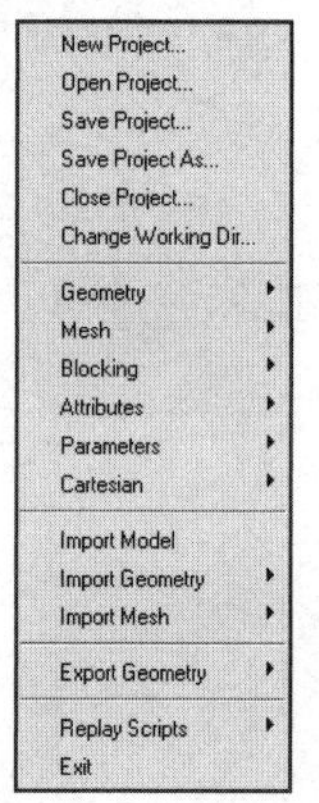

图 2-9 文件菜单

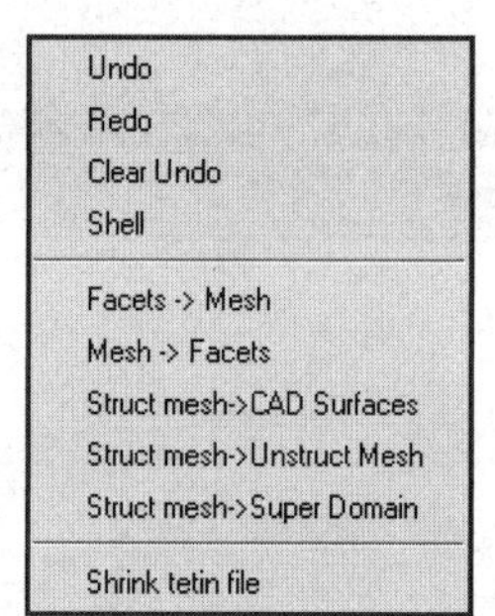

图 2-10 编辑菜单

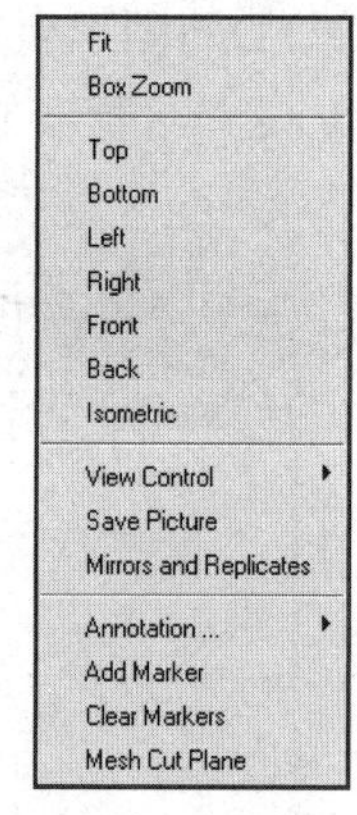

图 2-11 视图菜单

- Info（信息）：信息菜单的主要功能包括网格信息、几何参数查询、计算工具等，如图 2-12 所示。
- Settings（设定）：设定菜单的主要功能包括设定运算器的数量、灯光显示、视图区背景类型等，如图 2-13 所示。
- Help（帮助）：帮助菜单的主要功能包括进入帮助文件及了解软件的版本信息等，如图 2-14 所示。

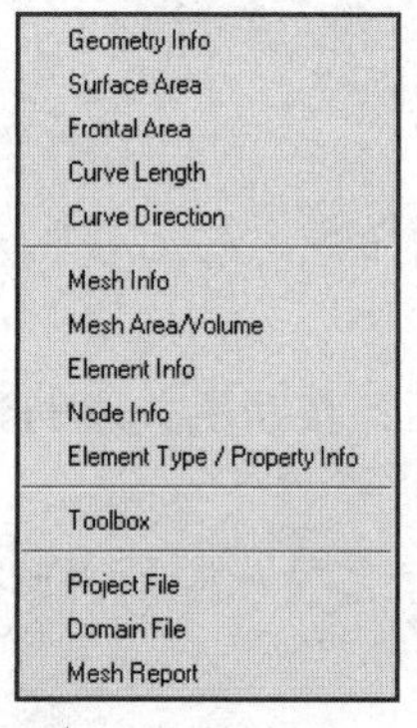

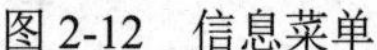

图 2-12 信息菜单

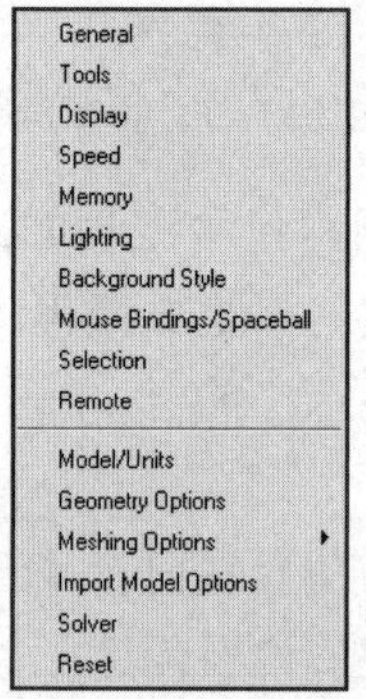

图 2-13 设定菜单

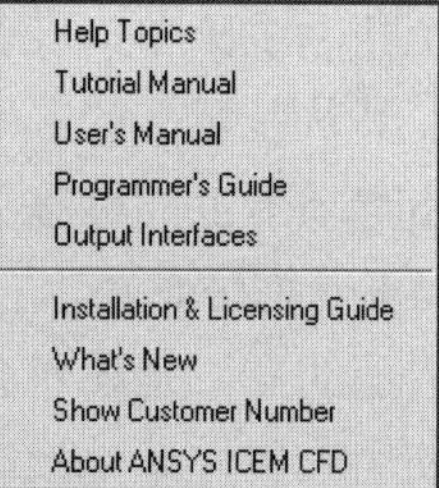

图 2-14 帮助菜单

工具栏中主要集成了一些常用的操作。

- 为打开项目文件。
- 为保存项目文件。
- 及其下拉菜单中的相关选项可以打开、关闭和保存几何文件。
- 及其下拉菜单中的相关选项可以打开、关闭和保存网格文件。
- 及其下拉菜单中的相关选项可以打开、关闭和保存块文件。
- 为显示全部几何模型。
- 为放大模型显示。
- 及其下拉菜单中的相关选项为测量按钮，包括测量两点间的距离、角度和某点的具体坐标。
- 用于设定当地坐标系统。
- 及其下拉菜单中的相关选项为更新模型及重新计算划分网格按钮。
- 及其下拉菜单中的相关选项为不显示模型内部边和显示模型内部边。
- 及其下拉菜单中的相关选项为控制面的显示。

在功能区中可以进行一些基本操作，包括Geometry（几何）标签栏、Mesh（网格）标签栏、Blocking（块）标签栏、Edit Mesh（编辑）标签栏、Properties（属性）标签栏、Output（输出）Mesh标签栏等。

- Geometry（几何）标签栏主要用于创建和修改几何模型，如图 2-15 所示。
- Mesh（网格）标签栏主要用于设定网格的尺寸、网格类型和生成方法等，如图 2-16 所示。
- Blocking（块）标签栏主要用于在生成结构化网格时进行块的创建、修改等，如图 2-17 所示。
- Edit（编辑）Mesh 标签栏主要用于检查网格的质量、修改网格、光顺网格等，如图 2-18 所示。
- Output（输出）Mesh 标签栏主要用于将生成的网格输出到指定的求解器，如图 2-19 所示。

操作控制树窗口主要控制模型的几何、网格、块、局部坐标系和部件的显示，如图2-20所示。若勾选模型中某个几何元素，则在显示区显示相应的几何元素。

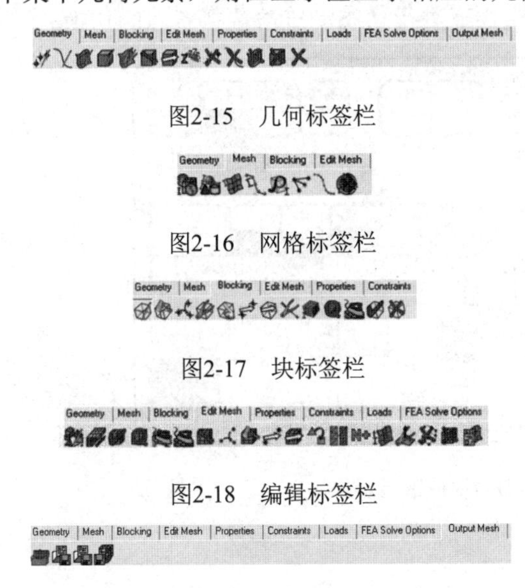

图2-15　几何标签栏

图2-16　网格标签栏

图2-17　块标签栏

图2-18　编辑标签栏

图2-19　输出标签栏

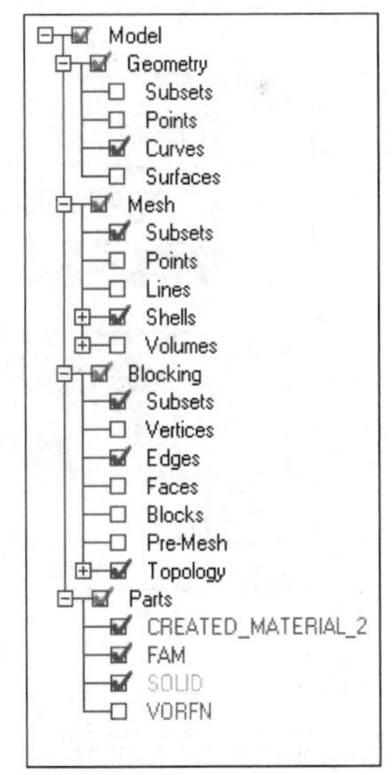

图2-20　操作控制树窗口

2.3　ICEM CFD的基础知识

本节将介绍ICEM CFD软件的基本操作、显示控制及工作流程等基础知识。

2.3.1　软件的基本操作

ICEM CFD是一个操作性很强的软件，对鼠标的依赖性比较强，其鼠标的基本操作如表2-2所示。

表2-2　ICEM CFD鼠标的基本操作

基本操作	操作效果
“动态”浏览模式（单击并拖动）	
鼠标左键	旋转
鼠标中键	移动变换
鼠标右键	缩放（上下运动）/ 2-D 旋转（水平移动）
转轮	缩放
选择模式（单击）	
鼠标左键	选择（单击并拖动形成方形选择框）
鼠标中键	确认选择
鼠标右键	取消选择

ICEM CFD的快捷键如图2-21所示，具体内容单击Help→Help Topics→Selection Options菜单，查询Hotkey，即可获得详细资讯。

在处理复杂模型时，可以使用快捷键F9在选择模式下进行动态浏览与选择状态的切换。

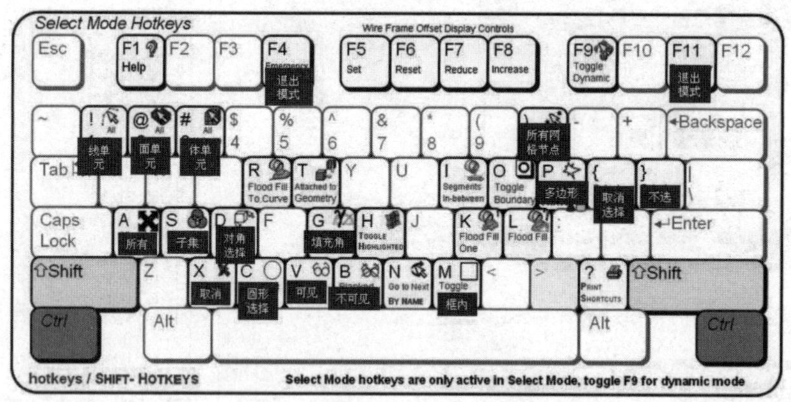

图2-21　ICEM CFD的快捷键显示

2.3.2　ICEM CFD的工作流程

ICEM CFD的工作流程如图2-22所示。该流程包括以下5个步骤。

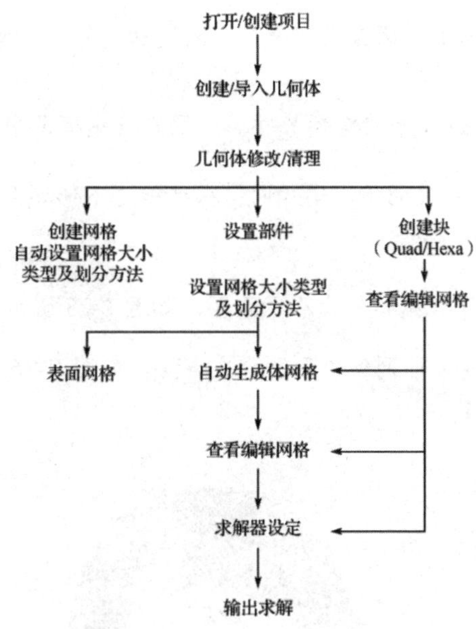

图2-22　ICEM CFD工作流程

步骤01　打开/创建一个工程。

步骤02　创建/处理几何。

步骤03　创建网格。

步骤04　检查/编辑网格。

步骤05　生成求解器的导入文件。

2.3.3　网格的生成方法

ICEM CFD生成的网格主要分为四面体网格、六面体网格、三棱柱网格、O-Grid网格等。其中：

- 四面体网格能够很好地贴合复杂的几何模型，生成简单。
- 六面体网格质量高，需要生成的网格数量相对较少，适合对网格质量要求较高的模型，但生成过程复杂。
- 三棱柱网格适合薄壁几何模型。
- O-Grid 网格适合圆或圆弧模型。

选择哪种网格类型进行网格划分要根据实际模型的情况而定，甚至可以将几何模型分割成不同的区域，采用多种网格类型进行网格划分。

ICEM CFD为复杂模型提供了自动网格生成功能，使用此功能能够自动生成四面体网格和描述边界的三棱柱网格。网格生成功能如图2-23所示。

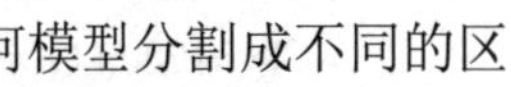

Geometry | Mesh | Blocking | Edit Mesh

图2-23　网格生成

其主要功能说明如下。

1）Global Mesh Setup（全局网格设定）

- （全局网格尺寸）：设定最大网格尺寸及比例来确定全局网格尺寸，如图 2-24 所示。

- ➢ Scale factor（比例因子）：用来改变全局网格尺寸（体、表面、线），通过乘以其他参数得到实际网格参数。
- ➢ Global Element Seed Size（全局单元尺寸）：用来设定模型中最大可能的网格大小。

Max element可以设置任意大的值，实际网格很可能达不到那么大。

- ➢ Display（显示）：显示体网格的大小示意图，如图 2-25 所示。

- （表面网格尺寸）：设定表面网格类型及生成方法，如图 2-26 所示。Mesh type（网格类型）有以下 4 种网格类型可供选择。

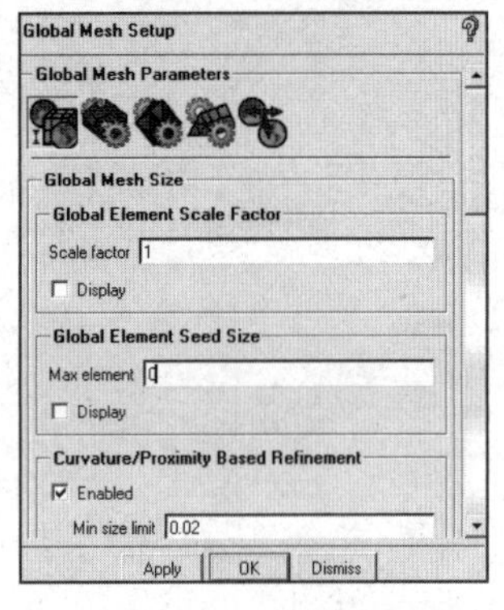

图 2-24　全局网格尺寸

图 2-25　显示体网格的大小示意图

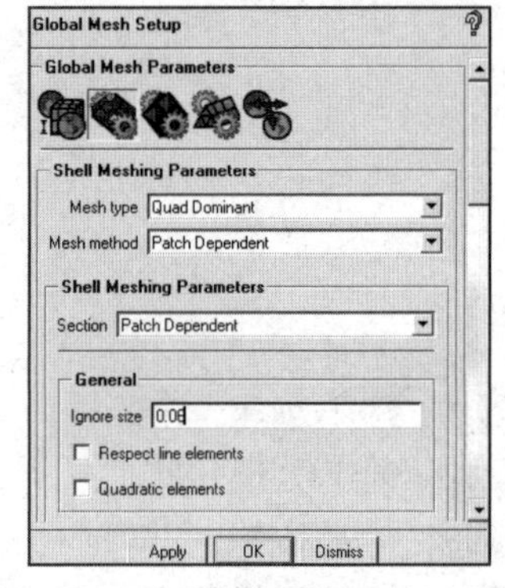

图 2-26　表面网格尺寸

- ➢ All Tri：所有网格单元类型为三角形。
- ➢ Quad w/one Tri：面上的网格单元大部分为四边形，最多允许有一个三角形网格单元。
- ➢ Quad Dominant：面上的网格单元大部分为四边形，允许有一部分三角形网格单元存在。这种网格类型多用于复杂的面，此时如果生成全部四边形网格，则会导致网格质量非常低。对于简单的几何形状，该网格类型和 Quad w/one Tri 生成的网格效果相似。
- ➢ All Quad：所有网格单元类型为四边形。

Mesh method（网格生成方法）有以下 4 种网格生成方法可供选择。

- ➢ AutoBlock：自动块方法，自动在每个面上生成二维的 Block，然后生成网格。
- ➢ Patch Dependent：根据面的轮廓线来生成网格，该方法能够较好地捕捉几何特征，创建以四边形为主的高质量网格。
- ➢ Patch Independent：网格生成过程不严格按照轮廓线，使用稳定的八叉树方法，生成网格的过程中能够忽略小的几何特征，适用于精度不高的几何模型。
- ➢ Shrinkwrap：是一种笛卡儿网格生成方法，会忽略大的几何特征，适用于快速生成复杂几何模型的面网格，但不适合用于生成薄板类实体的网格。

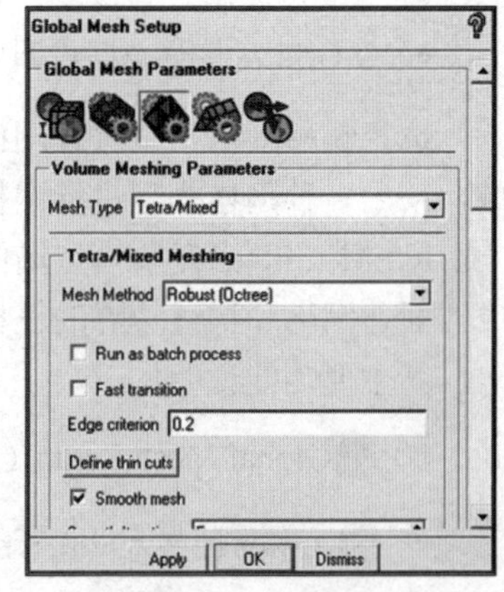

图2-27　体网格尺寸

- （体网格尺寸）：设定体网格类型及大小，如图 2-27 所示。Mesh

Type（网格类型）有以下三种网格类型可供选择。

- Tetra/Mixed: 是一种应用广泛的非结构网格类型。在默认情况下自动生成四面体网格（Tetra），通过设定可以创建三棱柱边界层网格（Prism），也可以在计算域内部生成以六面体单位为主的体网格（Hexcore），或者生成既包含边界层又包含六面体单元的网格。
- Hex-Dominant: 是一种以六面体网格为主的体网格类型，这种网格在近壁面处网格质量较好，在模型内部网格质量较差。
- Cartesian: 是一种自动生成的六面体非结构网格。

不同的体网格类型对应着不同的网格生成方法。Mesh Method（网格生成方法）主要有以下几种可供选择。

- Robust（Octree）：适用于 Tetra/Mixed 网格类型，此方法使用八叉树方法生成四面体网格，是一种自上而下的网格生成方法，即先生成体网格，再生成面网格。对于复杂模型，不需要花费大量时间用于几何修补和面网格的生成。
- Quick（Delaunay）：适用于 Tetra/Mixed 网格类型，此方法生成四面体网格，是一种自下而上的网格生成方法，即先生成面网格，再生成体网格。
- Smooth（Advancing Front）：适用于 Tetra/Mixed 网格类型，此方法生成四面体网格，是一种自下而上的网格生成方法，即先生成面网格，再生成体网格。与 Quick 方法不同的是，近壁面网格尺寸变化平缓，对初始的面网格质量要求较高。
- TGrid: 适用于 Tetra/Mixed 网格类型，此方法生成四面体网格，是一种自下而上的网格生成方法，能够使近壁面网格尺寸变化平缓。
- Body-Fitted: 适用于 Cartesian 网格类型，此方法创建非结构笛卡儿网格。
- Staircase（Global）：适用于 Cartesian 网格类型，该方法可以对笛卡儿网格进行细化。
- Hexa-Core: 适用于 Cartesian 网格类型，该方法生成六面体为主的网格。

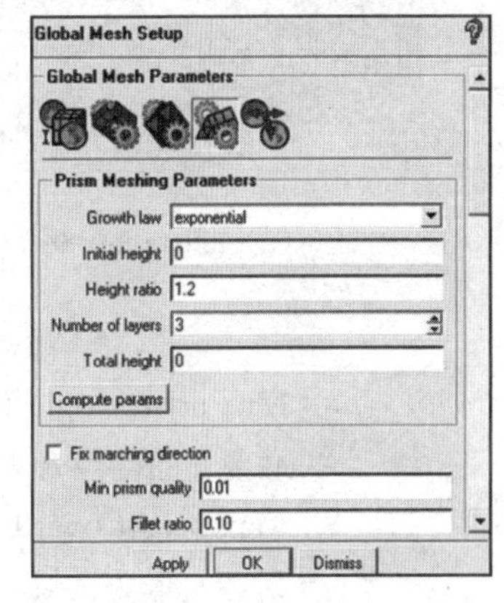

图2-28 棱柱网格尺寸

- （棱柱网格尺寸）：设定棱柱网格大小，如图 2-28 所示。

在 Prism Meshing Parameters（棱柱网格参数）中有以下几个选项。

- Growth law（增长规律）有 exponential（指数）和 linear（线性）两种类型。
- Initial height（初始高度），不指定时自动计算。
- Height ratio（高度比率），边界层网格由外到内的高度比。
- Number of layers（层数），网格层数。
- Total height（总高度），总棱柱厚度。
- Compute params（将计算余下的参数），指定以上 5 个参数中的 3 个，余下的 2 个可通过计算得到。

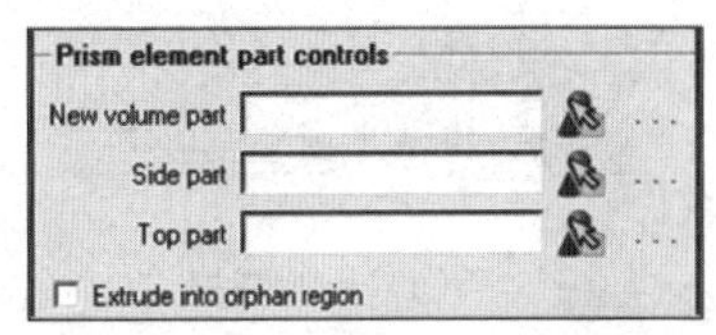

图2-29 棱柱网格局部参数设置

在 Prism element part controls（局部参数）中，可为各个 Part 单独设定初始高度，高度比率和层数如图 2-29 所示。

- New volume part：指定新的 Part 存放棱柱单元，或者从已有的面或体网格 Part 中选择。
- Side part：存放侧面网格的 Part。
- Top part：存放最后一层棱柱顶部三角形面单元。
- Extrude into orphan region：当选中时向已有体单元外部生长棱柱，而不是向内。

在 Smoothing Options（光顺选项）中有以下几个选项。

- Number of surface smoothing steps（光顺步数）：当仅拉伸一层时，设表面/体光顺步为 0，值的设定将根据模型及用户的经验来定。
- Triangle quality type（三角网格质量类型）：一般选择 Laplace。
- Max directional smoothing steps（最大光顺步数）：根据初始棱柱质量重新定义拉伸方向，在每层棱柱生成过程中都会计算。

其他参数：

- Fix marching direction（保持正交）：保持棱柱网格生成与表面正交。
- Min prism quality（最低网格质量）：设置允许的最低棱柱质量，当质量不达标时，重新光顺或者用金字塔型单元覆盖或替换。
- Ortho weight（正交权因子）：节点移动权因子（0 为提高三角形质量，1 为提高棱柱正交性）。
- Fillet ratio（圆角比率）：0 表示无圆角，1 表示圆角曲率，等于棱柱层高度，如图 2-30 所示。

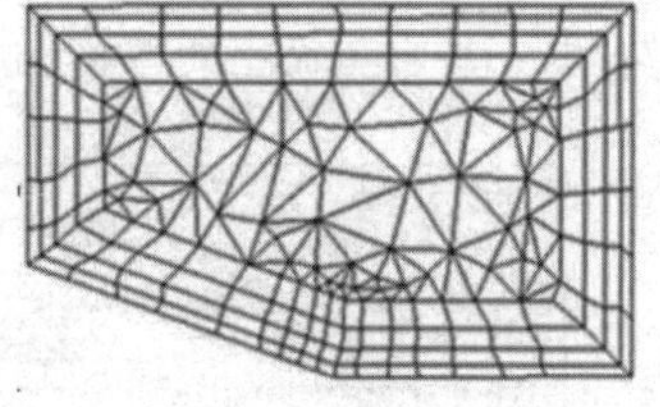

（a）Fillet ratio=0

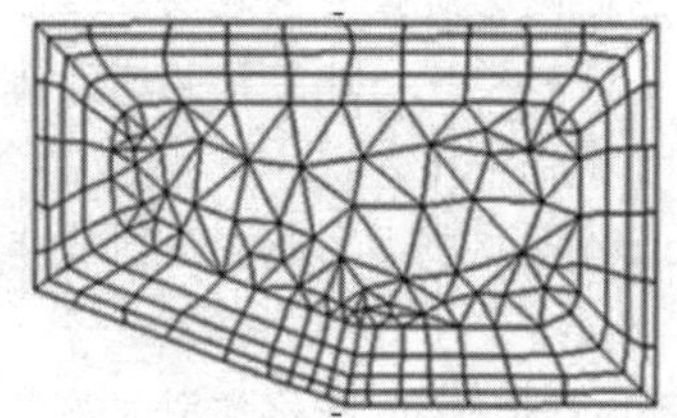

（b）Fillet ratio=0.5

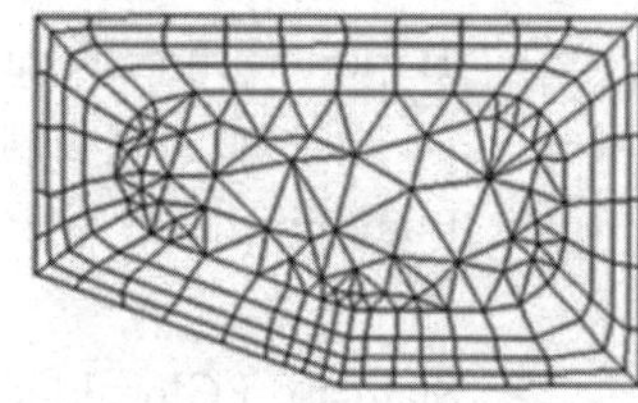

（c）Fillet ratio=1

图2-30　圆角比率

- Max prism angle（最大棱柱角）：控制弯曲附近到邻近曲面棱柱层的生成，在棱柱网格停止的位置用金字塔形网格连接，通常设置为 120º ~ 180º，如图 2-31 所示。
- Max height over base（最大基准高度）：限制棱柱体网格的纵横比，在棱柱体网格的纵横比超过指定值的区域，棱柱层停止生长，如图 2-32 所示。

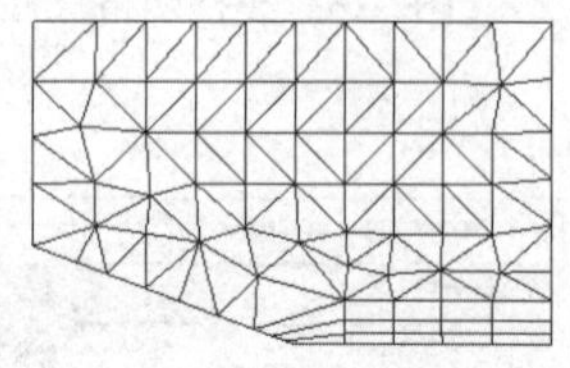

（a）原始网格

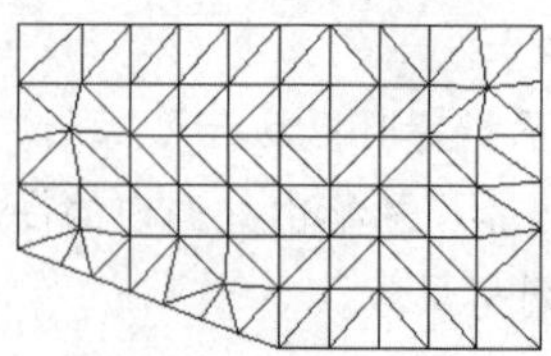

（b）Max prism angle = 180º

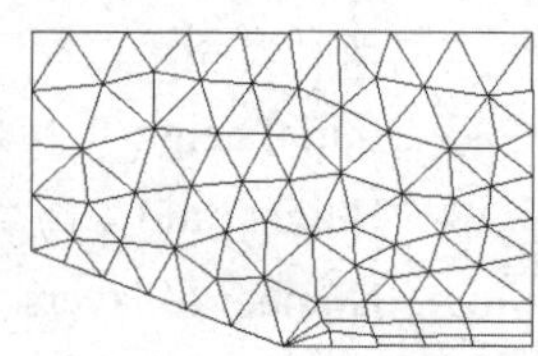

（c）Max prism angle = 140º

图2-31　最大棱柱角

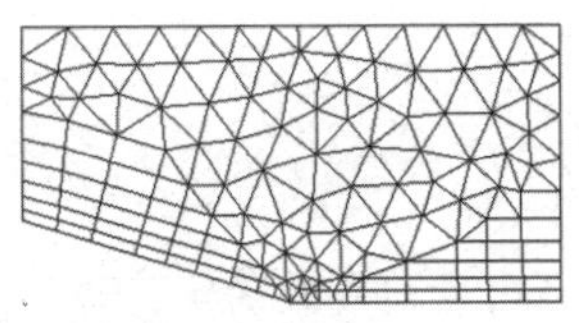

（a）原始网格

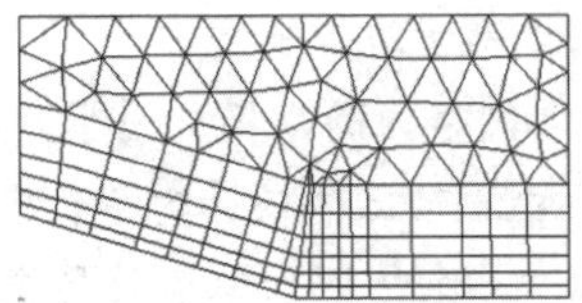

（b）Max height over base = 1.0

图2-32 Max height over base

➢ Prism height limit factor（棱柱高度限制系数）：限制网格的纵横比。如果 Factor 达到指定值，则棱柱体网格的高度不会扩展，保证指定的棱柱体网格层数；如果相邻两个单元尺寸差异的 Factor 大于 2，则功能失效，如图 2-33 所示。

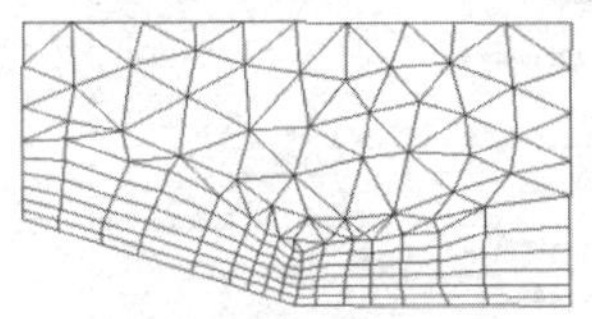

（a）原始网格

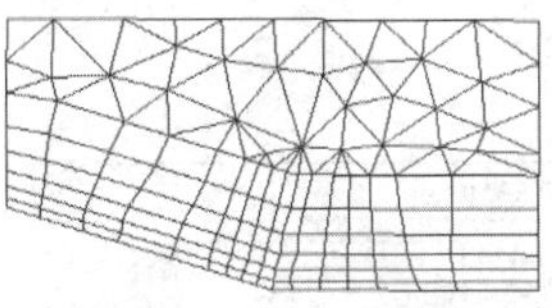

（b）Factor = 0.5

图2-33 棱柱高度限制系数

- （设定周期性网格）：设定周期性网格的类型及尺寸，如图 2-34 所示。

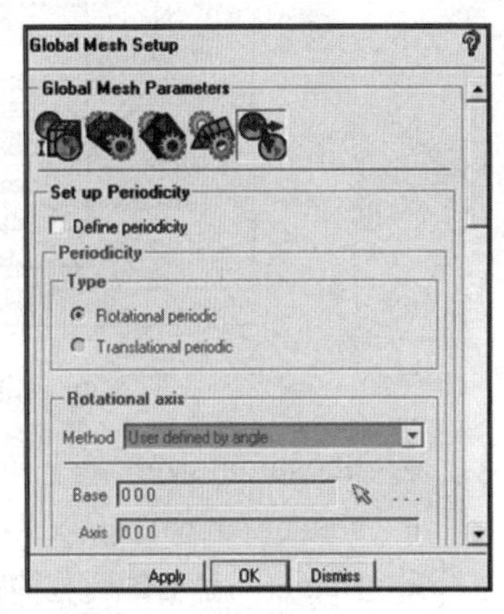

图2-34 设定周期性网格

棱柱网格尺寸和周期性网格的设置相对比较简单，读者可参考帮助文档。

2）Part Mesh Setup（部件网格设定）

设定几何模型中指定区域的网格尺寸，如图2-35所示。可以通过将几何模型中的特征尺寸区域定义为一个Part，设置较小的网格尺寸来捕捉细致的几何特征，或者将对计算结果影响不大的几何区域定义为一个Part，设置较大的网格尺寸来减少网格生成的计算量，提高数值计算的效率。

Part Mesh Setup

Part	Prism	Hexa-core	Maximum size	Height	Height ratio	Num layers	Tetra size ratio	Tetra width	Min size limit	Max deviation	Prism height limit f	Prism growth l	Internal wal	Split wall
FLUID														
FLUID_MATL														
IN			5	0	0	0	0	0	0	0	0	undefined		
OUT			5	0	0	0	0	0	0	0	0	undefined		
PART_1				0	0	0	0	0	0	0	0	undefined		
PART_3				0	0	0	0	0	0	0	0	undefined		
PART_4			5	0	0	0	0	0	0	0	0	undefined		
PART_5			0					0	0	0	0	undefined		
PIPE			5	0	0	0	0	0	0	0	0	undefined		
ROD			5	0	0	0	0	0	0	0	0	undefined		

Show size params using scale factor
Apply inflation parameters to curves
Remove inflation parameters from curves
Highlighted parts have at least one blank field because not all entities in that part have identical parameters
Apply Dismiss

图2-35 部件网格尺寸设定

3）Surface Mesh Setup（表面网格设定）

通过鼠标选择几何模型中的一个或几个面，设置其网格尺寸，如图2-36所示。

- Maximum size：基于边的长度。
- Height：面上体网格的高，仅适用于六面体/三棱柱。
- Height ratio：六面体/三棱柱层的增长率。
- Num. of layers：均匀的四面体增长层数或三棱柱增长层数，大小由表面参数确定。
- Tetra size ratio：四面体平均生长率。
- Min size limit：表面最小的四面体，自动细分的限制。
- Max deviation：如果表面三角形中心到表面的距离小于设定值，就停止细分。

4）Curve Mesh Setup（曲线网格设定）

设置几何模型中指定曲线的网格尺寸，如图2-37所示。

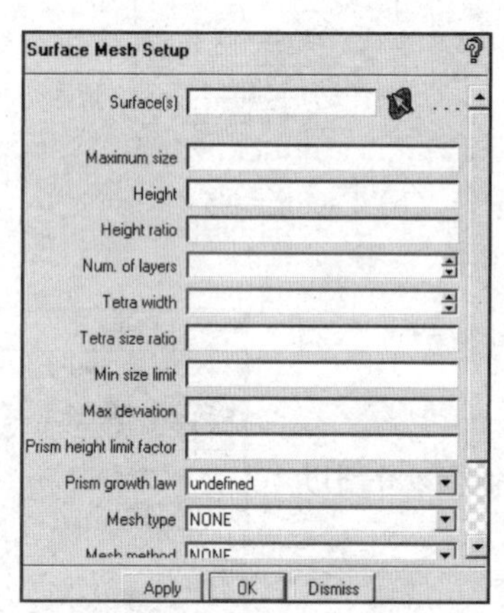

图2-36　表面网格设定

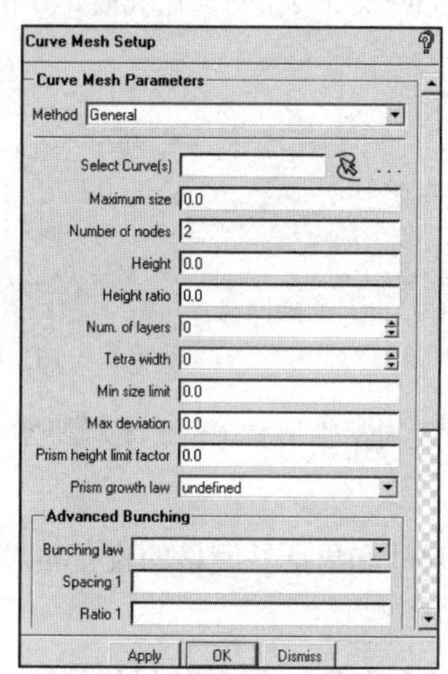

图2-37　曲线网格设定

- Maximum size：基于边的长度。
- Number of nodes：沿曲线的节点数。
- Height：面上体网格的高，仅适用于六面体/三棱柱。
- Height ratio：六面体/三棱柱层的增长率。
- Num. of layers：均匀的四面体增长层数或三棱柱增长层数，大小由表面参数确定。
- Tetra width：四面体平均生长率。
- Min size limit：表面最小的四面体，自动细分的限制。
- Max deviation：表面三角形中心到表面的距离小于设定值，就停止细分。

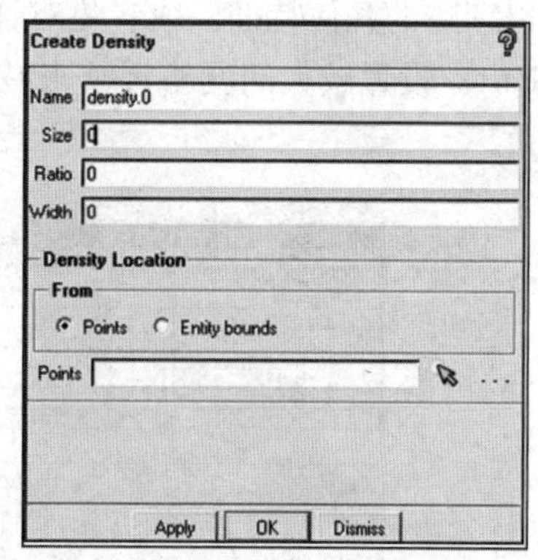

图2-38　网格加密

5）Create Density（创建密度）

通过选取几何模型上的一点，指定加密宽度、网格尺寸和比例，生成以指定点为中心的网格加密区域，如图2-38所示。

- Size：网格尺寸。
- Ratio：网格生长比率。

- Width：密度盒内填充网格的层数。

网格加密的类型有以下两种。

- Points：用 2~8 个位置的点（两点为圆柱状）确定网格加密区域，如图 2-39 所示。
- Entity bounds：用所选择对象的边界来定义密度盒。

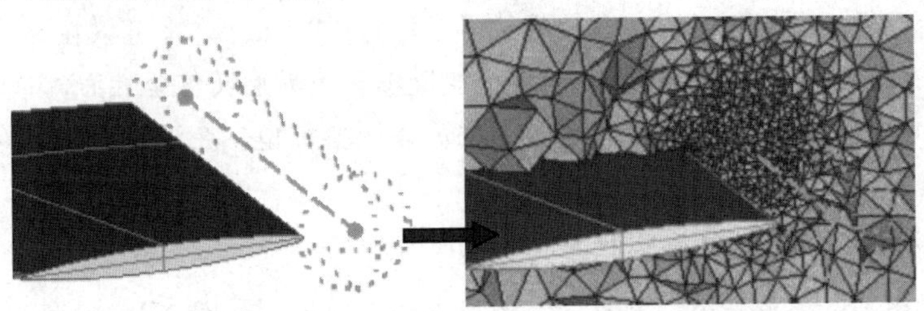

图2-39 两点网格加密

6）Define Connections（定义连接）

通过定义连接两个不同的实体，如图2-40所示。

7）Mesh Curve（生成曲线网格）

生成一维曲线的网格，如图2-41所示。

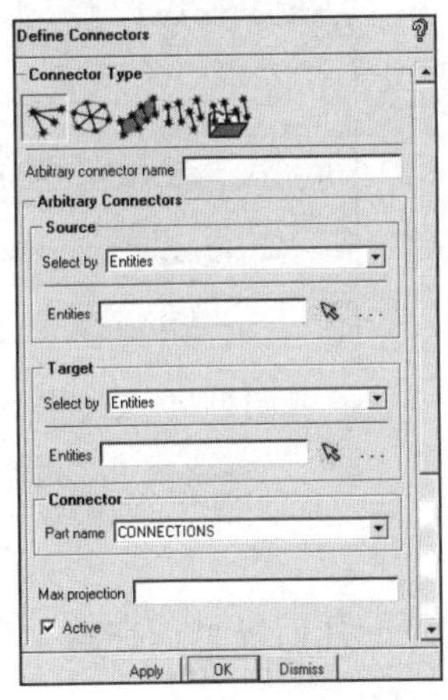

图 2-40 定义连接

图 2-41 生成曲线网格

8）Compute Mesh（计算网格）

根据前面的设置生成二维面网格、三维体网格或三棱柱网格。

- （面网格）：生成二维面网格，如图 2-42 所示。Mesh type（网格类型）有以下 4 种网格类型可供选择。
    - All Tri：所有网格单元类型为三角形。
    - Quad w/one Tri：面上的网格单元大部分为四边形，最多允许有一个三角形网格单元。
    - Quad Dominant：面上的网格单元大部分为四边形，允许有一部分三角形网格单元的存在。这种网格类型多用于复杂的面，此时如果生成全部四边形网格，则会导致网格质量非常低。对于简单的几何，该网格类型和 Quad w/one Tri 生成的网格效果相似。

➢ All Quad，所有网格单元类型为四边形。

- （体网格）：生成三维体网格，如图 2-43 所示。Mesh Type（网格类型）有以下三种网格类型可供选择。

  ➢ Tetra/Mixed：是一种应用比较广泛的非结构网格类型。在默认情况下自动生成四面体网格（Tetra），通过设定可以创建三棱柱边界层网格（Prism），也可以在计算域内部生成以六面体单位为主的体网格（Hexcore），或者生成既包含边界层又包含六面体单元的网格。

  ➢ Hex-Dominant：是一种以六面体网格为主的体网格类型，在近壁面处网格质量较好，在模型内部网格质量较差。

  ➢ Cartesian：是一种自动生成的六面体非结构网格。

- （三棱柱网格）：生成三棱柱网格，一般用来细化边界，如图 2-44 所示。

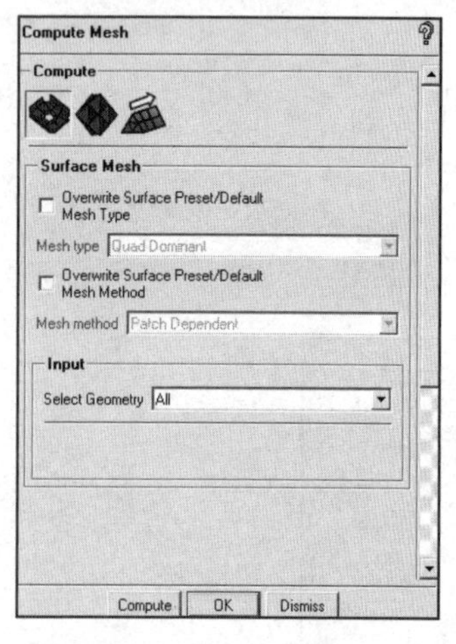

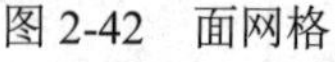
图 2-42　面网格

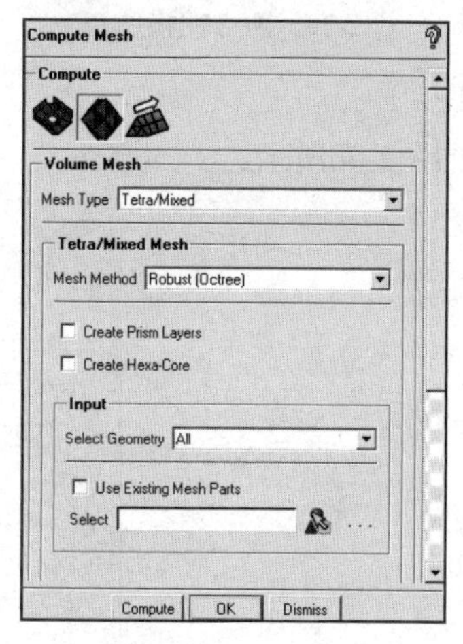

图 2-43　体网格

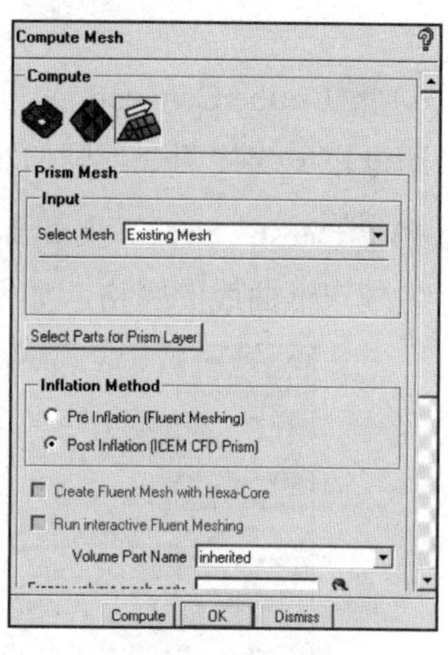

图 2-44　三棱柱网格

2.3.4　块的生成

ICEM CFD除自动生成网格外，还可以通过生成Block（块）来逼近几何模型，在块上生成质量更高的网格。

ICEM CFD生成块的方式主要有两种：自顶向下和自下而上。自顶向下生成块方式类似于雕刻家，将一整块以切割、删除等操作方式，构建符合要求的块；自下而上则类似于建筑师，从无到有一步一步以添加的方式构建符合要求的块。不管是以何种方式进行块的构建，最终的块通常都是类似的。块生成功能如图2-45所示。

图2-45　块生成

其主要具备以下功能。

1）Create Block（创建块）

生成块用于包含整个几何模型，如图2-46所示。生成块的方法包括以下5种。

- （生成初始块）：通过选定部位的方法生成块。
- （从顶点或面生成块）：使用选定顶点或面的方法生成块。

- （拉伸面）：使用拉伸二维面的方法生成块。
- （从二维到三维）：将二维面生成三维块。
- （从三维到二维）：将三维块转换成二维面。

2）Split Block（分割块）

将块沿几何变形部分分割开，从而使块能够更好地逼近几何模型，如图2-47所示。分割块的方法主要介绍以下6种。

- （分割块）：直接使用界面分割块。
- （生成 O-Grid 块）：将块生成 O-Grid 网格形式。
- （延长分割）：延长局部的分割面。
- （分割面）：通过面上边线分割面。
- （指定分割面）：通过端点分割块。
- （自由分割）：通过手动指定的面分割块。

3）Merge Vertices（合并顶点）

将两个以上的顶点合并成一个顶点，如图2-48所示。

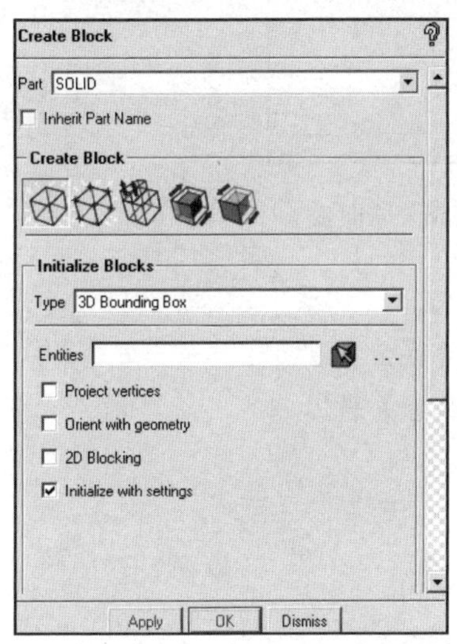

图 2-46　**创建块面板**

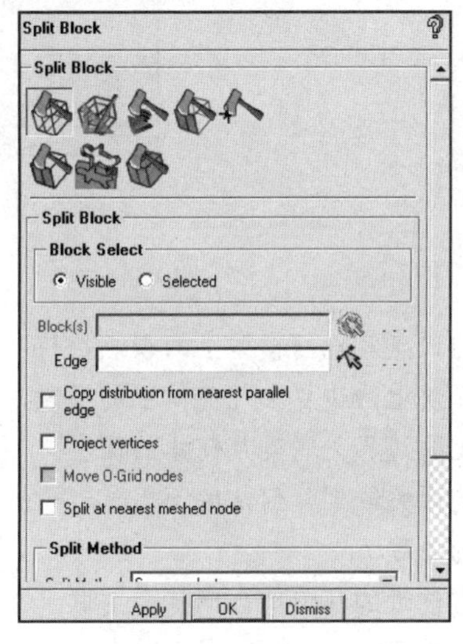

图 2-47　分割块面板

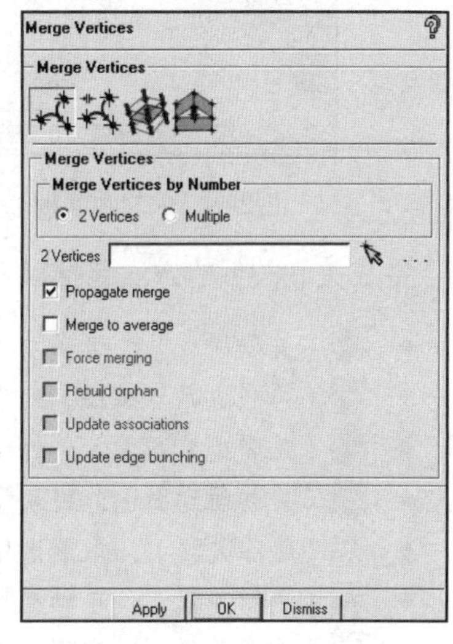

图 2-48　合并顶点面板

合并顶点的方法包括以下4种。

- （合并指定顶点）：通过指定固定点和合并点的方法，将合并点向固定点移动，从而合成新顶点。
- （使用公差合并顶点）：合并在指定公差极限内的顶点。
- （删除块）：通过删除块的方法将原来块的顶点合并。
- （指定边缘线）：通过指定边缘线的方法将端点合并到线上。

4）Edit Block（编辑块）

通过编辑块的方法得到特殊的网格形式，如图2-49所示。编辑块的方法主要介绍以下7种。

- （合并块）：将一些块合并为一个较大的块。
- （合并面）：将面和与之相邻的块合并。

- （修正O-Grid网格）：更改O-Grid网格的尺寸因子。
- （周期顶点）：在选定的几个顶点之间生成周期性边界条件。
- （修改块类型）：通过修改块类型生成特殊网格类型。
- （修改块方向）：改变块的坐标方向。
- （修改块编号）：更改块的编号。

5）Blocking Associations（生成关联）

在块与几何模型之间生成关联关系，从而使块更加逼近几何模型，如图2-50所示。

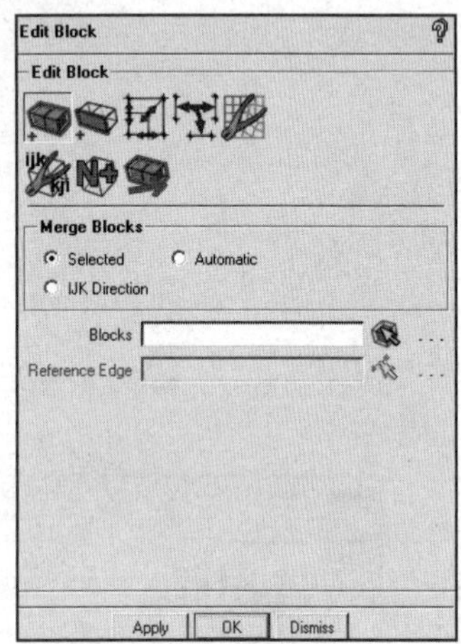

图2-49　编辑块面板

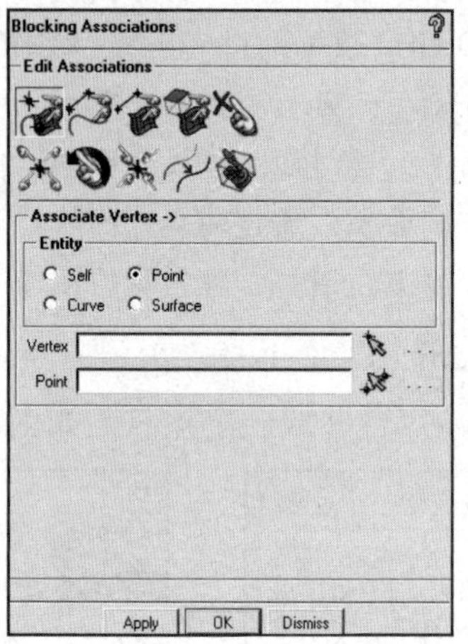

图2-50　生成关联面板

生成关联关系的方法包括以下10种。

- （关联顶点）：选择块上的顶点及几何模型上的顶点，将两者关联。
- （关联边界与线段）：选择块上的边界和几何体上的线段，将两者关联。
- （关联边界到面）：将块上的边界关联到几何体的面上。
- （关联面到面）：将块上的面关联到几何体的面上。
- （删除关联）：取消选中的关联。
- （更新关联）：自动在块与最近的几何体之间建立关联。
- （重置关联）：重置选中的关联。
- （快速生成投影顶点）：将可见顶点或选中顶点投影到相对应的点、线或面上。
- （生成或取消复合曲线）：将多条曲线形成群组，生成复合曲线，从而可以将多条边界关联到一条直线上。
- （自动关联）：以最合理的原则自动关联块和几何模型。

6）Move Vertices（移动顶点）

通过移动顶点的方法使网格角度达到最优化，如图2-51所示。移动顶点的方法包括以下6种。

- （移动顶点）：直接利用鼠标拖动顶点。
- （指定位置）：为顶点直接指定位置，可以直接指定顶点坐标，或者通过选择参考点和相对位置的方法指定顶点位置。
- （沿面排列顶点）：指定平面，将选定顶点沿着面边界排列。

- （沿线排列顶点）：指定参考线段，将选定顶点移动到此线段上。
- （设定边界长度）：通过修改边界长度的方法移动顶点。
- （移动或旋转顶点）：移动或旋转顶点。

7）Transform Blocks（变换块）

通过对块的变换复制生成新的块，如图2-52所示。变换块的方法主要介绍以下5种。

- （移动）：通过移动的方法生成新块。
- （旋转）：通过旋转的方法生成新块。
- （镜像）：通过镜像的方法生成新块。
- （成比例缩放）：以一定比例缩放生成新块。
- （周期性复制）：通过周期性地复制生成新块。

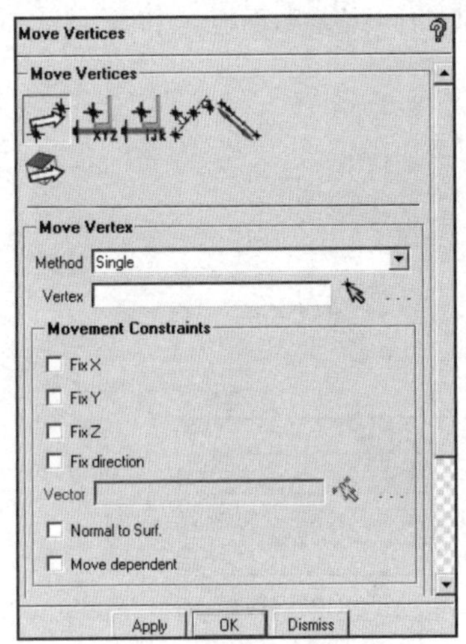

图 2-51　移动顶点面板

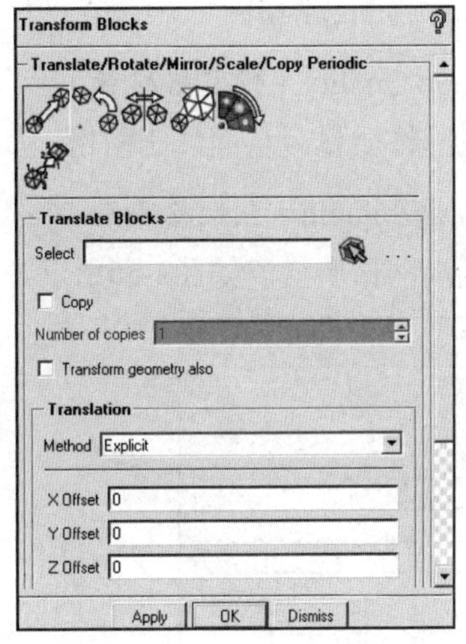

图 2-52　变换块面板

8）Edit Edge（编辑边界）

通过对块的边界进行修整以适应几何模型，如图2-53所示。编辑边界的方法包括以下5种：

- 分割边界。
- 移除分割。
- 关联边界：通过关联的方法设定边界形状。
- 移除关联。
- 改变分割边界类型。

9）Pre-Mesh Params（预网格参数）

指定网格参数供用户预览，如图2-54所示。预设网格参数包括以下5项。

- （更新尺寸）：自动计算网格尺寸。
- （指定因子）：指定一个固定值将网格密度变为原来的 n 倍。
- （边界参数）：指定边界上的节点个数和分布原则。
- （匹配边界）：将目标边界与参考边界相比较，按比例生成节点个数。
- （细化块）：允许用户使用一定的原则细化块。

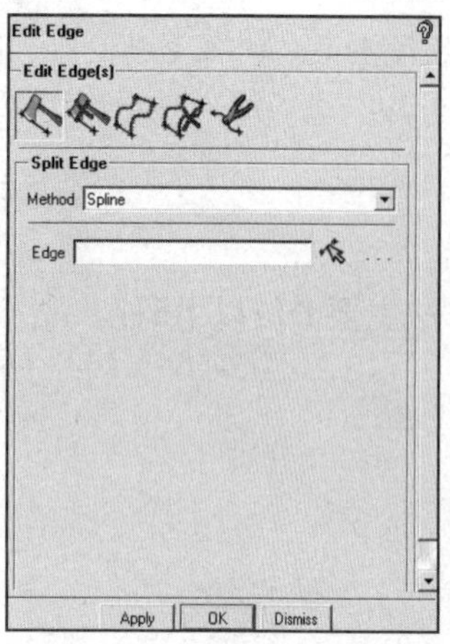

图 2-53 编辑边界面板

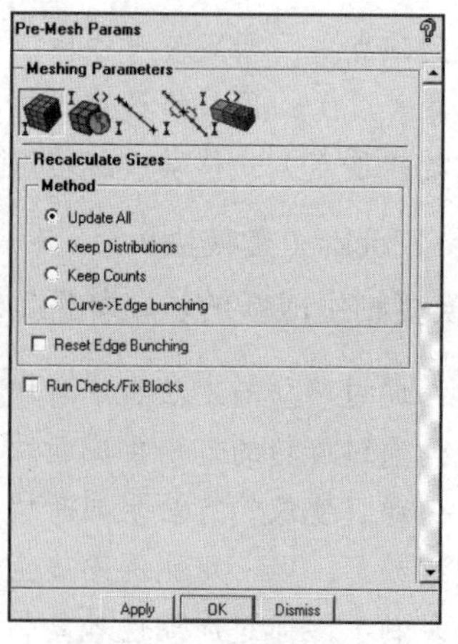

图 2-54 预网格参数面板

10）Pre-Mesh Quality（预网格质量）

该功能可预览网格质量，从而修正网格，如图2-55所示。

11）Pre-Mesh Smooth（预网格平滑）

平滑网格，提高网格质量，如图2-56所示。

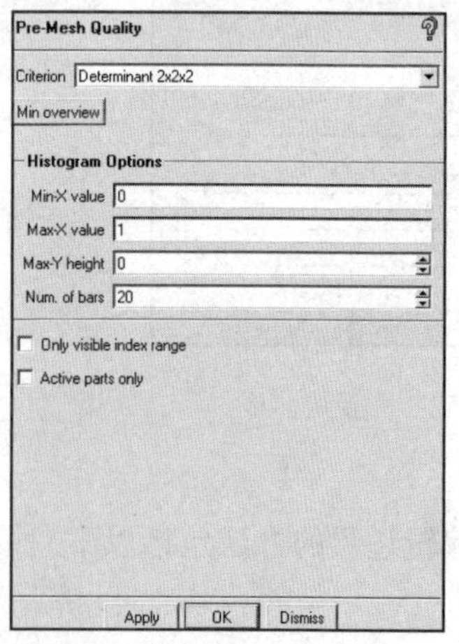

图 2-55 预网格质量面板

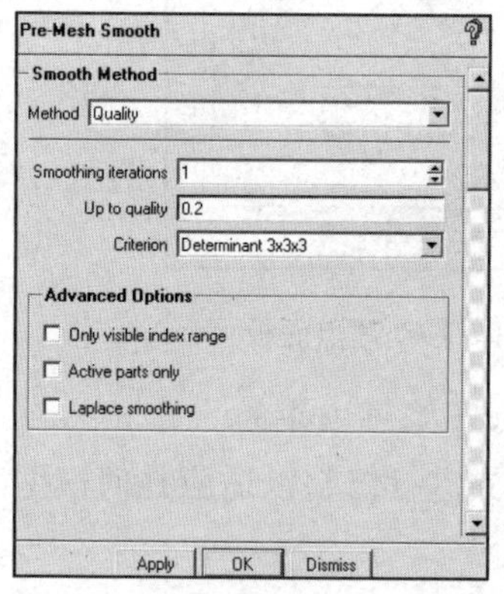

图 2-56 预网格平滑面板

12）Check Blocks（检查块）

检查块的结构，如图2-57所示。

13）Delete Block（删除块）

删除选定的块，如图2-58所示。

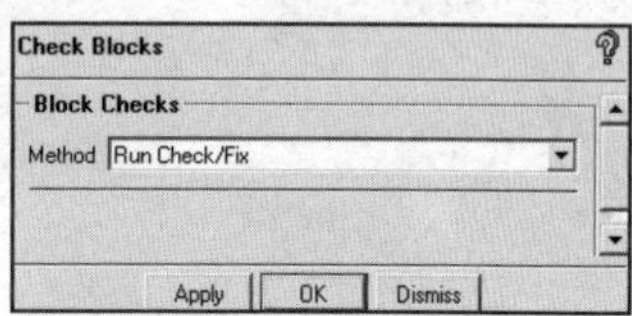

图 2-57 检查块面板

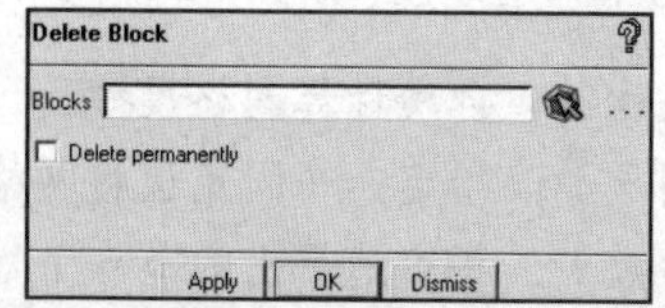

图 2-58 删除块面板

预览网格质量、预览网格平滑、检查块和删除块的设置相对比较简单，读者可参考帮助文档。

2.3.5　网格输出

网格生成并修复后，便可将网格输出，以供后续模拟计算使用。网格输出的工具如图2-59所示。

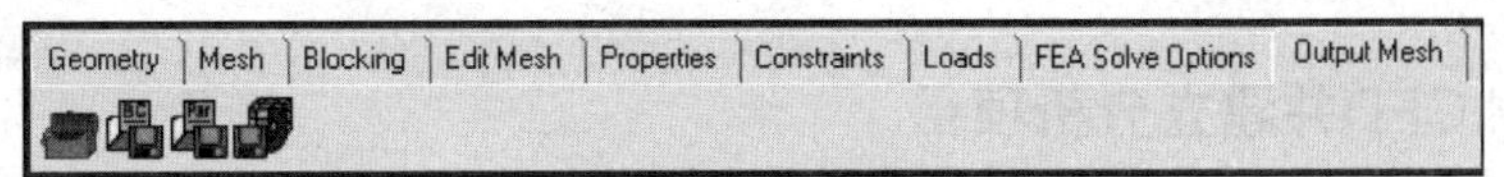

图2-59　网格输出

网格输出的方法如下。

- Solver Setup（求解器设定）：选择进行数值计算的求解器。对于 CFX 来说，求解器选择 ANSYS CFX 选项，如图 2-60 所示。
- Part boundary conditions（部件边界条件）：此功能用于查看定义的边界条件，如图 2-61 所示。

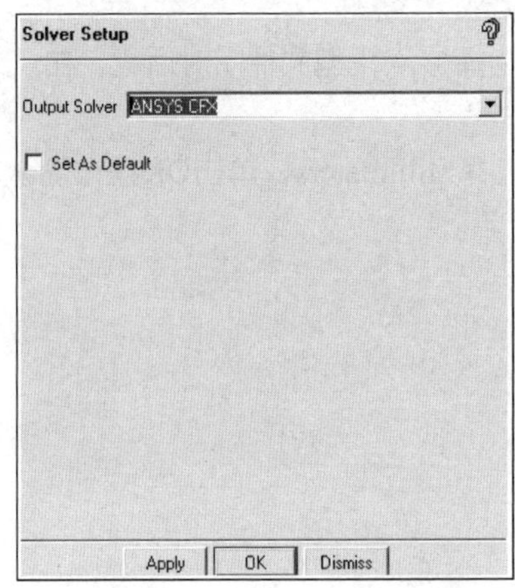

图 2-60　求解器设定

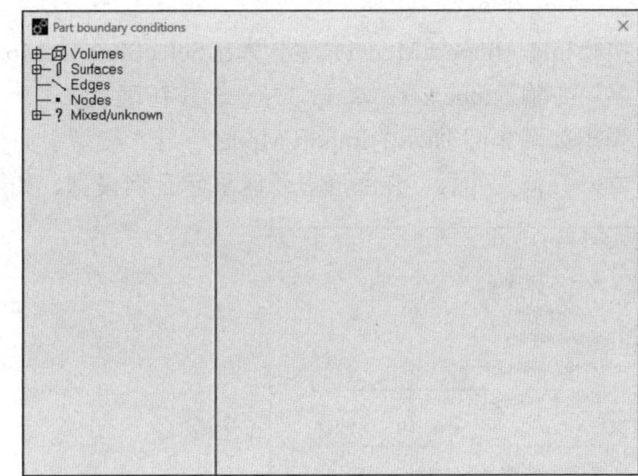

图 2-61　边界条件

- Edit Parameters（编辑参数）：用于编辑网格参数。
- Write Import（写出输入）：将网格文件写成 CFX 可导入的*.cfx5 文件，如图 2-62 所示。

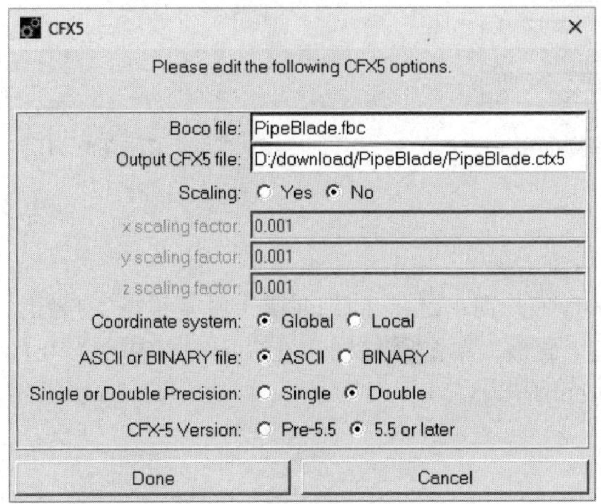

图2-62　写出输入

2.4　ANSYS ICEM CFD实例分析

本节将通过一个弯管网格划分的例子，让读者对使用ANSYS ICEM CFD进行网格划分的过程有一个初步了解。

2.4.1　启动ICEM CFD并建立分析项目

步骤01　在Windows系统下执行“开始”→“所有程序”→ANSYS 2024→Meshing→ICEM CFD 2024 命令，启动ICEM CFD 2024，进入ICEM CFD 2024 界面。

步骤02　执行File→Save Project命令，弹出Save Project As对话框，在“文件名”中输入tube，单击OK按钮确认，关闭对话框。

2.4.2　导入几何模型

步骤01　执行File→Import Model命令，弹出Select Import Model file（选择导入模型文件）对话框，在“文件名”中输入tube.x_t，单击“打开”按钮确认。

步骤02　弹出如图 2-63 所示的Import Model（导入模型）面板，Unit选择Millimeters，单击OK按钮确认。

步骤03　导入几何文件后，在图形显示区显示几何模型，如图 2-64 所示。

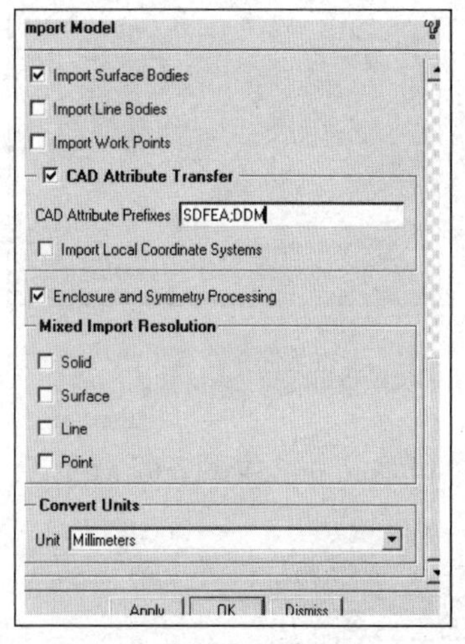

图 2-63　导入几何模型面板

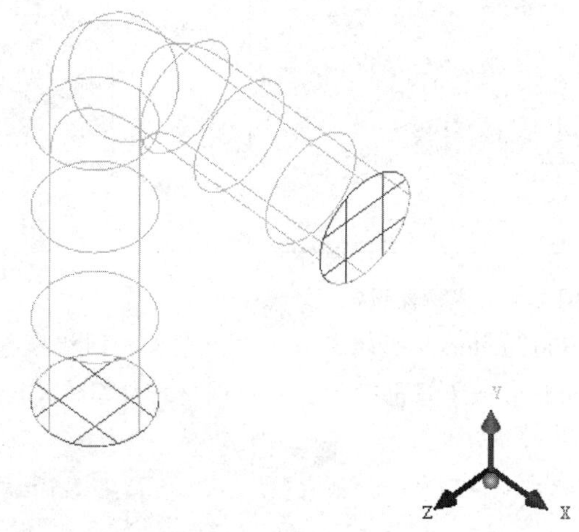

图 2-64　几何模型

2.4.3　模型建立

步骤01　单击功能区内Geometry（几何）选项卡中的 （修复模型）按钮，弹出如图 2-65 所示的Repair Geometry（修复模型）面板，单击 按钮，在Tolerance中输入 0.1，单击OK按钮确认，几何模型修复完毕后，如图 2-66 所示。

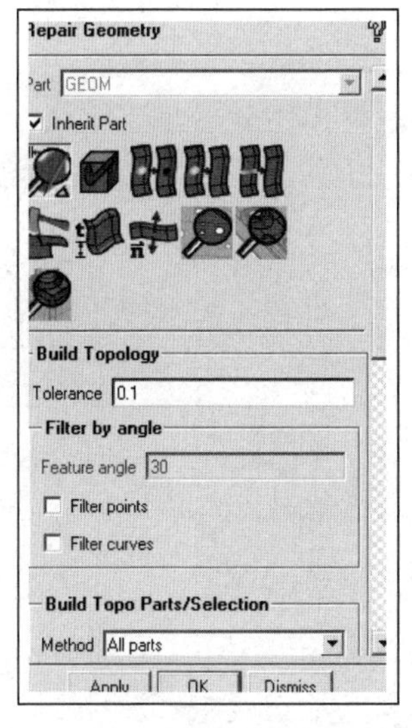

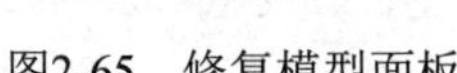

图2-65　修复模型面板

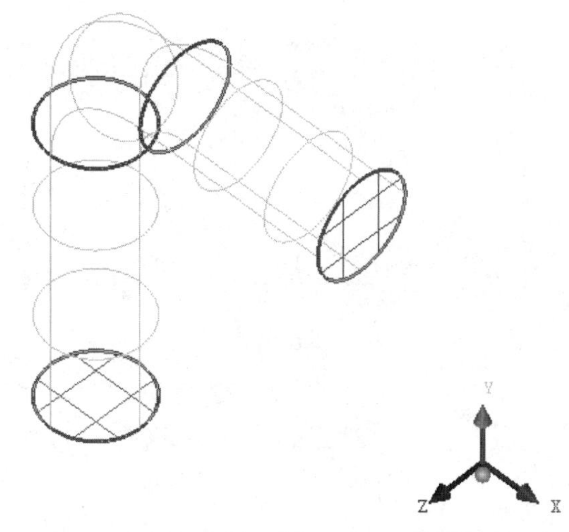

图2-66　修复后的几何模型

步骤 02　单击功能区内Geometry（几何）选项卡中的（生成体）按钮，弹出如图 2-67 所示的Create Body（生成体）面板，单击按钮，再单击OK按钮确认生成体。

步骤 03　在操作控制树窗口中，右击Parts，弹出如图 2-68 所示的目录树，选择Create Part，弹出如图 2-69 所示的Create Part（生成边界）面板，在Part中输入IN，单击按钮选择边界，单击鼠标中间键确认，生成入口边界条件，如图 2-70 所示。

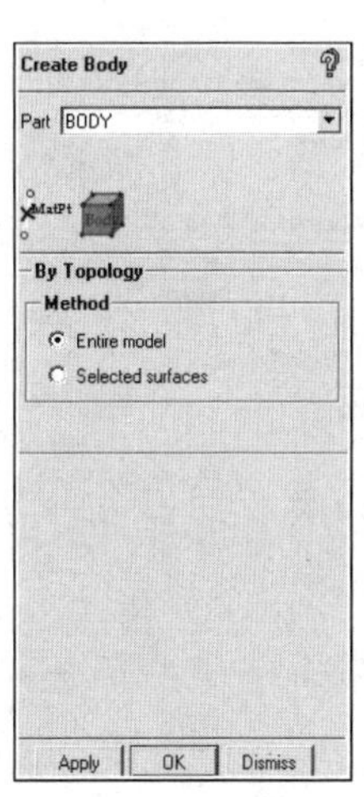

图 2-67　生成体面板

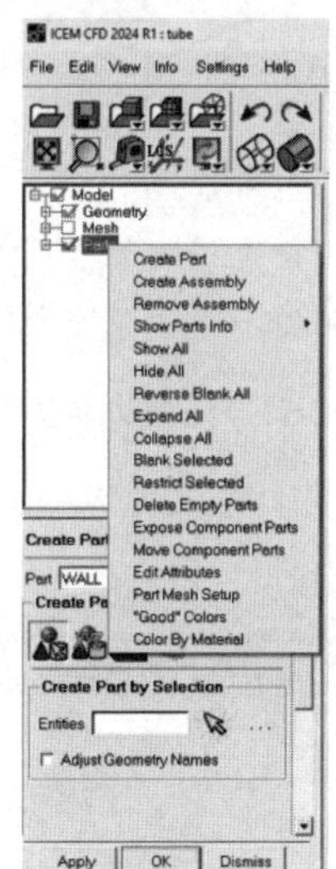

图 2-68　选择生成边界命令

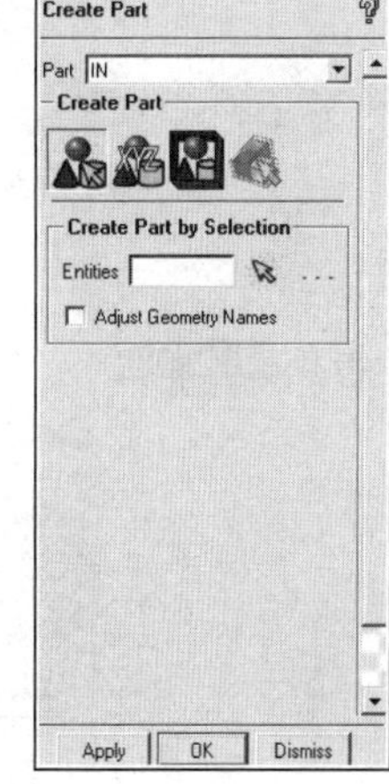

图 2-69　生成边界面板

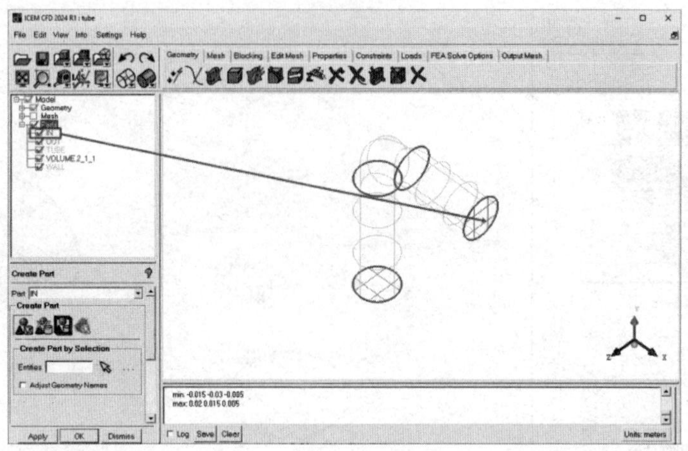

图2-70　入口边界条件

步骤04　再用步骤03的方法生成出口边界条件，命名为OUT，如图 2-71 所示。

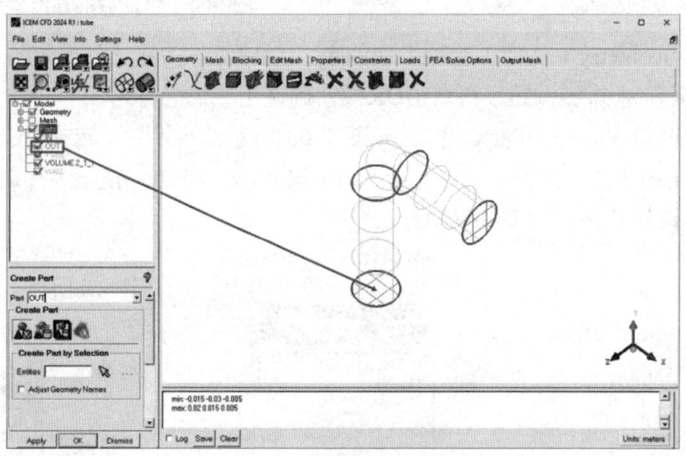

图2-71　出口边界条件

步骤05　再用步骤03的方法生成壁面边界条件，命名为WALL，如图 2-72 所示。

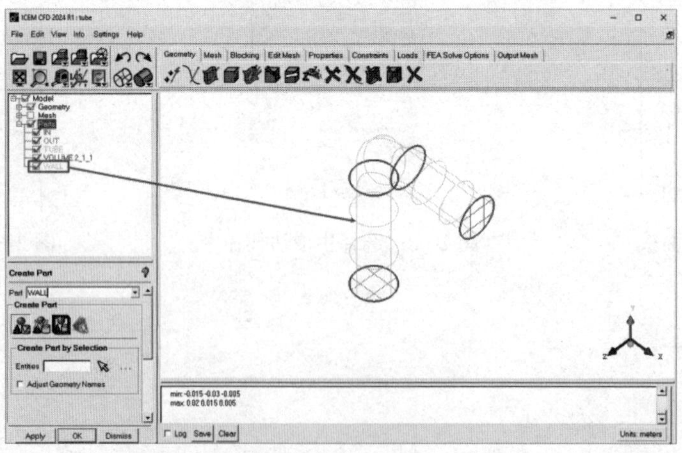

图2-72　壁面边界条件

2.4.4　网格生成

步骤 01　单击功能区内Mesh（网格）选项卡中的（全局网格设定）按钮，弹出如图 2-73 所示的Global Mesh Setup（全局网格设定）面板，在Max element中输入 1，单击Apply按钮确认。

步骤 02　单击功能区内Mesh（网格）选项卡中的（计算网格）按钮，弹出如图 2-74 所示的Compute Mesh（计算网格）面板，单击（体网格）按钮，然后单击Compute按钮确认生成体网格文件，如图 2-75 所示。

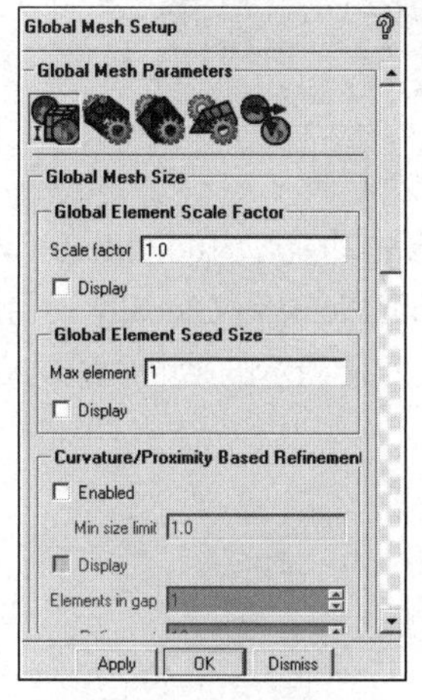

图 2-73　全局网格设定面板

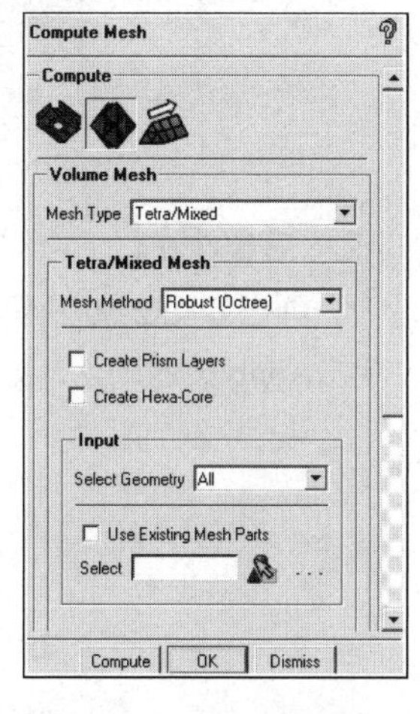

图 2-74　计算网格面板

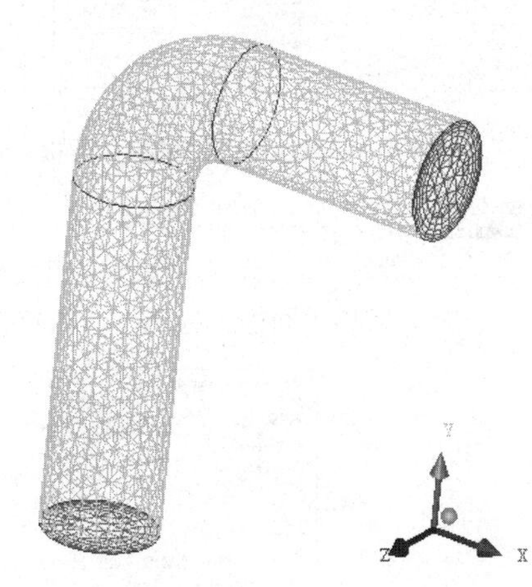

图 2-75　生成体网格

步骤 03　在Compute Mesh（计算网格）面板中单击（棱柱网格）按钮，然后单击Select Parts for Prism Layer按钮，弹出Prism Parts Data对话框，勾选WALL复选框，在Height ratio中输入 1.3，在Num layers中输入 5，如图 2-76 所示，单击Apply按钮确认退出。单击Compute按钮重新生成体网格，如图 2-77 所示。

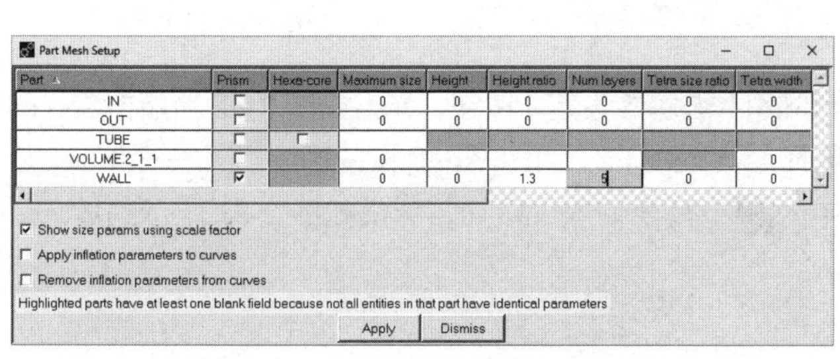

Part Mesh Setup

Part	Prism	Hexa-core	Maximum size	Height	Height ratio	Num layers	Tetra size ratio	Tetra width
IN	☐		0	0	0	0	0	0
OUT	☐		0	0	0	0	0	0
TUBE	☐	☐						
VOLUME 2_1_1	☐		0					0
WALL	☑		0	0	1.3	5	0	0

☑ Show size params using scale factor
☐ Apply inflation parameters to curves
☐ Remove inflation parameters from curves
Highlighted parts have at least one blank field because not all entities in that part have identical parameters
Apply　Dismiss

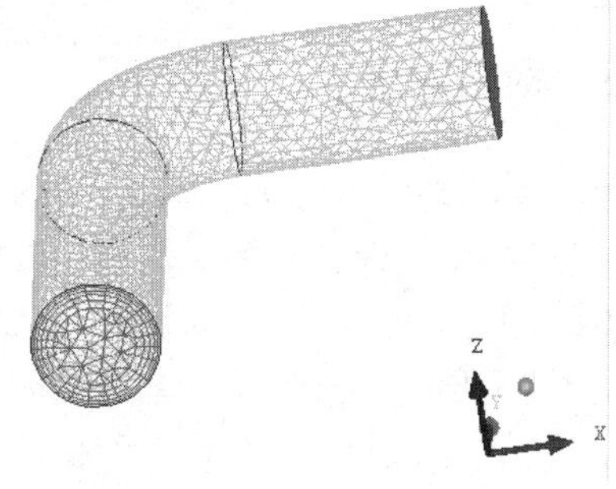

图2-76　Prism Parts Data对话框

图2-77　生成体网格

2.4.5　网格编辑

步骤 01　单击功能区内Edit Mesh（网格编辑）选项卡中的（检查网格）按钮，弹出如图 2-78 所示的Quality Metrics（质量指标）面板，单击Apply按钮确认。在信息栏中显示网格质量信息，如图 2-79 所示。

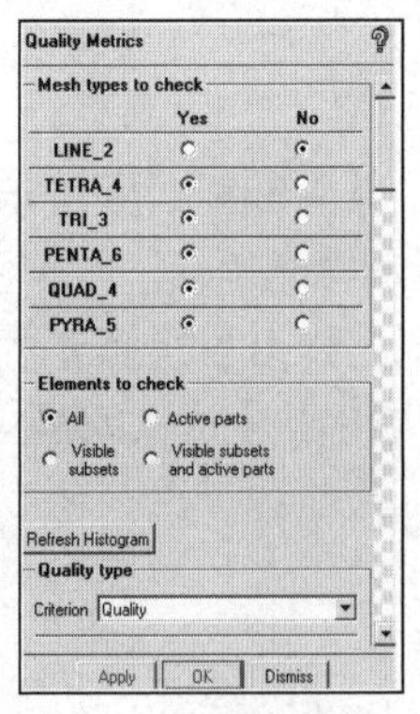

图2-78　质量指标面板

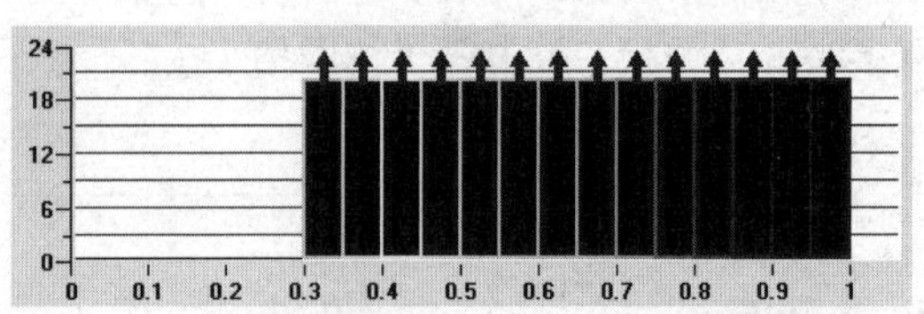

图2-79　网格质量信息

步骤 02 生成的网格质量为 0.3~1，一般建议删除网格质量在 0.4 以下的网格。单击功能区内Edit Mesh（网格编辑）选项卡中的（平顺全局网格）按钮，弹出如图 2-80 所示的Smooth Elements Globally（平顺全局网格）面板，在Up to value中输入 0.4，单击Apply按钮确认，显示如图 2-81 所示的平顺后的网格。

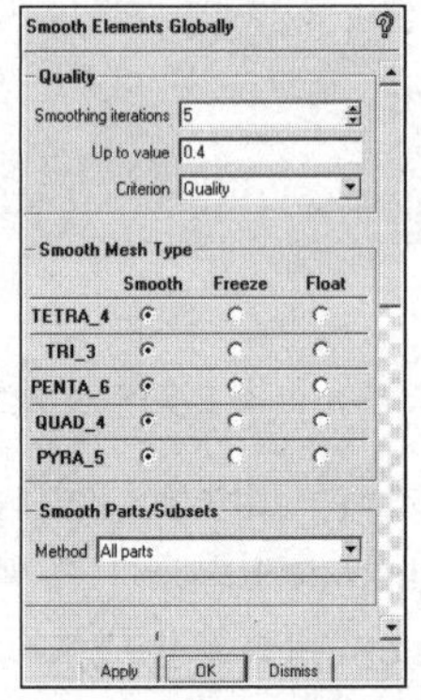

图 2-80　平顺全局网格面板

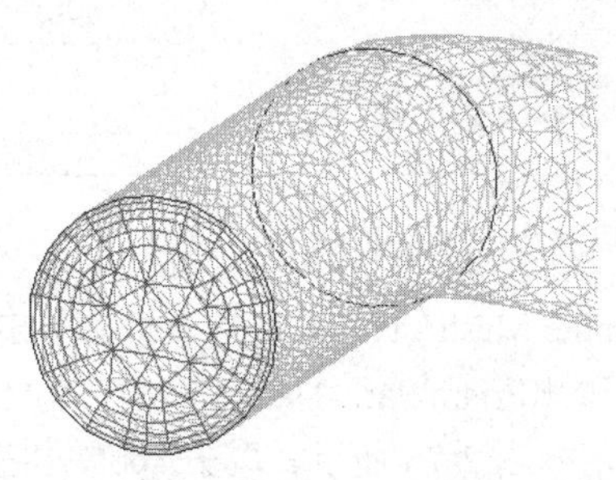

图 2-81　平顺后的网格

2.4.6　网格输出

步骤 01 单击功能区内Output（输出）选项卡中的（求解器设定）按钮，弹出如图 2-82 所示的Solver Setup（求解器设定）面板， Output Solver选择ANSYS CFX，单击Apply按钮确认。

步骤 02 单击功能区内Output（输出）选项卡中的（写出输入）按钮，弹出如图 2-83 所示的Write Import（写出输入）面板，单击Done按钮确认。

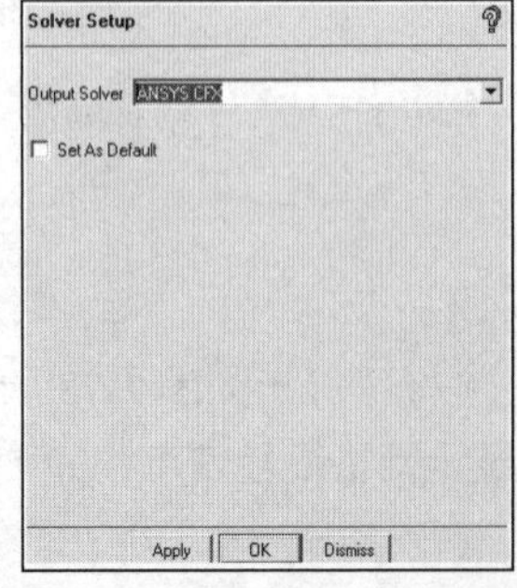

图 2-82　求解器设定面板

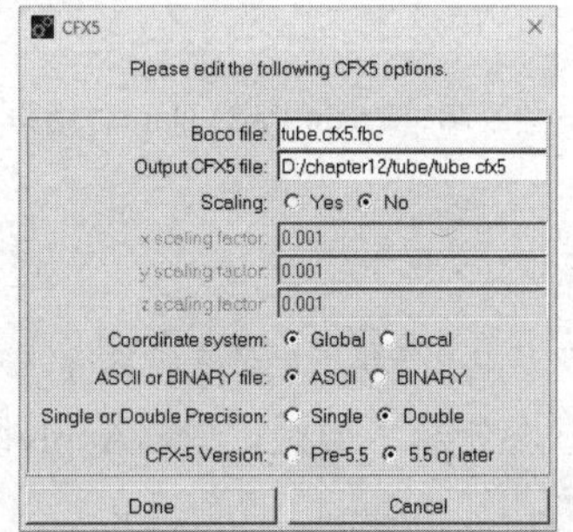

图 2-83　写出输入面板

2.5 本章小结

本章首先介绍了网格生成的基本知识，然后讲解了ICEM CFD划分网格的基本过程，最后给出了运用ICEM CFD划分网格的典型实例。通过对本章内容的学习，读者会对ICEM CFD有一定的了解，并且能够熟悉ICEM CFD的基本操作、界面以及网格生成的流程。

第3章

几何模型处理

导言

在进行流体计算时，不可避免地要创建流体计算域模型，ICEM CFD具备一定的几何建模能力，主要包含自底向上建模和自顶向下建模两种建模思路。

- 自底向上建模方式：遵循点－线－面的几何生成方法。首先创建几何关键点，由点连接生成曲线，再由曲线生成曲面。需要说明的是，ICEM CFD中并没有实体的概念，其最高一级几何为曲面。至于在创建网格时所建的body，只是拓扑意义上的体。
- 自顶向下建模方式：ICEM CFD中可以创建一些基本几何，如箱体、球体、圆柱体，在建模过程中可以直接创建这些基本几何，然后通过其他方式对几何进行修改。

同时，对于一些复杂结构的模型，通常需要在专业的CAD软件中进行创建，然后将几何文件导入ICEM CFD完成网格划分。ICEM CFD可以接受多种CAD软件绘制的几何文件。

学习目标

- 掌握ICEM CFD导入几何模型的方法
- 掌握ANSYS ICEM CFD软件建模的操作步骤

3.1 几何模型的创建

本节将介绍ICEM CFD中模型的基本几何元素的创建方式，包括点、线、面等。

3.1.1 点的创建

单击Geometry标签页，单击（创建点）按钮，即可进入点创建工具面板。该面板包含的按钮如图3-1所示。下面对各功能分别进行描述。

（1）Part（部件）：若没有勾选下方的Inherit Part复选框，则该区域可编辑。可将新创建的点放入指定的Part中。默认此项为GEOM且Inherit Part复选框被选中。

（2）Screen Select（屏幕选择点）：单击该按钮后，可在屏幕上选取任何位置进行点的创建。

（3）Explicit Coordinates（坐标输入）：单击该按钮，可以进行精确位置点的创建。可选模式包括单点创建及多点创建，如图3-2所示。

图3-2（a）为单点创建模式，输入点的（x, y, z）坐标即可创建点。图3-2（b）为多点创建模式，可以使用表达式创建多个点。

表达式可以包含+、–、/、*、^、( )、sin( )、cos( )、tan( )、asin( )、acos( )、atan( )、log( )、log10( )、exp( )、sqrt( )、abs( )、distance(pt1，pt2)、angle(pt1，pt2，pt3)、X(pt1)、Y(pt1)、Z(pt1)，所有的角度均以°作为单位。

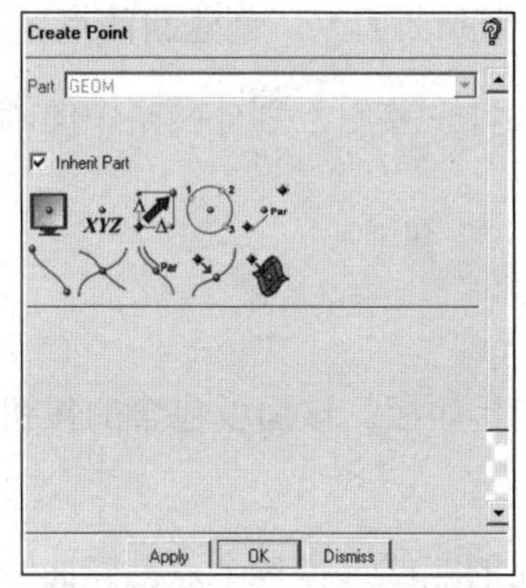

图3-1　点创建工具面板

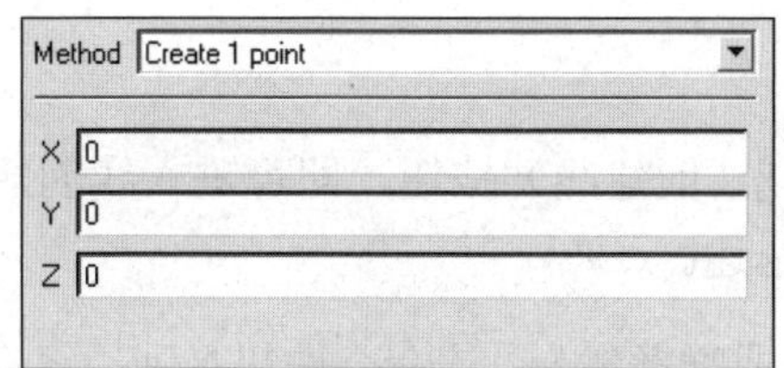

（a）单点创建模式

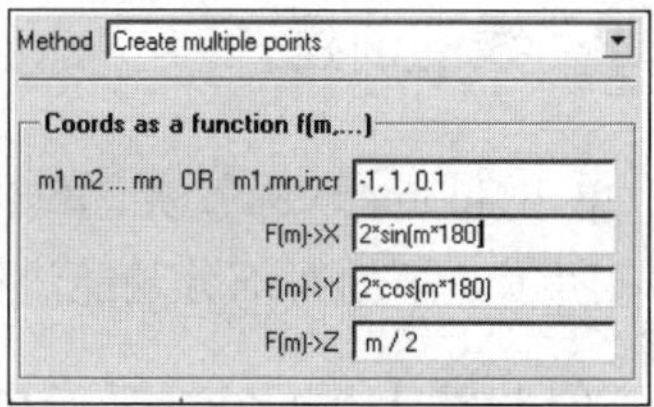

（b）多点创建模式

图3-2　点的创建方式

- 第一个文本框表示变量，包含两种格式，即列表形式（m1 m2…mn）与循环格式（m1, mn, incr）。主要区别在于是否有逗号，没有逗号为列表格式，有逗号为循环格式。例如 0.1 0.3 0.5 0.7 为列表格式；0.1, 0.5, 0.1 则为循环格式，表示起始值为 0.1，终止值为 0.5，增量为 0.1。
- F(m)->X 为点的 X 方向坐标，通过表达式进行计算。
- F(m)->Y 为点的 Y 方向坐标，通过表达式进行计算。
- F(m)->Z 为点的 Z 方向坐标，通过表达式进行计算。

图3-2（b）实际上创建的是一个螺旋形的点集。

（4）Base Point and Delta（基点偏移法）：以一个基准点及其偏移值创建点。使用时需要指定基准点及相对该点的X、Y、Z坐标。

（5）Center of 3 Points（三点定圆心）：可以利用该按钮创建三个点或圆弧的中心点。选取三个点创建中心点，其实是创建由这三点构建的圆的圆心。

（6）Parameter Along a Vector（两点之间定义点）：该命令按钮利用屏幕上选取的两点创建另一个点。单击该按钮后，出现如图3-3所示的操作面板。

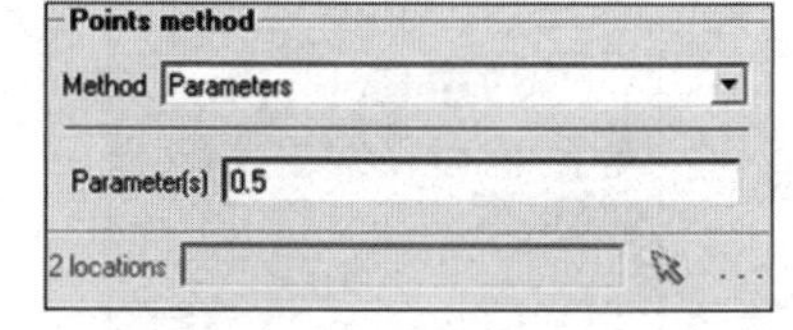

图3-3　操作面板

此方法创建点有两种方式：一种为图3-3所示的参数方法；另一种为指定点的个数的方法。

如图3-3所示，若设置参数值为0.5，则创建所指定两点连线的中点。此处的参数为偏离第一点的距离，该距离的计算方式为两点连线的长度与指定参数的乘积。采用指定点的个数的方式，是在两点间创建一系列点。若指定点个数为1，则创建中点。

（7）Curve Ends（线的端点）：单击该命令按钮将创建两个点，所创建的点为选取的曲线的两个终点。

（8）Curve-Curve Intersection（线段交点）：创建两条曲线相交所形成的交点。

（9）Parameter along a Curve（线上定义点）：与方式（6）类似，不同的是该命令按钮选取的是曲线，创建的是曲线的中点或沿曲线均匀分布的N个点。

（10）Project Point to Curve（投影到线上的点）：将空间点投影到某一曲线上，创建新的点。该命令按钮可以使新创建的点分割曲线。

（11）Project Point to Surface（投影到面上的点）：将空间点投影到曲面上，创建新的点。

创建点的方式一共有10种，其中用于创建几何的主要是前3种，后面8种主要用于划分网格中的辅助几何的构建。当然，它们都可以用于创建几何体。

3.1.2　线的创建

单击Geometry标签页，单击（创建线）按钮，即可进入线创建工具面板。该面板包含的按钮如图3-4所示。下面对部分功能进行描述。

（1）From Points（多点生成样条线）：该命令按钮是利用已存在的点或选择多个点创建曲线。

需要说明的是，若选择的点为两个，则创建直线；若点的数目多于两个，则自动创建样条曲线。

（2）Arc Through 3 Points（3点定弧线）：圆弧创建命令按钮。

圆弧的创建方式有两种，即三点创建圆弧和圆心及两点。选用三点创建圆弧时，第一点为圆弧起点，最后选择的点为圆弧终点。采用第二种方式创建圆弧时，也有两种方式，如图3-5所示。若采用Center方式，则第一个选取的点与第二点间的距离为半径，第三点表示圆弧弯曲的方向；若采用Start/End方式，则第一点并非圆心，只是指定了圆弧的弯曲方向，而第二点与第三点为圆弧的起点与终点。当然，这两种方式均可以人为地确定圆弧半径。

（3）Arc from Center Point/2 Points on Plane（圆心和两点定义圆）：该命令按钮主要用于创建圆。

采用如图3-6所示的方式，规定一个圆心加两个点。选取点时，第一次选择的点为圆心。

若没有人为地确定半径值，则第一点与第二点间的距离为圆的半径值，可以设定起始角与终止角。若规定了半径值，则其实是用第一点与半径创建圆，第二点与第三点的作用是联合第一点确定圆所在的平面。

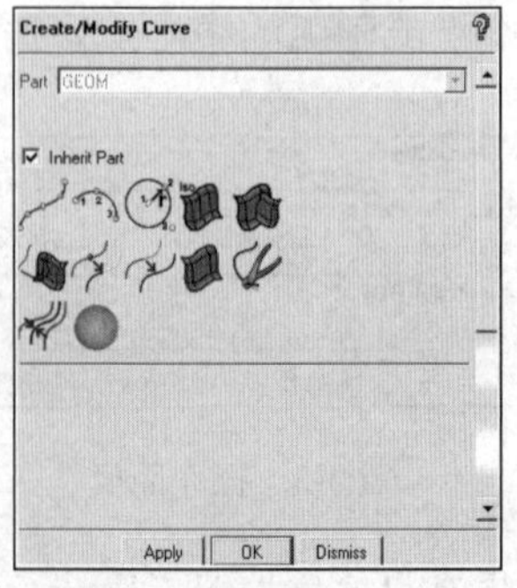

图3-4　线创建工具面板

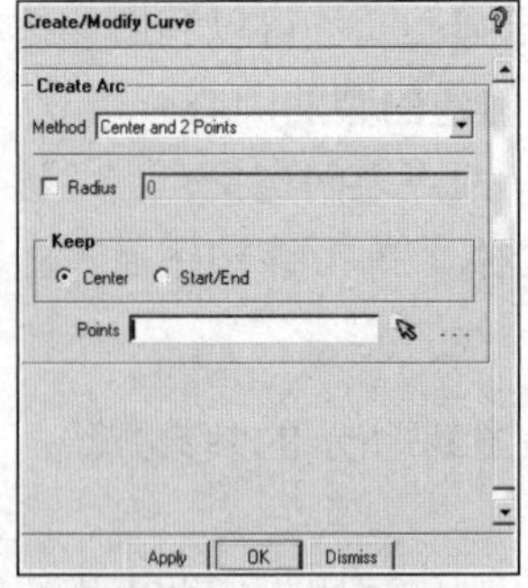

图3-5　圆弧的创建

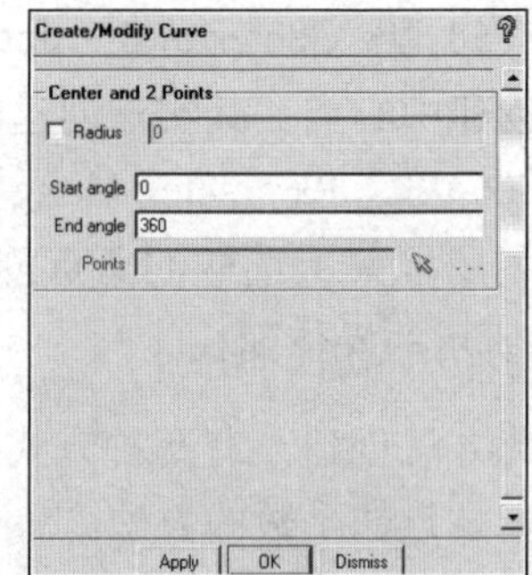

图3-6　圆的创建

（4）Surface Parameter（表面内部曲线）：根据平面参数创建曲线。

该命令按钮的功能与块切割很相似，该功能在实际应用中用得很少。

（5）Surface-Surface Intersection（面相交线）：此功能按钮用于获得两个相交面的交线。

使用起来很简单，直接选取两个相交的曲面即可。选择方式有直接选取面、选择Part及选取两个子集。

（6）Project Curve on Surface（投影到面上的线）：曲线向面投影。

有两种操作方式：沿面方向投影和指定方向投影。沿面方向投影方式只需要指定投影曲线及目标面；指定方向投影方式则需要人为指定投影方向。

3.1.3　面的创建

单击Geometry标签页，单击（创建面）按钮，即可进入面创建工具面板。该面板包含的按钮如图3-7所示。下面对部分功能进行描述。

- From Curves（由线生成面）：单击该按钮，可以通过曲线创建面。可选模式包括选择 2～4 条边界曲线创建面、选择多条重叠或不相互连接的线创建面以及选择 4 个点创建面。
- Curve Driven（放样）：单击该按钮，可以通过选取一条或多条曲线沿引导线扫掠创建面。
- Sweep Surface（沿直线方向放样）：单击该按钮，可以通过选取一条曲线沿矢量方向或直线扫掠创建面。
- Surface of Revolution（回转）：单击该按钮，可以通过设定起始和结束角度，选取一条曲线沿轴回转创建面，如图 3-8 所示。

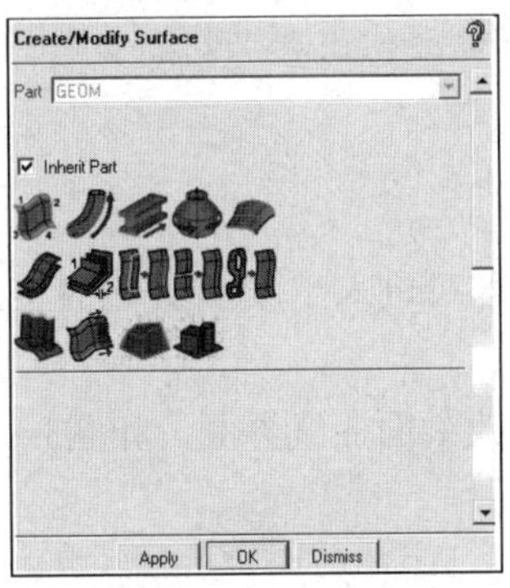

图3-7　面创建工具面板

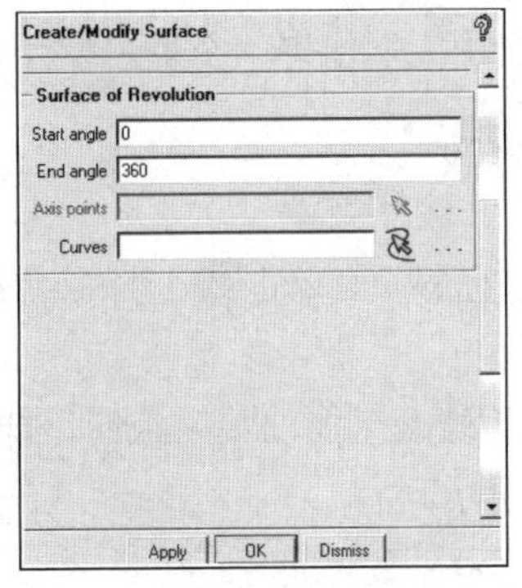

图3-8　回转创建面

- Loft surface on several curves（利用数条曲线放样成面）：单击该按钮，可以利用多条曲线放样的方法生成面。

3.2　几何模型的导入

由于ICEM CFD建模功能不强，因此对于一些复杂结构模型，通常需要在专业的CAD软件中进行创建，然后将几何文件导入ICEM CFD完成网格划分。

ICEM CFD可以接受多种CAD软件绘制的几何文件，如图3-9所示。

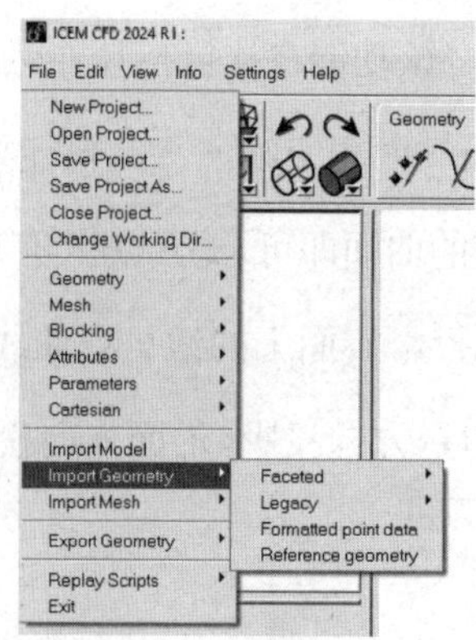

图3-9　ICEM CFD可导入的CAD格式

3.3　几何模型的修改

几何模型的修改主要是针对ICEM CFD导入的外部CAD软件所创建的模型文件。由于存在软件接口兼容性问题，因此导入的模型有时会产生诸如特征丢失、拓扑错误等问题。在这种情况下，需要对导入的模型进行修补，ICEM CFD提供了强大的几何修补能力。

另外，对于导入的过于复杂的模型，通常需要对模型进行简化，譬如圆角去除、空洞的填补等，这些操作ICEM CFD均提供了很好的支持。

这部分内容操作比较简单，本书只介绍基本的功能，具体操作可参考帮助文档。

3.3.1　曲线的修改

单击Geometry标签页，单击（生成/修改刻面）按钮，即可进入生成/修改刻面工具面板，如图3-10所示。

单击（生成/修改刻面曲线）按钮，即可显示生成/修改刻面曲线界面，如图3-11所示。曲线修改功能描述如表3-1所示。

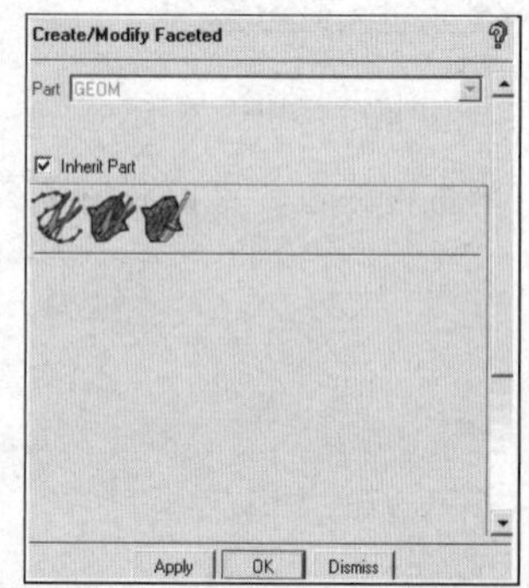

图 3-10　生成/修改刻面工具面板

图 3-11　生成/修改刻面曲线界面

表3-1　曲线修改功能描述

按　　钮	英文名称	含　　义
	Convert from B-spline	样条线转换多段直线
	Create Curve	生成折线
	Move nodes	移动线段上的点
	Merge nodes	合并节点
	Create segment	生成单条折线段
	Delete segment	删除线段
	Split segment	分割线段
	Restrict segments	限制保留部分线段
	Move to new curve	移动线段到新样条线上
	Move to existing curve	移动线段到样条线上

3.3.2　曲面的修改

在生成/修改刻面工具面板中单击（生成/修改刻面曲面）按钮，即可显示生成/修改刻面曲面界面，如图3-12所示。曲面修改功能描述如表3-2所示。

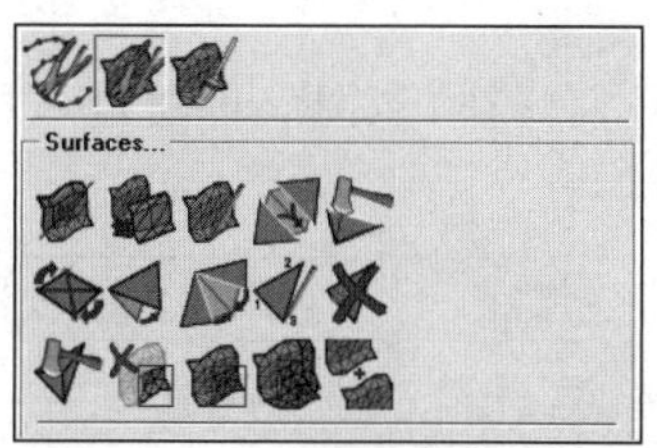

图3-12　生成/修改刻面曲面界面

表3-2　曲面修改功能描述

按　　钮	英文名称	含　　义
	Convert from B-spline	几何面转换成刻面
	Coarsen Surface	粗化刻面
	Create Surface	生成刻面
	Merge Edges	合并边
	Split Edges	分割边
	Swap Edges	对换边
	Move Nodes	移动节点
	Merge Nodes	合并节点
	Create Triangles	生成三角形刻面
	Delete Triangles	删除
	Split Triangles	细分面
	Delete non-selected Triangles	删除未选择面
	Move to new surface	移动到新建面
	Move to existing surface	移动到已建面
	Merge Surfaces	合并面

3.3.3　刻面清理

在生成/修改刻面工具面板中单击（刻面清理）按钮，即可显示刻面清理界面，如图3-13所示。刻面清理功能描述如表3-3所示。

图3-13　刻面清理界面

表3-3　刻面清理功能

按　钮	英文名称	含　义
	Align Edge to Curve	边对齐到线
	Close Faceted Holes	补洞
	Trim by Screen Loop	屏幕修剪刻面
	Trim by Surface Loop	用封闭几何框修剪刻面
	Repair Surface	修改曲面
	Create Character Curve	创建特征曲线

3.3.4　几何修补

单击Geometry标签页，单击（几何修补）按钮，即可进入几何修补面板，如图3-14所示。几何修补功能描述如表3-4所示。

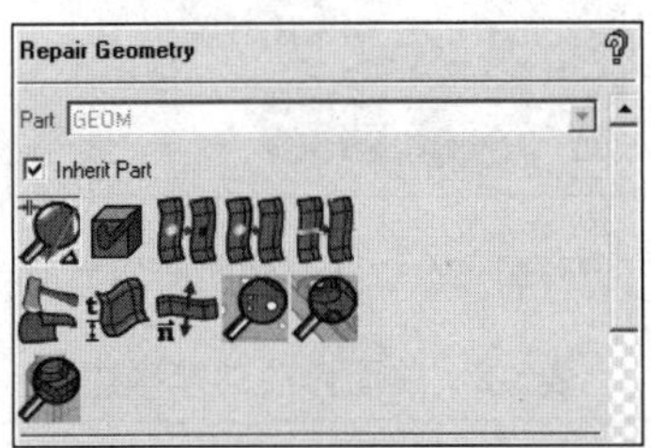

图3-14　几何修补面板

表3-4　几何修补功能描述

按　钮	英文名称	含　义
	Build Diagnostic Topology	建立拓扑
	Check Geometry	检查几何
	Close Holes	补洞
	Remove Holes	删除洞
	Stitch/Match Edges	补缝隙
	Split Folded Surfaces	分离折叠面
	Adjust varying thickness	设置面的厚度
	Modify surface normals	调整表面法向
	Feature detect Bolt hole	探测表面孔
	Feature detect Buttons	探测单独实体
	Feature detect Fillets	探测填充

3.3.5　几何变换

单击Geometry标签页，单击（几何变换）按钮，即可进入几何变换面板，如图3-15所示。几何变换功能描述如表3-5所示。

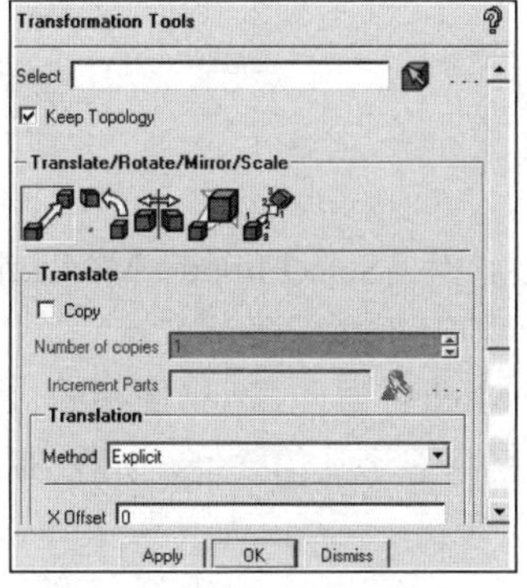

图3-15　几何变换面板

表3-5　几何变换功能描述

按　钮	英文名称	含　义
	Translate	位置变换
	Rotate	旋转
	Mirror	镜像
	Scale	缩放
	Translate & Rotate	移动/旋转

3.3.6　几何删除

针对不同的几何元素，ICEM CFD设置了不同的删除按钮，通过单击Geometry标签页中不同的按钮即可删除相应的几何元素。几何删除的功能含义如表3-6所示。

表3-6　几何删除的功能含义

按　钮	英文名称	含　义
	Points	删除点
	Curves	删除线
	Surfaces	删除面
	Bodies	删除体
	Any Entity	删除任何实体，包括点、线、面、体等

3.4　阀门几何模型修改实例分析

本节将通过一个阀门几何模型修改的例子，让读者对使用ANSYS ICEM CFD进行几何模型处理的过程有一个初步了解。

3.4.1　启动ICEM CFD并建立分析项目

步骤01　在Windows系统下启动ICEM CFD，进入ICEM CFD界面。

步骤02　执行File→Save Project命令，弹出Save Project As对话框，在“文件名”中输入valve，单击“保存”按钮确认，关闭对话框。

3.4.2　导入几何模型

步骤01　执行File→Import Geometry命令，弹出Select Import Model file（选择导入模型文件）对话框，在“文件名”中输入valve.x_t，单击“打开”按钮确认。

步骤02　在弹出如图 3-16 所示的Import Model（导入模型）面板中，Unit选择Millimeters，单击OK按钮确认。

步骤03　导入几何文件后，在图形显示区将显示几何模型，如图 3-17 所示。

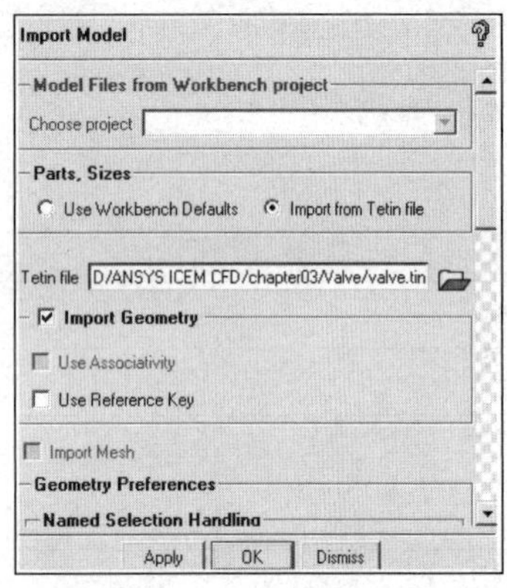

图 3-16　导入模型面板

图 3-17　几何模型

3.4.3　模型建立

步骤01　单击功能区内Geometry（几何）选项卡中的（修复模型）按钮，弹出如图 3-18 所示的Repair Geometry（修复模型）面板，单击按钮，在Tolerance中输入 0.1，单击OK按钮确认，几何模型即可修复完毕，如图 3-19 所示。

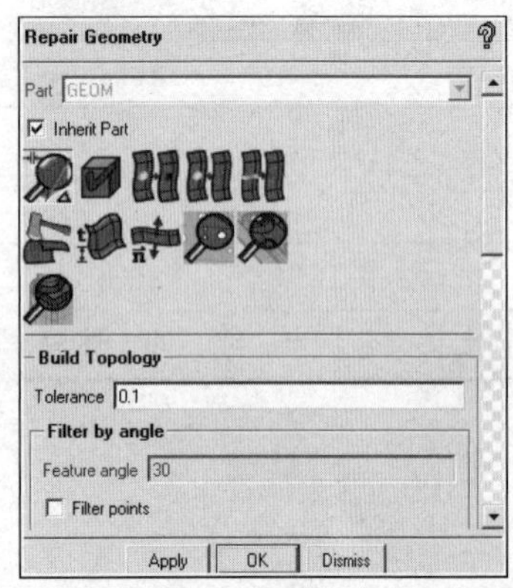

图 3-18　修复模型面板

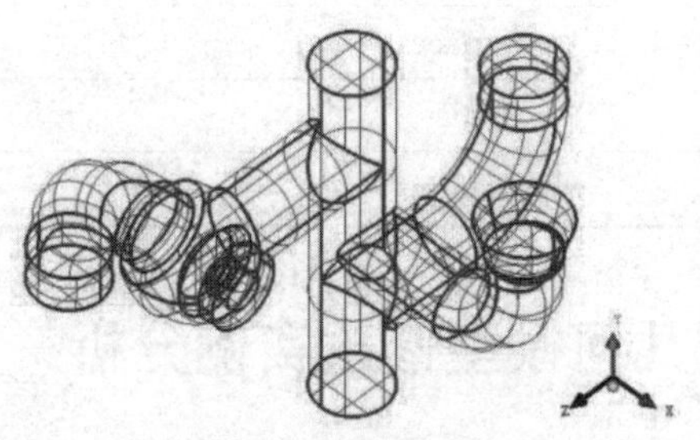

图 3-19　修复后的几何模型

在修复后的几何模型中，曲线颜色表示面与面之间的连接关系，红色表示双边，两面满足容差，黄线表示单边，经常是洞或缝隙。可以看到几何模型中的曲线很多，接下来的操作将仅保留必要的特征线使图形简化。

步骤02　单击功能区内Geometry（几何）选项卡中的（修复模型）按钮，弹出如图 3-20 所示的Repair Geometry（修复模型）面板，单击按钮，在Tolerance中输入 0.1，勾选Filter points和Filter curves复选框，然后单击OK按钮确认，几何模型即可修复完毕，如图 3-21 所示。

从图3-21中可以看出，与图3-19相比，新修复的模型曲线简化很多。

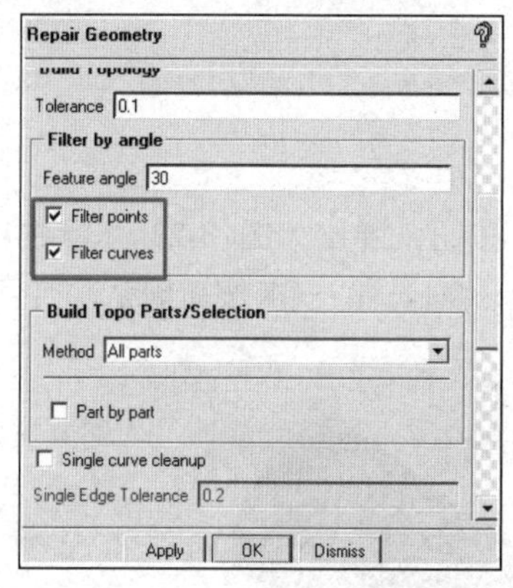

图 3-20　修复模型面板

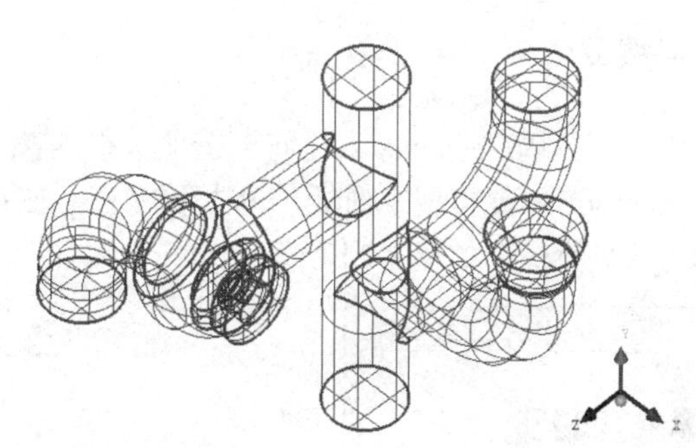

图 3-21　修复后的几何模型

3.5 管道几何模型修改实例分析

本节将通过一个管道几何模型修改的例子，来介绍几何模型的处理方法。

3.5.1 启动ICEM CFD并建立分析项目

步骤01　在Windows系统下启动ICEM CFD，进入ICEM CFD界面。

步骤02　执行File→Save Project命令，弹出Save Project As对话框，在“文件名”中输入project，单击OK按钮确认，关闭对话框。

3.5.2 导入几何模型

执行File→Geometry→Open Geometry命令，弹出Open Geometry File（打开几何文件）对话框，在“文件名”中输入geometry.tin，单击“打开”按钮确认。导入几何文件后，在图形显示区将显示几何模型，如图3-22所示。

图3-22　几何模型

3.5.3　模型建立

步骤01　单击功能区内Geometry（几何）选项卡中的（修复模型）按钮，弹出如图 3-23 所示的Repair Geometry（修复模型）面板，单击按钮，在Tolerance中输入 0.1，单击OK按钮确认，几何模型即可修复完毕，如图 3-24 所示。

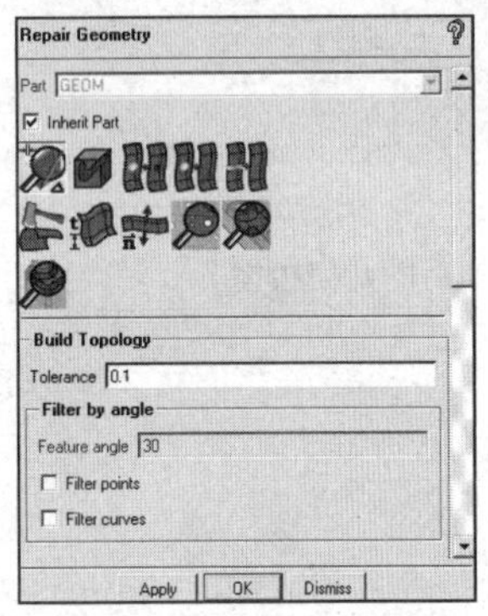

图3-23　修复模型面板

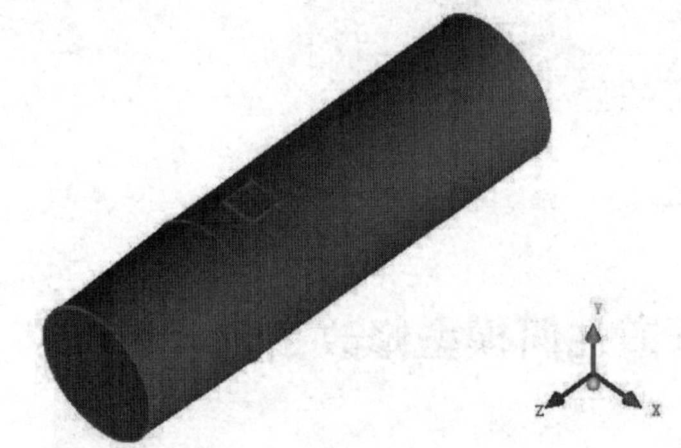

图3-24　修复后的几何模型

步骤02　单击功能区内Geometry（几何）选项卡中的（修复模型）按钮，弹出如图 3-25 所示的Repair Geometry（修复模型）面板，单击按钮，选择管道端面曲线，单击鼠标中键确认，几何模型即可修复完毕，如图 3-26 所示。

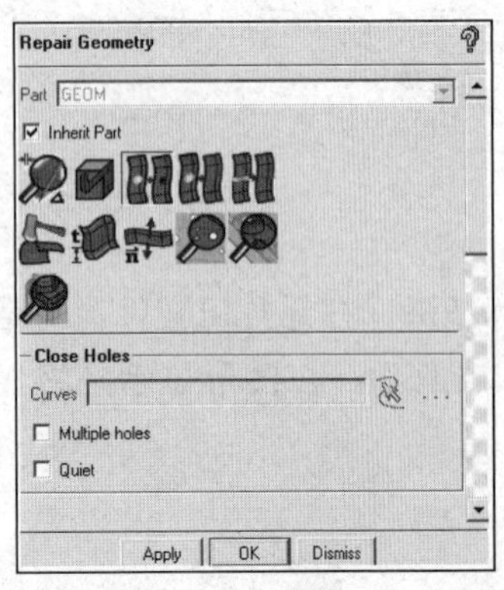

图3-25　修复模型面板

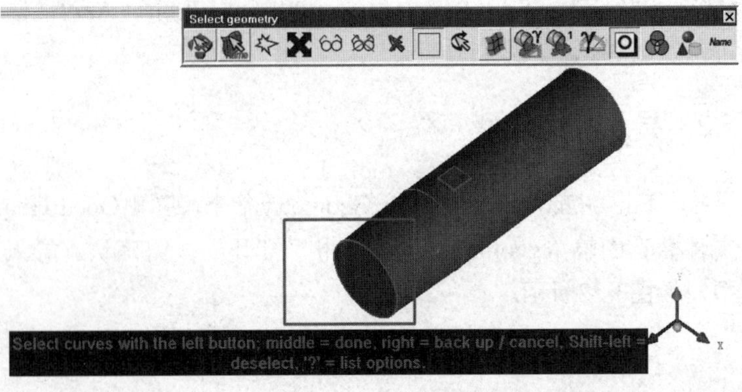

图3-26　修复后的几何模型

步骤03　用步骤02的方法修复管道侧面缺少的面，如图 3-27 所示。

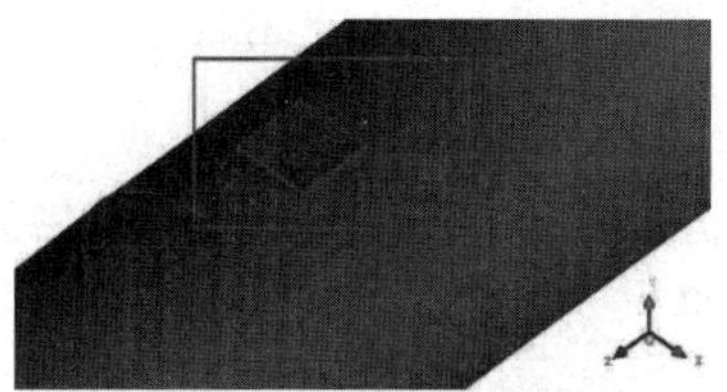

图3-27　侧面缺少的面修复

步骤04　单击功能区内Geometry（几何）选项卡中的（修复模型）按钮，弹出如图 3-28 所示的Repair Geometry（修复模型）面板，单击按钮，选择管道中间的两条曲线，单击鼠标中键确认，几何模型即可修复完毕，如图 3-29 所示。

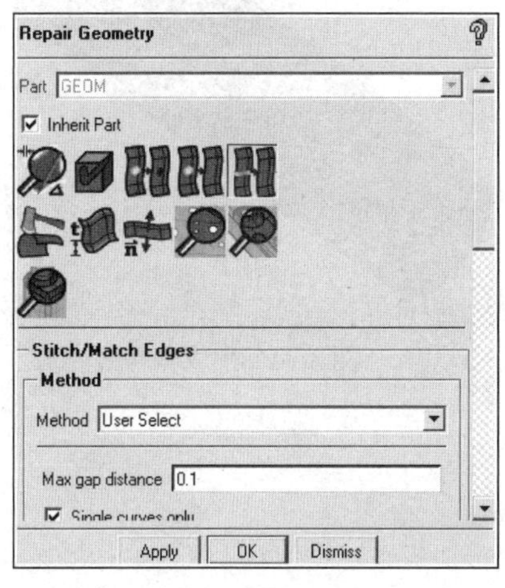

图 3-28　修复模型面板

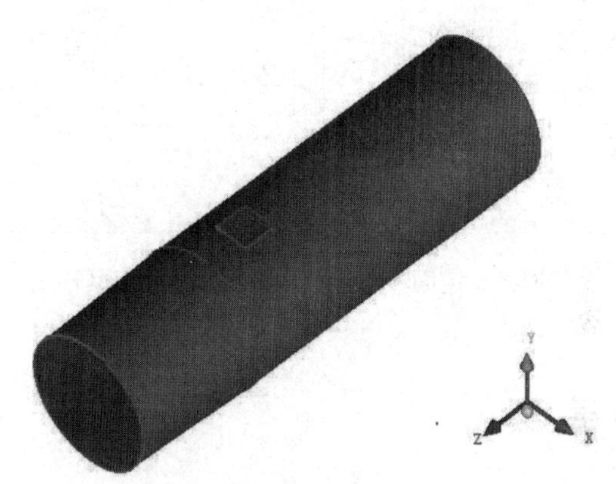

图 3-29　修复后的几何模型

步骤05　单击功能区内Geometry（几何）选项卡中的（删除曲线）按钮，弹出如图 3-30 所示的Delete Curve（删除曲线）面板，选择管道中间的绿色曲线，单击鼠标中键确认，如图 3-31 所示。

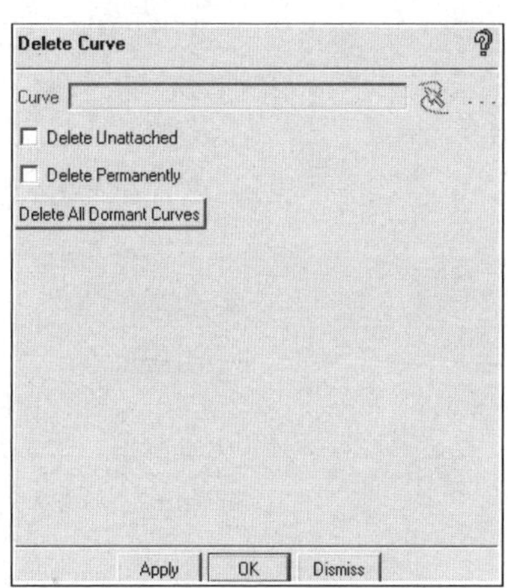

图 3-30　删除曲线面板

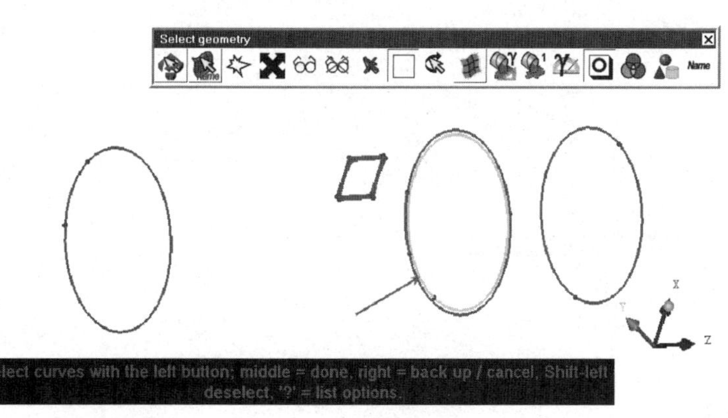

图 3-31　选择删除曲线

3.5.4　网格生成

步骤01　单击功能区内Mesh（网格）选项卡中的（全局网格设定）按钮，弹出如图 3-32 所示的Global Mesh

Setup（全局网格设定）面板，在Max element中输入 0.4，在Curvature/Proximity Based Refinement中勾选Enabled复选框，在Min size limit中输入 0.02，单击Apply按钮确认。

步骤02 单击功能区内Mesh（网格）选项卡中的（计算网格）按钮，弹出如图 3-33 所示的Compute Mesh（计算网格）面板，单击（体网格）按钮，单击OK按钮确认，生成体网格文件，如图 3-34 所示。

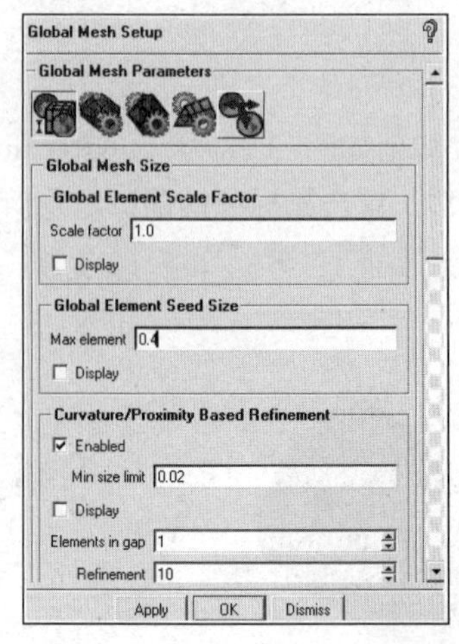

图 3-32 全局网格设定面板

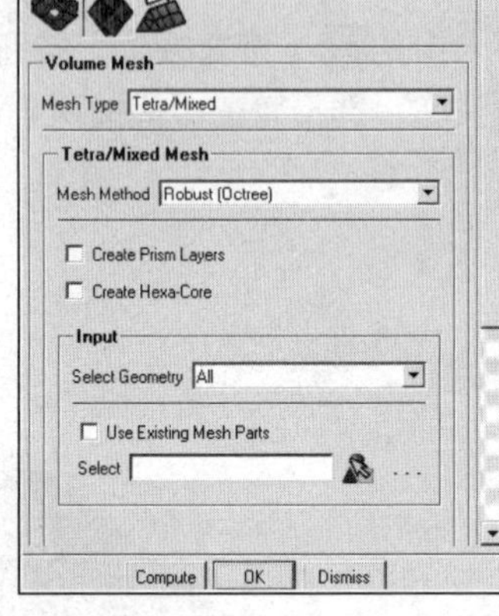

图 3-33 计算网格面板

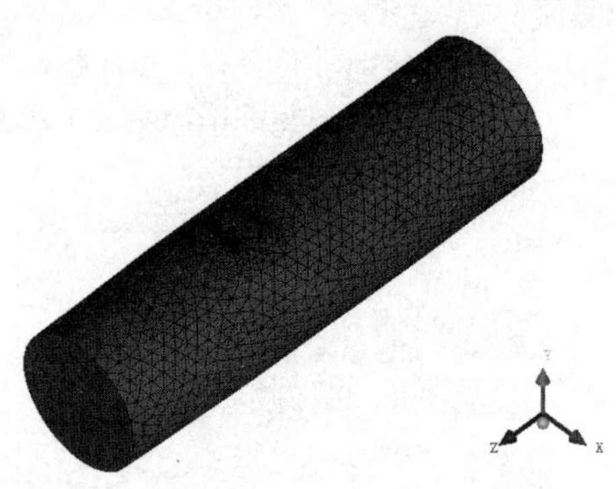

图 3-34 生成体网格

3.6 本章小结

本章介绍了ICEM CFD几何建模的基本过程，还给出了运用ICEM CFD进行几何模型处理的典型实例。创建合理的几何模型是生成高质量网格的基础。通过对本章内容的学习，读者可以掌握使用ICEM CFD进行几何模型的创建、导入和修改的方法。

第4章

二维平面模型结构网格划分

导言

在CFD计算分析中，由于某些研究对象的几何模型规则相对简单，因此为降低计算成本，提高计算分析的速度，通常简化为二维模型来计算分析。

本章将通过实例介绍在ICEM CFD中如何处理二维平面模型结构的网格划分。

学习目标

- ❖ ICEM CFD划分二维模型网格的一般步骤
- ❖ 2D块的一些构建及切割方式
- ❖ 网格质量检查
- ❖ 网格的生成及导出

4.1 二维平面模型结构网格概述

对于一些简单的几何模型，通常可将三维模型简化成二维模型来进行计算分析。对于结构化网格划分，二维平面模型结构网格与三维模型结构网格的划分方法是完全一致的。

二维平面模型结构网格生成过程如下：

步骤01 生成/导入几何模型。

步骤02 对几何模型进行处理。

步骤03 生成块。

步骤04 设置网格参数并生成网格。

步骤05 检查网格质量。

步骤06 通过对块/网格参数进行修改和编辑提高网格质量。

4.2　三通弯管模型结构网格划分

本节解决一个三通弯管内的稳态流动问题，水从两个入口流入后混合并从一个出口流出。下面将通过这个实例来介绍二维平面模型结构网格的生成方法，并对划分的网格进行计算分析。

4.2.1　导入几何模型

执行File→Geometry→Open Geometry命令，弹出Open Geometry File（打开几何文件）对话框，在“文件名”中输入geometry.tin，单击“打开”按钮确认。导入几何文件后，将在图形显示区显示几何模型，如图4-1所示。

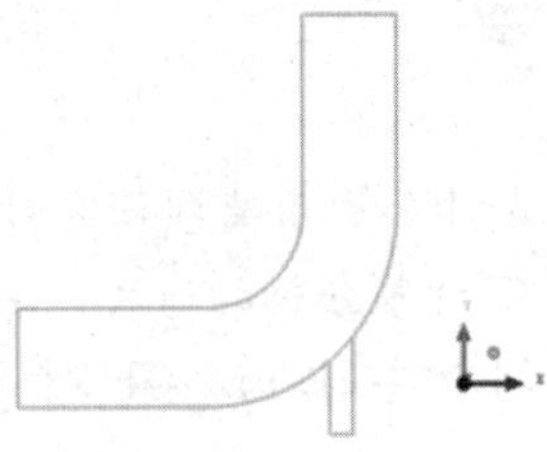

图4-1　几何模型

4.2.2　模型建立

步骤01　在操作控制树窗口中，右击Parts，弹出如图 4-2 所示的目录树，选择Create Part后，弹出如图 4-3 所示的Create Part（生成边界）面板，在Part中输入IN，然后单击按钮选择边界，单击鼠标中键确认，生成入口边界条件，如图 4-4 所示。

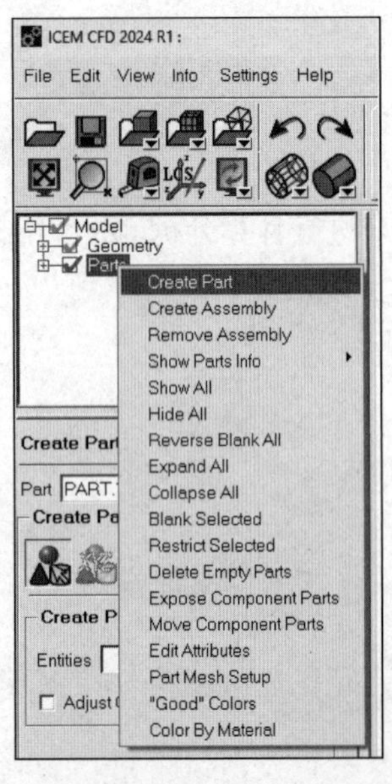

图 4-2　选择生成边界命令

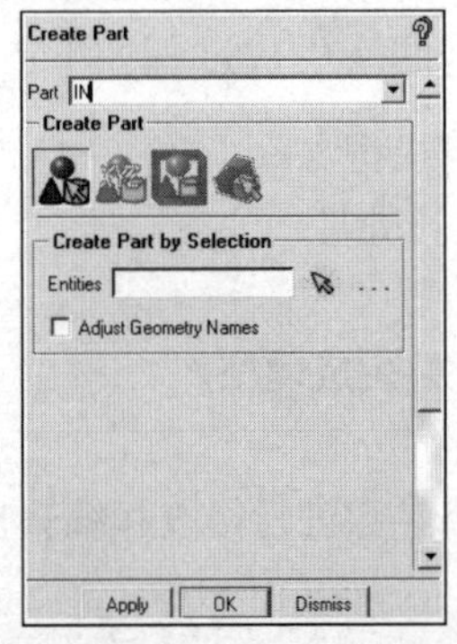

图 4-3　生成边界面板

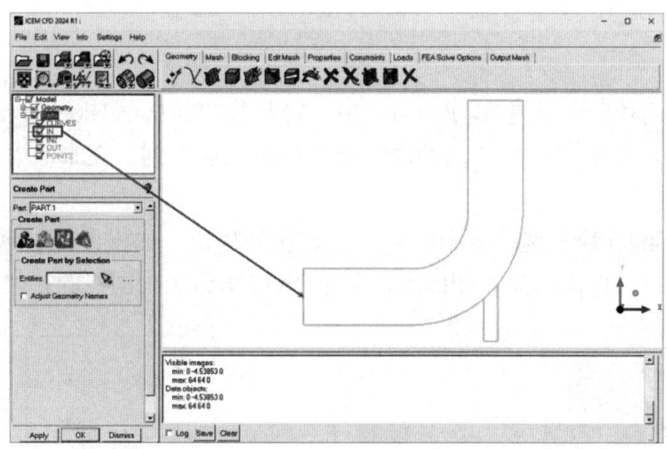

图4-4　入口边界条件1

步骤02　用步骤01的方法再次生成入口边界条件，命名为IN2，如图 4-5 所示。

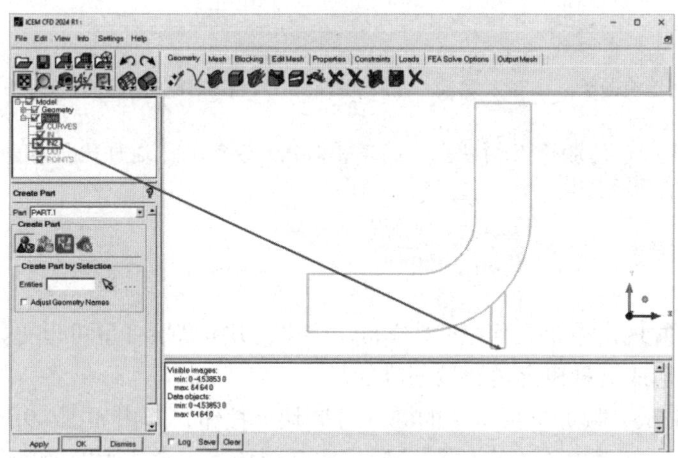

图4-5　入口边界条件2

步骤03　用步骤01的方法生成出口边界条件，命名为OUT，如图 4-6 所示。

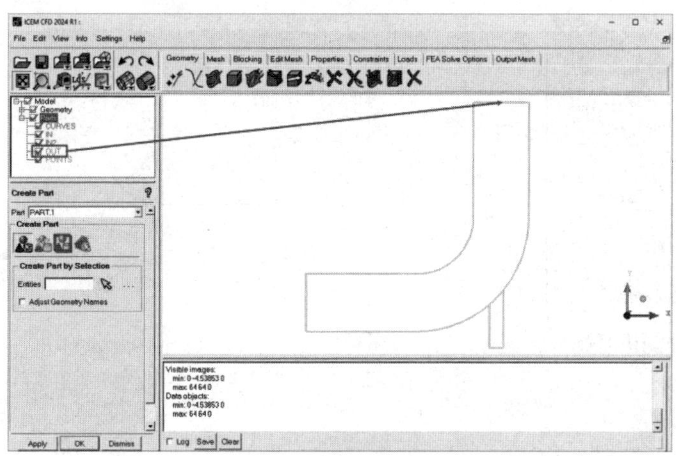

图4-6　出口边界条件

4.2.3 创建2D块

创建2D块的方式有两种：一种是2D Planar；另一种是2D Surface Blocking。前者主要创建平面2D块，且该块位于XY平面；后者可创建曲面的块，能自动进行块切割。在本例中，我们选取前者进行块的创建。

单击功能区内Blocking（块）选项卡中的（创建块）按钮，弹出如图4-7所示的Create Block（创建块）面板，单击按钮，Type选择2D Planar，单击OK按钮确认。创建的初始块如图4-8所示。

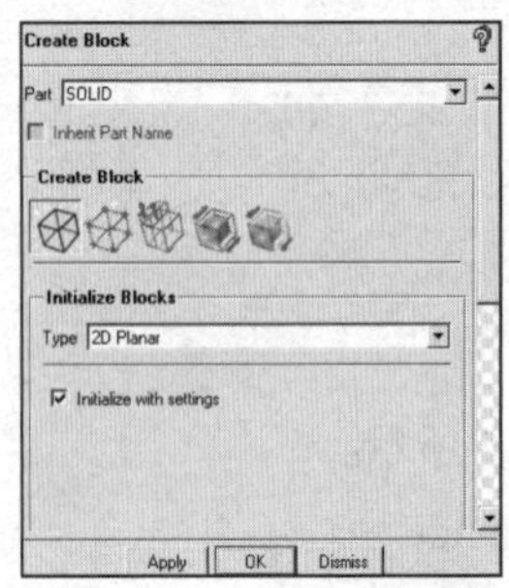

图 4-7 创建块面板

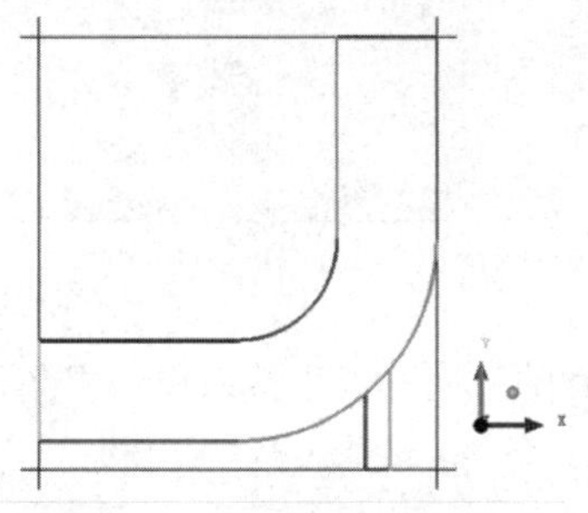

图 4-8 创建的初始块

曲线自动改变颜色（颜色互相独立，而不是按Part分色），这样比较容易区分每条曲线的端点。

4.2.4 分割块

仔细分析几何可以发现，整个几何呈T型分布，将平面块切割成T型可以更好地贴近几何。但对许多新用户来说，在初期形成这种概念是比较困难的。

单击功能区内Blocking（块）选项卡中的（分割块）按钮，弹出如图4-9所示的Split Block（分割块）面板。单击按钮，并单击Edge旁的按钮，在几何模型上单击要分割的边，新建一条边，新建的边垂直于选择的边，然后利用鼠标左键拖动新建的边到合适的位置，单击鼠标中键或单击Apply按钮完成操作。创建的分割块如图4-10所示。

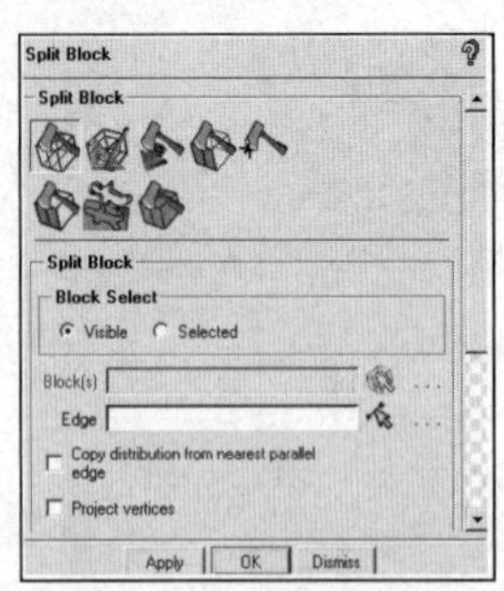

图 4-9 分割块面板

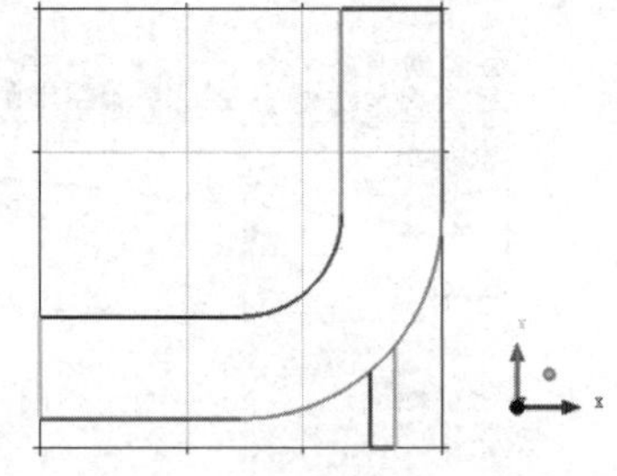

图 4-10 分割块

4.2.5 删除块

单击功能区内Blocking（块）选项卡中的（删除块）按钮，弹出如图4-11所示的Delete Block（删除块）面板，选择左下角和右下角的块，然后单击Apply按钮确认，删除块效果如图4-12所示。

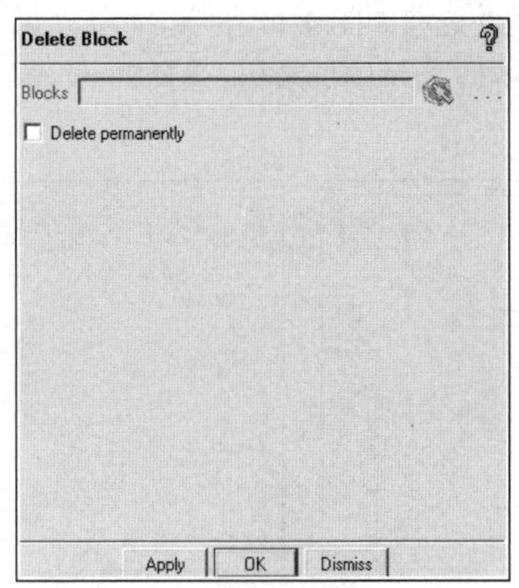

图 4-11　删除块面板

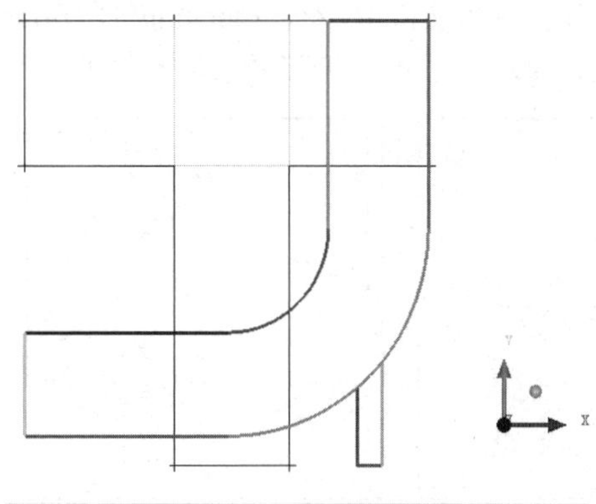

图 4-12　删除块

实际上并没有真正删除块，只是移到Parts的VORFN中。如果需要，可重新使用。若想真正删除块，则需要勾选Delete permanently复选框。

4.2.6　块的几何关联

将块顶点到几何点关联是将块与几何联系起来的一种手段。块是一种虚拟的结构，就像我们做几何题目时画的辅助线一样。如果不进行关联，在生成网格时，软件就没有办法知道块上的某一条边对应几何的哪一部分，也没办法将块上的节点映射到几何上。

有4种关联，即Vertex关联、Face到Curve的关联、Edge到Surface的关联以及Face到Surface的关联。

步骤01　在操作控制树窗口中，勾选Geometry中的Points复选框，如图 4-13 所示。

步骤02　单击功能区内Blocking（块）选项卡中的（关联）按钮，弹出如图 4-14 所示的Blocking Associations（块关联）面板，单击（Vertex关联）按钮，Entity类型选择Point，单击按钮，选择块上的一个顶点并单击鼠标中键确认，然后单击按钮，选择模型上一个对应的几何点，块上的顶点会自动移动到几何点上。关联顶点和几何点的选取如图 4-15 所示。

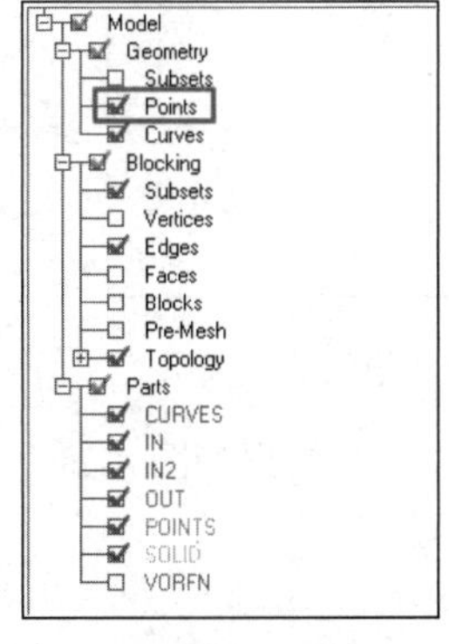

图 4-13　操作控制树窗口

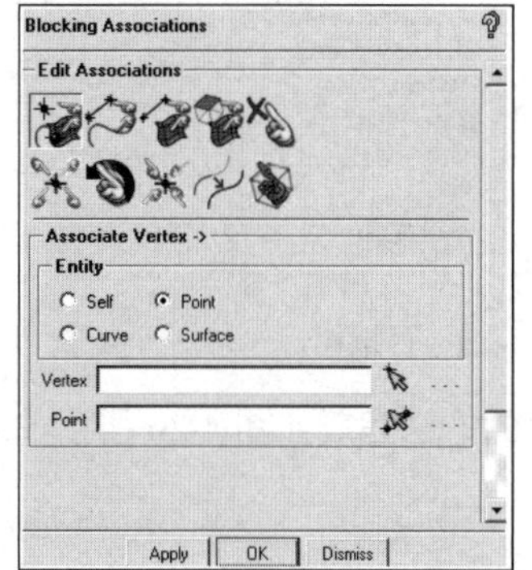

图 4-14　块关联面板

步骤03　在Blocking Associations（块关联）面板中单击（Edge关联）按钮，如图 4-16 所示。单击按钮，选择块上的 3 个边并单击鼠标中键确认，然后单击按钮，选择模型上对应的 3 条曲线并单击鼠标中键确认，选择的曲线会自动组成一组。关联边和曲线的选取如图 4-17 所示。

步骤 04 在操作控制树窗口中，右击Blocking中的Edges，弹出如图 4-18 所示的目录树，选择Show Association 选项，显示如图 4-19 所示的顶点和边的关联关系。

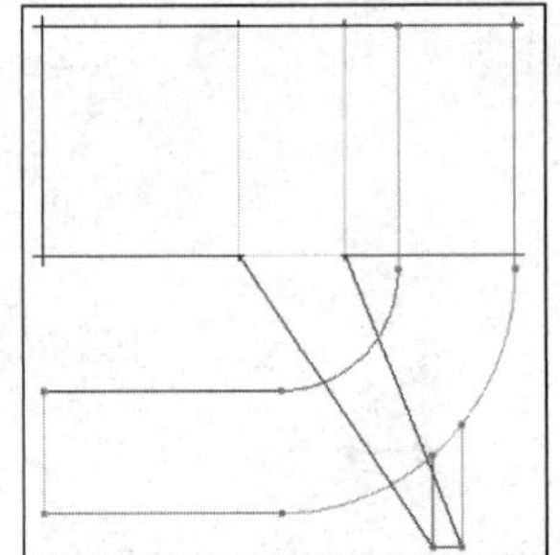
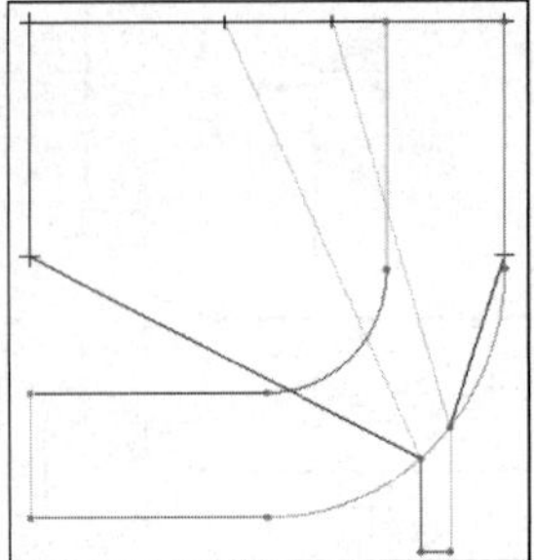
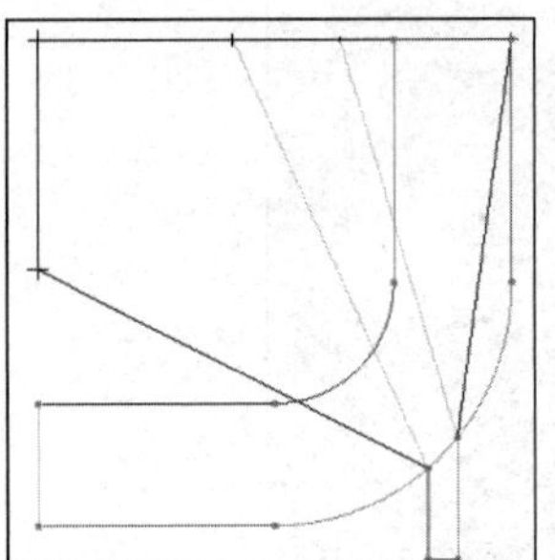
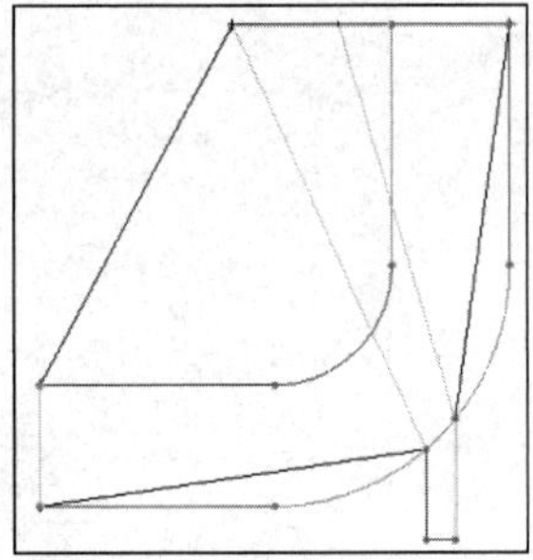

图4-15　顶点关联

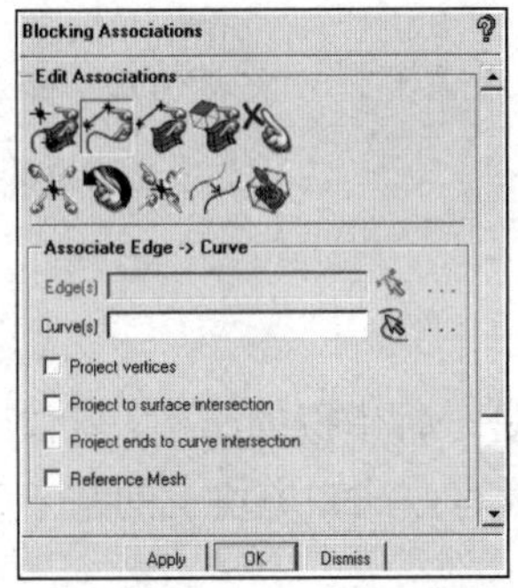

图 4-16　Edge 关联面板

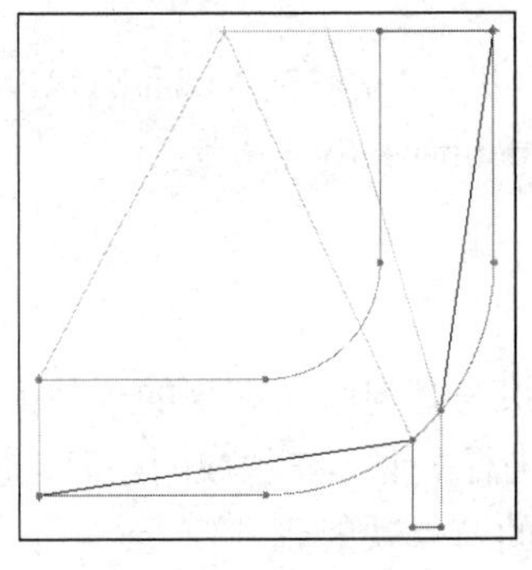
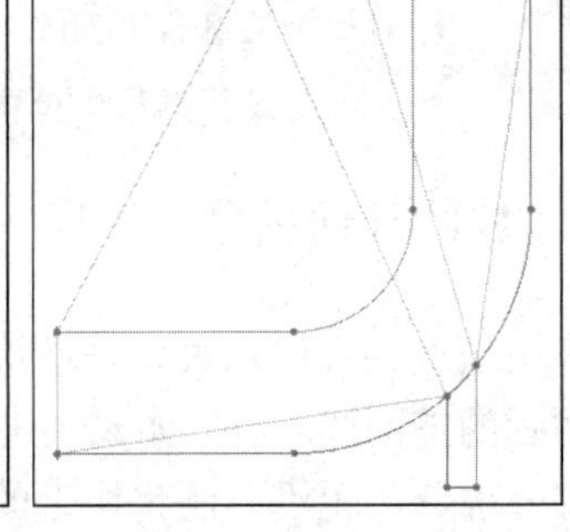

图 4-17　边关联

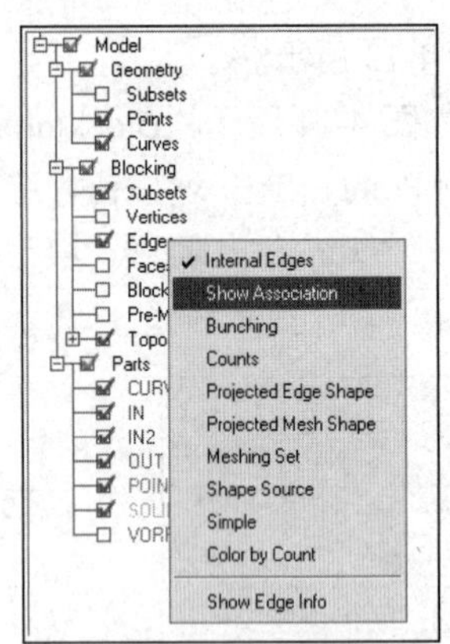

图 4-18　目录树

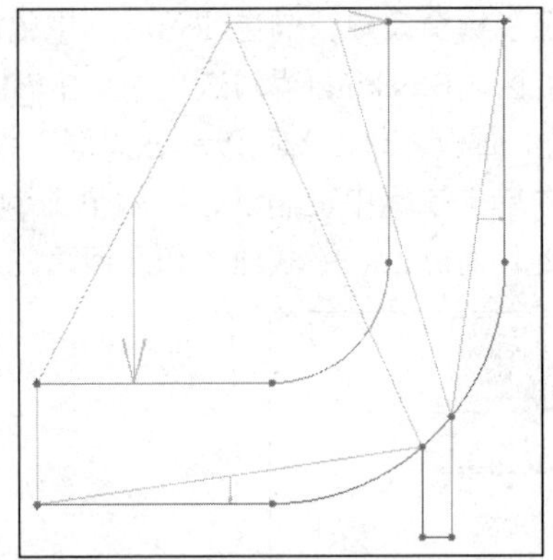

图 4-19　顶点和边的关联关系

步骤 05 用步骤 03的方法完成如图 4-20 所示的剩下 5 条边的关联，关联后的效果如图 4-21 所示。

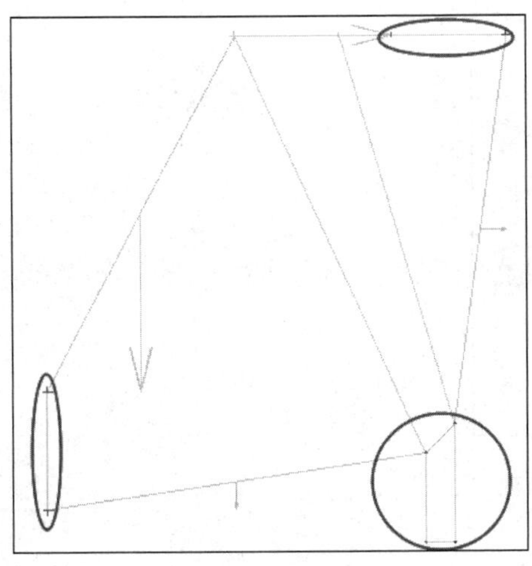

图 4-20　未关联边显示

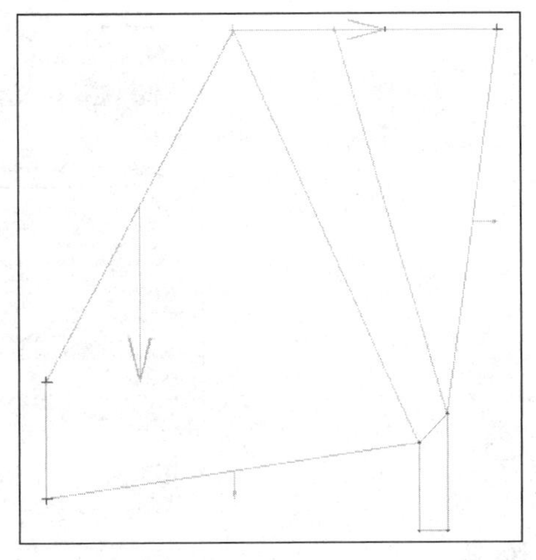

图 4-21　边的关联关系显示

如图4-20所示，直线上的边不需要再进行关联（顶点和曲线点已关联），完全可以实现网格投影。然而，边界单元只能创建于与曲线相关联的边上，对于位于曲线上的边，需要关联这些边以便创建单元设置边界条件。由于曲线和边重合无法区分辨别，因此只要记住第一次只选择边，然后单击鼠标中键，第二次选择曲线即可。

步骤 06　单击功能区内Blocking（块）选项卡中的（移动顶点）按钮，弹出如图 4-22 所示的Move Vertices（移动顶点）面板，单击按钮，再单击按钮，选择块上的一个顶点，然后按住鼠标左键，拖动顶点到理想的位置，单击鼠标中键完成操作，顶点移动后的位置如图 4-23 所示。

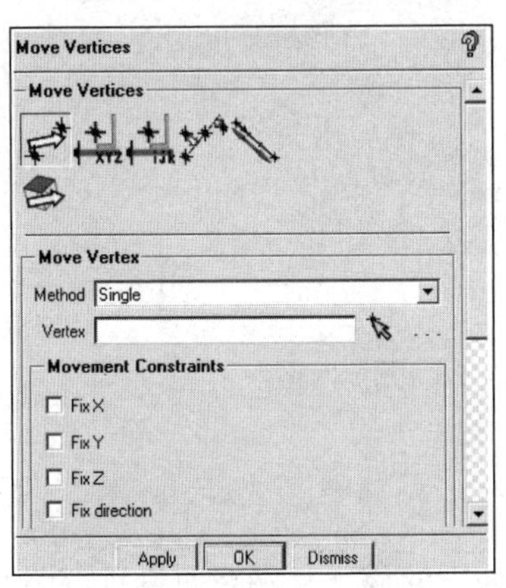

图 4-22　移动顶点面板

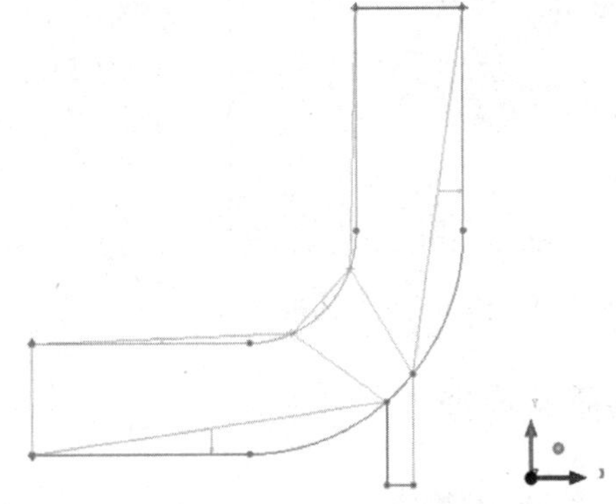

图 4-23　顶点移动后的位置

4.2.7　设定网格尺寸

单击功能区内Mesh（网格）选项卡中的（全局网格设定）按钮，弹出如图4-24所示的Global Mesh Setup（全局网格设定）面板，在Max element中输入2.0，单击Apply按钮确认。

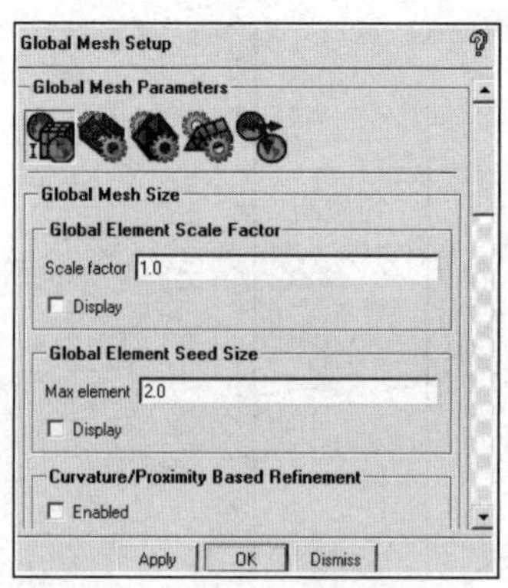

图4-24 全局网格设定面板

4.2.8 预览网格

在预览网格之前，要对块进行更新，尤其是修改了单元尺寸之后。

单击功能区内Blocking（块）选项卡中的（预览网格）按钮，弹出如图4-25所示的Pre-Mesh Params（预网格参数）面板，单击按钮，选中Update All单选按钮，单击Apply按钮确认，显示预览网格如图4-26所示。

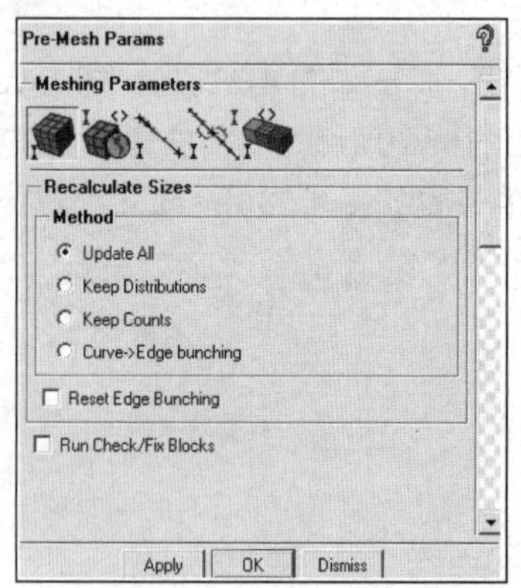

图 4-25 预网格参数面板

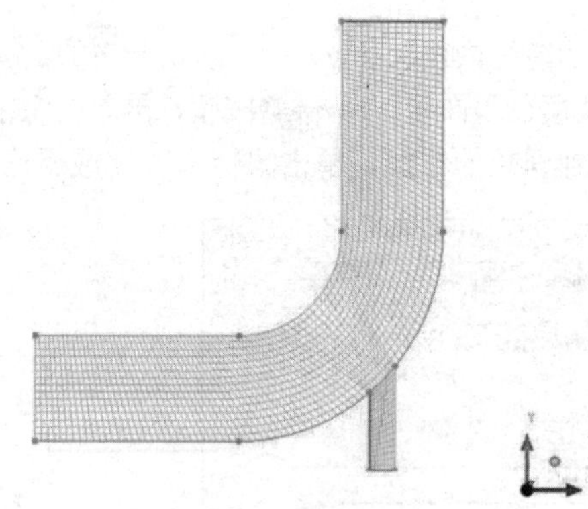

图 4-26 预览网格

4.2.9 网格质量检查

对于利用块进行结构网格划分的方式来说，通常使用Blocking中的（预网格质量直方图），这是一个对预览网格进行质量检测的工具，可以以直方图的形式直观地显示网格质量。

单击功能区内Blocking（块）选项卡中的（预网格质量检查）按钮，弹出如图4-27所示的Pre-Mesh Quality（预网格质量）面板，单击Apply按钮确认，网格质量检查结果如图4-28所示。

对于块结构网格，我们通常使用Determinant及Angle，它们均是越靠近右端，质量越好。

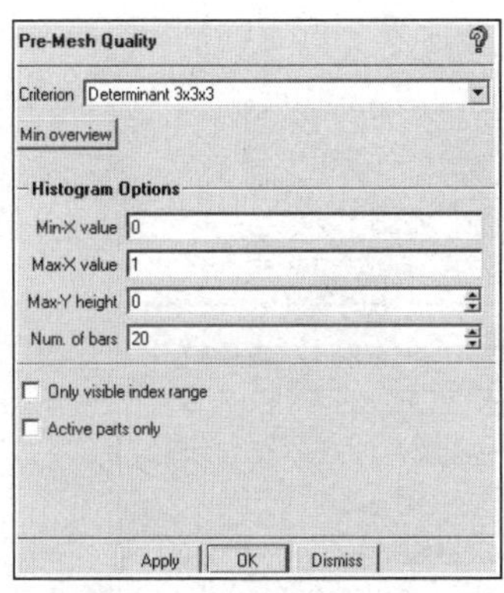

图 4-27　预网格质量面板

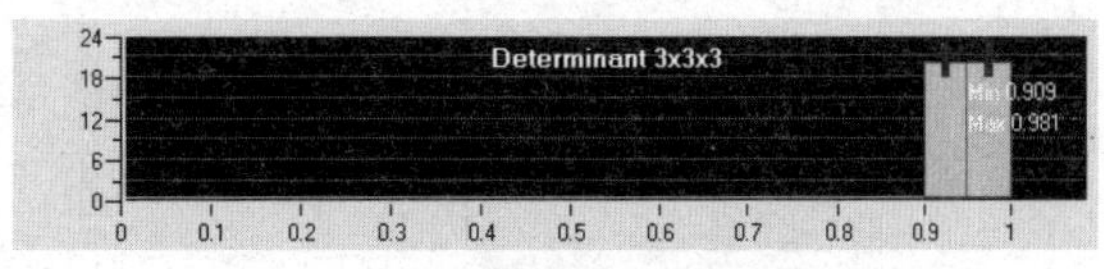

图 4-28　网格质量检查结果

4.2.10　网格的生成

前面看到的网格只是预览网格，其实并没有真正生成网格，本小节将生成真正的网格。

在操作控制树窗口中，右击Blocking中的Pre-Mesh，弹出如图4-29所示的目录树，选择Convert to Unstruct Mesh，生成的网格如图4-30所示。

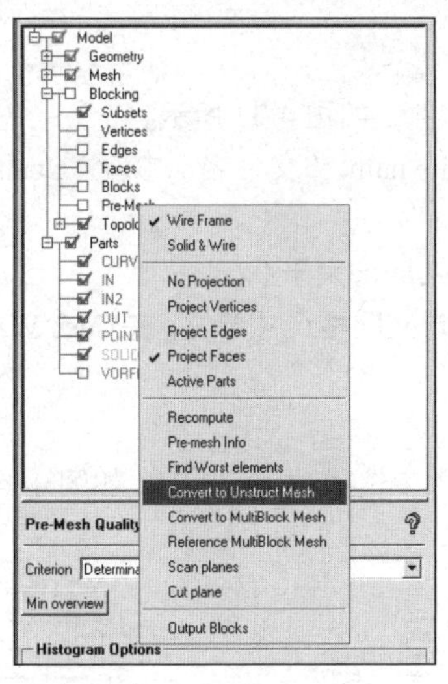

图 4-29　目录树

图 4-30　生成的网格

4.2.11　网格输出

网格生成完毕后，需要将网格输出到求解器。ICEM CFD支持200多种求解器，每一种求解器对网格的要求均不相同，在此以输出到Fluent求解器为例，其他求解器的输出方式可参见帮助文档中的说明。

步骤01　单击功能区内Output（输出）选项卡中的（求解器设定）按钮，弹出如图 4-31 所示的Solver Setup（求解器设定）面板，Output Solver选择ANSYS Fluent，单击Apply按钮确认。

步骤02　单击功能区内Output（输出）选项卡中的（输出）按钮，弹出如图 4-32 所示的ANSYS Fluent面板，Grid dimension选择 2D，单击Done按钮确认完成。

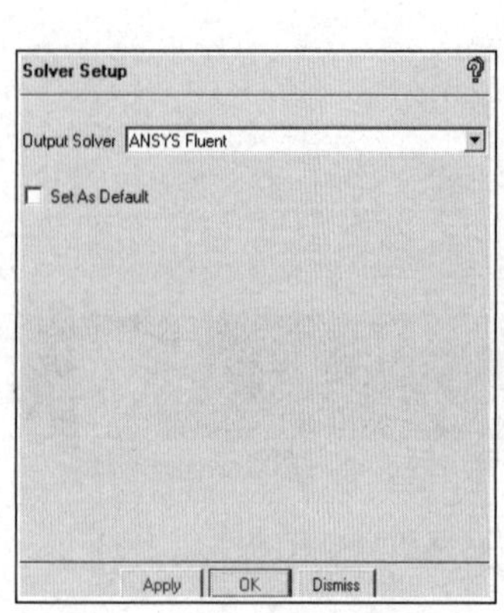

图 4-31　求解器设定面板

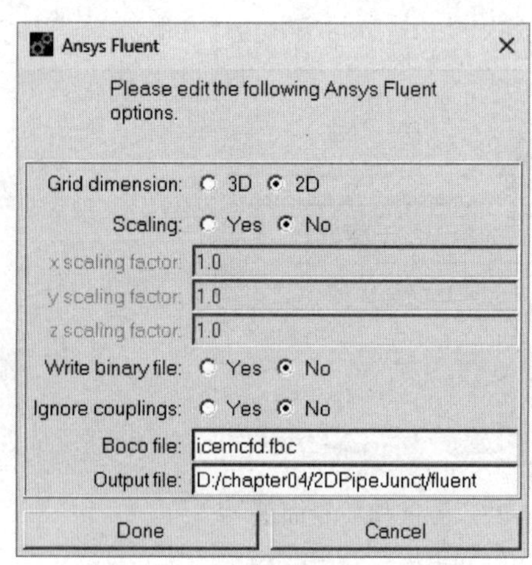

图 4-32　ANSYS Fluent 面板

4.2.12　计算与后处理

步骤01 在Windows系统下执行“开始”→“所有程序”→ANSYS 2024→Fluid Dynamics→Fluent 2024命令，启动Fluent，进入Fluent Launcher界面。

步骤02 Dimension选择 2D，单击OK按钮进入Fluent界面。

步骤03 执行File→Read→Mesh命令，读入ICEM CFD生成的网格文件，如图 4-33 所示。

步骤04 在任务栏单击（保存）按钮进入Write Case对话框，在File name（文件名）中输入fluent.cas，再单击OK按钮保存项目文件。

步骤05 执行Mesh→Check命令，检查网格质量，应保证Minimum Volume大于 0。

步骤06 执行Mesh→Scale命令，打开Scale Mesh（缩放网格）面板，定义网格尺寸单位，在Mesh Was Created In中选择mm，单击Scale按钮。

步骤07 执行Define→General命令，在Time中选择Steady。

步骤08 执行Define→Material命令，在Fluent Fluid Materials下拉菜单中选择water-liquid，如图 4-34 所示。

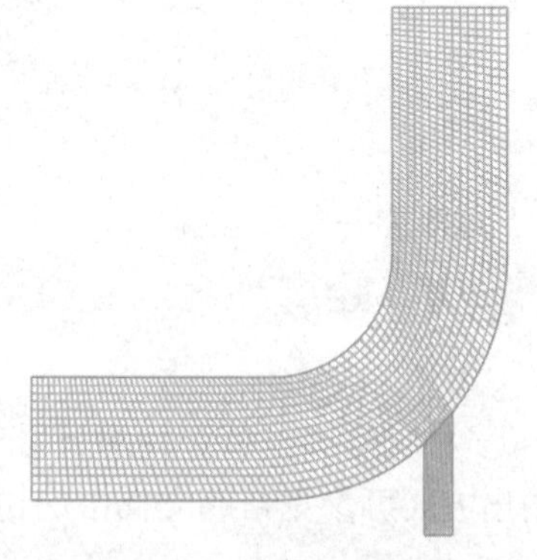

图4-33　显示几何模型

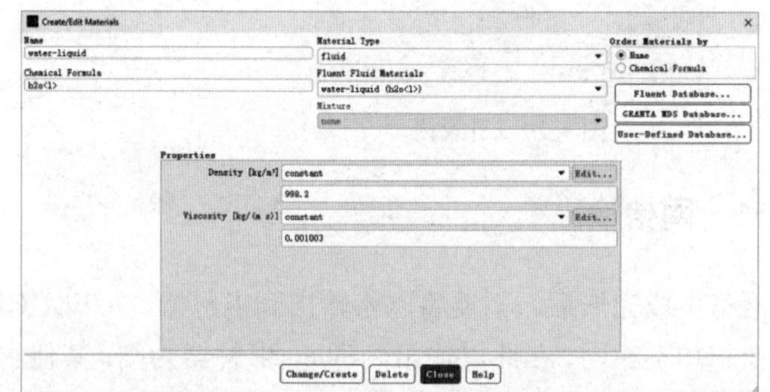

图4-34　定义材料面板

步骤09 执行Define→Model→Viscous命令，选择k-epsilon（2 eqn）模型。

步骤10 执行Define→Boundary Conditions命令，定义边界条件，如图 4-35 所示。

- in：Type 选择 velocity-inlet（速度入口）边界条件，在 Velocity Magnitude（速度大小）中输入 0.1。
- in2：Type 选择 velocity-inlet（速度入口）边界条件，在 Velocity Magnitude（速度大小）中输入 0.2。
- out：Type 选择 outflow（自由出流）边界条件。
- curves:002：Type 选择为 interior。

步骤 11 执行Solve→Controls命令，弹出Solution Controls（设置松弛因子）面板，保持默认设置，单击OK按钮退出。

步骤 12 执行Solve→Initialize命令，弹出Solution Initialization（设置初始值）面板，Compute From选择in，单击Initialize按钮进行计算初始化。

步骤 13 执行Solve→Monitors→Residual命令，设置各个参数的收敛残差值为 1e-3，单击OK按钮确认。

步骤 14 执行Solve→Run Calculation命令，迭代步数设置为 300，单击Calculate按钮开始计算。

步骤 15 执行Display→Graphics and Animations→Contours命令，Contours of选择Velocity Magnitude，单击Display按钮显示速度云图，如图 4-36 所示。

步骤 16 执行Display→Graphics and Animations→Contours命令，Contours of选择Static Pressure，单击Display按钮显示压力云图，如图 4-37 所示。

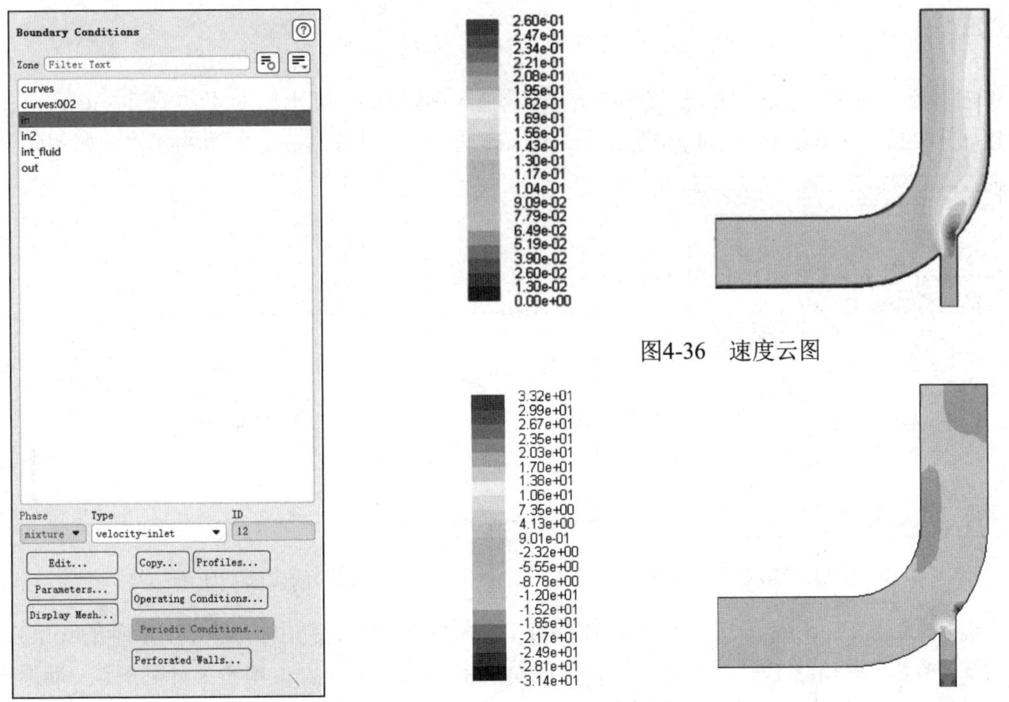

图4-36　速度云图

图 4-35　边界条件面板

图 4-37　压力云图

从上述计算结果可以看出，生成的网格能够满足计算要求，并且能够较好地模拟二维平面流动问题。

4.3　汽车外流场模型结构网格划分

本节将对一个汽车外流场模型进行二维结构化网格划分，并进行稳态流动分析。

4.3.1　导入几何模型

执行File→Geometry→Open Geometry命令，弹出Open Geometry File（打开几何文件）对话框，在“文件名”中输入car_mod.tin，单击“打开”按钮确认。导入几何文件后，将在图形显示区显示几何模型，如图4-38所示。

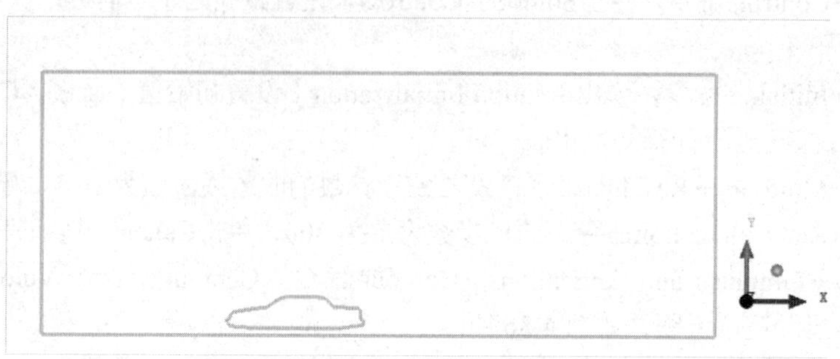

图4-38　几何模型

4.3.2　生成块

步骤01 单击功能区内Blocking（块）选项卡中的（创建块）按钮，弹出如图 4-39 所示的Create Block（创建块）面板，单击按钮，Type选择 2D Planar，单击OK按钮确认，创建的初始块如图 4-40 所示。

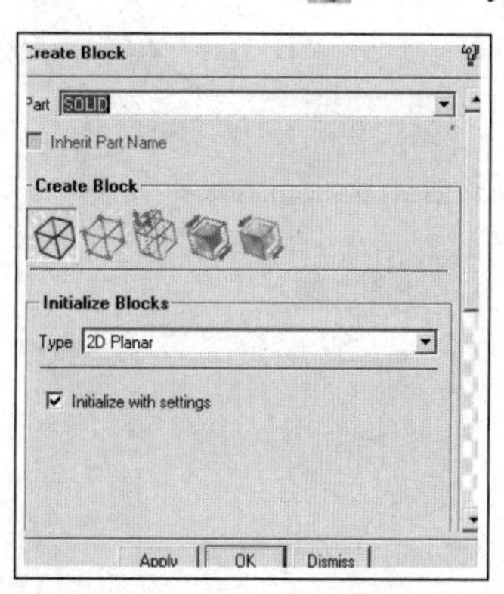

图4-39　创建块面板

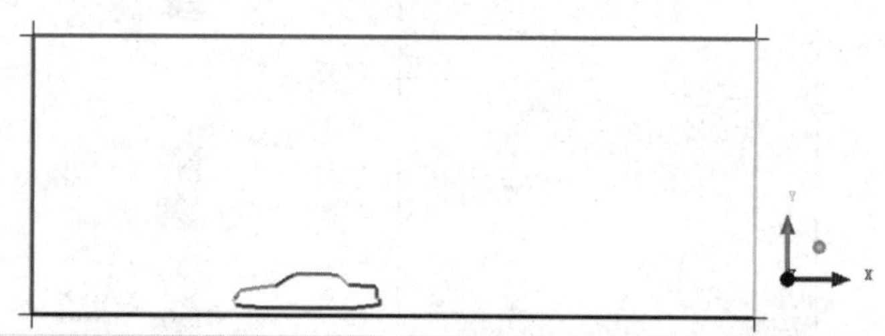

图4-40　创建的初始块

步骤02 单击功能区内Blocking（块）选项卡中的（分割块）按钮，弹出如图 4-41 所示的Split Block（分割块）面板，单击按钮，并单击Edge旁的按钮，在几何模型上单击要分割的边，新建一条边，新建的边垂直于选择的边，利用鼠标左键拖动新建的边到合适的位置，单击鼠标中键或单击Apply按钮完成操作，创建的分割块如图 4-42 所示。

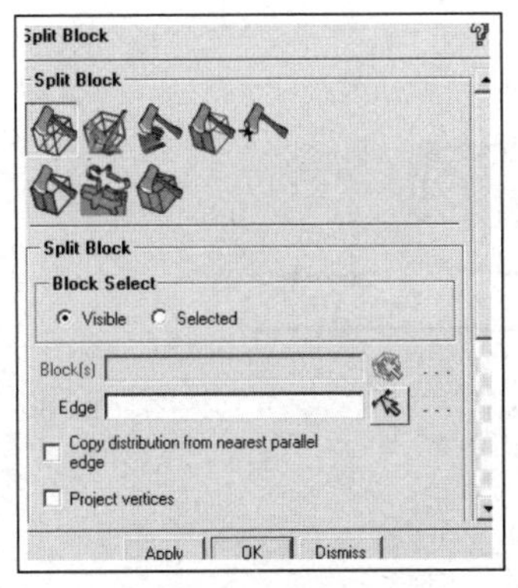

图4-41　分割块面板

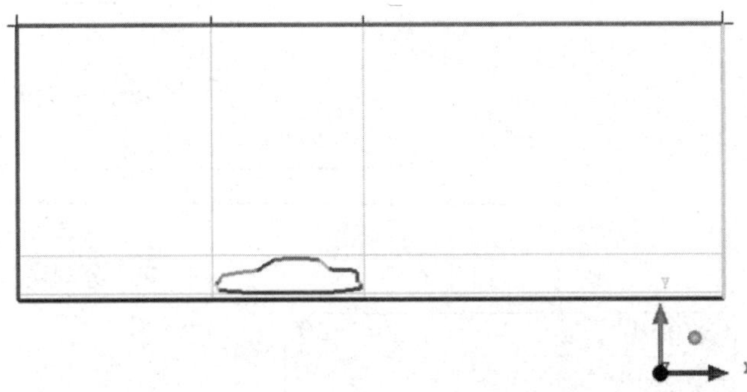

图4-42　分割块

步骤03 在操作控制树窗口中，右击Blocking，弹出如图 4-43 所示的目录树，选择Index Control后，弹出如图 4-44 所示的面板，设置I中的Min和Max，Min设置为 2，Max设置为 3，设置J中的Min和Max，Min设置为 0，Max设置为 3，图形区内只显示包含车模型的块，如图 4-45 所示。

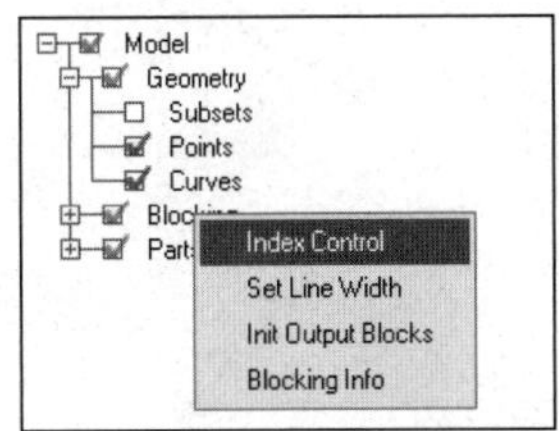

图 4-43　目录树

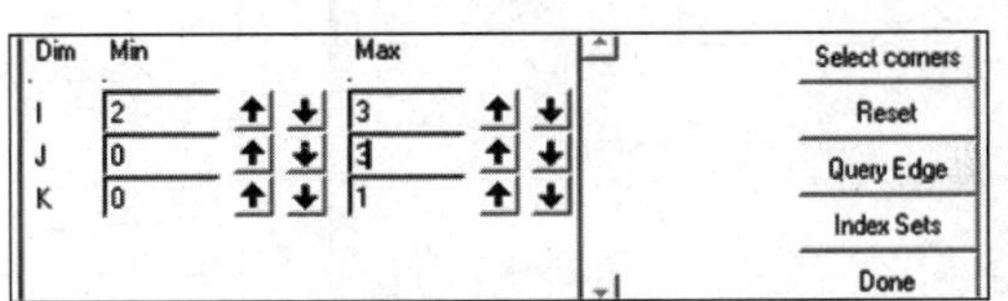

图 4-44　Index Control 面板

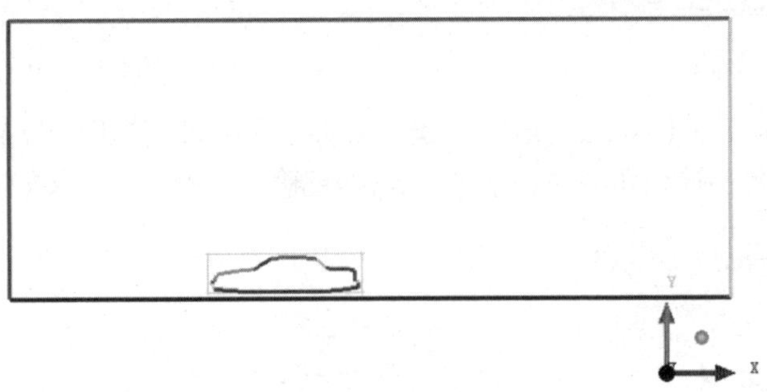

图4-45　索引块

步骤04 单击功能区内Blocking（块）选项卡中的（分割块）按钮，对车模型所在的块进行分割，单击鼠标中键或单击Apply按钮完成操作，创建的分割块如图 4-46 所示。

步骤05 单击功能区内Blocking（块）选项卡中的（分割块）按钮，弹出如图 4-47 所示的Split Block（分割块）面板，单击按钮，在Blocks Select中选择Selected，单击按钮，选择所要分割的块进行分割，单击鼠标中键或Apply按钮完成操作，创建的分割块如图 4-48 所示。

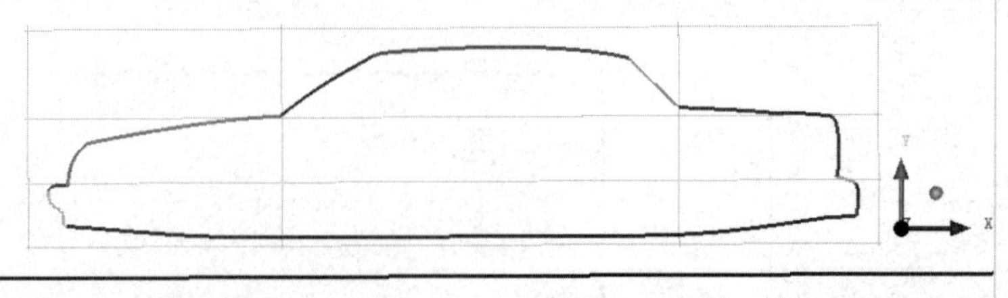

图4-46　分割块

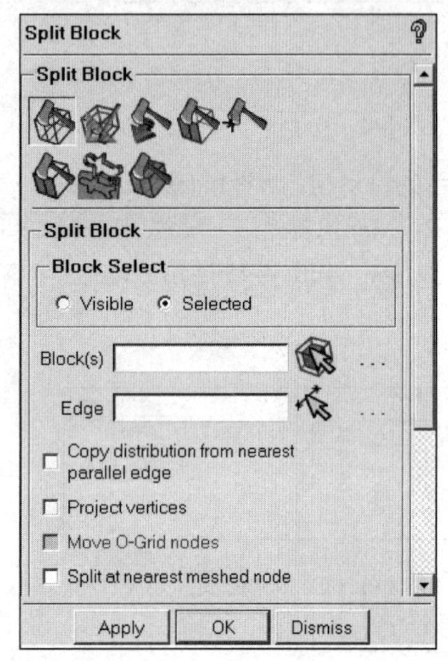

图4-47　分割块面板

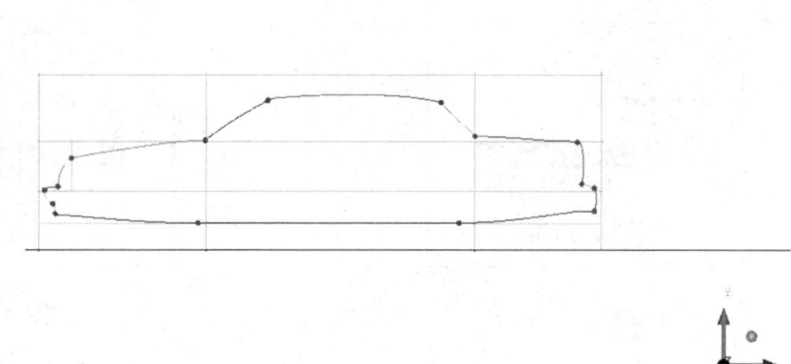

图4-48　分割块

步骤06　单击功能区内Blocking（块）选项卡中的（删除块）按钮，弹出如图 4-49 所示的Delete Block（删除块）面板，选择下面两角的块，单击Apply按钮确认，删除块效果如图 4-50 所示。

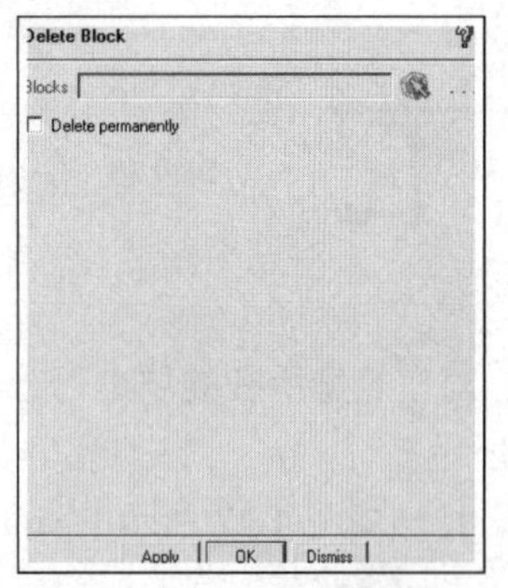

图4-49　删除块面板

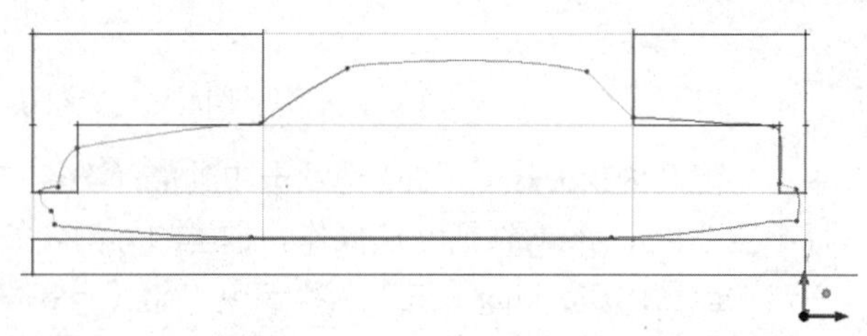

图4-50　删除块

步骤07　单击功能区内Blocking（块）选项卡中的（关联）按钮，弹出如图 4-51 所示的Blocking Associations（块关联）面板，单击（Vertex关联）按钮，Entity类型选择Point，单击按钮，选择块上的一个顶点并单击鼠标中键确认，然后单击按钮，选择模型上一个对应的几何点，块上的顶点会自动移动到几何点上，关联顶点和几何点的选取如图 4-52 所示。

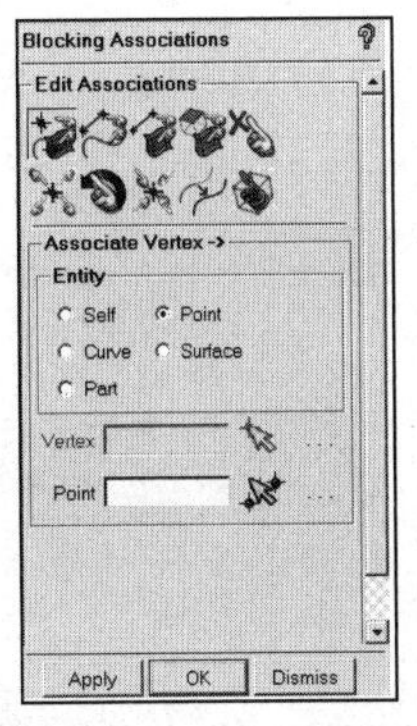

图4-51　块关联面板

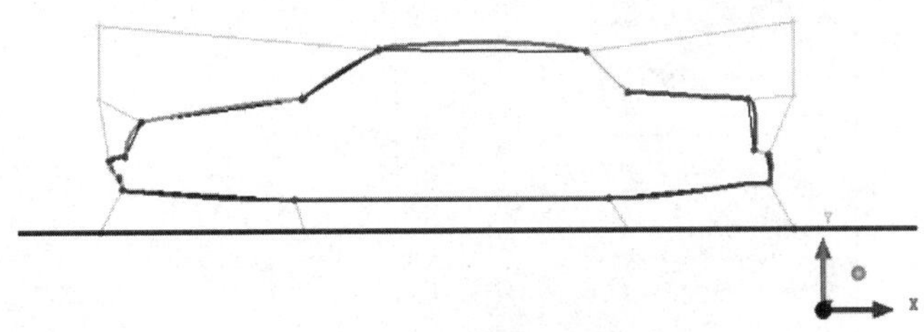

图4-52　顶点关联

步骤 08 单击功能区内Blocking（块）选项卡中的（移动顶点）按钮，弹出如图 4-53 所示的Move Vertices（移动顶点）面板，单击按钮，在Reference From中选择Screen，单击Ref. Location旁边的按钮，选择对齐的参考点，勾选Modify复选框，选择需要移动的顶点，单击鼠标中键完成操作，顶点移动后的位置如图 4-54 所示。

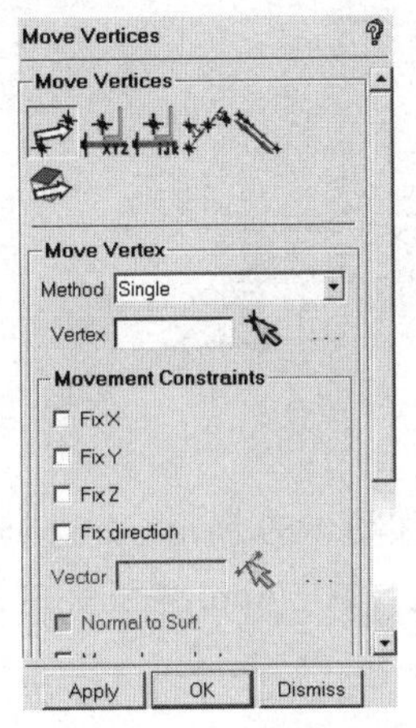

图4-53　移动顶点面板

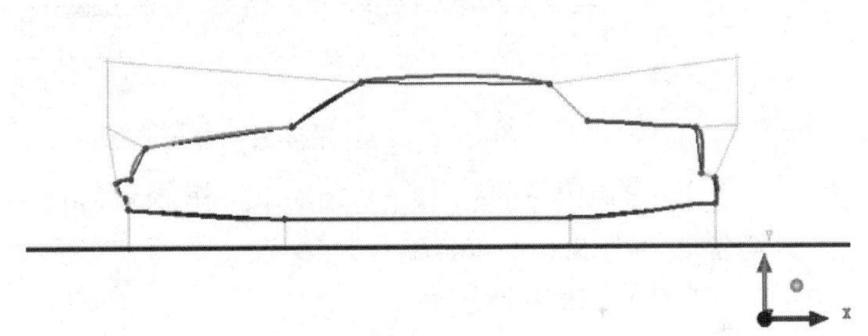

图4-54　顶点移动后的位置

步骤 09 在Index Control面板中单击Reset按钮，显示所有的块，如图 4-55 所示。

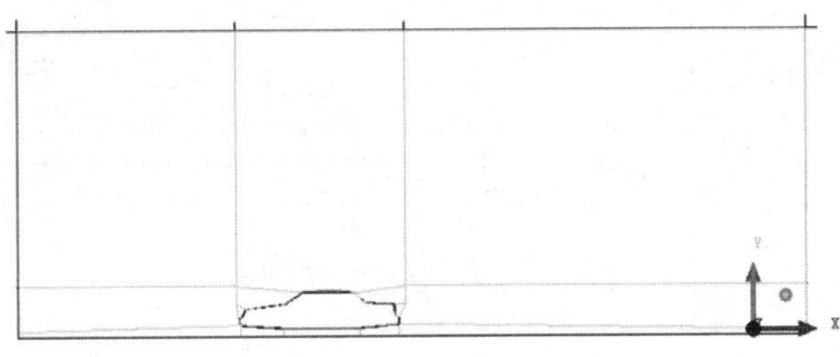

图4-55　块显示

步骤 10 在Blocking Associations（块关联）面板中单击（Edge关联）按钮，如图 4-56 所示。单击按钮，选择块上的边并单击鼠标中键确认，然后单击按钮，选择模型上对应的曲线并单击鼠标中键确认，选择的曲线会自动组成一组，关联边和曲线的选取如图 4-57 所示。

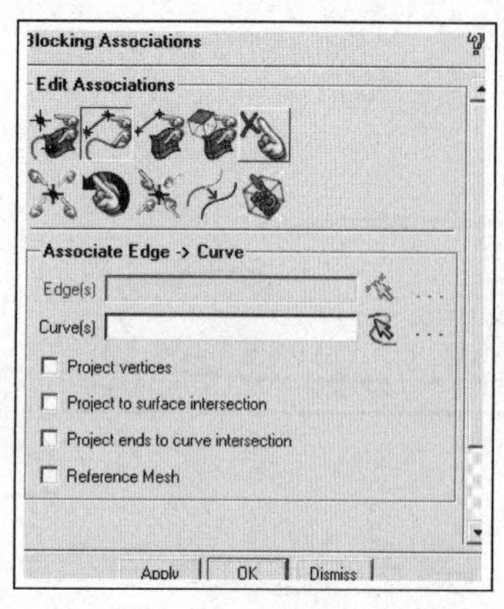

图4-56　Edge关联面板

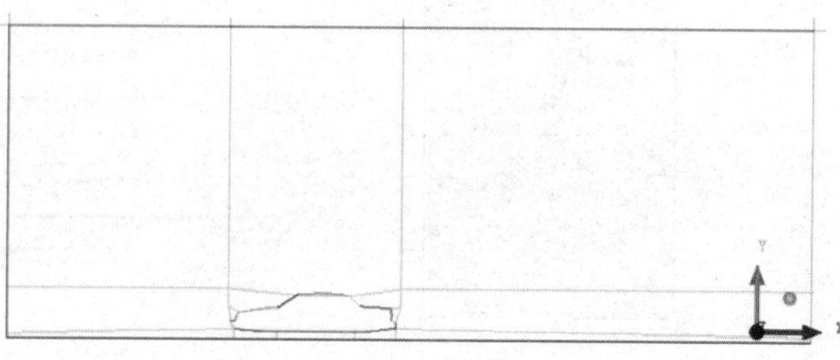

图4-57　边关联

步骤11　在操作控制树窗口Parts中勾选VORFN复选框，显示被删除的块，如图 4-58 所示。

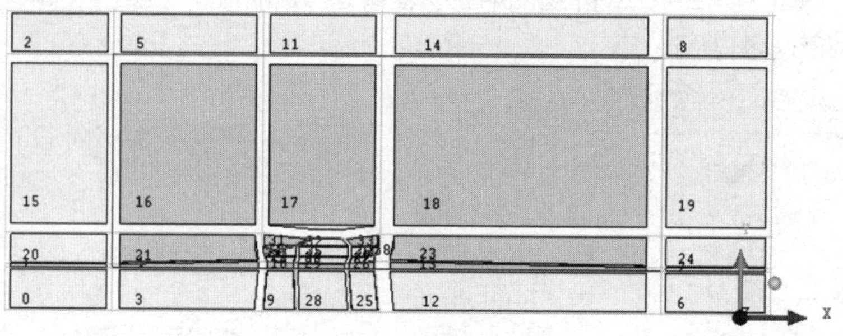

图4-58　显示被删除的块

步骤12　单击功能区内Blocking（块）选项卡中的（O-Grid）按钮，如图 4-59 所示，勾选Around block(s)复选框，单击Select Block(s)旁的按钮，选择汽车模型内的块，单击Apply按钮完成操作，选择块之后的界面如图 4-60 所示。

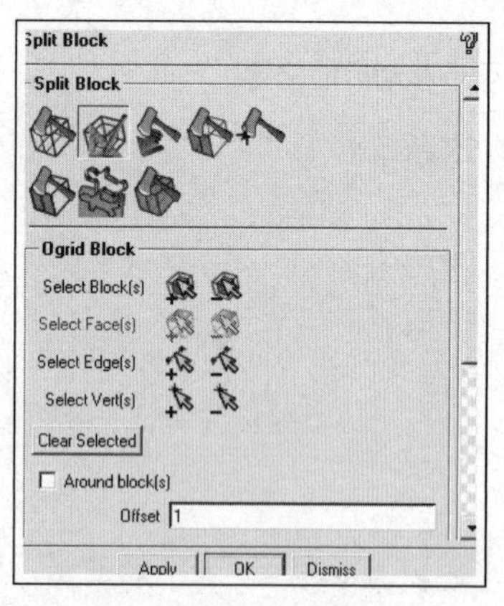

图4-59　分割块面板

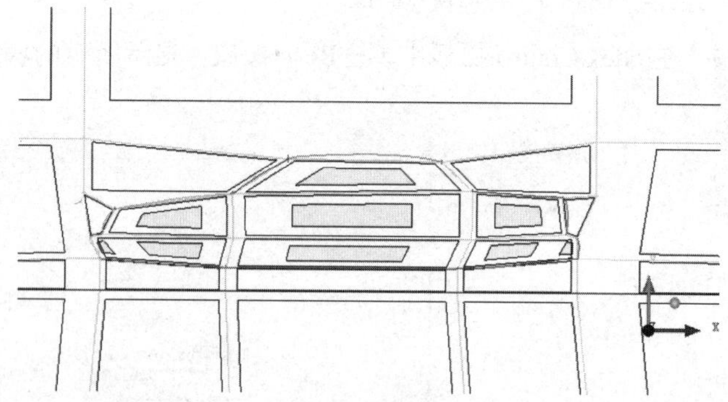

图4-60　选择块显示

步骤13　在操作控制树窗口取消Parts中的VORFN复选框，不显示被删除的块。

4.3.3　网格生成

步骤 01 单击功能区内Mesh（网格）选项卡中的（曲线上网格设定）按钮，弹出如图 4-61 所示的Curve Mesh Setup（曲线上网格设定）面板，Method选择General，单击按钮，弹出Select geometry（选择几何）工具栏，选择汽车外表面，在Maximum size中输入 50，再次单击按钮，弹出Select geometry（选择几何）工具栏，选择其他曲线，在Maximum size中输入 500，单击Apply按钮确认。

步骤 02 单击功能区内Blocking（块）选项卡中的（预览网格）按钮，弹出如图 4-62 所示的Pre-Mesh Params（预网格参数）面板，单击按钮，选中Update All单选按钮，单击Apply按钮确认，显示预览网格，如图 4-63 所示。

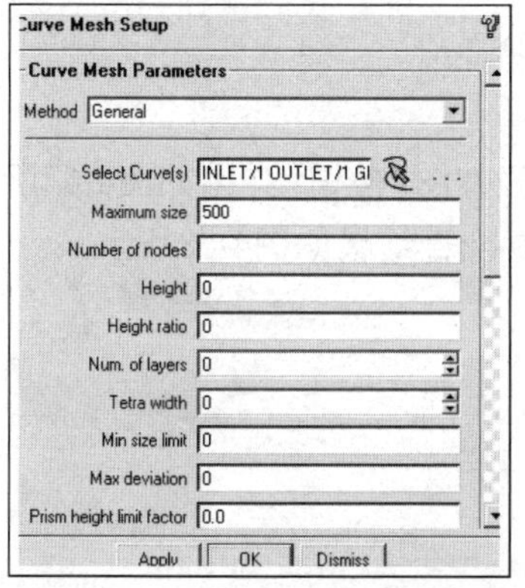

图4-61　曲线上网格设定面板

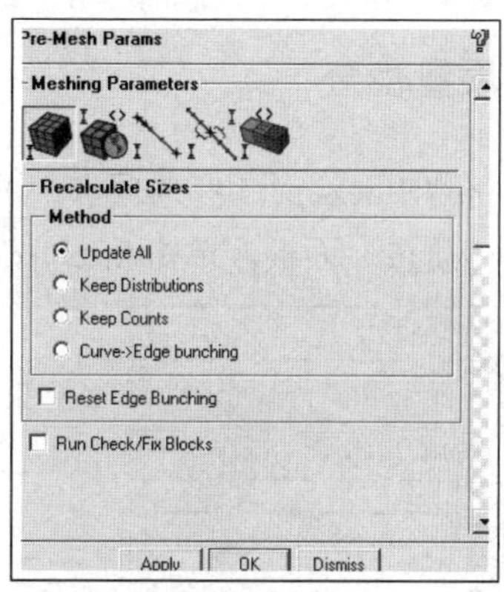

图4-62　预网格参数面板

图4-63　预览网格显示

步骤 03 在Pre-Mesh Params（预网格参数）面板中单击按钮，如图 4-64 所示。单击按钮，选取边，如图 4-65 所示。在Nodes中输入 10，单击Apply按钮确认，显示预览网格，如图 4-66 所示。

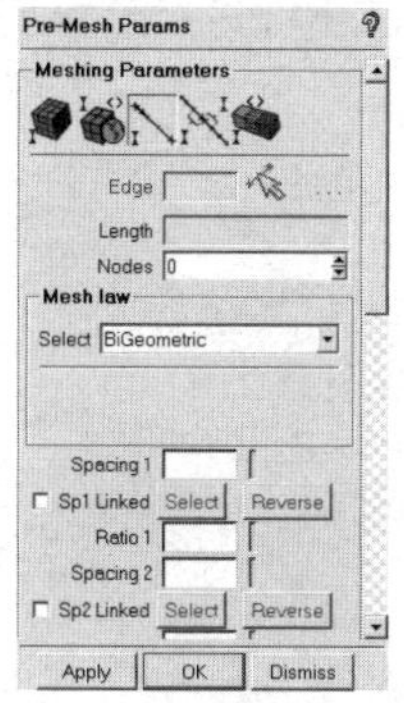

图4-64　预网格参数面板

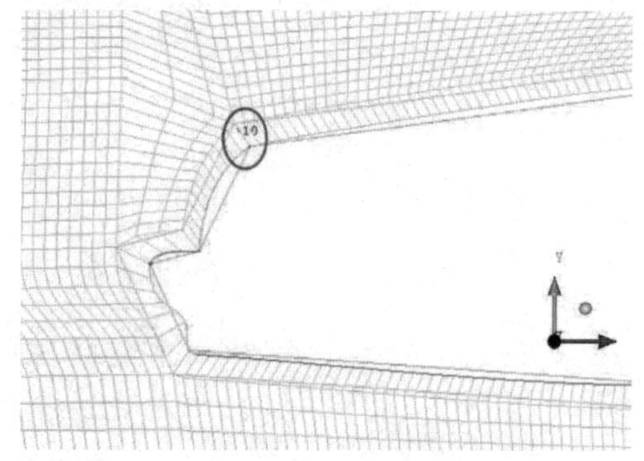

图4-65　选取边显示

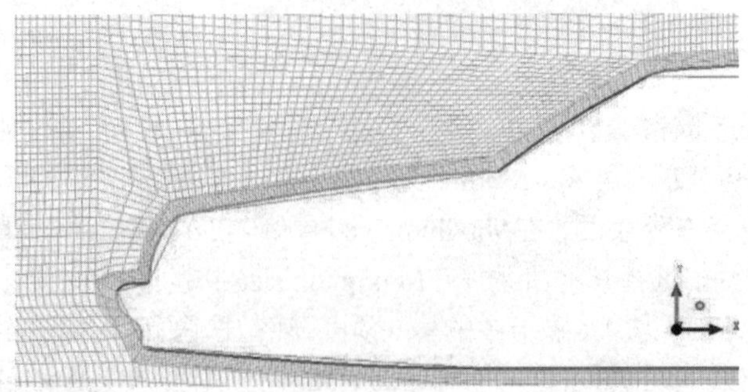

图4-66　预览网格

4.3.4　网格质量检查

单击功能区内Blocking（块）选项卡中的（预网格质量直方图）按钮，弹出如图4-67所示的Pre-Mesh Quality（预网格质量）面板，单击Apply按钮确认，网格质量检查结果如图4-68所示。

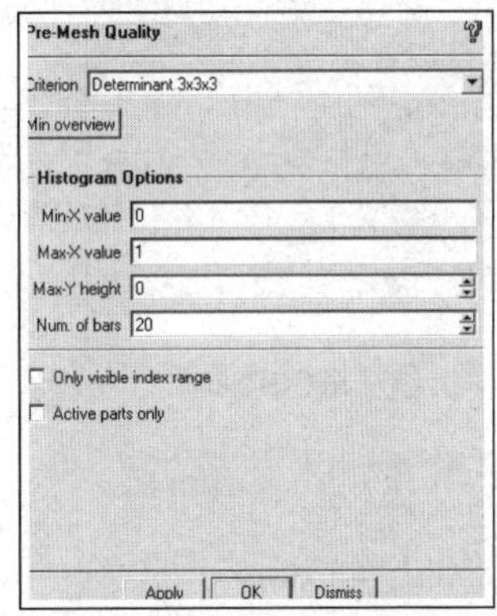

图4-67　预网格质量面板

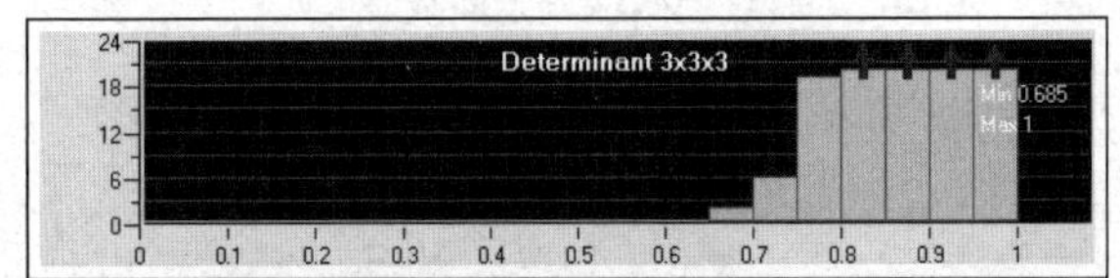

图4-68　网格质量检查结果

4.3.5　网格输出

步骤01　执行File→Mesh→Load from Blocking命令，导入网格。

步骤02　单击功能区内Output（输出）选项卡中的（求解器设定）按钮，弹出如图 4-69 所示的Solver Setup（求解器设定）面板，Output Solver选择ANSYS Fluent，单击Apply按钮确认。

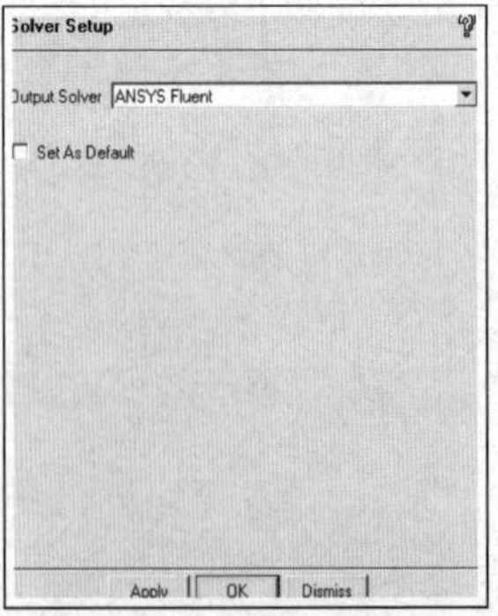

图4-69　求解器设定面板

步骤03 单击功能区内Output（输出）选项卡中的（输出）按钮，弹出“打开网格文件”对话框，选择文件，单击“打开”按钮，弹出如图 4-70 所示的Ansys Fluent对话框，Grid dimension选择 2D，单击Done按钮确认完成。

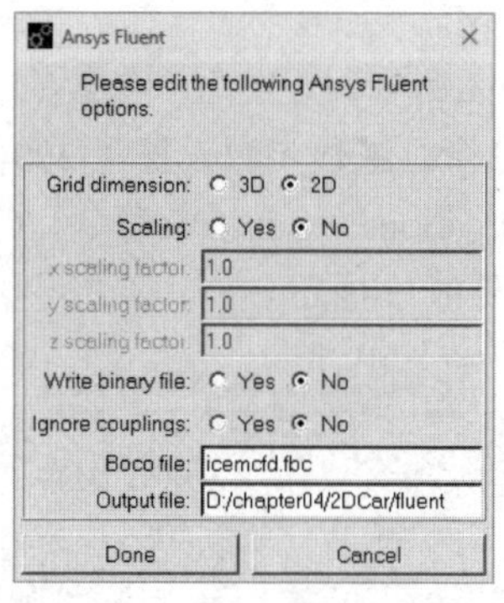

图4-70　Ansys Fluent面板

4.3.6　计算与后处理

步骤01 在Windows系统下启动Fluent，进入Fluent Launcher界面。

步骤02 Dimension选择 2D，单击OK按钮进入Fluent界面。

步骤03 执行File→Read→Mesh命令，读入ICEM CFD生成的网格文件，如图 4-71 所示。

图4-71　显示几何模型

步骤04 在任务栏单击（保存）按钮进入Write Case对话框，在File name（文件名）中输入fluent.cas，再单击OK按钮保存项目文件。

步骤05 执行Mesh→Check命令，检查网格质量，应保证Minimum Volume大于 0。

步骤06 执行Mesh→Scale命令，打开Scale Mesh（缩放网格）面板，定义网格尺寸单位，在Mesh Was Created In中选择m，单击Scale按钮。

步骤07 执行Define→General命令，在Time中选择Steady。

步骤08 执行Define→Model→Viscous命令，选择k-epsilon（2 eqn）模型。

步骤09 执行Define→Boundary Conditions命令，定义边界条件，如图 4-72 所示。

图4-72　边界条件面板

- in: Type 选择 velocity-inlet（速度入口）边界条件，在 Velocity Magnitude（速度大小）中输入 5。
- out: Type 选择 outflow（自由出流）边界条件。

步骤10 执行Solution→Controls命令，弹出Solution Controls（设置松弛因子）面板，保持默认设置，单击OK按钮退出。

步骤11 执行Solution→Initialize命令，弹出Solution Initialization（设置初始值）面板，Compute From选择in，单击Initialize按钮进行计算初始化。

步骤12 执行Solution→Monitors→Residual命令，设置各个参数的收敛残差值为 1e-3，单击OK按钮确认。

步骤13 执行Solution→Run Calculation命令，迭代步数设置为 300，单击Calculate按钮开始计算。

步骤14 执行Display→Graphics and Animations→Contours命令，Contours of选择Velocity Magnitude，单击Display按钮显示速度云图，如图 4-73 所示。

图4-73　速度云图

步骤15 执行Display→Graphics and Animations→Contours命令，Contours of选择Velocity Magnitude，单击Display按钮显示速度矢量图，如图 4-74 所示。

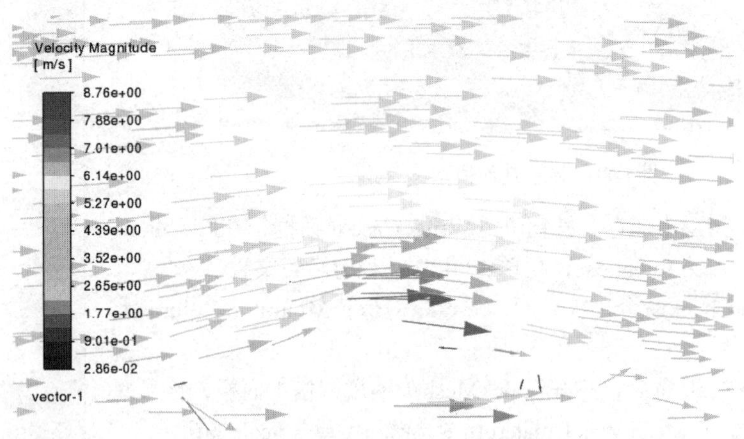

图4-74　速度矢量图

步骤16 执行Display→Graphics and Animations→Contours命令，Contours of选择Static Pressure，单击Display按钮显示压力云图，如图 4-75 所示。

图4-75　压力云图

从上述计算结果可以看出，生成的网格能够满足计算要求，并且能够较好地模拟二维平面流动问题。

4.4　变径管流模型结构网格划分

本节将通过一个变径管流的实例，让读者对在ANSYS ICEM CFD中进行二维平面模型结构网格划分的过程有一个初步了解。

4.4.1　启动ICEM CFD并建立分析项目

步骤01 在Windows系统下启动ICEM CFD，进入ICEM CFD界面。

步骤02 执行File→Save Project命令，弹出Save Project As对话框，在“文件名”中输入bianjingguan，单击OK按钮确认，关闭对话框。

4.4.2　创建几何模型

步骤01 对有关创建几何模型的选项进行设置。单击Settings菜单栏，弹出下拉列表，单击Selection，弹出设置面板，如图 4-76 所示，勾选Auto Pick Mode复选框。单击Settings菜单栏，弹出下拉列表，单击Geometry Options，弹出Geometry Options（几何选项）面板，如图 4-77 所示，勾选Name new geometry复选框并选中Create new part单选按钮。

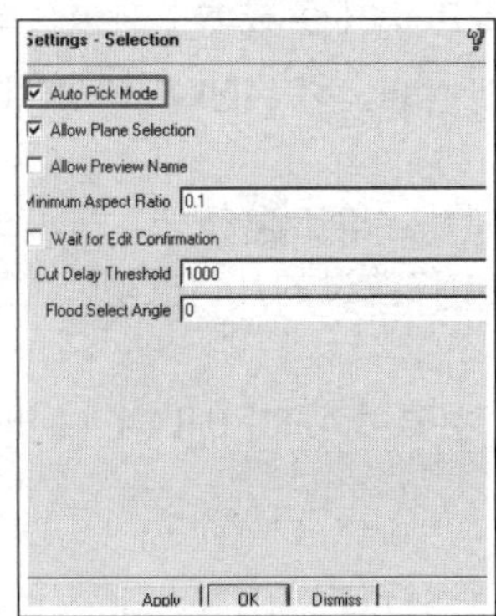

图4-76　设置自动拾取

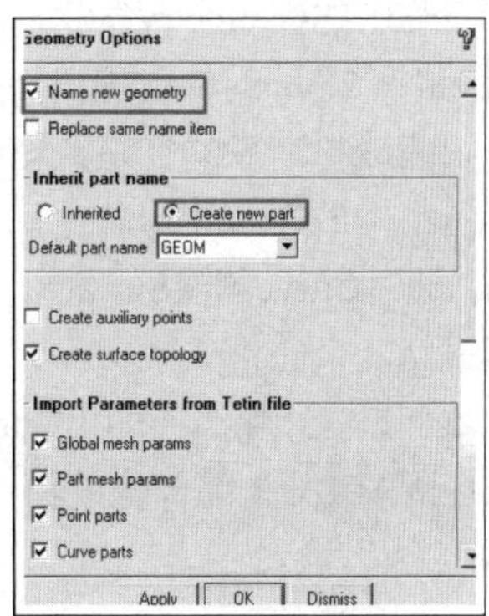

图4-77　设置几何图形属性

步骤 02 通过输入坐标的方法创建点。执行标签栏中的Geometry命令，单击按钮，弹出设置面板。单击按钮，选择Create 1 point（创建一个点），输入Part名称为POINTS，Name使用默认名称，输入坐标值pnt.00（0,0,0），单击Apply按钮创建点，如图 4-78 所示。其余各点的创建方法与之相似，坐标分别为pnt.01（0,100,0）、pnt.02（200,100,0）、pnt.03（200,50,0）、pnt.04（500,50,0）、pnt.05（500,0,0）。创建所有点后，显示点名称，右击模型树窗口中的Points，在弹出的目录树中选择Show Point Names，如图 4-79 所示。

步骤 03 通过连接点的方式创建直线。执行标签栏中的Geometry命令，单击按钮，弹出设置面板，输入Part名称为CURVES，Name使用默认名称，单击按钮，如图 4-80 所示。利用鼠标左键分别选择点pnt.00 和pnt.01，单击鼠标中键确认，创建直线crv.00。利用同样的方法创建以下直线：pnt.01 和pnt.02 组成crv.01，pnt.02 和pnt.03 组成crv.02，pnt.03 和pnt.04 组成crv.03，pnt.04 和pnt.05 组成crv.04，pnt.05 和pnt.00 组成crv.05。利用与显示点名称相似的方法显示线名称，如图 4-81 所示。

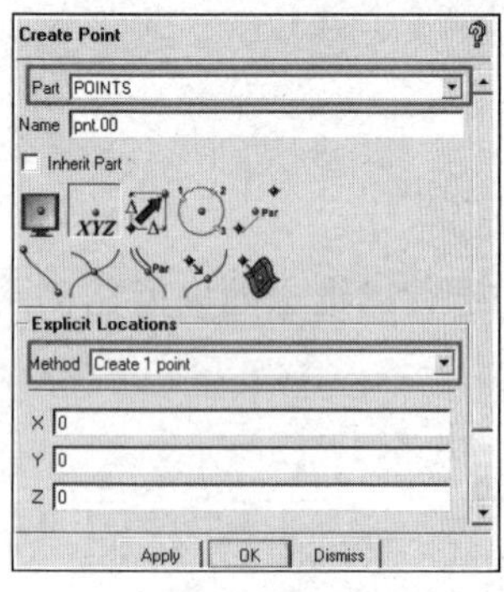

图4-78　坐标创建点

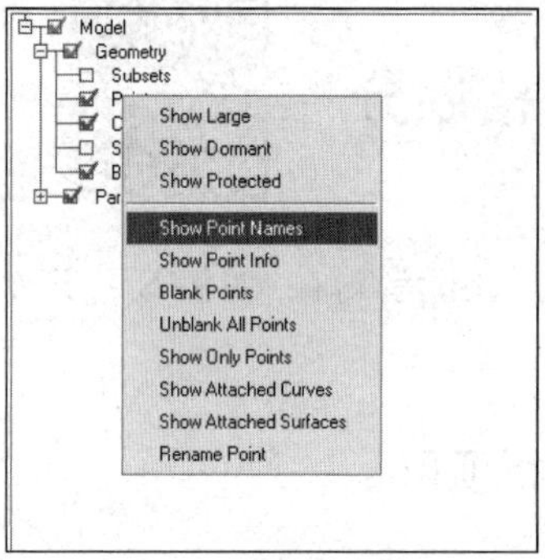

图4-79　显示点名称

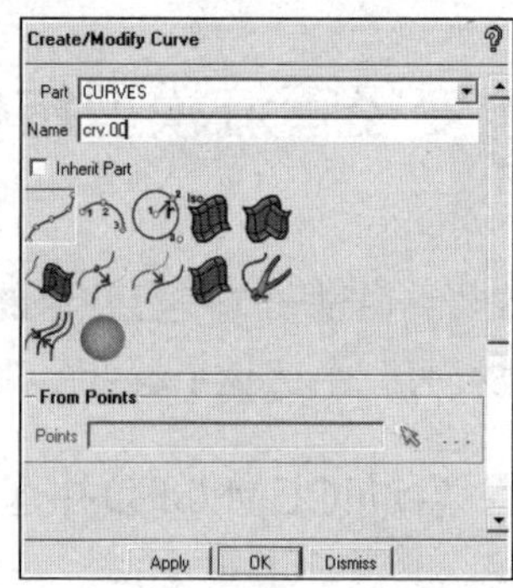

图4-80　连接点方式创建线

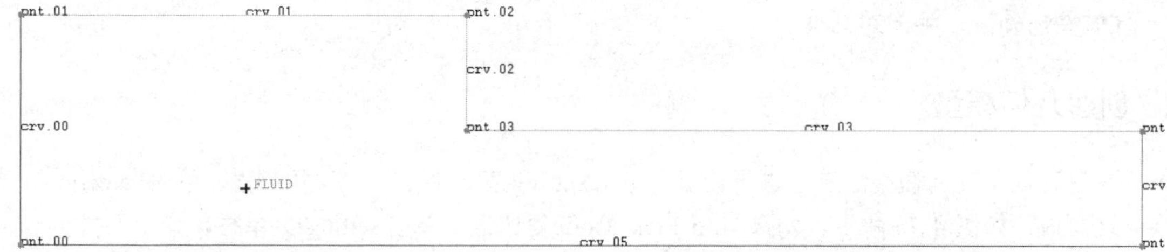

图4-81　显示点线名称

步骤 04 执行标签栏中的Geometry命令，单击按钮，弹出Create Body（生成体）面板，单击按钮，选中Centroid of 2 points单选按钮，如图 4-82 所示。利用鼠标左键选择点pnt.01 和pnt.03，单击鼠标中键确认，完成材料点的创建，更改名称为FLUID。

步骤 05 执行标签栏中的Geometry命令，单击按钮，弹出设置面板，单击按钮，Method选择From 2-4 Curves，通过Curve创建Surface，如图 4-83 所示。依次选中修改过的几何模型外轮廓边线，单击鼠标中键确认。

步骤 06 对于二维问题，计算边界即为Curve。在该例中，边界条件主要由入口（INLET）、出口（OUTLET）和壁面（WALL）3 部分构成。

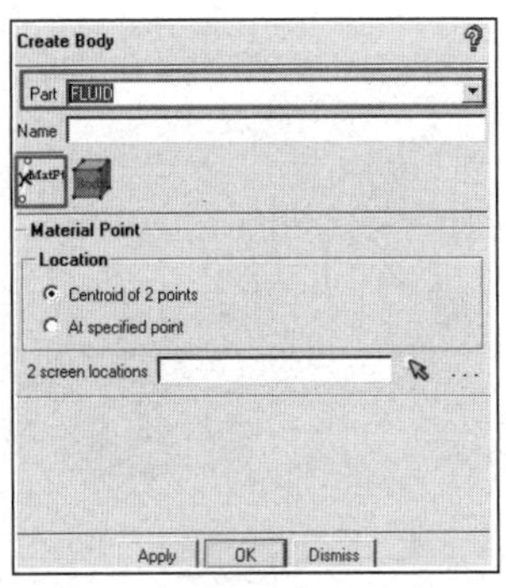

图4-82　创建材料点

图4-83　由线建面

步骤 07 定义入口Part。右击模型树中的Model→Parts（见图 4-84），选择Create Part，弹出Create Part（生成部件）面板，如图 4-85 所示。输入Part名称INTET，单击按钮选择几何元素，选择crv.00，单击鼠标中键确认，此时crv.00 将自动改变颜色。采用相同的方法定义其他边界条件：定义壁面Part名称为WALL，选择crv.01、crv.02 和crv.03；定义出口Part名称为OUTLET，选择crv.04；定义对称边界Part名称为SYM，选择边线crv.05。

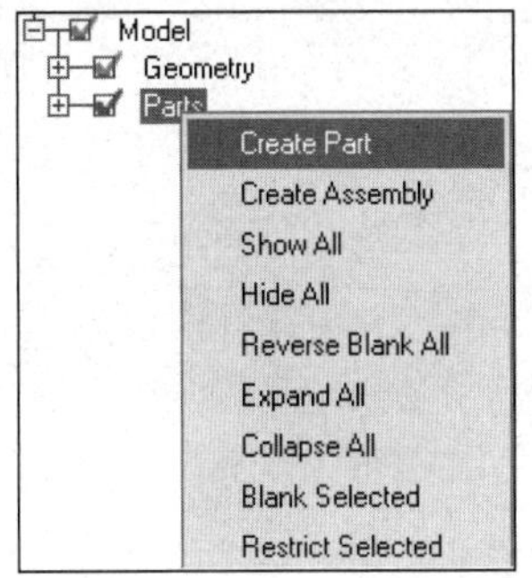

图4-84　选择Create Part

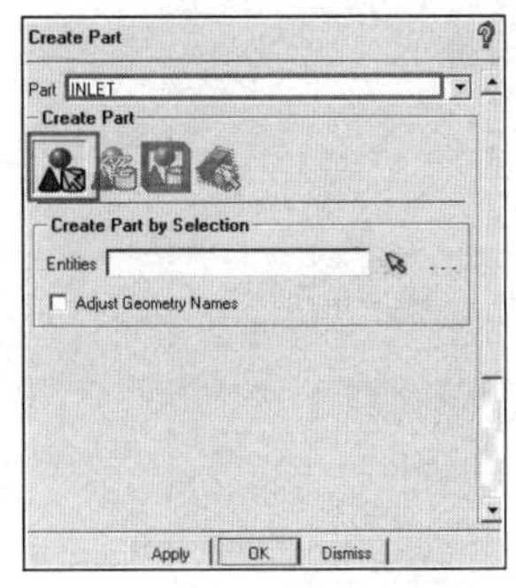

图4-85　Create Part面板

步骤 08 完成几何模型的创建，如图 4-86 所示。执行File→Geometry→Save Geometry As命令，保存当前几何模型为bianjingguan.tin。

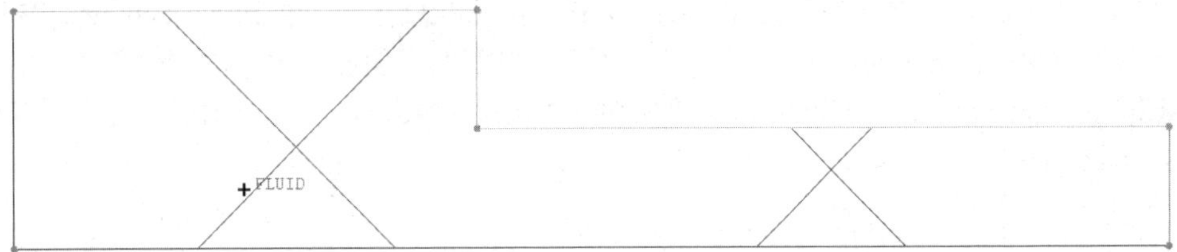

图4-86　创建完成的几何模型

4.4.3　创建Block

步骤 01 创建Block。执行标签栏中的Blocking命令，单击按钮，弹出Create Block（生成块）面板，如图 4-87 所示。在Part栏中选中生成材料点时的名称FLUID，单击按钮，在Initialize Blocks→Type下拉列表中选择 2D Planar，单击Apply按钮直接生成Block，如图 4-88 所示。

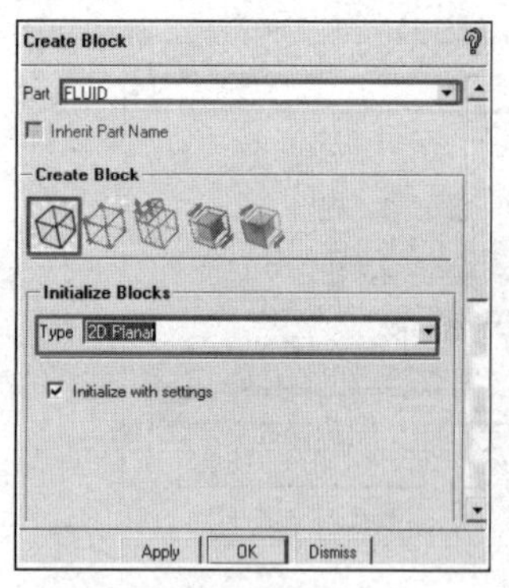

图4-87 创建Block

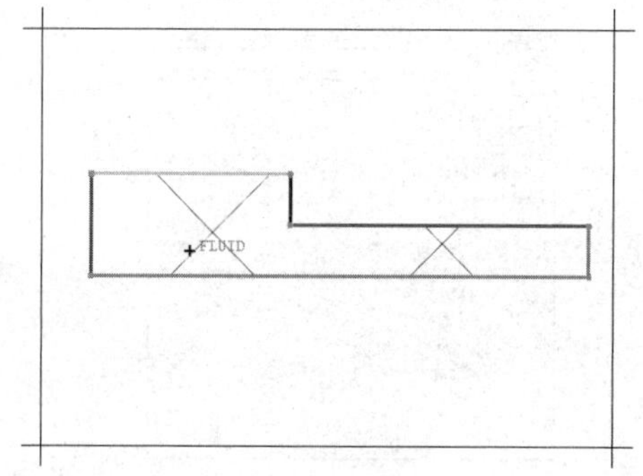

图4-88 创建Block后的效果

步骤02 分割Block。执行标签栏中的Blocking命令，单击按钮，弹出Split Block（分割块）面板（见图 4-89），单击按钮，其余保持默认状态。选择水平方向的Edge，按住鼠标左键不放拖动光标，选择合适的位置，单击鼠标中键确认，完成垂直分割Block，如图 4-90 所示。

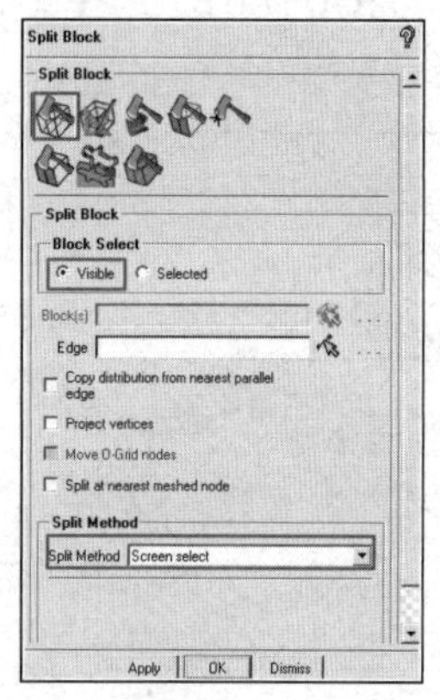

图4-89 分割Block

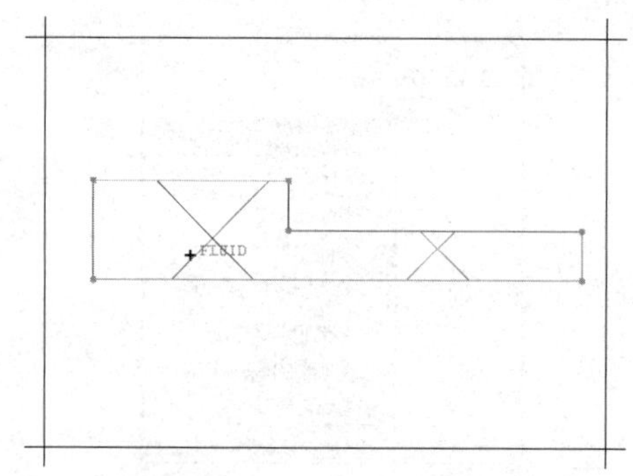

图4-90 分割后的Block

步骤03 单独显示Block。根据Block的拓扑结构分析，需要对步骤02中的Block进一步分割，即单独分割右侧的Block，因此只需要显示图 4-90 右侧的Block即可。右击模型树中的Model→Blocking（见图 4-91），选择Index Control，在屏幕右下方弹出操作面板，如图 4-92 所示，单击Select corners按钮，在图 4-93 中选择所需保留部分Block的对角线两点，即可完成保留所需部分Block的操作。

步骤04 按步骤02的操作方法继续分割Block，然后单击Block操作面板中的Reset按钮，重新显示所有Block，如图 4-94 所示。

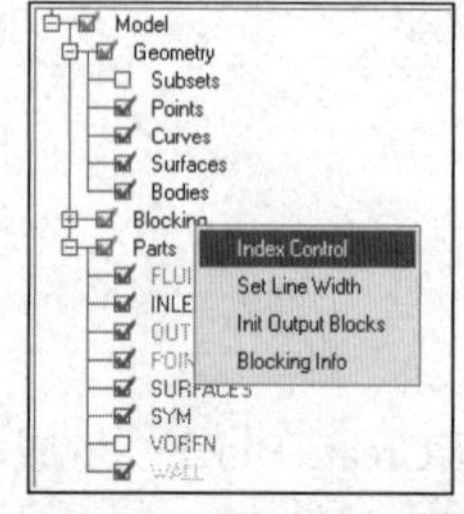

图4-91 选择Index Control

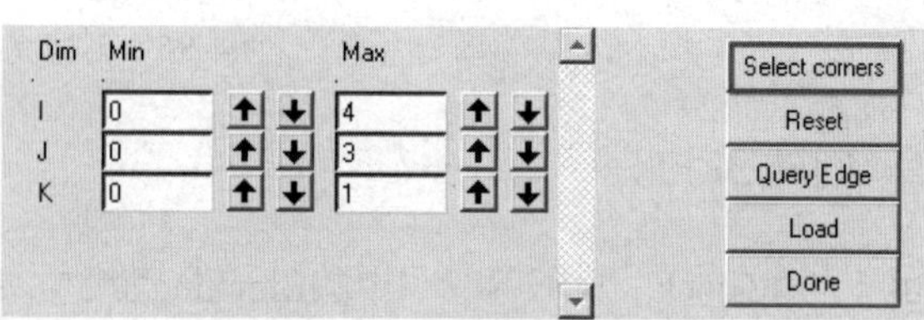

图4-92 Block操作面板

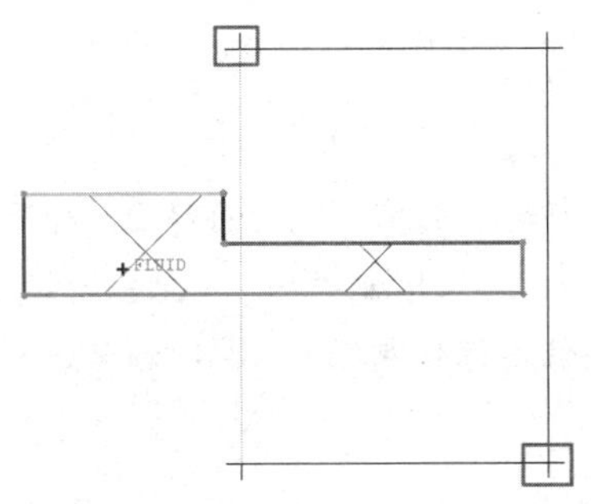

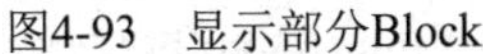
图4-93　显示部分Block

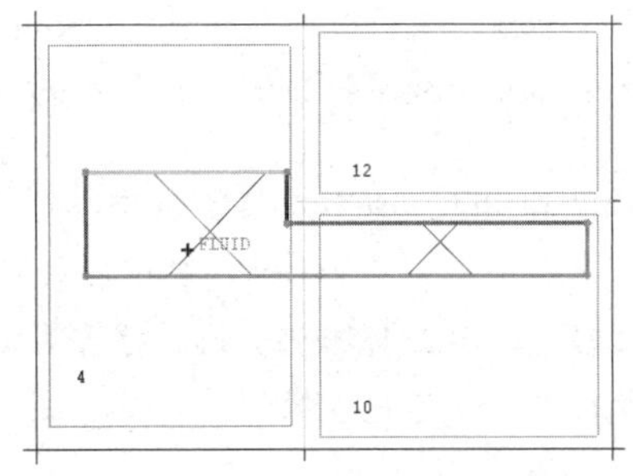

图4-94　显示完整Block

步骤05　删除Block。执行标签栏中的Blocking命令，单击按钮进入Detete Block（删除块）面板（见图 4-95），单击按钮，根据步骤01中分析的拓扑结构形状选中多余的Block（图 4-94 所示编号为 12 的Block），单击鼠标中键确认，完成Block的删除操作。

步骤06　创建Vertex到Point的映射。执行标签栏中的Blocking命令，单击按钮，弹出Blocking Associations（块关联）面板，如图 4-96 所示，单击按钮，进入创建Vertex映射设置界面。在Entity中选择Point，建立如图 4-97 所示的Vertex到Point的映射关系。

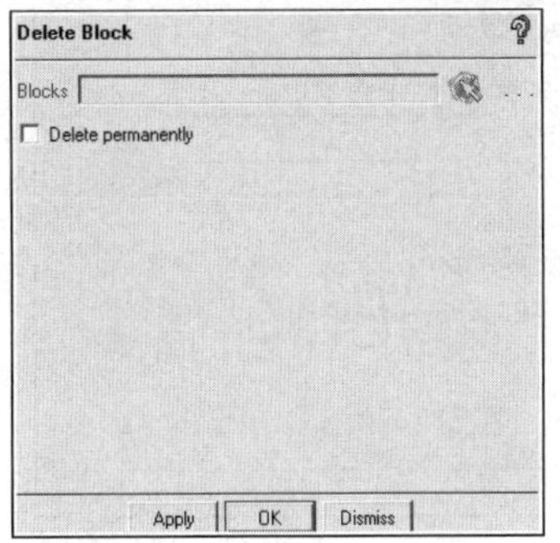

图4-95　删除块面板

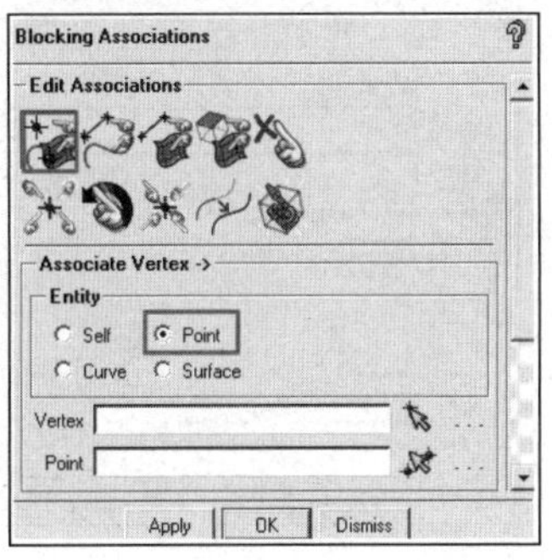

图4-96　块关联面板

步骤07　创建Vertex到Curve的映射。执行标签栏中的Blocking命令，单击按钮，弹出Blocking Associations（块关联）面板，单击按钮，进入Vertex映射设置界面，如图 4-98 所示。在Entity中选择Curve，建立Vertex到Curve的映射关系。

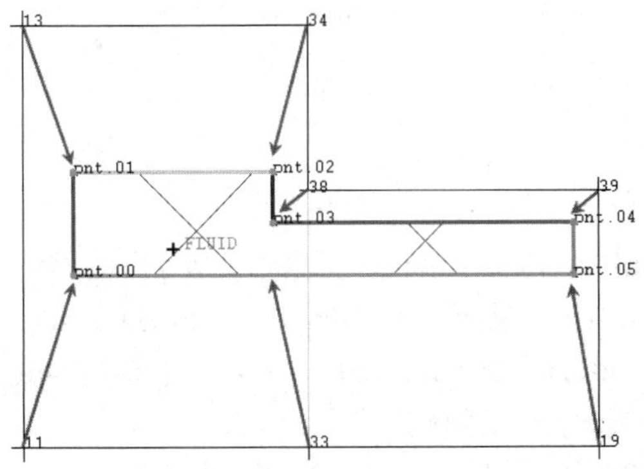

图4-97　建立Vertex到Point的映射关系

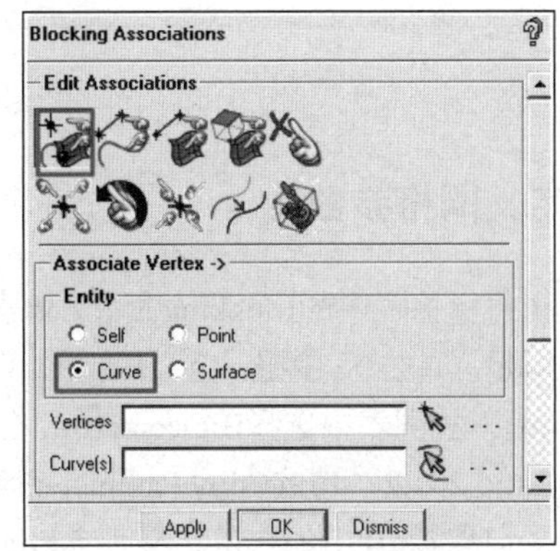

图4-98　块关联面板

步骤08 移动Vertex。执行标签栏中的Blocking命令，单击按钮，弹出Move Vertices面板，单击按钮，进入移动Vertex设置面板，如图 4-99 所示。

Movement Constraints选项用于限制Vertex移动方向，想要限制哪个方向的移动，就开启相应的选项。由于本例中Vertex已经对应到相应的Curve上，因此不必限制方向，Vertex只能在相应Curve上移动。单击按钮，选择想要移动的Vertex33，按住鼠标左键不放，拖动到合适的位置，释放鼠标左键即可完成操作。

步骤09 创建Edge到Curve的映射关系。执行标签栏中的Blocking命令，单击按钮，弹出Blocking Associations（块关联）面板（见图 4-100），单击按钮，进入Edge映射设置界面，选择Edge11-13（表示由Vertex11 和Vertex13 连接成的Edge）并单击鼠标中键确认，选择cur.00 并单击鼠标中键确认。此时，Edge颜色变为绿色，表示Edge和Curve的映射关系已经建立。采用同样的方法建立其他映射关系，最终效果如图 4-101 所示。

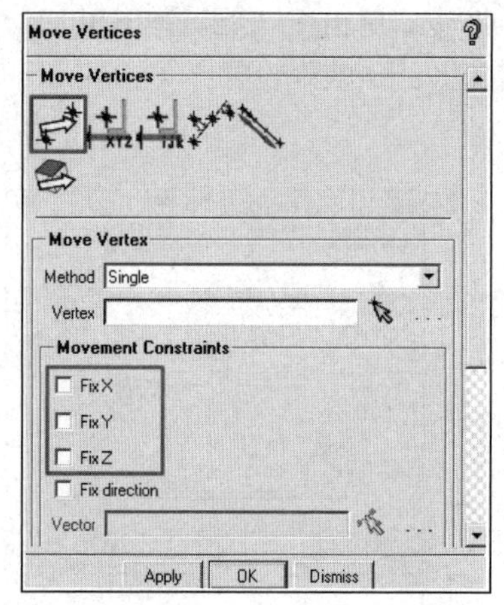

图4-99　移动Vertex设置面板

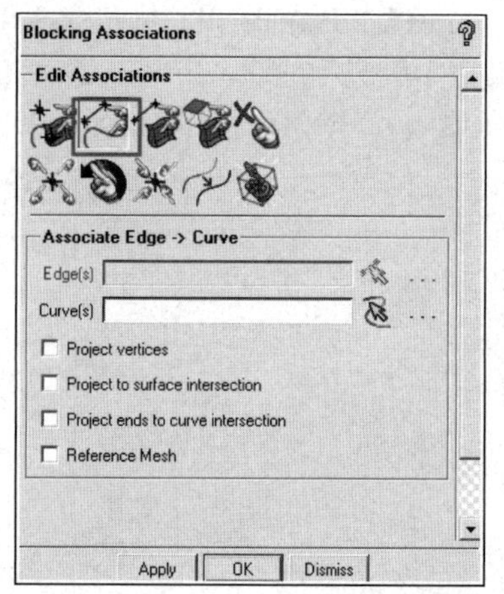

图4-100　块关联面板

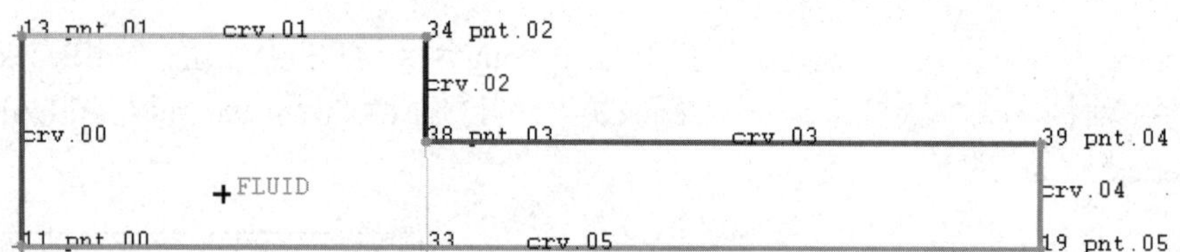

图4-101　建立的映射结果

4.4.4 定义网格参数

步骤01 执行标签栏中的Blocking命令，单击按钮，弹出Pre-Mesh Params（预网格参数）面板，如图 4-102 所示。单击按钮，定义Edge节点参数，在Edge中选择需要设置的Edge，如Edge11 37-1，在Mesh law下拉列表中选择BiGeometric，在Nodes中输入 50，输入Spacing 1=0.5、Spacing 2=0.5、Ratio 1=1.2、Ratio 2=1.2，勾选Copy Parameters复选框，单击Apply按钮确认。

步骤02 采用步骤01中的方法定义其余Edge。在Edge13-34 上设置Nodes=60、Spacing 1=0.5、Spacing 2=1、Ratio 1=1.2、Ratio 2=1.2，在Edge34-38 上设置Nodes=26、Spacing 1=0、Spacing 2=0.5、Ratio 1=2、

Ratio 2=1.2，在Edge38-39 上设置Nodes=100、Spacing 1=1、Spacing 2=0.5、Ratio 1=2、Ratio 2=1.2，在Edge39-19 上设置Nodes=25、Spacing 1=0.5、Spacing 2=0.5、Ratio 1=1.2、Ratio 2=1.2。

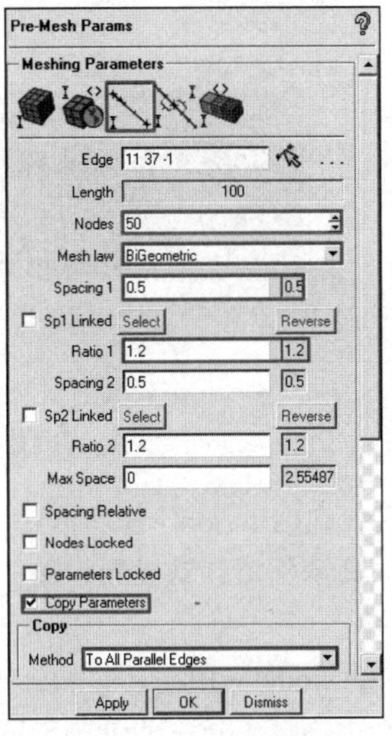

图4-102　设置网格参数

步骤 03 执行File→Blocking→Save Blocking As命令，保存当前Block文件为bianjingguan.blk。

4.4.5　网格生成

步骤 01 选中模型树中的Model→Blocking→Pre-Mesh复选框，如图 4-103 所示。弹出如图 4-104 所示的Mesh对话框，单击Yes按钮确定，生成的网格如图 4-105 所示。

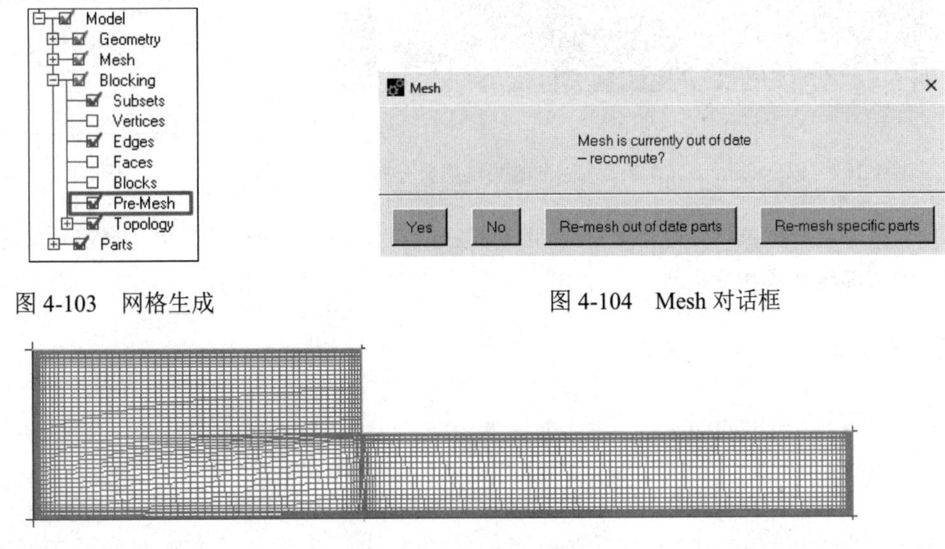

图 4-103　网格生成

图 4-104　Mesh 对话框

图4-105　生成的网格

步骤 02 执行标签栏中的Blocking命令，单击（预网格质量直方图）按钮，弹出Pre-Mesh Quality（预网格质量）面板，如图 4-106（a）所示，在Criterion下拉列表中选择Angle，其余设置保持默认状态，单击Apply按钮，网格质量显示如图 4-106（b）所示。

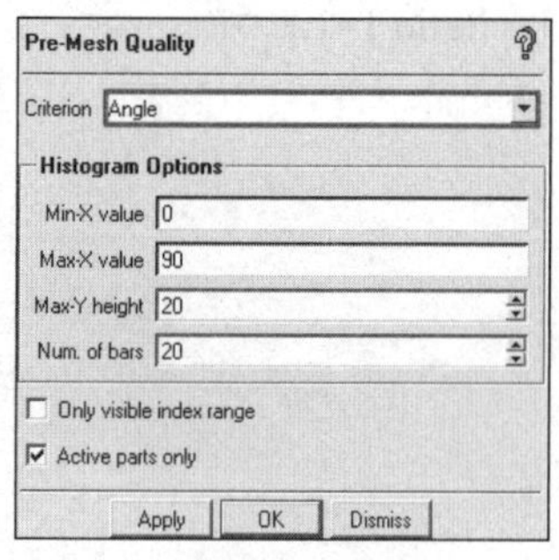

（a）检查网格质量

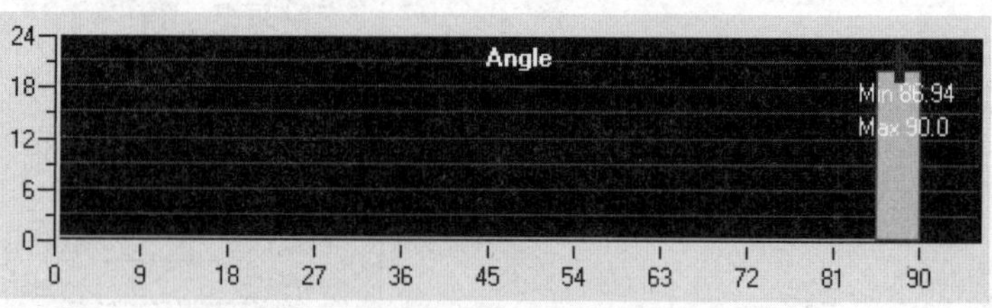

（b）网格质量分布

图4-106　以Angle为标准检查网格质量

结构网格质量的判断标准有很多，在Criterion下拉列表中选择另一种标准Determinant 2×2×2，其余保持默认设置，单击Apply按钮，网格质量如图 4-107 所示。

步骤03　如图 4-108 所示，右击模型树中的Model→Blocking→Pre-Mesh，选择Convert to Unstruct Mesh，然后执行File→Mesh→Save Mesh As命令，保存当前网格文件为bianjingguan.uns。

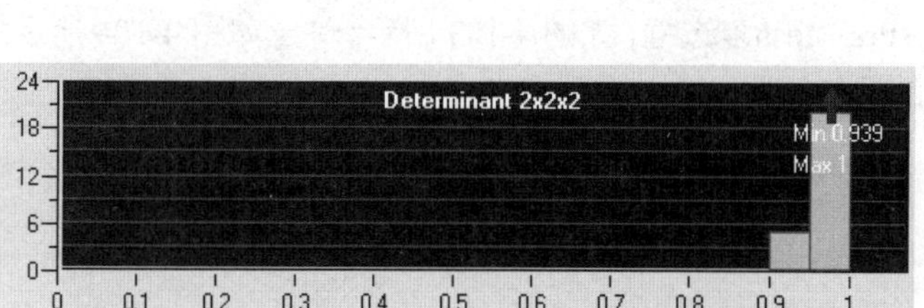

图4-107　以Determinant 2×2×2为标准的网格质量分布

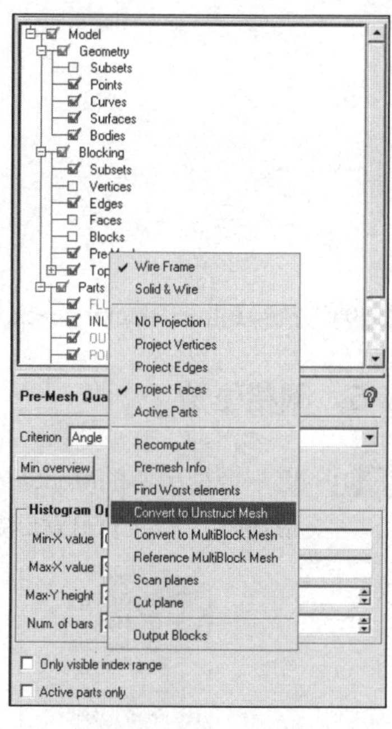

图4-108　网格转换

因为在进行数值计算时所选用的Fluent是一款计算非结构网格的软件，所以在保存网格文件之前要将其转换成非结构网格。

4.4.6　导出网格

步骤01　执行标签栏中的Output命令，单击按钮，弹出Solver Setup（求解器设定）面板，如图 4-109 所示，在Output Solver下拉列表中选择ANSYS Fluent，单击Apply按钮。

步骤02　执行标签栏中的Output命令，单击按钮，弹出设置面板，以默认名称保存.fbc和.atr文件，在弹出的对话框中单击No按钮，不保存当前项目文件，在随后弹出的对话框中选择保存的文件bianjingguan.uns。

步骤03　弹出Ansys Fluent对话框，如图 4-110 所示，在Grid dimension栏中选中 2D单选按钮，表示输出二维网格，在Boco file栏中将文件名改为bianjingguan.fbc，单击Done按钮导出网格。导出完成后，可在步骤02 中设定的工作目录中找到bianjingguan.mesh。

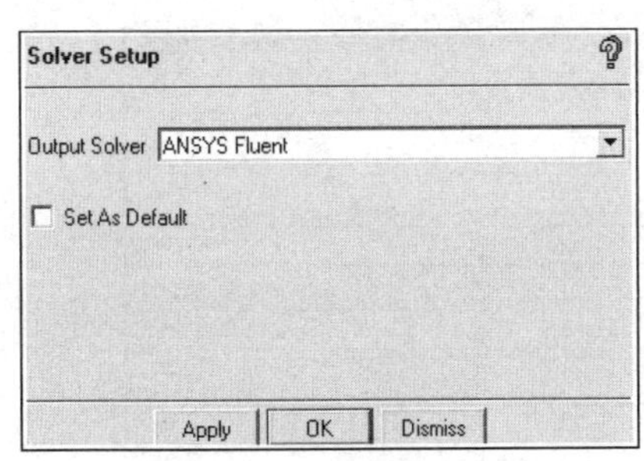

图4-109　求解器设定面板

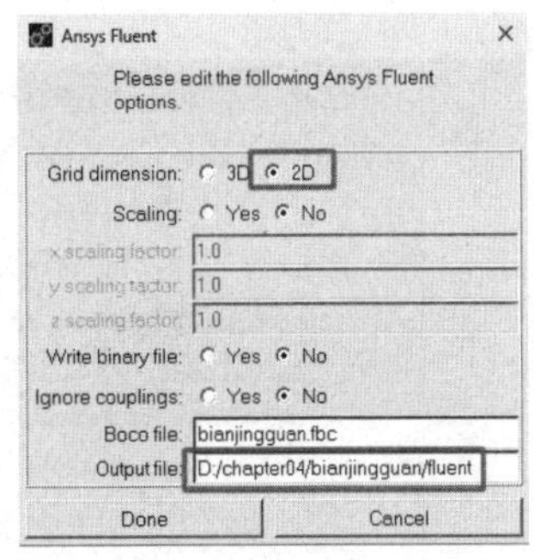

图4-110　导出网格

4.4.7　计算与后处理

步骤01 打开Fluent，选择 2D求解器。

步骤02 执行File→Read→Mesh命令，选择生成的网格Pipe Junction.mesh。

步骤03 单击界面左侧流程中的General，单击Mesh栏下的Scale定义网格单位，弹出Scale Mesh（缩放网格）对话框，在Mesh Was Created In下拉列表中选择mm，单击Scale按钮，再单击Close按钮关闭对话框。

步骤04 单击Mesh栏下的Check检查网格质量，其中Minimum Volume应大于 0。

步骤05 单击界面左侧流程中的General，在Solver栏下选择基于压力的稳态平面求解器，如图 4-111 所示。

步骤06 单击界面左侧流程中的Models，双击Viscous，选择湍流模型，在列表中选择k-epsilon（2 eqn），即k-ε两方程模型，其余设置保持默认即可，单击OK按钮。

步骤07 单击界面左侧流程中的Materials，定义材料。双击选择Fluid→Water-liquid，弹出Creat/Edit Materials（创建/编辑材料）对话框，根据问题描述中给出的流体条件进行设置，如图 4-112 所示。

步骤08 定义入口。选中inlet，在Type下拉列表中选择velocity-inlet（速度入口）边界条件，弹出Velocity Inlet（速度入口）对话框，如图 4-113 所示，在Momentum栏中，设置Velocity Magnitude值为 0.2，Turbulent Intensity值为 5，Turbulent Viscosity Ratio值为 0.2。

选中outlet，在Type下拉列表中选择Outflow（自由出流）边界条件，弹出Outflow（自由出流）对话框，保持默认设置，单击OK按钮。

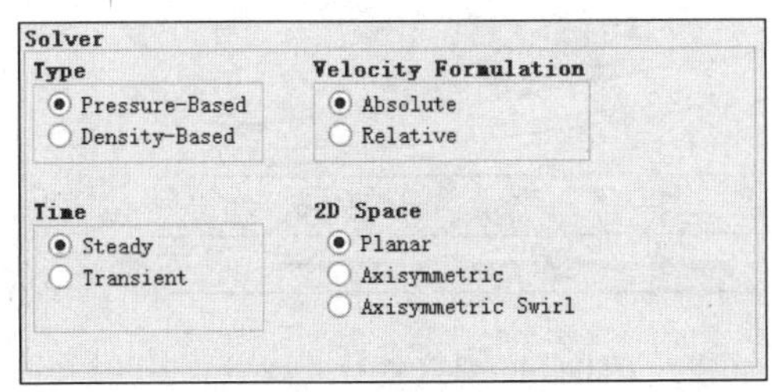

图4-111　求解器设定

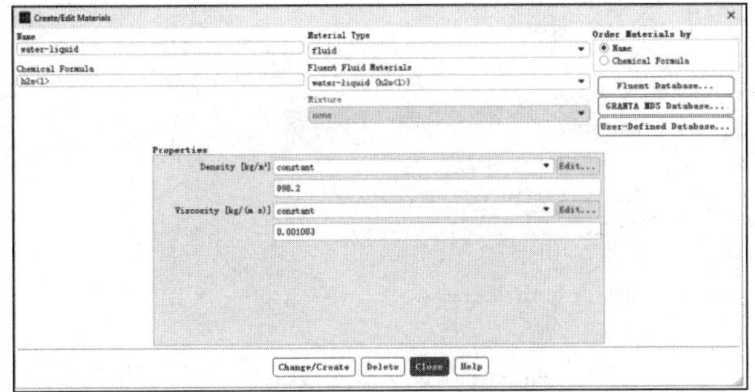

图4-112　定义材料属性

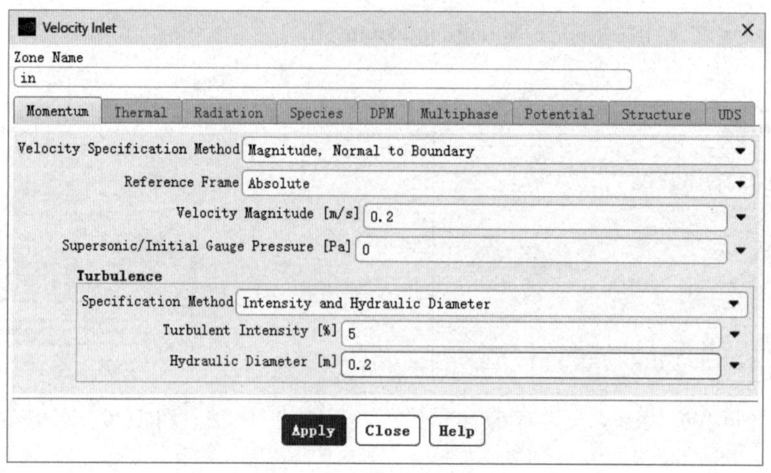

图 4-113　设置入口边界条件

选中wall，在Type下拉列表中选择wall（壁面）边界条件，弹出对话框，单击Yes按钮，弹出另一个对话框，保持默认设置，单击OK按钮。

选中sym，在Type下拉列表中选择axis（轴）边界条件，弹出对话框，保持默认设置，单击OK按钮。

步骤09 定义参考值。单击界面左侧流程中Reference Values，对计算参考值进行设置，在Compute from下拉列表中选中inlet1 即可，参数值保持默认设置。

步骤10 定义求解方法。单击界面左侧流程中的Solution Methods，对求解方法进行设置。为了提高精度，均可选用Second Order Upwind（二阶迎风格式），如图 4-114 所示，其余设置保持默认即可。

步骤11 定义克朗数和松弛因子。单击界面左侧流程中的Solution Controls，保持默认设置。

步骤12 定义收敛条件。单击界面左侧流程中的Monitors，双击Residual设置收敛条件，将continuity值修改为 1e-05，其余值保持不变，单击OK按钮。

步骤13 初始化。单击界面左侧流程中的Solution Initialization，在Compute from下拉列表中选中inlet，其余保持默认设置，单击Initialize按钮。

步骤14 求解。单击界面左侧流程中的Run Calculation，设置迭代次数为 200，单击Calculate按钮，开始迭代计算。由于残差设置的值较小，大约在 140 步收敛，残差变化情况如图 4-115 所示。

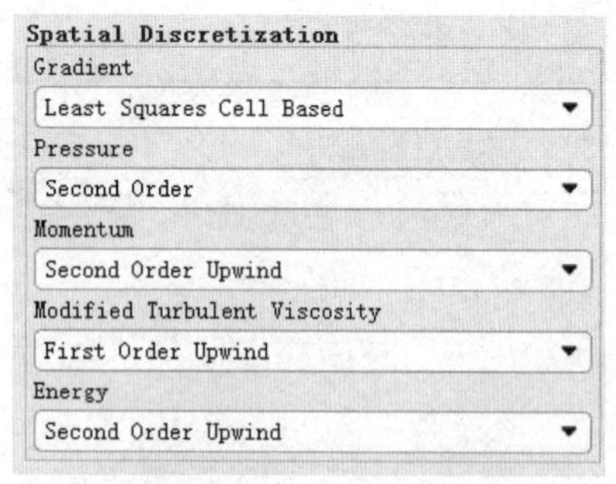

图4-114　定义求解格式

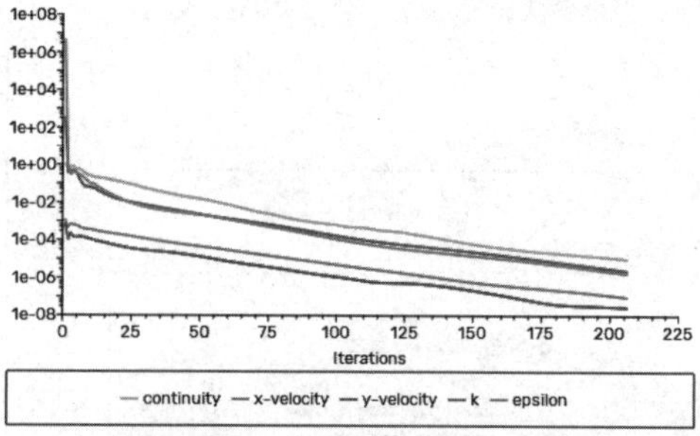

图4-115　残差变化

步骤15 显示云图。单击界面左侧流程中的Graphics and Animations，双击Contours，弹出Contours对话框。在Options中勾选Filled复选框，在Contours of栏中分别选择Velocity和Velocity Magnitude、Pressure和Static Pressure，显示速度标量云图和压力云图，如图 4-116 所示。

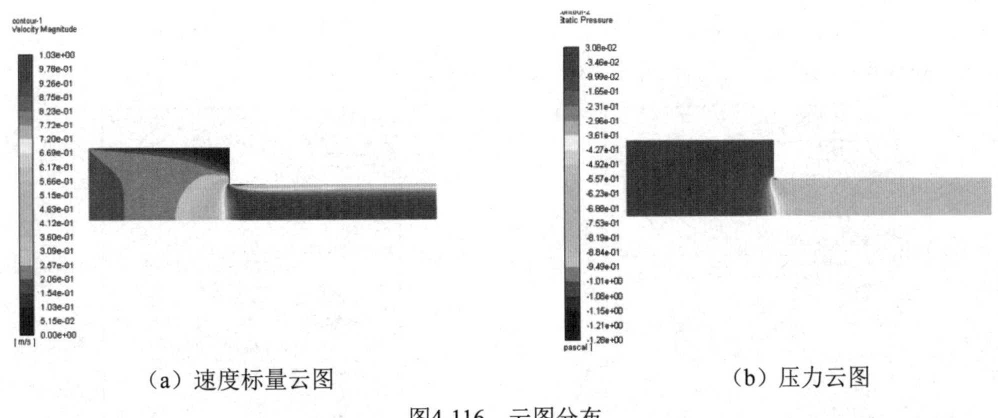

（a）速度标量云图　　　　（b）压力云图

图4-116　云图分布

步骤16 显示流线图。单击界面左侧流程中的Graphics and Animations，双击Pathlines，弹出Pathlines对话框。在Style下拉列表中选择line-arrows，单击Attributes按钮，定义Scale值为 0.1，设定箭头大小。在Path Skip栏中输入 150，设置流线间距，单击Display按钮，得到如图 4-117 所示的流线图。

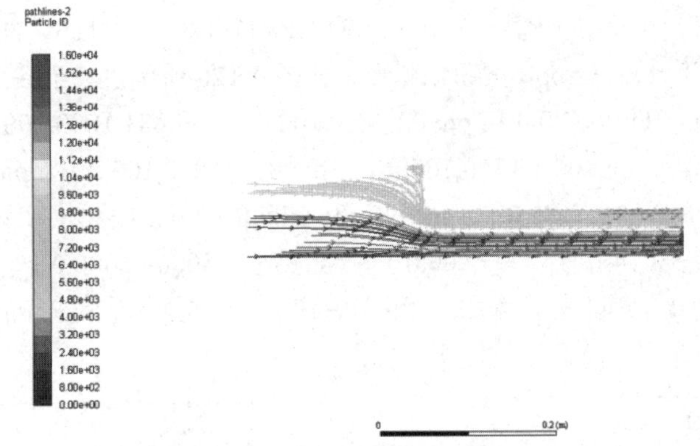

图4-117　流线图

4.5　导弹二维模型结构网格划分

本节将生成二维导弹的外流场结构化网格，并计算在马赫数为0.6、攻角为0°时导弹的受力情况。

4.5.1　启动ICEM CFD并建立分析项目

步骤01 在Windows系统下启动ICEM CFD，进入ICEM CFD界面。

步骤02 执行File→Save Project命令，弹出Save Project As对话框，在“文件名”中输入daodan，单击OK按钮确认，关闭对话框。

4.5.2　创建几何模型

步骤01 对有关创建几何模型的选项进行设置。单击Settings菜单栏，弹出下拉列表，单击Selection，弹出Settings-Selection面板，如图 4-118 所示，勾选Auto Pick Mode复选框。单击Settings菜单栏，弹出下拉列表，单击Geometry Options，弹出Geometry Options（几何选项）面板，如图4-119所示，勾选Name new geometry复选框并选中Create new part单选按钮。

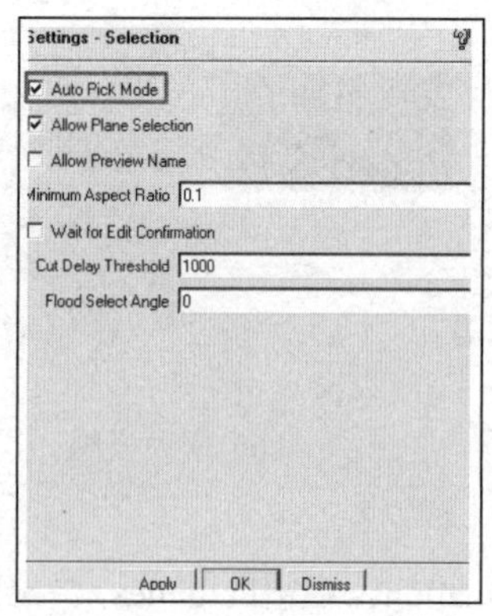

图4-118　设置自动拾取

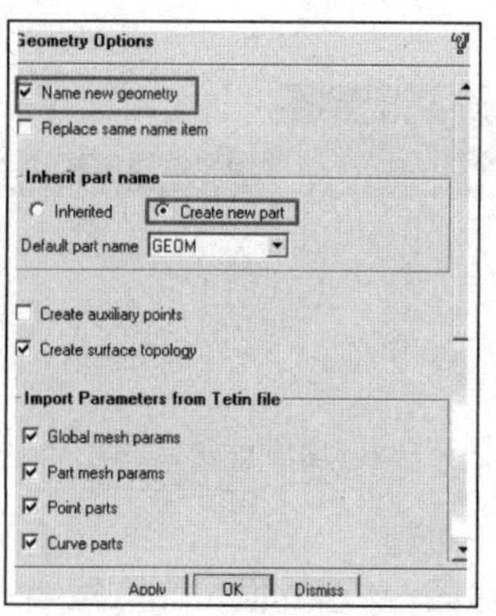

图4-119　设置几何图形属性

步骤02 通过输入坐标的方法创建点。执行标签栏中的Geometry命令，单击按钮，弹出设置面板，单击按钮，选择Create 1 point（创建一个点），输入Part名称为POINTS，Name使用默认名称，输入坐标值pnt.00（0,0,0），单击Apply按钮创建点，如图4-120所示。其余各点的创建方法与之相似，弹体点坐标分别为pnt.01（200,80,0）、pnt.02（400,100,0）、pnt.03（1000,100,0）、pnt.04（1070,170,0）、pnt.05（1270,170,0）、pnt.06（1310,100,0）、pnt.07（1810,100,0）、pnt.08（1880,170,0）、pnt.09（1950,170,0）、pnt.10（1950,85,0）、pnt.11（2060,85,0）、pnt.12（2130,40,0）、pnt.13（2130,0,0）。外域点坐标分别为pnt.14（-15000,6000,0）、pnt.15（-15000,-6000,0）、pnt.16（20000,-6000,0）、pnt.17（20000,6000,0），创建所有点后，显示点名称，右击模型树中的Points，选择Show Point Names，如图4-121所示。

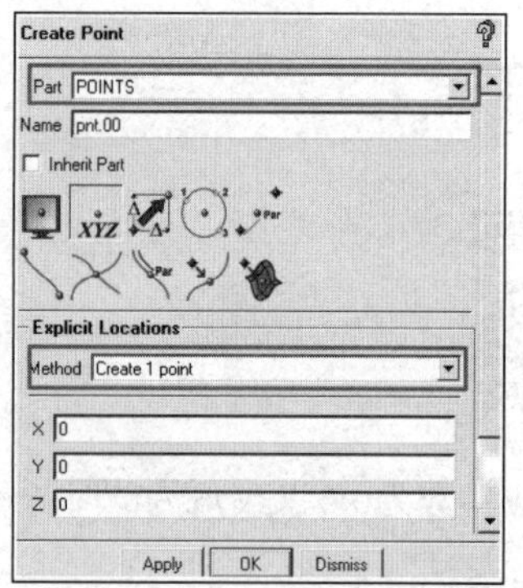

图4-120　坐标创建点

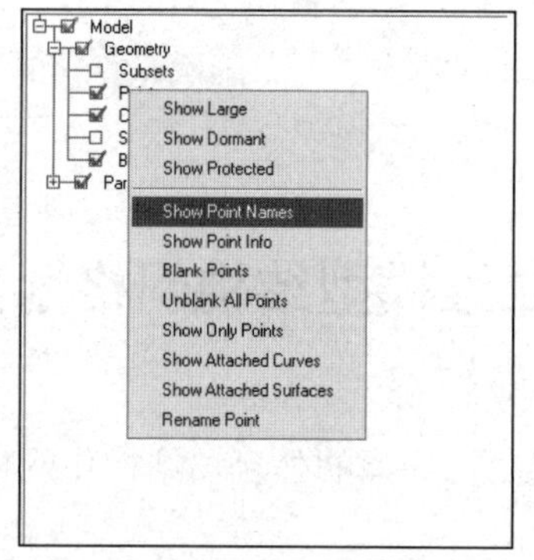

图4-121　显示点名称

步骤03 通过连接点的方式创建直线。执行标签栏中的Geometry命令，单击按钮，弹出设置面板，输入Part名称为CURVES，Name使用默认名称，单击按钮，如图4-122所示。利用鼠标左键分别选择点pnt.00、pnt.01和pnt.02，单击鼠标中键确认，创建曲线crv.00。

步骤04 利用同样的方法创建弹体直线：pnt.02和pnt.03组成crv.01，pnt.03和pnt.04组成crv.02，pnt.04和pnt.05组成crv.03，pnt.05和pnt.06组成crv.04，pnt.06和pnt.07组成crv.05，pnt.07和pnt.08组成crv.06，pnt.08和pnt.09组成crv.07，pnt.09和pnt.10组成crv.08，pnt.10和pnt.11组成crv.09，pnt.11和pnt.12组成crv.10，pnt.12和pnt.13组成crv.11。

步骤05 外域直线：pnt.14 和pnt.17 组成crv.12，pnt.16 和pnt.17 组成crv.13，pnt.15 和pnt.16 组成crv.14，pnt.14 和pnt.15 组成crv.15。利用与显示点名称相似的方法显示线名称。

步骤06 镜像几何模型。执行标签栏中的Geometry命令，单击按钮，弹出设置面板，如图 4-123 所示，单击按钮，勾选Copy复选框，平面轴为Y轴，利用鼠标左键框选以创建部分弹体的全部点和线，单击鼠标中键确认，弹体镜像结果如图 4-124 所示。

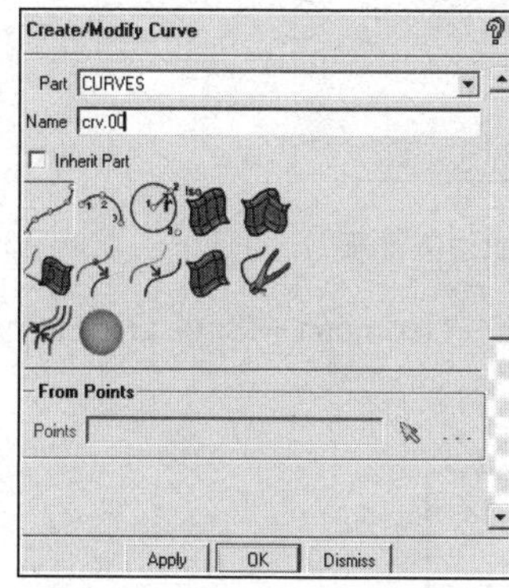

图4-122　连接点方式创建线

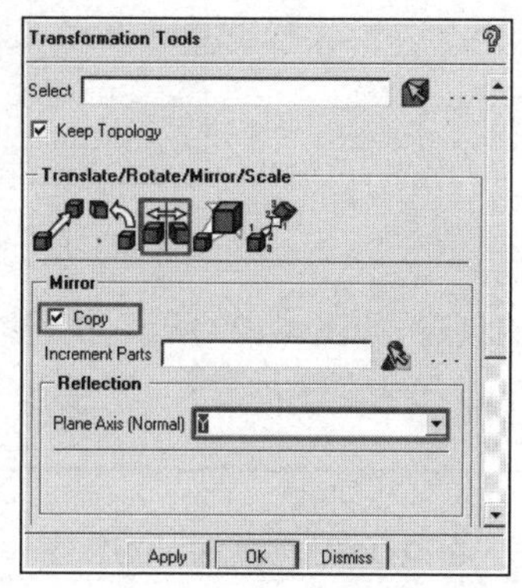

图4-123　镜像设置面板

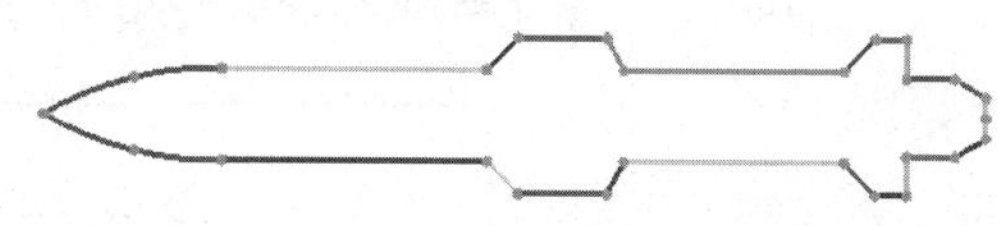

图4-124　弹体镜像结果

步骤07 执行标签栏中的Geometry命令，单击按钮，弹出设置面板，单击按钮，选择Centroid of 2 points，如图 4-125 所示。利用鼠标左键选择点pnt.00 和pnt.14，单击鼠标中键确认，完成材料点的创建，更改名称为FLUID。

步骤08 执行标签栏中的Geometry命令，单击按钮，弹出设置面板，单击按钮，选择From 2-4 Curves，通过Curve创建Surface，如图 4-126 所示。依次选中组成外域的 4 条轮廓边线，单击鼠标中键确认。

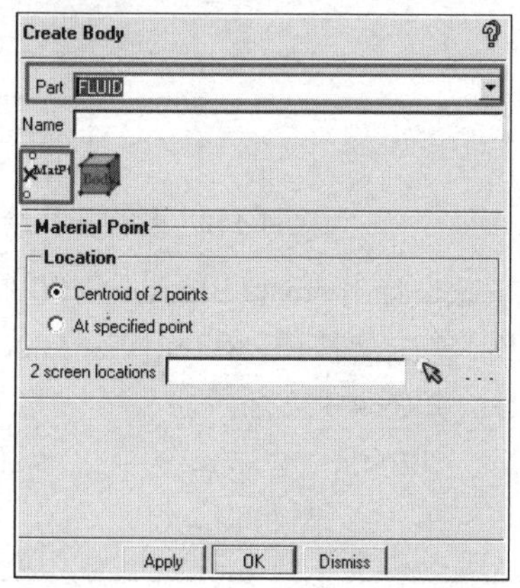

图4-125　创建材料点

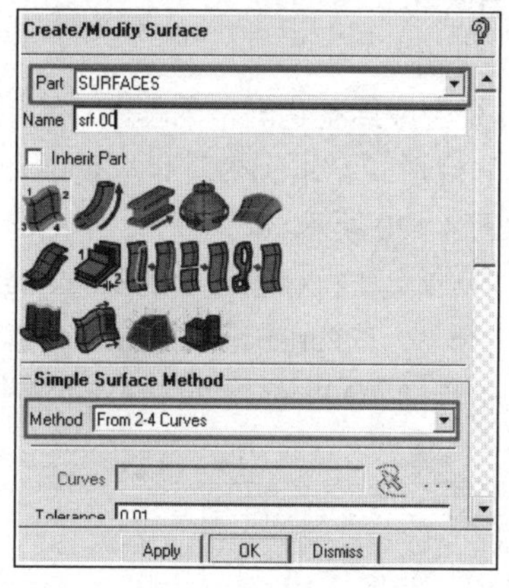

图4-126　由线建面

步骤09 定义入口Part。右击模型树中的Model→Parts（见图 4-127），选择Create Part，弹出Create Part（生成边界）面板，如图 4-128 所示。输入想要定义的Part名称INLET，单击按钮，选择几何元素，选择外域的 4 条轮廓线，单击鼠标中键确认，此时选中的线将自动改变颜色。采用相同的方法定义其他边界条件，定义壁面Part名称为WALL，选择组成弹体的轮廓线。

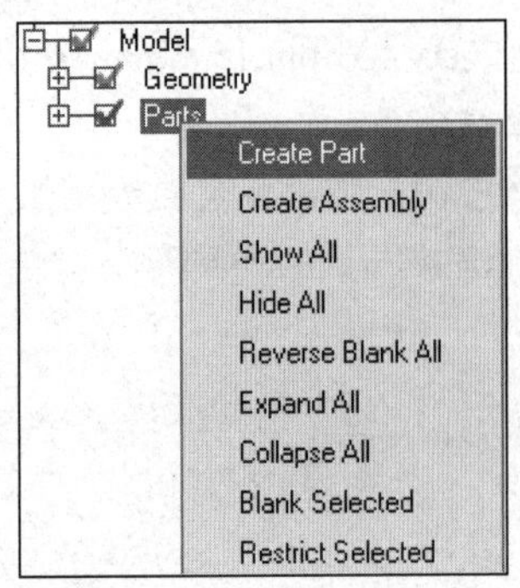

图4-127 单击Create Part

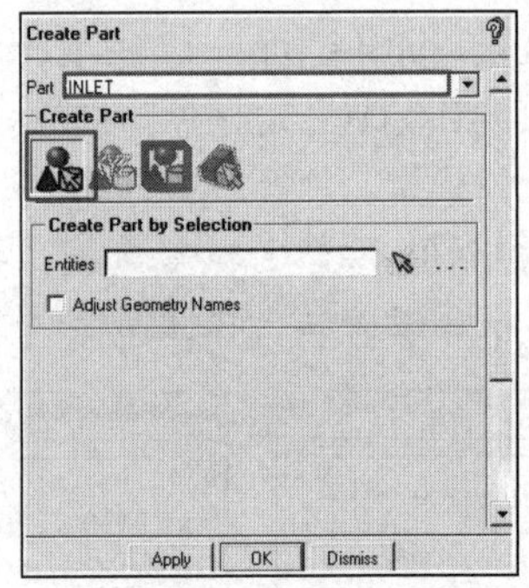

图4-128 生成边界面板

步骤10 检查Part是否创建成功。完成几何模型的创建，如图 4-129 所示。执行File→Geometry→Save Geometry As命令，保存当前几何模型为daodan.tin。

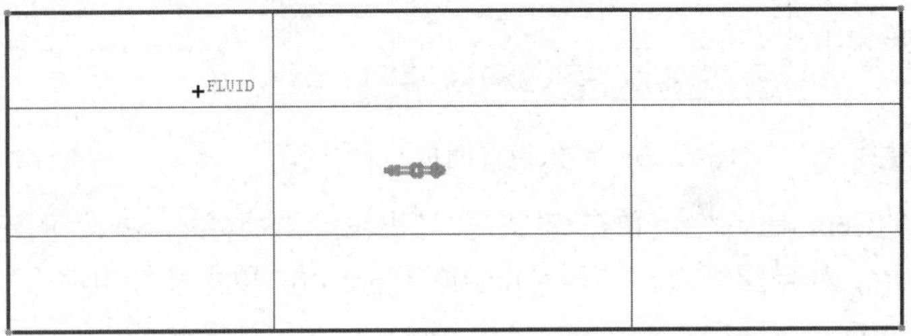

图4-129 创建完成的几何模型

4.5.3 创建Block

步骤01 Block是生成结构化网格的基础，是几何模型拓扑结构的表现形式，本例相对有些复杂，得到的拓扑结构如图 4-130 所示。

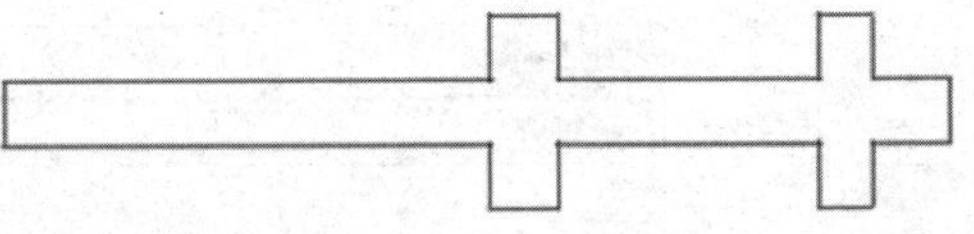

图4-130 导弹拓扑结构

步骤02 创建Block。执行标签栏中的Blocking命令，单击按钮，弹出Create Block（创建块）面板，如图 4-131 所示。在Part中选中生成材料点时的名称FLUID，单击按钮，在Initialize Blocks→Type下拉列表中选择 2D Planar，单击Apply按钮直接生成Block，如图 4-132 所示。

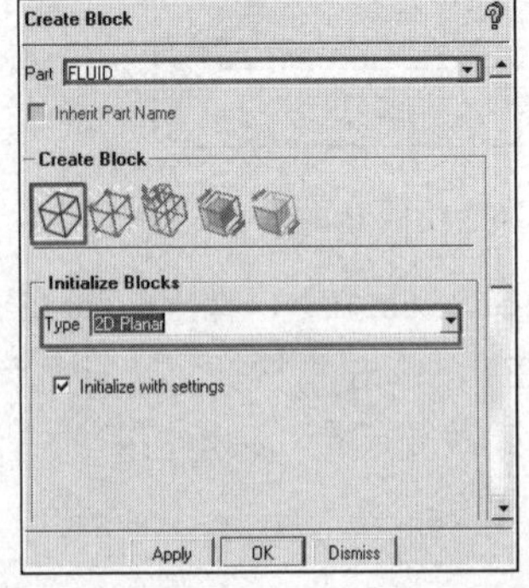

图4-131 生成块面板

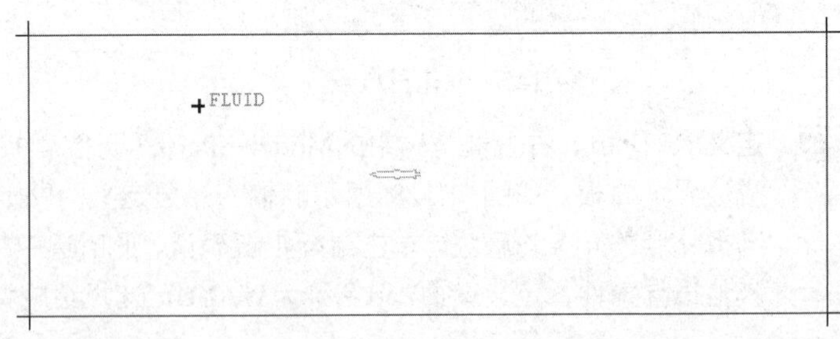

图4-132 创建Block后的效果

步骤03 分割Block。执行标签栏中的Blocking命令，单击按钮，弹出Split Block（分割块）面板（见图

4-133），单击按钮，其余保持默认状态。选择水平方向的Edge，按住鼠标左键不放拖动光标，选择合适的位置，单击鼠标中键确认，完成垂直分割Block。进而完成围绕弹体的两纵两横分割，如图 4-134 所示。

步骤04 右击模型树中Model→Blocking（见图 4-135），选择Index Control，在屏幕右下方弹出操作面板，如图 4-136 所示，单击Select corners按钮，在图 4-137 中选择所需保留部分Block的对角线两点，即可完成保留所需部分Block操作。

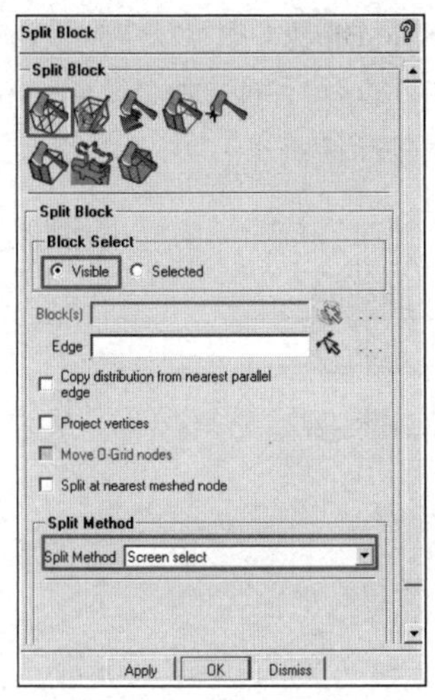

图4-133　分割块面板

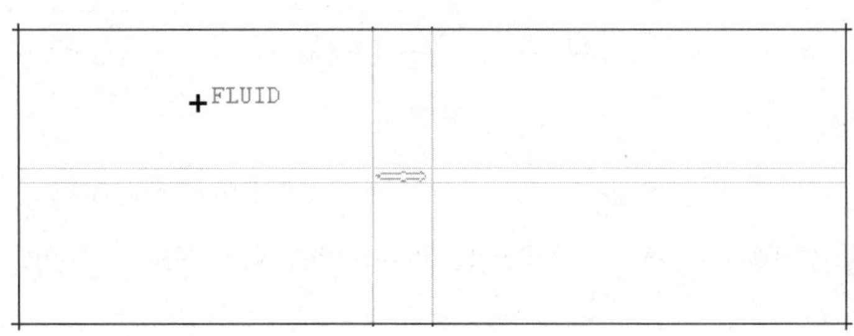

图4-134　分割后的Block

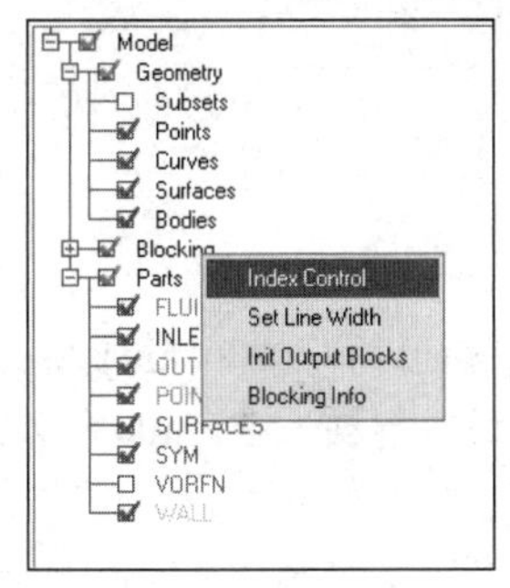

图4-135　选择Index Control

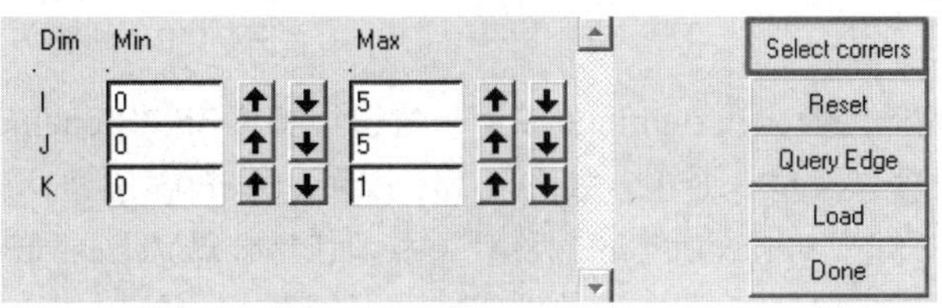

图4-136　Block操作面板

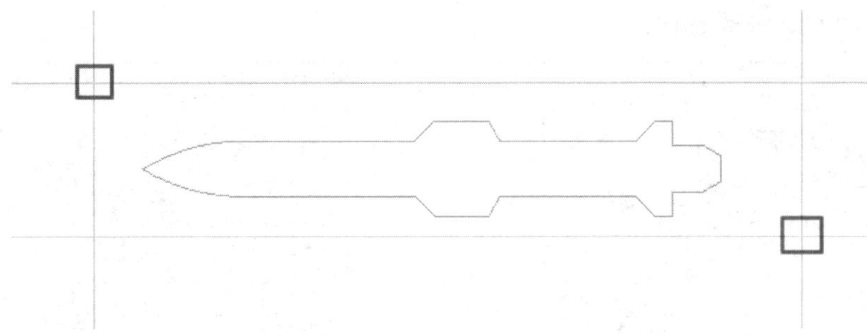

图4-137　显示部分Block

步骤05 按步骤03的操作方法继续分割Block，弹体周围Block的分布情况如图 4-138 所示。

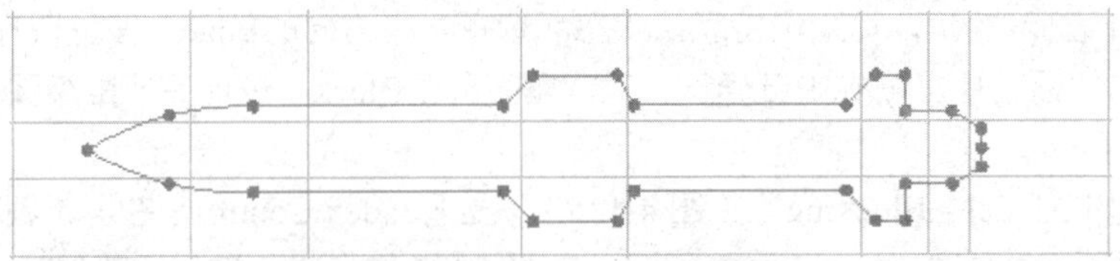

图4-138　弹体周围Block的分布情况

步骤06 删除Block。执行标签栏中的Blocking命令，单击按钮，进入Delete Block（删除块）面板，单击按钮，根据步骤01中分析的拓扑结构形状选中多余的Block（图 4-139 所示编号为 26、43、46、28、31、34、37、40 的Block），单击鼠标中键确认，完成Block的删除操作。

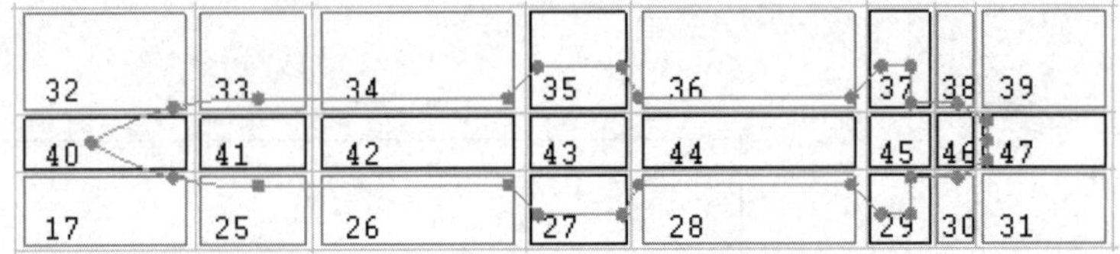

图4-139　删除Block

步骤07 弹体周围Vertex到Point、Vertex到Curve的映射关系如图 4-140 所示。

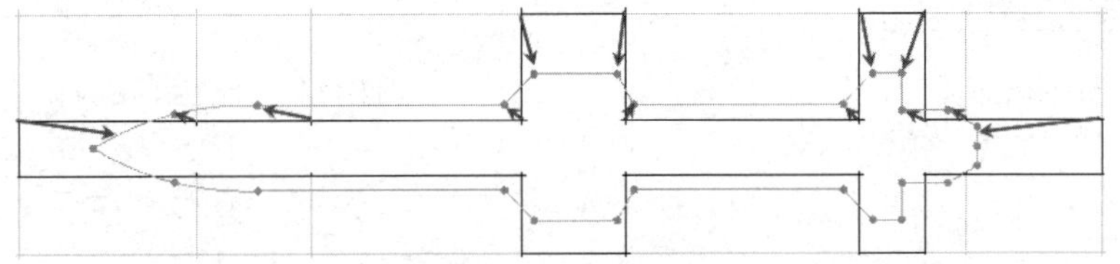

图4-140　映射关系

步骤08 创建Vertex到Point的映射。执行标签栏中的Blocking命令，单击按钮，弹出Blocking Associations（块关联）面板，如图 4-141 所示。单击按钮，进入Vertex映射设置界面，在Entity中选择Point，建立Vertex到Point的映射关系，包括外域Vertex到Point的映射关系。

步骤09 创建Vertex到Curve的映射。执行标签栏中的Blocking命令，单击按钮，弹出Blocking Associations（块关联）面板，单击按钮，进入Vertex映射设置界面，如图 4-142 所示，在Entity中选择Curve，建立Vertex到Curve的映射关系。

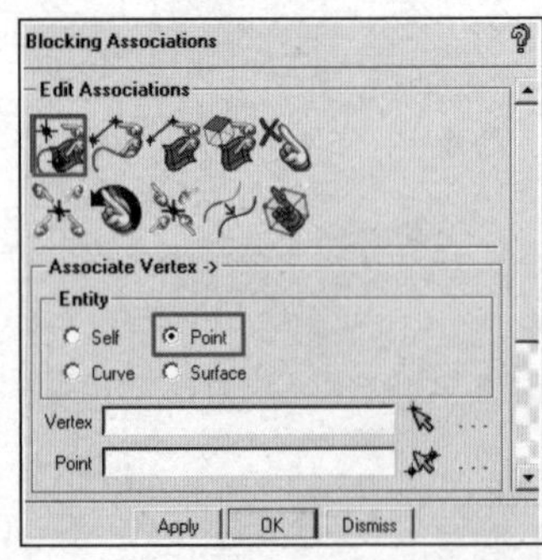

图4-141　建立Vertex到Point的映射关系

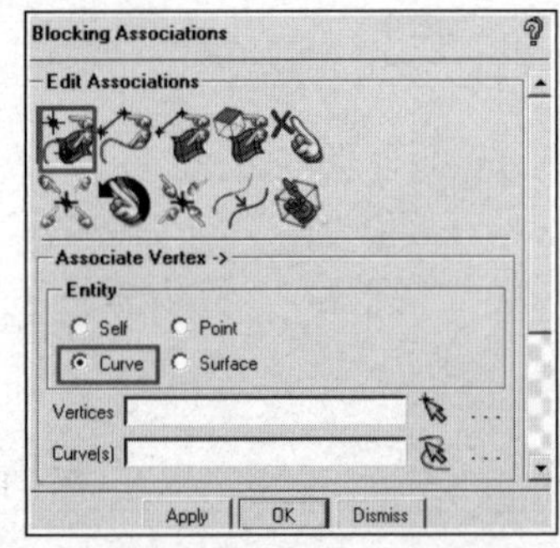

图4-142　建立Vertex到Curve的映射关系

步骤10 移动Vertex。执行标签栏中的Blocking命令，单击按钮，弹出Move Vertices面板，单击按钮，进入移动Vertex设置界面，如图 4-143 所示。

步骤11 创建Edge到Curve的映射关系。执行标签栏中的Blocking命令，单击按钮，弹出Blocking Associations（块关联）面板，如图 4-144 所示。单击按钮，进入Edge映射设置界面，选择Edge116-68（表示由Vertex116 和Vertex68 连接成的Edge）并单击鼠标中键确认，选择cur.01 并单击鼠标中键确认。此时，Edge颜色变为绿色，表示Edge到Curve的映射关系已经建立。利用同样的方法建立其他映射关系，如图 4-145 所示。

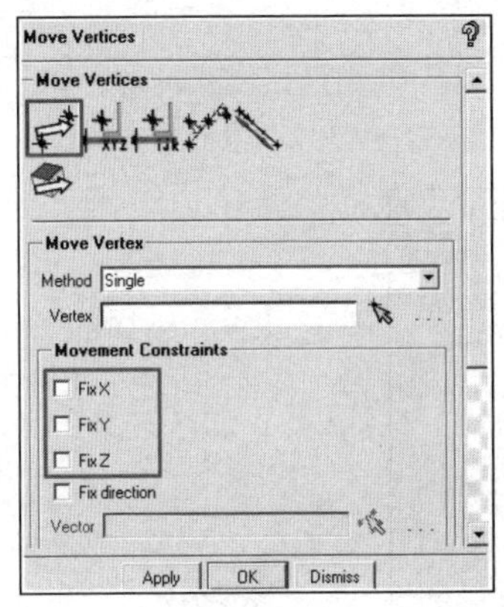

图4-143　移动Vertex设置界面

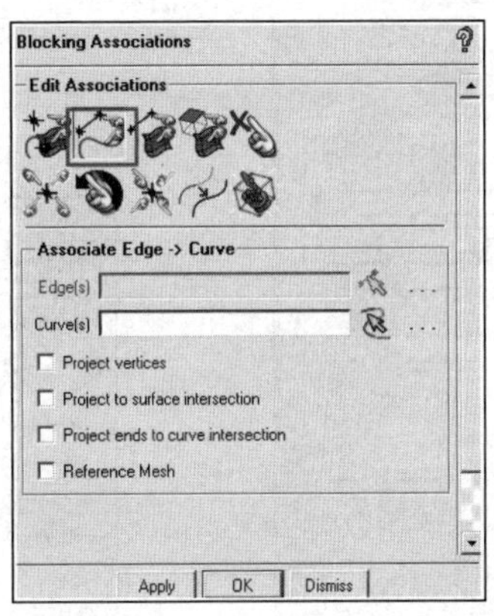

图4-144　建立Edge到Curve的映射关系

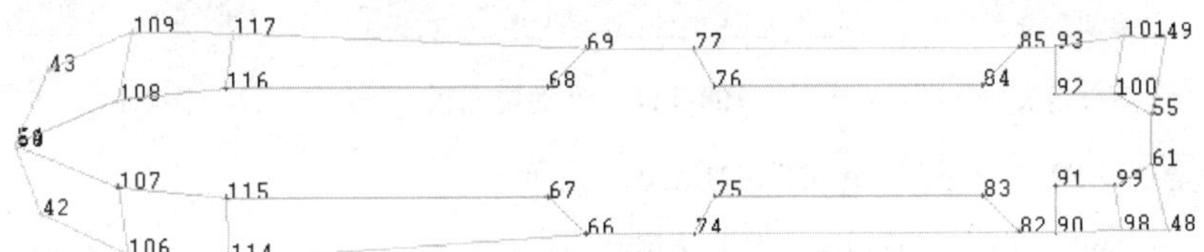

图4-145　建立的映射结果

4.5.4　定义网格参数

步骤01 执行标签栏中的Blocking命令，单击按钮，弹出Pre-Mesh Params（预网格参数）面板，如图 4-146 所示，单击按钮，定义Edge节点参数，在Edge栏中选择需要设置的Edge，如Edge116 68-1，在Mesh law下拉列表中选择BiGeometric，在Nodes中输入 40，输入Spacing 1=0、Spacing 2=0、Ratio 1=2、Ratio 2=2，勾选Copy Parameters复选框，单击Apply按钮确定。

步骤02 采用步骤01中的方法定义弹体周围的Edge。在Edge54-108 上设置Nodes=20、Spacing 1=0、Spacing 2=0，Ratio 1=2、Ratio 2=2，在Edge108-116 上设置Nodes=15、Spacing 1=0、Spacing 2=0、Ratio 1=2、Ratio 2=2，在Edge68-69 上设置Nodes=10、Spacing 1=2.5、Spacing 2=0、Ratio 1=1.2、Ratio 2=2，在Edge69-77 上设置Nodes=20、Spacing 1=0、Spacing 2=0、Ratio 1=2、Ratio 2=2，在Edge76-84 上设置Nodes=40，Spacing 1=0、Spacing 2=0、Ratio 1=2、Ratio 2=2，在Edge85-93、92-100、55-61 上设置Nodes=10、Spacing 1=0、Spacing 2=0、Ratio 1=2、Ratio 2=2，在Edge100-55 上设置Nodes=8、Spacing 1=0、Spacing 2=0、Ratio 1=2、Ratio 2=2。定义外域Edge，在Edge13-34 上设置Nodes=50、Spacing 1=0、Spacing 2=5、Ratio 1=2、Ratio 2=1.2，在Edge38-21 上设置Nodes=60、Spacing 1=7、Spacing 2=0、Ratio 1=1.2、Ratio 2=2，在Edge13-41 上设置Nodes=50、Spacing 1=10、Spacing 2=0、

Ratio 1=1.2、Ratio 2=2，在Edge47-11 上设置Nodes=50、Spacing 1=0、Spacing 2=5、Ratio 1=2、Ratio 2=1.2。

步骤03 执行标签栏中的Blocking命令，单击按钮，弹出Split Block面板，如图 4-147 所示。单击按钮，勾选Around block(s)复选框，设置Offset值为 1，单击按钮，弹出Block选择工具栏，如图 4-148 所示。单击按钮，弹出选择对话框，选择VORFN，单击Accept按钮，出现如图 4-149 所示的情况，最后单击Apply按钮。

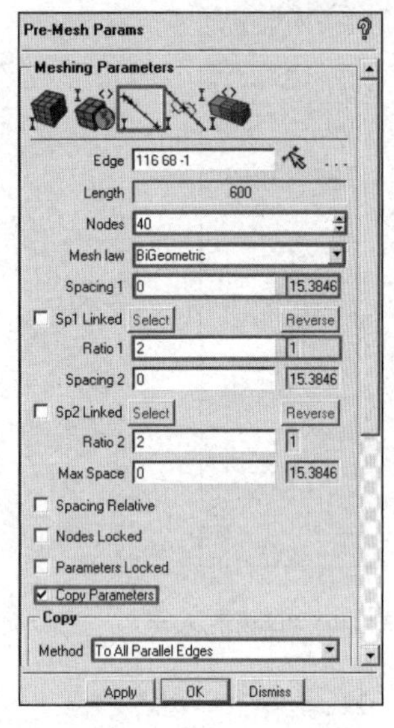

图4-146　网格参数定义

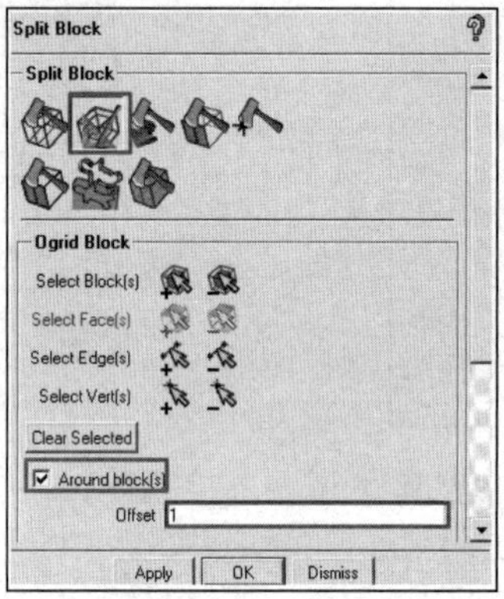

图4-147　分割块面板

图4-148　Block选择工具栏

步骤04 根据步骤01中的方法设置Ogrid中的Edge，设置Nodes=20、Spacing 1=0、Spacing 2=0.1、Ratio 1=2、Ratio 2=1.2。

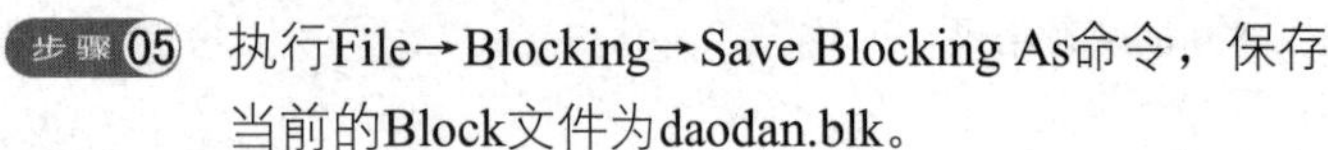

步骤05 执行File→Blocking→Save Blocking As命令，保存当前的Block文件为daodan.blk。

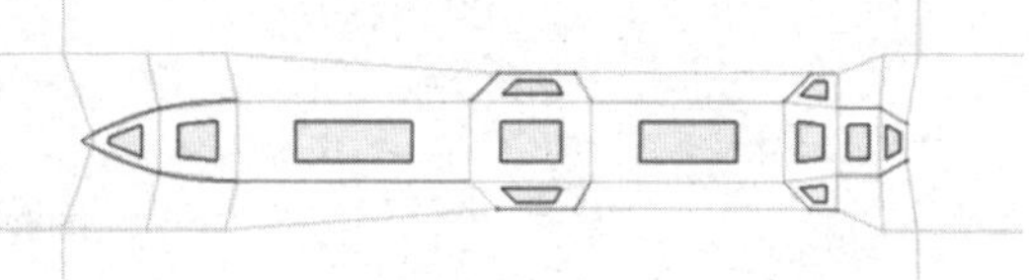

图4-149　选择要生成Ogrid的Block

4.5.5　网格生成

步骤01 选中模型树中Model→Blocking→Pre-Mesh复选框，如图 4-150 所示，弹出如图 4-151 所示的Mesh对话框，单击Yes按钮确定，生成的网格如图 4-152 所示。

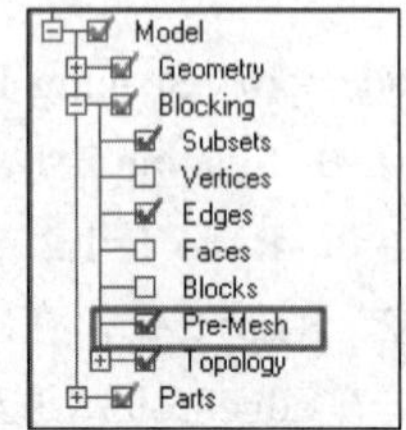

图4-150　生成网格

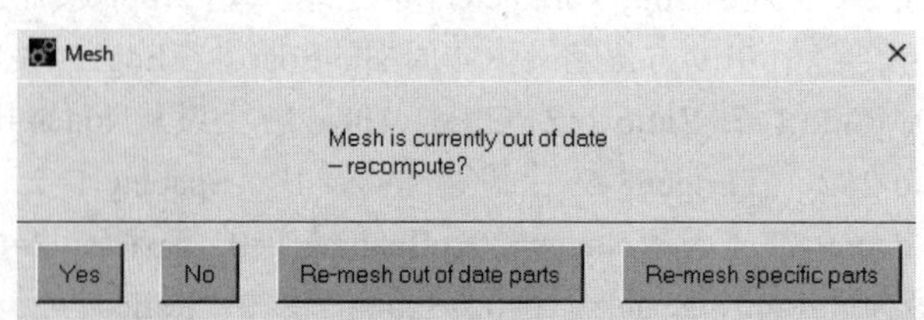

图4-151　Mesh对话框

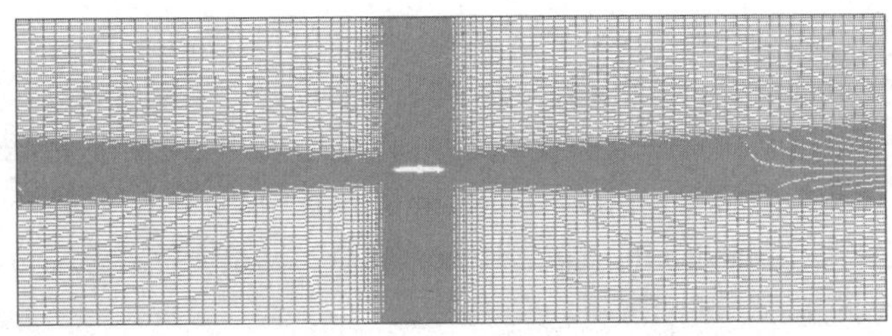

图4-152　生成的网格

步骤02 执行标签栏中的Blocking命令，单击（预网格质量直方图）按钮，弹出Pre-Mesh Quality（预网格质量）质量指标面板，在Criterion下拉列表中选择Angle，其余设置保持默认状态。单击Apply按钮，网格质量检查结果如图 4-153 所示。结构网格质量的判断标准有很多，在Criterion下拉列表中选择另一种标准Determinant 2×2×2，其余保持默认设置，单击Apply按钮，网格质量检查结果如图 4-154 所示。

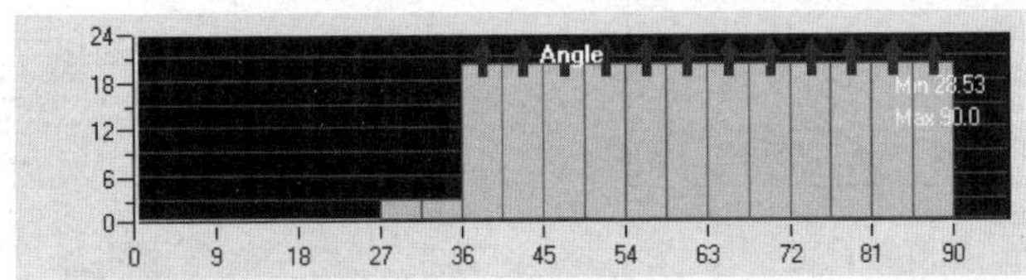

图4-153　以Angle为标准的网格质量检查结果

步骤03 如图 4-155 所示，右击模型树中的Model→Blocking→Pre-Mesh，选择Convert to Unstruct Mesh。然后执行File→Mesh→Save Mesh As命令，保存当前网格文件为daodan.uns。

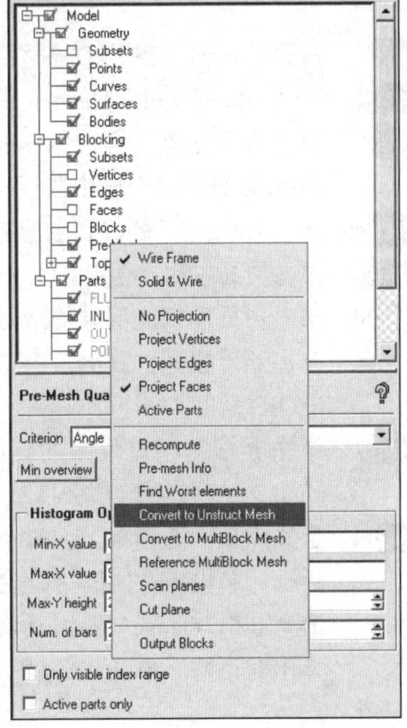

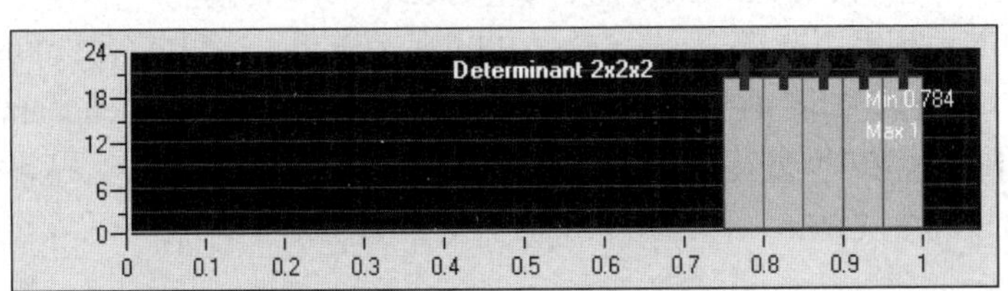

图4-154　以Determinant 2×2×2为标准的网格质量检查结果

图4-155　网格转换

4.5.6　导出网格

步骤01 执行标签栏中的Output命令，单击按钮，弹出Solver Setup（求解器设定）面板，如图 4-156 所示。

在Output Solver下拉列表中选择ANSYS Fluent，单击Apply按钮确定。

步骤02 执行标签栏中的Output命令，单击按钮，弹出设置面板，以默认名称保存.fbc和.atr文件，在弹出的对话框中单击No按钮，不保存当前项目文件，在随后弹出的对话框中选择保存的文件daodan.uns。

步骤03 弹出如图 4-157 所示的对话框，在Grid dimension栏中选中 2D单选按钮，表示输出二维网格，在Boco file栏中将文件名修改为daodan.fbc，单击Done按钮导出网格。导出完成后，可在已设定的工作目录中找到daodan.mesh。

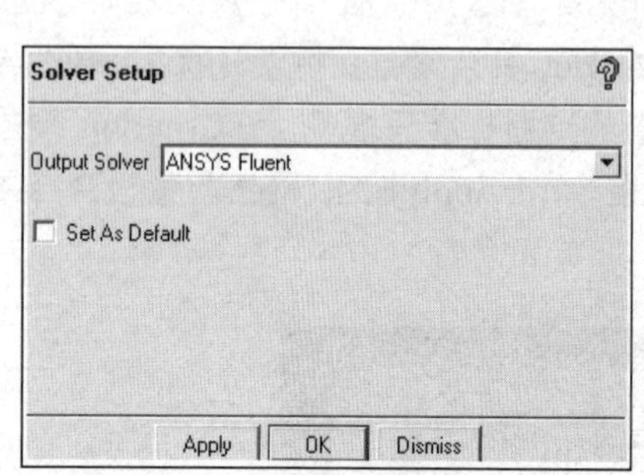

图4-156 求解器设定

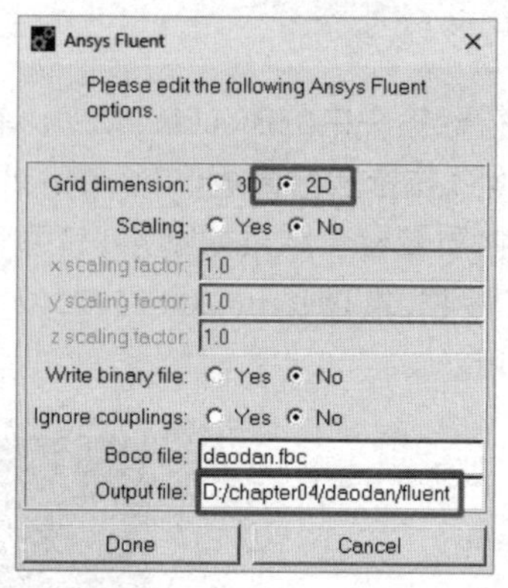

图4-157 导出网格

4.5.7 计算与后处理

步骤01 打开Fluent，选择 2D求解器。

步骤02 执行File→Read→Mesh命令，选择生成的网格daodan.mesh。

步骤03 单击界面左侧流程中的General，单击Mesh栏下的Scale定义网格单位，弹出对话框，在Mesh Was Created In下拉列表中选择mm，单击Scale按钮，单击Close按钮关闭对话框。

步骤04 单击Mesh栏下的Check检查网格质量，注意Minimum Volume应大于 0。

步骤05 单击界面左侧流程中的General，在Solver栏下分别选择基于压力的稳态平面求解器，如图 4-158 所示。

步骤06 单击界面左侧流程中的Models，双击Energy弹出对话框，启动能量方程，单击OK按钮。双击Viscous，选择湍流模型，在列表中选择k-epsilon（2 eqn），即k-ε两方程模型，其余设置保持默认即可，单击OK按钮。

步骤07 单击界面左侧流程中的Materials，定义材料。双击Fluid→air，弹出对话框，在Density栏中选择ideal-gas，其余选项保持默认设置，单击Change/Create，然后单击Close关闭对话框。

步骤08 定义入口。选中far_field，在Type下拉列表中选择pressure-far-field（压力远场）边界条件，弹出对话框，单击Yes按钮，弹出另一个对话框，如图 4-159 所示。在Momentum栏中，设置Mach Number值为 0.6，Gauge Pressure值为 101325。选中body，在Type下拉列表中选择wall（壁面）边界条件，弹出对话框，单击Yes按钮，弹出另一个对话框，保持默认设置，单击OK按钮。

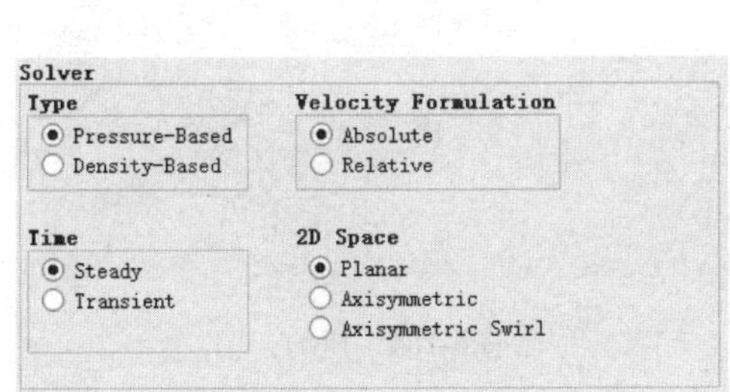

图4-158　求解器设定

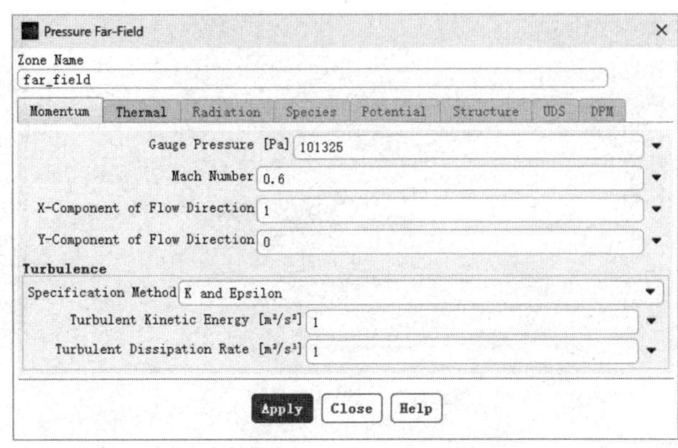

图4-159　设置入口边界条件

步骤 09 定义参考值。单击界面左侧流程中的Reference Values，对计算参考值进行设置，在Compute from下拉列表中选中far-field即可，参数值保持默认设置。

步骤 10 定义求解方法。单击界面左侧流程中的Solution Methods，对求解方法进行设置，为了提高精度，均可选用Second Order Upwind（二阶迎风格式），其余设置保持默认即可。

步骤 11 定义克朗数和松弛因子。单击界面左侧流程中的Solution Controls，保持默认设置。

步骤 12 定义收敛条件。单击界面左侧流程中的Monitors，双击Residual设置收敛条件，将continuity值修改为 1e-04，其余值保持不变，单击OK按钮。

步骤 13 定义监视升力系数。单击界面左侧流程中的Monitors，双击Lift设置监视条件。

步骤 14 初始化。单击界面左侧流程中的Solution Initialization，在Compute from下拉列表中选中far-field，其余保持默认设置，单击Initialize按钮。

步骤 15 求解。单击界面左侧流程中的Run Calculation，设置迭代次数为 2000，单击Calculate按钮，开始迭代计算。由于残差设置的值较小，大约在 1300 步收敛。残差变化情况如图 4-160 所示。

步骤 16 显示云图。单击界面左侧流程中的Graphics and Animations，双击Contours，弹出对话框。在Options中勾选Filled复选框，在Contours of栏中分别选择Velocity和Velocity Magnitude、Temperature和Static Temperature、Pressure和Static Pressure，显示速度标量云图、静温云图和压力云图，分别如图 4-161～图 4-163 所示。

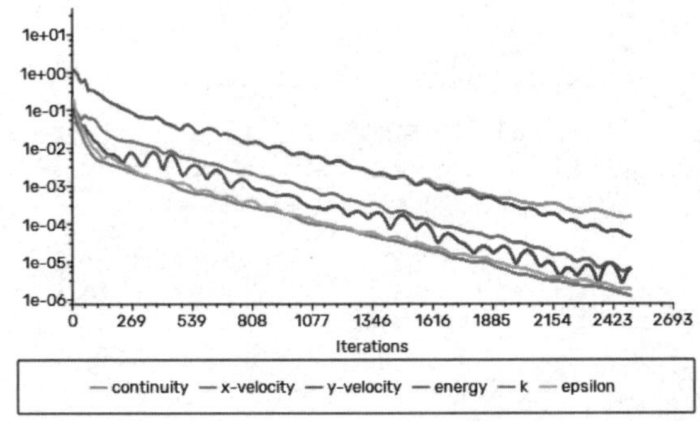

图4-160　残差变化

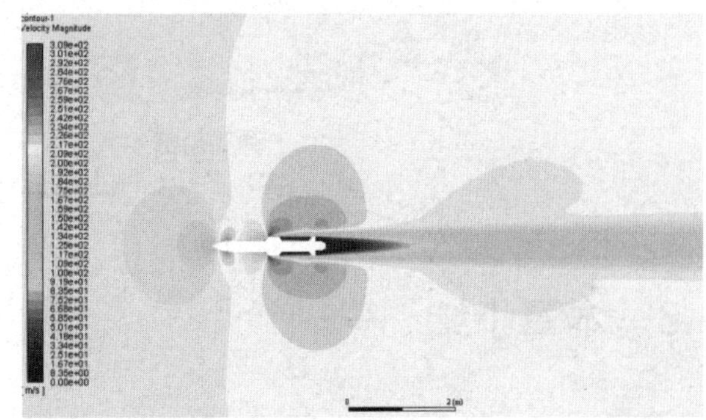

图4-161　速度标量云图

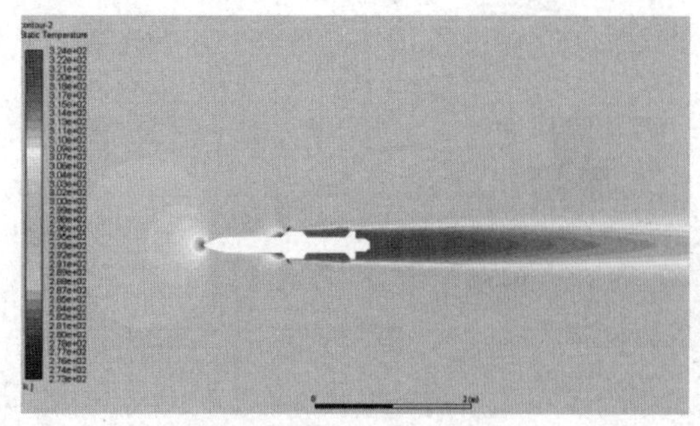

图4-162　静温云图

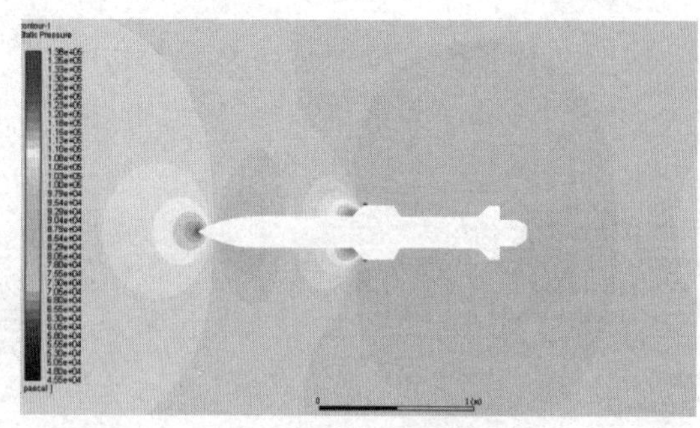

图4-163　压力云图

步骤17 显示速度矢量图。单击界面左侧流程中的Graphics and Animations，双击Vectors，弹出对话框。在Style下拉列表中选择arrow，定义Scale值为 20，设定箭头大小，在Skip中输入值 1，设置矢量间距，在Vectors of中选择Velocity，单击Display按钮，得到如图 4-164 所示的速度矢量图。

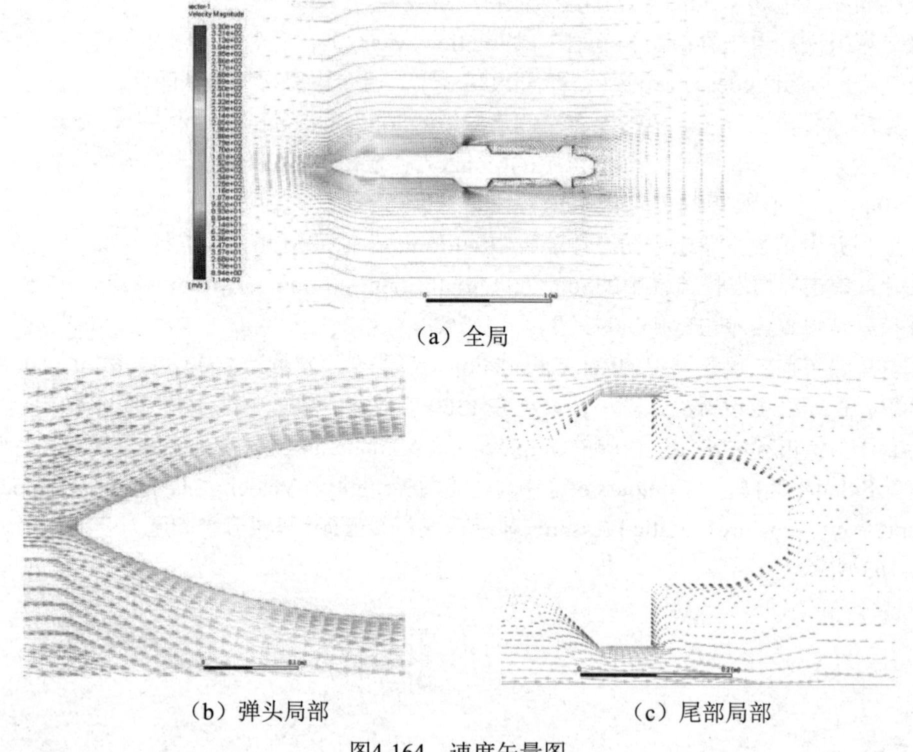

（a）全局

（b）弹头局部　　（c）尾部局部

图4-164　速度矢量图

4.6　本章小结

本章结合典型实例介绍了ICEM CFD二维平面结构化网格生成的基本过程。通过对本章内容的学习，读者可以掌握ICEM CFD二维平面结构化网格的基本知识，熟悉ICEM CFD二维平面结构化网格生成的基本操作、几何建模方法、将几何模型的拓扑结构关联到BLOCK（块）的基本思想、网格生成以及计算分析的使用方法和操作流程。

第5章

三维模型结构网格划分

导言

第4章介绍了二维模型结构网格划分方法，三维模型结构网格划分与二维模型结构网格划分方法类似，也需要创建合适的块、进行关联、设定网格尺寸、导出网格等步骤。本章将重点介绍ICEM CFD中块的创建策略和三维模型结构网格划分的步骤。

学习目标

- ❖ ICEM CFD中块的创建策略
- ❖ 三维模型结构网格划分的步骤
- ❖ 三维结构网格质量的检查方法
- ❖ 网格输出的基本步骤

5.1　三维模型结构网格生成流程

通过对第4章内容的学习，相信读者已经对ICEM CFD生成结构网格有了一定的认识，本节将简要总结生成结构网格的基本步骤并详细介绍Block（块）创建策略。

ICEM CFD生成结构网格的流程如图5-1所示。

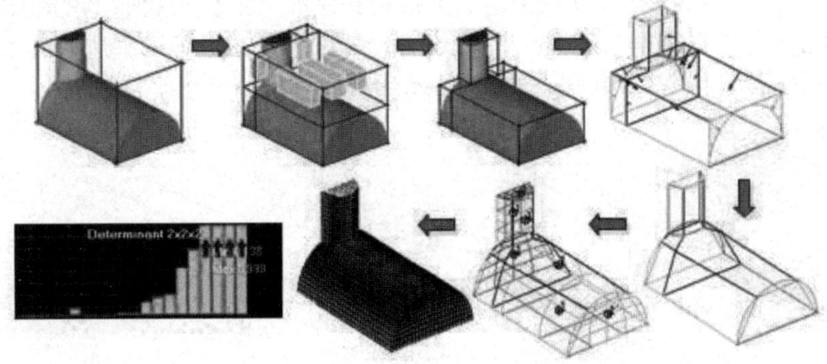

图5-1　ICEM CFD生成结构网格的流程

- Create Block（创建块）：创建整体块。
- Split Block（分割块）：分析几何体，根据基本的分块思想划分块。
- Merge Vertices（合并顶点）：将两个以上的顶点合并成一个顶点。
- Edit Blocks（编辑块）：通过编辑块的方法得到特殊的网格形式。
- Delete Blocks（删除块）：删除多余的块。
- Transform Blocks（变换块）：根据具体问题对块进行平移、镜像等操作。
- Associate（生成关联）：在块与几何模型之间生成关联关系。
- Move Vertices（移动顶点）：根据需要移动顶点。
- Edit Edges（编辑边界）：通过对块的边界进行修整以适应几何模型。
- Check Blocks（检查块）：检查块的结构。
- Pre-Mesh Params（预网格参数）：指定网格参数供用户预览。
- Pre-Mesh Quality（预网格质量）：预览网格质量，从而修正网格。
- Pre-Mesh Smooth（预网格平滑）：平滑网格，以提高网格质量。

在实际操作中，不一定严格按照上述步骤进行，而且有些操作还会交叉进行。

5.2 Block（块）创建策略

从第 4 章的二维结构网格划分可以看出，创建合理的 Block（块）是生成结构化网格最基础和重要的一环，本节将重点介绍 Block（块）创建策略。

5.2.1 Block（块）的生成方法

ICEM 生成 Block（块）的方法主要有以下两种。

1. 自顶向下创建

自顶向下创建方法类似于雕塑，这种方式的划分思路为先创建一个整体块，然后对块进行切割、合并等操作以完成最终块。

这种分块方式的主要优势在于可以从整体上把握拓扑结构。但是在几何比较复杂或切割次数过多的情况下，由于块的数量较多，而导致 Edge 及 Face 的数量过多，在进行关联选取时不方便。

对如图 5-2 所示的几何模型自顶向下创建拓扑结构的思路如图 5-3 所示。

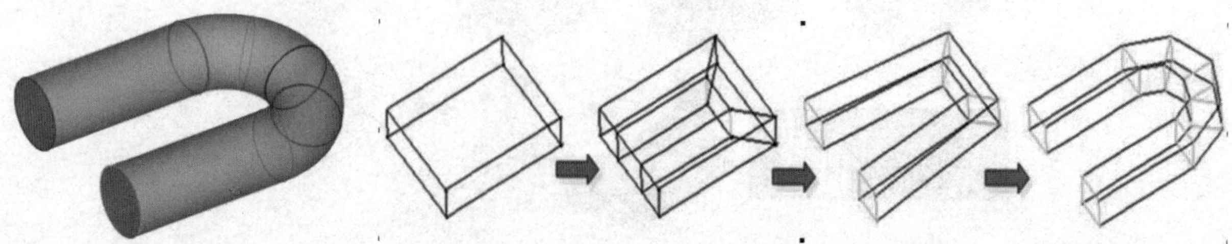

图 5-2　几何模型　　图 5-3　自顶向下创建拓扑结构

2. 自下而上创建

自下而上创建方法类似于建造建筑，从无到有一步一步地以添加的方式构建复合块。自下而上创建拓扑结构的思路如图 5-4 所示。

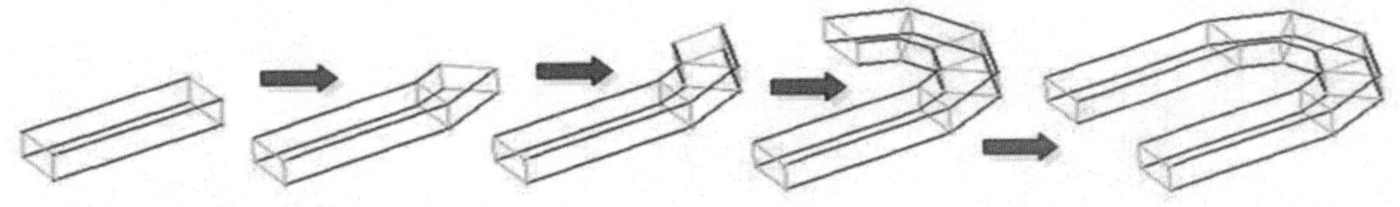

图 5-4　自下而上创建拓扑结构

这种方式与自顶向下方式的区别主要在于块的生成方式不同。其他诸如关联、网格尺寸设定等均采用相同的操作方式。

5.2.2　Block（块）的操作流程

1. 初始分块

创建一个新的块结构，需要先生成一个初始块。在 ICEM CFD 中，初始块类型分为以下三种。

- 3D Bounding Box：三维模型创建的块环绕在几何体周围，如图 5-5 所示。
- 2D Surface Blocking：二维模型创建的块在第 4 章中已介绍过，如图 5-6 所示。
- 2D Planar：在 z = 0 的 XY 平面内环绕 2D 几何实体创建 2D 块，即使几何体不是 2D 形式的。

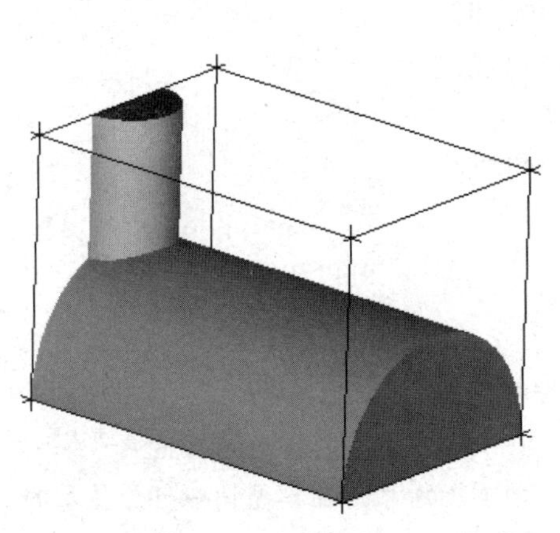

图 5-5　3D 初始块

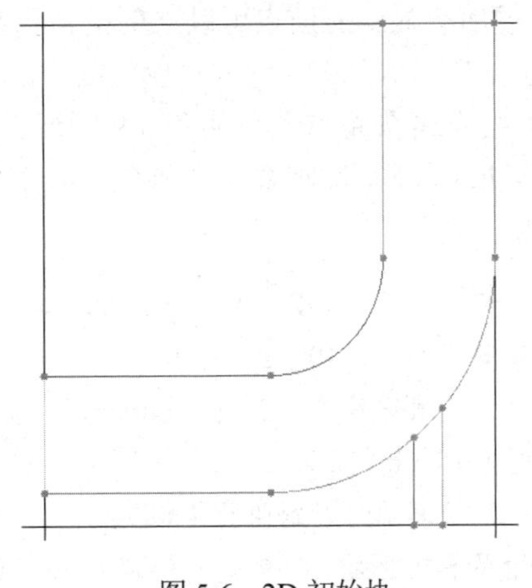

图 5-6　2D 初始块

2. 分割删除块

根据几何模型的形状特征分割初始块并对无用的块进行删除，如图 5-7 所示。

3. 关联几何体和块

通常将边和曲线建立关联，在最后的网格中边将投影到这些曲线，如图 5-8 所示。

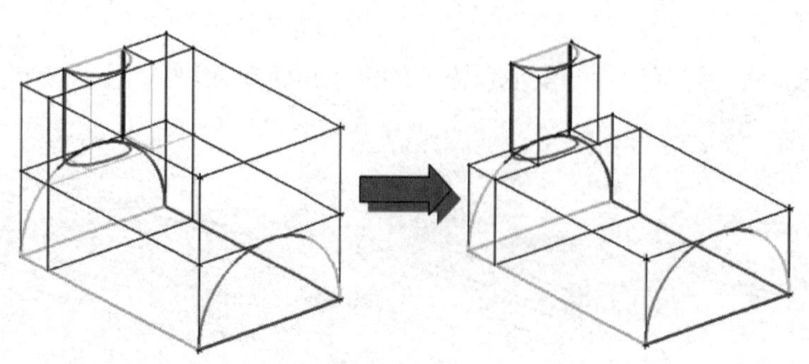

图 5-7 分割删除块

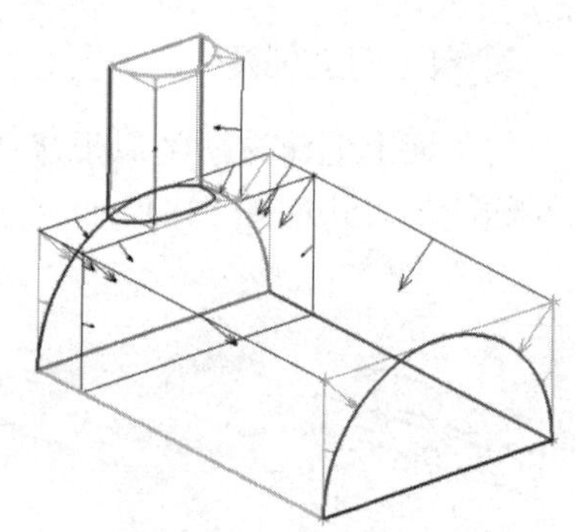

图 5-8 关联几何体和块

几何体和块的不同几何元素的对照关系可参见表 5-1。

表 5-1 几何体和块几何元素对照表

Geometry 几何	Blocking 块
Point 点	Vertex 顶点
Curve 曲线	Edge 边
Surface 曲面	Face 面
Volume 体	Block 块

4. 移动块顶点

在关联块和几何体之后，需要移动顶点以更好地表现几何体的形状，以便所有显示的顶点可以立刻投影到几何体。在移动顶点时，可以单独在几何体上移动它们，也可以一次移动多个点，还可以沿着固定平面或线/矢量移动，如图 5-9 所示。

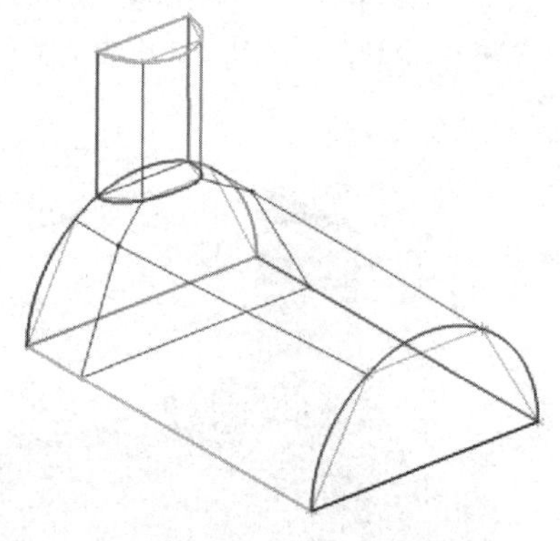

图5-9 移动块顶点

在移动顶点时，图形显示的颜色表明了关联类型及顶点可以移动的方式。

- 红色：表示约束到几何点（point），除非改变关联，否则不可移动，如图 5-10（a）所示。
- 绿色：表示约束到曲线（curve），在特定的曲线上滑动，如图 5-10（b）所示。
- 白色：表示约束到曲面（surfaces），在任何 ACTIVE 曲面上滑动（在模型树中打开显示的曲面），如果不在曲面上，就跳到最近的 ACTIVE 曲面上移动，如图 5-10（c）所示。
- 蓝色：表示自由（通常是内部）顶点，选择顶点附近的边并在其上移动，如图 5-10（d）所示。

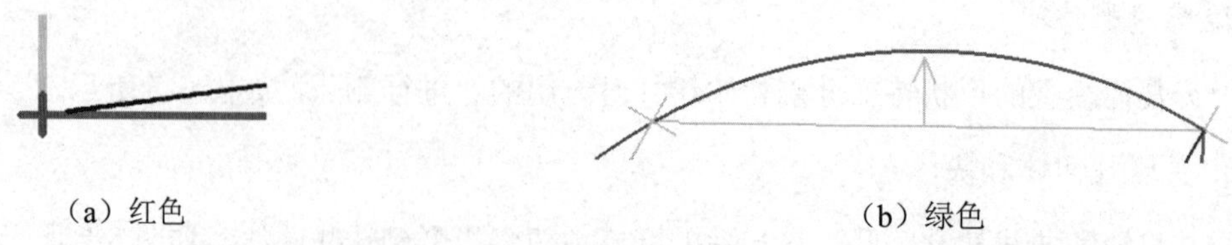

（a）红色　　（b）绿色

图 5-10 几何约束

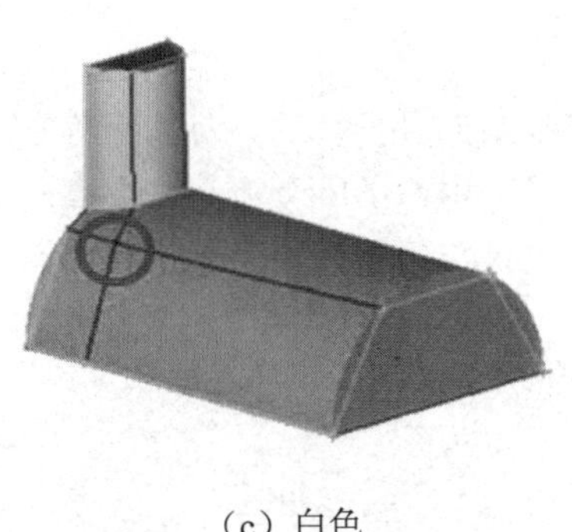

（c）白色

（d）蓝色

图 5-10　几何约束（续）

5. 设置网格尺寸

通过设置曲面和曲线网格尺寸快速定义六面体网格尺寸或设置 edge-by-edge 对网格进行细化调整。

6. 预览网格

在预览网格之前，要对块进行更新，尤其是修改了单元尺寸之后，预览网格如图 5-11 所示。

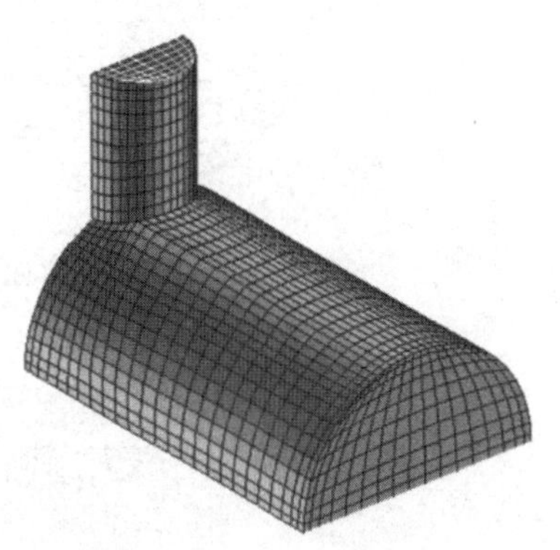

图5-11　预览网格

7. 检查网格质量

ICEM CFD 中，以网格质量直方图的形式显示网格的质量，如图 5-12 所示。需要考虑的主要参数包括：

- Determinant（决定指标），用来描述测量单元变形，大部分求解器接受大于 0.1，推荐大于 0.2。
- Angle（角度），用来表示单元最小内角，推荐大于 18°。
- Aspect ratio（纵横比）。
- Volume（体积）。
- Warpage（扭曲），推荐小于 45°。

通过设置直方图，可以显示指定质量范围内的网格单元，如图 5-13 所示。

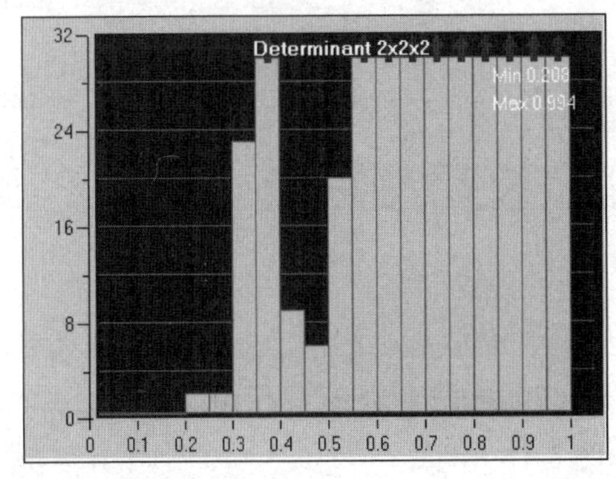

图 5-12　网格质量直方图

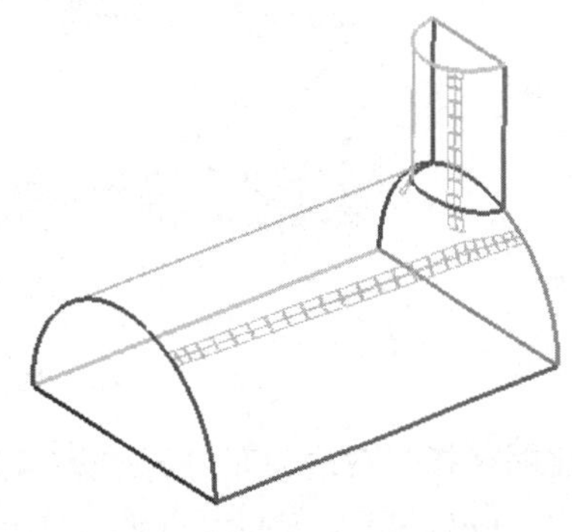

图 5-13　指定质量范围内的网格单元显示

5.2.3　O-Block基础

在进行结构化网格划分过程中，当几何模型为圆柱或比较复杂的几何体时，为保证当分割块位于曲线或曲面上时减少歪斜，提高壁面附近聚集网格点的效率，可以采用 O-Block 方法来提高网格质量，如图 5-14 所示。同时，O-Block 方法还可以解决环绕固体区域的边界层问题而不必增加网格点数目，如图 5-15 所示。

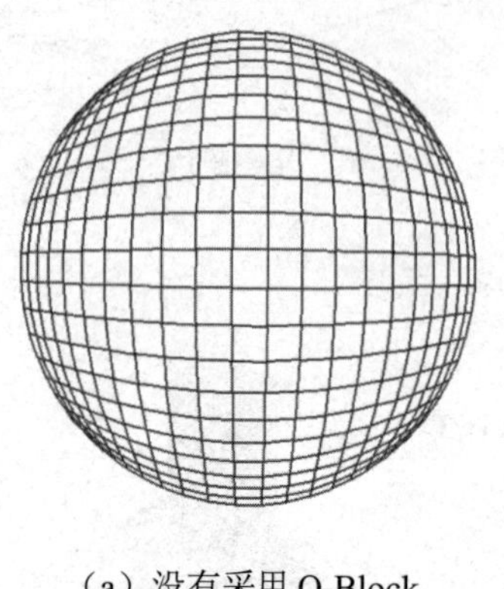

（a）没有采用 O-Block

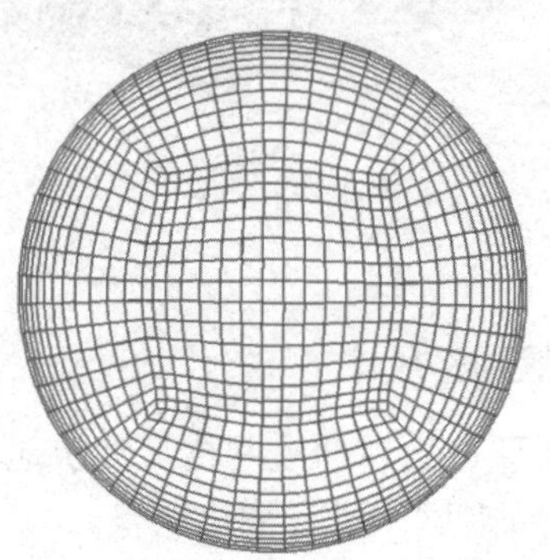

（b）采用 O-Block

图 5-14　O-Block 网格

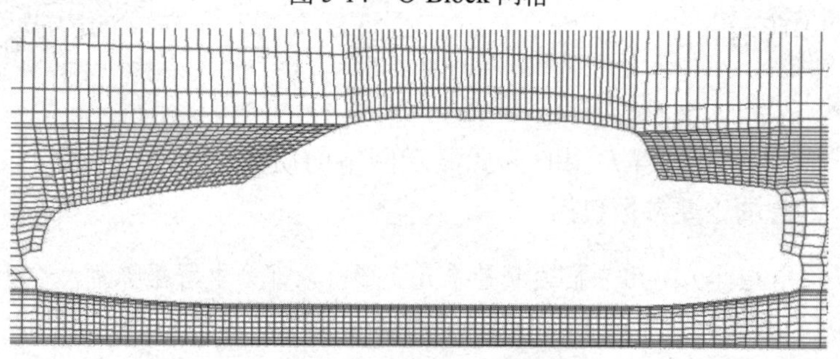

（a）没有采用 O-Block

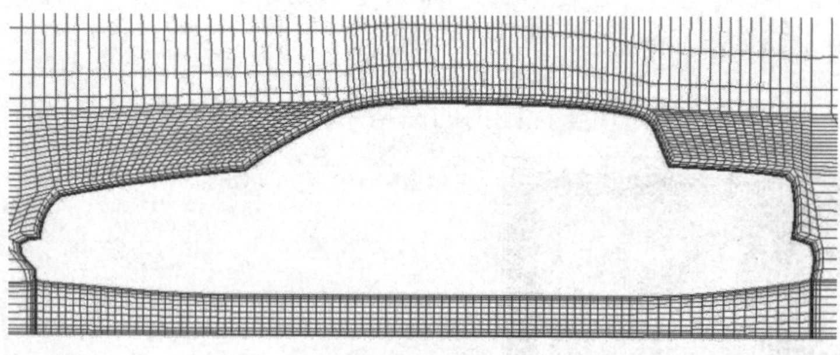

（b）采用 O-Block

图 5-15　环绕固体区域的边界层网格

结构化网格按照网格分布有三种基本类型，采用相同的操作方法，都被称为 O-Block，分别为 O-Grid、C-Grid（半个 O-Grid）、L-Grid（四分之一 O-Grid），如图 5-16 所示。

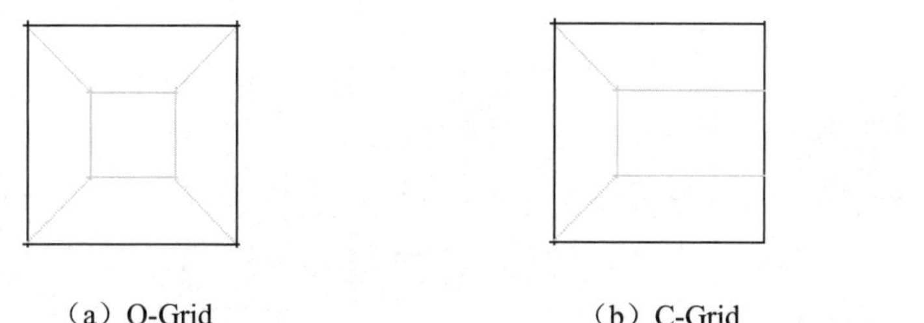

（a）O-Grid　　（b）C-Grid　　（c）L- Grid

图 5-16　O-Block 基本类型

在ICEM CFD中，O-Block的操作面板如图5-17所示，其基本操作功能包括：

O-Grid选择块，可以通过visible（可视）、all（全部）、part（部分）、around face（环绕面）、around edge（环绕边）、around vertex（环绕点）、2 corner method（对角点）选择，如图5-18所示。

内部块含有所有内部边和顶点。

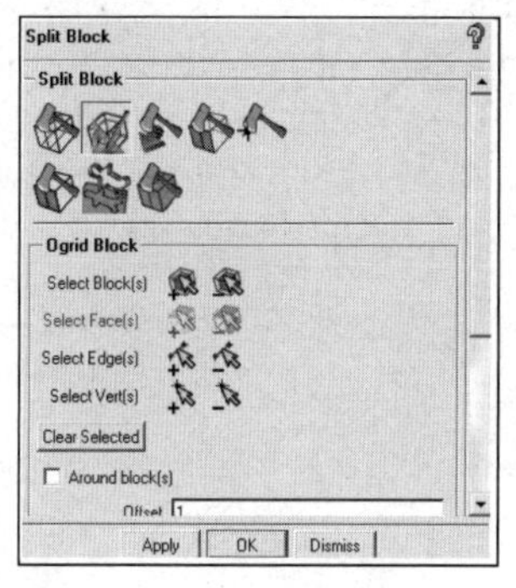

图 5-17　O-Block 的操作面板

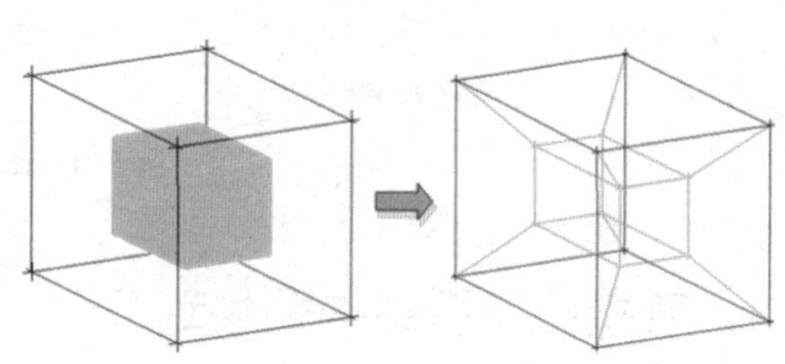

图 5-18　O-Grid 选择块

O-Grid选择面，一般情况下，在“平坦部分”添加面，增加一个面实际上等价于增加面两侧的block块，如图5-19所示。

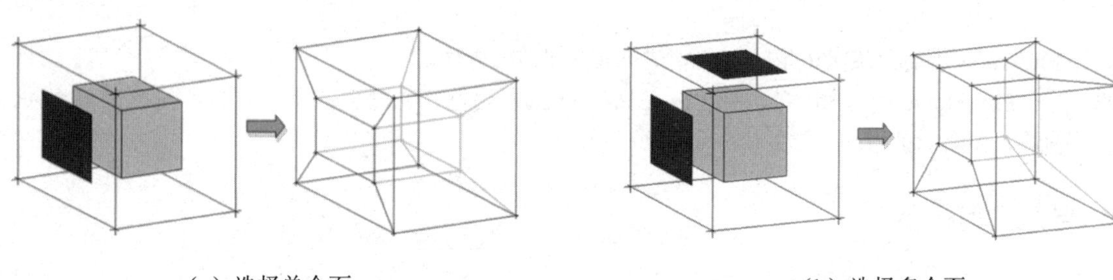

（a）选择单个面　　（b）选择多个面

图 5-19　O-Grid 选择面

Around block（s）创建 O-Grid环绕选定的块，用于创建环绕固体对象的网格，如图5-20所示。

比例缩放O-Grids，在创建过程中或创建后O-Grids可以改变尺寸，默认情况下，O-Grid尺寸设置为使网格扭曲最小。实际上，通过设定选择的边，可以缩放所有平行的O-Grid边，如图5-21所示。

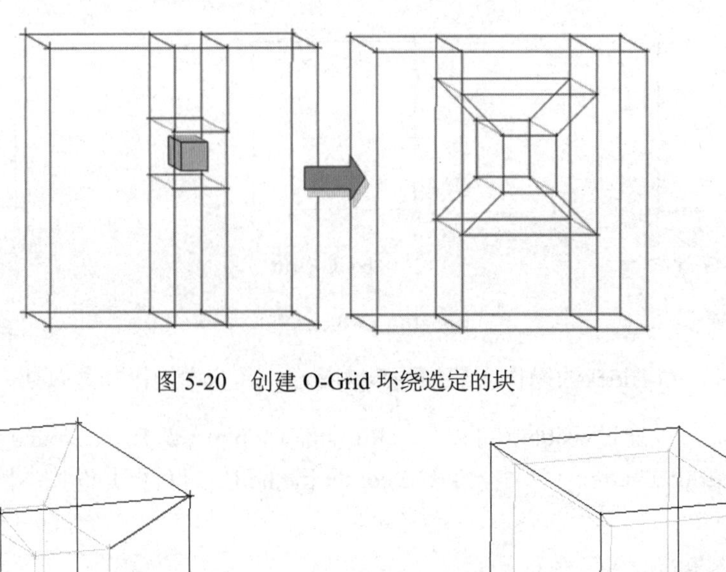

图 5-20 创建 O-Grid 环绕选定的块

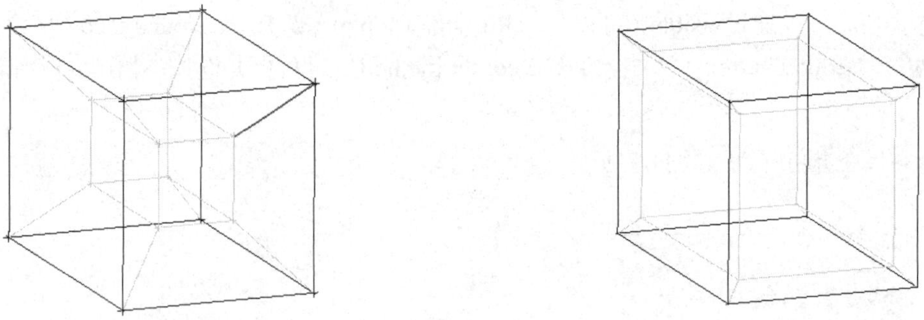

（a）Factor=1 （b）Factor=0.3

图 5-21 比例缩放 O-Grids

5.3 管接头模型结构网格划分

本节将通过一个管接头几何模型网格生成的例子，介绍三维模型结构网格划分方法和操作流程。

5.3.1 启动ICEM CFD并建立分析项目

步骤01 在Windows系统下启动ICEM CFD，进入ICEM CFD界面。

步骤02 执行File→Save Project命令，弹出Save Project As对话框，在“文件名”中输入Pipes，单击OK按钮确认，关闭对话框。

5.3.2 导入几何模型

步骤01 执行File→Import Model命令，弹出Select Import Model file（选择导入模型文件）对话框，在“文件名”中输入 3dpipe.x_t，单击“打开”按钮确认。

步骤02 在弹出如图 5-22 所示的Import Model（导入模型）面板中，Units选择Inches，单击OK按钮确认。

步骤03 导入几何文件后，将在图形显示区显示几何模型，如图 5-23 所示。

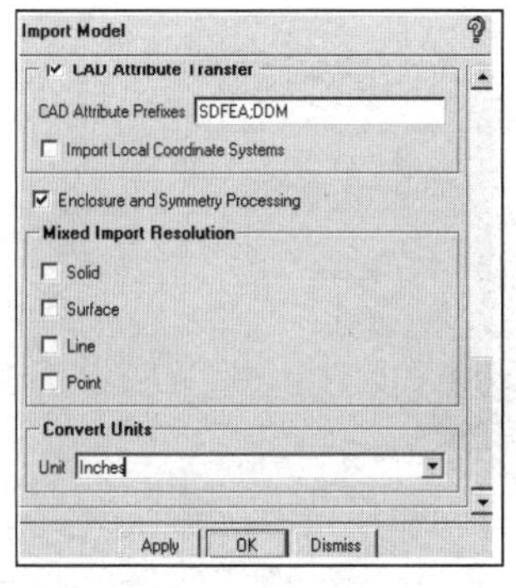

图5-22　导入模型文件面板

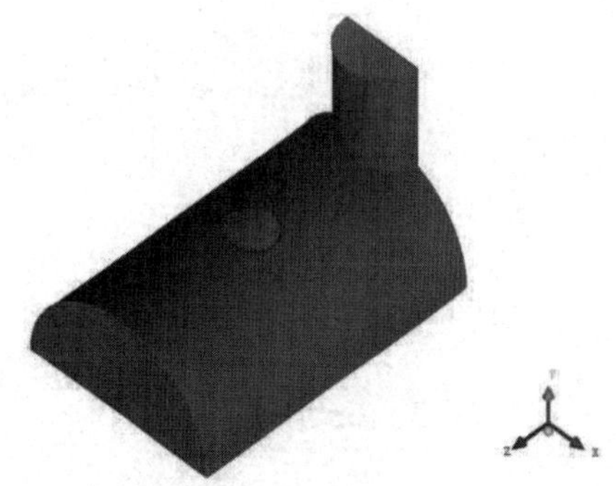

图5-23　几何模型

5.3.3　模型建立

步骤 01　单击功能区内Geometry（几何）选项卡中的（修复模型）按钮，弹出如图 5-24 所示的Repair Geometry（修复模型）面板，单击按钮，在Tolerance中输入 0.1，勾选Filter points复选框和Filter curves复选框，在Feature angle中输入 30，单击OK按钮确认，几何模型即可修复完毕，如图 5-25 所示。

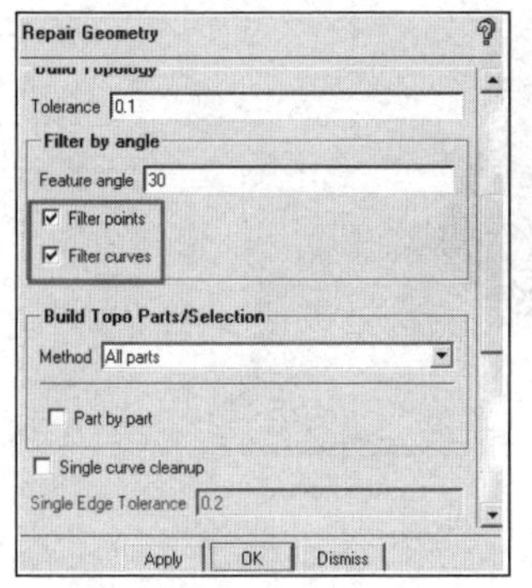

图 5-24　修复模型面板

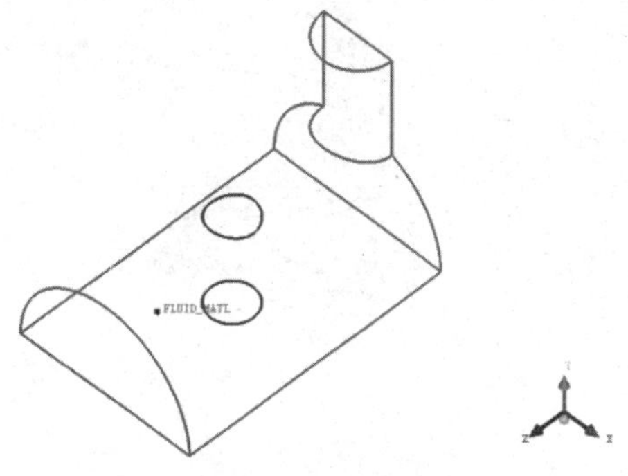

图 5-25　修复后的几何模型

步骤 02　在操作控制树中右击Parts，弹出如图 5-26 所示的目录树，选择Create Part，弹出如图 5-27 所示的Create Part（生成边界）面板。Part选择IN，单击按钮选择边界，单击鼠标中键确认，生成的入口边界条件如图 5-28 所示。

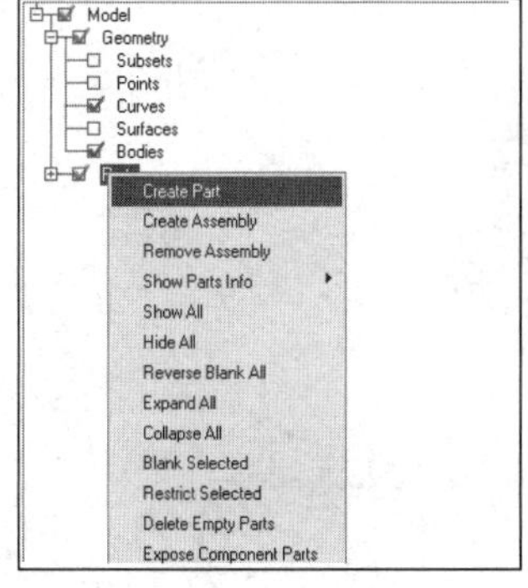

图 5-26　选择生成边界命令

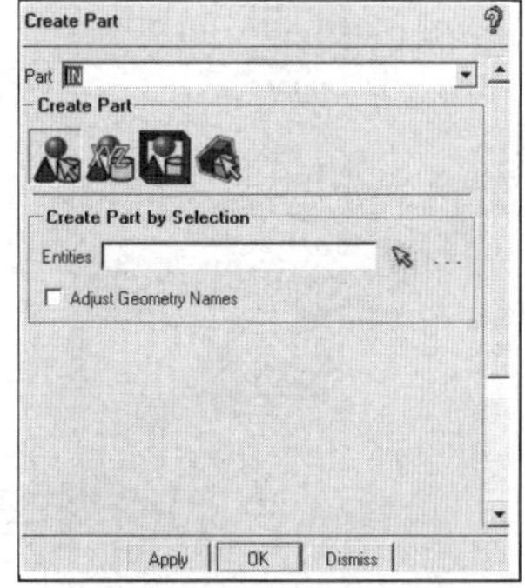

图 5-27　生成边界面板

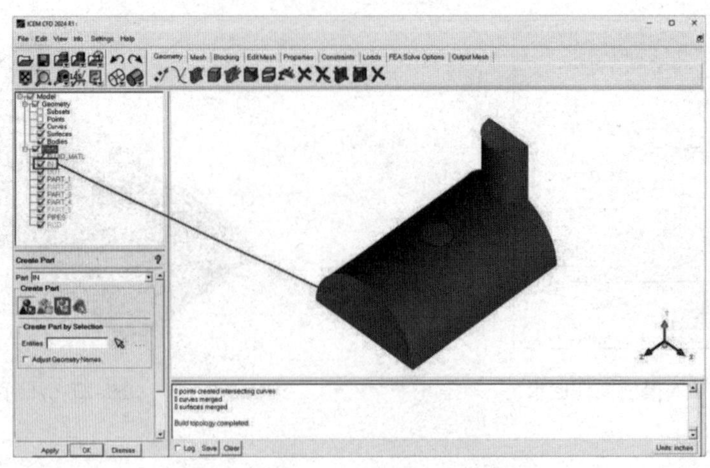

图 5-28　入口边界条件

步骤03　用步骤02的方法生成出口边界条件，命名为OUT，如图 5-29 所示。

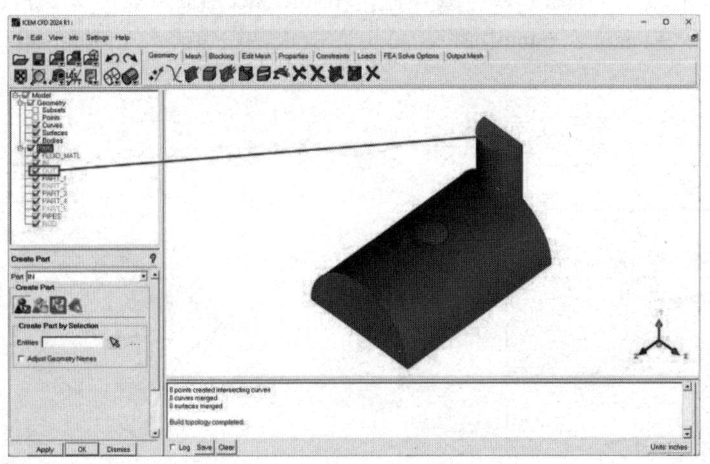

图 5-29　出口边界条件

步骤04　用步骤02的方法生成新的Part，命名为PIPES，如图 5-30 所示。

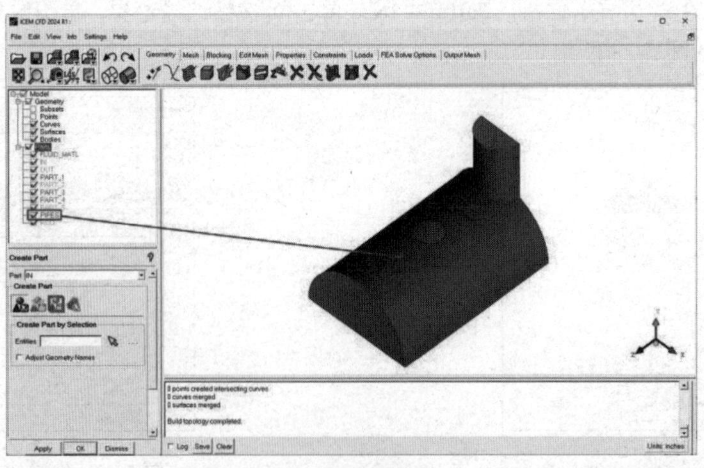

图 5-30　PIPES

步骤05 用步骤02的方法生成新的Part，命名为ROD，如图 5-31 所示。

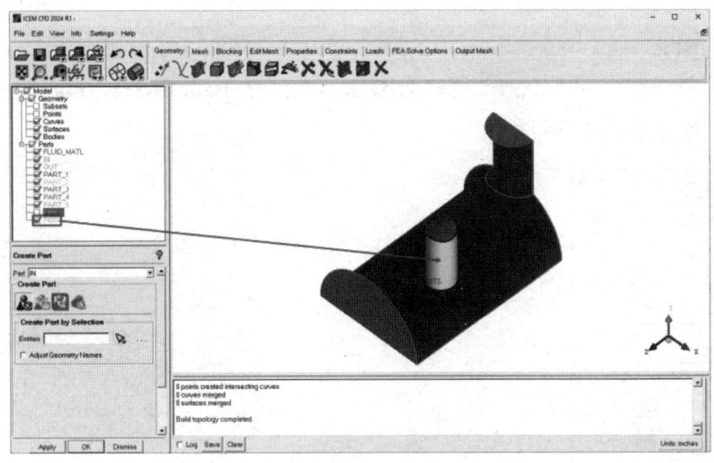

图 5-31　ROD

步骤06 在操作控制树中，右击Parts，弹出如图 5-32 所示的目录树，选择Delete Empty Parts。

步骤07 单击功能区内Geometry（几何）选项卡中的（生成体）按钮，弹出如图 5-33 所示的Create Body（生成体）面板，单击按钮，在Part中输入FLUID_MATL，选择如图 5-34 所示的两个屏幕位置，单击鼠标中键确认。

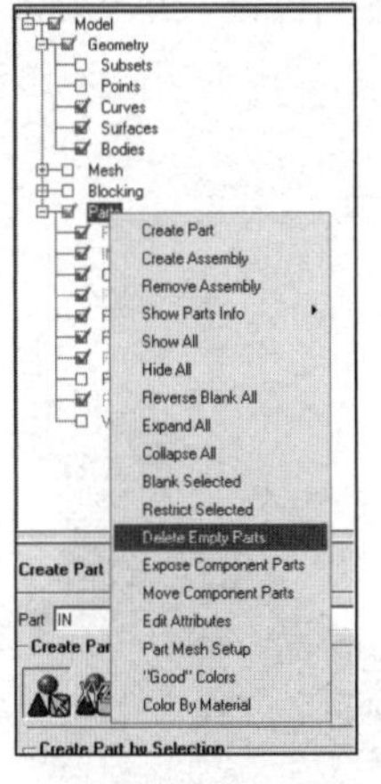

图 5-32　目录树

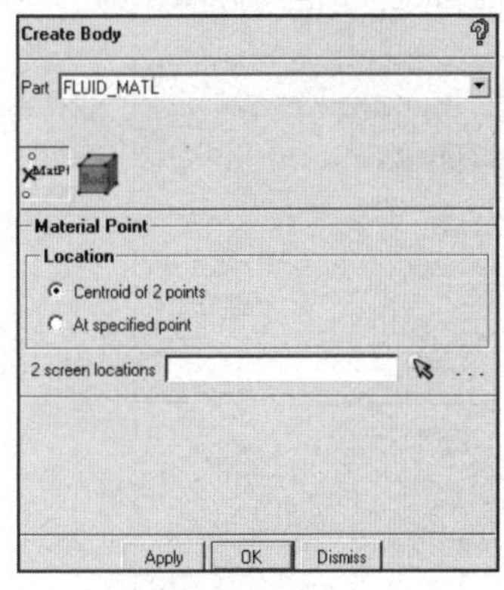

图 5-33　生成体面板

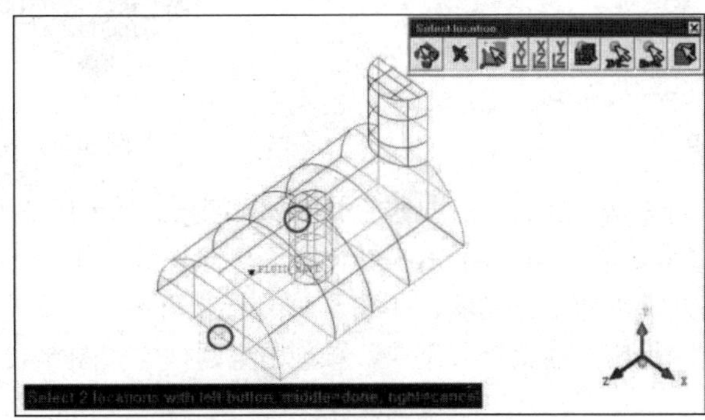

图 5-34　选择点位置

5.3.4 生成块

步骤01 单击功能区内Blocking（块）选项卡中的（创建块）按钮，弹出如图 5-35 所示的Create Block（创建块）面板，单击按钮，Part选择FLUID_MATL，Type选择 3D Bounding Box，单击OK按钮确认，创建的初始块如图 5-36 所示。

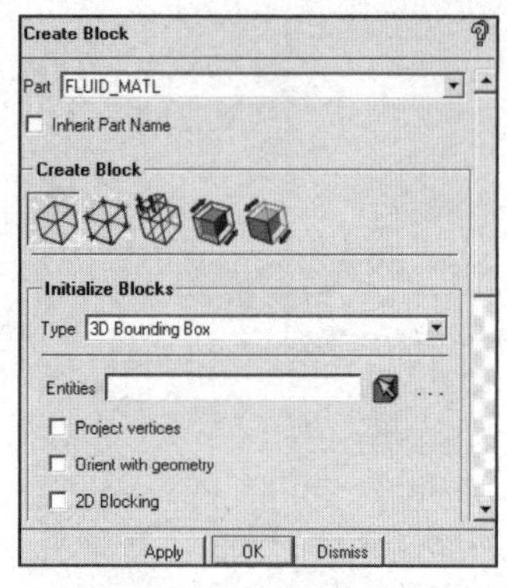

图 5-35　创建块面板

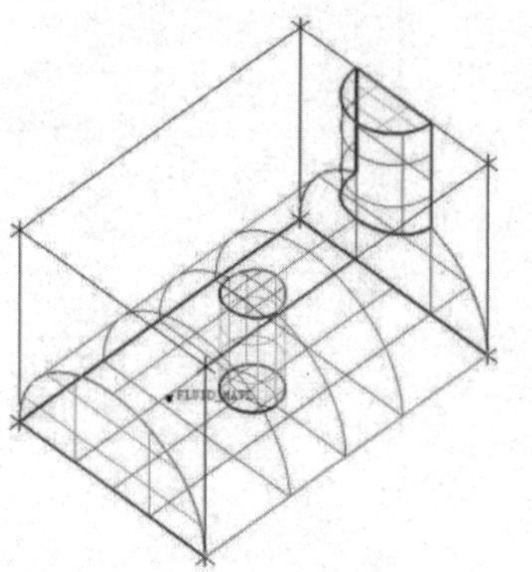

图 5-36　创建的初始块

步骤02 单击功能区内Blocking（块）选项卡中的（分割块）按钮，弹出如图 5-37 所示的Split Block（分割块）面板。单击按钮，单击Edge旁的按钮，在几何模型上单击要分割的边，新建一条边，新建的边垂直于选择的边，利用鼠标左键拖动新建的边到合适的位置，单击鼠标中键或Apply按钮完成操作，创建的分割块如图 5-38 所示。

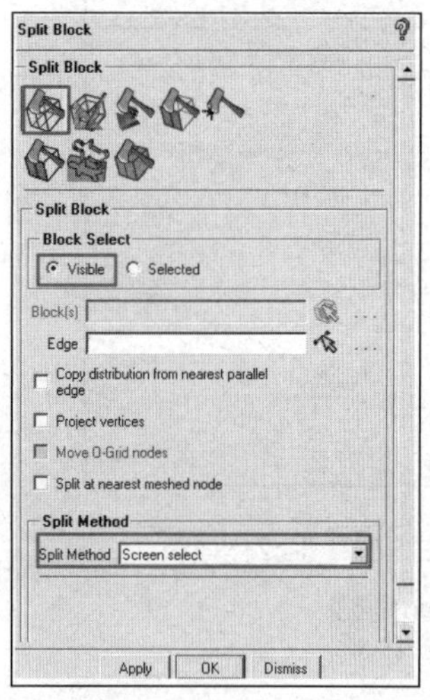

图 5-37　分割块面板

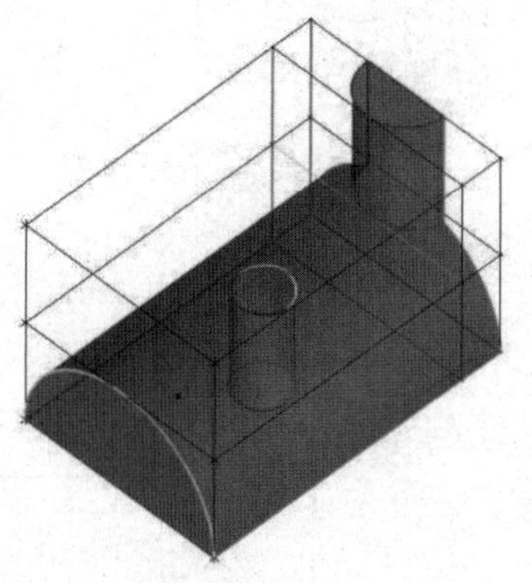
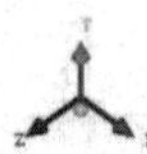

图 5-38　分割块

步骤03 单击功能区内Blocking（块）选项卡中的（删除块）按钮，弹出如图 5-39 所示的Delete Block（删除块）面板，选择顶角的块后单击Apply按钮确认，删除块效果如图 5-40 所示。

步骤04 用步骤02的方法另外增加两个分割块，如图 5-41 所示。

步骤05 用步骤03的方法删除新增加的两个分割块，雕刻出小圆柱，如图 5-42 所示。

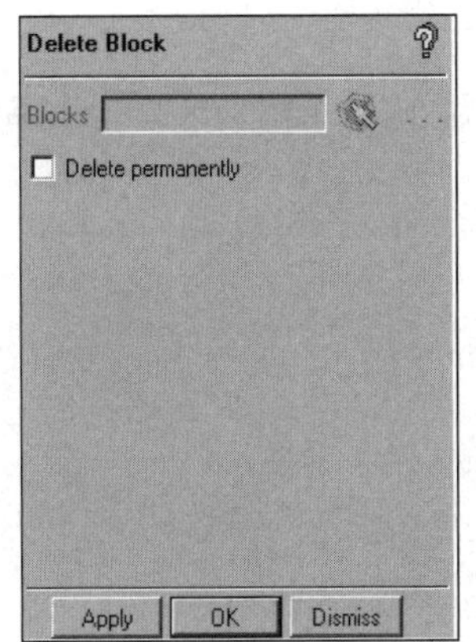

图 5-39　删除块面板

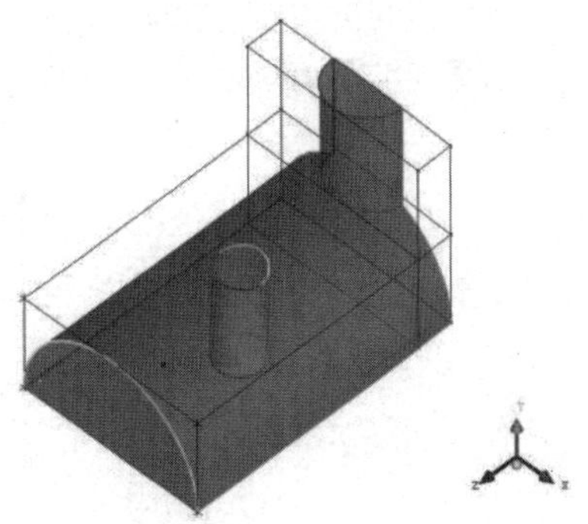

图 5-40　删除块

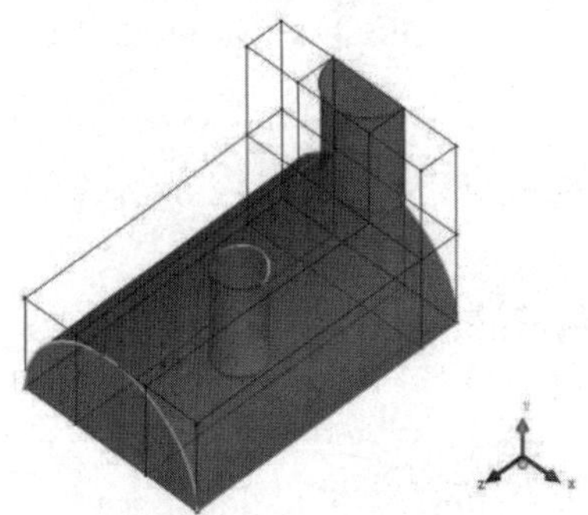

图 5-41　新增分割块

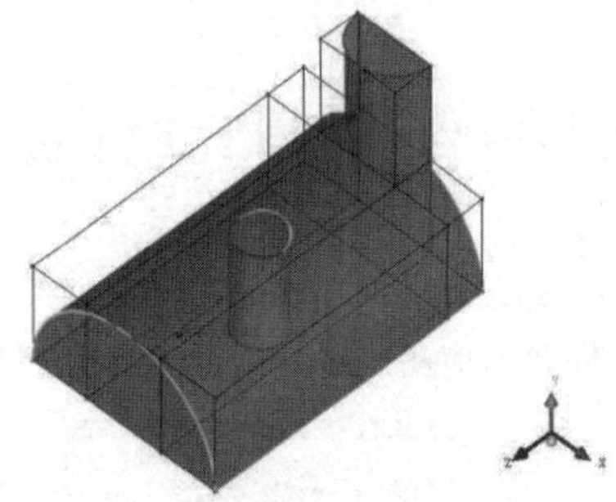

图 5-42　删除新增块

步骤 06　单击功能区内Blocking(块)选项卡中的(关联)按钮，弹出如图 5-43 所示的Blocking Associations（块关联）面板，单击（Edge关联）按钮，勾选Project vertices复选框，单击按钮，选择块上环绕大圆柱自由端的 5 条边（INLET侧）并单击鼠标中键确认，然后单击按钮，选择模型下面的曲线（半圆弧）并单击鼠标中键或Apply按钮确认，选择的曲线会自动组成一组，关联边和曲线的选取如图 5-44 所示。

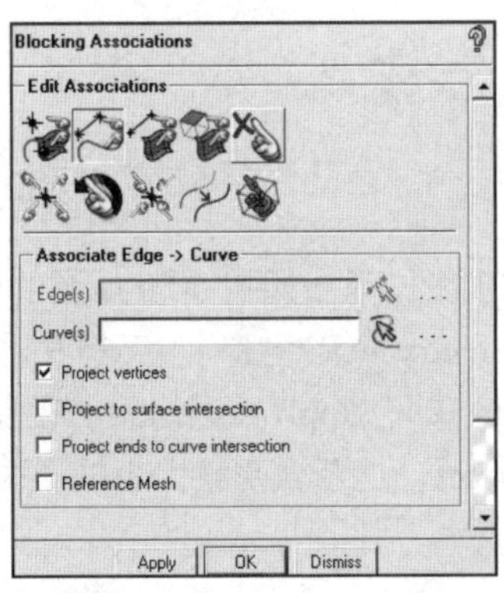

图 5-43　Edge 关联面板

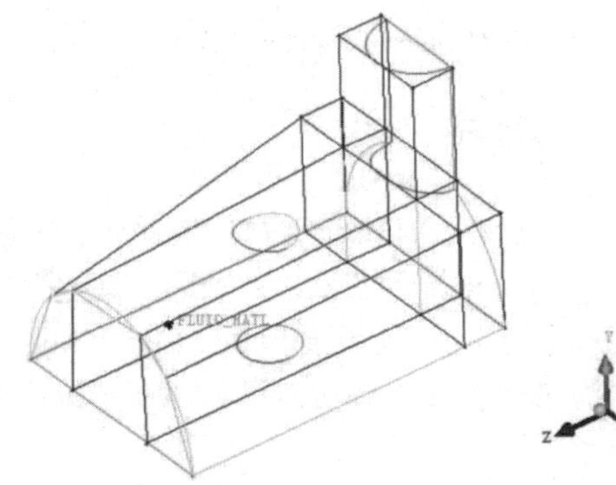

图 5-44　边关联

选择块上的边将以红色高亮显示，选择模型上的曲线将以白色高亮显示，当选择的边变成绿色时，表明它们与曲线关联（约束）并且块的顶点将会移到曲线上。

步骤07　用步骤06的方法关联块与几何其他对应的边，如图 5-45 所示。

步骤08　在操作控制树中右击Blocking中的Edges，弹出如图 5-46 所示的目录树，选择Show Association，显示如图 5-47 所示的顶点和边的关联关系。

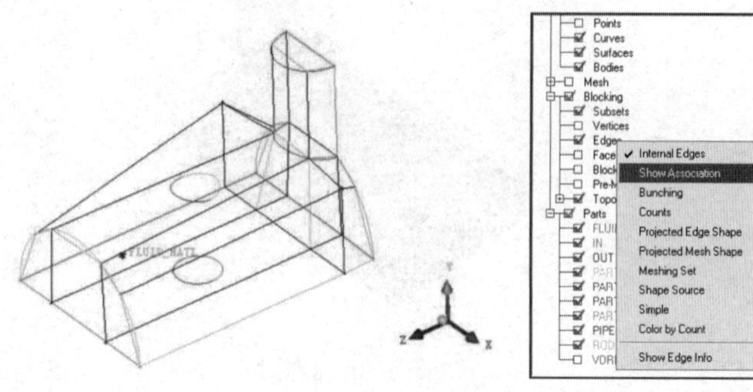

图 5-45　边关联

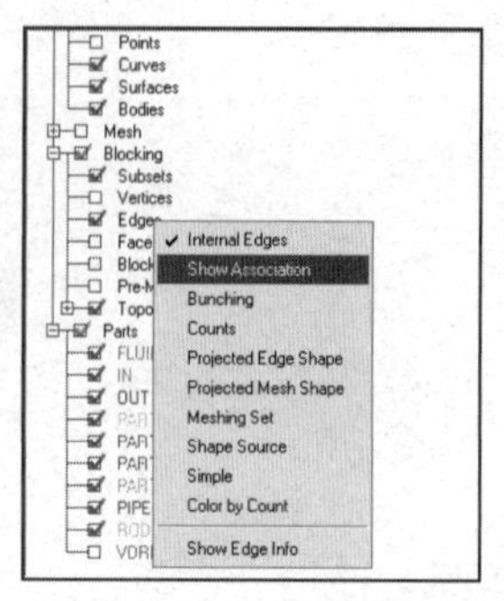

图 5-46　目录树

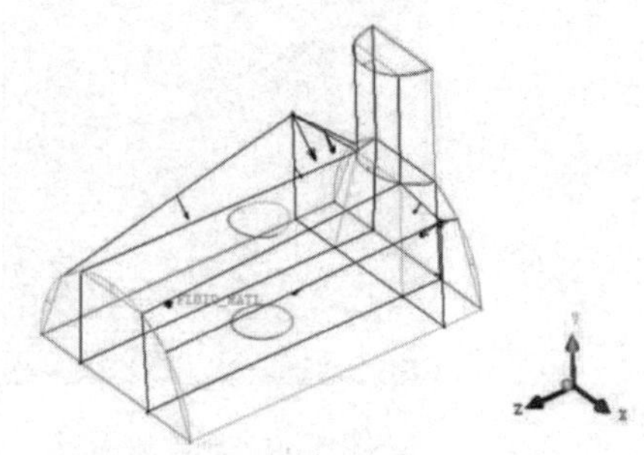

图 5-47　顶点和边的关联关系显示

可以用重新关联来纠正有错误的关联（不需要使用 undo 来纠正）。

步骤09　在Blocking Associations（块关联）面板中单击（捕捉投影点）按钮（见图 5-48），ICEM CFD 将自动捕捉顶点到最近的几何位置，如图 5-49 所示。

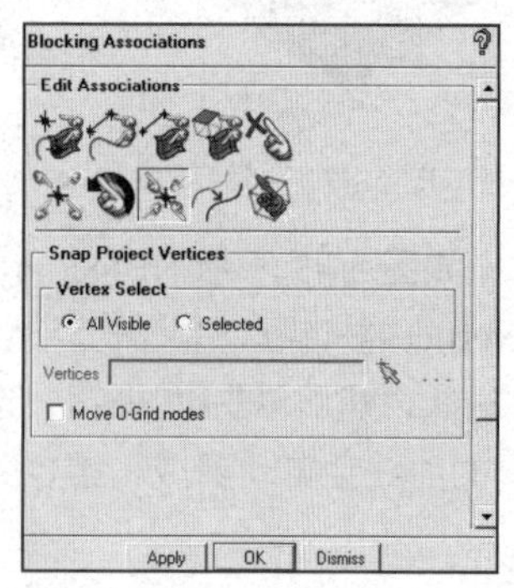

图5-48　Blocking Associations（块关联）面板

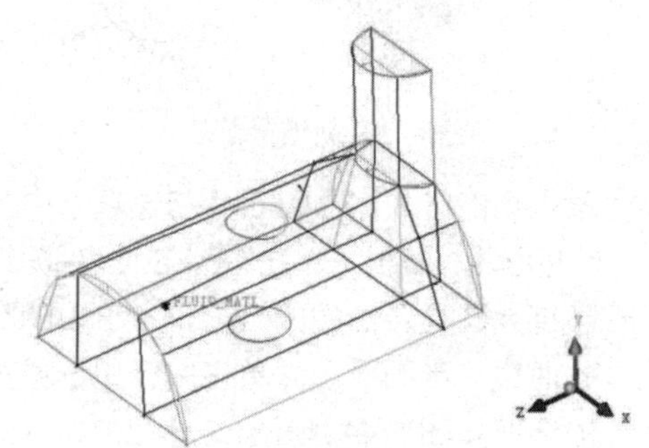

图5-49　顶点自动移动

5.3.5　网格生成

步骤01　单击功能区内Mesh（网格）选项卡中的（表面网格设定）按钮，弹出如图 5-50 所示的Surface Mesh Setup（表面网格设定）面板，单击按钮弹出Select geometry（选择几何）工具栏，单击（选择全部）按钮，选择所有平面，在Maximum size中输入 5，单击Apply按钮确认。在操作控制树中右击Surfaces，弹出如图 5-51 所示的目录树，选择Hexa Sizes，显示面网格大小的形式，如图 5-52 示。

步骤02　单击功能区内Blocking（块）选项卡中的（预览网格）按钮，弹出如图 5-53 所示的Pre-Mesh Params（预网格参数）面板，单击按钮，选中Update All单选按钮，单击Apply按钮确认，显示预览网格，如图 5-54 所示。

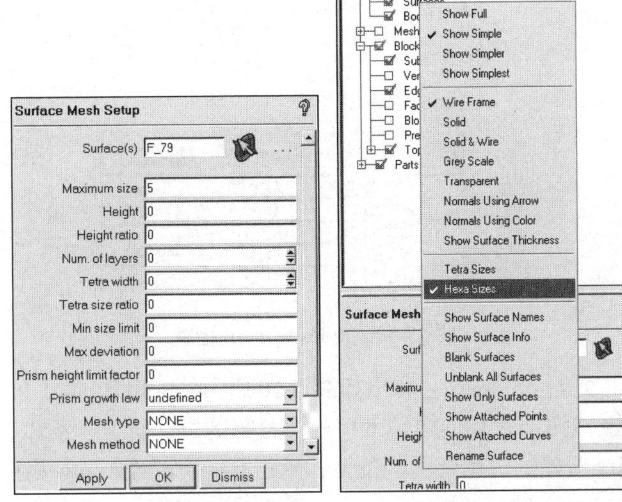

图 5-50　表面网格设定面板

图 5-51　目录树

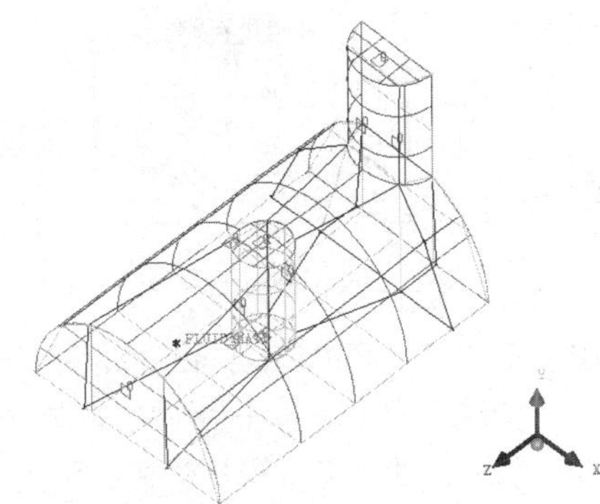

图 5-52　显示面网格大小的形式

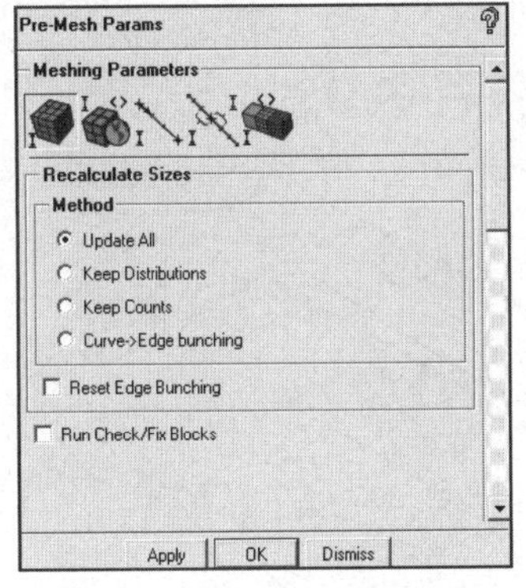

图5-53　预网格参数面板

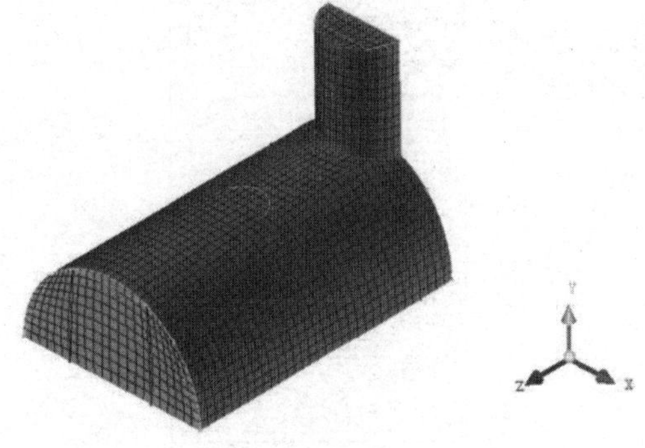

图5-54　预览网格显示

步骤 03　在Pre-Mesh Params（预网格参数）面板中单击按钮（见图 5-55），单击按钮选取边，如图 5-56 所示。在Nodes中输入 10，单击Apply按钮确认，显示预览网格，如图 5-57 所示。

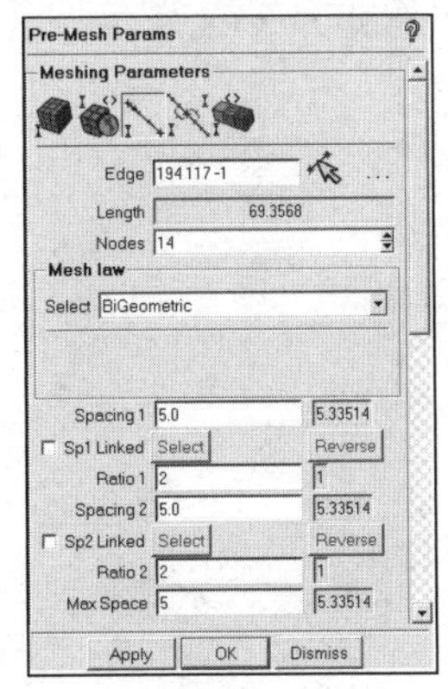

图5-55　预网格参数面板

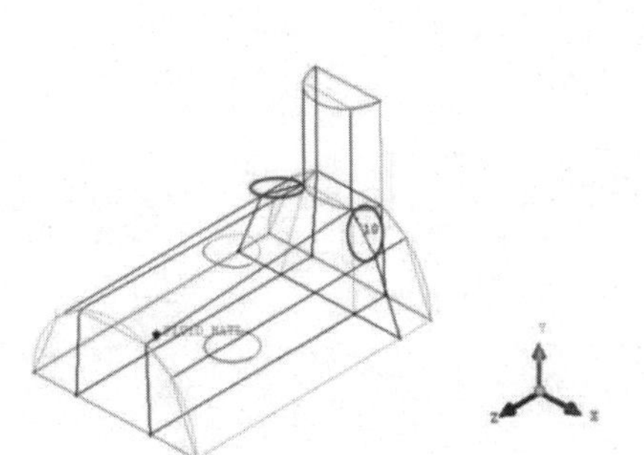

图5-56　选取边显示

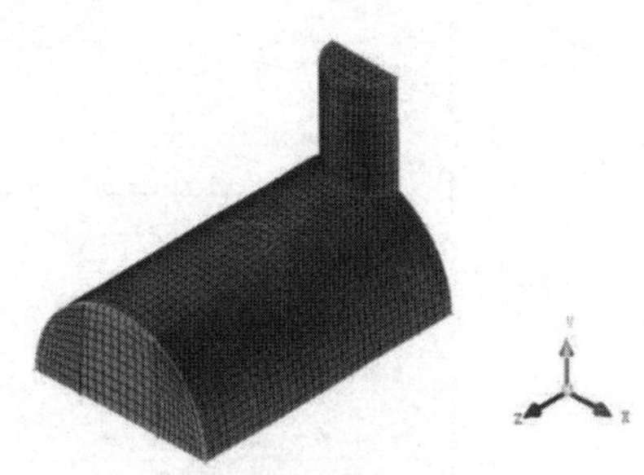

图5-57　预览网格显示

步骤 04　在操作控制树中右击Blocking，弹出如图 5-58 所示的目录树，选择Index Control，弹出如图 5-59 所示的面板，在I中设置Min为 2、Max为 3。

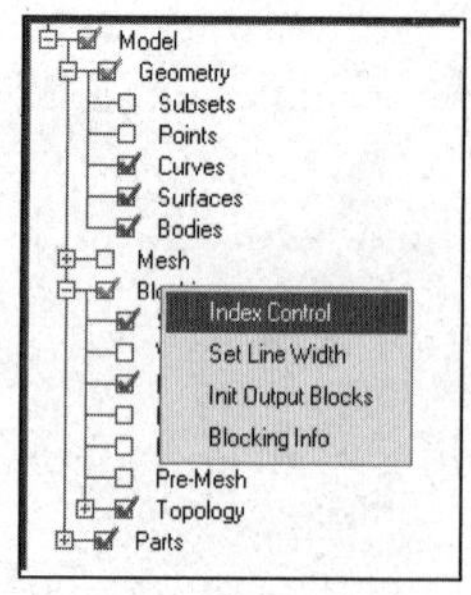

图 5-58　目录树

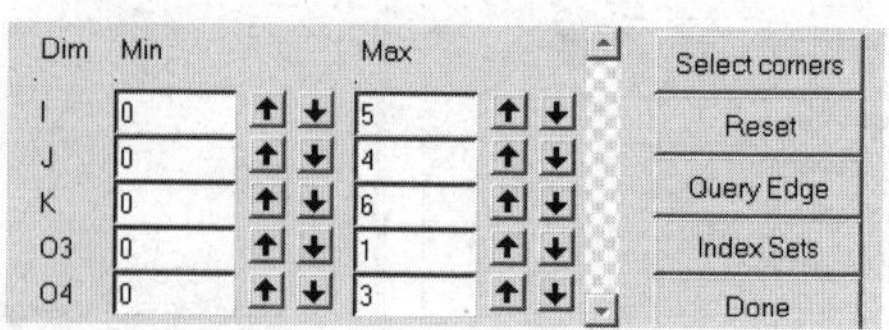

图 5-59　Index Control 面板

步骤 05　单击功能区内Blocking（块）选项卡中的（分割块）按钮，弹出如图 5-60 所示的Split Block（分割块）面板。单击按钮，单击Edge旁的按钮，在几何模型上单击要分割的边，新建一条边，新建的边垂直于选择的边，利用鼠标左键拖动新建的边到合适的位置，单击鼠标中键或Apply按钮完成操作，创建的分割块如图 5-61 所示。

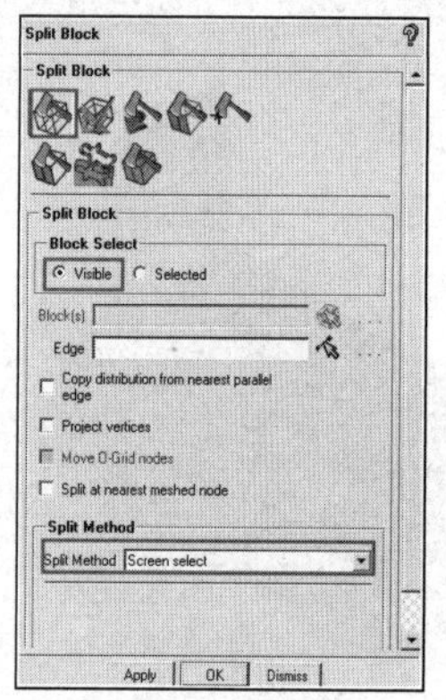

图 5-60　分割块面板

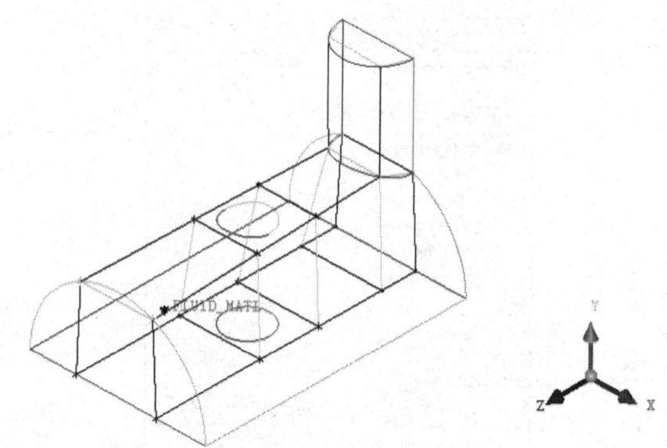

图 5-61　分割块

步骤 06　单击功能区内Blocking（块）选项卡中的（移动顶点）按钮，弹出如图 5-62 所示的Move Vertices（移动顶点）面板，单击按钮，选择一个反映杆长度的边及位于杆顶端的一个顶点，如图 5-63 所示。设置Move in plane为XZ，单击鼠标中键完成操作，顶点移动后的位置如图 5-64 所示。

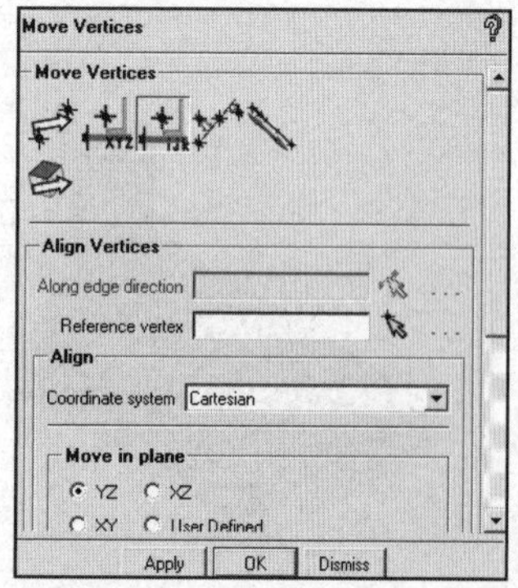

图 5-62　移动顶点面板

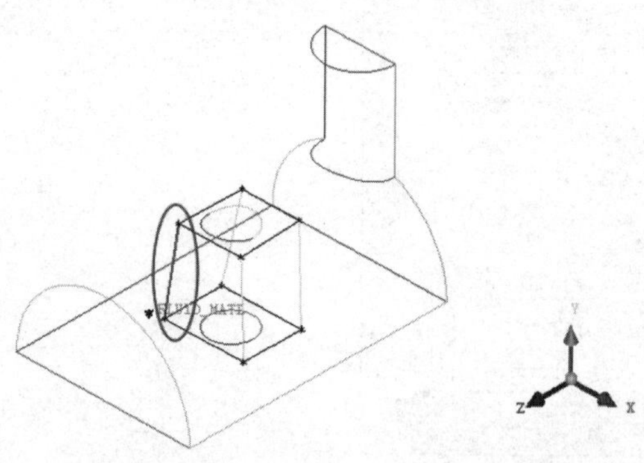

图 5-63　选择边及顶点

步骤07 执行File→Blocking→Save Blocking As命令，弹出如图 5-65 所示的“另存为”对话框，在“文件名”中输入Pipes2.blk，单击“保存”按钮确认。

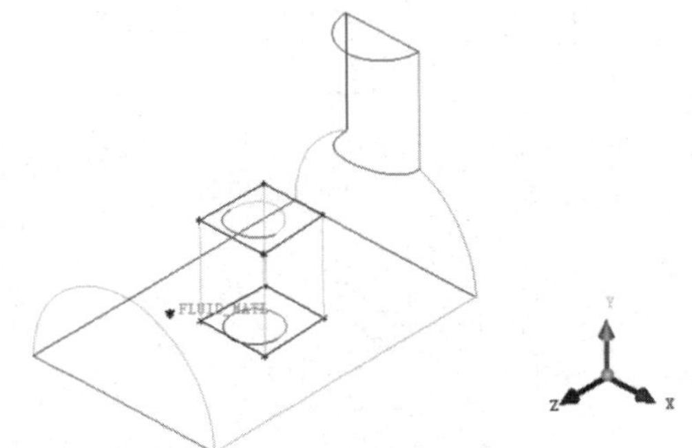

图 5-64　顶点移动后位置

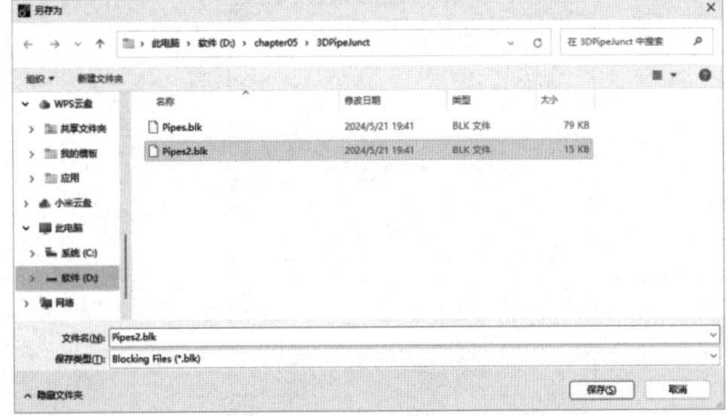

图 5-65　“另存为”对话框

步骤08 单击功能区内Blocking（块）选项卡中的（O-Grid）按钮，弹出如图 5-66 所示Split Block（分割块）面板，单击Select Face(s)旁的按钮，选择相应的Faces，单击Apply按钮完成操作，选择的面如图 5-67 所示。

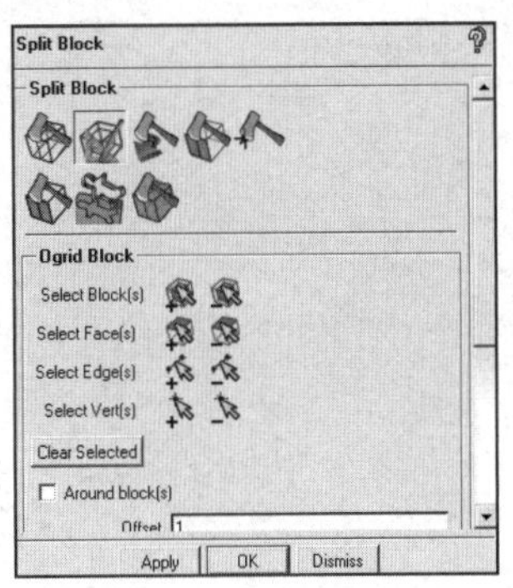

图 5-66　分割块面板

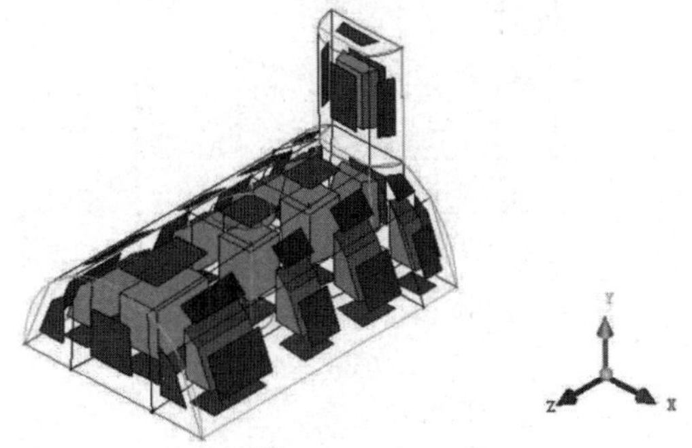

图 5-67　选择的面显示

步骤09 单击功能区内Blocking（块）选项卡中的（关联）按钮，弹出如图 5-68 所示的Blocking Associations（块关联）面板，单击（Edge关联）按钮，勾选Project vertices复选框，单击按钮，选择杆每端的 4 个边并单击鼠标中键或Apply按钮确认，然后单击按钮，选择模型最近的两个曲线并单击鼠标中键或Apply按钮确认，选择的曲线会自动组成一组，关联边和曲线的选取如图 5-69 所示。

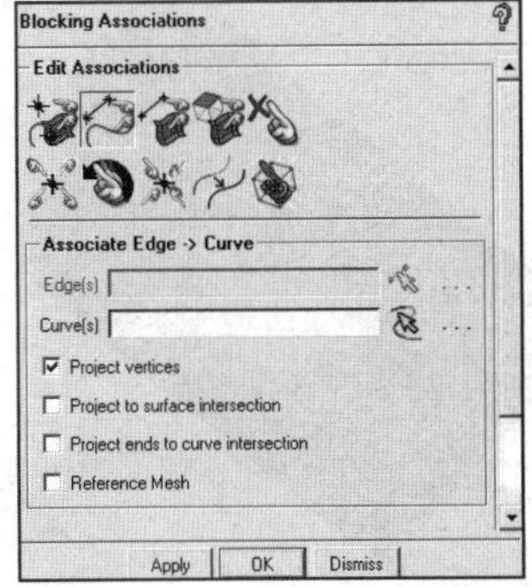

图 5-68　Blocking Associations 面板

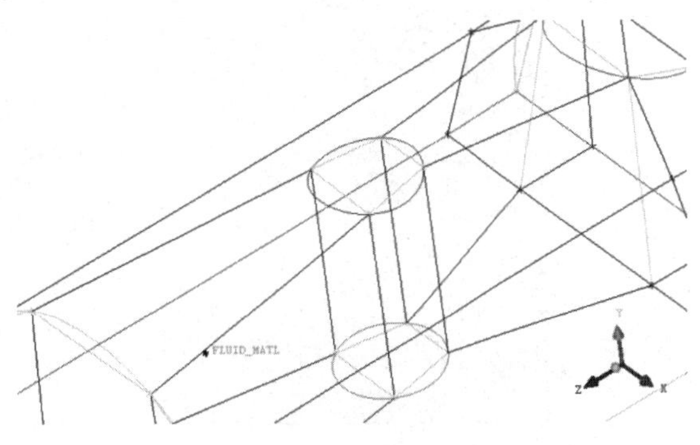

图 5-69　关联边和曲线

步骤 10 单击功能区内Blocking（块）选项卡中的（删除块）按钮，弹出如图 5-70 所示的Delete Block（删除块）面板，选择杆中间的块并单击Apply按钮确认，删除块效果如图 5-71 所示。

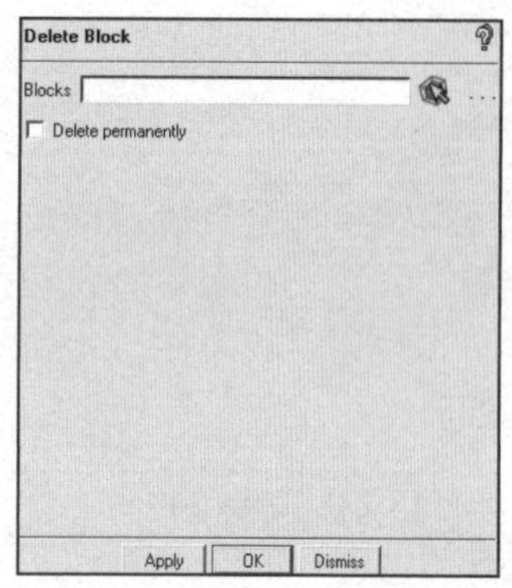

图 5-70 删除块面板

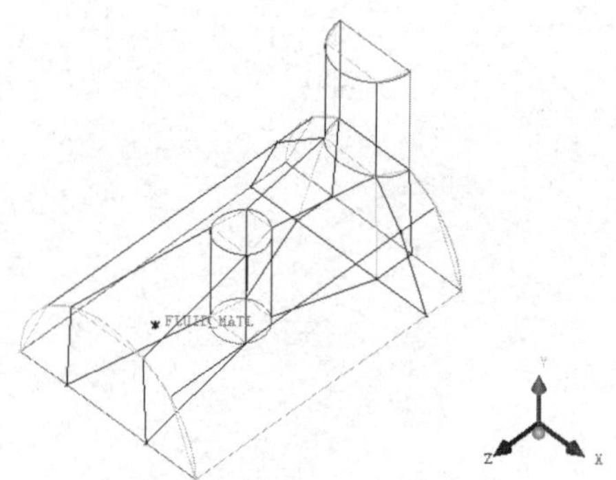

图 5-71 删除块

步骤 11 在Blocking Associations（块关联）面板中单击（捕捉投影点）按钮（见图 5-72），ICEM CFD 将自动捕捉顶点到最近的几何位置，如图 5-73 所示。

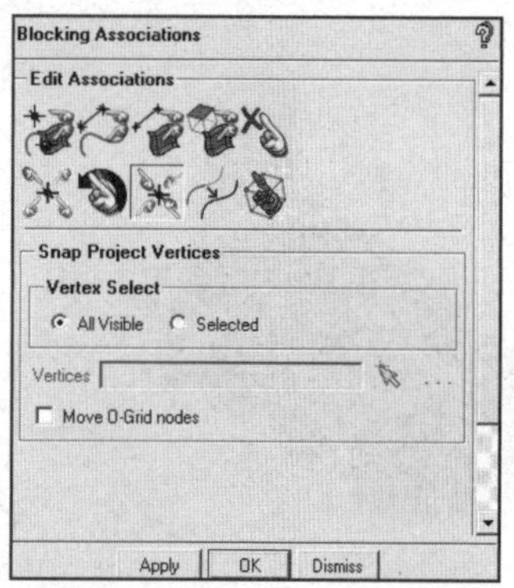

图 5-72 Blocking Associations 面板

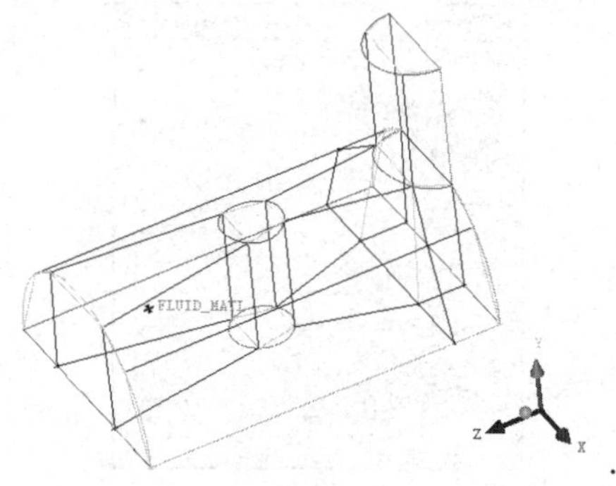

图 5-73 顶点自动移动

步骤 12 单击功能区内Blocking（块）选项卡中的（预览网格）按钮，弹出如图 5-74 所示的Pre-Mesh Params（预网格参数）面板，单击按钮，选中Update All单选按钮，单击Apply按钮确认，显示预览网格，如图 5-75 所示。

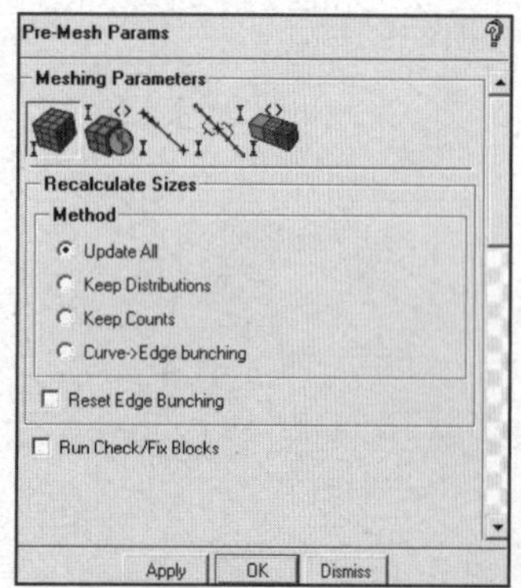

图5-74 预网格参数面板

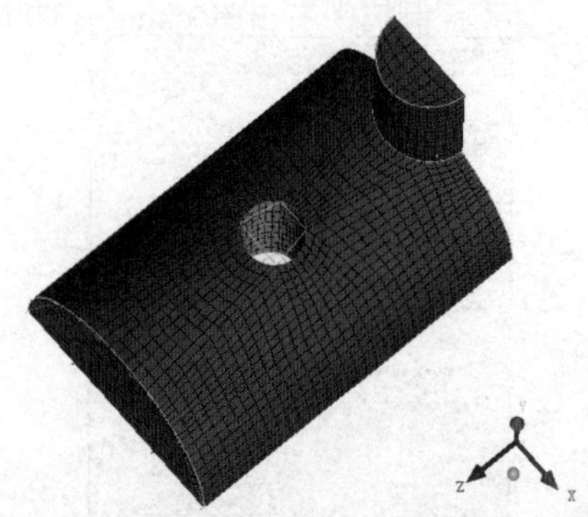

图5-75 预览网格显示

5.3.6　网格质量检查

单击功能区内 Edit Mesh（网格编辑）选项卡中的（检查网格）按钮，弹出如图 5-76 所示的 Pre-Mesh Quality（预网格质量）面板，设置 Min-X value 为 0、Max-X value 为 1、Max-Y height 为 20，单击 Apply 按钮确认，在信息栏中显示网格质量信息，如图 5-77 所示。单击网格质量信息图中的长度条，在这个范围内的网格单元会显示出来，如图 5-78 所示。

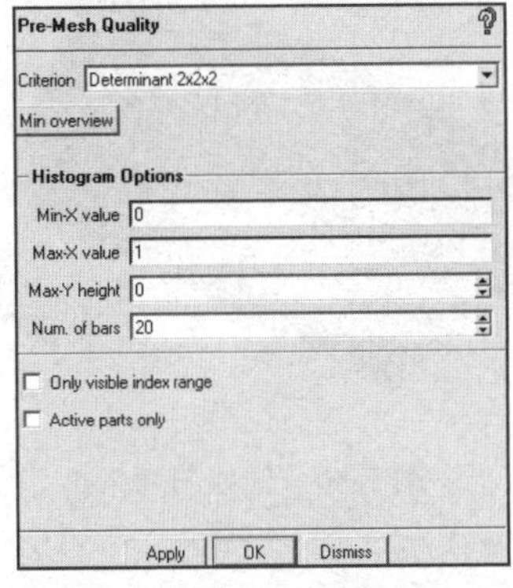

图 5-76　预网格质量面板

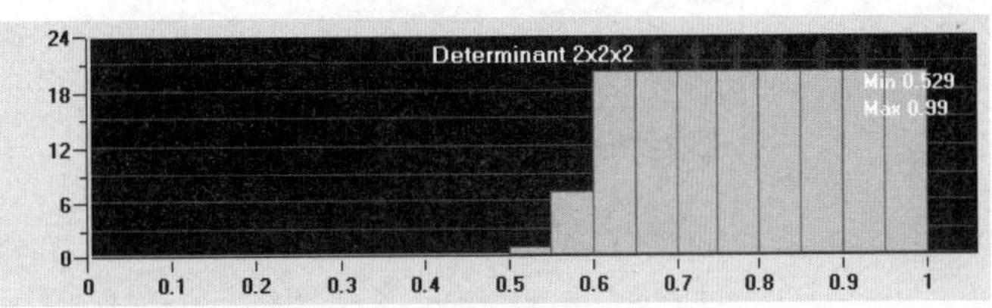

图 5-77　网格质量信息

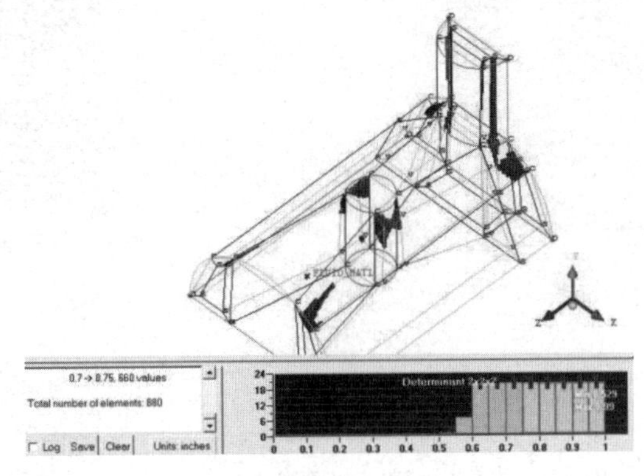

图 5-78　网格显示

5.3.7　网格输出

步骤 01 在操作控制树中右击Blocking中的Pre-Mesh，弹出如图 5-79 所示的目录树，选择Convert to Unstruct Mesh，生成的网格如图 5-80 所示。

步骤 02 单击功能区内Output（输出）选项卡中的（求解器设定）按钮，弹出如图 5-81 所示的Solver Setup（求解器设定）面板，Output Solver选择ANSYS Fluent，单击Apply按钮确认。

步骤 03 单击功能区内Output（输出）选项卡中的（输出）按钮，弹出“打开网格文件”对话框，选择文件，单击“打开”按钮，弹出如图 5-82 所示的Ansys Fluent对话框，Grid dimension选择 3D，单击Done按钮确认完成。

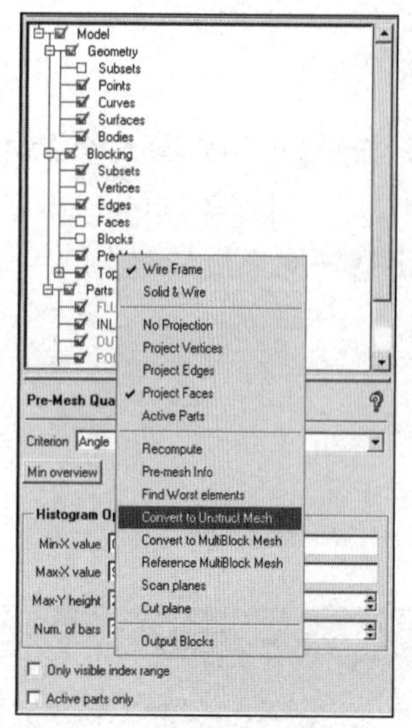

图 5-79　目录树

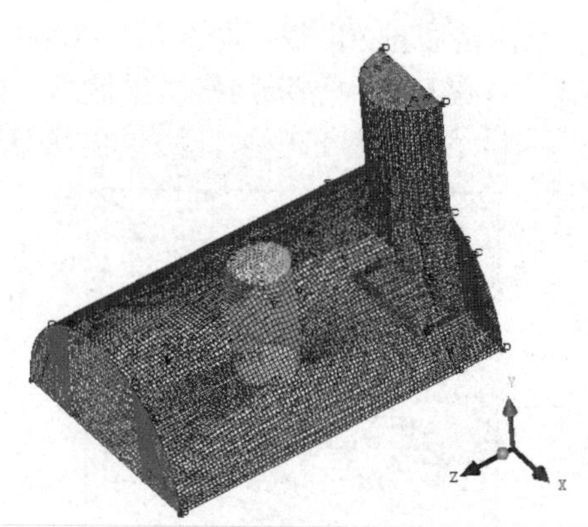

图 5-80　生成的网格

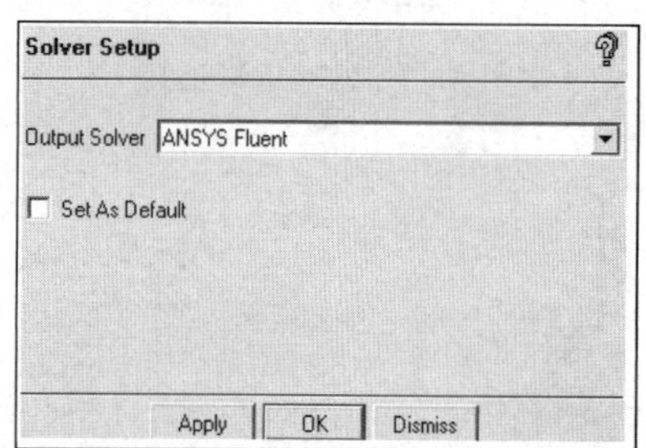

图 5-81　求解器设定面板

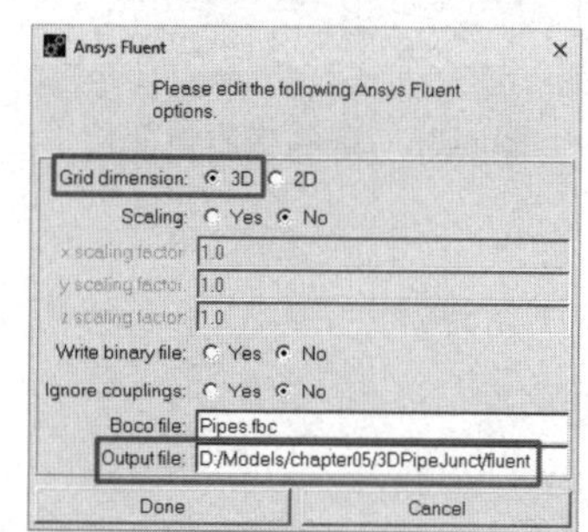

图 5-82　Ansys Fluent 对话框

5.3.8 计算与后处理

步骤01 在Windows系统下启动Fluent，进入Fluent Launcher界面。

步骤02 Dimension选择 3D，单击OK按钮进入Fluent界面。

步骤03 执行File→Read→Mesh命令，读入ICEM CFD生成的网格文件，如图 5-83 所示。

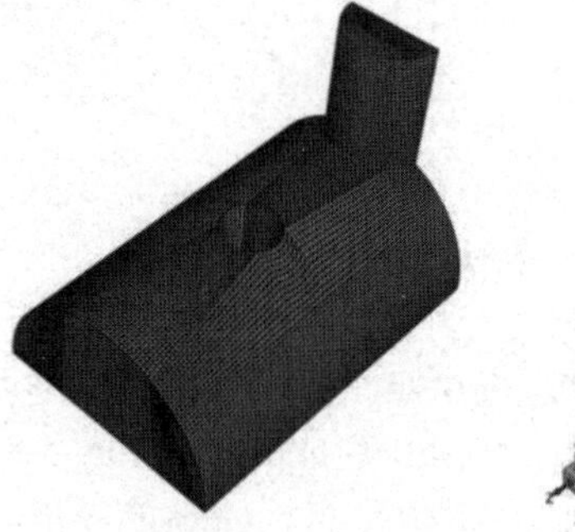

图5-83　显示几何模型

步骤04 在任务栏单击（保存）按钮进入Write Case对话框，在File name（文件名）中输入fluent.cas，单击OK按钮保存项目文件。

步骤05 执行Mesh→Check命令，检查网格质量，应保证Minimum Volume大于 0。

步骤06 执行Mesh→Scale命令，打开Scale Mesh（缩放网格）面板，定义网格尺寸单位，在Mesh Was Created In中选择mm，单击Scale按钮。

步骤07 执行Define→General命令，在Time中选择Steady。

步骤08 执行Define→Material命令，弹出Create/Edit Materials对话框，在Fluent Fluid Materials下拉列表中选择water-liquid，如图 5-84 所示。

步骤 09 执行Define→Model→Viscous命令，选择k-epsilon（2 eqn）模型。

步骤 10 执行Define→Boundary Conditions命令，弹出Boundary Conditions面板，定义边界条件，如图 5-85 所示。

- in：Type 选择 velocity-inlet（速度入口）边界条件，在 Velocity Magnitude（速度大小）中输入 0.2。
- out：Type 选择 outflow（自由流出）边界条件。

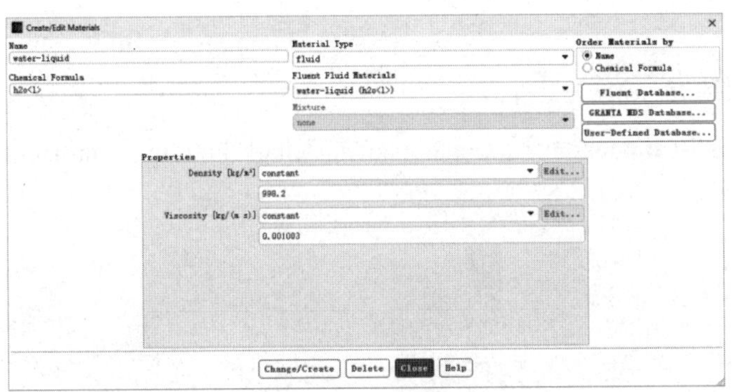

图5-84　定义材料

图5-85　定义边界条件

步骤 10 执行Solve→Controls命令，弹出Solution Controls（设置松弛因子）面板，保持默认设置，单击OK按钮退出。

步骤 12 执行Solve→Initialize命令，弹出Solution Initialization（设置初始值）面板，Compute From选择in，单击Initialize按钮进行计算初始化。

步骤 13 执行Solve→Monitors→Residual命令，设置各个参数的收敛残差值为 1e-3，单击OK按钮确认。

步骤 14 执行Solve→Run Calculation命令，迭代步数设置为 300，单击Calculate按钮开始计算。

步骤 15 执行Surface→ISO Surface命令，设置生成X=0m的平面，命名为x0，设置生成Y=0.02m的平面，命名为y0。

步骤 16 执行Display→Graphics and Animations→Contours命令，Contours of选择Velocity Magnitude，surfaces选择x0/y0，单击Display按钮，显示速度云图，如图 5-86 所示。

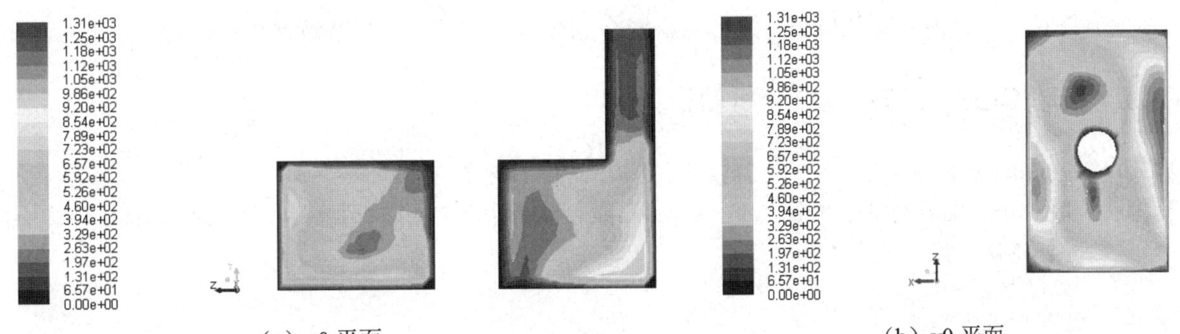

（a）x0 平面　（b）y0 平面

图5-86　速度云图

步骤 17　执行Display→Graphics and Animations→Vector命令，Contours of选择Velocity Magnitude，surfaces选择x0/y0，单击Display按钮，显示速度矢量图，如图 5-87 所示。

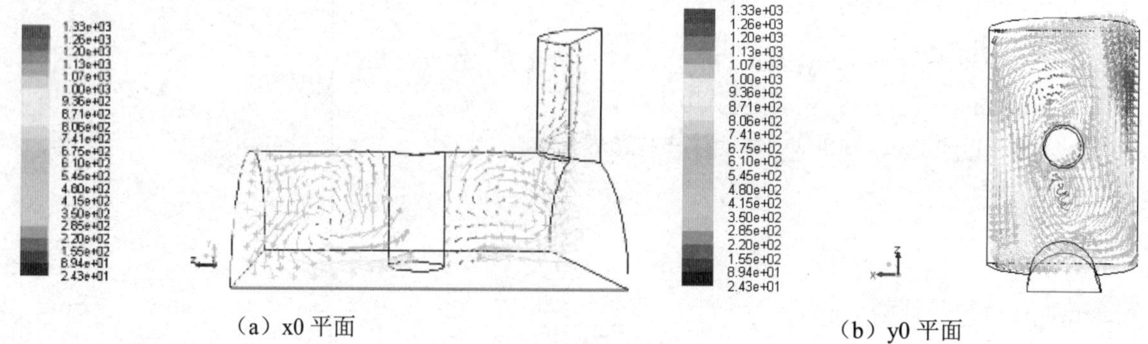

（a）x0 平面　　（b）y0 平面

图5-87　速度矢量图

步骤 18　执行Display→Graphics and Animations→Contours命令，Contours of选择Static Pressure，surfaces选择x0/y0，单击Display按钮，显示压力云图，如图 5-88 所示。

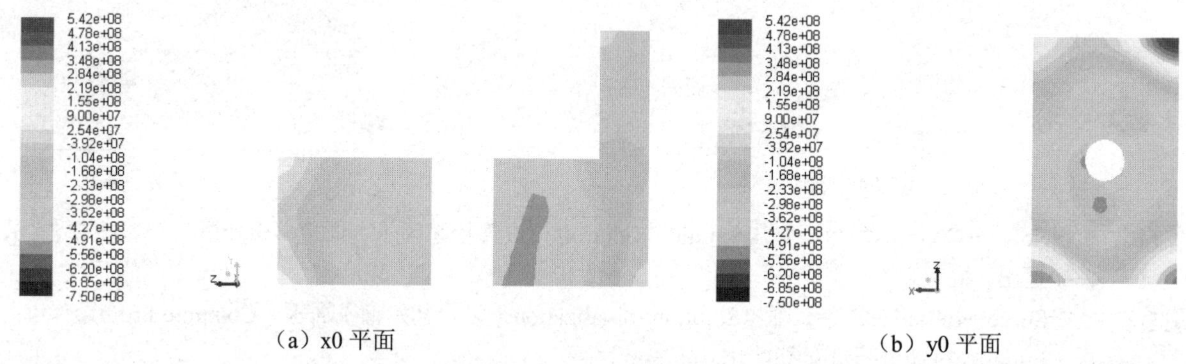

（a）x0 平面　　（b）y0 平面

图5-88　压力云图

从上述计算结果可以看出，生成的网格能够满足计算要求，并且能够较好地模拟二维平面流动问题。

5.4　管内叶片模型结构网格划分

本节将对一个管内叶片几何模型进行结构网格划分，并对其进行稳态流动计算分析。

5.4.1　启动ICEM CFD并建立分析项目

步骤 01　在Windows系统下启动ICEM CFD，进入ICEM CFD界面。

步骤 02　执行File→Save Project命令，弹出Save Project As对话框，在“文件名”中输入PipeBlade，单击OK按钮确认，关闭对话框。

5.4.2　导入几何模型

执行File→Geometry→Open Geometry命令，弹出Open Geometry File（打开几何文件）对话框，在

“文件名”中输入geometry.tin，单击“打开”按钮确认。导入几何文件后，将在图形显示区显示几何模型，如图5-89所示。

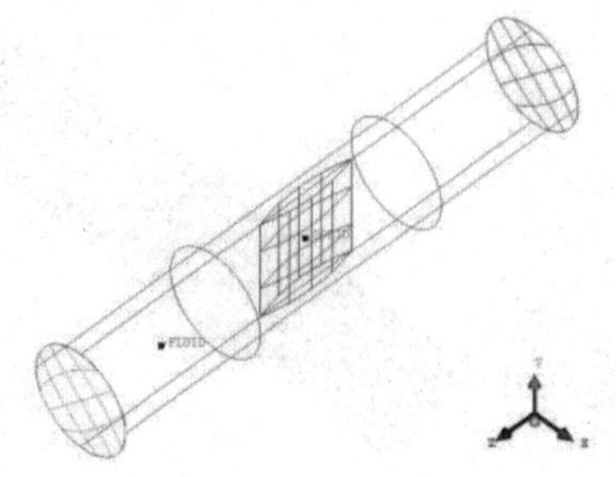

图5-89　几何模型

5.4.3　模型建立

步骤 01　单击功能区内Geometry（几何）选项卡中的（修复模型）按钮，弹出如图 5-90 所示的Repair Geometry（修复模型）面板，单击按钮，在Tolerance中输入 0.1，勾选Filter points和Filter curves复选框，在Feature angle中输入 30，单击OK按钮确认，几何模型即可修复完毕，如图 5-91 所示。

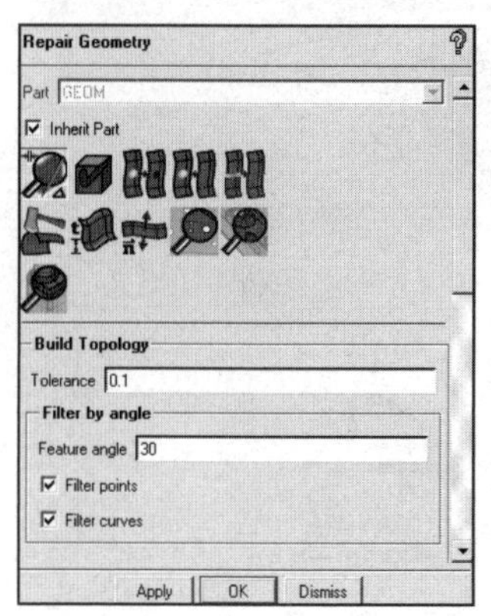

图 5-90　修复模型面板

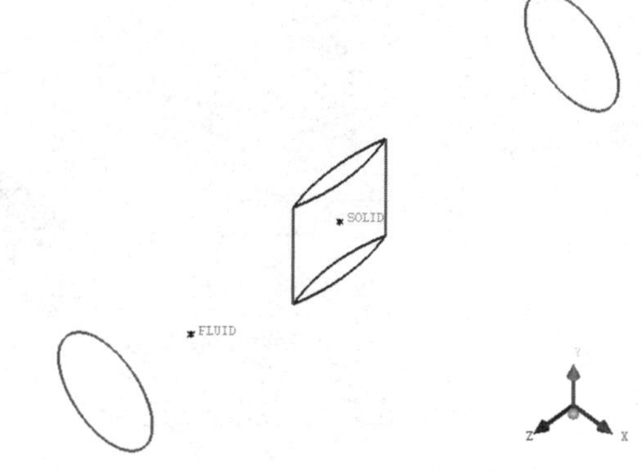

图 5-91　修复后的几何模型

步骤 02　在操作控制树中右击Parts，弹出如图 5-92 所示的目录树，选择Create Part，弹出如图 5-93 所示的Create Part（生成边界）面板，在Part中输入IN，单击按钮，选择边界并单击鼠标中键确认，生成入口边界条件，如图 5-94 所示。

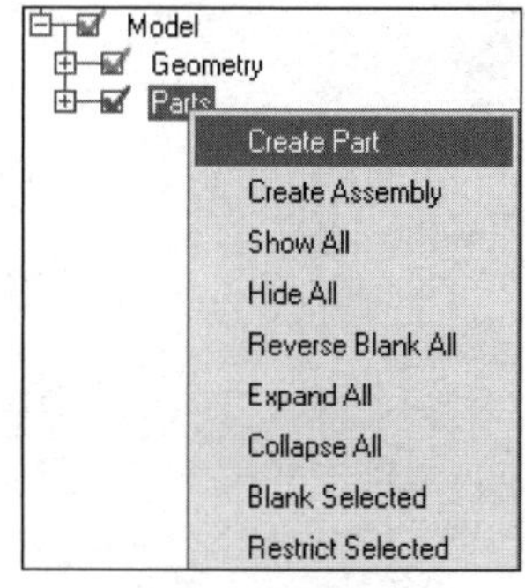

图5-92　选择生成边界命令

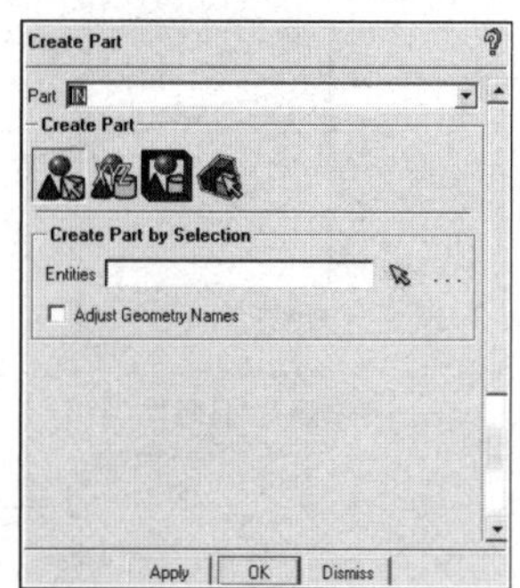

图5-93　生成边界面板

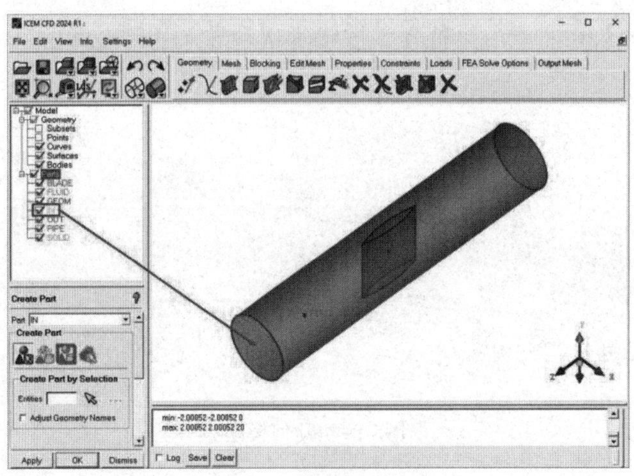

图5-94 入口边界条件

步骤03 用步骤02的方法生成出口边界条件，命名为OUT，如图 5-95 所示。

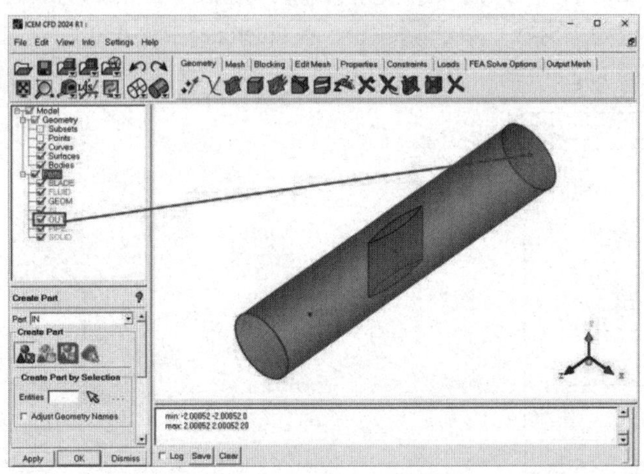

图 5-95 出口边界条件

步骤04 用步骤02的方法生成新的Part，命名为BLADE，如图 5-96 所示。

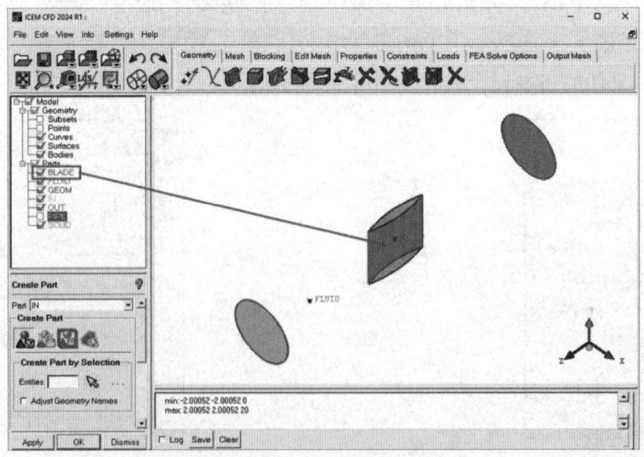

图 5-96 BLADE

步骤05 用步骤02的方法生成新的Part，命名为PIPE，如图 5-97 所示。

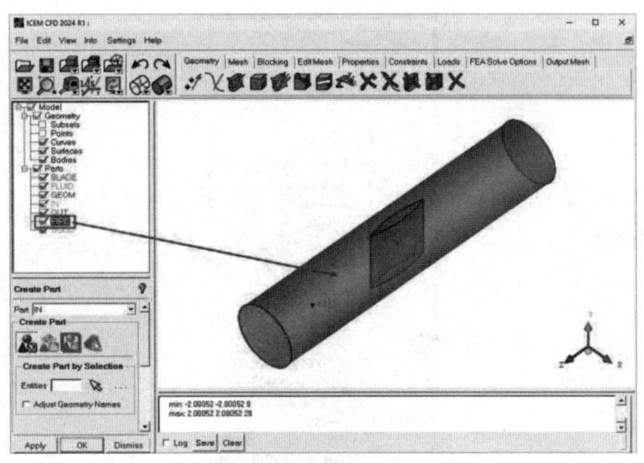

图 5-97　PIPE

步骤06 单击功能区内Geometry（几何）选项卡中的（生成体）按钮，弹出如图 5-98 所示的Create Body（生成体）面板。单击按钮，输入Part名称为FLUID，选择如图 5-99 所示的两个屏幕位置，单击鼠标中键确认，并确保物质点在管的内部，同时在叶片的外部。

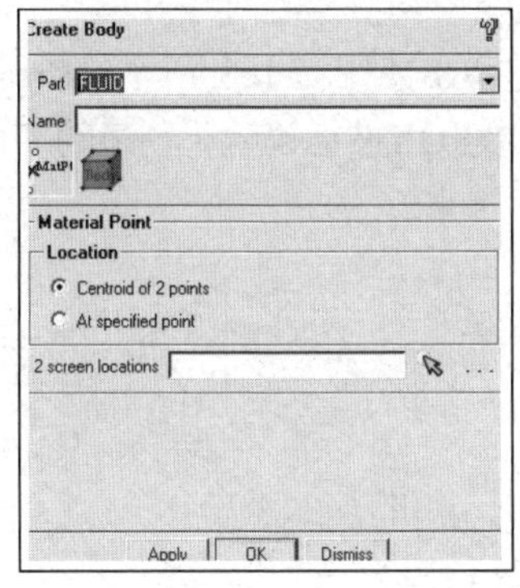

图 5-98　生成体面板

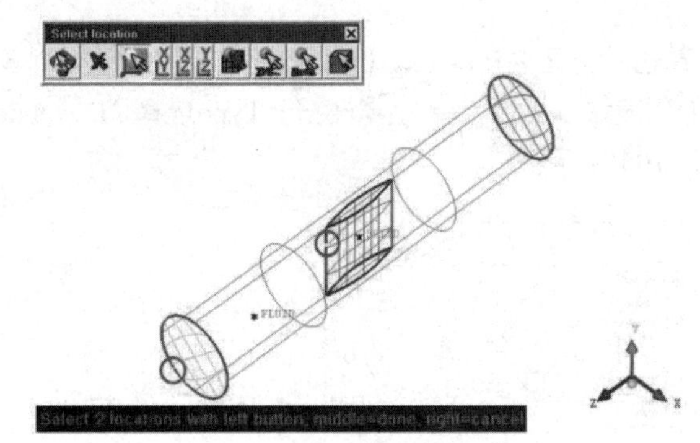

图 5-99　选择点位置

步骤07 单击功能区内Geometry（几何）选项卡中的（生成体）按钮，弹出如图 5-100 所示Create Body（生成体）面板。单击按钮，输入Part名称为SOLID，选择如图 5-101 所示的两个屏幕位置，单击鼠标中键确认，并确保物质点在叶片的内部。

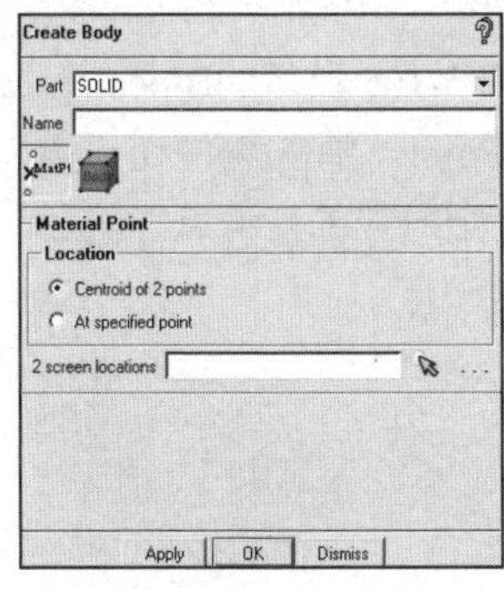

图5-100　生成体面板

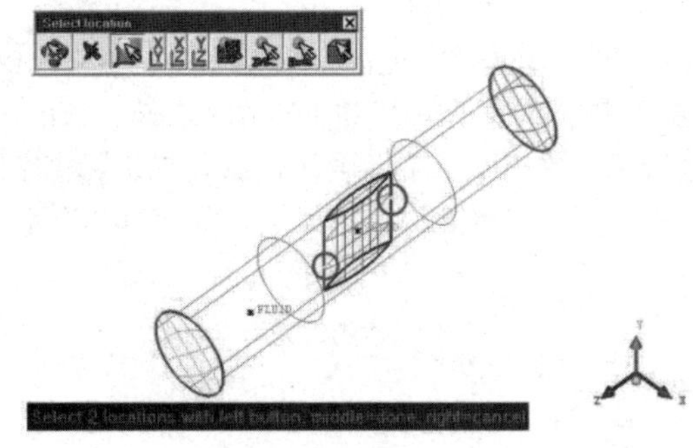

图5-101　选择点位置

步骤08 在操作控制树中右击Parts，弹出如图 5-102 所示的目录树，选择"Good"Colors命令。

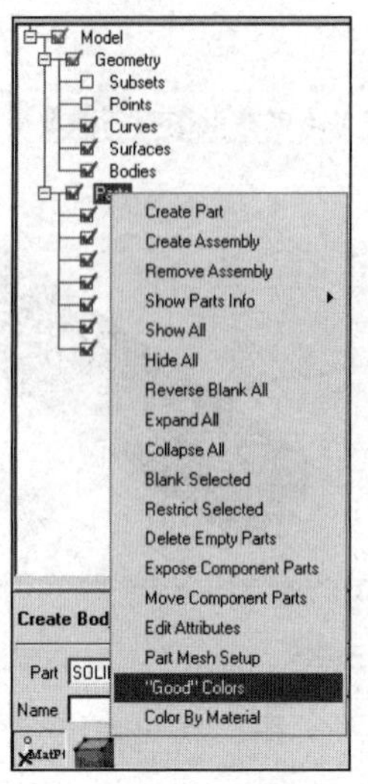

图5-102　选择"Good"Colors命令

5.4.4　生成块

步骤01 单击功能区内Blocking（块）选项卡中的（创建块）按钮，弹出如图 5-103 所示的Create Block（创建块）面板，单击按钮，Type选择 3D Bounding Box，单击OK按钮确认，创建的初始块如图 5-104 所示。

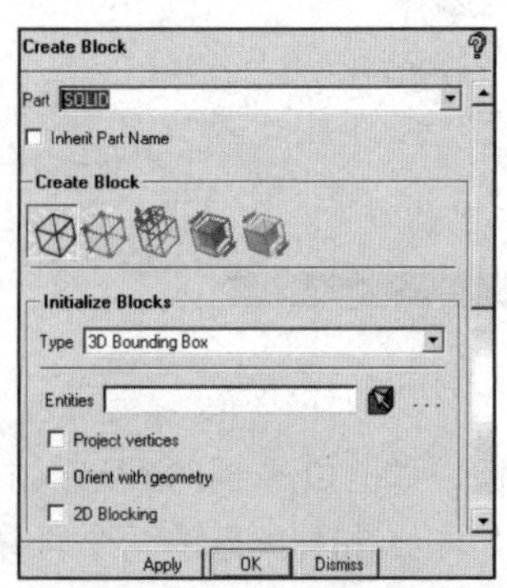

图 5-103　创建块面板

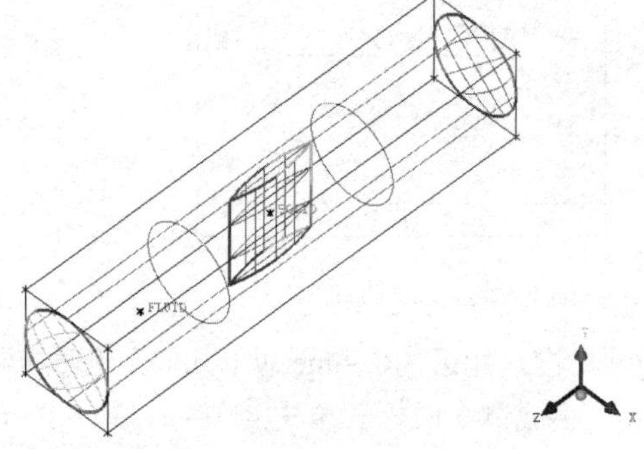

图 5-104　创建的初始块

步骤02 单击功能区内Blocking(块)选项卡中的(关联)按钮，弹出如图 5-105 所示的Blocking Associations（块关联）面板，单击（Vertex关联）按钮，Entity类型选择Point，单击按钮，选择块上的一个顶点并单击鼠标中键确认，然后单击按钮，选择模型上一个对应的几何点，块上的顶点会自动移动到几何点上，关联顶点和几何点的选取如图 5-106 所示。

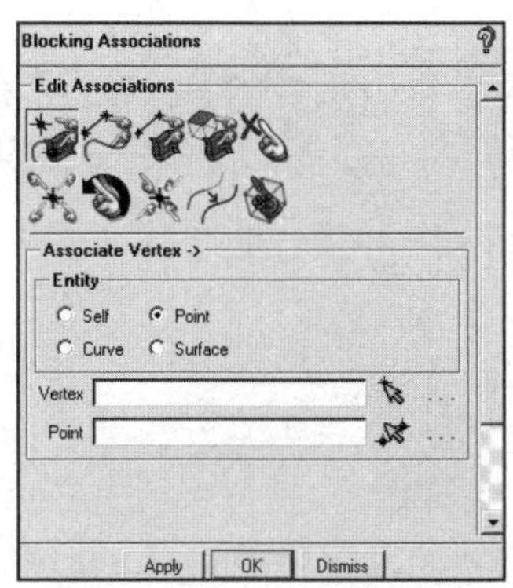

图 5-105　块关联面板

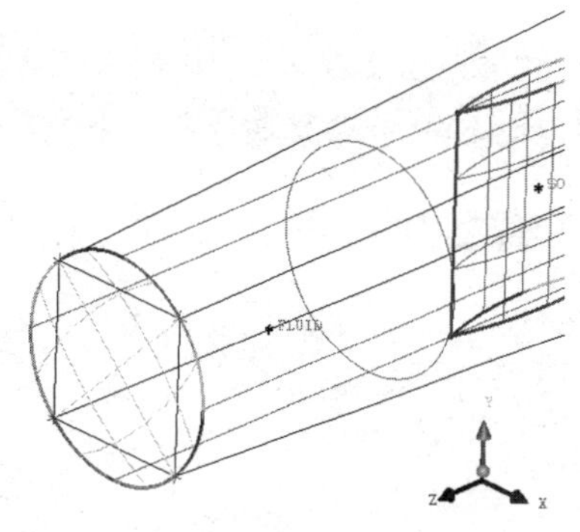

图 5-106　顶点关联

在操作控制树中右击 Geometry 中的 Point，弹出如图 5-107 所示的目录树，选择 Show Dormant，显示圆弧上的点。顶点将变为红色，说明已经建立了关联。

步骤 03　用步骤 02 的方法将另外 4 个顶点（管的另一侧）和最近的几何点建立关联，如图 5-108 所示。

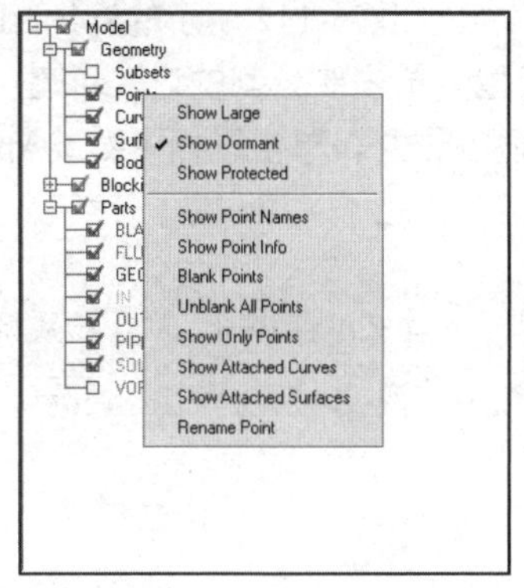

图 5-107　目录树

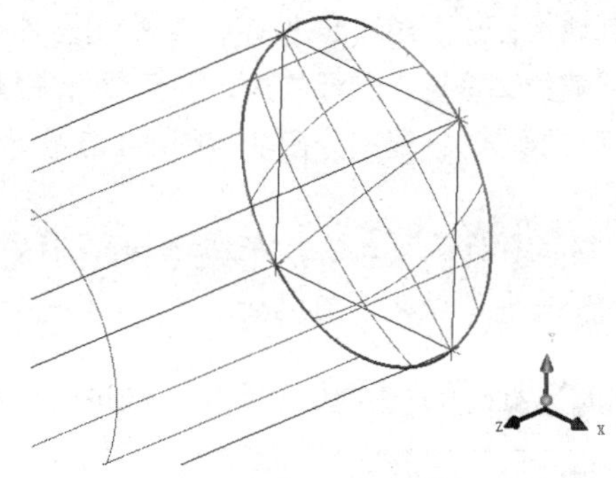

图 5-108　顶点关联

步骤 04　在Blocking Associations（块关联）面板中单击（Edge关联）按钮（见图 5-109），单击按钮，选择块上的 4 个边并单击鼠标中键确认，然后单击按钮，选择模型上对应的 4 条曲线并单击鼠标中键确认，选择的曲线会自动组成一组，关联边和曲线的选取如图 5-110 所示。

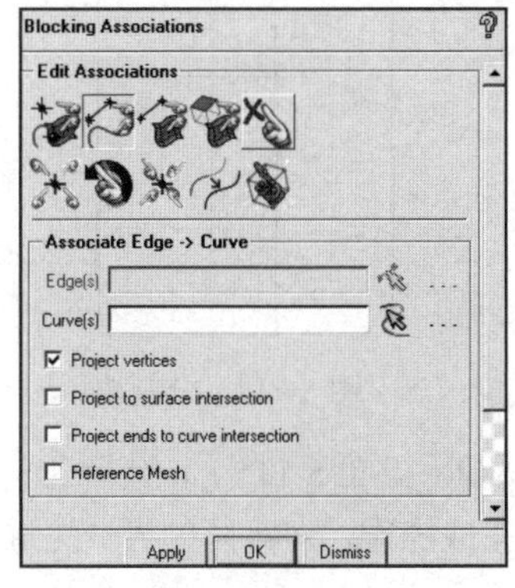

图 5-109　Edge 关联面板

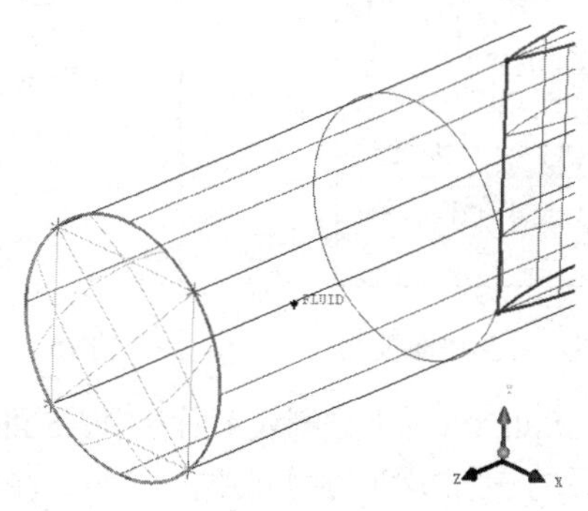

图 5-110　边关联

技巧提示

边的颜色变为绿色，说明已经建立了连接。在同一侧的曲线变成了同一种颜色，颜色变成第一个被选择曲线的颜色，表示合成为一条曲线。

步骤05　用步骤04的方法将管的另一侧边和曲线建立关联，如图 5-111 所示。

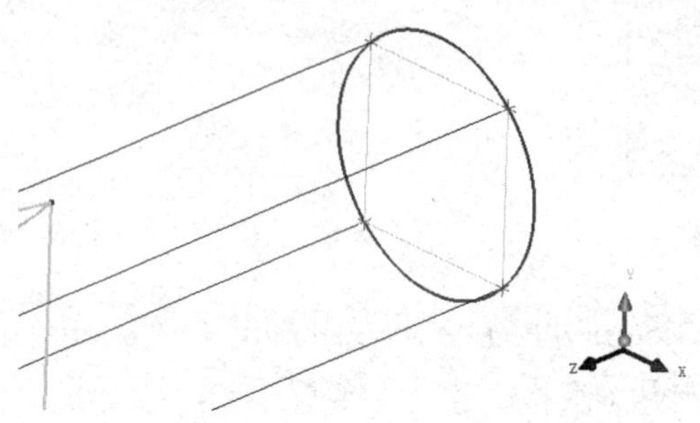

图5-111　边关联

步骤06　单击功能区内Blocking（块）选项卡中的（分割块）按钮，弹出如图 5-112 所示的Split Block（分割块）面板。单击按钮，单击Edge旁的按钮，在几何模型上单击要分割的边，新建一条边，新建的边垂直于选择的边，利用鼠标左键拖动新建的边到合适的位置，单击鼠标中键或Apply按钮完成操作，创建的分割块如图 5-113 所示。

技巧提示

将鼠标移动到三维坐标上，并将鼠标靠近 Y-axis 直到“+Y”方向出现高亮后，单击鼠标左键即可显示 Y 轴正方向视图。

步骤07　用步骤06的方法在中心和另一端进行分割，如图 5-114 所示。

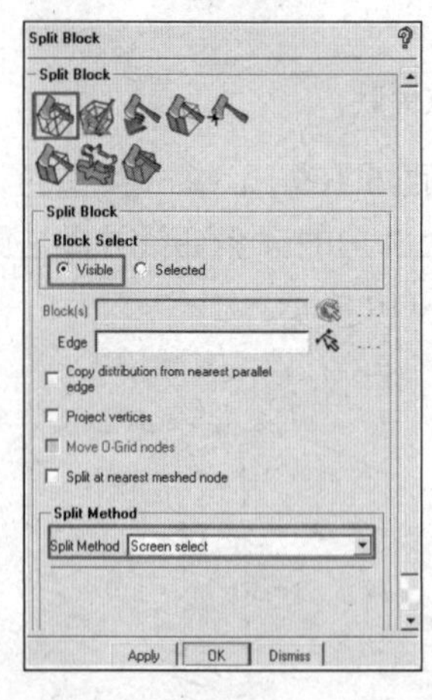

图 5-112　分割块面板

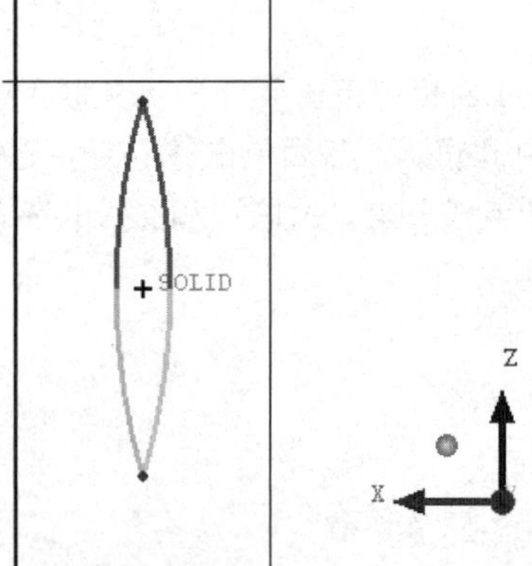

图 5-113　分割块

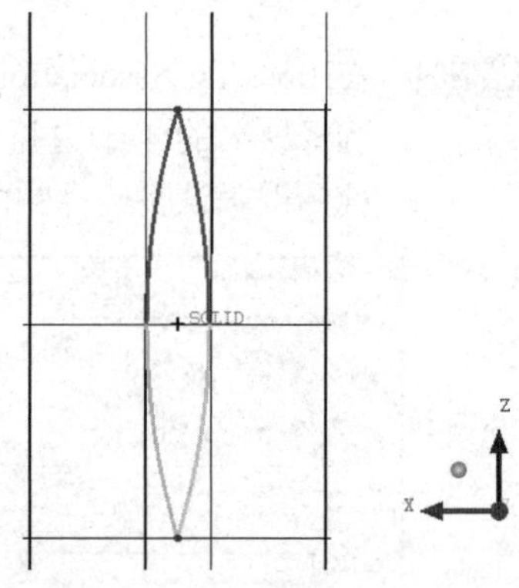

图 5-114　分割块

步骤08　在Split Block（分割块）面板中，Split Method选择Prescribed point（见图 5-115），选择上一步分割后的一条边和叶片侧边的一个点，单击鼠标中键或Apply按钮完成操作，对叶片的另一边进行重复操作，创建的分割块如图 5-116 所示。

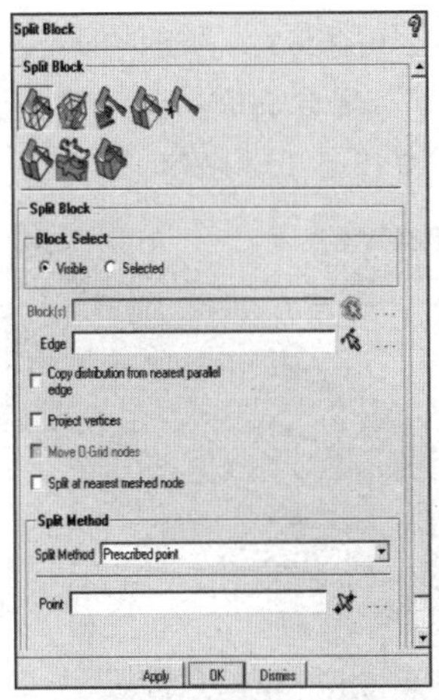

图 5-115　分割块面板

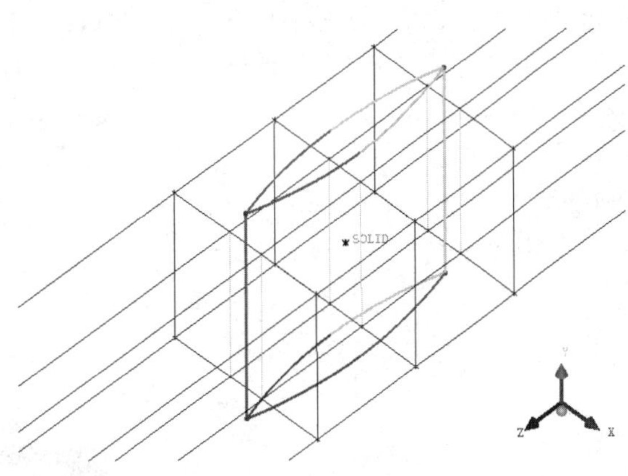

图 5-116　分割块

将鼠标移动到三维坐标处，并且靠近 ball 直到 ISO 高亮，单击鼠标右键即可显示三维视图。

步骤 09　在操作控制树中右击Parts中的SOLID，弹出如图 5-117 所示的目录树，选择Add to Part，弹出如图 5-118 所示的Add to Part面板，单击按钮设置Blocking Material,Add Blocks to Part，选择叶片中心的两个块，单击鼠标中键确认，如图 5-119 所示。

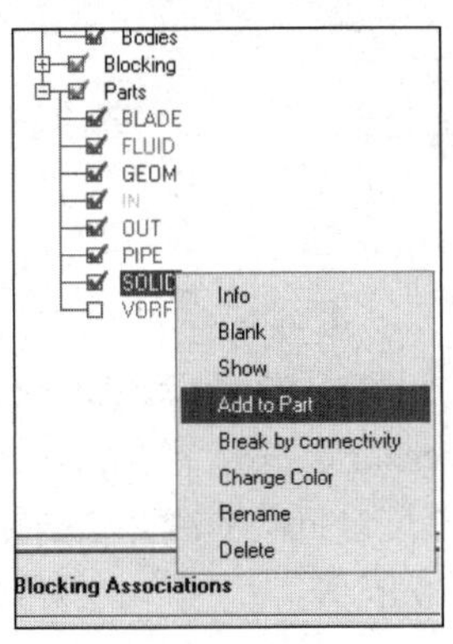

图 5-117　目录树

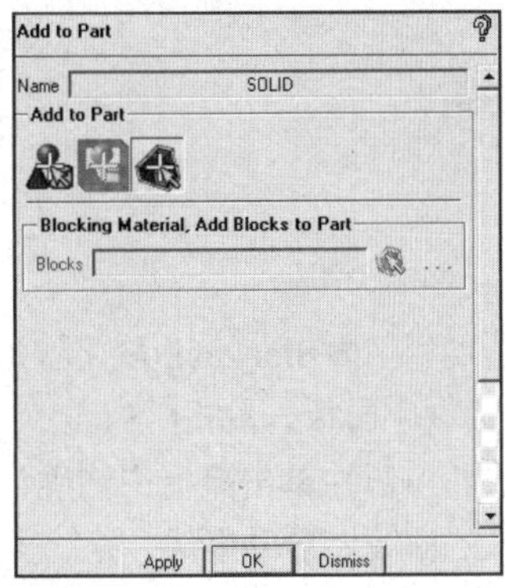

图 5-118　Add to Part 面板

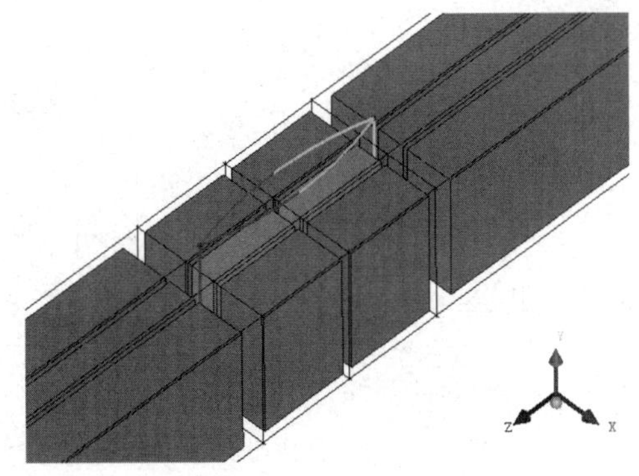

图 5-119　选择块

步骤 10　单击功能区内Blocking（块）选项卡中的（合并顶点）按钮，弹出如图 5-120 所示的Merge Vertices（合并顶点）面板，单击按钮，单击Collapse edge旁的按钮，选择要坍塌的边，并且选择在管两端的块（见图 5-121），单击鼠标中键或Apply按钮完成操作，如图 5-122 所示。

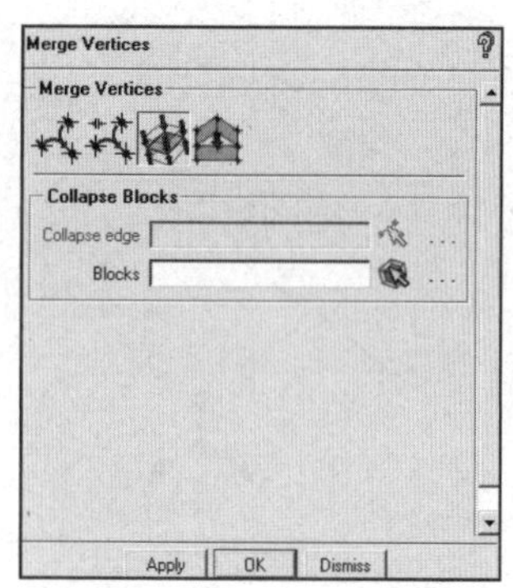

图 5-120　合并顶点

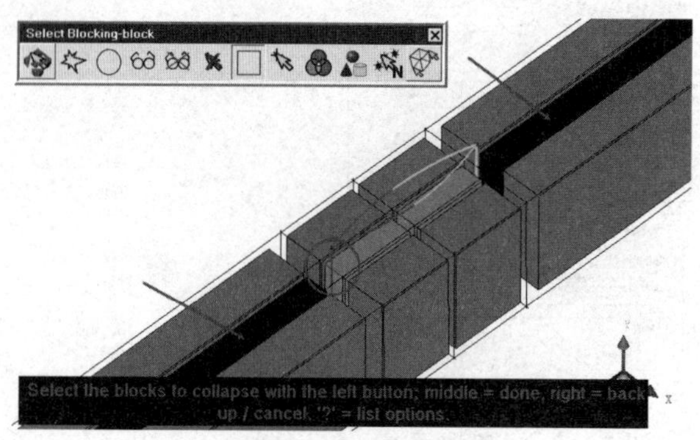

图 5-121　选择边和块

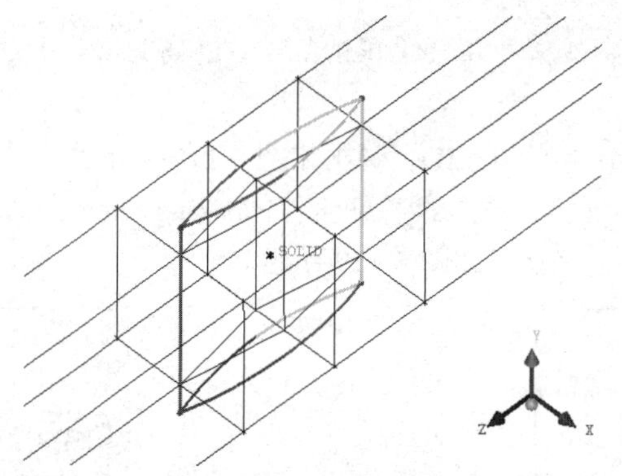

图 5-122　块的坍塌变形

步骤 10　单击功能区内Blocking（块）选项卡中的（关联）按钮，弹出如图 5-123 所示的Blocking Associations（块关联）面板，单击（边关联）按钮，勾选Project vertices复选框。单击按钮，选择绑定叶片的两条边并单击鼠标中键确认，然后单击按钮，选择模型最近的曲线并单击鼠标中键确认，选择的曲线会自动组成一组，关联边和曲线的选取如图 5-124 所示。

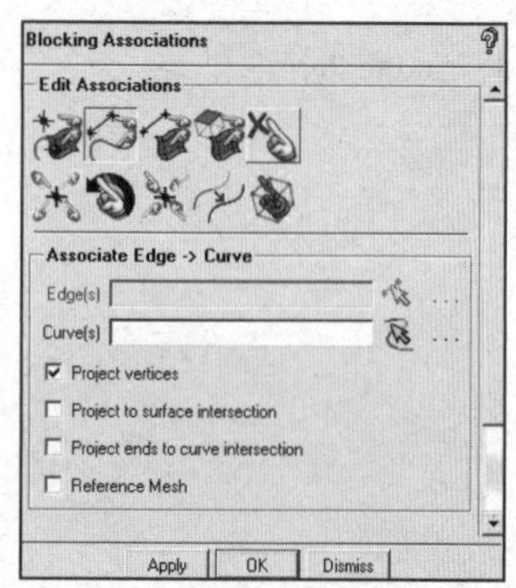

图 5-123　边关联面板

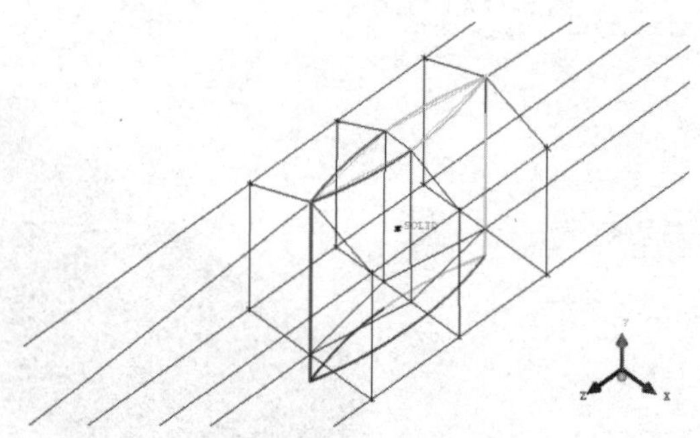

图 5-124　边关联

步骤 12　用步骤 11的方法对叶片其他部分进行重复操作，如图 5-125 所示。

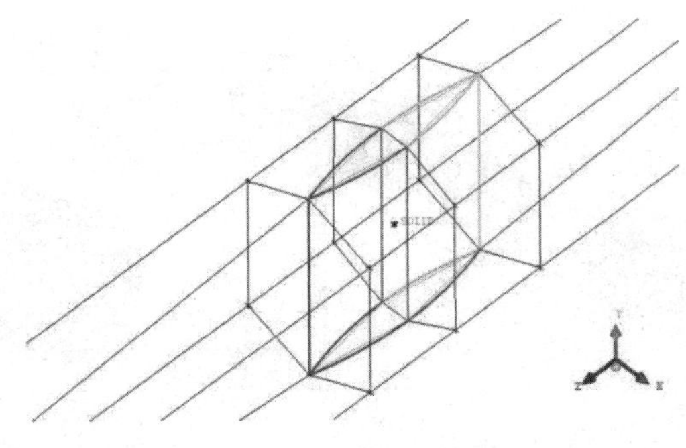

图5-125　边关联

5.4.5　网格生成

步骤 01 单击功能区内Mesh（网格）选项卡中的（部件网格设定）按钮，弹出如图 5-126 所示的Part Mesh Setup（部件网格设定）对话框，设定所有参数，单击Apply按钮确认并单击Dismiss按钮退出。

Part Mesh Setup

Part	Prism	Hexa-core	Maximum size	Height	Height ratio	Num layers	Tetra size ratio	Tetra width	Min size limit	Max deviation	Prism height limit fact	Prism growth la	Internal wall	Split wall
BLADE			0.3	0.03	1.2	0	1.2	0	0	0	0	undefined		
FLUID														
GEOM			1	0.0				0	0	0	0	undefined		
IN			0.3	0	0	0	0	0	0	0	0	undefined		
OUT			0.3	0	0	0	0	0	0	0	0	undefined		
PIPE			0.3	0.03	1.2	0	1.2	0	0	0	0	undefined		
SOLID														

☑ Show size params using scale factor

☐ Apply inflation parameters to curves

☐ Remove inflation parameters from curves

Highlighted parts have at least one blank field because not all entities in that part have identical parameters

Apply　Dismiss

图5-126　部件网格设定对话框

步骤 02 单击功能区内Blocking（块）选项卡中的（预览网格）按钮，弹出如图 5-127 所示的Pre-Mesh Params（预网格参数）面板，单击按钮，选中Update All单选按钮，单击Apply按钮确认，显示预览网格，如图 5-128 所示。

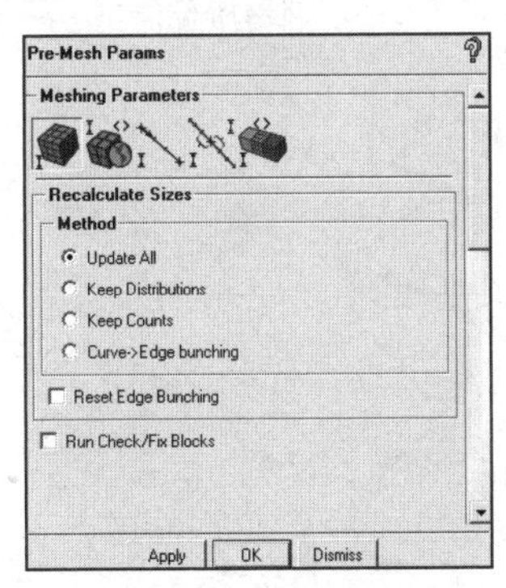

图 5-127　预网格参数面板

图 5-128　预览网格显示

步骤 03 单击功能区内Blocking（块）选项卡中的（O-Grid）按钮，弹出如图 5-129 所示的Split Block面板，单击Select Block(s)旁的按钮，选择所有的块，单击Select Face(s)旁的按钮，选择管两端的面，单击Apply按钮完成操作，选择的面如图 5-130 所示。

步骤 04 用步骤 02方法重新生成网格，如图 5-131 所示。

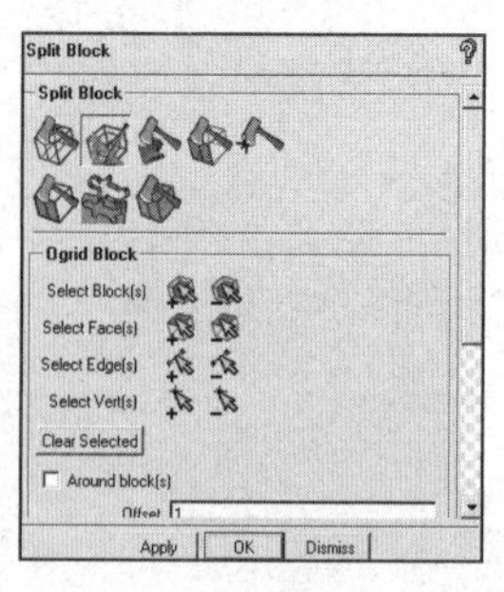

图 5-129　分割块面板

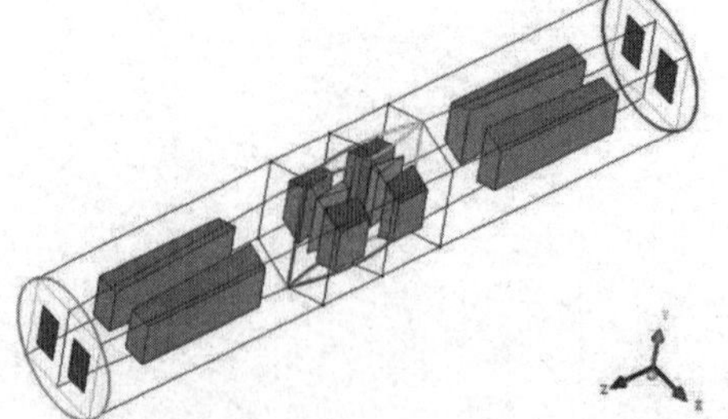

图 5-130　选择的面

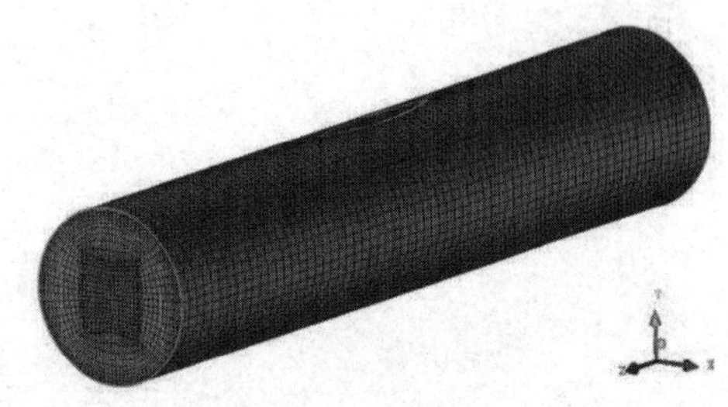

图 5-131　重新生成的网格

5.4.6　网格质量检查

单击功能区内Edit Mesh（网格编辑）选项卡中的（检查网格）按钮，弹出如图5-132所示的Pre-Mesh Quality（预网格质量）面板，设置Min-X value为0、Max-X value为1、Max-Y height为0，单击Apply按钮确认，在信息栏中显示网格质量信息，如图5-133所示。单击网格质量信息图中的长度条，在这个范围内的网格单元会显示出来，如图5-134所示。

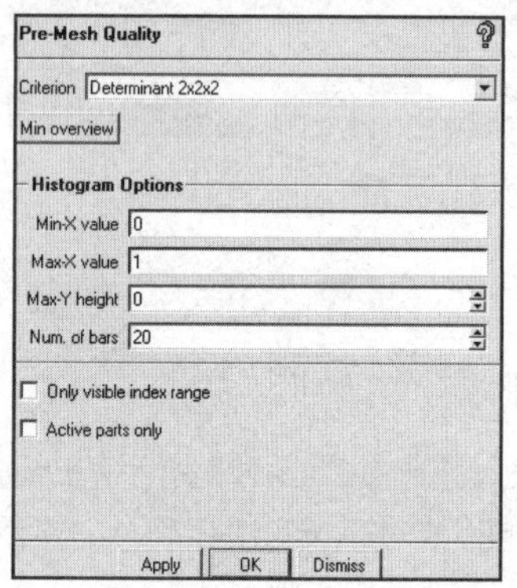

图 5-132　预网格质量面板

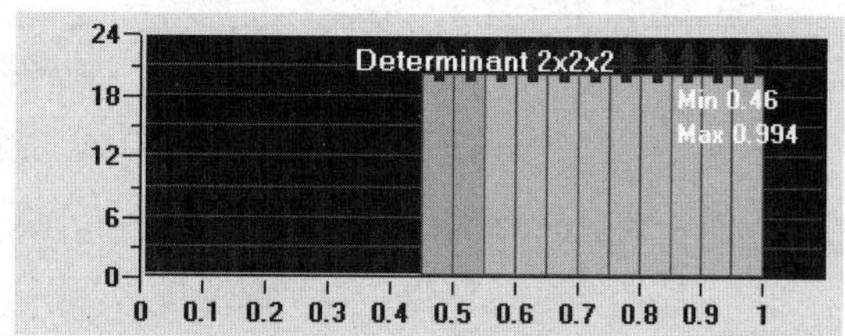

图 5-133　网格质量信息

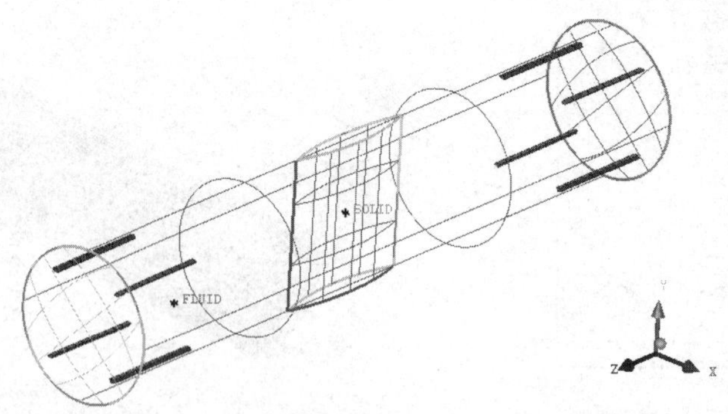

图 5-134　网格显示

5.4.7　网格输出

步骤 01　在操作控制树中右击Blocking中的Pre-Mesh，弹出如图 5-135 所示的目录树，选择Convert to Unstruct

Mesh，生成的网格如图 5-136 所示。

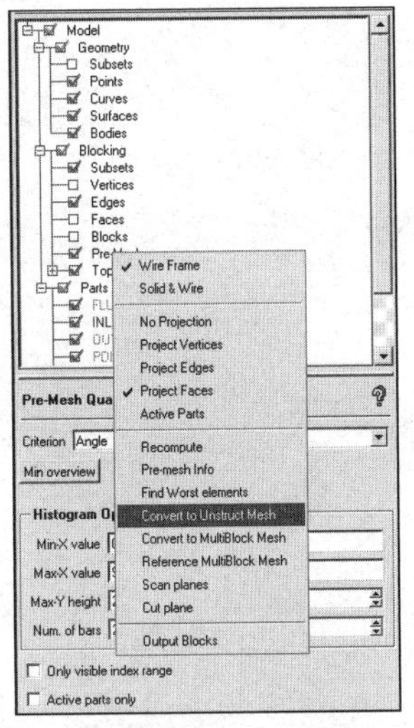

图 5-135　目录树

图 5-136　生成的网格

步骤02 单击功能区内Output（输出）选项卡中的（求解器设定）按钮，弹出如图 5-137 所示的Solver Setup（求解器设定）面板，Output Solver选择ANSYS Fluent，单击Apply按钮确认。

步骤03 单击功能区内Output（输出）选项卡中的（输出）按钮，弹出“打开网格文件”对话框，选择文件，单击“打开”按钮，弹出如图 5-138 所示的Ansys Fluent对话框，Grid dimension选择 3D，单击Done按钮确认完成。

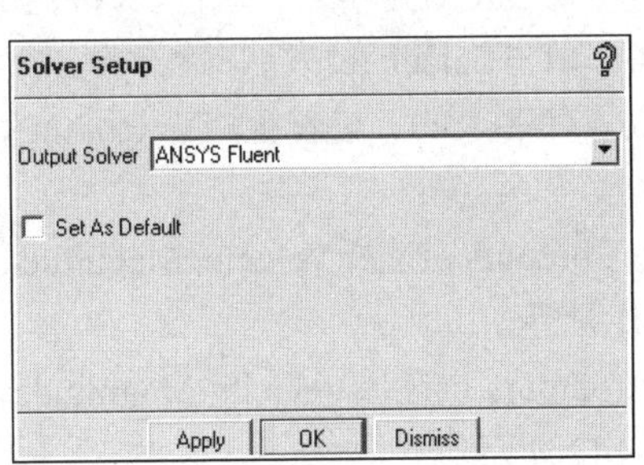

图 5-137　求解器设定面板

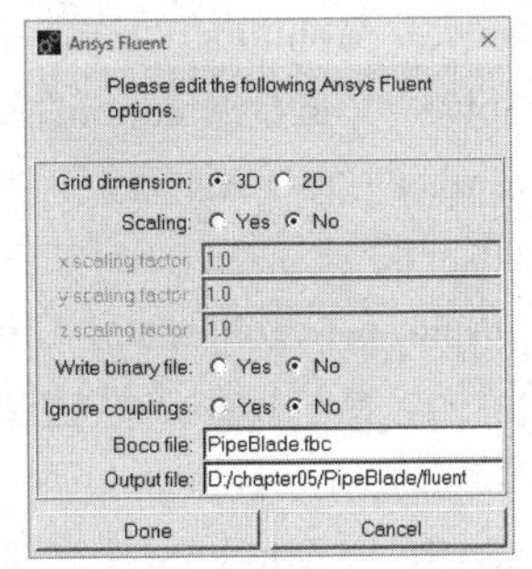

图 5-138　Ansys Fluent 对话框

5.4.8　计算与后处理

步骤01 在Windows系统下启动Fluent，进入Fluent Launcher界面。

步骤02 Dimension选择 3D，单击OK按钮进入Fluent界面。

步骤03 执行File→Read→Mesh命令，读入ICEM CFD生成的网格文件，如图 5-139 所示。

步骤04 在任务栏单击（保存）按钮进入Write Case对话框，在File name（文件名）中输入fluent.cas，单击OK按钮保存项目文件。

步骤05 执行Mesh→Check命令，检查网格质量，应保证Minimum Volume大于 0。

步骤06 执行Define→General命令，在Time中选择Steady。

步骤07 执行Define→Model→Viscous命令，选择k-epsilon（2 eqn）模型。

步骤 08 执行Define→Boundary Conditions命令，定义边界条件，如图 5-140 所示。

- in：Type 选择 velocity-inlet（速度入口）边界条件，在 Velocity Magnitude（速度大小）中输入 1。
- out：Type 选择 pressure-outlet（压力出口）边界条件，将 Gauge Pressure 设置为 0。

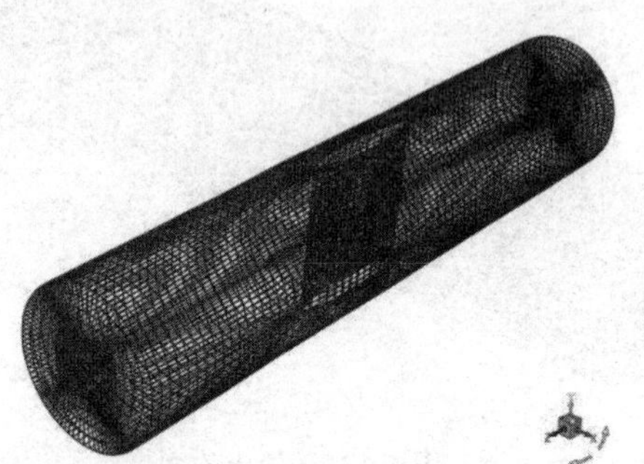

图 5-139　显示几何模型

图 5-140　定义边界条件

步骤 09 执行Solve→Controls命令，弹出Solution Controls（设置松弛因子）面板，保持默认设置，单击OK按钮退出。

步骤 10 执行Solve→Initialize命令，弹出Solution Initialization（设置初始值）面板，Compute From选择in，单击Initialize按钮进行计算初始化。

步骤 11 执行Solve→Monitors→Residual命令，设置各个参数的收敛残差值为 1e-3，单击OK按钮确认。

步骤 12 执行Solve→Run Calculation命令，迭代步数设置为 300，单击Calculate按钮开始计算。

步骤 13 执行Surface→ISO Surface命令，设置生成X=0m的平面，命名为x0，设置生成Y=0.02m的平面，命名为y0。

步骤 14 执行Display→Graphics and Animations→Contours命令，Contours of选择Velocity Magnitude，surfaces选择x0/y0，单击Display按钮显示速度云图，如图 5-141 所示。

步骤 15 执行Display→Graphics and Animations→Vector命令，Contours of选择Velocity Magnitude，surfaces选择x0/y0，单击Display按钮显示速度矢量图，如图 5-142 所示。

步骤 16 执行Display→Graphics and Animations→Contours命令，Contours of选择Static Pressure，surfaces选择x0/y0，单击Display按钮显示压力云图，如图 5-143 所示。

（a）x0 平面　　（b）y0 平面

图5-141　速度云图

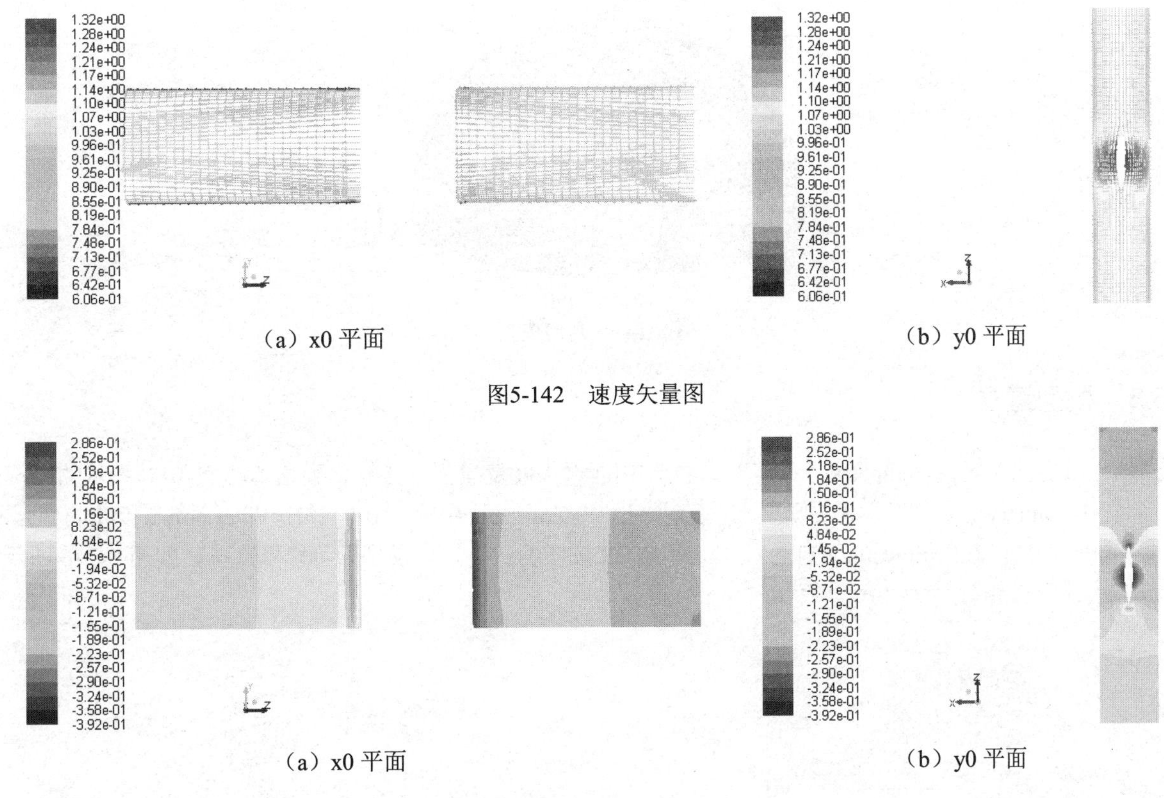

（a）x0 平面　（b）y0 平面

图5-142　速度矢量图

（a）x0 平面　（b）y0 平面

图5-143　压力云图

从上述计算结果可以看出，生成的网格能够满足计算要求，并且能够较好地模拟三维叶片流场问题。

5.5　半球方体模型结构网格划分

本节将通过一个半球方体几何模型网格生成的例子，让读者对在ANSYS ICEM CFD中进行三维模型结构网格划分，特别是对O-Grid的使用方法有一个初步了解。

5.5.1　启动ICEM CFD并建立分析项目

步骤01　在Windows系统下启动ICEM CFD，进入ICEM CFD界面。

步骤02　执行File→Save Project命令，弹出Save Project As对话框，在“文件名”中输入icemcfd.prj，单击OK按钮确认，关闭对话框。

5.5.2　导入几何模型

执行File→Geometry→Open Geometry命令，弹出Open Geometry File（打开几何文件）对话框，在“文件名”中输入geometry.tin，单击“打开”按钮确认。导入几何文件后，将在图形显示区显示几何模型，如图5-144所示。

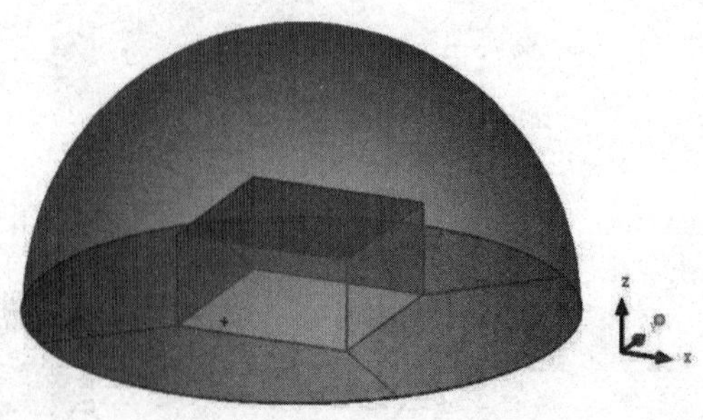

图5-144　几何模型

5.5.3　模型建立

步骤 01　单击功能区内Geometry（几何）选项卡中的（修复模型）按钮，弹出如图 5-145 所示的Repair Geometry（修复模型）面板，单击按钮，在Tolerance中输入 0.1，勾选Filter points和Filter curves复选框，在Feature angle中输入 30，单击OK按钮确认，几何模型即可修复完毕，如图 5-146 所示。

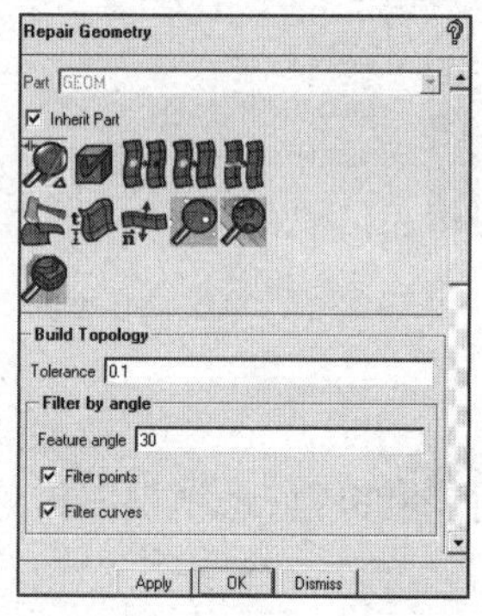

图 5-145　修复模型面板

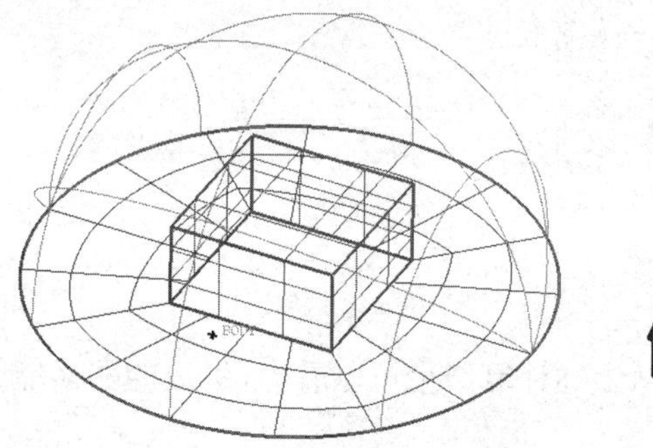

图 5-146　修复后的几何模型

步骤 02　在操作控制树中右击Parts，弹出如图 5-147 所示的目录树，选择Create Part，弹出如图 5-148 所示的Create Part（生成边界）面板，在Part中输入SPHERE，单击按钮，选择边界并单击鼠标中键确认，生成的边界条件如图 5-149 所示。

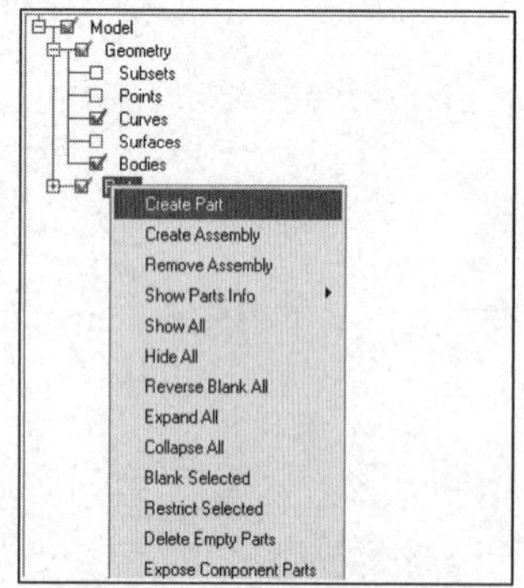

图 5-147　选择生成边界命令

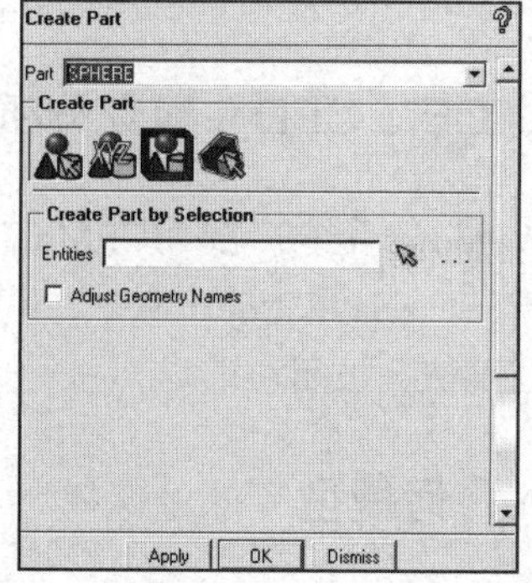

图 5-148　生成边界面板

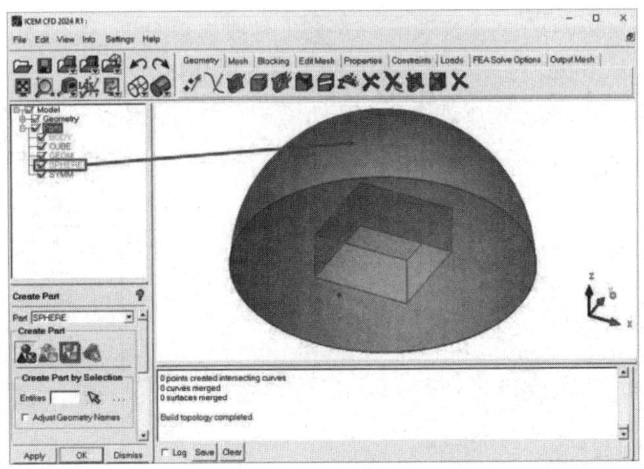

图5-149　生成的边界条件

步骤03　用步骤02的方法生成边界，命名为CUBE，如图 5-150 所示。

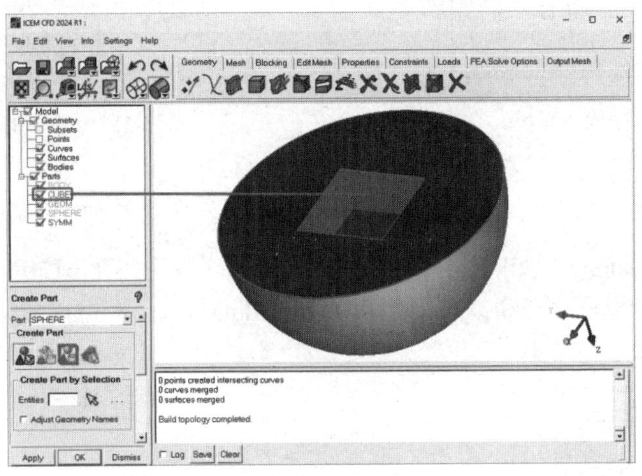

图5-150　CUBE

步骤04　用步骤02的方法生成新的边界，命名为SYMM，如图 5-151 所示。

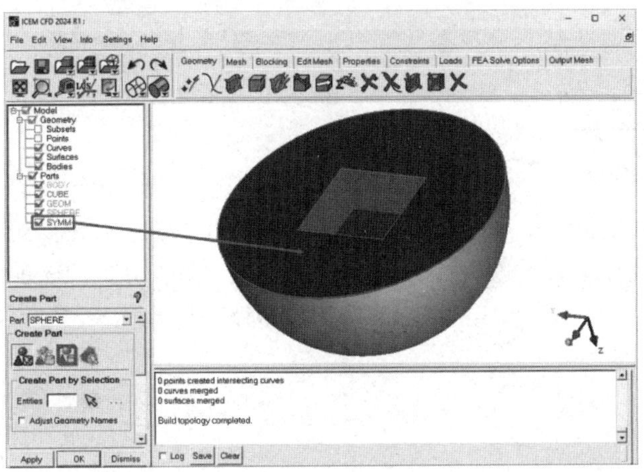

图5-151　SYMM

步骤 05　单击功能区内Geometry（几何）选项卡中的（生成体）按钮，弹出如图 5-152 所示的Create Body（生成体）面板，单击按钮，再单击OK按钮确认生成体。

步骤 06　在操作控制树中右击Parts，弹出如图 5-153 所示的目录树，选择"Good"Colors命令。

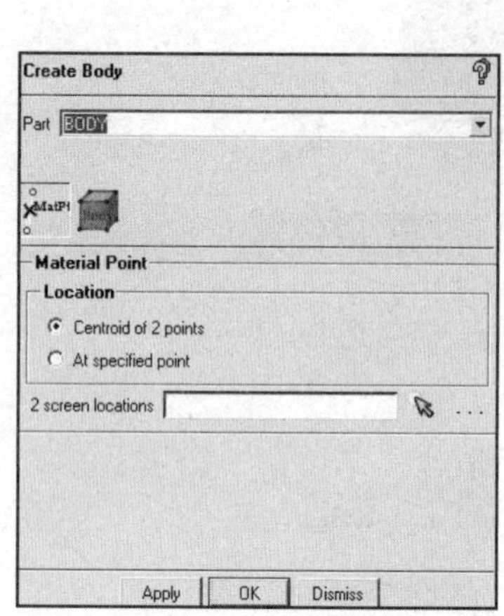

图 5-152　生成体面板

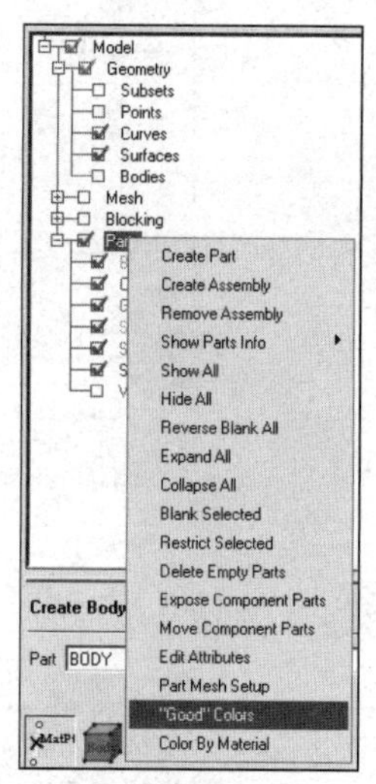

图 5-153　选择"Good"Colors 命令

5.5.4　生成块

步骤 01　单击功能区内Blocking（块）选项卡中的（创建块）按钮，弹出如图 5-154 所示的Create Block（创建块）面板，单击按钮，Type选择 3D Bounding Box，单击OK按钮确认，创建的初始块如图 5-155 所示。

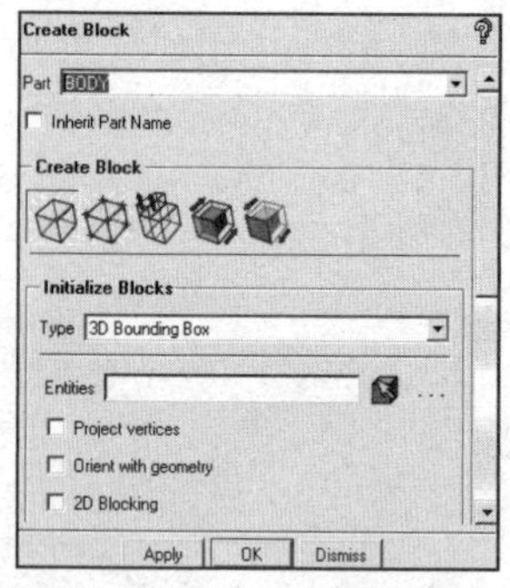

图 5-154　创建块面板

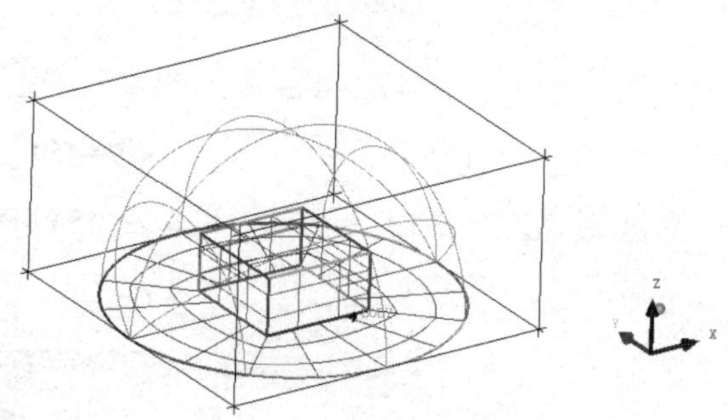

图 5-155　创建的初始块

步骤 02　单击功能区内Blocking（块）选项卡中的（O-Grid）按钮，弹出如图 5-156 所示的Split Block面板，单击Select Block(s)旁的按钮，选择所有的块，单击Select Face(s)旁的按钮，选择管两端的面，单击Apply按钮完成操作，选择的面如图 5-157 所示。

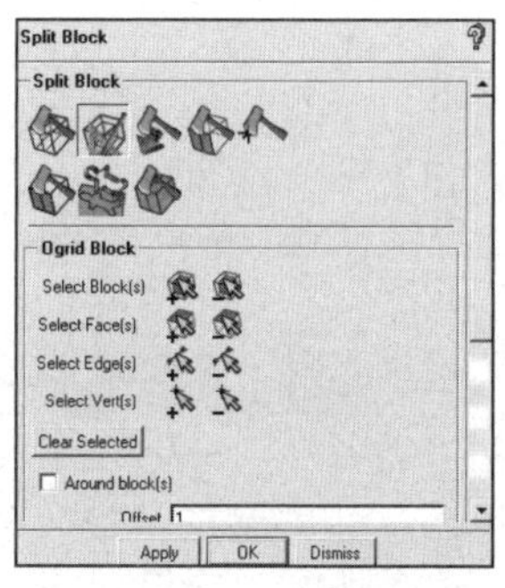

图 5-156　分割块面板

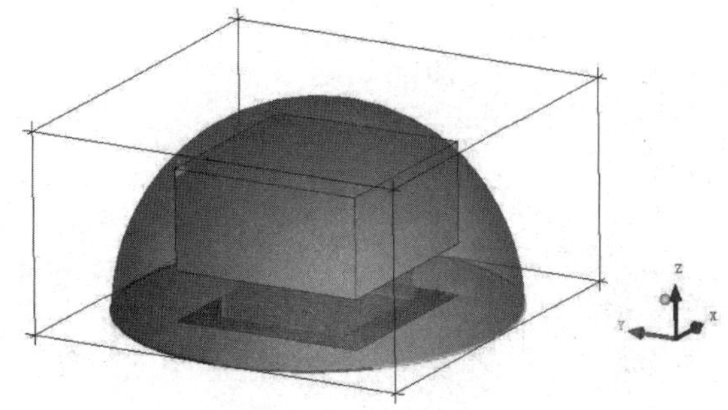

图 5-157　选择的面显示

步骤03　单击功能区内Blocking（块）选项卡中的（删除块）按钮，弹出如图 5-158 所示的Delete Block（删除块）面板，使用 2 角点方法选择如图 5-159 所示对角的两个顶点，单击鼠标中键确认，删除块，如图 5-160 所示。

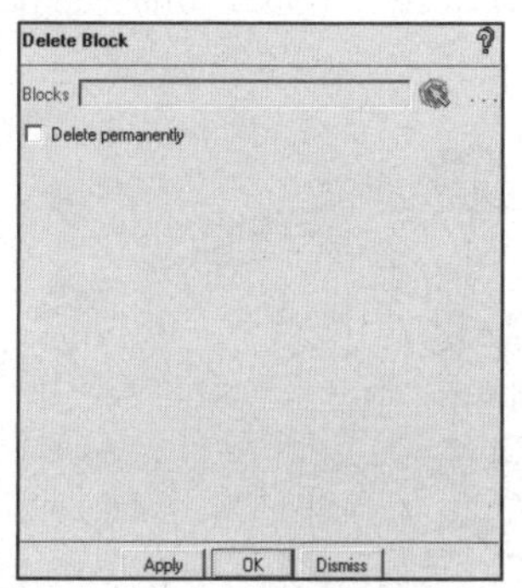

图 5-158　删除块面板

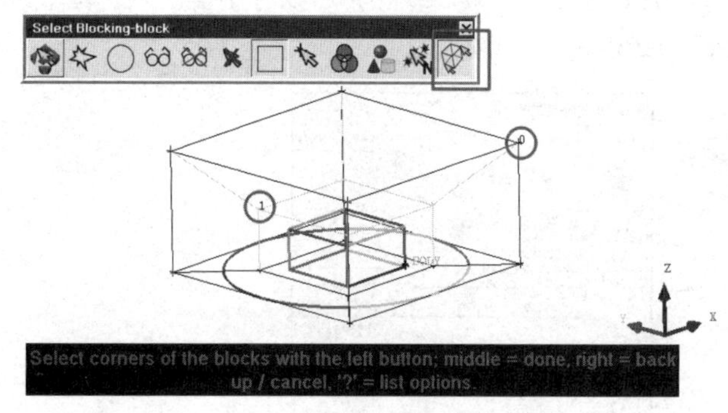

图 5-159　选择顶点显示

步骤04　单击功能区内Blocking（块）选项卡中的（关联）按钮，弹出如图 5-161 所示的Blocking Associations（块关联）面板。单击（Vertex关联）按钮，Entity类型选择Point，单击按钮，选择块上的一个顶点并单击鼠标中键确认，然后单击按钮，选择模型上一个对应的几何点，块上的顶点会自动移动到几何点上，关联顶点和几何点的选取如图 5-162 所示。

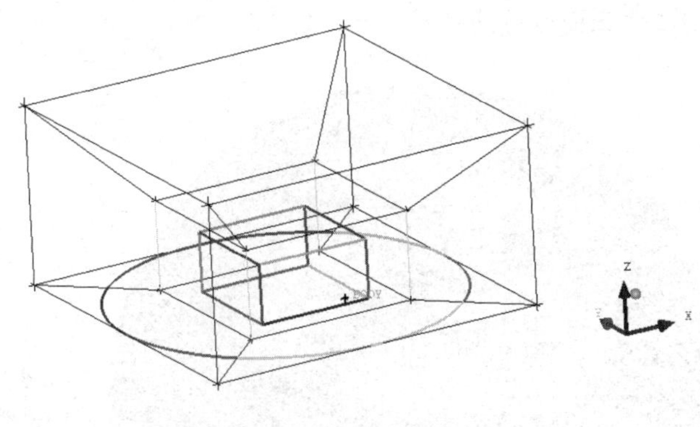

图 5-160　删除块显示

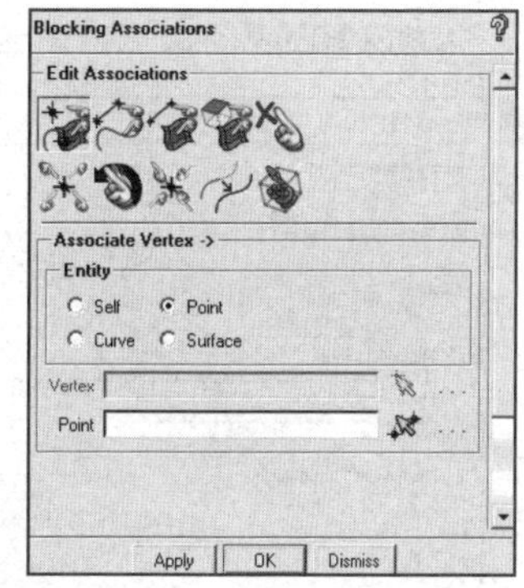

图 5-161　块关联面板

步骤05　用步骤04的方法将另外 7 个顶点和最近的几何点建立关联，如图 5-163 所示。

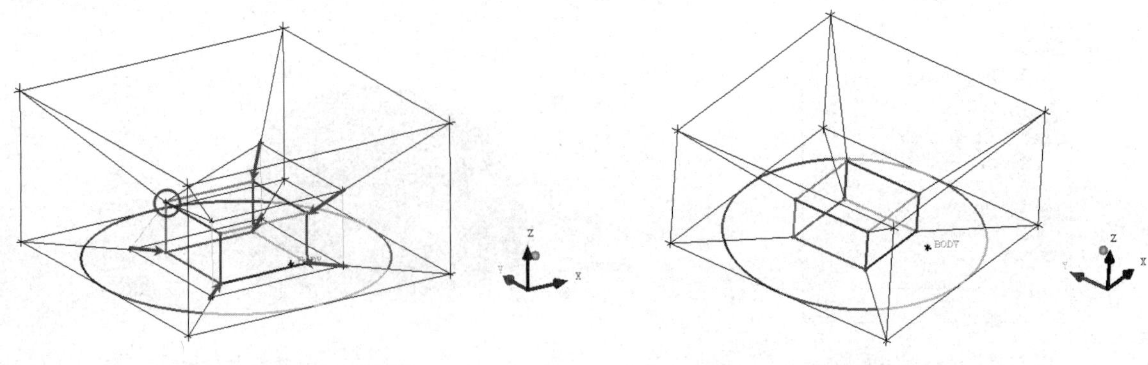

图5-162 顶点关联　　图5-163 顶点关联

步骤06 在Blocking Associations（块关联）面板中单击（Edge关联）按钮（见图 5-164），勾选Project vertices复选框，单击按钮，选择初始块上的 4 个底边并单击鼠标中键确认，然后单击按钮，选择模型上对应的 4 条曲线并单击鼠标中键确认，选择的曲线会自动组成一组，关联边和曲线的选取如图 5-165 所示。

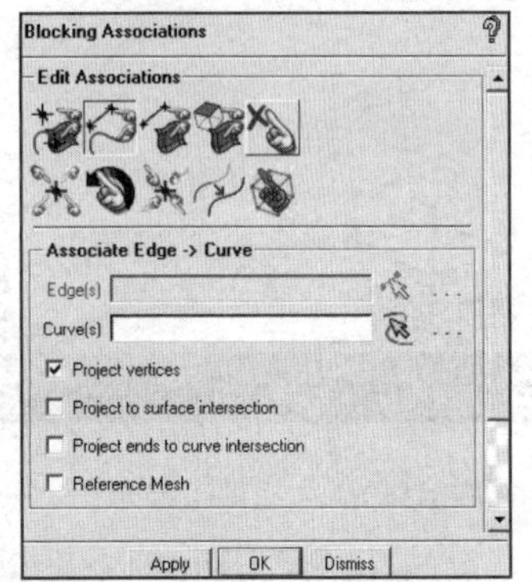

图 5-164 Edge 关联面板

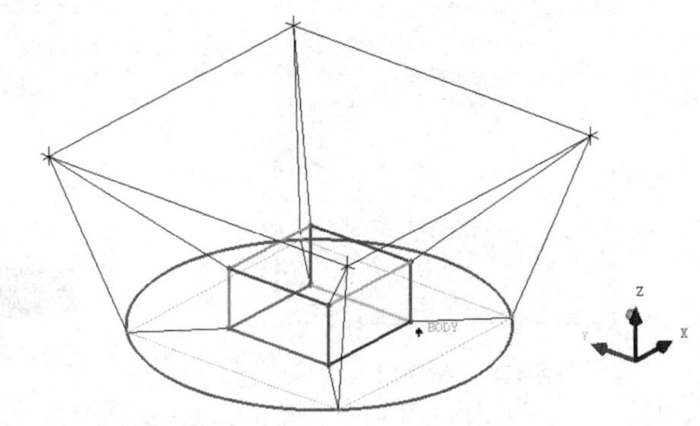

图 5-165 边关联

步骤07 单击功能区内Blocking（块）选项卡中的（移动顶点）按钮，弹出如图 5-166 所示的Move Vertices（移动顶点）面板，单击按钮，再单击按钮，选择块上的一个顶点，然后按住鼠标左键拖动顶点到SPHERE曲面上，单击鼠标中键完成操作，顶点移动后的位置如图 5-167 所示。

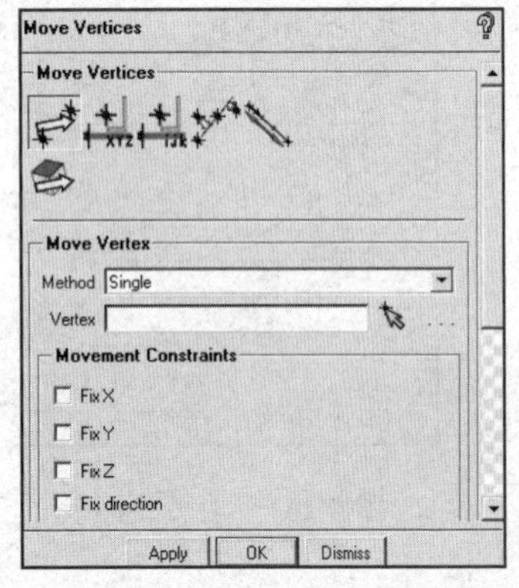

图 5-166 移动顶点面板

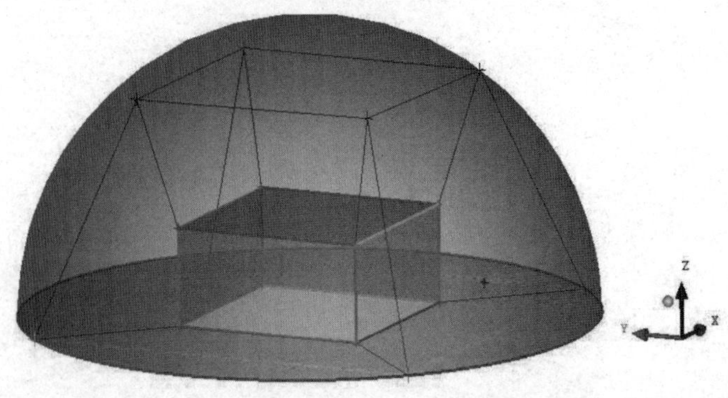

图 5-167 顶点移动后的位置

5.5.5 网格生成

步骤 01 单击功能区内Mesh(网格)选项卡中的(表面网格设定)按钮，弹出如图 5-168 所示的Surface Mesh Setup（表面网格设定）面板，单击按钮，弹出Select geometry（选择几何）工具栏，单击按钮，选择CUBE和SPHERE，在Maximum size中输入 1，在Height中输入 0.1，在Height ratio中输入 1.2，单击Apply按钮确认。

在操作控制树中右击Surfaces，弹出如图 5-169 所示的目录树，选择Hexa Sizes，显示面网格大小的形式，如图 5-170 所示。

步骤 02 单击功能区内Blocking(块)选项卡中的(预览网格)按钮，弹出如图 5-171 所示的Pre-Mesh Params（预网格参数）面板，单击按钮，选中Update All单选按钮，单击Apply按钮确认，显示预览网格，如图 5-172 所示。

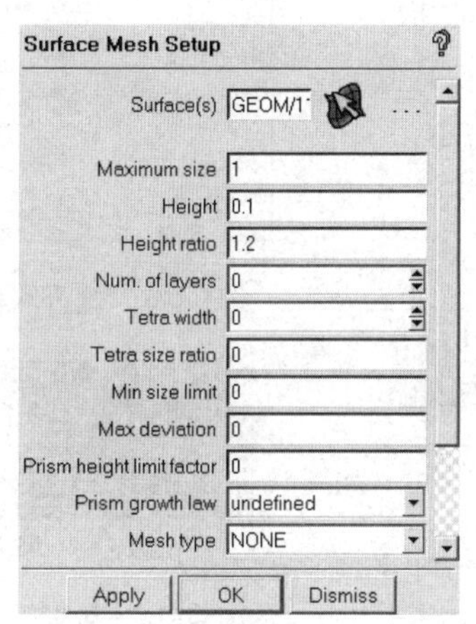

图 5-168　表面网格设定面板

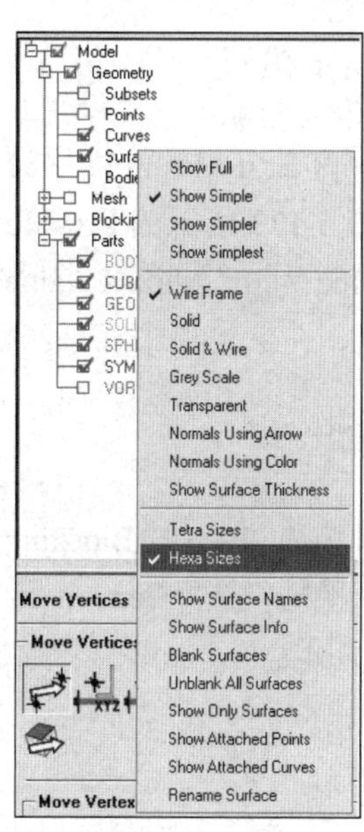

图 5-169　目录树

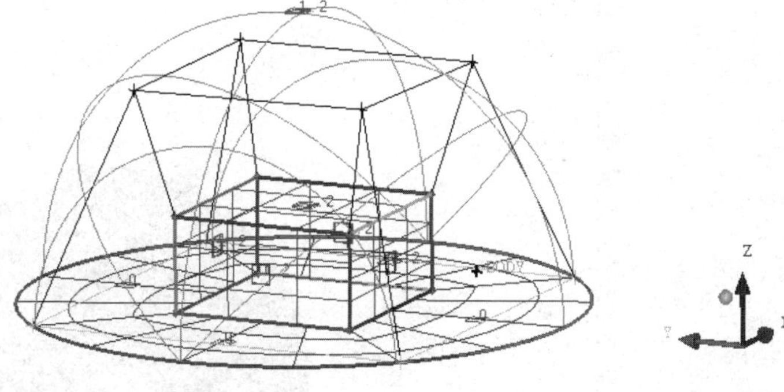

图 5-170　面网格大小的形式

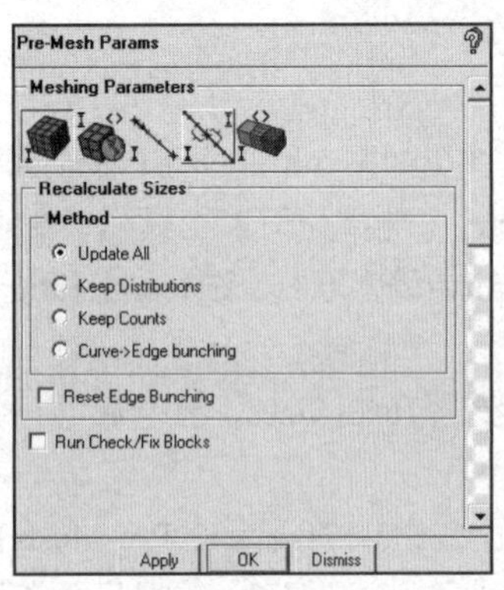

图 5-171 预网格参数面板

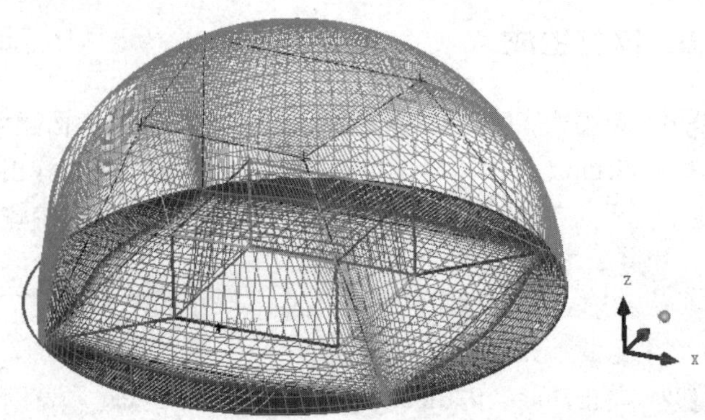

图 5-172 预览网格显示

5.5.6 网格质量检查

单击功能区内 Edit Mesh（网格编辑）选项卡中的（检查网格）按钮，弹出如图 5-173 所示的 Pre-Mesh Quality（预网格质量）面板，设置 Min-X value 为 0、Max-X value 为 1、Max-Y height 为 0，单击 Apply 按钮确认，在信息栏中显示网格质量信息，如图 5-174 所示。

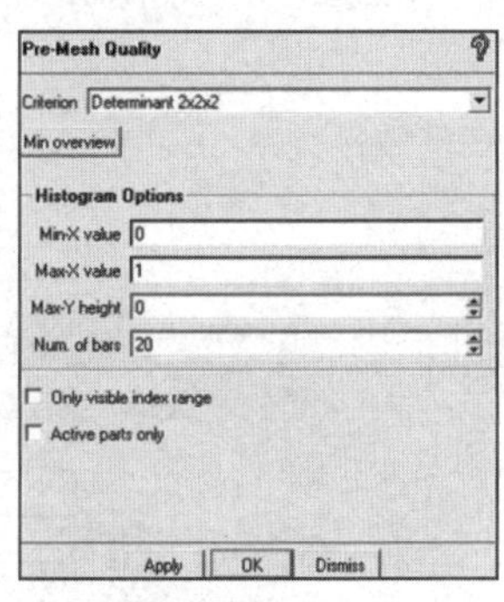

图5-173 检查网格面板

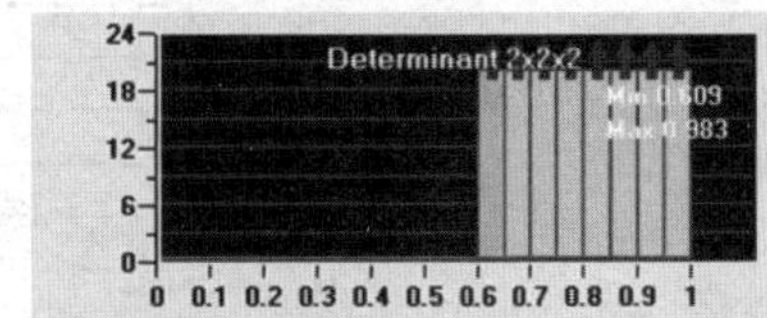

图5-174 网格质量信息

5.5.7 网格输出

步骤 01 在操作控制树中右击Blocking中的Pre-Mesh，弹出如图 5-175 所示的目录树，选择Convert to Unstruct Mesh，生成的网格如图 5-176 所示。

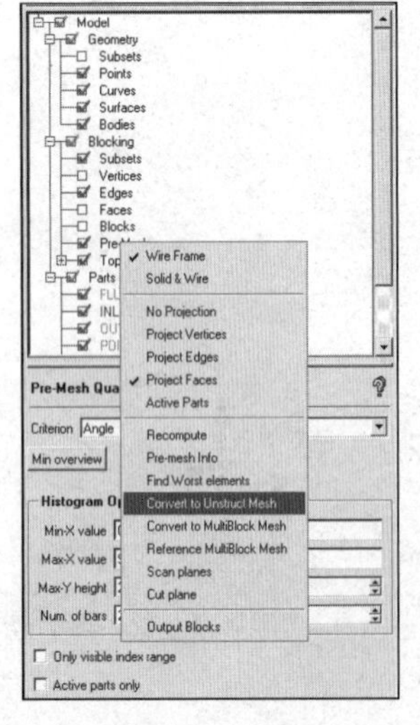

图 5-175 目录树

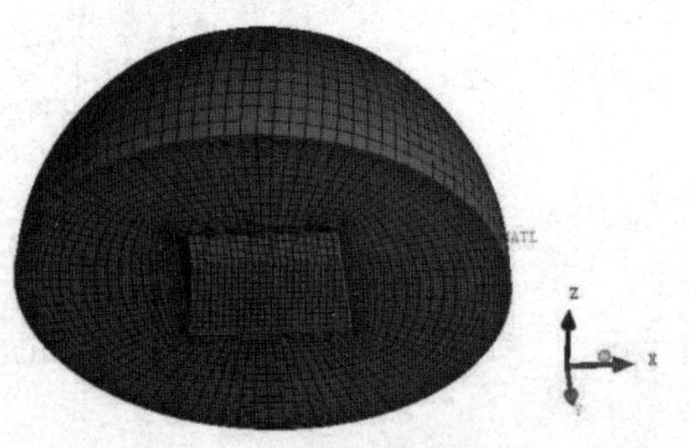

图 5-176 生成的网格

步骤02 单击功能区内Output（输出）选项卡中的（求解器设定）按钮，弹出如图 5-177 所示的Solver Setup（求解器设定）面板，Output Solver选择ANSYS Fluent，单击Apply按钮确认。

步骤03 单击功能区内Output（输出）选项卡中的（输出）按钮，弹出如图 5-178 所示的“打开网格文件”对话框，选择文件，单击“打开”按钮，弹出Ansys Fluent对话框，Grid dimension选择 3D，单击Done按钮确认完成。

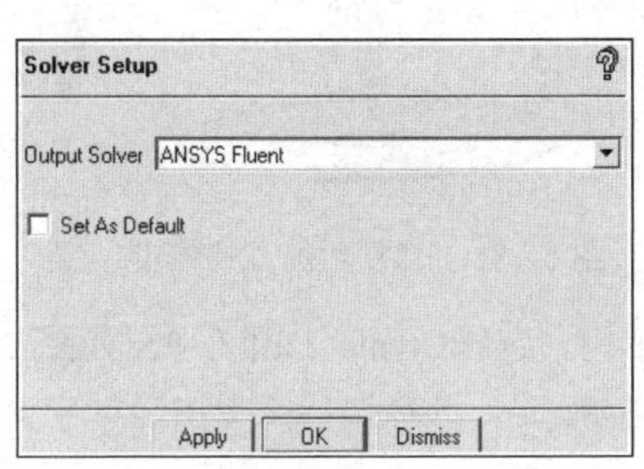

图 5-177　求解器设定面板

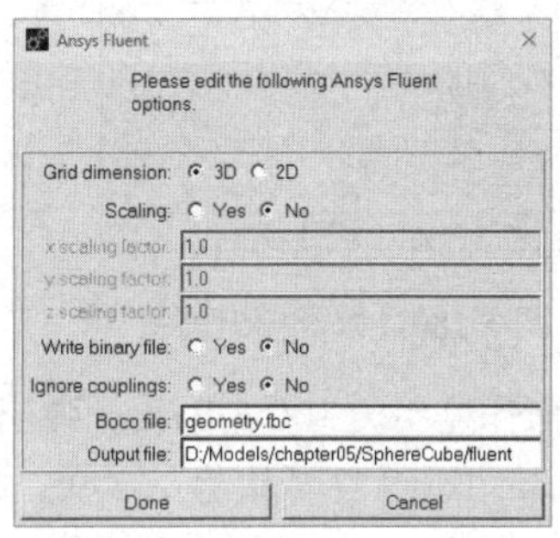

图 5-178　Ansys Fluent 对话框

5.6　弯管部件模型结构网格划分

本节将介绍一个弯管部件几何模型结构化网格生成的例子。弯管是机械工程中常见的部件，同时也对发动机气道模型的网格划分具有一定的指导意义。

5.6.1　启动ICEM CFD并建立分析项目

步骤01 在Windows系统下启动ICEM CFD，进入ICEM CFD界面。

步骤02 执行File→Save Project命令，弹出Save Project As对话框，在“文件名”中输入icemcfd.prj，单击OK按钮确认，关闭对话框。

5.6.2　导入几何模型

执行 File→Geometry→Open Geometry 命令，弹出 Open Geometry File（打开几何文件）对话框，在“文件名”中输入 geometry.tin，单击“打开”按钮确认。导入几何文件后，将在图形显示区显示几何模型，如图 5-179 所示。

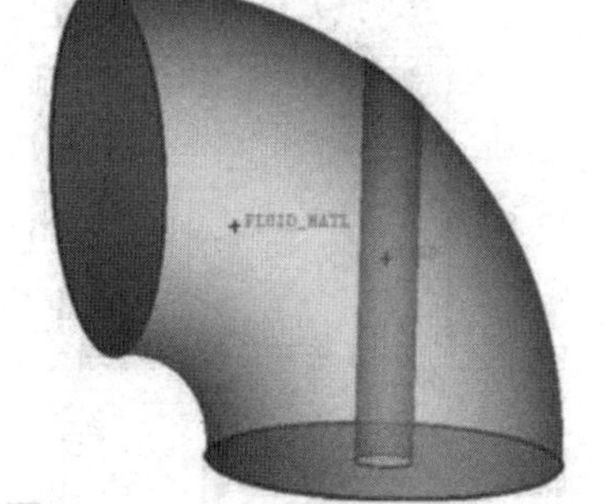

图5-179　几何模型

5.6.3　模型建立

步骤01 单击功能区内Geometry（几何）选项卡中的（修复模型）按钮，弹出如图 5-180 所示的Repair Geometry（修复模型）面板，单击按钮，在Tolerance中输入 0.1，勾选Filter points 和Filter curves复选框，在Feature angle中输入 30，单击OK按钮确认，几何模型即可修复完毕，如图 5-181 所示。

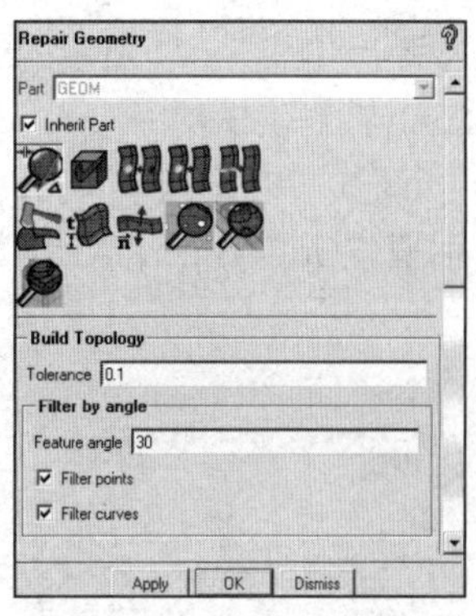

图 5-180　修复模型面板

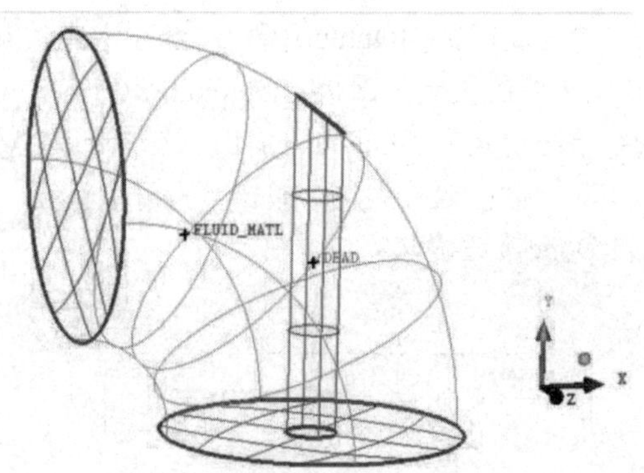

图 5-181　修复后的几何模型

步骤02 在操作控制树中右击Parts，弹出如图 5-182 所示的目录树，选择Create Part，弹出如图 5-183 所示Create Part（生成边界）面板，在Part中输入IN，单击按钮，选择边界并单击鼠标中键确认，生成边界条件，如图 5-184 所示。

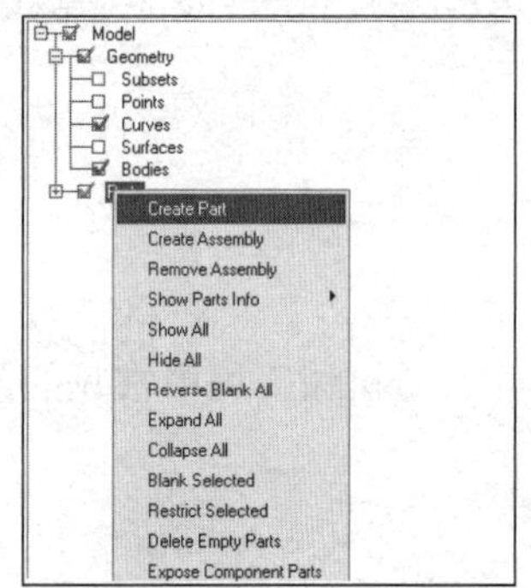

图 5-182　选择生成边界命令

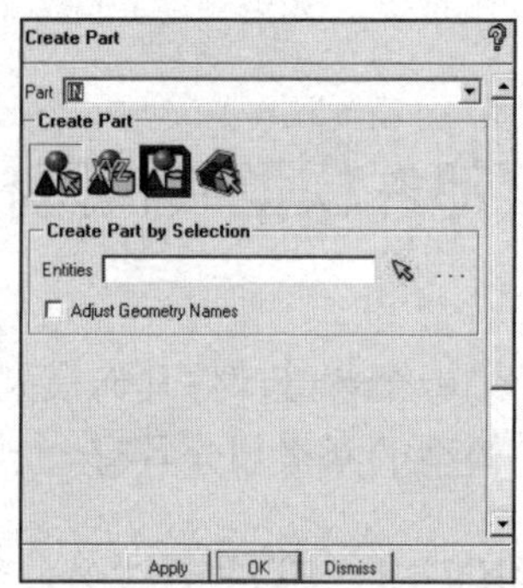

图 5-183　生成边界面板

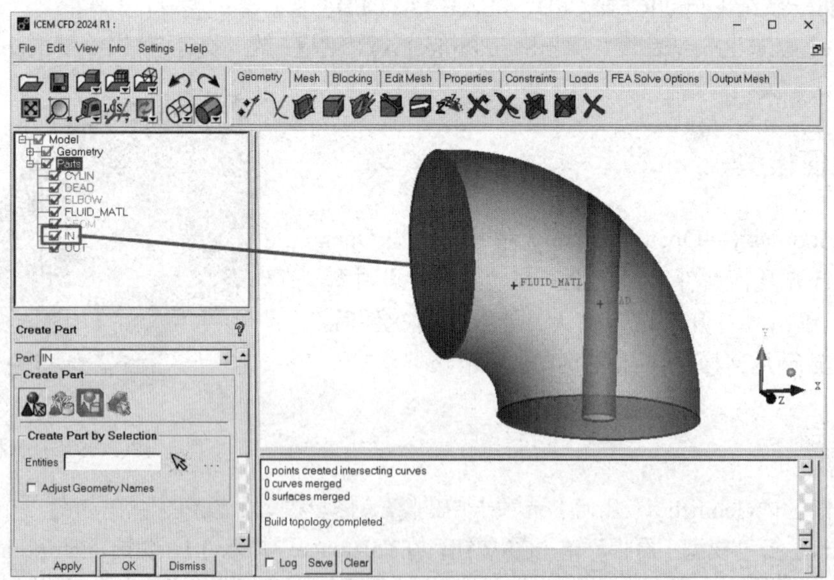

图 5-184　边界命名

步骤03 用步骤02的方法生成边界，命名为OUT，如图 5-185 所示。

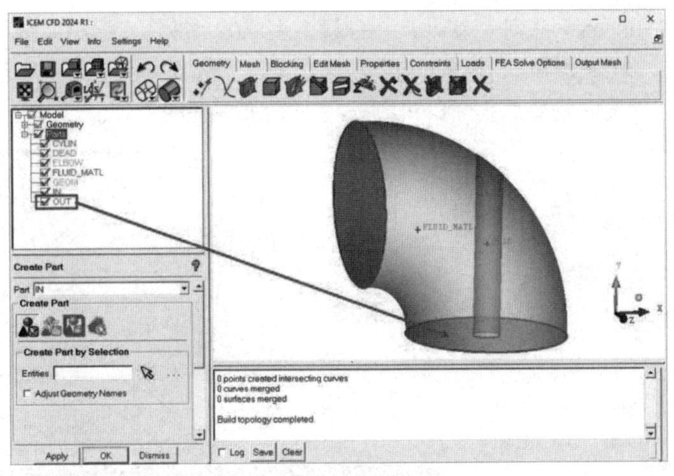

图 5-185　OUT

步骤04　用步骤02的方法生成新的边界，命名为ELBOW，如图 5-186 所示。

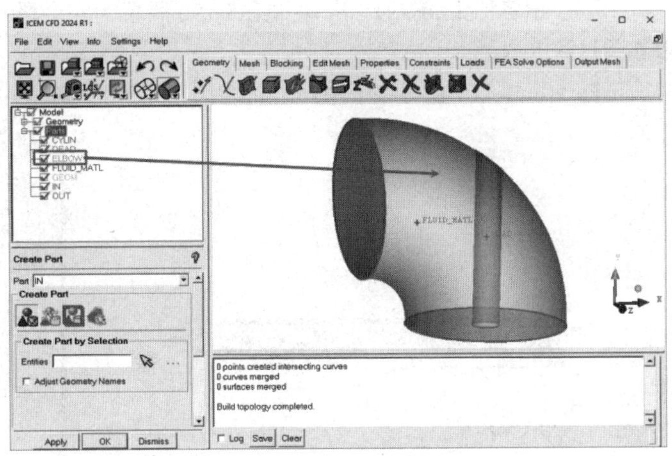

图5-186　ELBOW

步骤05　用步骤02的方法生成新的边界，命名为CYLIN，如图 5-187 所示。

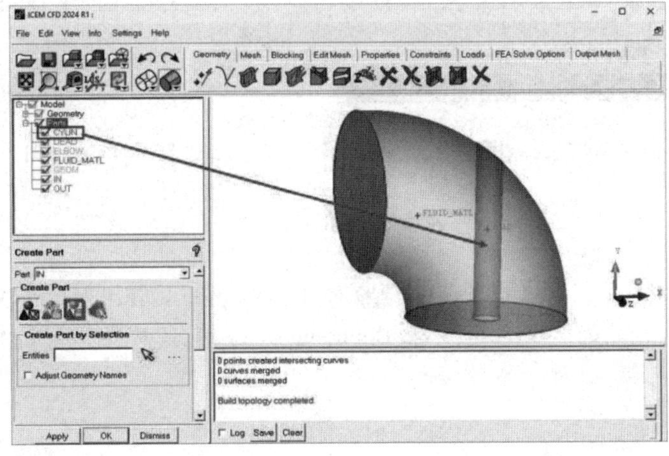

图5-187　CYLIN

步骤06 单击功能区内Geometry（几何）选项卡中的（生成体）按钮，弹出如图 5-188 所示的Create Body（生成体）面板，单击按钮，输入Part名称为BODY，选择如图 5-189 所示的两个屏幕位置，单击鼠标中键确认，并确保物质点在管的内部，同时在圆柱杆的外部。

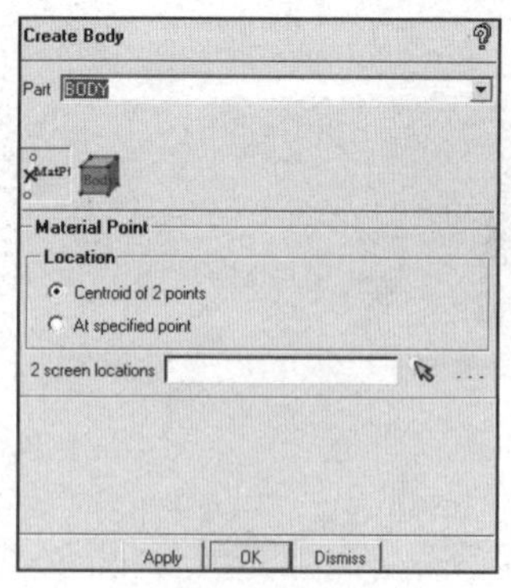

图5-188　生成体面板

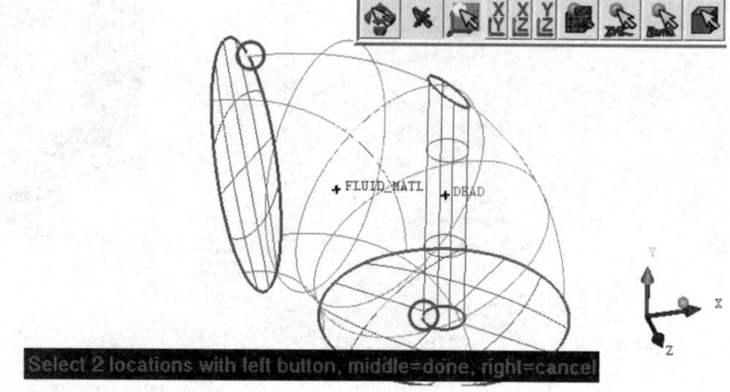

图5-189　选择点位置

步骤07 用步骤06的方法，输入Part名称为DEAD，选择如图 5-190 所示的两个屏幕位置，单击鼠标中键确认并确保物质点在圆柱杆的内部。

步骤08 在操作控制树中右击Parts，弹出如图 5-191 所示的目录树，选择"Good"Colors命令。

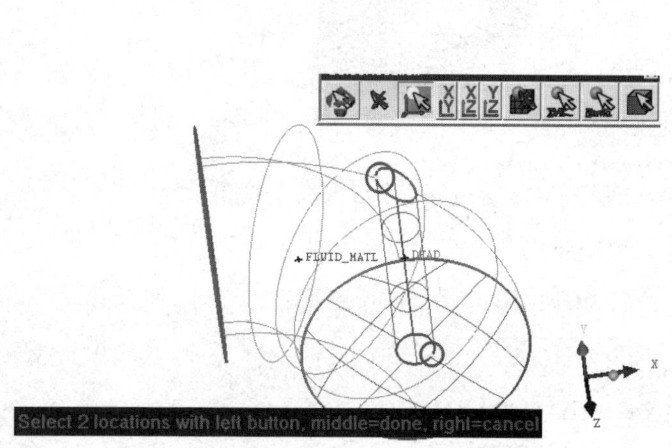

图5-190　选择点位置

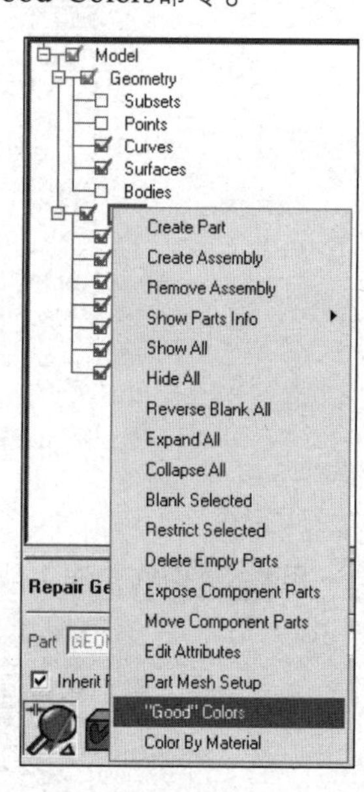

图5-191　选择"Good"Colors命令

5.6.4　生成块

步骤01 单击功能区内Blocking（块）选项卡中的（创建块）按钮，弹出如图 5-192 所示Create Block（创建块）面板，单击按钮，Type选择 3D Bounding Box，单击OK按钮确认，创建的初始块如图 5-193 所示。

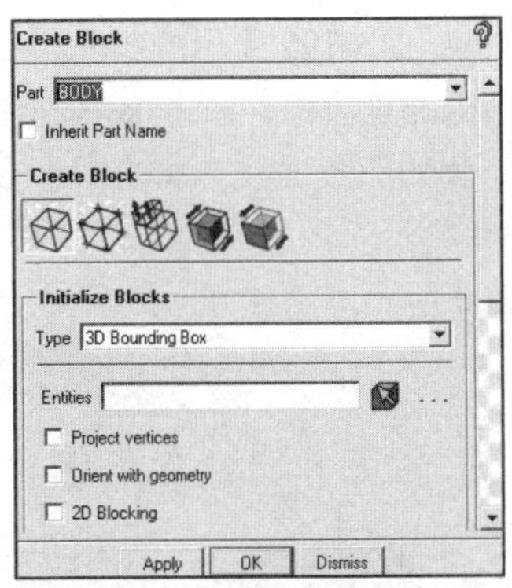

图 5-192　创建块面板

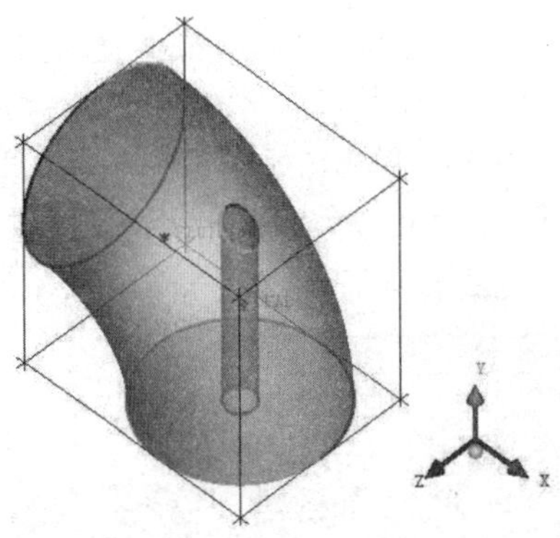

图 5-193　创建的初始块

步骤 02　单击功能区内Blocking（块）选项卡中的（分割块）按钮，弹出如图 5-194 所示的Split Block（分割块）面板。单击按钮，单击Edge旁的按钮，在几何模型上单击要分割的边，新建一条边，新建的边垂直于选择的边，利用鼠标左键拖动新建的边到合适的位置，单击鼠标中键或Apply按钮完成操作，创建的分割块如图 5-195 所示。

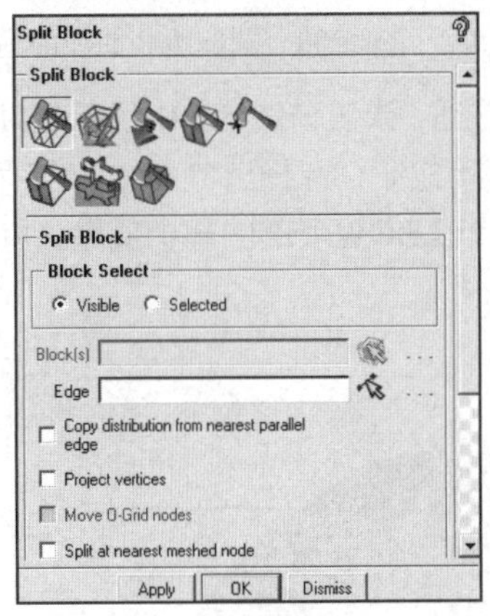

图 5-194　分割块面板

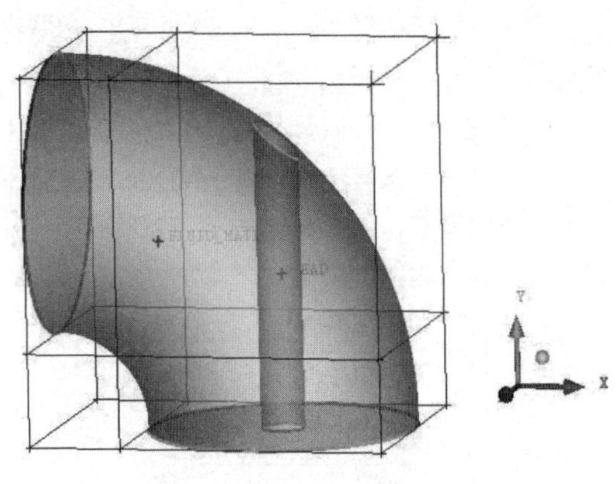

图 5-195　分割块

步骤 03　单击功能区内Blocking（块）选项卡中的（删除块）按钮，弹出如图 5-196 所示Delete Block（删除块）面板，选择顶角的块后单击Apply按钮确认，删除块效果如图 5-197 所示。

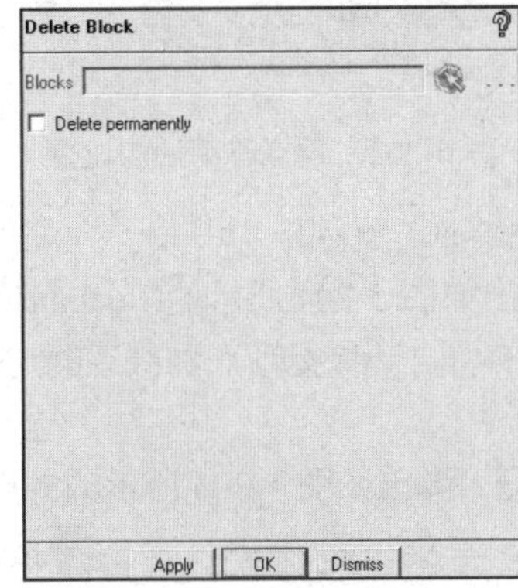

图 5-196　删除块面板

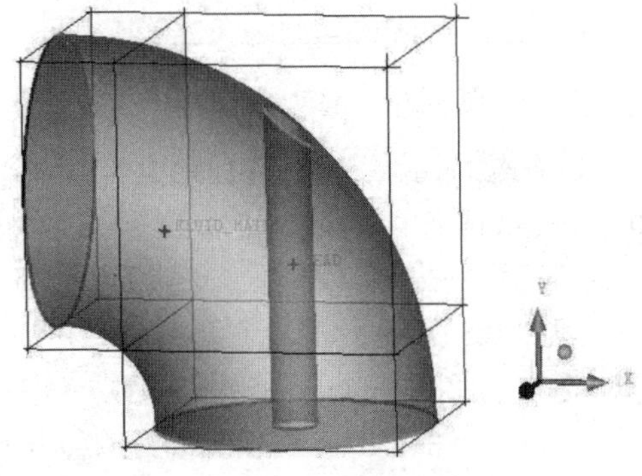

图 5-197　删除块

步骤04 单击功能区内Blocking（块）选项卡中的（关联）按钮，弹出如图 5-198 所示的Blocking Associations（块关联）面板。单击（边关联）按钮，勾选Project vertices复选框，单击按钮，选择弯管一侧的边并单击鼠标中键确认，然后单击按钮，选择同一侧的四条曲线并单击鼠标中键确认，选择的曲线会自动组成一组，关联边和曲线的选取如图 5-199 所示。

步骤05 用步骤04的方法将弯管的另一端进行重复操作，如图 5-200 所示。

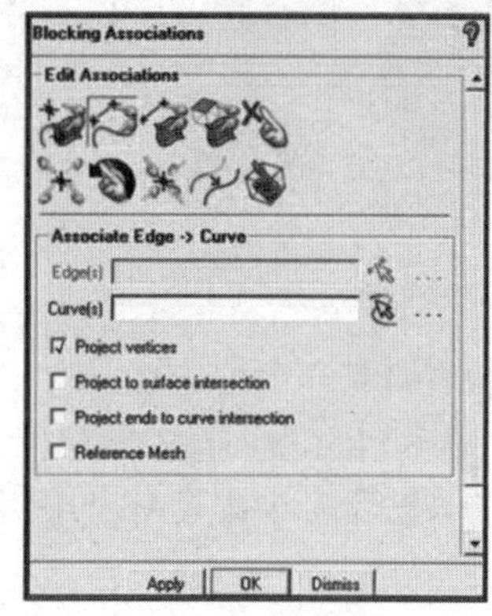

图5-198 块关联

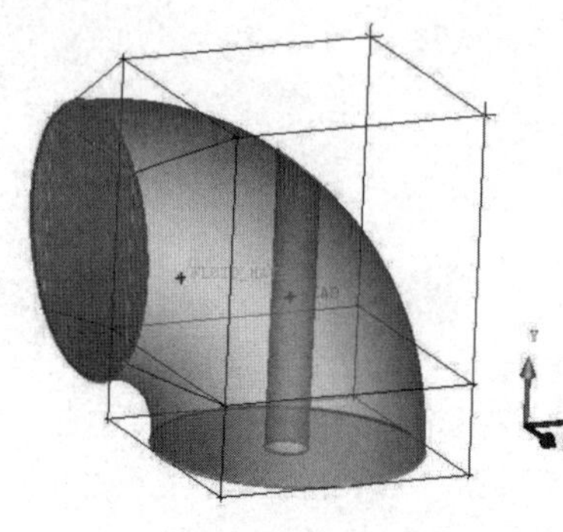

图5-199 关联边和曲线的选取

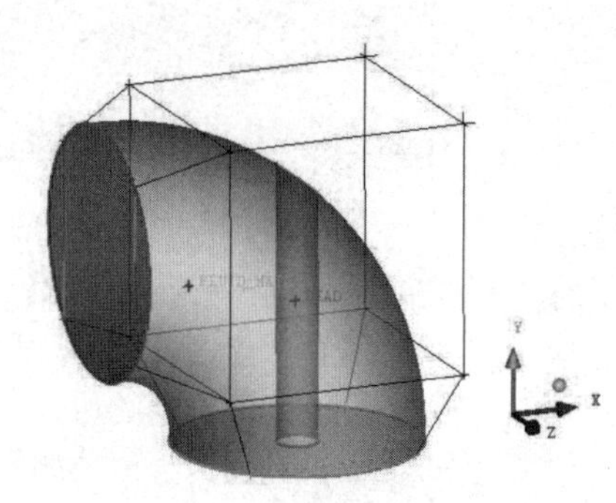

图5-200 关联边和曲线的另一端选取

步骤06 单击功能区内Blocking（块）选项卡中的（移动顶点）按钮，弹出如图 5-201 所示的Move Vertices（移动顶点）面板。单击按钮，再单击Ref. Vertex旁的按钮，选择出口上的一个顶点，然后勾选Modify X复选框，单击Vertices to Set旁的按钮，选择ELBOW顶部的一个顶点，单击鼠标中键完成操作，顶点移动后的位置如图 5-202 所示。

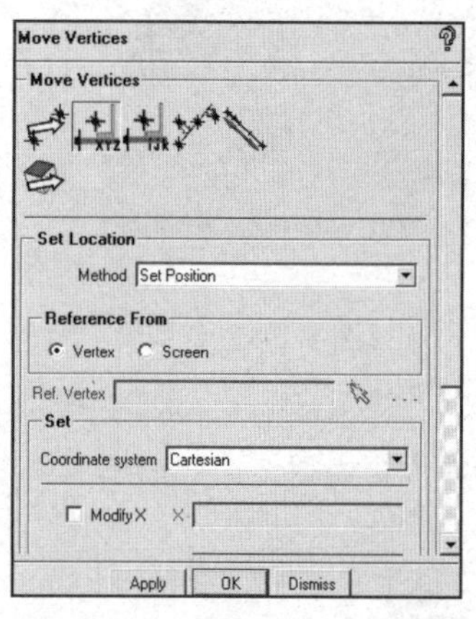

图 5-201 移动顶点面板

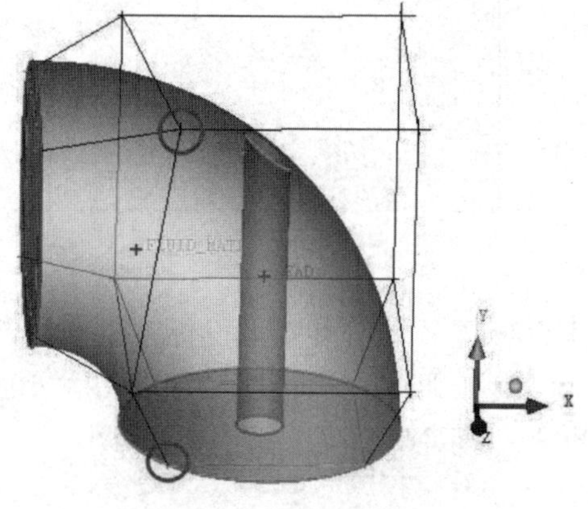

图 5-202 顶点移动后的位置

步骤07 用步骤06的方法移动ELBOW顶部的另外 3 个顶点，如图 5-203 所示。

步骤08 单击功能区内Blocking（块）选项卡中的（关联）按钮，弹出如图 5-204 所示的Blocking Associations（块关联）面板，单击（捕捉投影点）按钮，ICEM CFD将自动捕捉顶点到最近的几何位置，如图 5-205 所示。

步骤09 单击功能区内Blocking（块）选项卡中的（O-Grid）按钮，弹出如图 5-206 所示的Split Block（分割块），单击Select Block(s)旁的按钮，选择所有的块，单击Select Face(s)旁的按钮，选择管两端的面，单击Apply按钮完成操作，选择的面如图 5-207 所示。

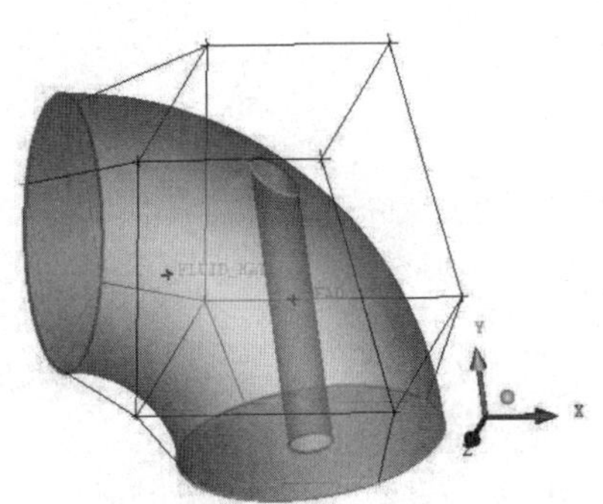

图5-203　顶点移动后的位置

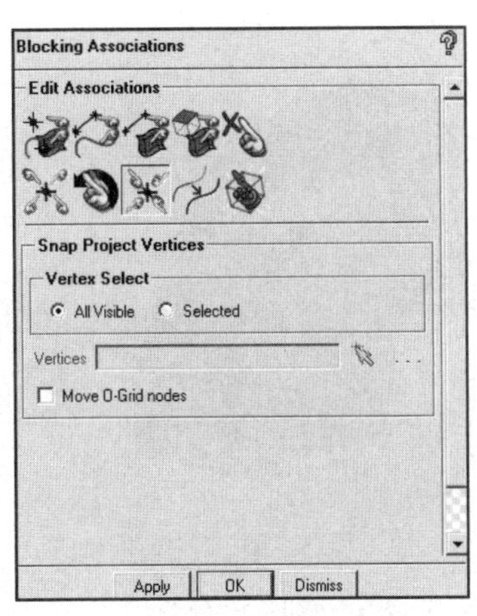

图5-204　块关联面板

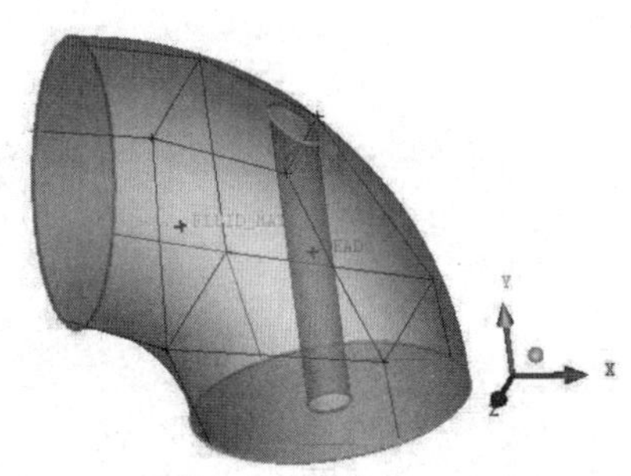

图5-205　顶点自动移动

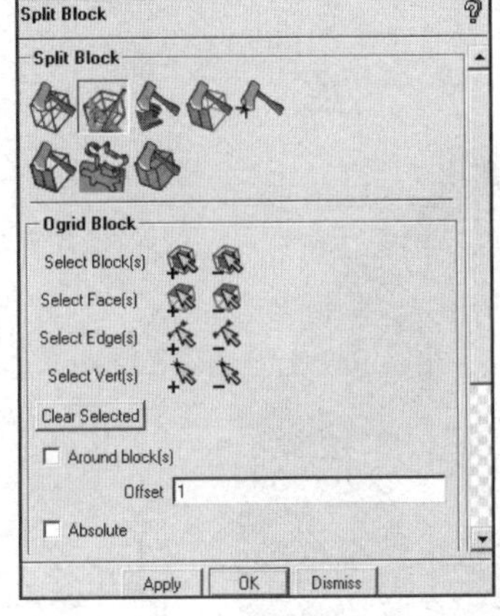

图 5-206　分割块面板

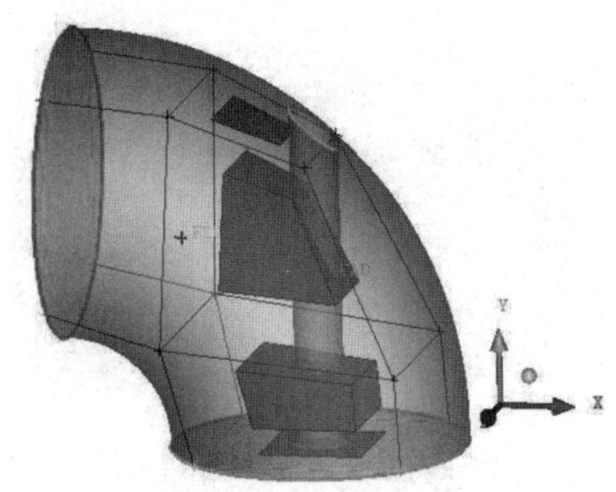

图 5-207　选择的面显示

步骤 10 在操作控制树中右击Parts中的DEAD，弹出如图 5-208 所示的目录树，选择Add to Part，弹出如图 5-209 所示的Add to Part面板，单击按钮设置Blocking Material,Add Blocks to Part，选择中心的两个块，单击鼠标中键确认，如图 5-210 所示。

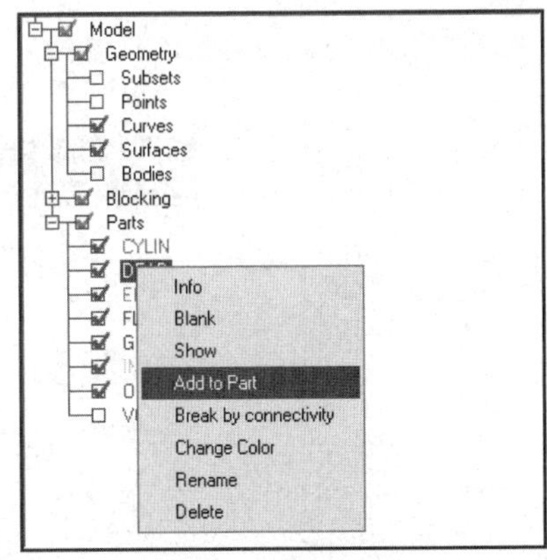

图 5-208　目录树

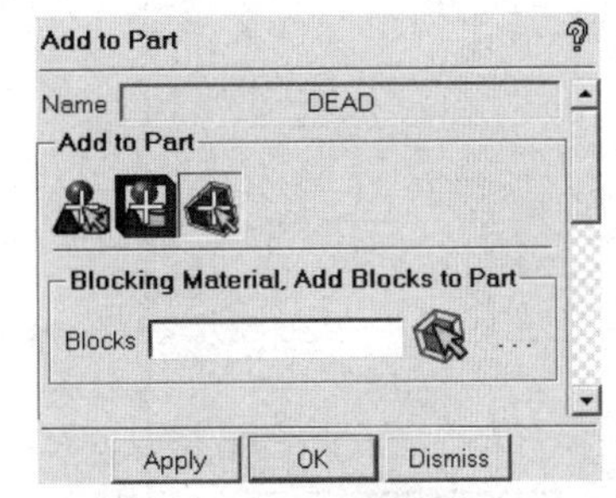

图 5-209　Add to Part 面板

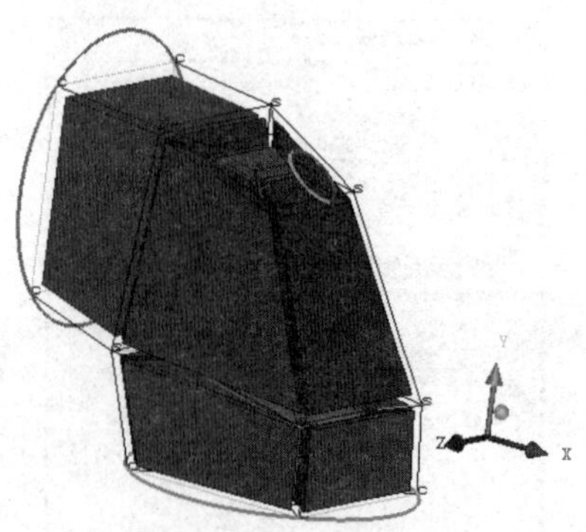

图 5-210　选择块

步骤 11　单击功能区内Blocking（块）选项卡中的（关联）按钮，弹出如图 5-211 所示的Blocking Associations（块关联）面板，单击（捕捉投影点）按钮，ICEM CFD将自动捕捉顶点到最近的几何位置，如图 5-212 所示。

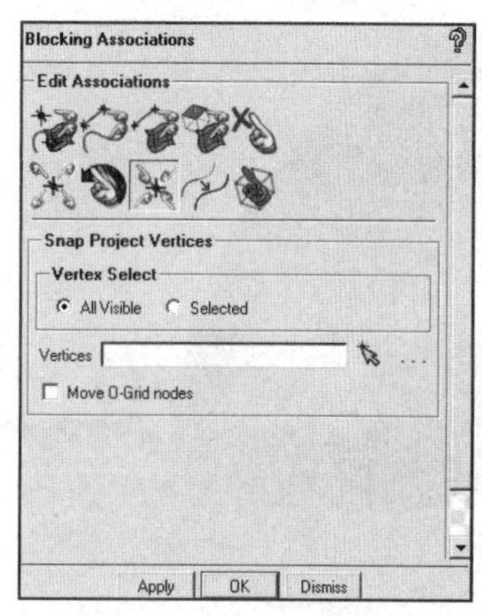

图 5-211　块关联面板

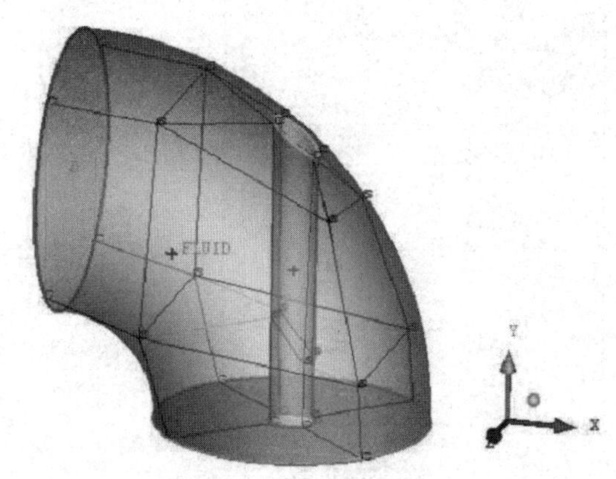

图 5-212　顶点自动移动

步骤 12　单击功能区内Blocking（块）选项卡中的（移动顶点）按钮，弹出如图 5-213 所示的Move Vertices（移动顶点）面板，单击按钮，沿着圆柱长度方向选择一条边，选择在OUTLET一段的顶点，如图 5-214 所示，单击鼠标中键完成操作。

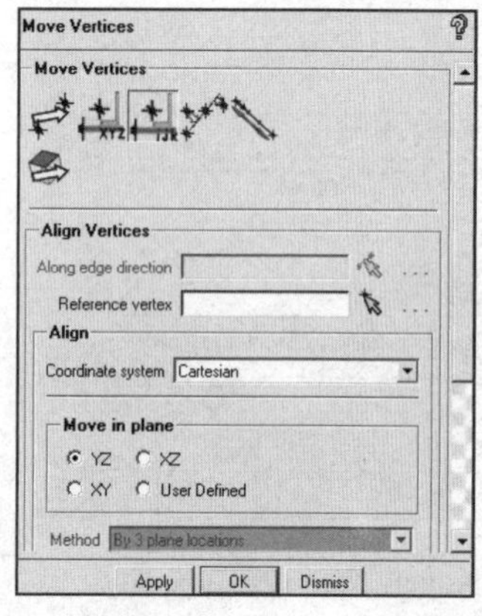

图 5-213　移动顶点面板

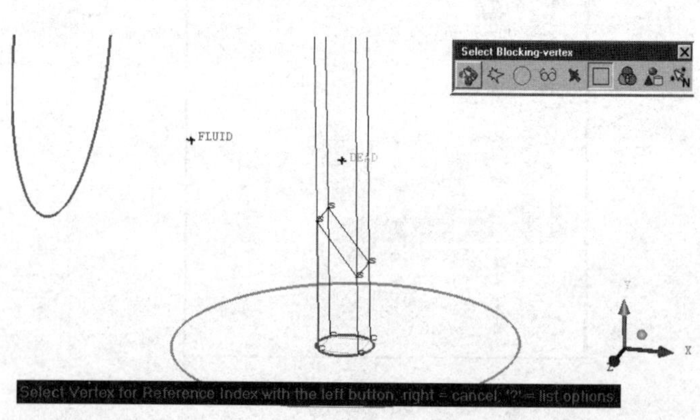

图 5-214　顶点移动后的位置

步骤13 在Move Vertices（移动顶点）面板中单击按钮（见图 5-215），设置Method为Set Position，对于Ref. Location，选择如图 5-216 所示的边，大体上在中点的位置。勾选Modify Y复选框，Vertices to Set选择OUTLET上方的 4 个顶点，单击Apply按钮确认，顶点移动后的位置如图 5-217 所示。

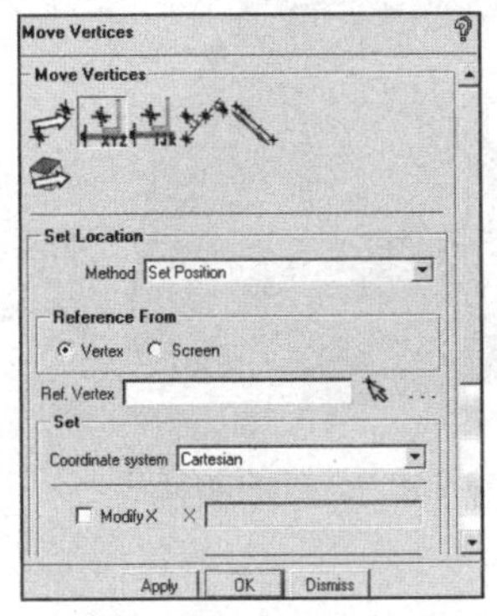

图 5-215　移动顶点面板

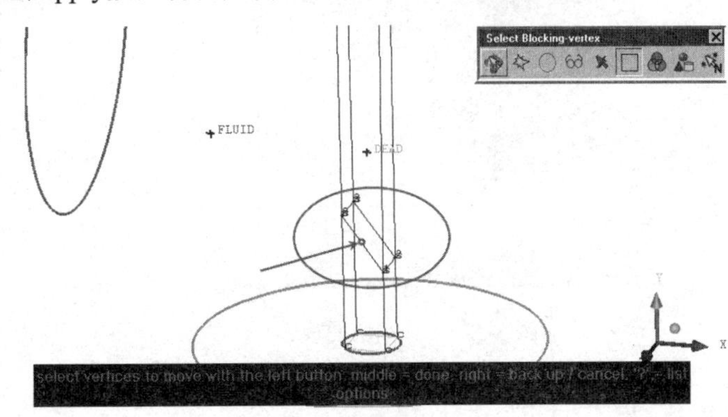

图 5-216　选择点位置

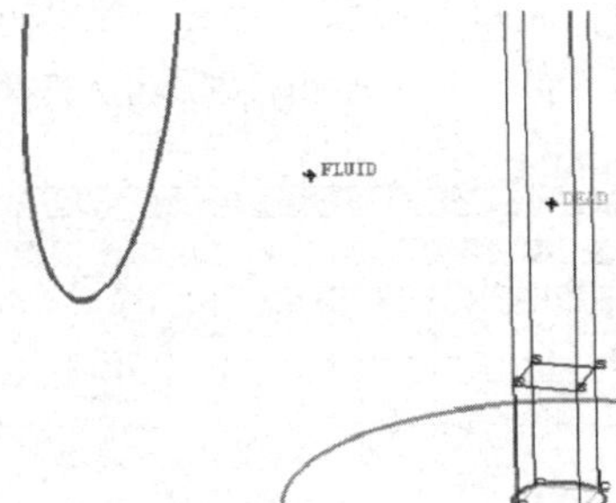
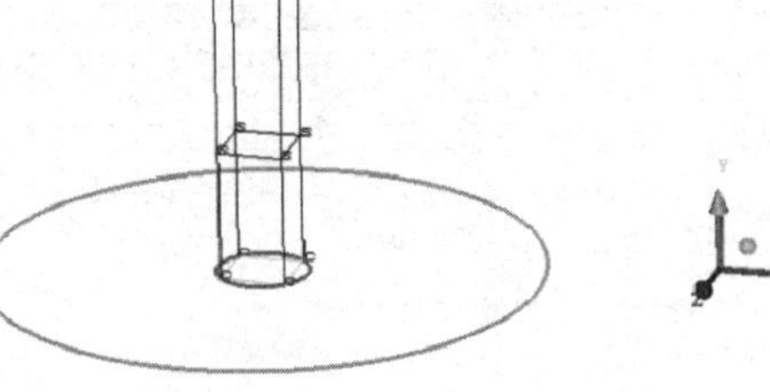

图 5-217　顶点移动后的位置

步骤14 单击功能区内Blocking（块）选项卡中的（删除块）按钮，弹出如图 5-218 所示的Delete Block（删除块）面板，选择圆柱中的两个块并单击Apply按钮确认，删除块效果如图 5-219 所示。

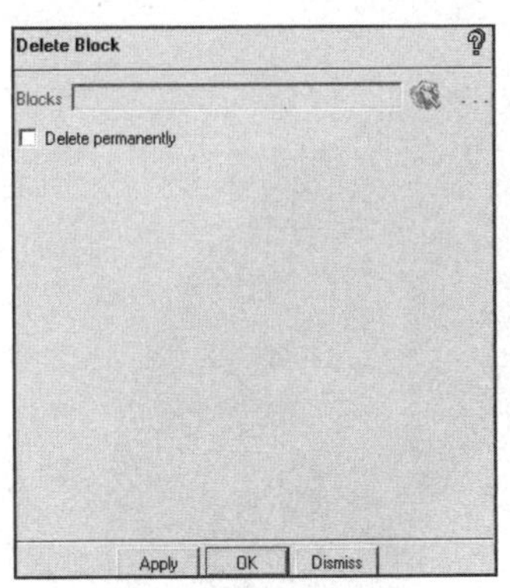

图 5-218　删除块面板

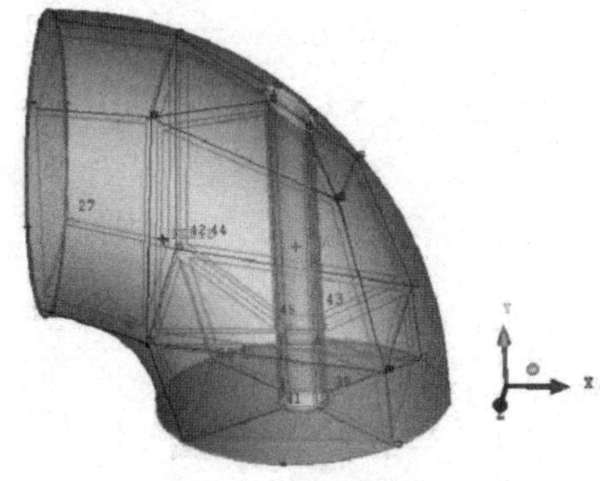

图 5-219　删除块

步骤15 单击功能区内Blocking（块）选项卡中的（O-Grid）按钮，弹出如图 5-220 所示的Split Block面板，单击Select Block(s)旁的按钮，选择所有的块，单击Select Face(s)旁的按钮，选择IN和OUT上的所有面，单击Apply按钮完成操作，选择的面如图 5-221 所示。

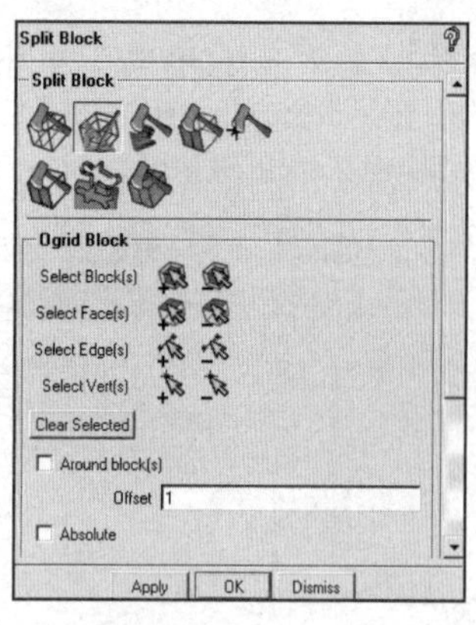

图 5-220　分割块面板

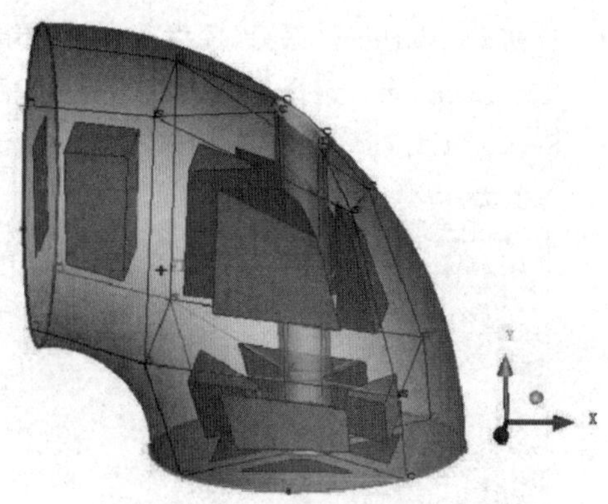

图 5-221　选择的面显示

5.6.5 网格生成

步骤 01 单击功能区内Mesh（网格）选项卡中的（部件网格设定）按钮，弹出如图 5-222 所示的Part Mesh Setup（部件网格设定）对话框，设定所有参数，单击Apply按钮确认并单击Dismiss按钮退出。

Part Mesh Setup

Part	Prism	Hexa-core	Maximum size	Height	Height ratio	Num layers	Tetra size ratio	Tetra width	Min size limit	Max deviation	Prism height limit factor	Prism growth law	Internal wall	Split wall
CYLIN	☐		5	1	1.2	0	0	0	0	0	0	undefined	☐	☐
DEAD	☐	☐												
ELBOW	☐		5	1	1.2	0	0	0	0	0	0	undefined	☐	☐
FLUID	☐	☐												
FLUID_MATL	☐	☐												
GEOM	☐		1					0	0	0	0	undefined		
IN	☐		5	0	0	0	0	0	0	0	0	undefined	☐	☐
OUT	☐		5	0	0	0	0	0	0	0	0	undefined	☐	☐

☑ Show size params using scale factor
☐ Apply inflation parameters to curves
☐ Remove inflation parameters from curves
Highlighted parts have at least one blank field because not all entities in that part have identical parameters
Apply　Dismiss

图5-222　部件网格设定对话框

步骤 02 单击功能区内Blocking（块）选项卡中的（预览网格）按钮，弹出如图 5-223 所示的Pre-Mesh Params（预网格参数）面板，单击按钮，选中Update All单选按钮，单击Apply按钮确认，显示预览网格，如图 5-224 所示。

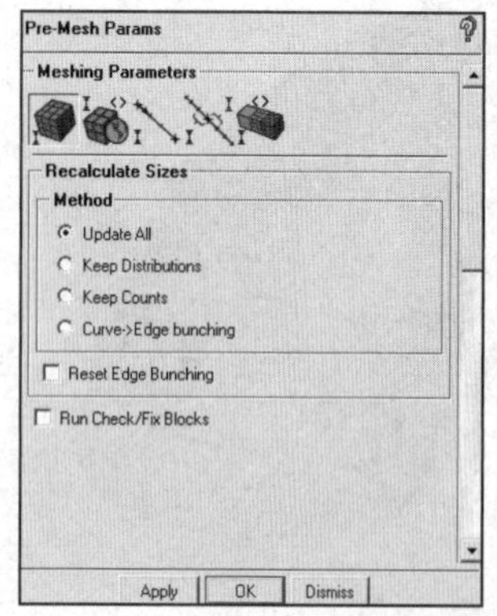

图 5-223　预网格参数面板

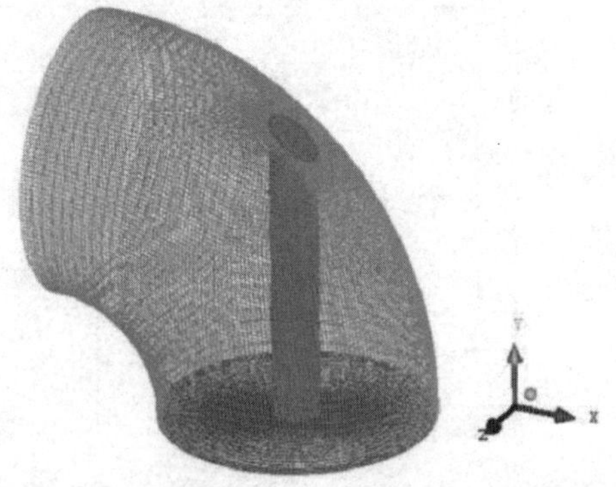

图 5-224　预览网格显示

5.6.6　网格质量检查

单击功能区内Edit Mesh（网格编辑）选项卡中的■（检查网格）按钮，弹出如图5-225所示的Pre-Mesh Quality（预网格质量）面板，设置 Min-X value为0、Max-X value为1、Max-Y height为0，单击Apply按钮确认，在信息栏中显示网格质量信息，如图5-226所示。单击网格质量信息图中的长度条，在这个范围内的网格单元会显示出来，如图5-227所示。

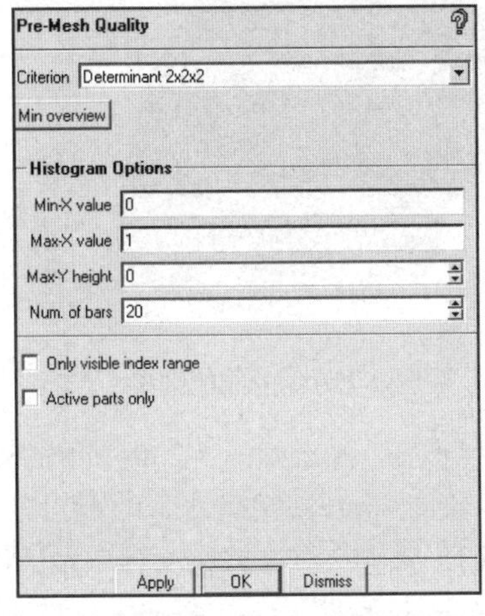

图 5-225　检查网格面板

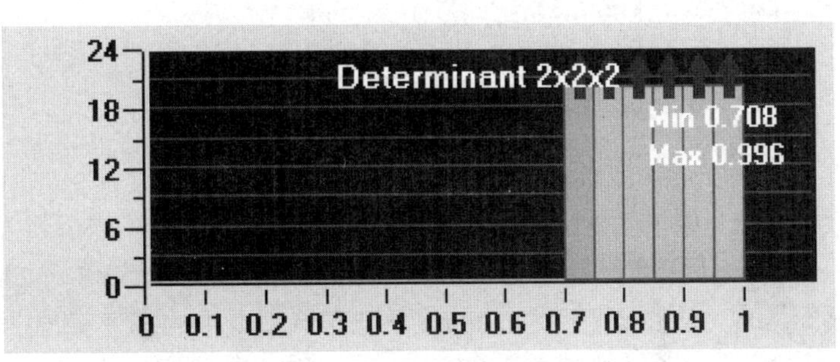

图 5-226　网格质量信息

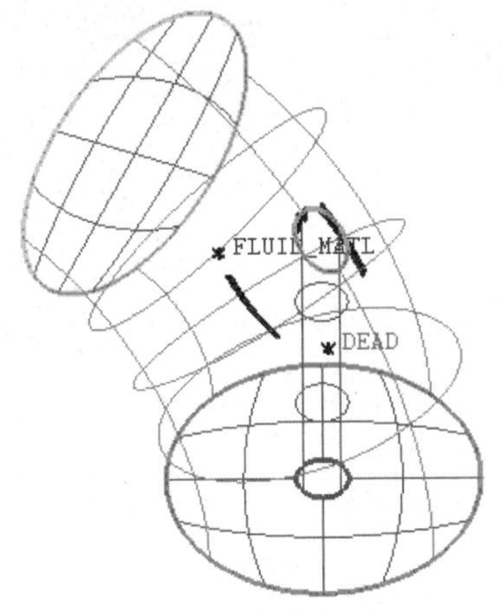

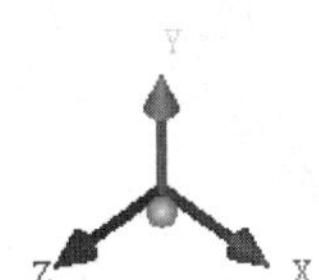

图 5-227　网格显示

5.6.7　网格输出

步骤 01　在操作控制树中右击Blocking中的Pre-Mesh，弹出如图 5-228 所示的目录树，选择Convert to Unstruct Mesh，生成的网格如图 5-229 所示。

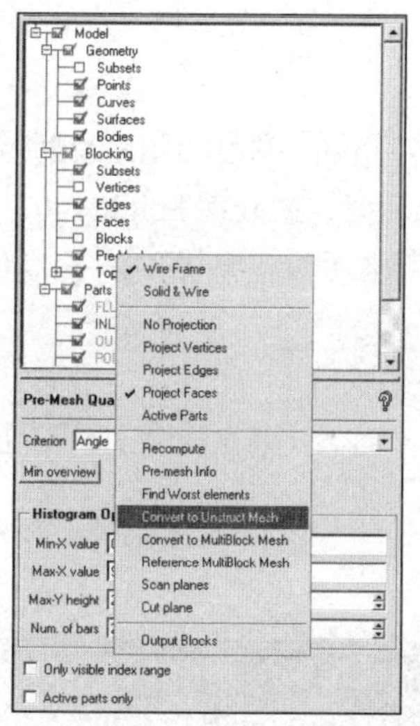

图 5-228　目录树

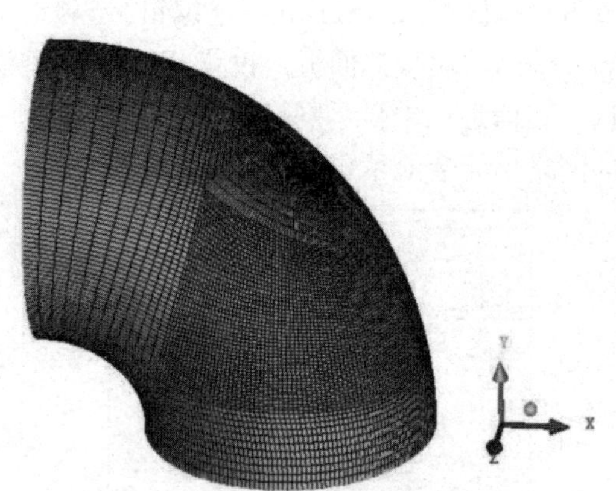

图 5-229　生成的网格

步骤 02　单击功能区内Output（输出）选项卡中的（求解器设定）按钮，弹出如图 5-230 所示的Solver Setup（求解器设定）面板，Output Solver选择ANSYS Fluent，单击Apply按钮确认。

步骤 03　单击功能区内Output（输出）选项卡中的（输出）按钮，弹出“打开网格文件”对话框，选择文件，单击“打开”按钮，弹出如图 5-231 所示的Ansys Fluent对话框，Grid dimension选择 3D，单击Done按钮确认完成。

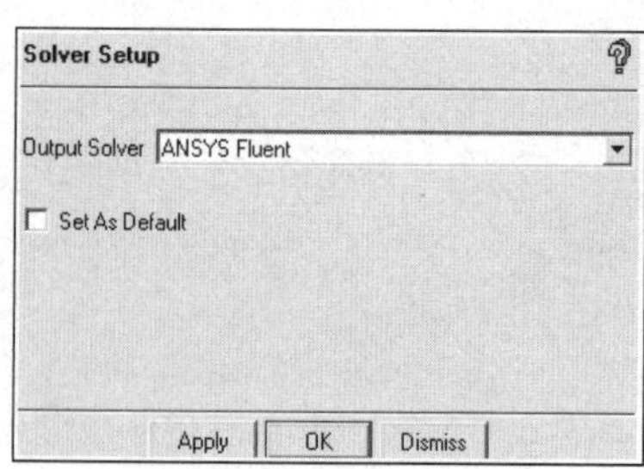

图 5-230　求解器设定面板

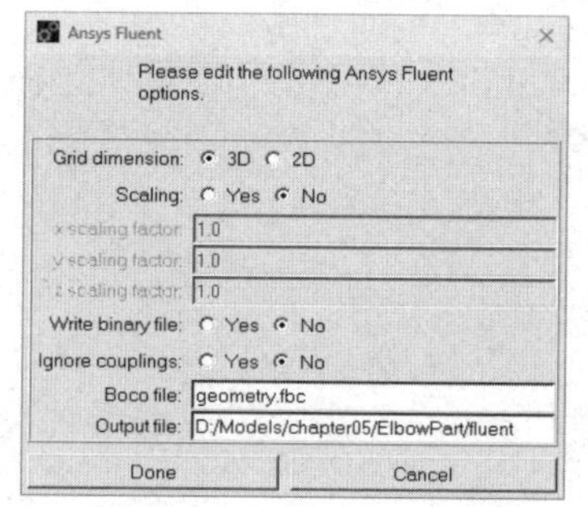

图 5-231　Ansys Fluent 对话框

5.6.8　计算与后处理

步骤 01　在Windows系统下启动Fluent，进入Fluent Launcher界面。

步骤 02　Dimension选择 3D，单击OK按钮进入Fluent界面。

步骤 03　执行File→Read→Mesh命令，读入ICEM CFD生成的网格文件，如图 5-232 所示。

步骤 04　在任务栏单击（保存）按钮进入Write Case对话框，在File name（文件名）中输入fluent.cas，单击OK按钮保存项目文件。

步骤 05　执行Mesh→Check命令，检查网格质量，应保证Minimum Volume大于 0。

步骤 06　执行Mesh→Scale命令，打开Scale Mesh（缩放网格）面板，定义网格尺寸单位，在Mesh Was Created In中选择mm，单击Scale按钮。

步骤 07　执行Define→General命令，在Time中选择Steady。

步骤08 执行Define→Model→Viscous命令，选择k-epsilon（2 eqn）模型。

步骤09 执行Define→Boundary Conditions命令，定义边界条件，如图 5-233 所示。

- in：Type 选择 velocity-inlet（速度入口）边界条件，在 Velocity Magnitude（速度大小）中输入 5。
- out：Type 选择 pressure-outlet（压力出口）边界条件，将 Gauge Pressure 设置为 0。

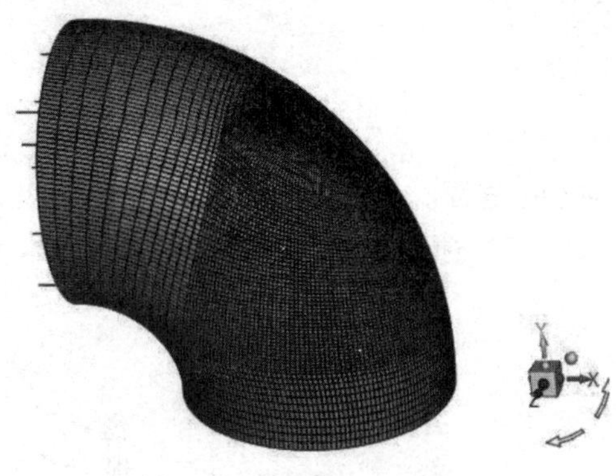

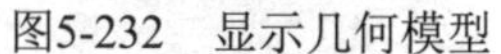

图5-232　显示几何模型

图5-233　定义边界条件

步骤10 执行Solve→Controls命令，弹出Solution Controls（设置松弛因子）面板，保持默认设置，单击OK按钮退出。

步骤11 执行Solve→Initialize命令，弹出Solution Initialization（设置初始值）面板，Compute From选择in，单击Initialize按钮进行计算初始化。

步骤12 执行Solve→Monitors→Residual命令，设置各个参数的收敛残差值为 1e-3，单击OK按钮确认。

步骤13 执行Solve→Run Calculation命令，迭代步数设置为 300，单击Calculate按钮开始计算。

步骤14 执行Surface→ISO Surface命令，设置生成Z=0m的平面，命名为z0。

步骤15 执行Display→Graphics and Animations→Contours命令，Contours of选择Velocity Magnitude，surfaces选择z0，单击Display按钮显示速度云图，如图 5-234 所示。

步骤16 执行Display→Graphics and Animations→Contours命令，Contours of选择Velocity Magnitude，surfaces选择z0，单击Display按钮显示速度矢量图，如图 5-235 所示。

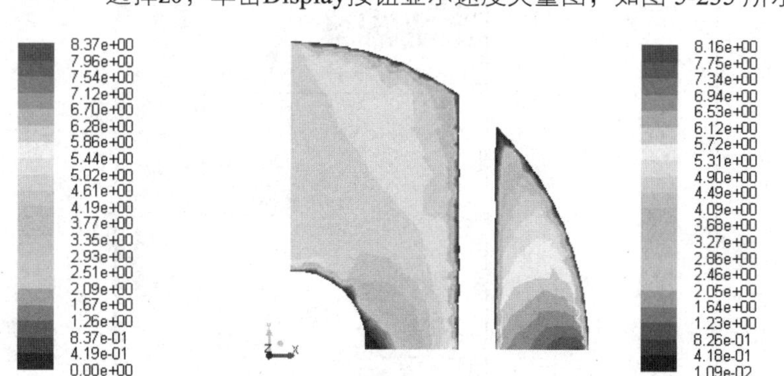

图 5-234　速度云图

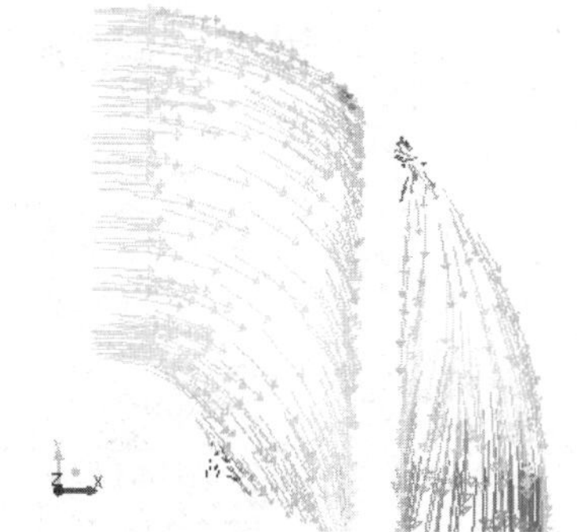

图 5-235　速度矢量图

从上述计算结果可以看出，生成的网格能够满足计算要求，并且能够较好地模拟弯管部件内的流场问题。

5.7 水槽三维模型结构网格划分

本节将通过一个水槽几何模型网格生成的例子，让读者对在ANSYS ICEM CFD中进行带有二维薄片的三维模型进行结构网格划分的处理方法有一个初步了解。

5.7.1 启动ICEM CFD并建立分析项目

步骤01 在Windows系统下启动ICEM CFD，进入ICEM CFD界面。

步骤02 执行File→Save Project命令，弹出如Save Project As对话框，在“文件名”中输入water.prj，单击OK按钮确认，关闭对话框。

5.7.2 导入几何模型

执行File→Geometry→Open Geometry命令，弹出Open Geometry File（打开几何文件）对话框，在“文件名”中输入water.tin，单击“打开”按钮确认。导入几何文件后，在图形显示区将显示几何模型，如图5-236所示。

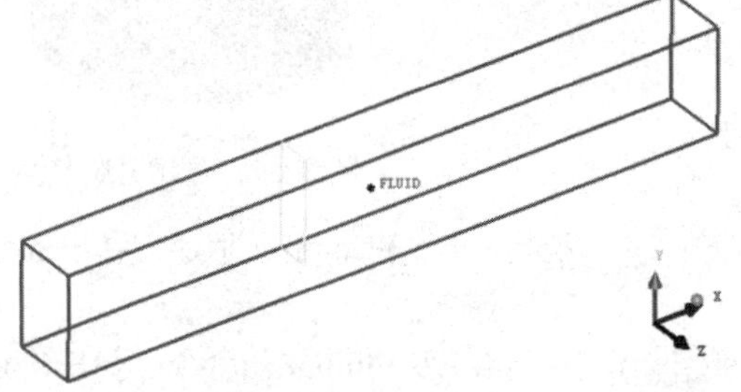

图5-236 几何模型

5.7.3 模型建立

步骤01 在操作控制树中右击Parts，弹出如图 5-237 所示的目录树，选择Create Part，弹出如图 5-238 所示的Create Part（生成边界）面板，在Part中输入IN，单击按钮，选择边界并单击鼠标中键确认，生成的边界如图 5-239 所示。

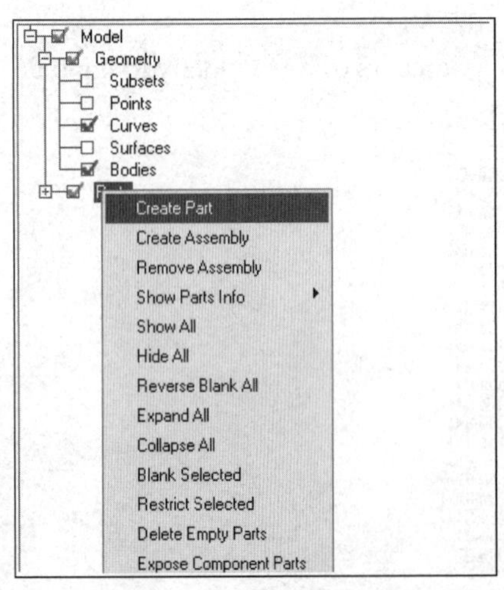

图 5-237 生成边界命令

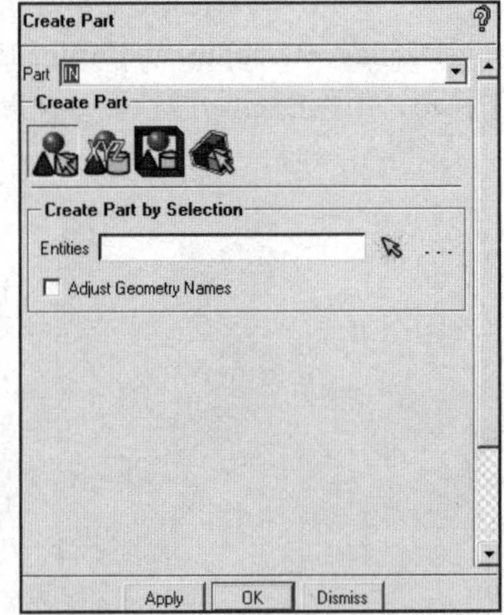

图 5-238 生成边界面板

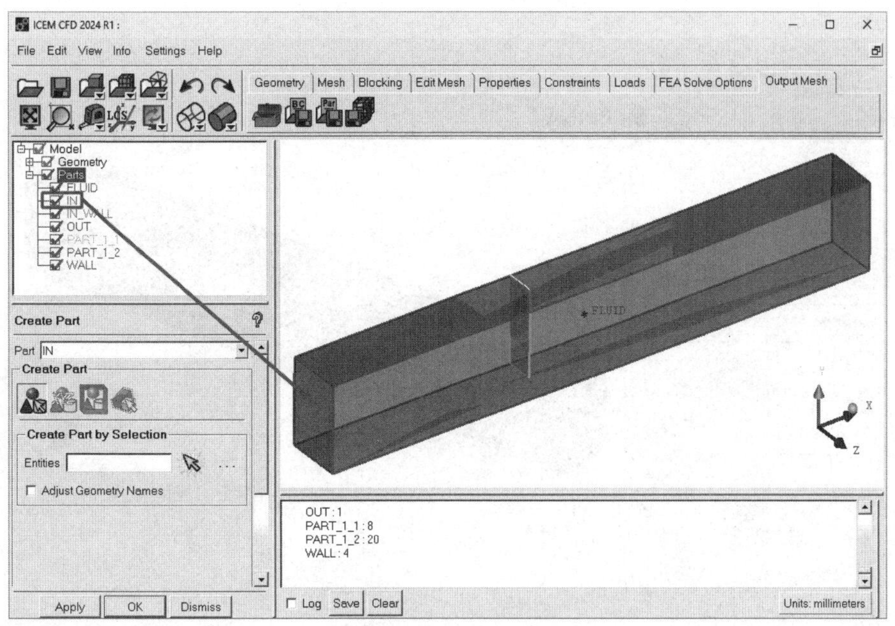

图5-239　生成的边界

步骤02 用步骤01的方法生成新的边界，命名为OUT，如图 5-240 所示。

步骤03 用步骤01的方法生成新的边界，命名为WALL，如图 5-241 所示。

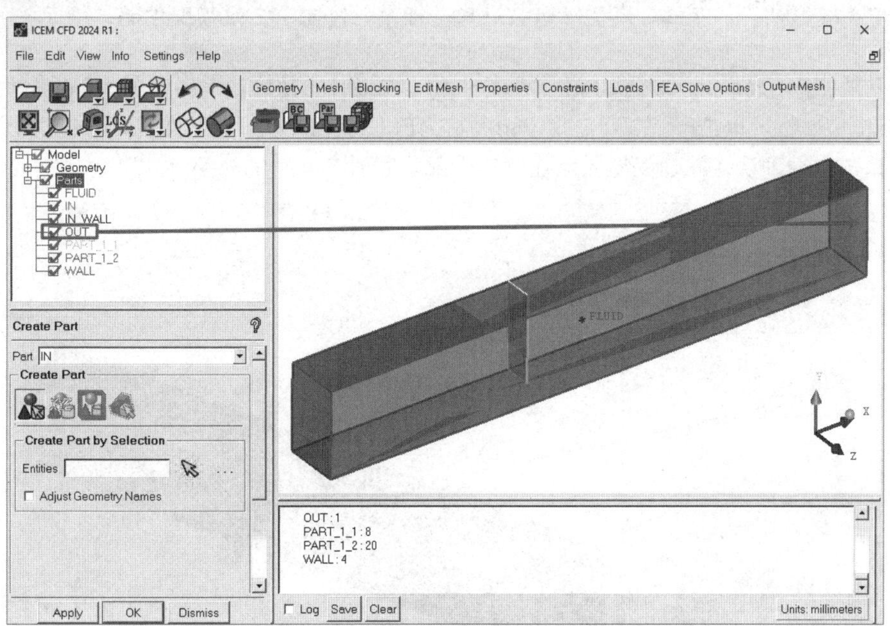

图5-240　边界命名为OUT

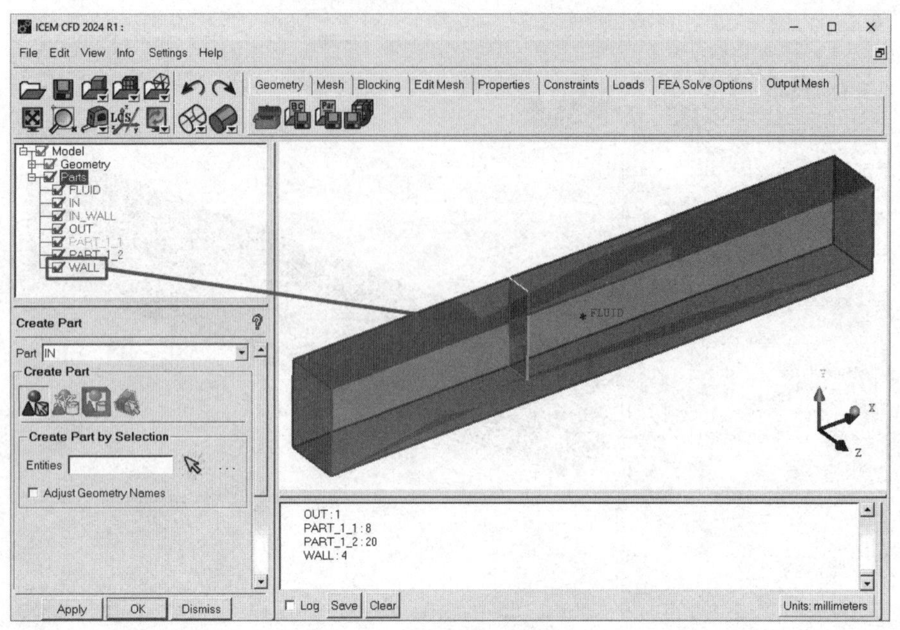

图5-241　边界命名为WALL

步骤04　用步骤01的方法生成新的边界，命名为IN_WALL，如图 5-242 所示。

技巧提示

在建立模型时，不可采用模型修复，一旦进行模型修复，三维模型中的二维面将被删除。

步骤05　单击功能区内Geometry（几何）选项卡中的（生成体）按钮，弹出如图 5-243 所示的Create Body（生成体）面板，单击按钮，输入Part名称为FLUID-MATL，选择如图 5-244 所示的两个屏幕位置，单击中键确认，并确保物质点在管的内部，同时在叶片的外部。

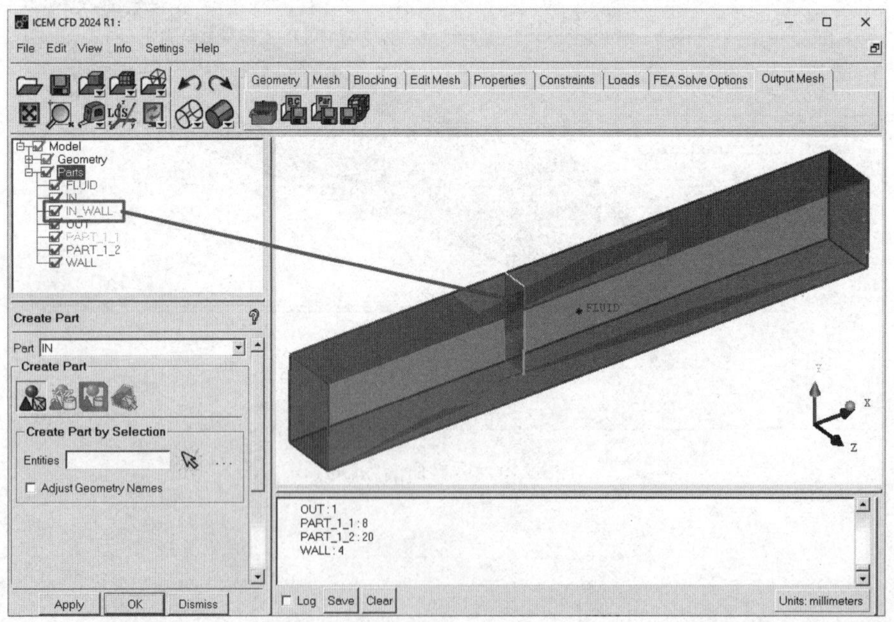

图5-242　边界命名为IN_WALL

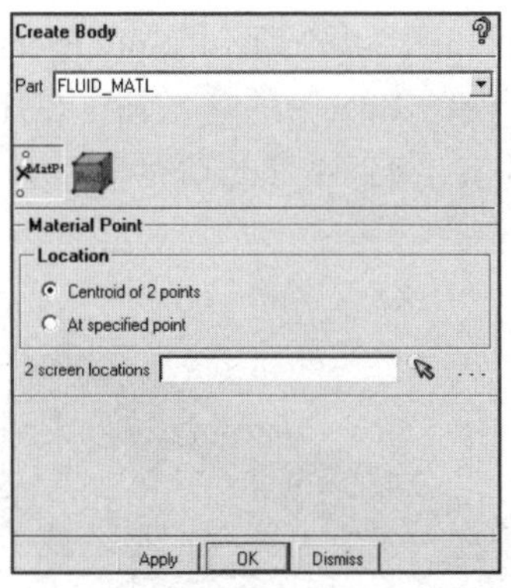

图 5-243　生成体面板

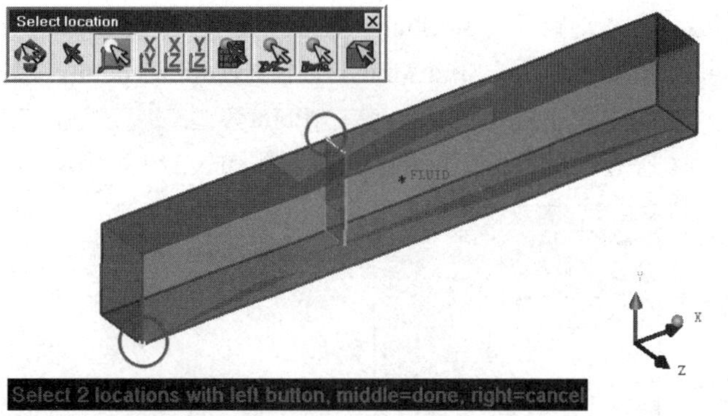

图 5-244　选择点位置

步骤 06　在操作控制树中右击Parts，弹出如图 5-245 所示的目录树，选择"Good"Colors命令。

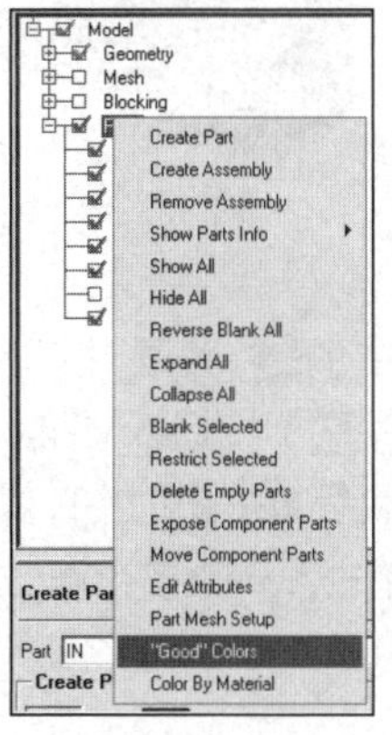

图 5-245　选择"Good"Colors 命令

5.7.4　生成块

步骤 01　单击功能区内Blocking（块）选项卡中的（创建块）按钮，弹出如图 5-246 所示的Create Block（创建块）面板，单击按钮，Type选择 3D Bounding Box，单击OK按钮确认，创建的初始块如图 5-247 所示。

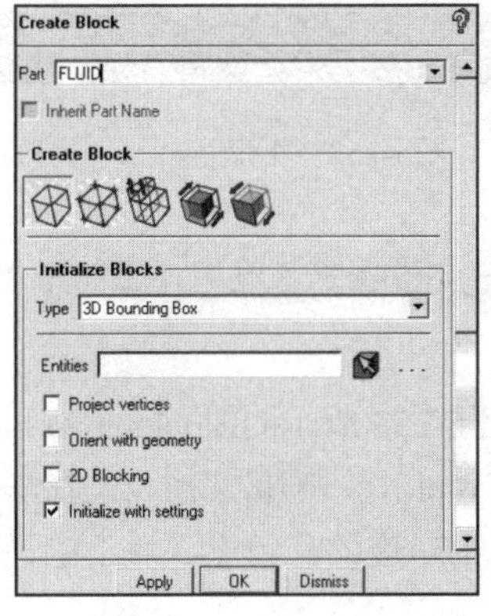

图 5-246　创建块面板

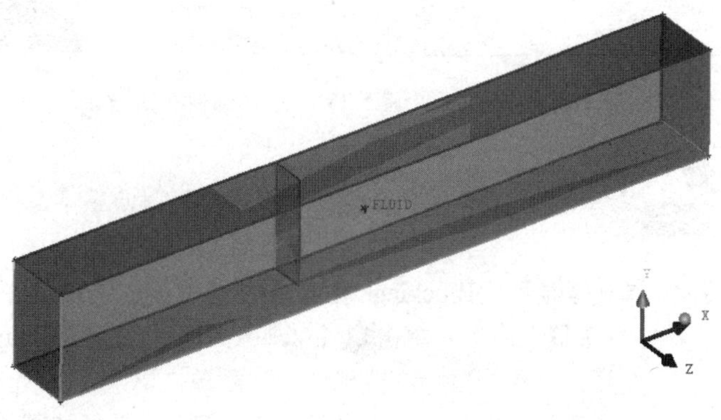

图 5-247　创建的初始块

步骤02 单击功能区内Blocking（块）选项卡中的（分割块）按钮，弹出如图 5-248 所示的Split Block（分割块）面板，Split Method选择Prescribed point。单击按钮，再单击Edge旁的按钮，在几何模型上单击要分割的边，单击Point旁边的按钮，选择中间二维平面上的点，单击鼠标中键或Apply按钮完成操作，创建的分割块如图 5-249 所示。

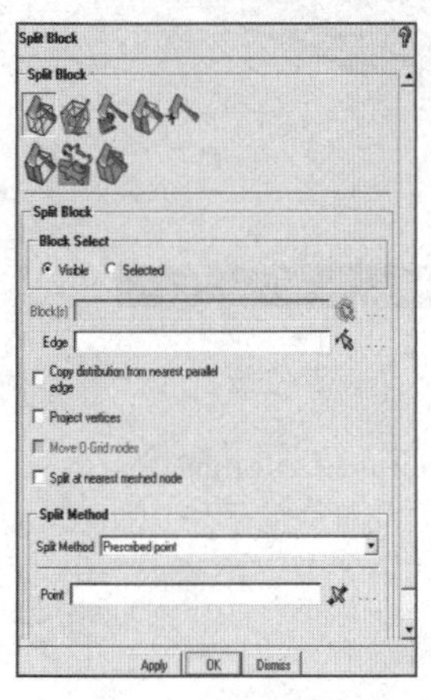

图 5-248 分割块面板

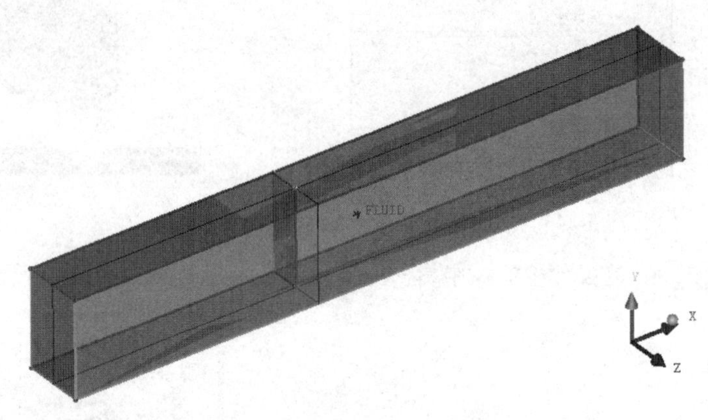

图 5-249 分割块

步骤03 单击功能区内Blocking（块）选项卡中的（关联）按钮，弹出如图 5-250 所示的Blocking Associations（块关联）面板，单击（Surface关联）按钮，Method选择Part。单击按钮，选择中间二维平面上对应的面并单击鼠标中键确认，然后单击按钮，弹出如图 5-251 所示的Select parts（选择部件）对话框，勾选IN_WALL复选框，单击Accept按钮确认，关联的曲面选取如图 5-252 所示。

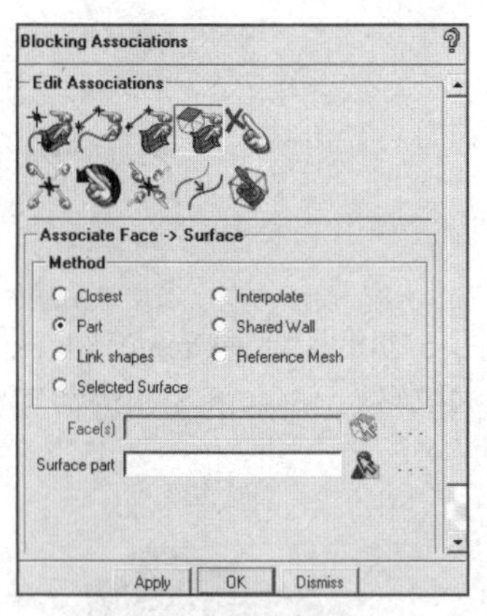

图5-250 Surface关联面板

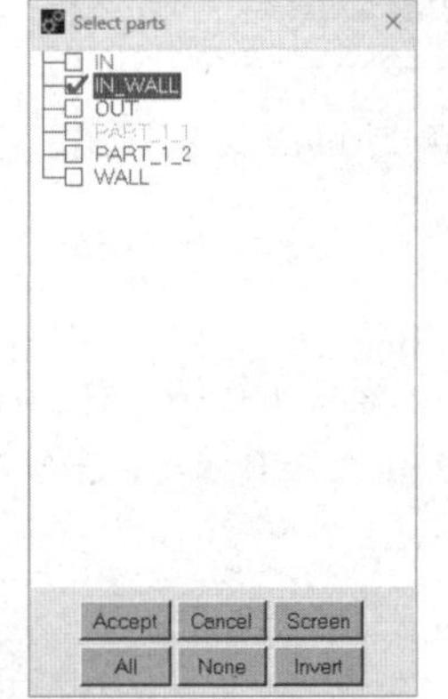

图5-251 选择部件对话框

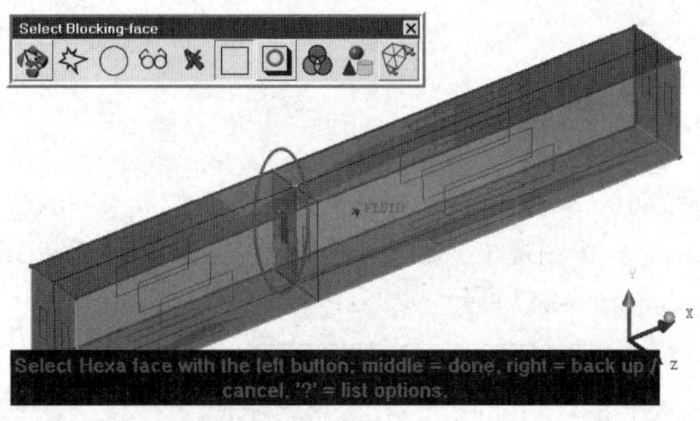

图5-252 关联面

关联面这一步十分重要，若不关联中间的二维面，则生成的网格中将不会存在这一平面。

步骤04 单击功能区内Blocking（块）选项卡中的（关联）按钮，弹出如图 5-253 所示的Blocking Associations（块关联）面板，单击（Vertex关联）按钮，Entity类型选择Point。单击按钮，选择块上的一个顶点并单击鼠标中键确认，然后单击按钮，选择模型上一个对应的几何点，块上的顶点会自动移动到几何点上，关联顶点和几何点的选取如图 5-254 所示。

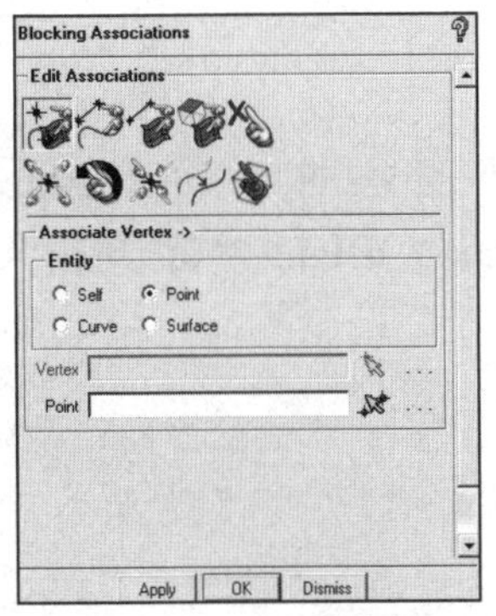

图 5-253　块关联面板

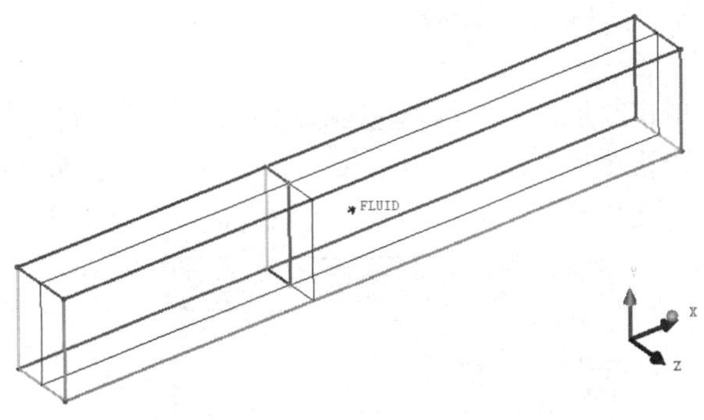

图 5-254　顶点关联

5.7.5　网格生成

步骤 01　单击功能区内Mesh（网格）选项卡中的（全局网格设定）按钮，弹出如图 5-255 所示的Global Mesh Setup（全局网格设定）面板，在Max element中输入 5.0，单击Apply按钮确认。

步骤 02　单击功能区内Blocking（块）选项卡中的（预览网格）按钮，弹出如图 5-256 所示的Pre-Mesh Params（预网格参数）面板，单击按钮，选中Update All单选按钮，单击Apply按钮确认，显示预览网格，如图 5-257 所示。

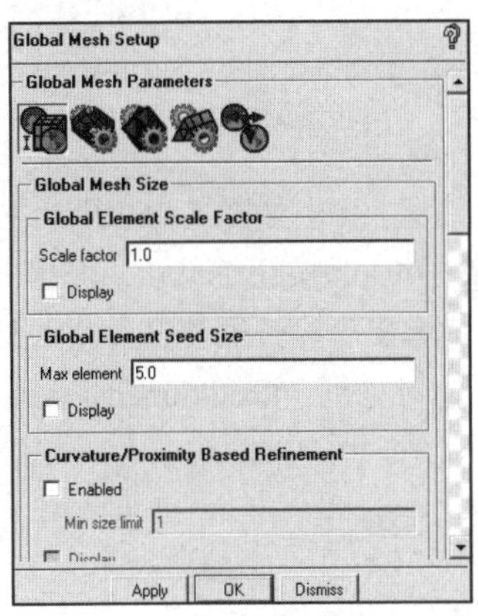

图 5-255　全局网格设定面板

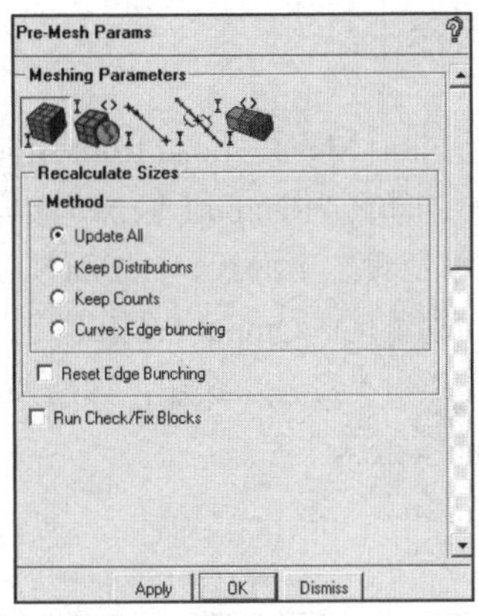

图 5-256　预网格参数面板

图 5-257　预览网格显示

5.7.6　网格质量检查

单击功能区内 Blocking（块）选项卡中的 （检查网格）按钮，弹出如图 5-258 所示的 Pre-Mesh Quality（预网格质量）面板，设置 Min-X value 为 0、Max-X value 为 1、Max-Y height 为 0，单击 Apply 按钮确认，在信息栏中显示网格质量信息，如图 5-259 所示。

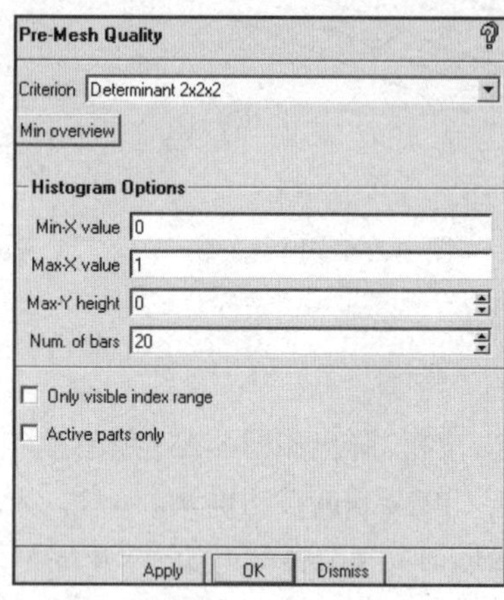

图 5-258　预网格质量面板

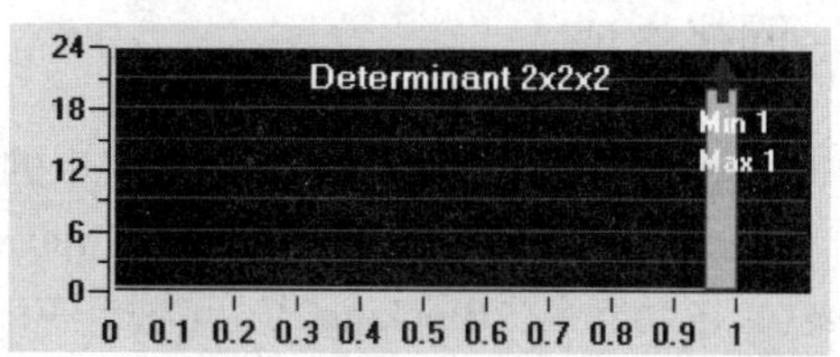

图 5-259　网格质量信息

5.7.7　网格输出

步骤 01　执行File→Mesh→Load from Blocking命令，导入网格。

步骤 02　单击功能区内Output（输出）选项卡中的 （求解器设定）按钮，弹出如图 5-260 所示的Solver Setup（求解器设定）面板，Output Solver选择ANSYS Fluent，单击Apply按钮确认。

步骤 03　单击功能区内Output（输出）选项卡中的 （输出）按钮，弹出“打开网格文件”对话框，选择文件，单击“打开”按钮，弹出如图 5-261 所示的Ansys Fluent对话框，Grid dimension选择 3D，单击Done按钮确认完成。

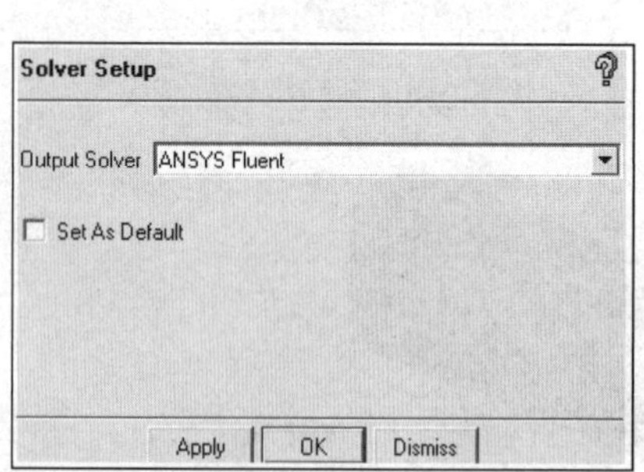

图 5-260　求解器设定面板

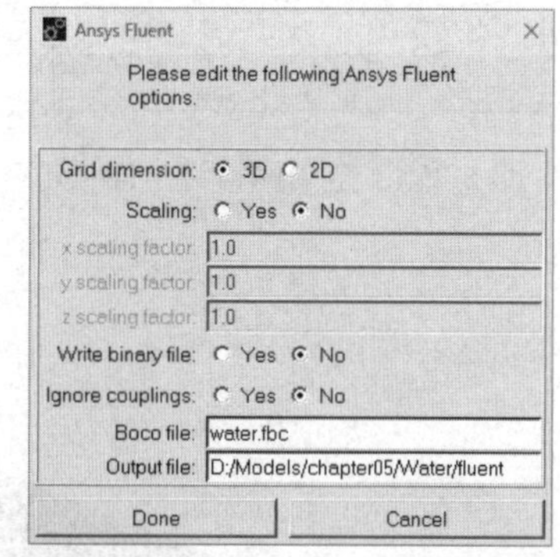

图 5-261　Ansys Fluent 对话框

5.7.8　计算与后处理

步骤 01　在Windows系统下启动Fluent，进入Fluent Launcher界面。

步骤 02　Dimension选择 3D，单击OK按钮进入Fluent界面。

图5-262　显示几何模型

步骤03 执行File→Read→Mesh命令，读入ICEM CFD生成的网格文件，如图 5-262 所示。

步骤04 在任务栏单击（保存）按钮进入Write Case对话框，在File name（文件名）中输入fluent.cas，单击OK按钮保存项目文件。

步骤05 执行Mesh→Check命令，检查网格质量，应保证Minimum Volume大于 0。

步骤06 执行Mesh→Scale命令，打开Scale Mesh（缩放网格）面板，定义网格尺寸单位，在Mesh Was Created In中选择mm，单击Scale按钮。

步骤07 执行Define→General命令，在Time中选择Steady。

步骤08 执行Define→Material命令，弹出Create/Edit Materials对话框，在Fluent Fluid Materials下拉菜单中选择water-liquid，如图 5-263 所示。

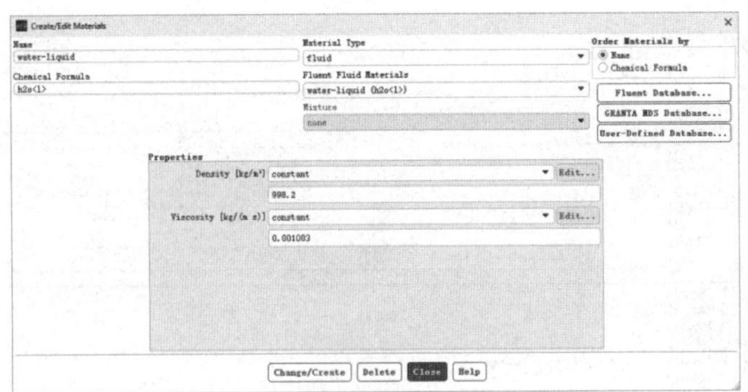

图5-263　定义材料

步骤09 执行Define→Model→Viscous命令，选择k-epsilon（2 eqn）模型。

步骤10 执行Define→Boundary Conditions命令，定义边界条件，如图 5-264 所示。

- in: Type 选择 velocity-inlet（速度入口）边界条件，在 Velocity Magnitude（速度大小）中输入 0.2。
- out: Type 选择 outflow（自由出流）边界条件。

图5-264　边界条件面板

步骤11 执行Solve→Controls命令，弹出Solution Controls（设置松弛因子）面板，保持默认设置，单击OK按钮退出。

步骤12 执行Solve→Initialize命令，弹出Solution Initialization（设置初始值）面板，Compute From选择in，单击Initialize按钮进行计算初始化。

步骤13 执行Solve→Monitors→Residual命令，设置各个参数的收敛残差值为 1e-3，单击OK按钮确认。

步骤14 执行Solve→Run Calculation命令，迭代步数设置为 300，单击Calculate按钮开始计算。

步骤15 执行Surface→ISO Surface命令，设置生成Y=0.075m的平面，命名为y0。

步骤16 执行Display→Graphics and Animations→Contours命令，Contours of选

择Velocity Magnitude，surfaces选择y0，单击Display按钮显示速度云图，如图 5-265 所示。

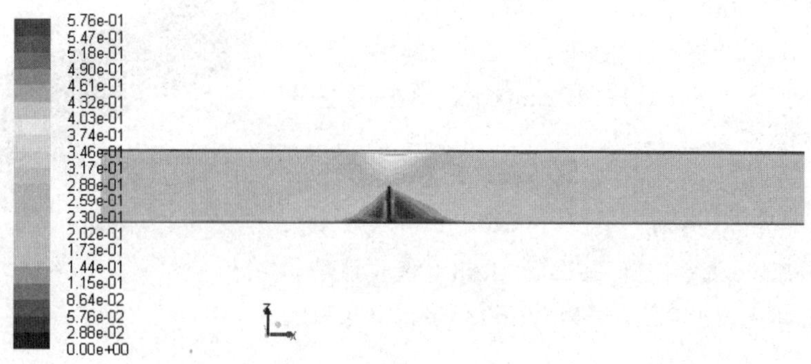

图 5-265　速度云图

步骤 17　执行Display→Graphics and Animations→Vector命令，Contours of选择Velocity Magnitude，surfaces选择y0，单击Display按钮显示速度矢量图，如图 5-266 所示。

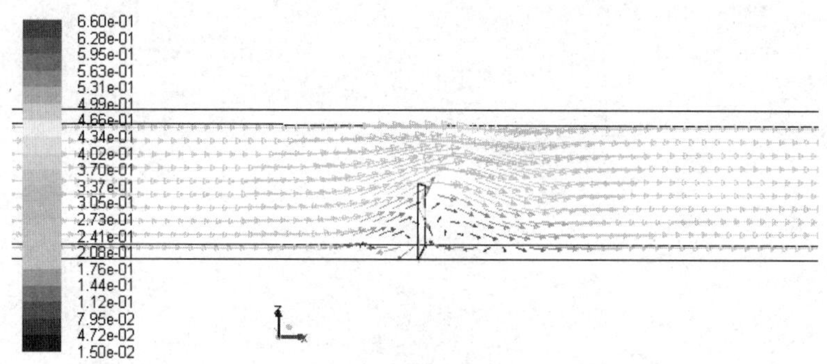

图 5-266　速度矢量图

从上述计算结果可以看出，生成的网格能够满足计算要求，并且能够较好地模拟三维实体中存在二维平面的内流场问题。

5.8　本章小结

本章结合典型实例介绍了ICEM CFD三维模型结构化网格生成的基本过程。三维模型结构化网格的生成方法与二维网格相同，都是创建合理的拓扑结构，建立映射关系，给定节点数，最后生成网格。通过对本章内容的学习，读者可以掌握ICEM CFD三维模型结构化网格生成的方法，学会分析拓扑结构、移动节点、调整网格等操作方法。

第 6 章

四面体网格自动生成

导言

在现实计算中，很多情况下的计算模型都非常复杂，而四面体网格具备很好的几何适应性、生成简单等特点，在实际工程中应用广泛。

虽然要达到相同的计算精度，四面体网格数量要多于结构网格，但是随着计算机求解能力的增加，这些问题都可以得到较好的解决。目前很多CFD求解器都带有网格自适应功能，而四面体网格的自适应能力远大于结构网格。因此，掌握四面体网格的划分技巧在实际应用中十分必要。

本章将介绍ICEM CFD中四面体网格的自动生成方法，并通过具体实例详细讲解使用ICEM CFD自动生成四面体网格的工作流程。

学习目标

- ❖ 掌握ICEM CFD自动生成四面体网格的方法和流程
- ❖ 掌握生成网格的查看方法

6.1 四面体网格概述

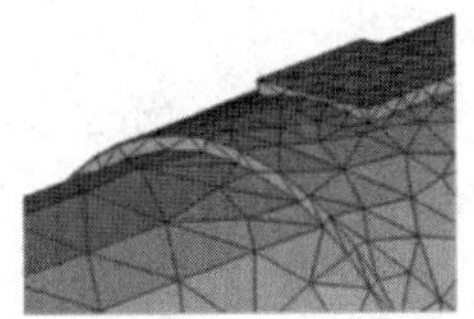
图6-1 自下而上的网格生成方法

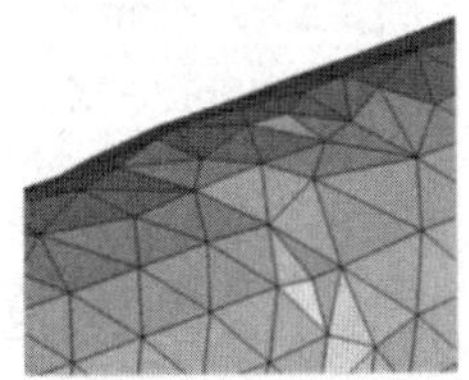
图6-2 自上而下的网格生成方法

大多数四面体网格生成器生成四面体网格的流程是先在几何模型的每一个表面上生成三角形网格，然后基于面网格生成体网格。这是一种传统的自下而上的网格生成方法，生成的网格如图 6-1 所示。这种方法的缺点是要处理几何模型的每一个表面，一旦几何模型存在细长表面、缝隙等缺陷，将给网格的生成带来很大的困难。

ICEM CFD 在具备自下而上的网格生成方法的基础上，还具有一种自上而下的网格生成方法，即先生成体网格，再生成面网格，对于复杂的几何模型，不需要大量的时间来处理几何表面的修补和面网格的生成，生成的网格如图 6-2 所示。

6.1.1 四面体网格生成方法

在 ICEM CFD 中生成四面体网格需要设定 Mesh type（网格类型）为 Tetra/Mixed。Tetra/Mixed 是一种应用广泛的非结构网格类型，默认情况下自动生成四面体网格（Tetra），通过设定可以创建三棱柱边界层网格（Prism），也可以在计算域内部生成以六面体单位为主的体网格（Hexcore），或者生成既包含边界层又包含六面体单元的网格。

ICEM CFD 具有多种四面体网格生成方法。Mesh Method（网格生成方法）主要有以下几种可供选择。

- Robust（Octree）：该方法使用八叉树方法生成四面体网格，是一种自上而下的网格生成方法，即先生成体网格，再生成面网格。对于复杂模型，不需要花费大量时间用于几何修补和面网格的生成。
- Quick（Delaunay）：适用于 Tetra/Mixed 网格类型，该方法用于生成四面体网格，是一种自下而上的网格生成方法，即先生成面网格，再生成体网格。
- Smooth（Advancing Front）：适用于 Tetra/Mixed 网格类型，该方法用于生成四面体网格，是一种自下而上的网格生成方法，即先生成面网格，再生成体网格。与 Quick 方法不同的是，近壁面网格尺寸变化平缓，对初始的面网格质量要求较高。
- TGrid：适用于 Tetra/Mixed 网格类型，该方法用于生成四面体网格，是一种自下而上的网格生成方法，能够使近壁面网格尺寸变化平缓。

6.1.2 四面体网格生成流程

ICEM CFD 自动生成四面体网格的流程如下。

（1）Global Mesh Setup（全局网格设定）。

- （全局网格尺寸）：设定最大网格尺寸及比例来确定全局网格尺寸。
- （体网格尺寸）：设定体网格类型及生成方法。

（2）Mesh Size for Parts（部件网格设定）。

（3）Surface Mesh Setup（表面网格设定）：通过鼠标选择几何模型中的一个面或几个面，设定其网格尺寸。

（4）Curve Mesh Parameters（曲线网格参数）：设定几何模型中指定曲线的网格尺寸。

（5）Create Mesh Density（网格加密）：通过选取几何模型上的一点，指定加密宽度、网格尺寸和比例，生成以指定点为中心的网格加密区域。

（6）Define Connections（定义连接）：通过定义连接两个不同的实体。

（7）Mesh Curve（生成曲线网格）：为一维曲线生成网格。

（8）Compute Mesh（计算网格）：根据前面的设置生成三维体网格。

6.2 阀门模型四面体网格生成1

本节将通过一个阀门几何模型网格生成的例子，让读者对在ANSYS ICEM CFD进行四面体网格自动生成的过程有一个初步了解。

6.2.1 启动ICEM CFD并建立分析项目

步骤01 在Windows系统下启动ICEM CFD，进入ICEM CFD界面。

步骤 02　执行File→Save Project命令，弹出Save Project As对话框，在“文件名”中输入valve，单击OK按钮确认，关闭对话框。

6.2.2　导入几何模型

步骤 01　执行File→Import Model命令，弹出Select Import Model file（选择导入模型文件）对话框，在“文件名”中输入valve.x_t，单击“打开”按钮确认。

步骤 02　弹出如图 6-3 所示的Import Model（导入模型）面板，Unit选择Millimeters，单击OK按钮确认。

步骤 03　导入几何文件后，将在图形显示区显示几何模型，如图 6-4 所示。

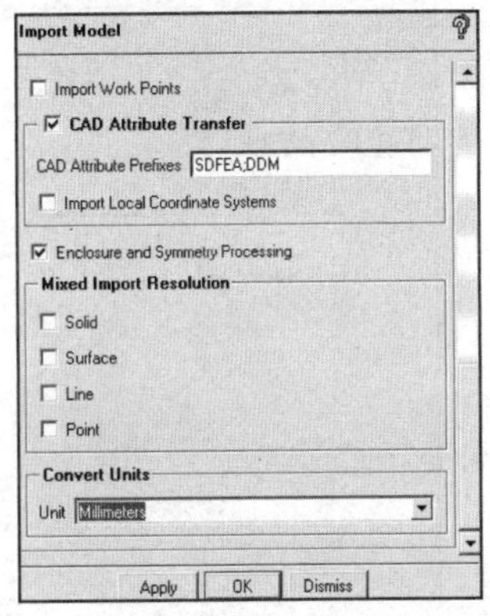

图6-3　导入模型面板

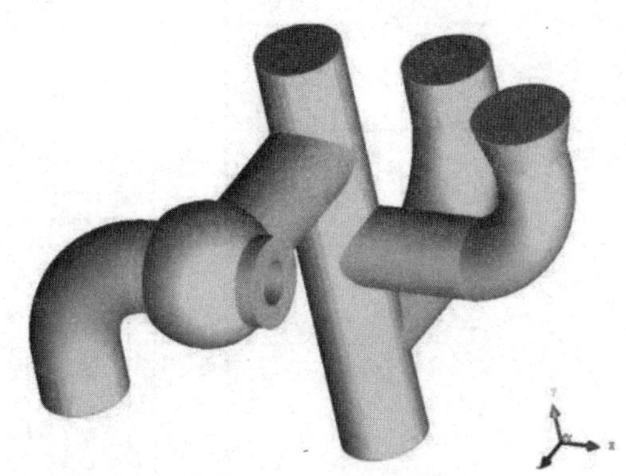

图6-4　几何模型

6.2.3　模型建立

步骤 01　单击功能区内Geometry（几何）选项卡中的（修复模型）按钮，弹出如图 6-5 所示的Repair Geometry（修复模型）面板，单击按钮，在Tolerance中输入 1，勾选Filter points 和Filter curves复选框，在Feature angle中输入 15，单击OK按钮确认，几何模型即可修复完毕，如图 6-6 所示。

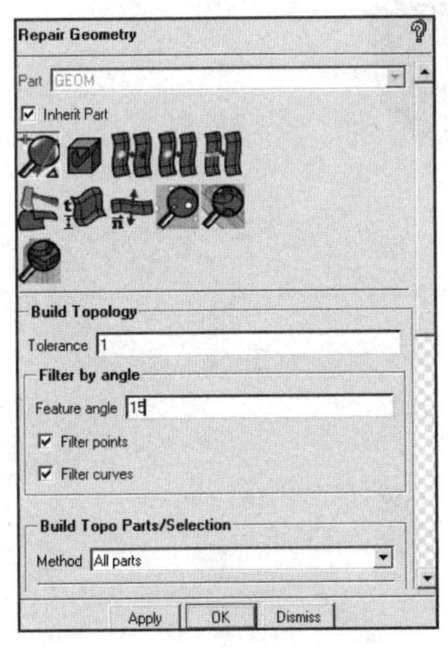

图6-5　修复模型面板

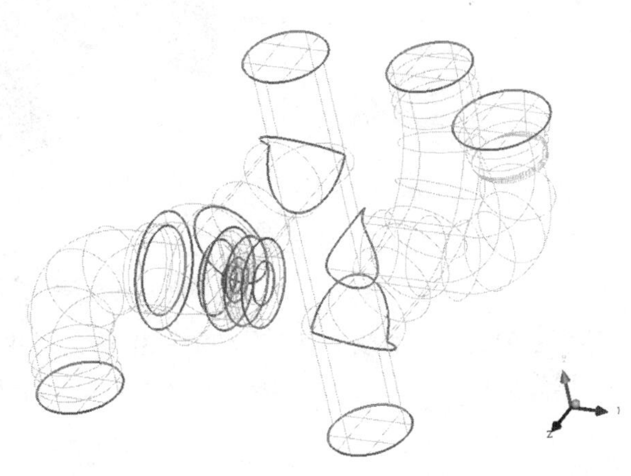

图6-6　修复后的几何模型

步骤 02　单击功能区内Geometry（几何）选项卡中的（生成体）按钮，弹出如图 6-7 所示的Create Body

（生成体）面板，单击按钮，单击OK按钮确认生成体。

步骤03 在操作控制树中右击Parts，弹出如图 6-8 所示的目录树，选择Create Part，弹出如图 6-9 所示的Create Part（生成边界）面板，在Part中输入IN，单击按钮，选择边界并单击鼠标中键确认，生成的入口边界条件如图 6-10 所示。

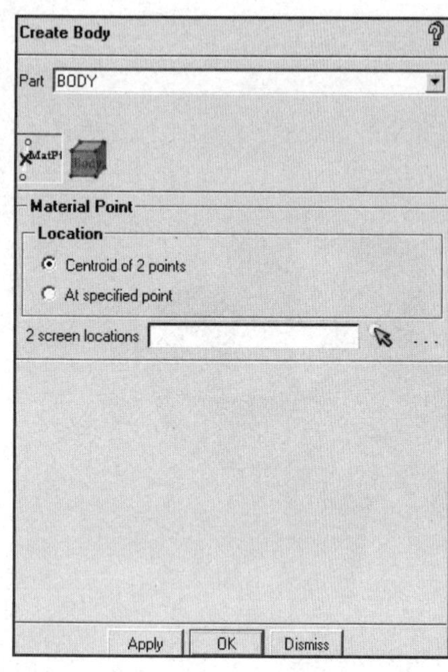

图6-7　生成体

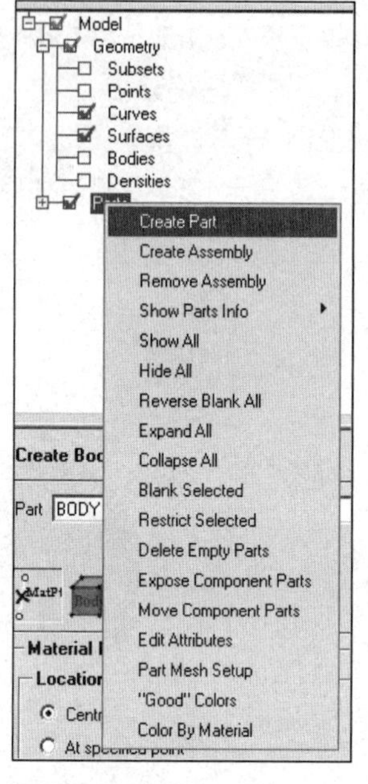

图6-8　选择Create Part

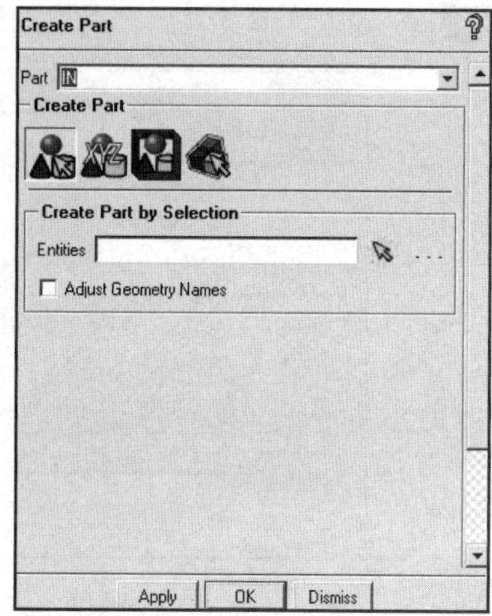

图6-9　生成边界

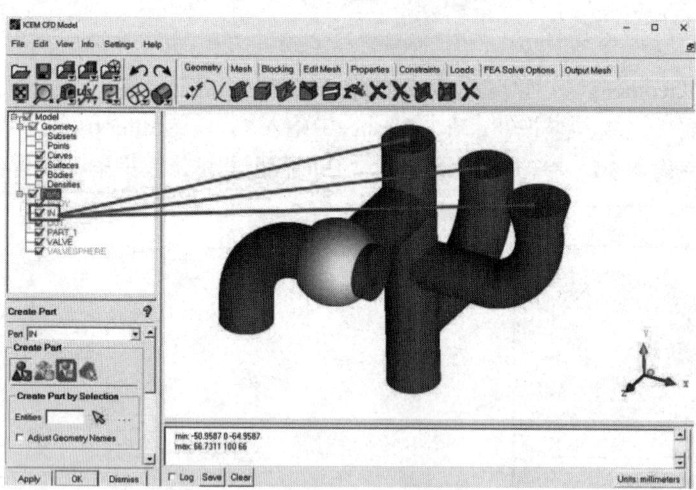

图6-10　入口边界条件

步骤04 用步骤03的方法生成出口边界，命名为OUT，如图 6-11 所示。

步骤05 用步骤03的方法生成新的边界，命名为VALVESPHERE，如图 6-12 所示。

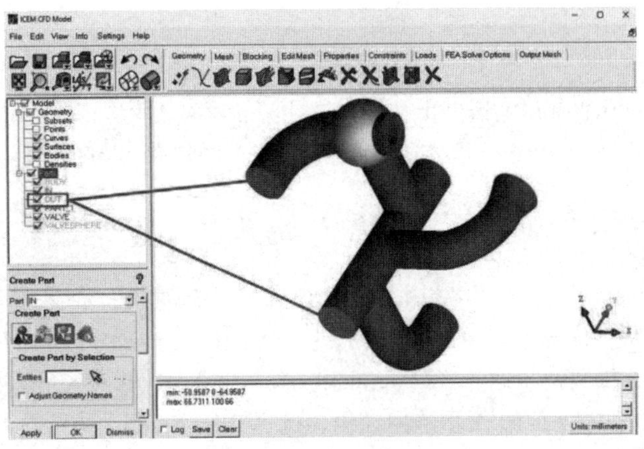

图6-11　OUT

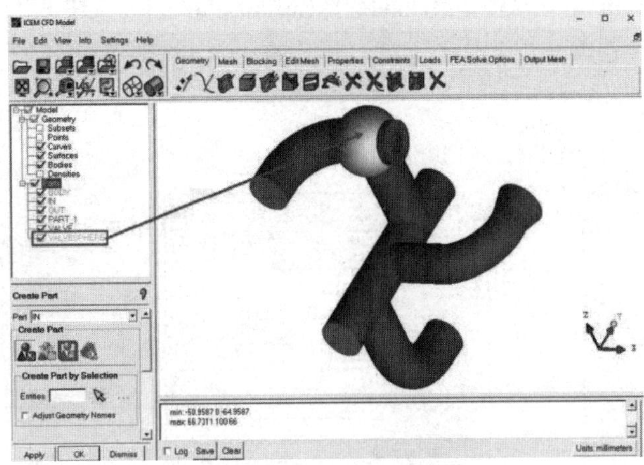

图6-12　VALVESPHERE

步骤 06　在目录树中隐藏VALVESPHERE，显示出内部结构，创建新的边界并命名为VALVE，如图 6-13 所示。

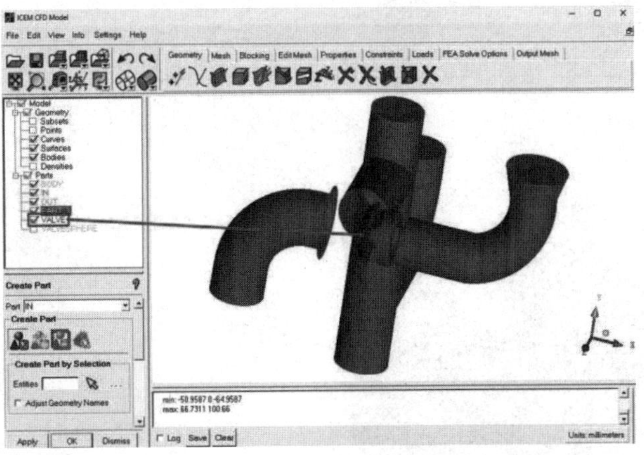

图 6-13　VALVE

技巧提示

边界的颜色与模型树中的颜色是匹配的。

6.2.4　网格生成

步骤 01　单击功能区内Mesh（网格）选项卡中的（全局网格设定）按钮，弹出如图 6-14 所示的Global Mesh Setup（全局网格设定）面板，在Max element中输入 64，单击Apply按钮确认。

Max element 通常为 2 的指数。

步骤 02　单击功能区内Mesh（网格）选项卡中的（表面网格设定）按钮，弹出如图 6-15 所示的Surface Mesh Setup（表面网格设定）面板，单击按钮，弹出Select geometry（选择几何）工具栏，单击（选择全部）按钮，选择所有平面，在Maximum size中输入 4，单击Apply按钮确认。在操作控制树中右击Surfaces，弹出如图 6-16 所示的目录树，选择Tetra Sizes，显示面网格大小，如图 6-17 所示。

步骤 03　单击功能区内Mesh（网格）选项卡中的（曲线上网格设定）按钮，弹出如图 6-18 所示的Curve Mesh Setup（曲线上网格设定）面板，Method选择General，单击按钮，弹出Select geometry（选择几何）工具栏，选择如图 6-19 所示的曲线，在Maximum size中输入 2，在Tetra width中输入 3，单击Apply按钮确认。

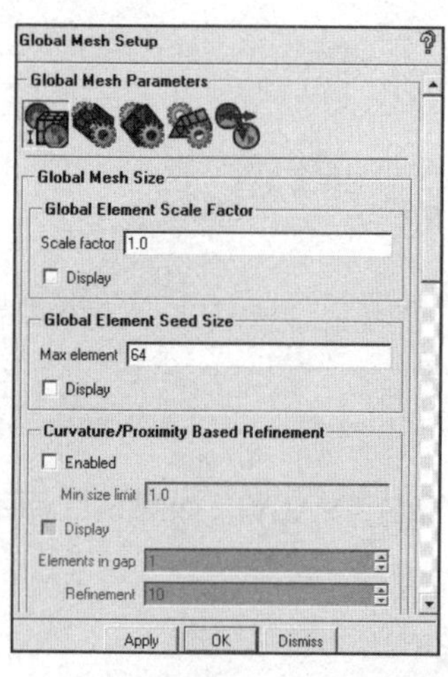

图 6-14　全局网格设定面板

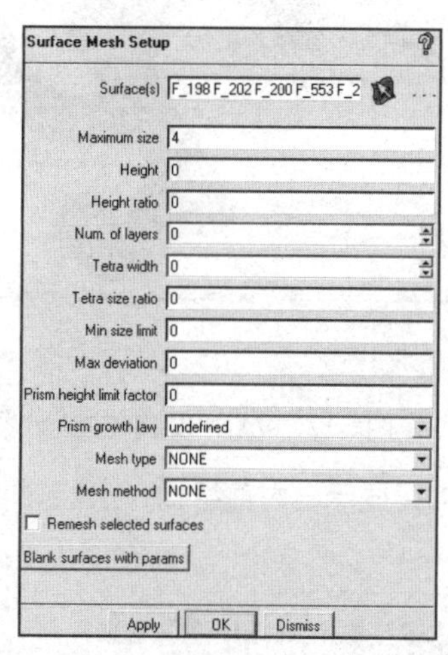

图 6-15　表面网格设定面板

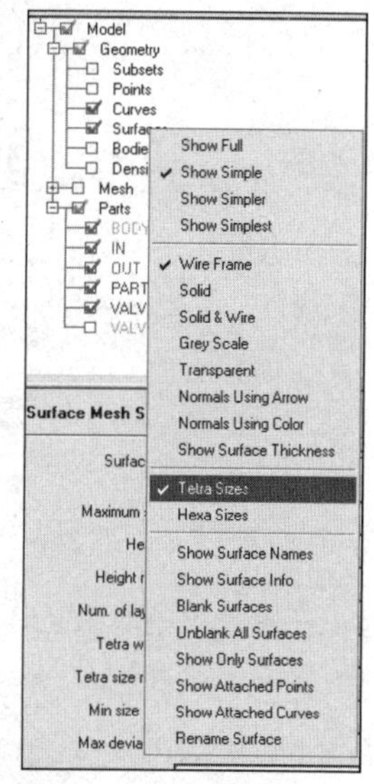

图 6-16　目录树

图 6-17　显示面网格大小

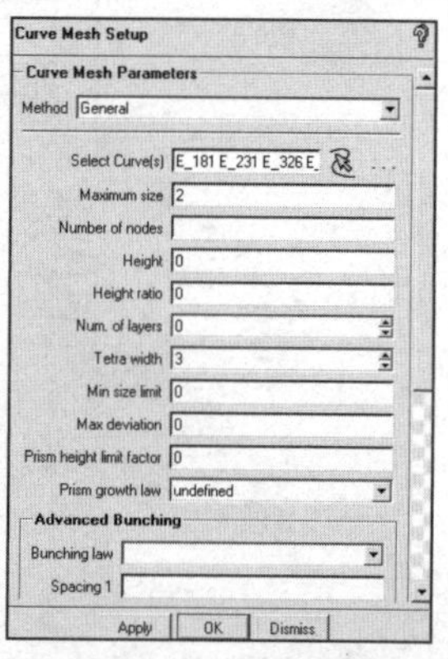

图 6-18　曲线上网格设定

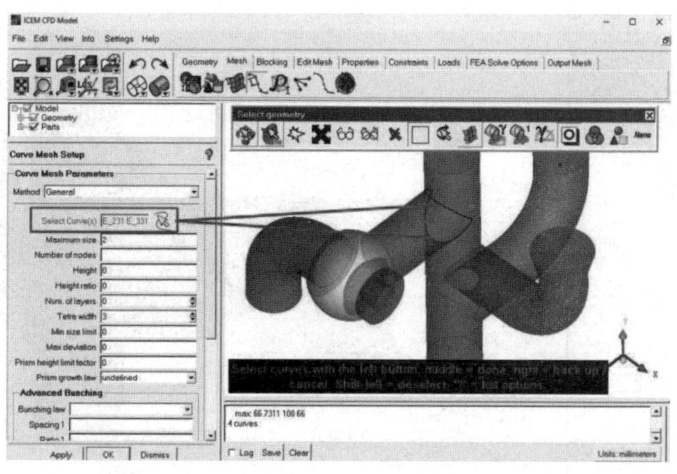

图 6-19　选择曲线

步骤 04　单击功能区内Mesh（网格）选项卡中的（网格加密）按钮，弹出如图 6-20 所示的Create Density（创建密度盒）面板，在Name中输入密度盒名称Density Box，在Size中输入 2，在Density Location下的From中选择Entity bounds，单击按钮，弹出Select geometry（选择几何）工具栏，单击按钮，弹出Select part（选择部件）工具栏，如图 6-21 所示，勾选VALVESPHERE复选框，单击Accept按钮确认，再单击Apply按钮确认显示网格加密区域，如图 6-22 所示。

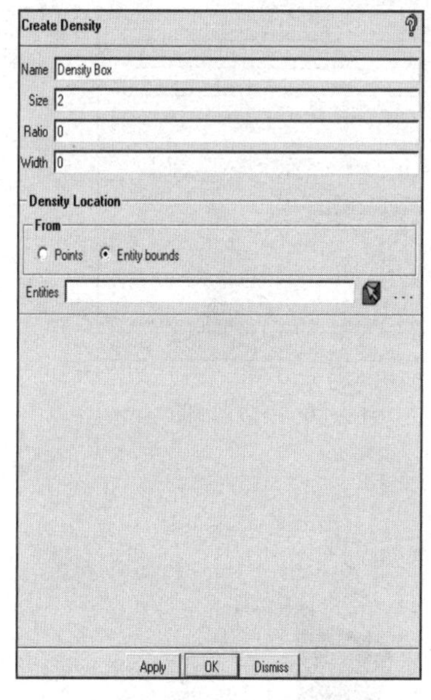

图 6-20　创建密度盒面板

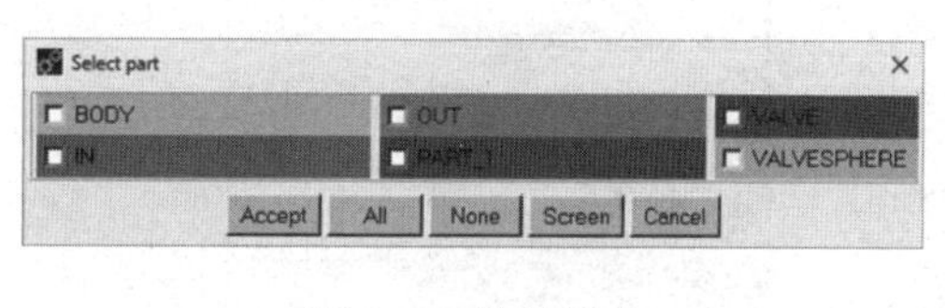

图6-21　选择部件

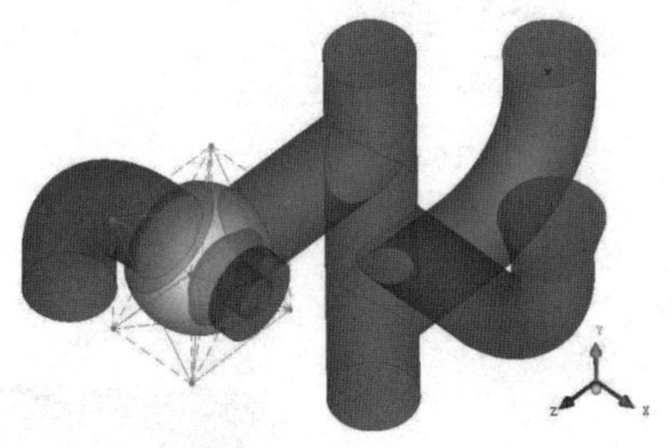

图 6-22　网格加密区域

步骤 05　单击功能区内Mesh（网格）选项卡中的（计算网格）按钮，弹出如图 6-23 所示的Compute Mesh（计算网格）面板，单击（体网格）按钮，单击Apply按钮确认生成体网格文件，如图 6-24 所示。

步骤 06　在操作控制树中右击Mesh，弹出如图 6-25 所示的目录树，选择Cut Plane…→Manage Cut Plane，显示Manage Cut Plane（管理剖面）面板，如图 6-26 所示。在Method中选择by Coefficients，调整Fraction Value值显示不同的剖面结果，如图 6-27 所示。

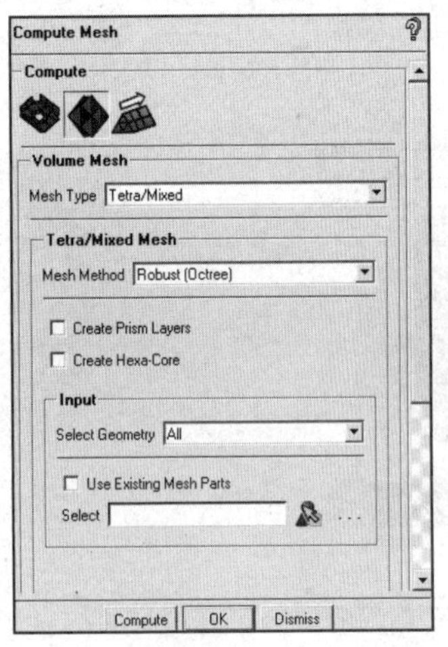

图 6-23　计算网格面板

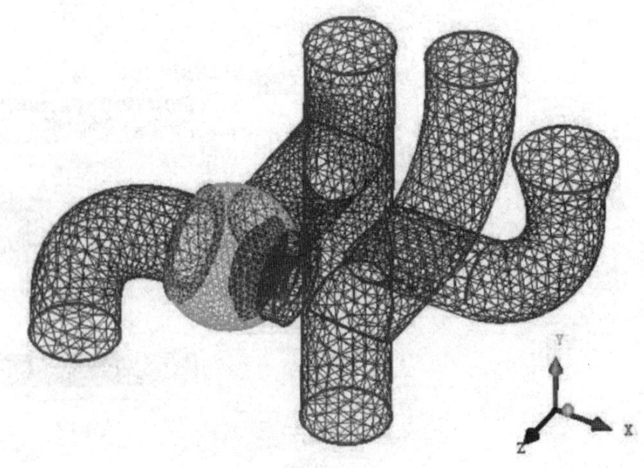

图 6-24　生成体网格

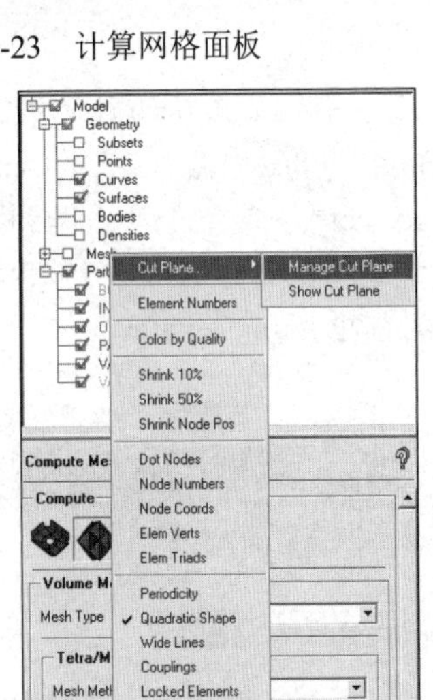

图 6-25　目录树

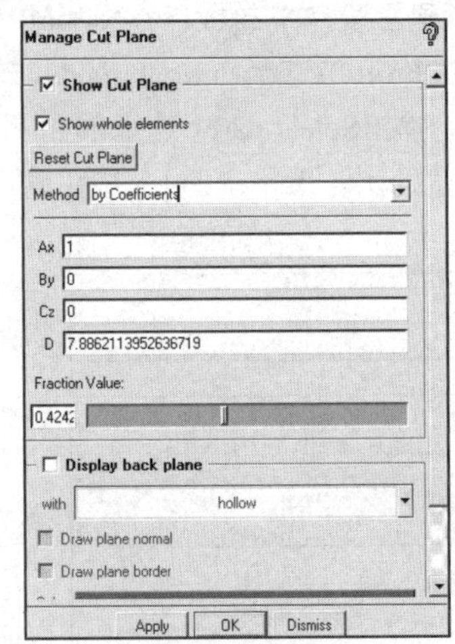

图 6-26　管理剖面

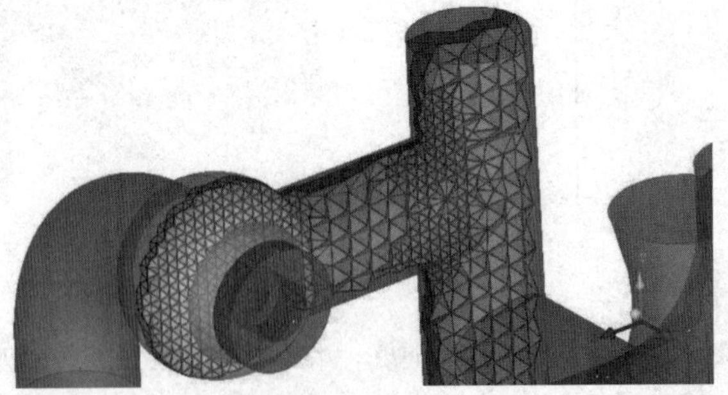

图 6-27　剖面显示

6.2.5　网格质量检查

单击Edit Mesh（网格编辑）选项卡中的（检查网格）按钮，弹出如图6-28所示的Quality Metrics

（质量指标）面板，单击Apply按钮确认，在信息栏中显示网格质量信息，如图6-29所示。单击网格质量信息图中的长度条，在这个范围内的网格单元会显示出来，如图6-30所示。

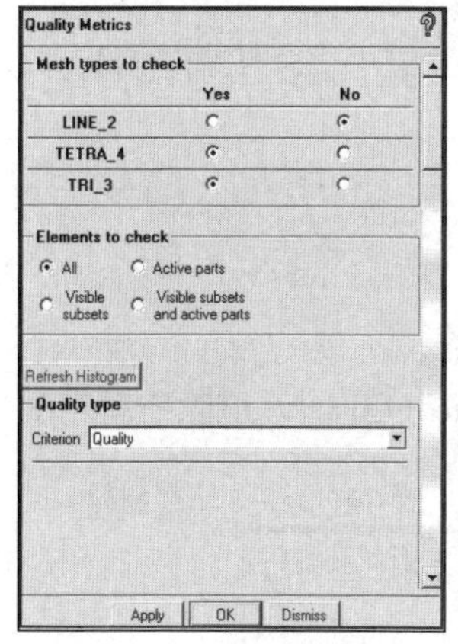

图6-28　质量指标面板

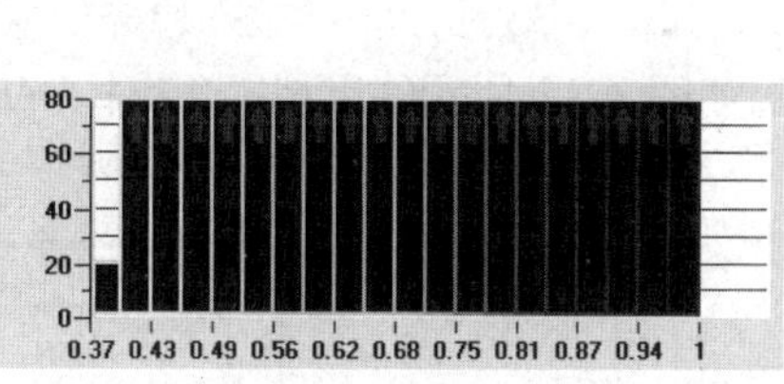

图6-29　网格质量信息

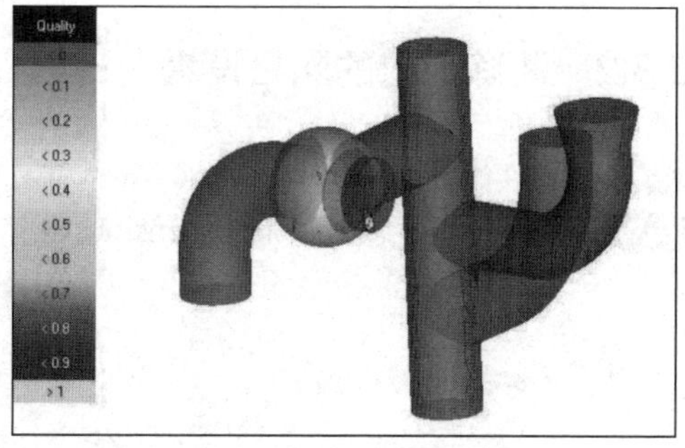

图6-30　网格显示

6.2.6　网格输出

步骤01　单击功能区内Output（输出）选项卡中的（求解器设定）按钮，弹出如图 6-31 所示的Solver Setup（求解器设定）面板，Output Solver选择ANSYS Fluent，单击Apply按钮确认。

步骤02　单击功能区内Output（输出）选项卡中的（输出）按钮，弹出“打开网格文件”对话框，选择文件，单击“打开”按钮，弹出如图 6-32 所示的Ansys Fluent对话框，Grid dimension选择 3D，单击Done按钮确认完成。

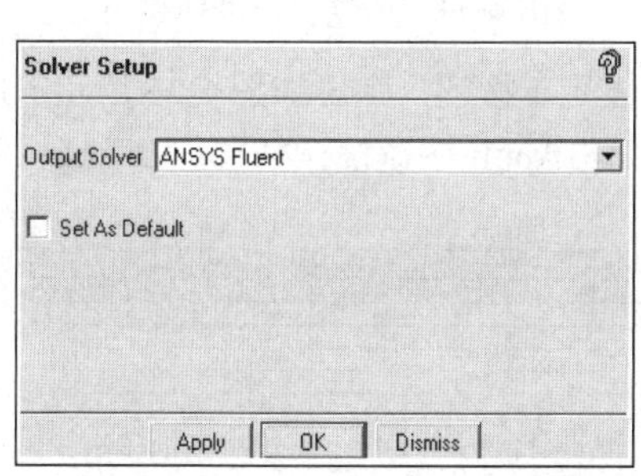

图 6-31　求解器设定面板

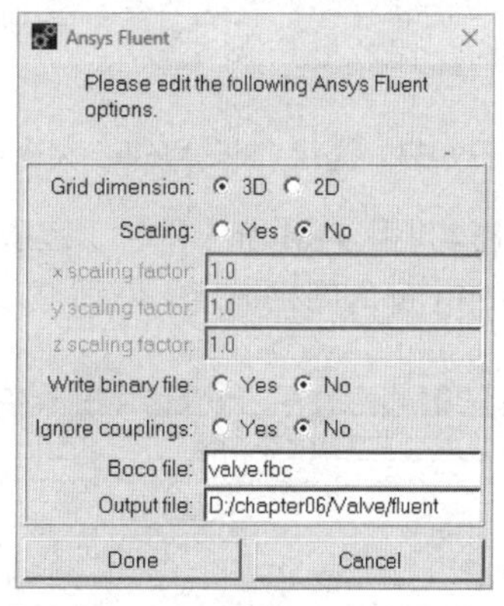

图 6-32　Ansys Fluent 对话框

6.3　阀门模型四面体网格生成2

本节将在 6.2 节网格划分的基础上，进一步设置几何模型的网格以提高网格质量，并将生成的网格导入 Fluent 中进行计算分析。

6.3.1 启动ICEM CFD并打开分析项目

步骤01 在Windows系统下启动ICEM CFD，进入ICEM CFD界面。

步骤02 执行File→Open Project命令，弹出Open Project（打开项目）对话框，在“文件名”中输入valve，单击OK按钮确认，关闭对话框。

6.3.2 删除原先的网格设置

步骤01 执行File→Mesh→Close Mesh...命令，如图 6-33 所示，不载入原先的网格。

步骤02 在操作控制树中右击Densities，弹出如图 6-34 所示的目录树，选择Delete Density，删除所有密度盒。

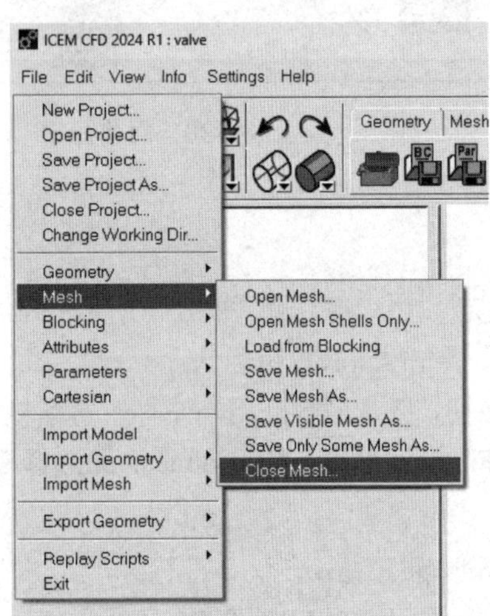

图 6-33 执行 Close Mesh…命令

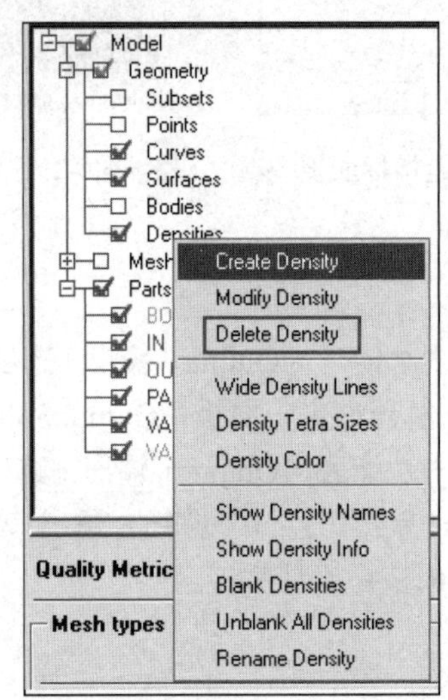

图 6-34 选择 Delete Density

步骤03 单击功能区内Mesh（网格）选项卡中的（部件网格设定）按钮，弹出如图 6-35 所示的Part Mesh Setup（部件网格设定）对话框，设定所有参数为 0，单击Apply按钮确认并单击Dismiss按钮退出。

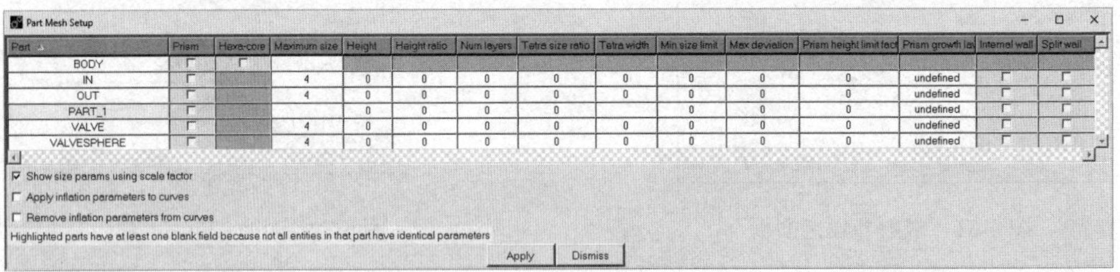

图6-35 部件网格设定

如果不设定其中一些参数，则 Automatic Tetra sizing 可能会自动设定。

6.3.3　网格生成

步骤 01　单击功能区内Mesh（网格）选项卡中的（全局网格设定）按钮，弹出如图 6-36 所示的Global Mesh Setup（全局网格设定）面板，在Max element中输入 64，在Curvature/Proximity Based Refinement中勾选Enabled复选框，在Min size limit中输入 1.0，在Elements in gap中输入 3，在Refinement中输入 12，单击Apply按钮确认。

步骤 02　单击功能区内Mesh（网格）选项卡中的（计算网格）按钮，弹出如图 6-37 所示的Compute Mesh（计算网格）面板，单击（体网格）按钮，单击Apply按钮确认生成体网格文件，如图 6-38 所示。

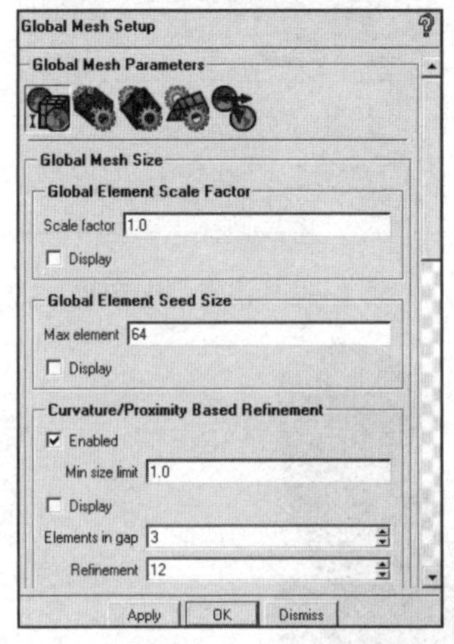

图 6-36　全局网格设定面板

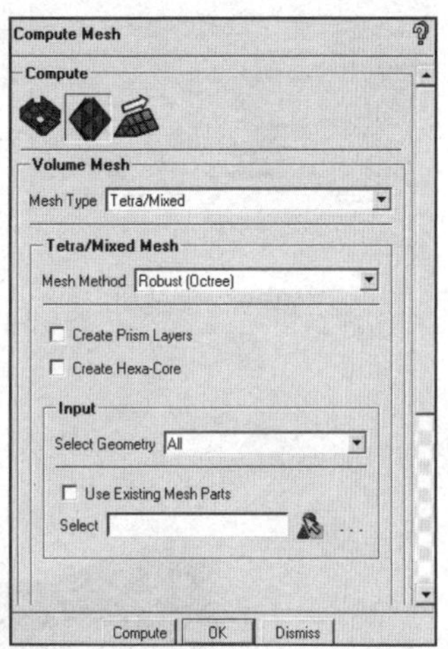

图 6-37　计算网格面板

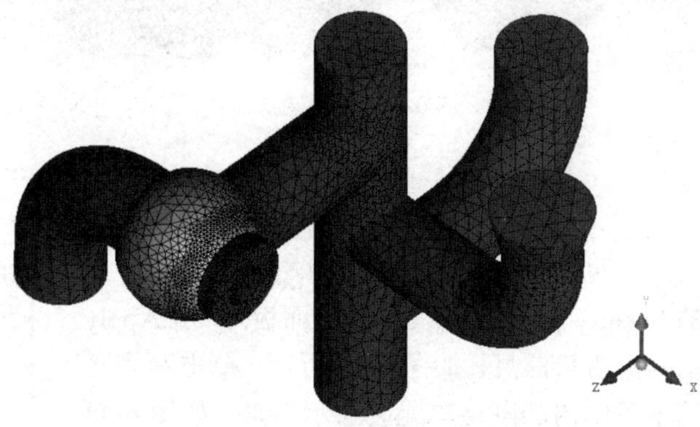

图 6-38　生成体网格

步骤 03　在操作控制树中右击Mesh，弹出如图 6-39 所示的目录树，选择Cut Plane…→Manage Cut Plane，显示Manage Cut Plane（管理剖面）面板，如图 6-40 所示。在Method中选择by Coefficients，调整Fraction Value值显示不同剖面的结果，如图 6-41 所示。

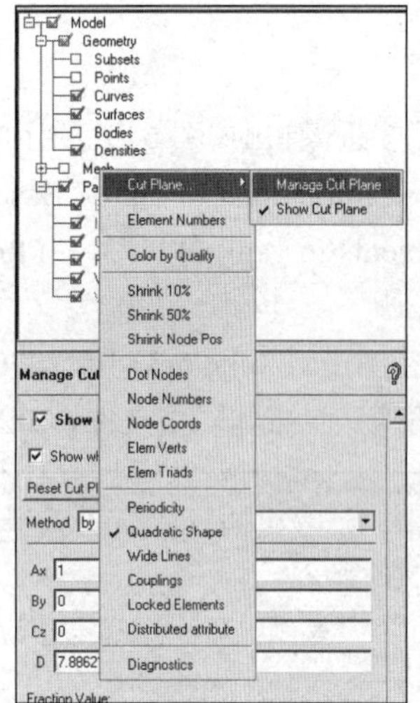

图 6-39　目录树

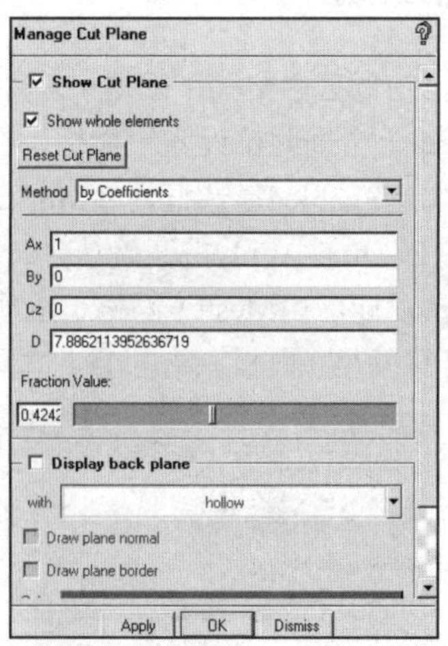

图 6-40　管理剖面面板

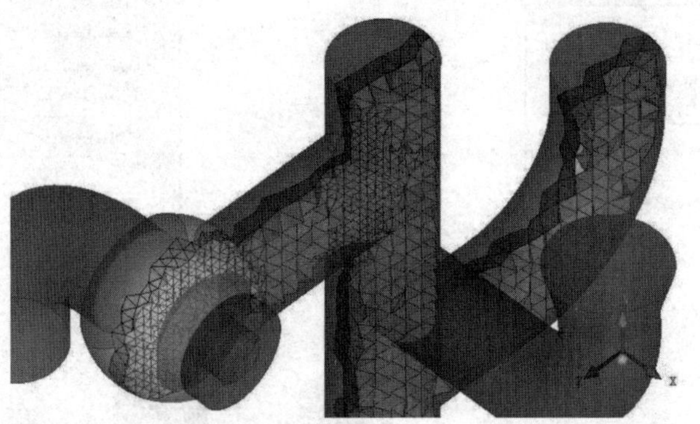

图 6-41　剖面显示

6.3.4　网格质量检查

单击功能区内 Edit Mesh（网格编辑）选项卡中的（检查网格）按钮，弹出如图 6-42 所示的 Quality Metrics（质量指标）面板，单击 Apply 按钮确认，在信息栏中显示网格质量信息，如图 6-43 所示。单击网格质量信息图中的长度条，在这个范围内的网格单元会显示出来，如图 6-44 所示。

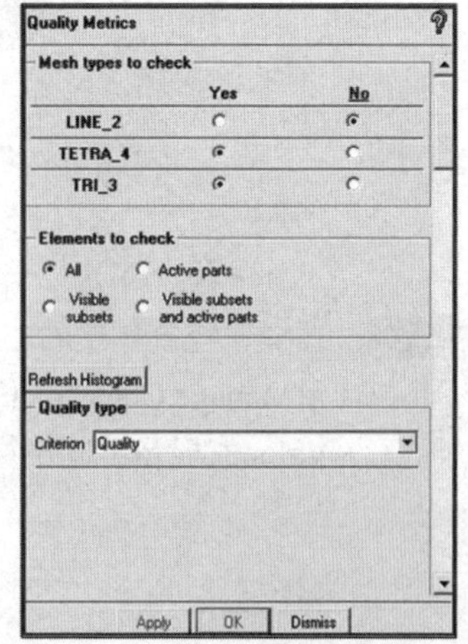

图6-42　质量指标面板

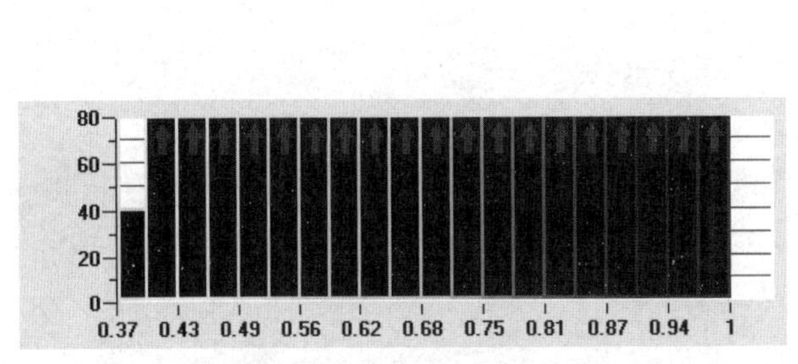

图 6-43　网格质量信息

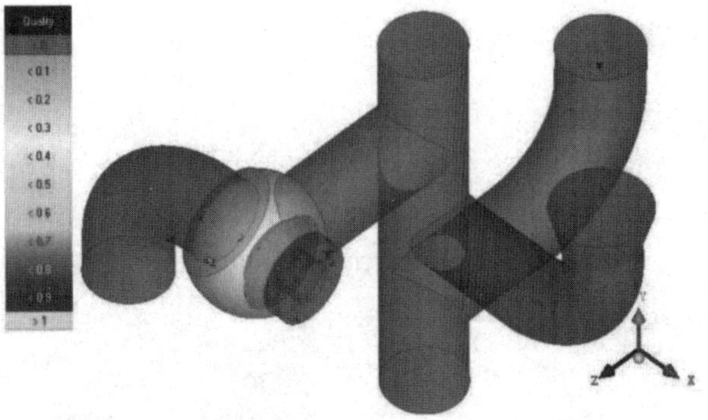

图 6-44　网格显示

6.3.5　网格输出

步骤 01　单击功能区内Output（输出）选项卡中的（求解器设定）按钮，弹出如图 6-45 所示的Solver Setup（求解器设定）面板，Output Solver选择ANSYS Fluent，单击Apply按钮确认。

步骤 02　单击功能区内Output（输出）选项卡中的（输出）按钮，弹出“打开网格文件”对话框，选择文件，单击“打开”按钮，弹出如图 6-46 所示的Ansys Fluent对话框，Grid dimension选择 3D，单击Done按钮确认完成。

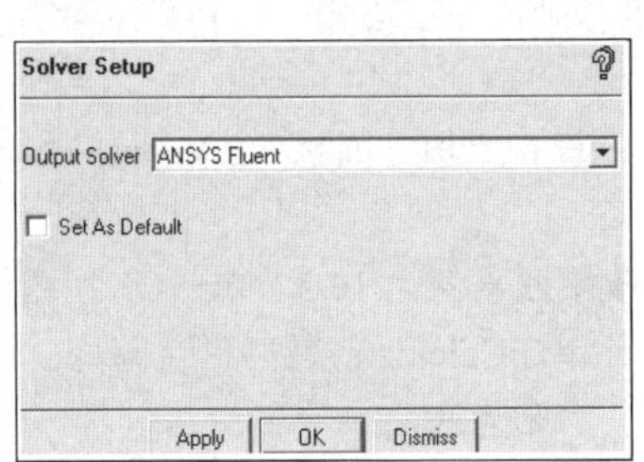

图 6-45　求解器设定面板

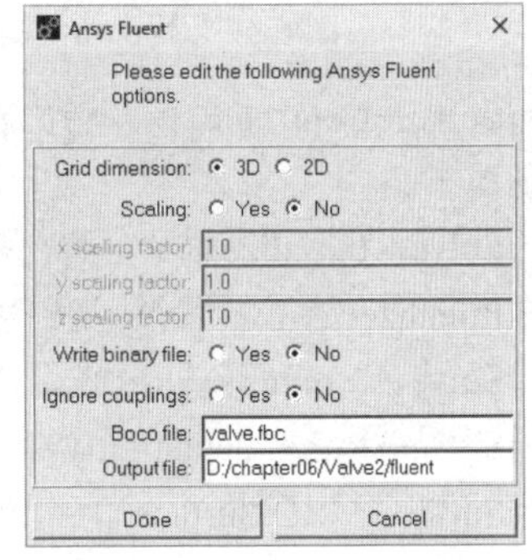

图 6-46　Ansys Fluent 对话框

6.3.6　计算与后处理

步骤 01　在Windows系统下启动Fluent，进入Fluent Launcher界面。

步骤 02　Dimension选择 3D，单击OK按钮进入Fluent界面。

步骤 03　执行File→Read→Mesh命令，读入ICEM CFD生成的网格文件，如图 6-47 所示。

步骤 04　在任务栏单击（保存）按钮进入Write Case对话框，在File name（文件名）中输入fluent.cas，单击OK按钮保存项目文件。

步骤 05　执行Mesh→Check命令，检查网格质量，应保证Minimum Volume大于 0。

步骤 06　执行Mesh→Scale命令，打开Scale Mesh（缩放网格）面板，定义网格尺寸单位，在Mesh Was Created In中选择mm，单击Scale按钮。

步骤 07　执行Define→General命令，在Time中选择Steady。

步骤 08　执行Define→Model→Viscous命令，选择k-epsilon（2 eqn）模型。

步骤 09 执行Define→Boundary Conditions命令，定义边界条件，如图 6-48 所示。

- in: Type 选择 velocity-inlet（速度入口）边界条件，在 Velocity Magnitude（速度大小）中输入 2。
- out: Type 选择 pressure-outlet（压力出口）边界条件，将 Gauge Pressure 设置为 0。

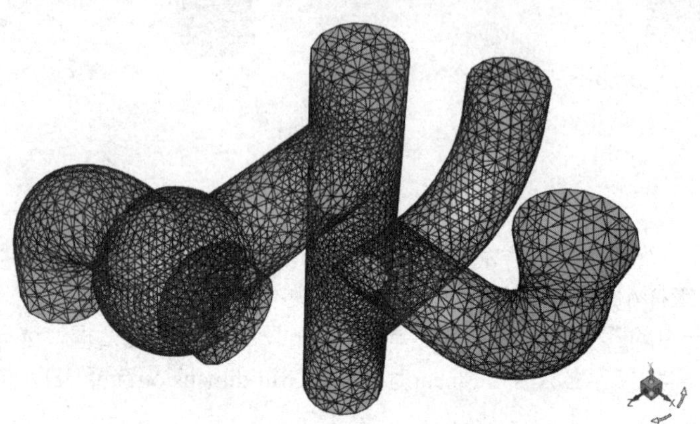

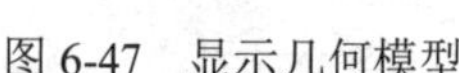

图 6-47 显示几何模型

图 6-48 边界条件面板

步骤 10 执行Solve→Controls命令，弹出Solution Controls（设置松弛因子）面板，保持默认设置，单击OK按钮退出。

步骤 11 执行Solve→Initialize命令，弹出Solution Initialization（设置初始值）面板，Compute From选择in，单击Initialize按钮进行计算初始化。

步骤 12 执行Solve→Monitors→Residual命令，设置各个参数的收敛残差值为 1e-3，单击OK按钮确认。

步骤 13 执行Solve→Run Calculation命令，迭代步数设置为 300，单击Calculate按钮开始计算。

步骤 14 执行Surface→ISO Surface命令，设置生成X=0m的平面，命名为x0。

步骤 15 执行Display→Graphics and Animations→Contours命令，Contours of选择Velocity Magnitude，surfaces选择x0，单击Display按钮显示速度云图，如图 6-49 所示。

步骤 16 执行Display→Graphics and Animations→Vector命令，Contours of选择Velocity Magnitude，surfaces选择x0，单击Display按钮显示速度矢量图，如图 6-50 所示。

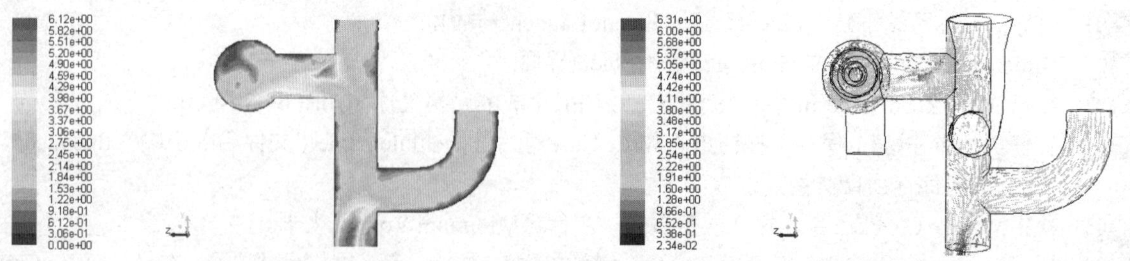

图 6-49 速度云图

图 6-50 速度矢量图

步骤 17 执行Display→Graphics and Animations→Contours命令，Contours of选择Static Pressure，surfaces选择x0，单击Display按钮显示压力云图，如图 6-51 所示。

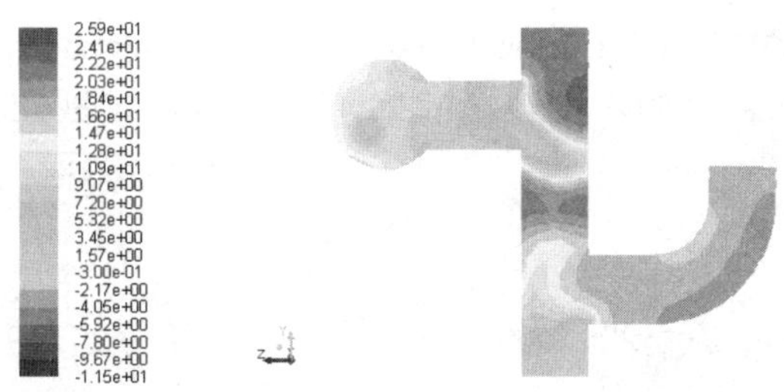

图6-51　压力云图

从上述计算结果可以看出，生成的网格能够满足计算要求，并且能够较好地模拟阀门内的流场问题。

6.4　弯管部件四面体网格生成实例

本节将对5.6节弯管部件使用的四面体网格进行划分，并对生成的网格进行计算分析，与六面体网格的计算结果形成对比。

6.4.1　启动ICEM CFD并建立分析项目

步骤01　在Windows系统下启动ICEM CFD，进入ICEM CFD界面。

步骤02　执行File→Save Project命令，弹出Save Project As对话框，在“文件名”中输入icemcfd，单击OK按钮确认，关闭对话框。

6.4.2　导入几何模型

执行 File→Geometry→Open Geometry 命令，弹出 Open Geometry File（打开几何文件）对话框，在“文件名”中输入 geometry.tin，单击“打开”按钮确认。导入几何文件后，将在图形显示区显示几何模型，如图 6-52 所示。

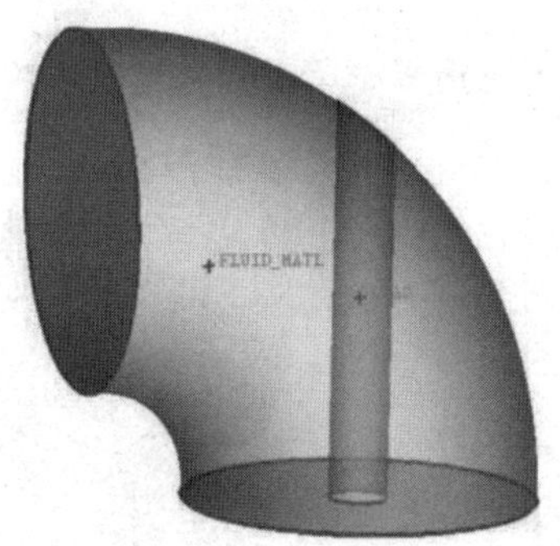

图6-52　几何模型

6.4.3　模型建立

步骤01　单击功能区内Geometry（几何）选项卡中的（修复模型）按钮，弹出如图 6-53 所示的Repair Geometry

（修复模型）面板。单击按钮，在Tolerance中输入 0.1，勾选Filter points和Filter curves复选框，在Feature angle中输入 30，单击OK按钮确认，几何模型即可修复完毕，如图 6-54 所示。

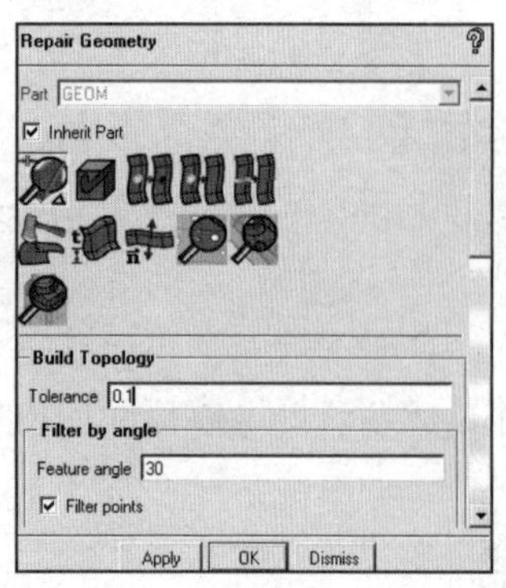

图 6-53　修复模型面板

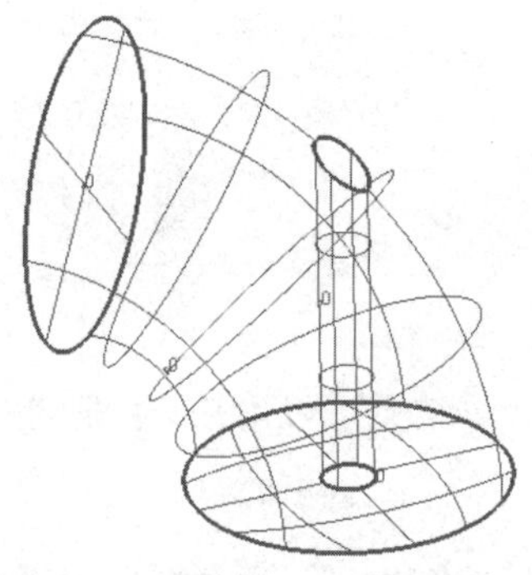

图 6-54　修复后的几何模型

步骤02 在操作控制树中右击Parts，弹出如图 6-55 所示的目录树，选择Create Part，弹出如图 6-56 所示的Create Part（生成边界）面板。在Part中输入IN，单击按钮，选择边界并单击鼠标中键确认，生成的边界如图 6-57 所示。

步骤03 用步骤02的方法生成边界，命名为OUT，如图 6-58 所示。

步骤04 用步骤02的方法生成新的边界，命名为ELBOW，如图 6-59 所示。

步骤05 用步骤02的方法生成新的边界，命名为CYLIN，如图 6-60 所示。

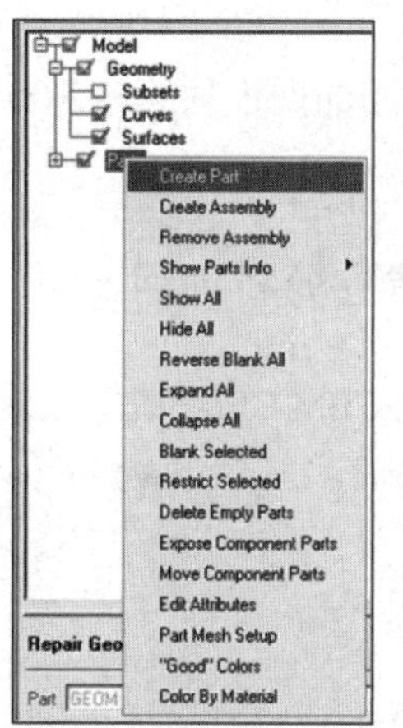

图6-55　选择生成边界命令

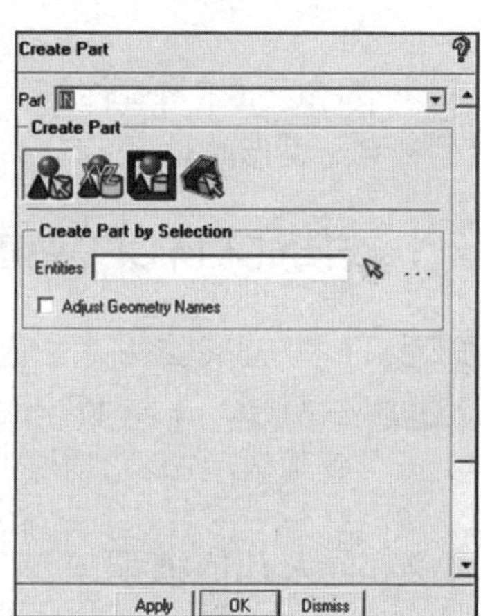

图6-56　生成边界面板

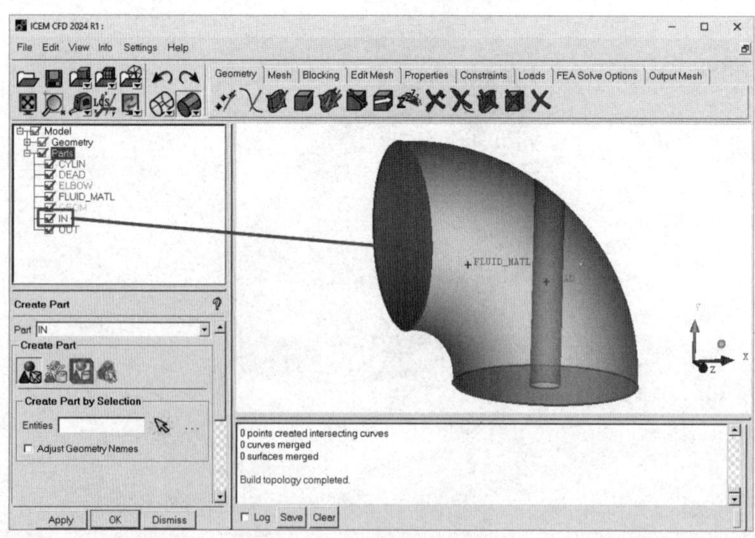

图 6-57　生成边界条件

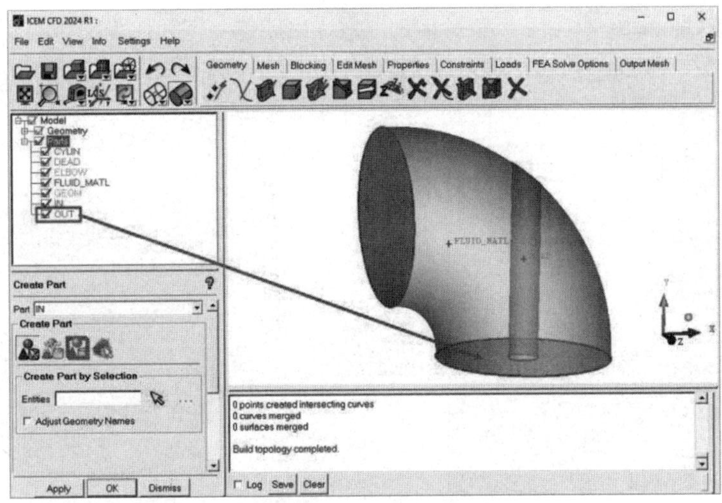

图 6-58　边界命名为 OUT

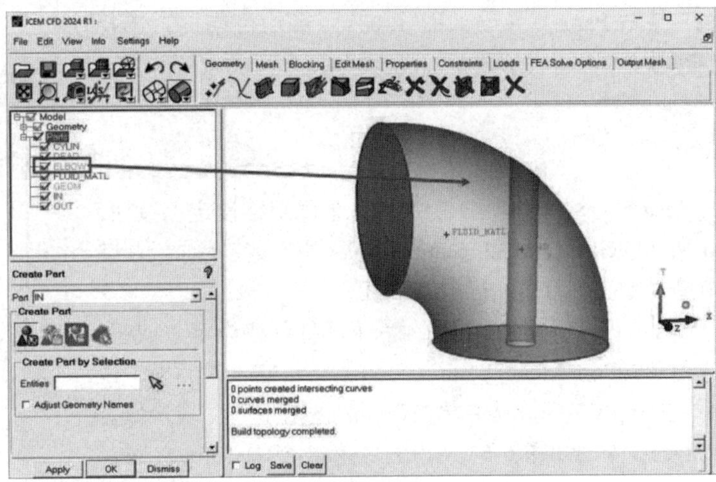

图 6-59　边界命名为 ELBOW

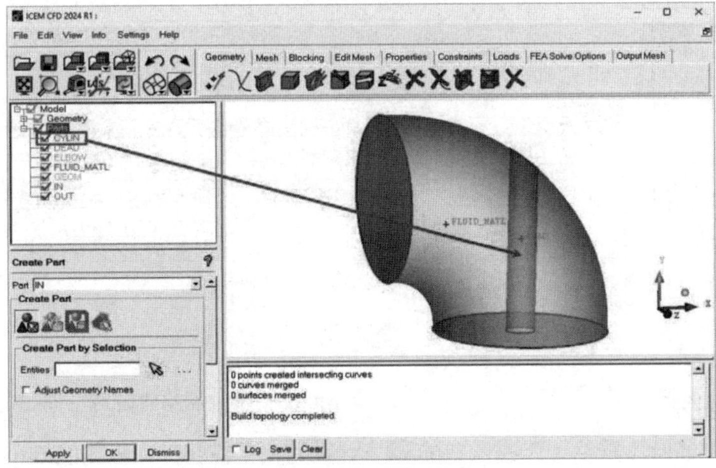

图 6-60　边界命名为 CYLIN

步骤06 单击功能区内Geometry（几何）选项卡中的（生成体）按钮，弹出如图 6-61 所示的Create Body（生成体）面板，单击按钮，输入Part名称为FLUID，选择如图 6-62 所示的两个屏幕位置，单击鼠标中键确认，并确保物质点在管的内部，同时在圆柱杆的外部。

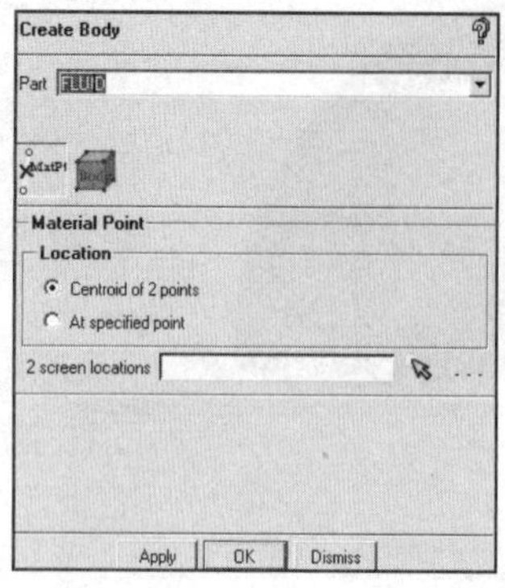

图6-61　生成体面板

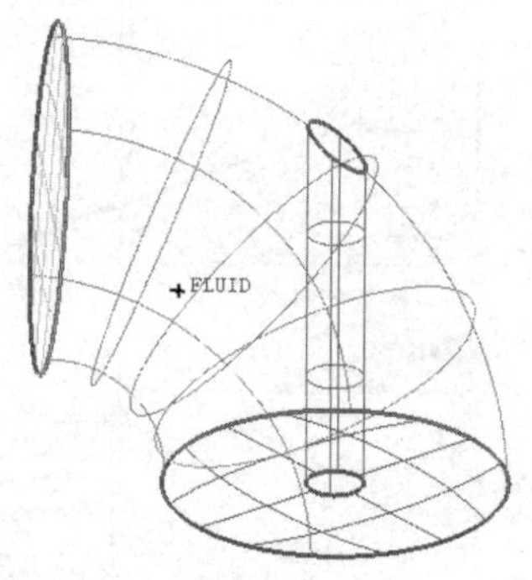

图6-62　选择点位置

步骤07 在操作控制树中右击Parts，弹出如图 6-63 所示的目录树，选择"Good"Colors命令。

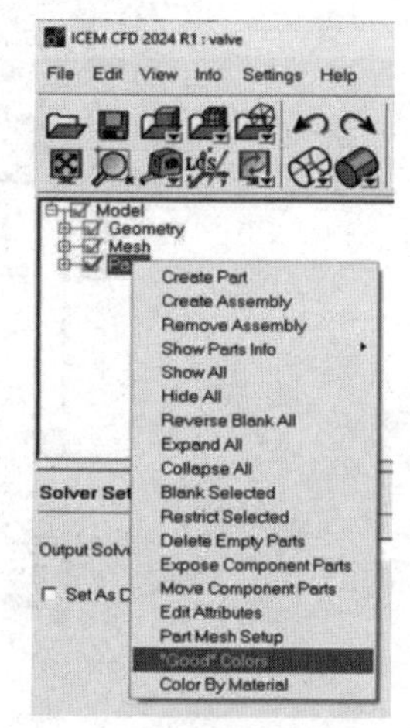

图6-63　选择"Good"Colors命令

6.4.4　网格生成

步骤01 单击功能区内Mesh（网格）选项卡中的（全局网格设定）按钮，弹出如图 6-64 所示的Global Mesh Setup（全局网格设定）面板，在Max element中输入 16.0，单击Apply按钮确认。

步骤02 单击功能区内Mesh（网格）选项卡中的（部件网格设定）按钮，弹出如图 6-65 所示的Part Mesh Setup（部件网格设定）对话框，设置所有参数，单击Apply按钮确认并单击Dismiss按钮退出。在操作控制树中右击Surfaces，弹出如图 6-66 所示的目录树，选择Tetra Sizes，显示面网格大小，如图 6-67 所示。

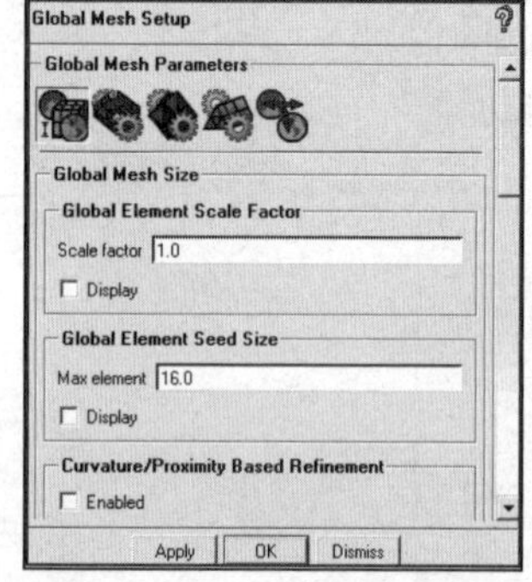

图6-64　全局网格设定面板

Part Mesh Setup

Part	Prism	Hexa-core	Maximum size	Height	Height ratio	Num layers	Tetra size ratio	Tetra width	Min size limit	Max deviation	Prism height limit factor	Prism growth law	Internal wall	Split wall
CYLIN	☐		5	1	1.2	0	0	0	0	0	0	undefined	☐	☐
DEAD	☐	☐												
ELBOW	☐		5	1	1.2	0	0	0	0	0	0	undefined	☐	☐
FLUID	☐	☐												
FLUID_MATL	☐	☐												
GEOM	☐		1					0	0	0	0	undefined		
IN	☐		5	0	0	0	0	0	0	0	0	undefined	☐	☐
OUT	☐		5	0	0	0	0	0	0	0	0	undefined	☐	☐

☑ Show size params using scale factor
☐ Apply inflation parameters to curves
☐ Remove inflation parameters from curves
Highlighted parts have at least one blank field because not all entities in that part have identical parameters
Apply　Dismiss

图6-65　部件网格设定对话框

步骤03 单击功能区内Mesh（网格）选项卡中的（计算网格）按钮，弹出如图 6-68 所示的Compute Mesh（计算网格）面板，单击（体网格）按钮，单击Apply按钮确认生成体网格文件，如图 6-69 所示。

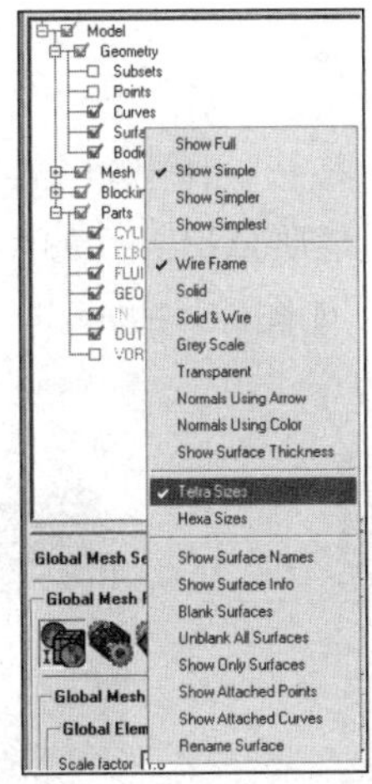

图 6-66　目录树

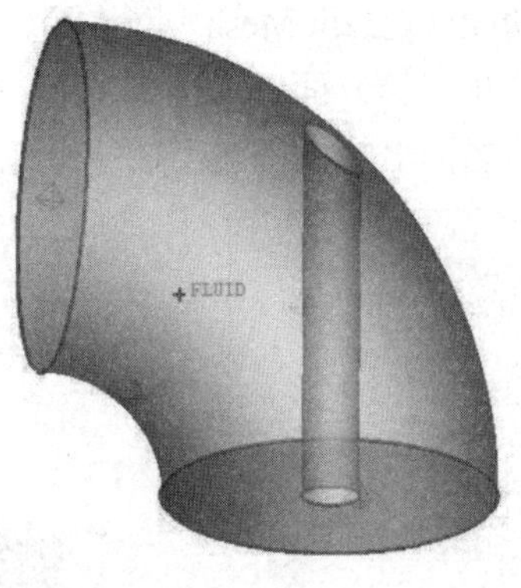

图 6-67　显示面网格大小

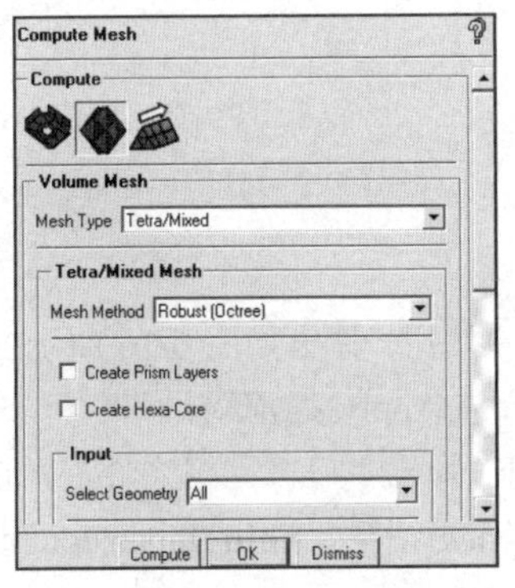

图 6-68　计算网格面板

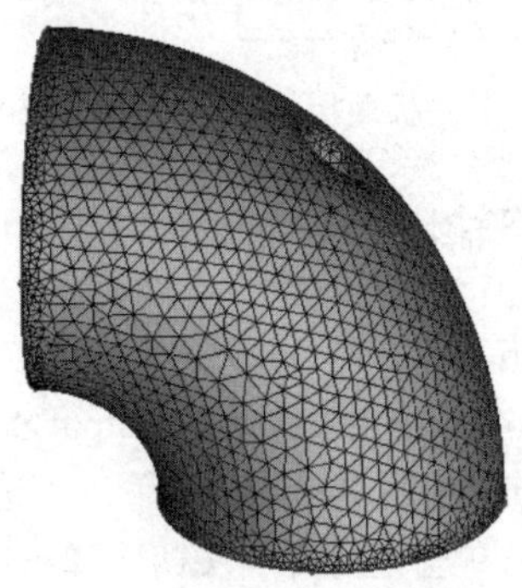

图 6-69　生成体网格

步骤 04　在操作控制树中右击Mesh，弹出如图 6-70 所示的目录树，选择Cut Plane...→Manage Cut Plane，显示Manage Cut Plane（管理剖面）面板，如图 6-71 所示。在Method中选择by Coefficients，调整Fraction Value值显示不同剖面的结果，如图 6-72 所示。

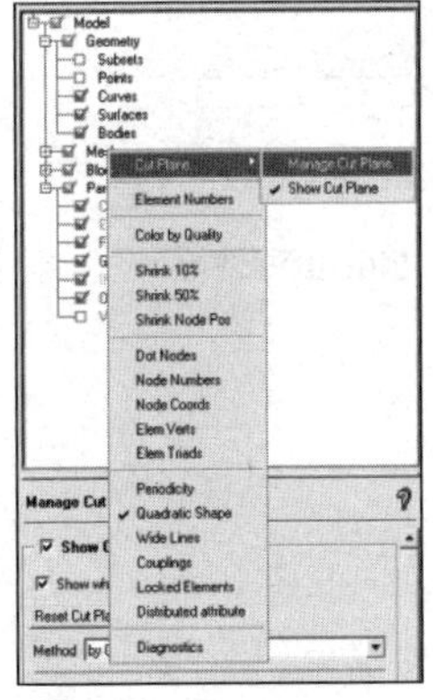

图 6-70　目录树

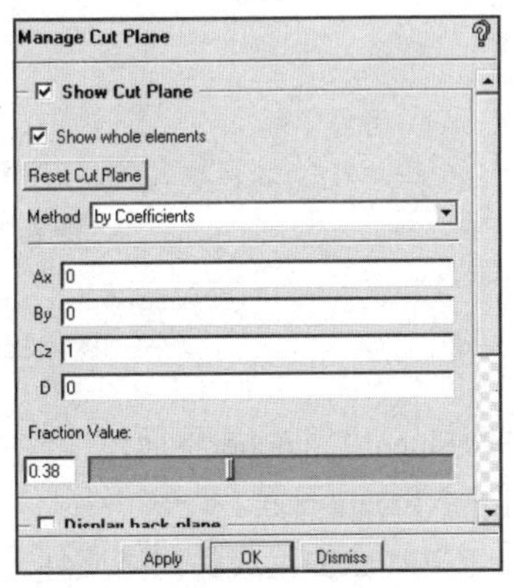

图 6-71　管理剖面面板

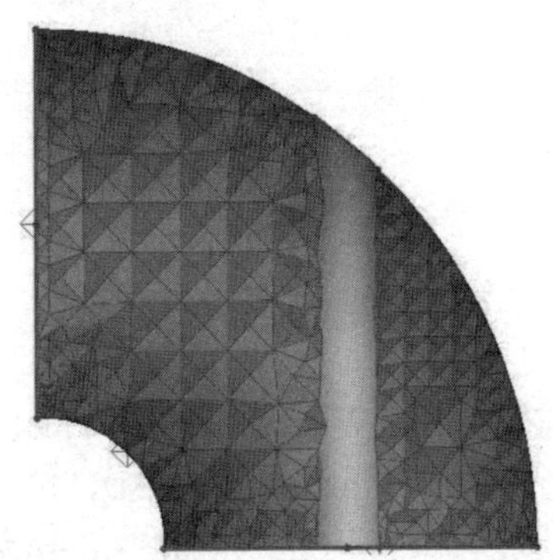

图 6-72　剖面显示

6.4.5　网格质量检查

单击功能区内Edit Mesh（网格编辑）选项卡中的（检查网格）按钮，弹出如图6-73所示的Quality Metrics（质量指标）面板，单击Apply按钮确认，在信息栏中显示网格质量信息，如图6-74所示。单击网格质量信息图中的长度条，在这个范围内的网格单元会显示出来，如图6-75所示。

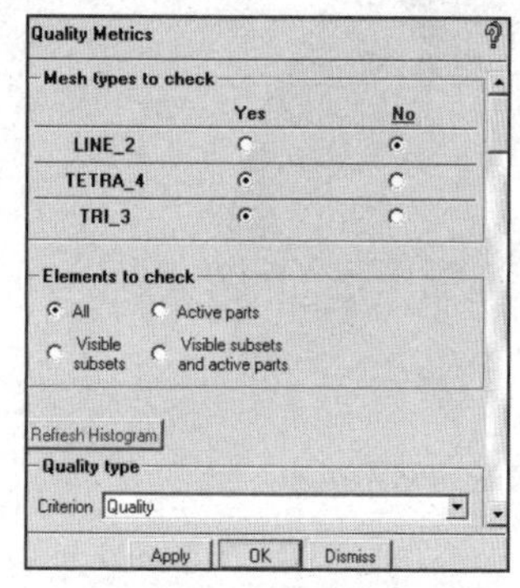

图6-73　质量指标面板

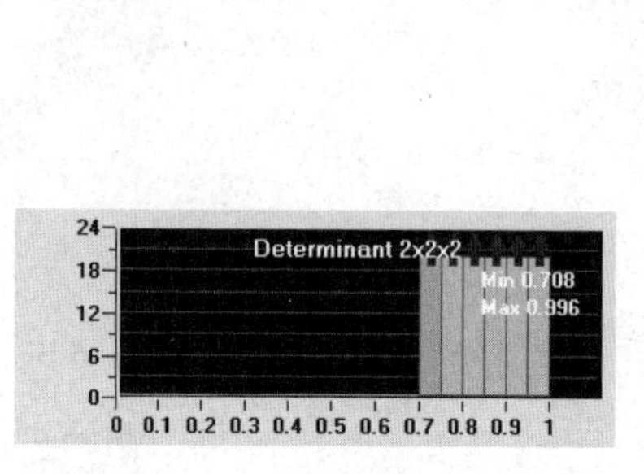

图6-74　网格质量信息

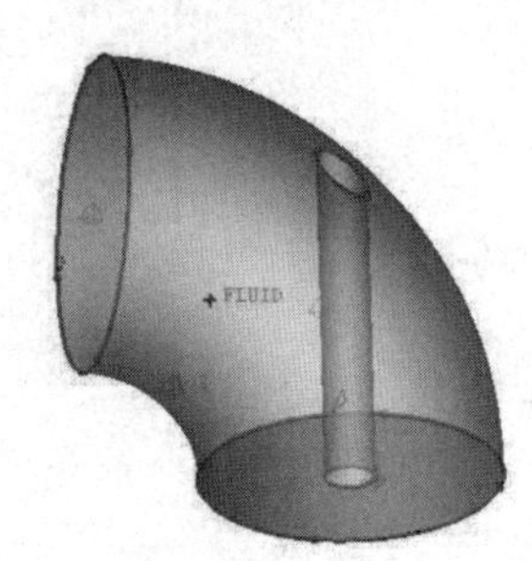

图6-75　网格显示

6.4.6　网格输出

步骤01　单击功能区内Output（输出）选项卡中的（求解器设定）按钮，弹出如图 6-76 所示的Solver Setup（求解器设定）面板，Output Solver选择ANSYS Fluent，单击Apply按钮确认。

步骤02　单击功能区内Output（输出）选项卡中的（输出）按钮，弹出“打开网格文件”对话框，选择文件，单击“打开”按钮，弹出如图 6-77 所示的Ansys Fluent对话框，Grid dimension选择 3D，单击Done按钮确认完成。

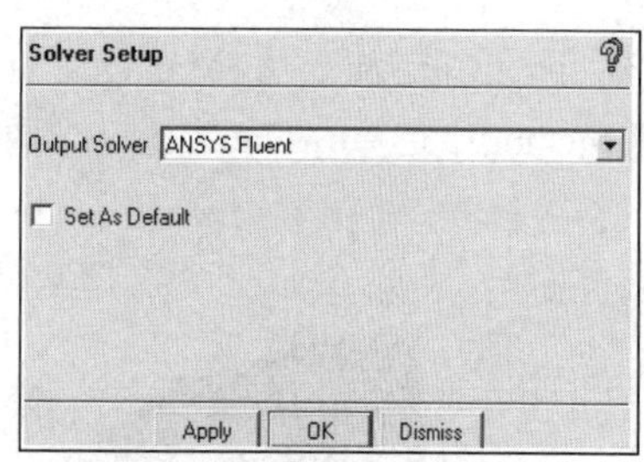

图 6-76　求解器设定面板

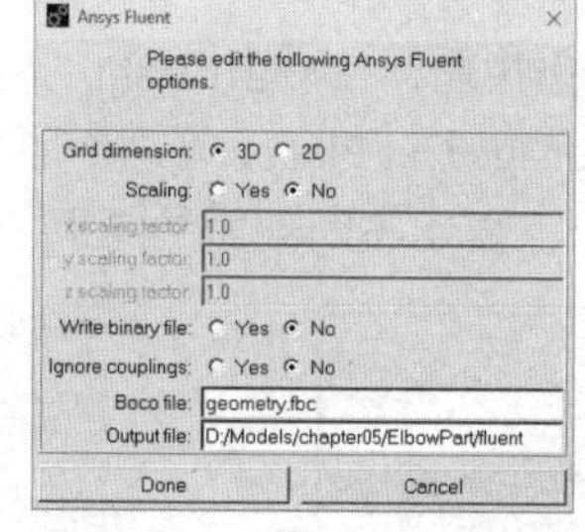

图 6-77　Ansys Fluent 对话框

6.4.7　计算与后处理

步骤01　在Windows系统下启动Fluent，进入Fluent Launcher界面。

步骤02　Dimension选择 3D，单击OK按钮进入Fluent界面。

步骤03　执行File→Read→Mesh命令，读入ICEM CFD生成的网格文件，如图 6-78 所示。

步骤04　在任务栏单击（保存）按钮进入Write Case对话框，在File name（文件名）中输入fluent.cas，单击OK按钮保存项目文件。

步骤05　执行Mesh→Check命令，检查网格质量，应保证Minimum Volume大于 0。

步骤06　执行Mesh→Scale命令，打开Scale Mesh（缩放网格）面板，定义网格尺寸单位，在Mesh Was Created

In中选择mm，单击Scale按钮。

步骤 07　执行Define→General命令，在Time中选择Steady。

步骤 08　执行Define→Model→Viscous命令，选择k-epsilon（2 eqn）模型。

步骤 09　执行Define→Boundary Conditions命令，定义边界条件，如图 6-79 所示。

图 6-78　显示几何模型

图 6-79　边界条件面板

- in：Type 选择 velocity-inlet（速度入口）边界条件，在 Velocity Magnitude（速度大小）中输入 5。
- out：Type 选择 pressure-outlet（压力出口）边界条件，将 Gauge Pressure 设置为 0。

步骤 10　执行Solve→Controls命令，弹出Solution Controls（设置松弛因子）面板，保持默认设置，单击OK按钮退出。

步骤 11　执行Solve→Initialize命令，弹出Solution Initialization（设置初始值）面板，Compute From选择in，单击Initialize按钮进行计算初始化。

步骤 12　执行Solve→Monitors→Residual命令，设置各个参数的收敛残差值为 1e-3，单击OK按钮确认。

步骤 13　执行Solve→Run Calculation命令，迭代步数设置为 300，单击Calculate按钮开始计算。

步骤 14　迭代到第 66 步，计算收敛，收敛曲线如图 6-80 所示。

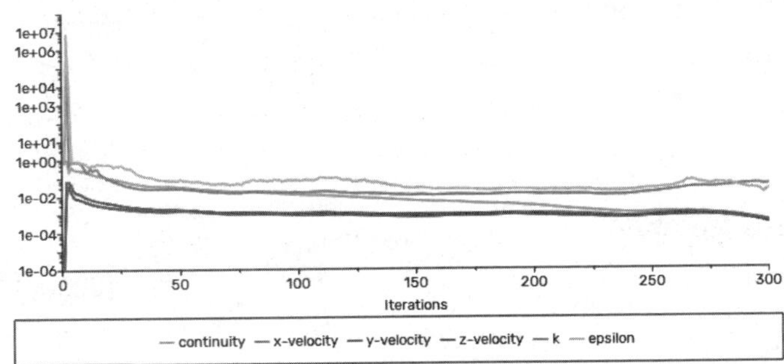

图 6-80　收敛曲线

步骤 15　执行Surface→ISO Surface命令，设置生成Z=0m的平面，命名为z0。

步骤 16　执行Display→Graphics and Animations→Contours命令，Contours of选择Velocity Magnitude，surfaces

选择z0，单击Display按钮显示速度云图，如图 6-81 所示。

步骤17　执行Display→Graphics and Animations→Vector命令，Contours of选择Velocity Magnitude，surfaces选择z0，单击Display按钮显示速度矢量图，如图 6-82 所示。

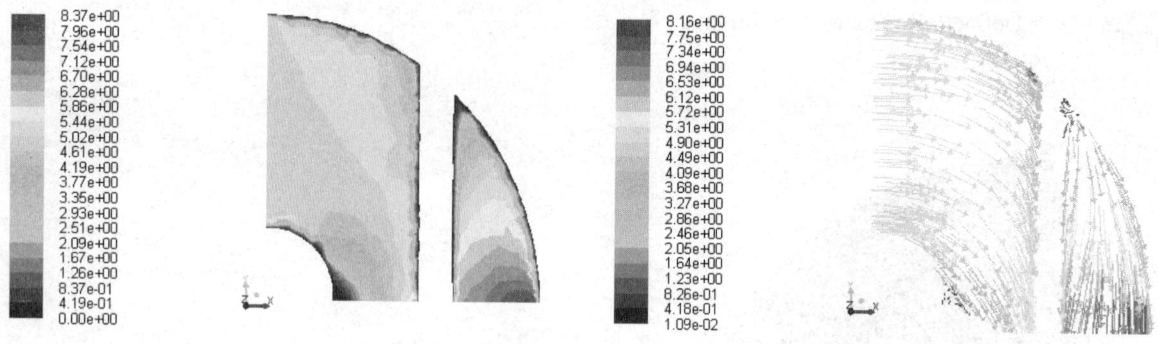

图 6-81　速度云图　　图 6-82　速度矢量图

步骤18　执行Display→Graphics and Animations→Contours命令，Contours of选择Pressure，surfaces选择z0，单击Display按钮显示压力云图，如图 6-83 所示。

步骤19　执行Display→Graphics and Animations→Contours命令，Contours of选择Turbulence Wall Yplus，surfaces选择z0，单击Display按钮显示壁面Yplus云图，如图 6-84 所示。

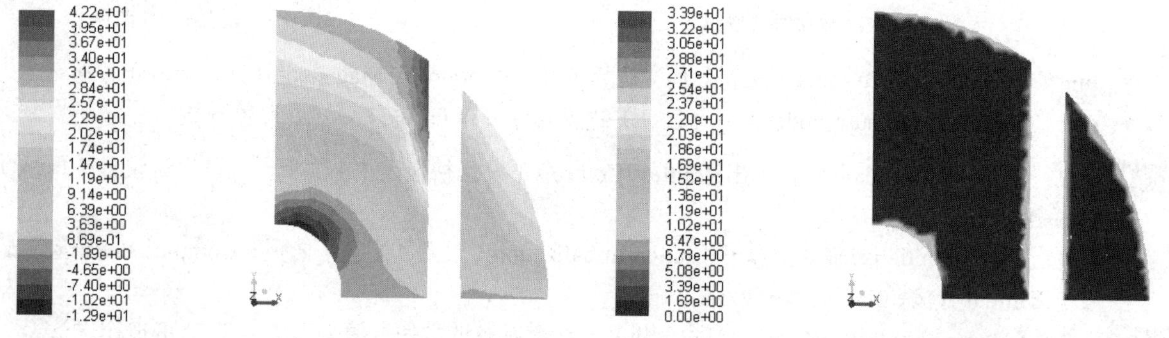

图 6-83　压力云图　　图 6-84　壁面 Yplus 云图

步骤20　执行Report→Results Reports命令，弹出如图 6-85 所示的Reports面板，选择Surface Integrals，单击Set Up...按钮，弹出如图 6-86 所示的Surface Integrals对话框，在Report Type中选择Mass Flow Rate，在Surface中选择in和out，单击Compute按钮，计算得到进出口流量差。

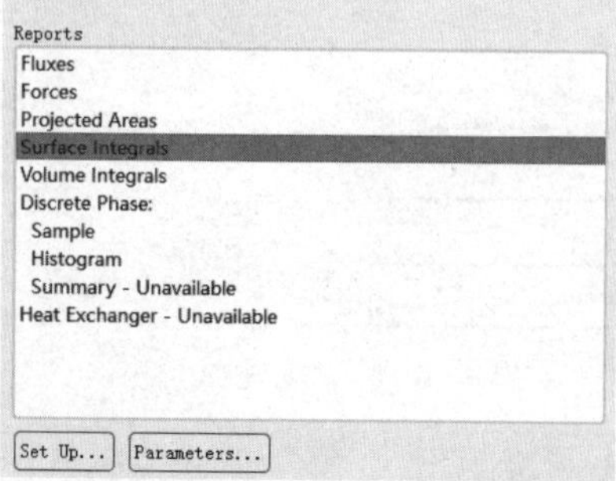

Reports
Reports
Fluxes
Forces
Projected Areas
Surface Integrals
Volume Integrals
Discrete Phase:
Sample
Histogram
Summary - Unavailable
Heat Exchanger - Unavailable
Set Up...　Parameters...

图 6-85　Reports 面板

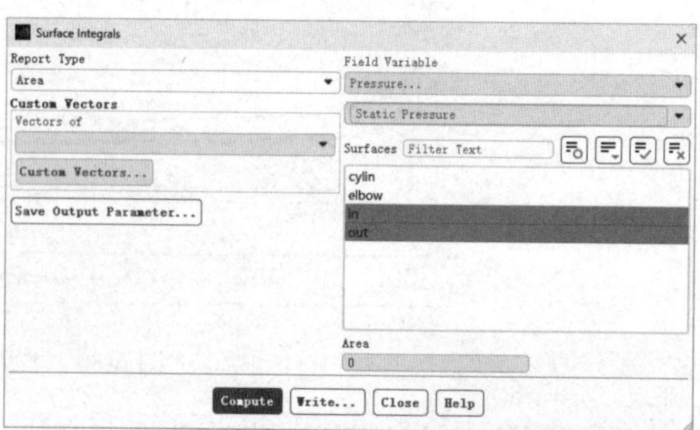

图 6-86　Surface Integrals 对话框

从上述计算结果可以看出，生成的网格能够满足计算要求，并且能够较好地模拟弯管部件内流场的问题。

6.5　飞船返回舱模型四面体网格自动生成

本节将以一个飞船返回舱模型为例来讲解如何生成壳网格，并对非结构四面体网格进行求解。飞船返回舱以 3Ma、10° 攻角在大气中飞行，高速飞行时，可粗略认为空气为理想无粘气体。

6.5.1　启动ICEM CFD并建立分析项目

步骤01 在Windows系统下启动ICEM CFD，进入ICEM CFD界面。

步骤02 执行File→Save Project命令，弹出Save Project As对话框，在“文件名”中输入fanhuicang，单击OK按钮确认，关闭对话框。

6.5.2　导入几何模型

执行File→Geometry→Open Geometry命令，弹出Open Geometry File（打开几何文件）对话框，在“文件名”中输入fanhuicang.tin，单击“打开”按钮确认。导入几何文件后，将在图形显示区显示几何模型，如图6-87所示。

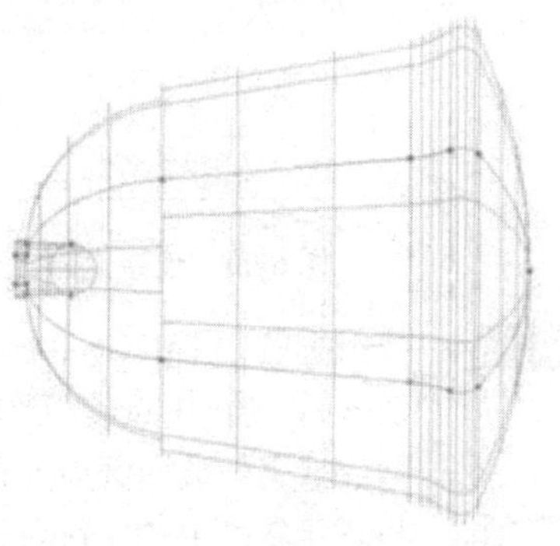

图6-87　几何模型

6.5.3　模型建立

步骤01 执行标签栏中的Geometry命令，单击按钮，弹出设置面板，单击按钮，选择Create 1 point（创建一个点），输入Part名称为POINTS，Name使用默认名称，输入坐标值pnt.00（-22000,10000,0），单击Apply按钮创建点，如图 6-88 所示。利用相同的方法创建另外三个点，分别为pnt.01（11000,10000,0）、pnt.02（-20000,0,0）、pnt.03（5000,0,0）。创建所有点后，显示点名称，右击模型树中的Points，选择Show Point Names（见图 6-89），完成点创建。

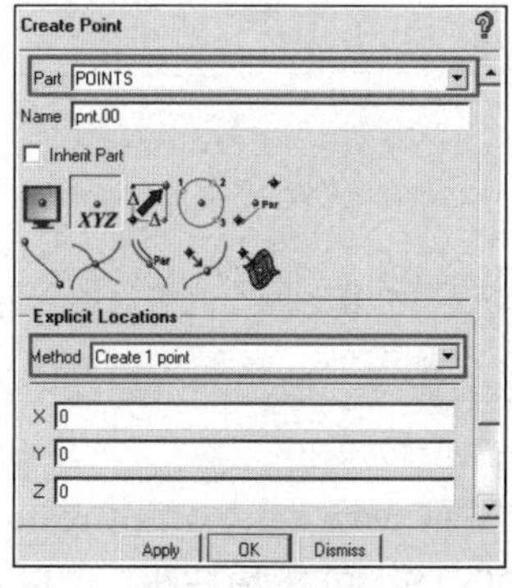

图 6-88　坐标创建点

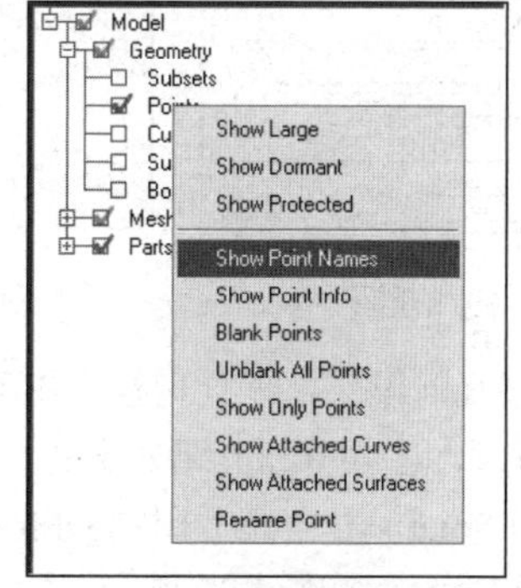

图 6-89　显示点名称

步骤02 执行标签栏中的Geometry命令，单击按钮，弹出设置面板，输入Part名称为CURVES，Name使用默认名称，单击按钮，如图 6-90 所示。利用鼠标左键分别选择点pnt.00 和pnt.01，单击鼠标中键确认，创建曲线crv.00。

步骤03 执行标签栏中的Geometry命令，单击按钮，弹出设置面板，单击按钮，弹出如图 6-91 所示的Creat/Modify Surface面板。分别单击pnt.02 和pnt.03 并单击鼠标中键确认旋转轴，单击直线crv.00 并单击鼠标中键确认旋转外轮廓，完成旋转面。

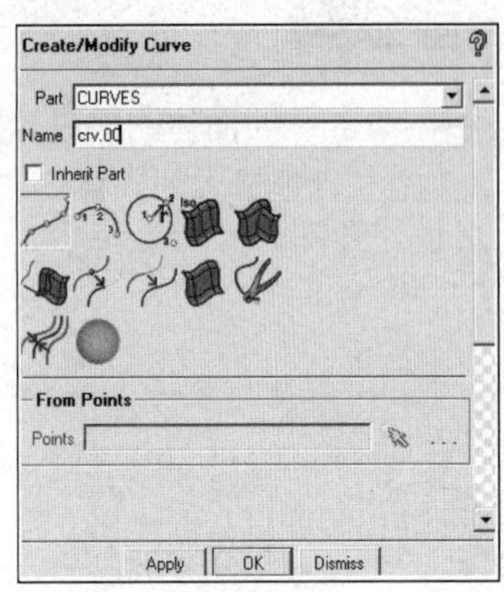

图 6-90　连接点方式创建线

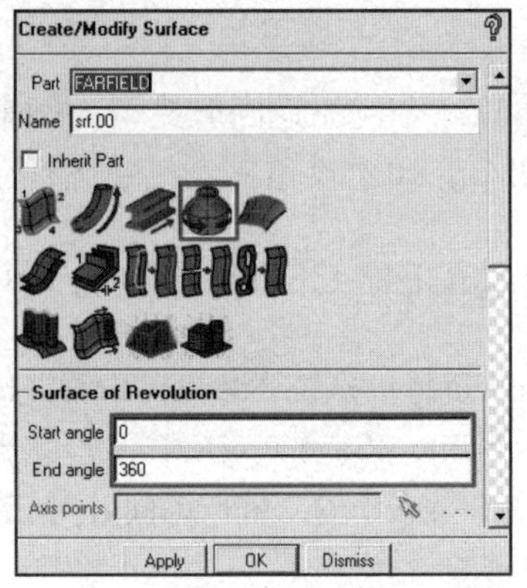

图 6-91　创建旋转面

步骤04 执行标签栏中的Geometry命令，单击按钮，弹出设置面板，单击按钮，Method选择From 2-4 Curves，通过Curve创建Surface，如图 6-92 所示。选中圆柱面端面圆形轮廓并单击鼠标中键确认，再完成另一端面圆面的创建。

步骤05 执行标签栏中的Geometry命令，单击按钮，弹出设置面板，单击按钮，选中Centroid of 2 points单选按钮，如图 6-93 所示。利用鼠标左键选择点pnt.01 和点（0,0,0）并单击鼠标中键确认，完成材料点的创建，更改名称为FLUID，完善后的几何模型如图 6-94 所示。

图6-92　由线建面

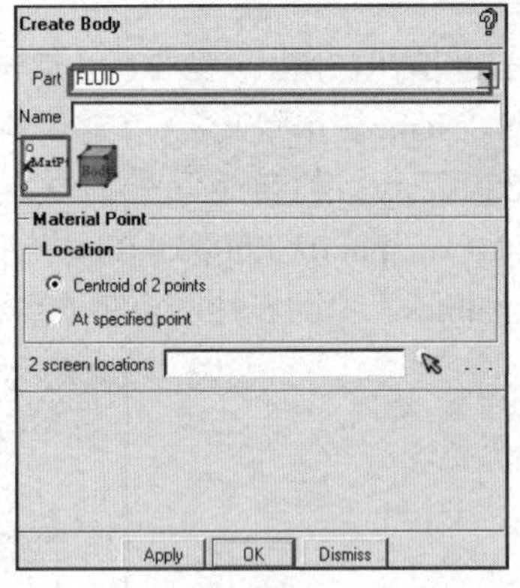

图6-93　创建材料点

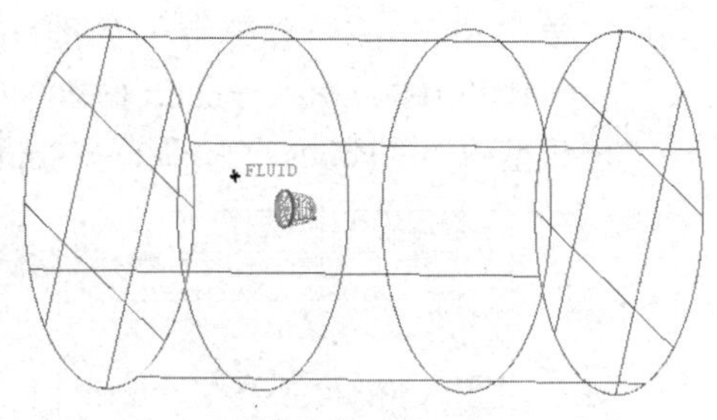

图6-94　完善后的几何模型

步骤06 观察几何模型，在几何模型中有部分相对较小的面，如墩头边缘、顶部的小圆柱体，所以在定义Part时，注意将细节部分定义为一组，以便于接下来的网格划分。

步骤07 定义Point。右击模型树中的Model→Parts（见图 6-95），选择Create Part，弹出Create Part（生成边界）面板，如图 6-96 所示。输入想要定义的Part名称为POINTS，单击按钮，选择几何元素，弹出Select geometry（选择几何图形）工具栏，如图 6-97 所示。关闭所有线面，只显示全部点，单击按钮，选择可见点并单击鼠标中键确认。

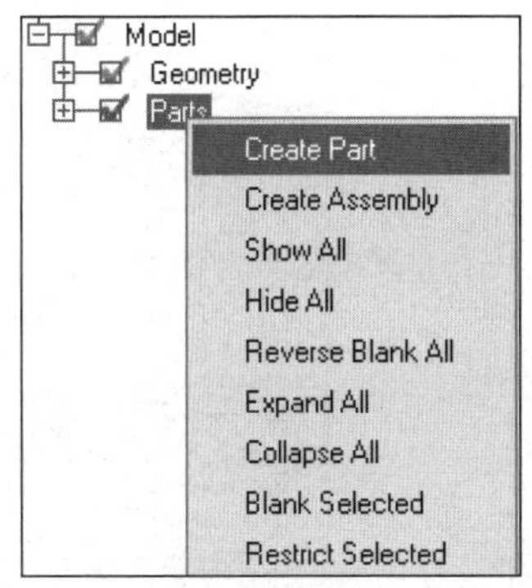

图 6-95　选择 Create Part

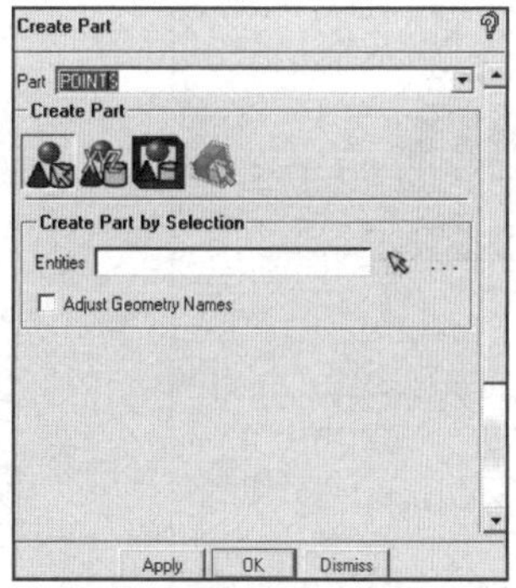

图 6-96　生成边界面板

图 6-97　选择几何图形工具栏

步骤 07　采用类似的方法定义所有线，定义Part名称为CURVES。

步骤 09　利用类似创建点线Part的方法继续创建壁面Part。如前面分析的，将所有面分为两部分，较大的面名称设置为S1，较小的面名称设置为S2，如图 6-98 所示。

步骤 10　定义远场Part。输入想要定义的Part名称为FAR FIELD，单击按钮选择几何元素，再选择外域曲面，单击鼠标中键确认。

步骤 11　完成几何模型的创建后，保存几何模型。执行File→Geometry→Save Geometry As命令，保存当前几何模型为fanhuicang.tin。

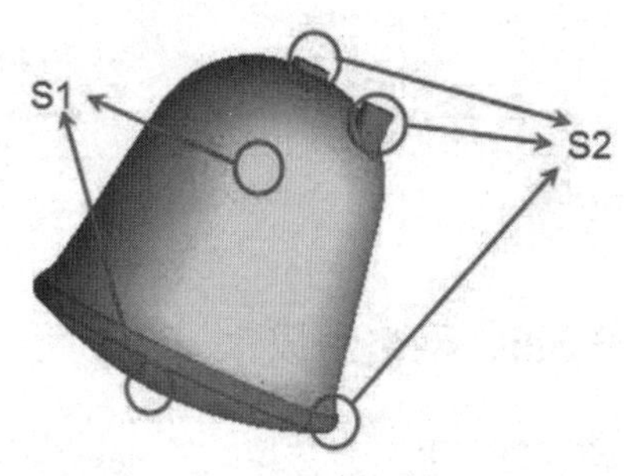

图6-98　创建面Part

6.5.4　定义网格参数

步骤 01　定义全局网格尺寸。执行标签栏中的Blocking命令，单击（全局网格设定）按钮，弹出Global Mesh Setup（全局网格设定）面板，如图 6-99 所示，单击按钮，在Global Element Scale Factor栏中设置Scale factor值为 1，勾选Display复选框。在Global Element Seed Size栏中设置Max element值为 2500，单击Apply按钮。

步骤 02　定义全局壳网格参数。执行标签栏中的Blocking命令，单击（全局网格设定）按钮，弹出Global Mesh Setup（全局网格设定）面板，如图 6-100 所示。单击按钮，在Mesh type下拉列表中选择All Tri，在Mesh method下拉列表选择Patch Dependent，其余选项保持默认设置，单击Apply按钮。

步骤 03　定义全局体网格参数。执行标签栏中的Blocking命令，单击（全局网格设定）按钮，弹出Global Mesh Setup（全局网格设定）面板，如图 6-101 所示。单击按钮，在Mesh Type下拉列表中选择Tetra/Mixed，在Mesh Method下拉列表选择Robust（Octree），其余选项保持默认设置，单击Apply按钮。

步骤 04　执行标签栏中的Mesh命令，单击（部件网格设定）按钮，弹出Part Mesh Setup（部件网格设定）面板，如图 6-102 所示。在名称为FARFIELD的Part栏中设置Maximum size值为 2000，在名称为S1 的Part栏中设置Maximum size值为 100，在名称为S2 的Part栏中设置Maximum size值为 50，其余选项保持默认设置，单击Apply按钮确认，单击Dismiss按钮退出设置面板。

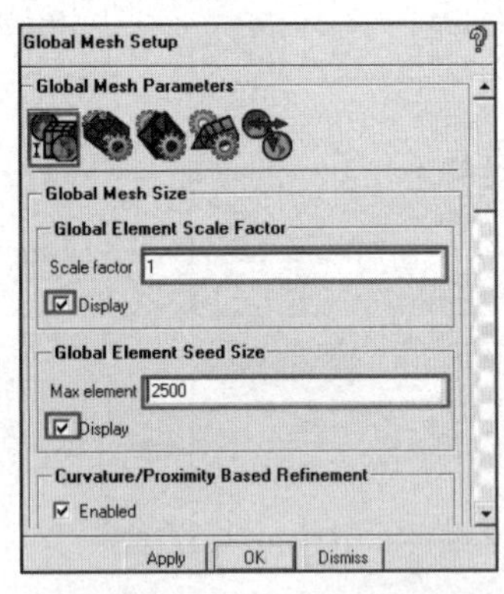

图 6-99　定义全局网格尺寸

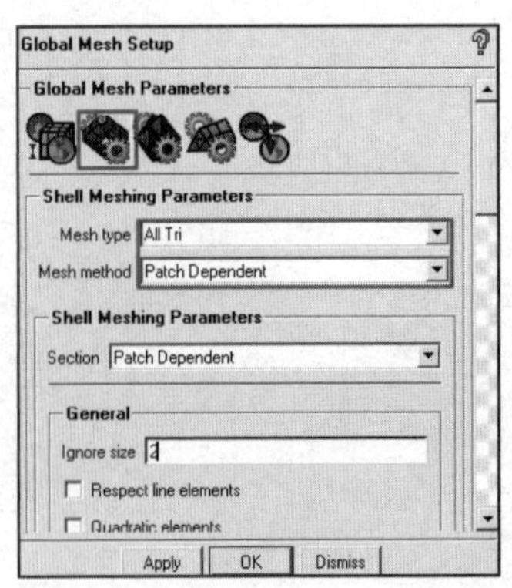

图 6-100　全局壳网格参数设置

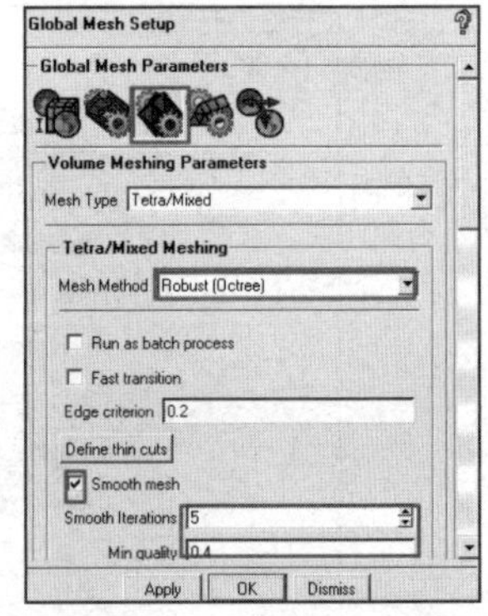

图 6-101　体网格参数设置

Part Mesh Setup

Part	Prism	Hexa-core	Maximum size	Height	Height ratio	Num layers	Tetra size ratio	Tetra width	Min size limit	Max deviation	Prism height limit fact	Prism growth la	Internal wall	Split wall
CURVES								0	0	0	0	undefined		
FARFIELD			2000	0	0	0	0	0	0	0	0	undefined		
FLUID														
POINTS														
S1			100	0	0	0	0	0	0	0	0	undefined		
S2			50	0	0	0	0	0	0	0	0	undefined		

Show size params using scale factor

Apply inflation parameters to curves

Remove inflation parameters from curves

Highlighted parts have at least one blank field because not all entities in that part have identical parameters

Apply　Dismiss

图 6-102　定义 Part 网格参数

6.5.5　网格生成

步骤 01　执行标签栏中的Mesh命令，单击（计算网格）按钮，弹出Compute Mesh（计算网格）面板，如图 6-103 所示。单击按钮，其余参数设定保持默认设置，单击Compute按钮生成非结构网格，如图 6-104 和图 6-105 所示。

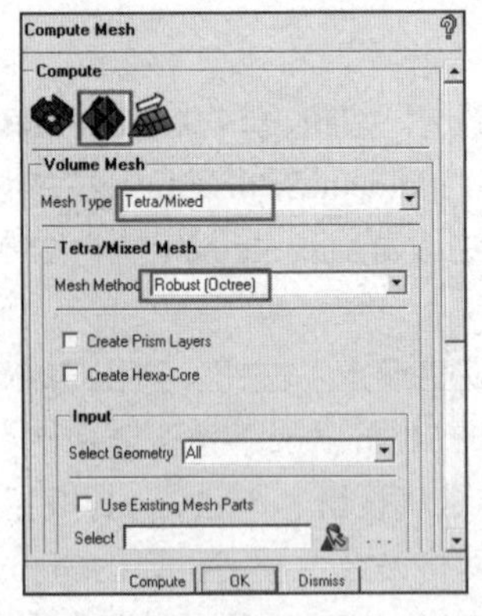

图 6-103　计算网格面板

图 6-104　生成网格 1

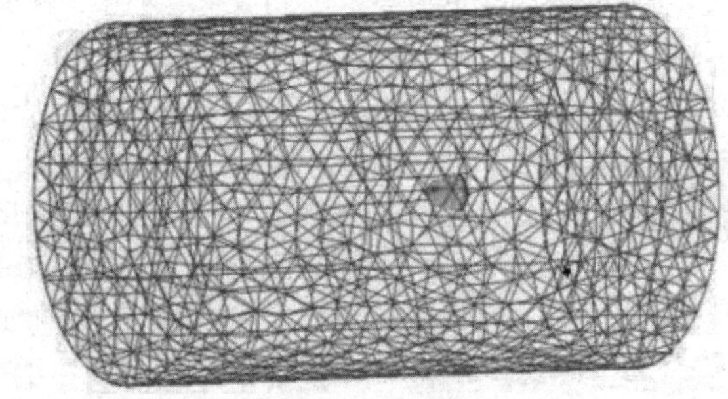

图 6-105　生成网格 2

步骤 02　右击模型树中的Model→Mesh，弹出如图 6-106 所示的目录树，选择Cut Plane…→Manage Cut Plane，弹出Manage Cut Plane(管理剖面)面板，如图 6-107 所示。在Method下拉列表中选择by Coefficients，在Ax、By、Cz中分别输入 1、0、0（表示垂直于X轴平面的网格切片），Fraction Value的取值范围为 0～1，通过输入数值或拖动数值后的滚动条观察任意位置的网格切面，单击Apply按钮。

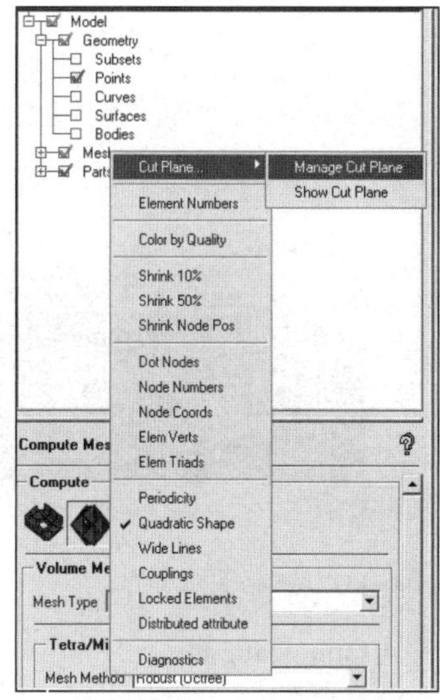

图 6-106　目录树

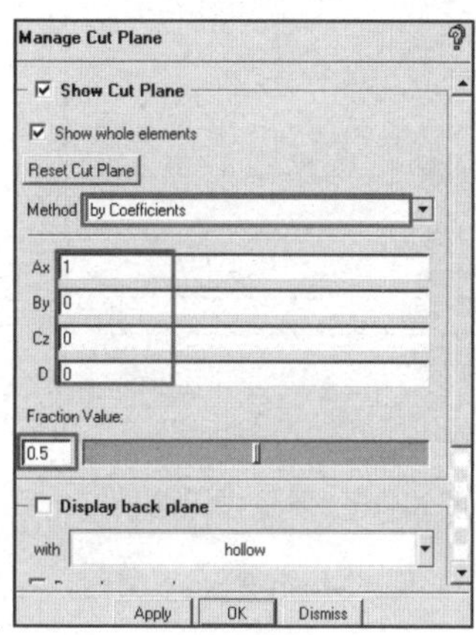

图 6-107　网格切片设置

步骤03 显示不同位置的网格切面，如图 6-108 所示。

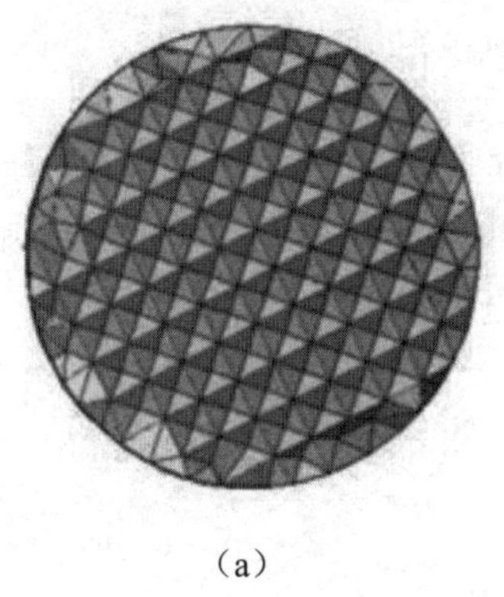

（a）

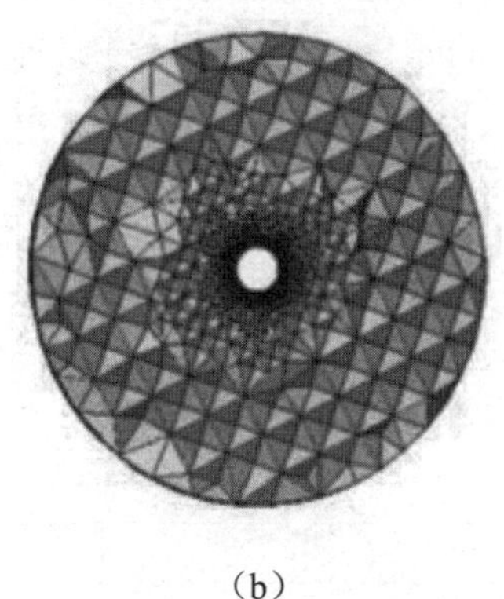

（b）

图 6-108　垂直于 X 轴的网格切面

步骤04 按照步骤02的方法，还可以观察其他轴方向的网格切面，垂直于Y轴的网格切面如图 6-109 所示。

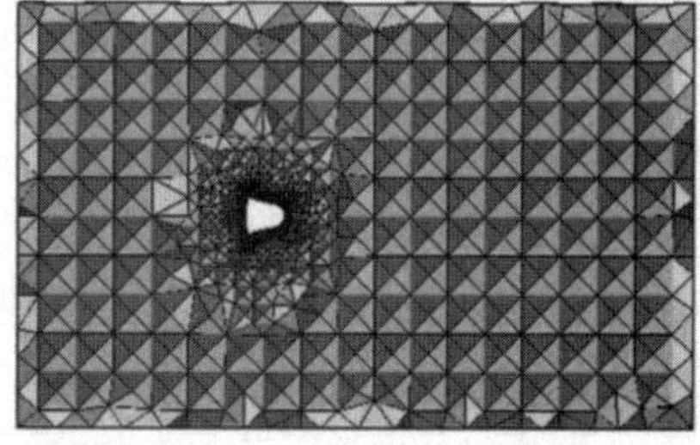

图6-109　垂直Y网格轴截面

步骤05 执行标签栏中的Edit Mesh命令，单击按钮，弹出Quality Metrics（质量指标）面板（见图 6-110），在Mesh types to check栏中，LINE_2 选择No，TRI_3 和TETRA_4 选择Yes。Elements to check选择All，在Quality type中，在Criterion下拉列表中选择Quality，单击Apply按钮，网格质量显示如图 6-111 所示。

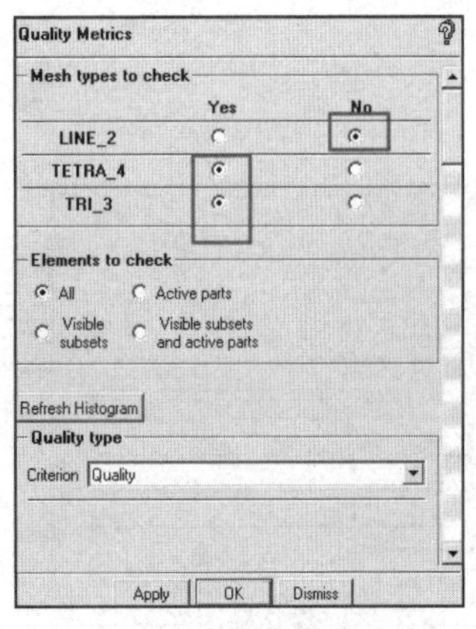

图 6-110　质量指标面板

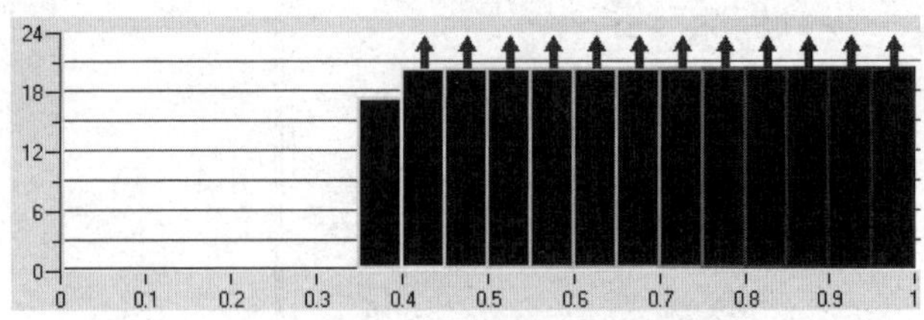

图 6-111　网格质量分布

步骤06　执行File→Mesh→Save Mesh As命令，保存当前的网格文件为fanhuicang.uns。

6.5.6　导出网格

步骤01　执行标签栏中的Output命令，单击按钮，弹出Solver Setup（求解器设定）面板，如图 6-112 所示。在Output Solver下拉列表中选择ANSYS Fluent，单击Apply按钮确定。

步骤02　执行标签栏中的Output命令，单击按钮，弹出设置面板，以默认名称保存.fbc和.atr文件，在弹出的对话框中单击No按钮，不保存当前项目文件，在随后弹出的对话框中选择保存的文件fanhuicang.uns。然后弹出如图 6-113 所示的ANSYS Fluent对话框，在Grid dimension中选中 3D单选按钮，表示输出三维网格，在Boco file栏中将文件名改为fanhuicang，单击Done按钮导出网格，导出完成后，可在设定的工作目录中找到fanhuicang.mesh。

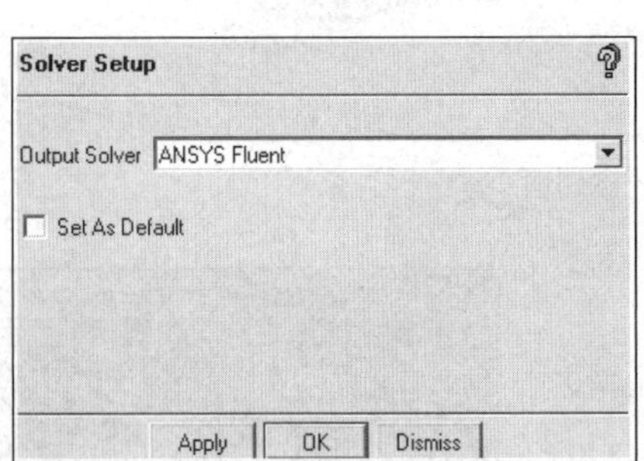

图 6-112　求解器设定面板

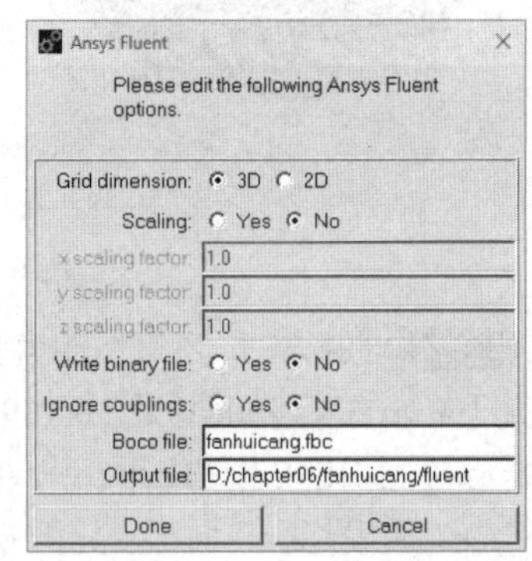

图 6-113　导出网格

6.5.7　计算与后处理

步骤01　打开Fluent，选择 3D求解器。

步骤02　执行File→Read→Mesh命令，选择生成的网格fanhuicang.mesh。

步骤03　单击界面左侧流程中的General（见图 6-114），单击Mesh栏下的Scale定义网格单位，弹出对话框，在Mesh Was Created In下拉列表中选择mm，单击Scale按钮，再单击Close按钮关闭对话框。

步骤04　单击Mesh栏下的Check检查网格质量，注意Minimum Volume应大于 0。

步骤05 单击界面左侧流程中的General，在Solver栏下选择基于压力的稳态平面求解器，如图 6-115 所示。

步骤06 单击界面左侧流程中的Models，双击Energy弹出对话框，启动能量方程，单击OK按钮。双击Viscous，选择湍流模型，在列表中选择Inviscid，其余参数保持默认设置，单击OK按钮。

步骤07 单击界面左侧流程中的Materials，定义材料。双击Fluid→air，弹出对话框，如图 6-116 所示。在Density下拉列表中选择ideal-gas，其余参数保持默认设置，单击Change/Create按钮。

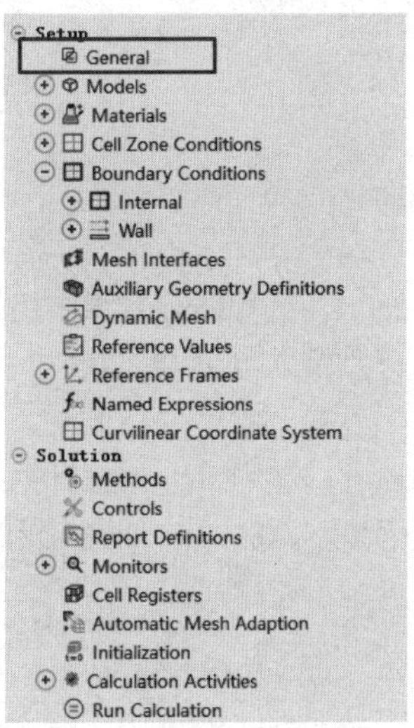

图 6-114　流程图

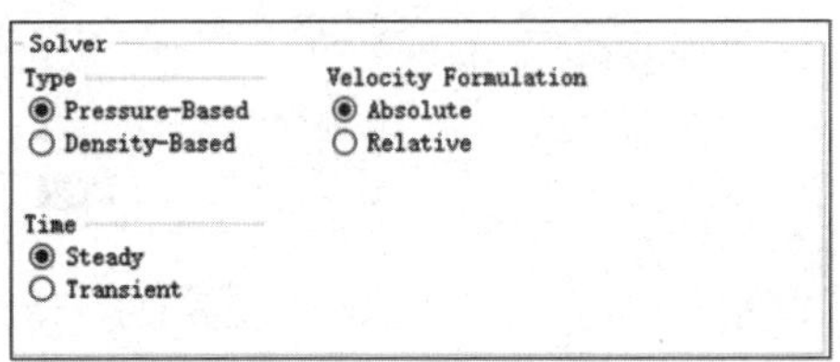

图6-115　求解器设定

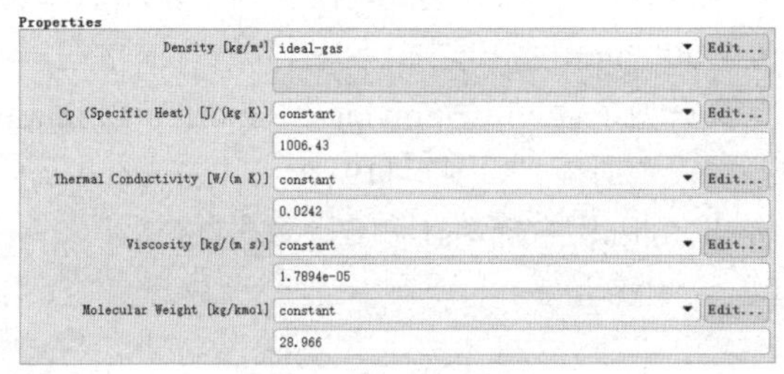

图 6-116　流体材料设定

步骤07 单击界面左侧流程中的Boundary Conditions，对边界条件进行设置，由于在ICEM中建立网格时已经对可能用到的边界条件进行了命名，在这里体现了其便捷性，可以直接根据名称进行设置。

步骤09 定义远场边界条件。选中farfield，在Type下拉列表中选择pressure-far-field（压力远场）边界条件，弹出对话框，单击Yes按钮，弹出另一个对话框，如图 6-117 所示。在Momentum栏中设置Gauge Pressure[pa]值为 101325，Mach Number值为 3，X-Component of Flow Direction值为-0.9848，Y-Component of Flow Direction值为-0.1763，Z-Component of Flow Direction值为 0。在Thermal栏中设置Temperature值为 300，单击OK按钮。选中S1，在Type下拉列表中选择wall（壁面）边界条件，弹出对话框，单击Yes按钮，弹出另一个对话框，保持默认设置，单击OK按钮。同样选中S2，在Type下拉列表中选择wall（壁面）边界条件，弹出对话框，单击Yes按钮，弹出另一个对话框，保持默认设置，单击OK按钮。

步骤10 定义参考值。单击界面左侧流程中的Reference Values，对计算参考值进行设置，在Compute from下拉列表中选择farfield，其他参数保持默认设置。

步骤11 定义求解方法。单击界面左侧流程中的Solution Methods，对求解方法进行设置，为了提高精度，均可选用Second Order Upwind（二阶迎风格式），其余参数保持默认设置即可。

步骤12 定义克朗数和松弛因子。单击界面左侧流程中的Solution Controls，保持默认设置。

步骤13 定义收敛条件。单击界面左侧流程中的Monitors，双击Residual设置收敛条件，continuity值改为 1e-05，其余值保持不变，单击OK按钮。

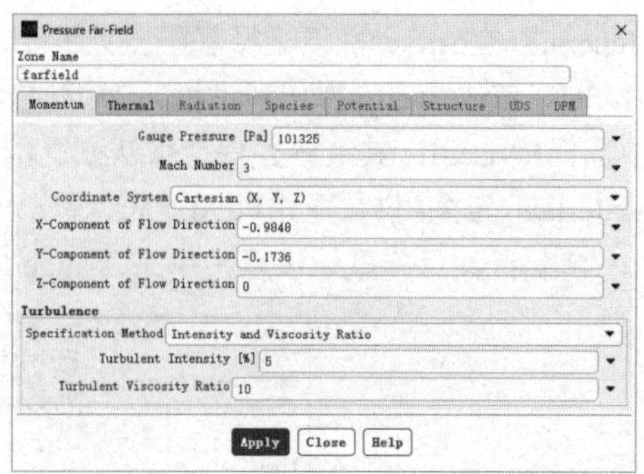

图 6-117　设置远场边界条件

步骤 14 定义阻力系数。单击Solving→Reports→Definition→New→Force Report，选择Drag，弹出阻力系数监视器设置面板，如图 6-118 所示。在Force Vector栏的X、Y、Z中分别输入-0.9848、-0.1736 和 0，在Wall Zones栏中选中s1 和s2，单击OK按钮。

步骤 15 定义升力系数。单击Solving→Reports→Definition→New→Force Report，选择Lift，弹出升力系数监视器设置面板，如图 6-119 所示。在Force Vector栏的X、Y、Z中分别输入-0.1736、0.9848 和 0，在Wall Zones栏中选中s1 和s2，单击OK按钮。

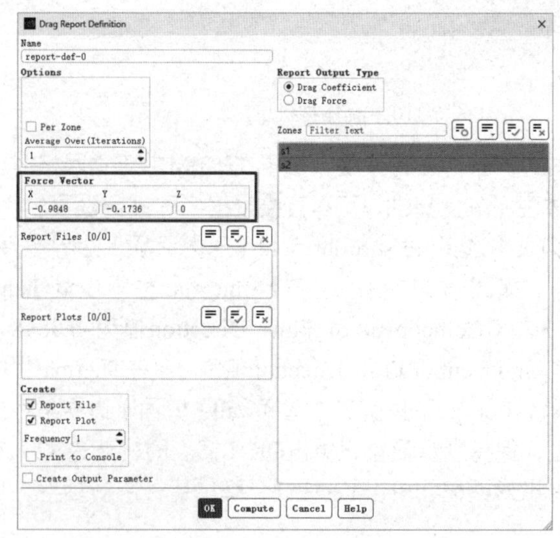

图 6-118　设置阻力系数

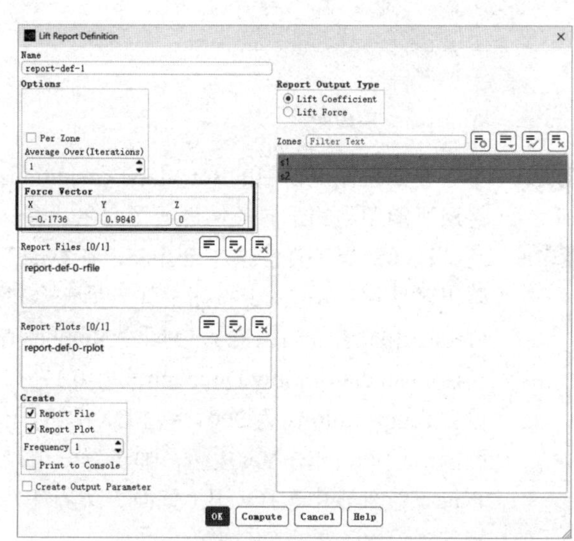

图 6-119　设置升力系数

步骤 16 初始化。单击界面左侧流程中的Solution Initialization，在Compute from下拉列表中选中farfield，其他参数保持默认设置，单击Initialize按钮。

步骤 17 求解。单击界面左侧流程中的Run Calculation，设置迭代次数为 6000，单击Calculate按钮，开始迭代计算，大约 5000 步收敛。残差变化情况如图 6-120 所示，升力变化情况如图 6-121 所示，阻力变化情况如图 6-122 所示。

步骤 18 显示云图。单击界面左侧流程中的Graphics and Animations，双击Contours，弹出对话框。在Options中勾选Filled复选框，在Contours of栏中分别选择Velocity和Velocity Magnitude、Temperature和Static Temperature、Pressure和Static Pressure，显示速度标量云图、静温云图和压力云图，如图 6-123～图 6-125 所示。

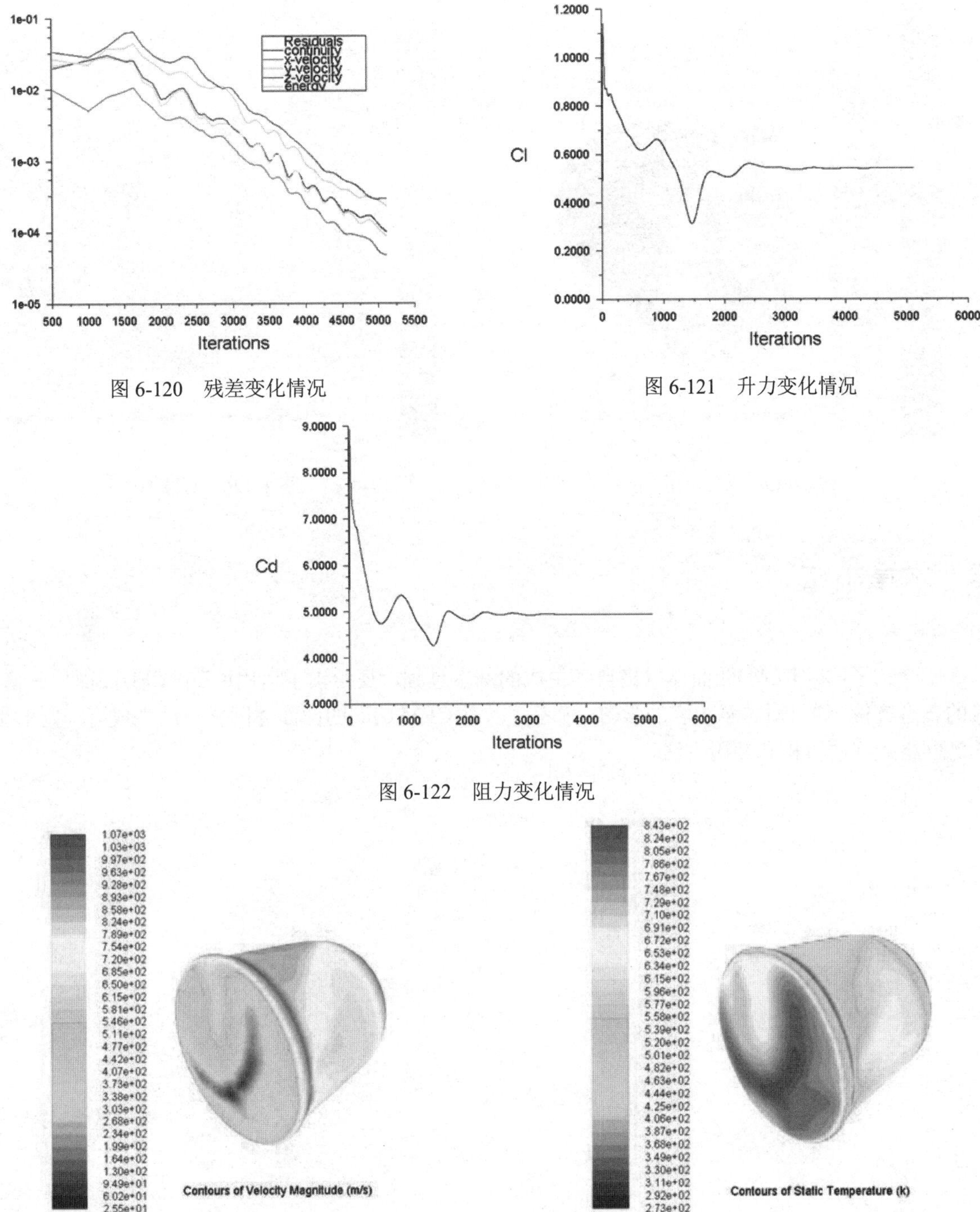

图 6-120　残差变化情况

图 6-121　升力变化情况

图 6-122　阻力变化情况

图 6-123　速度标量云图

图 6-124　静温云图

步骤 19 显示流线图。单击界面左侧流程中的Graphics and Animations，双击Pathlines，弹出对话框。在Style下拉列表中选择line，在Step Size栏中输入 1，在Steps栏中输入 5，在Path Skip栏中输入 10，设置流线间距；在Release from Surfaces栏中选择s1 和s2，单击Display按钮，得到如图 6-126 所示的流线图。

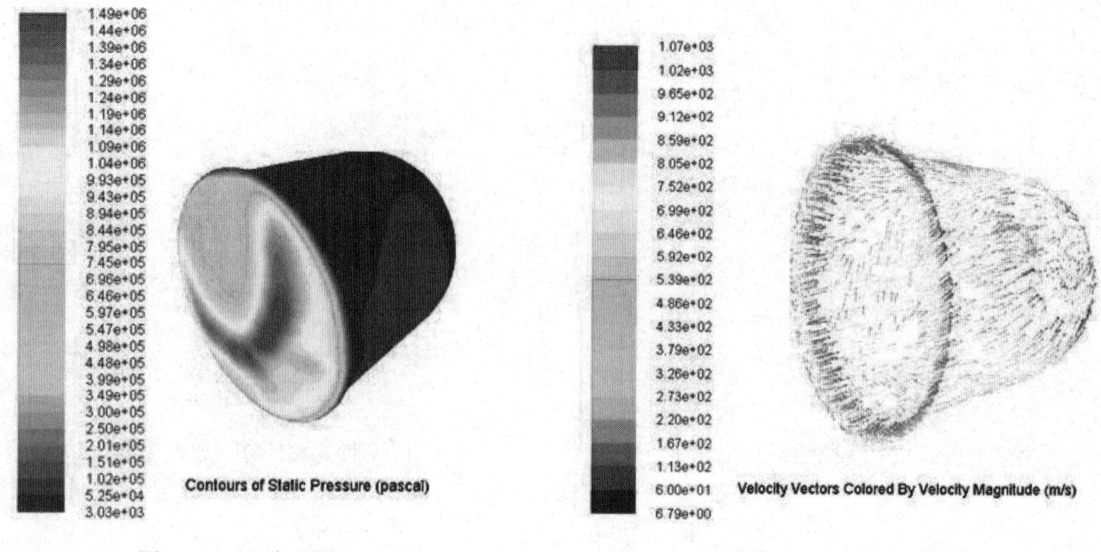

图 6-125 压力云图

图 6-126 流线图

6.6 本章小结

本章介绍了ICEM CFD四面体网格自动生成的基本过程，还给出了运用ICEM CFD四面体网格自动生成的典型实例。通过对本章内容的学习，读者可以对ICEM CFD的四面体网格自动生成有一定的了解，并熟悉网格生成的流程和使用方法。

第 7 章

棱柱体网格自动生成

导言

第6章对四面体网格的划分方法进行了详细介绍，但对于CFD应用来说，完全的四面体网格并不理想，对于某些计算问题，为保证计算精度在边界层上，还需要几层棱柱单元。

本章将介绍ICEM CFD中棱柱体网格的生成方法，并通过具体实例详细讲解在ICEM CFD中棱柱体网格的工作流程。

学习目标

- ❖ ICEM CFD棱柱体网格的生成方法
- ❖ 棱柱体网格的划分步骤
- ❖ 棱柱体网格质量的检查方法
- ❖ 网格输出的基本步骤

7.1 棱柱体网格概述

ICEM CFD棱柱体网格生成器能在边界表面产生棱柱单元层一致的混合四面体网格，并且在流场的近壁面构建四面体单元，如图7-1所示。与纯粹的四面体网格相比，在更小的分析模型中采用棱柱体网格，有更好的收敛性和更准确的求解分析结果。

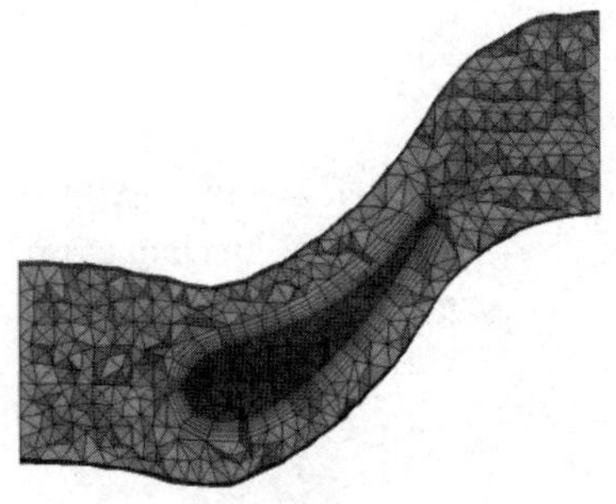

图7-1 棱柱体网格

7.1.1 棱柱体网格的生成方法

ICEM CFD 棱柱体网格的生成方法有以下两种。

- 通过邻近壁面几何生成棱柱层，生成网格需定义局部初始高度（如果必要）、growth ratio 和层数。
- 通过从已有的体网格或表面网格创建棱柱体。

如果体网格为 Tet/Hex 混合网格，则在六面体一侧棱柱生成时仅切割第一层六面体。

7.1.2 棱柱体网格的生成步骤

棱柱体网格的生成过程如下：

步骤01 在边界面附近生成棱柱单元（PRISM）。
步骤02 创建四面体网格或三角形面网格。
步骤03 批处理过程。
步骤04 通过拉伸面网格生成棱柱网格。
步骤05 如果存在四面体网格，则使棱柱体网格与存在的四面体网格相接。
步骤06 平滑达到必要的网格质量。

7.2 水套模型棱柱体网格生成

本节将通过一个水套几何模型网格生成的例子，让读者对在 ANSYS ICEM CFD 中生成棱柱体网格的过程有一个初步了解。

7.2.1 启动ICEM CFD并建立分析项目

步骤01 在Windows系统下启动ICEM CFD，进入ICEM CFD界面。
步骤02 执行File→Save Project命令，弹出Save Project As对话框，在“文件名”中输入WaterJacket，单击OK按钮确认，关闭对话框。

7.2.2 导入几何模型

执行 File→Geometry→Open Geometry 命令，弹出 Open Geometry File（打开几何文件）对话框，在“文件名”中输入 WaterJacket.tin，单击“打开”按钮确认。导入几何文件后，将在图形显示区显示几何模型，如图 7-2 所示。

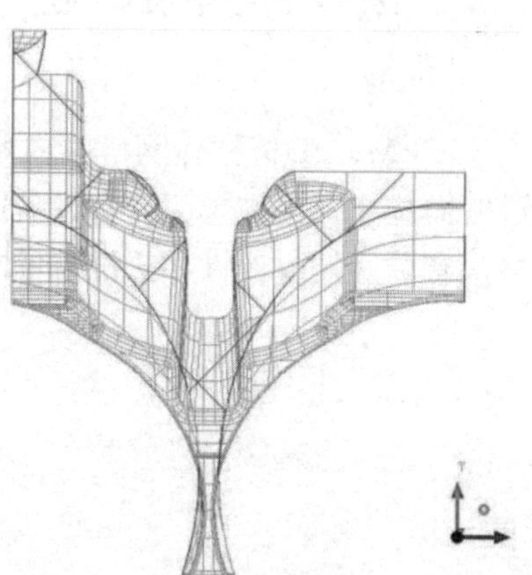

图7-2 几何模型

7.2.3　模型建立

单击功能区内Geometry（几何）选项卡中的（修复模型）按钮，弹出如图7-3所示的Repair Geometry（修复模型）面板，单击按钮，在Tolerance中输入0.1，勾选Filter points和Filter curves复选框，在Feature angle中输入15，单击OK按钮确认，几何模型即可修复完毕，如图7-4所示。

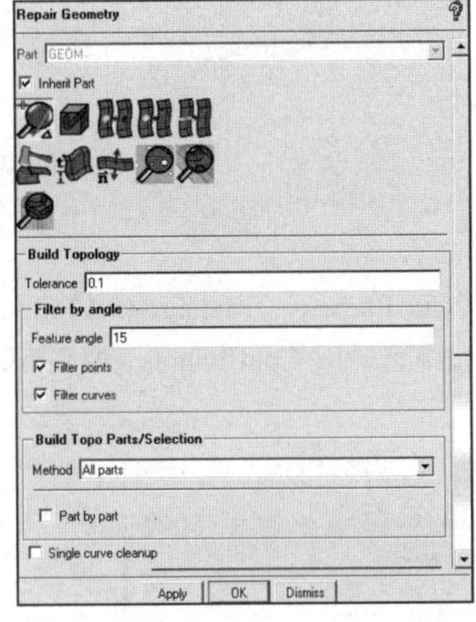

图 7-3　修复模型面板

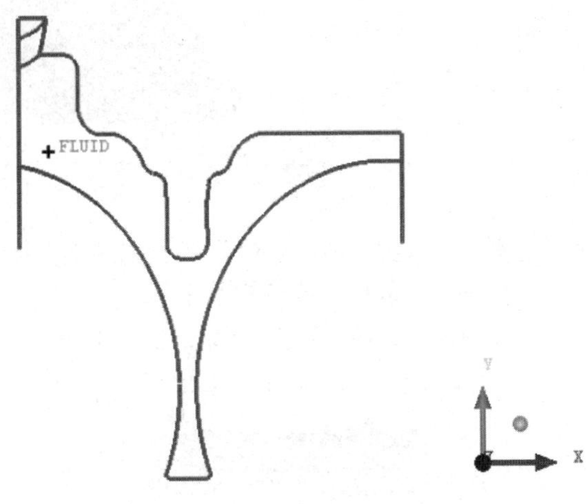

图 7-4　修复后的几何模型

7.2.4　网格生成

步骤 01　单击功能区内Mesh（网格）选项卡中的（全局网格设定）按钮，弹出如图 7-5 所示的Global Mesh Setup（全局网格设定）面板，在Max element中输入 32，设置Min size limit为 0.5、Num. of Elements in gap为 2、Refinement为 12，单击Apply按钮确认。

步骤 02　单击功能区内Mesh（网格）选项卡中的（计算网格）按钮，弹出如图 7-6 所示的Compute Mesh（计算网格）面板，单击（体网格）按钮，单击Apply按钮确认生成体网格文件，如图 7-7 所示。

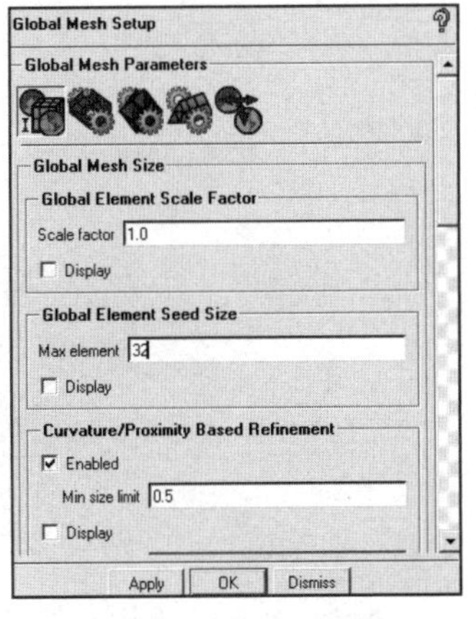

图 7-5　全局网格设定面板

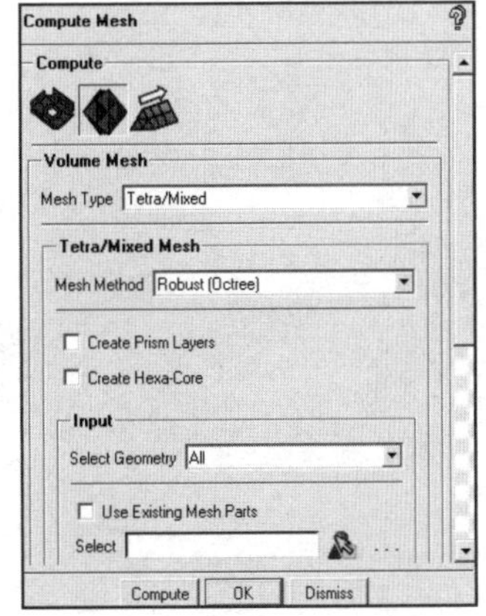

图 7-6　计算网格面板

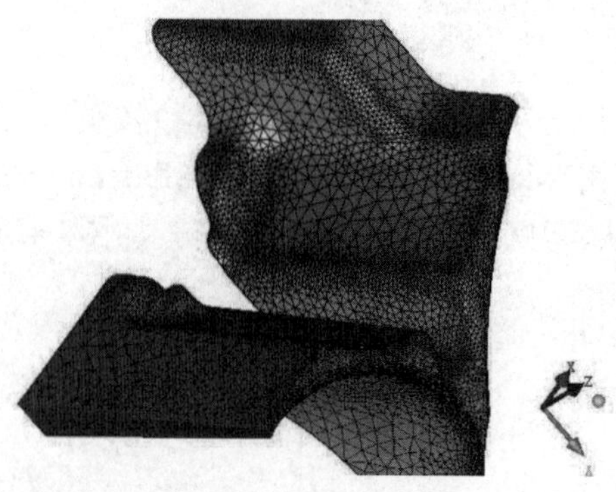

图 7-7　生成体网格

步骤 03　在操作控制树中右击Mesh，弹出如图 7-8 所示的目录树，选择Cut Plane…→Manage Cut Plane，显示Manage Cut Plane（管理剖面）面板，如图 7-9 所示。在Method中选择by Coefficients，调整Fraction Value值显示不同剖面的结果，如图 7-10 所示。

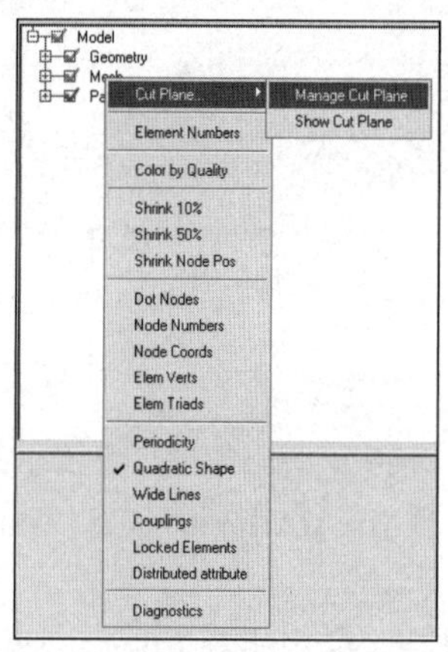

图 7-8　目录树

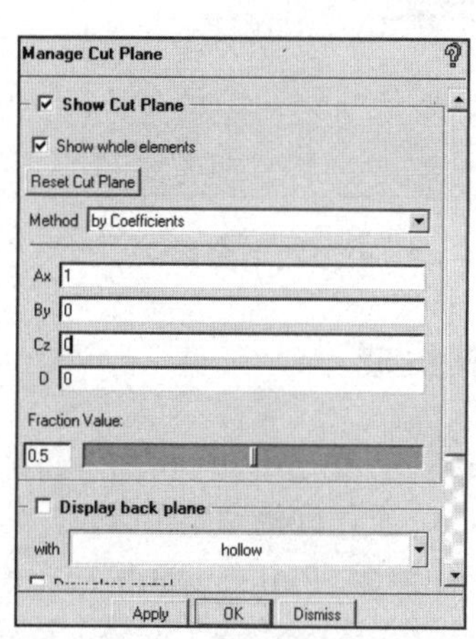

图 7-9　管理剖面面板

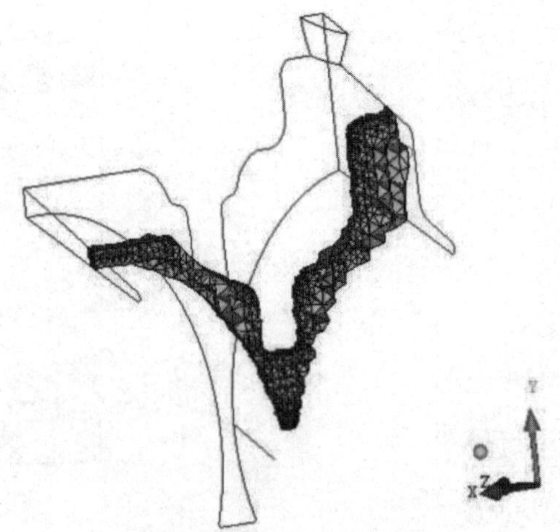

图 7-10　剖面显示

7.2.5　网格编辑

步骤 01　单击功能区内Edit Mesh（网格编辑）选项卡中的（平顺全局网格）按钮，弹出如图 7-11 所示的Smooth Elements Globally（平顺全局网格）面板，调节Up to value为 0.6，单击Apply按钮确认，在信息栏中显示网格质量信息，如图 7-12 所示。

必要时可重复光顺平滑，光顺后的四面体网格可获得高质量的棱柱网格。

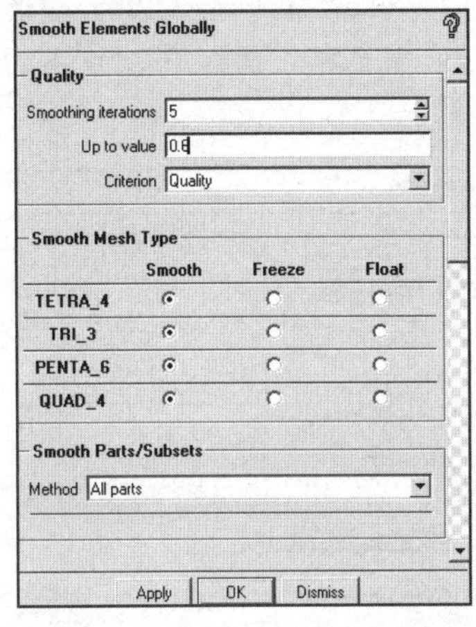

图 7-11　平顺全局网格面板

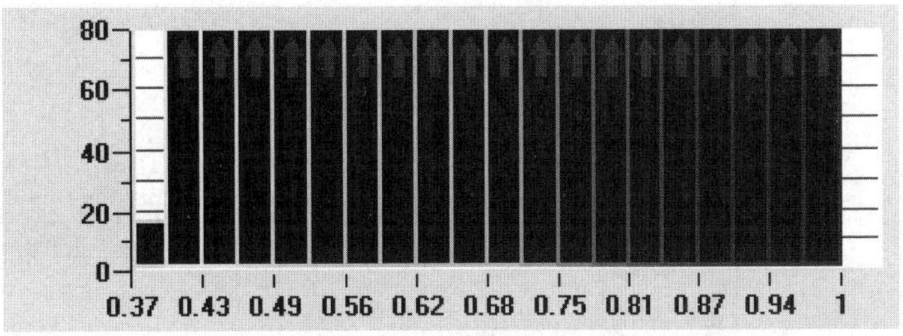

80
60
40
20
0
0.37 0.43 0.49 0.56 0.62 0.68 0.75 0.81 0.87 0.94 1

图 7-12　网格质量信息

步骤 02　单击功能区内Edit Mesh（网格编辑）选项卡中的（检查网格）按钮，弹出如图 7-13 所示的Check Mesh（检查网格）面板，单击Apply按钮确认，在信息栏中显示网格检查结果，如图 7-14 所示。

在检查网格时，可能会发现一些问题，这些问题可能会阻碍棱柱网格的生成或导致生成低质量的棱柱。如果检查过程中发现任何问题，应先修复网格，然后重新进行所有检查，直到不再发现任何问题为止。

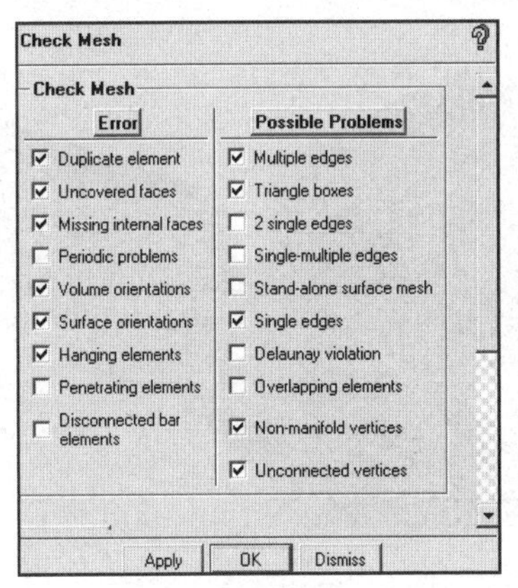

图 7-13　检查网格面板

Running diagnostics for Non-manifold vertices in subset "all"
No problems were found for Non-manifold vertices
Running diagnostics for Unconnected vertices in subset "all"
0 unconnected vertices were found.
Unconnected vertices are OK

图 7-14　网格检查信息

7.2.6　生成棱柱网格

步骤 01　单击功能区内Mesh（网格）选项卡中的（全局网格设定）按钮，弹出如图 7-15 所示的Global Mesh Setup（全局网格设定）面板，单击（棱柱体参数）按钮，设置Number of layers为 2，单击Apply按钮确认。

步骤 02　单击功能区内Mesh（网格）选项卡中的（计算网格）按钮，弹出如图 7-16 所示的Compute Mesh（计算网格）面板。单击（棱柱体网格）按钮，单击Select Parts for Prism Layer按钮，弹出如图 7-17 所示的Part Mesh Setup（部件网格设定）对话框，勾选Part WJ对应的Prism复选框并分别单击Apply按钮和Dismiss按钮确认退出，在Compute Mesh（计算网格）面板单击OK按钮重新生成体网格文件，如图 7-18 所示。

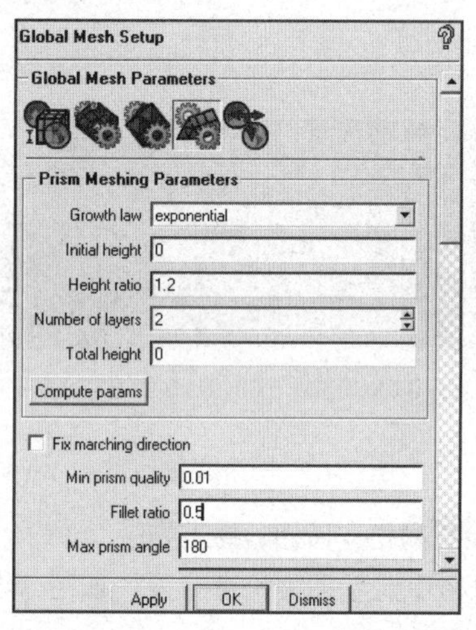

图 7-15　全局网格设定面板

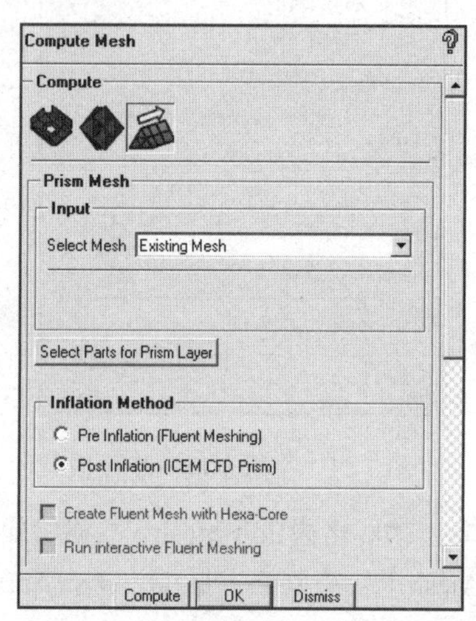

图 7-16　计算网格面板

当不设定 Initial height 或 Total height 时，棱柱网格生成器将会自动调整，以使得顶层棱柱的体积和邻近四面体体积相近。

Part Mesh Setup

Part	Prism	Hexa-core	Maximum size
CUTPLANE_1	☐		0
CUTPLANE_2	☐		0
CUTPLANE_3	☐		0
FLUID	☐	☐	
GEOM	☐		0
WJ	☑		0

☑ Show size params using scale factor
☐ Apply inflation parameters to curves
☐ Remove inflation parameters from curves
Highlighted parts have at least one blank field because not all entities in th

图7-17　Part Mesh Setup对话框

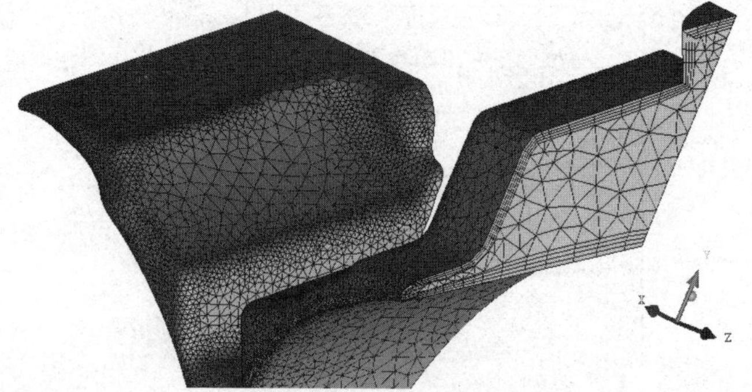

图7-18　体网格

步骤 03　在操作控制树中右击Mesh，弹出如图 7-19 所示的目录树，选择Cut Plane…→Manage Cut Plane，显示Manage Cut Plane（管理剖面）面板，如图 7-20 所示。在Method中选择by Coefficients，调整 Fraction Value值显示不同剖面的结果，如图 7-21 所示。

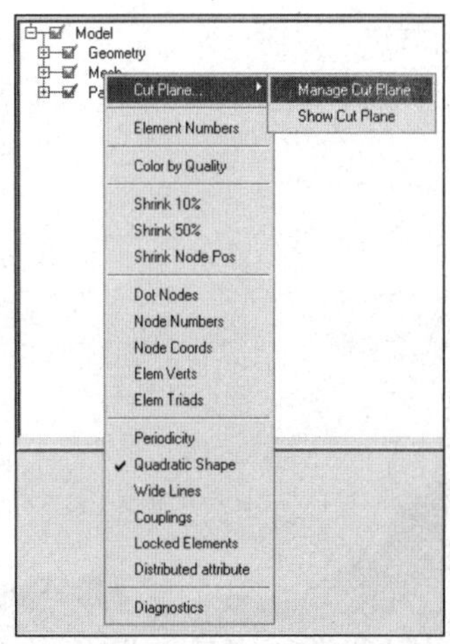

图 7-19　目录树

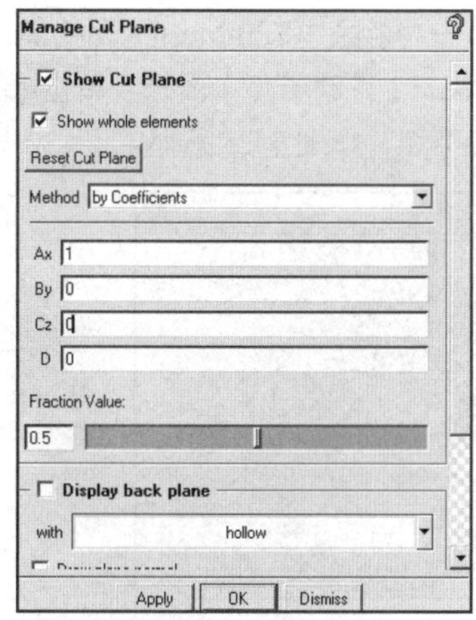

图 7-20　管理剖面面板

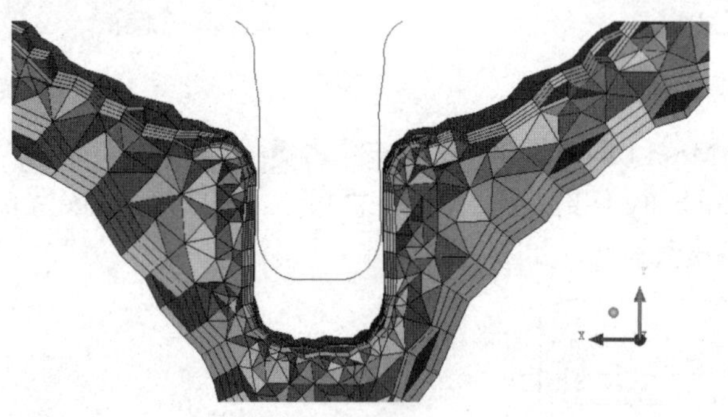

图 7-21　剖面显示

棱柱厚度的变化使得最后一层棱柱的体积和邻近四面体体积相近，表面三角形单元越小，紧邻生成的棱柱越薄。

步骤 04　单击功能区内Edit Mesh（网格编辑）选项卡中的（分割网格）按钮，弹出如图 7-22 所示的Split Mesh（分割网格）面板，单击（分割三棱柱）按钮，勾选Split only specified layers复选框，设置Layer numbers为 0（首层），单击Apply按钮确认分割棱柱网格（见图 7-23）仅把首层（Layer 0）分成 3 层。

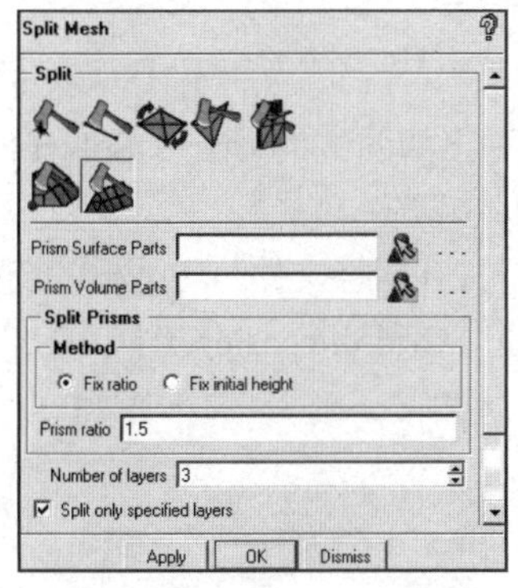

图 7-22　分割网格面板

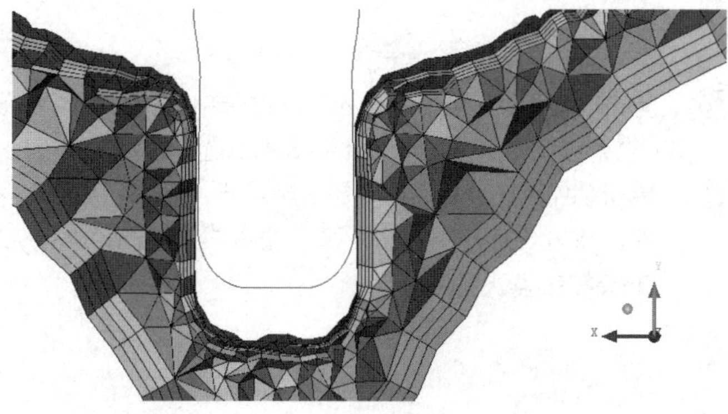

图 7-23　分割棱柱网格

步骤05 单击功能区内Edit Mesh（网格编辑）选项卡中的（移动节点）按钮，弹出如图 7-24 所示的Move Nodes（移动节点）面板，单击按钮，设置Initial height为 0.1，单击Apply按钮，确认移动棱柱网格节点，如图 7-25 所示。

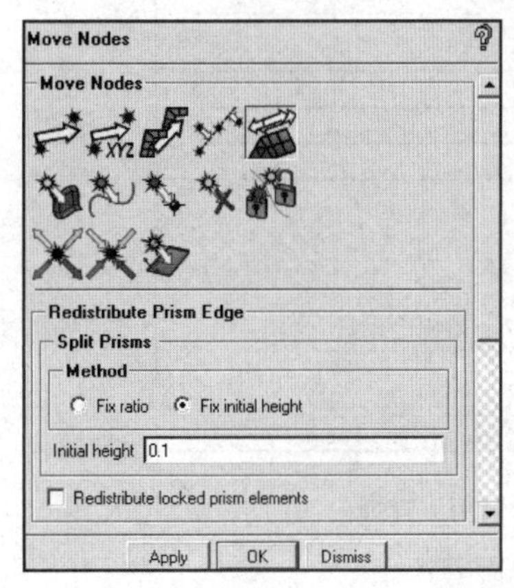

图 7-24　移动节点面板

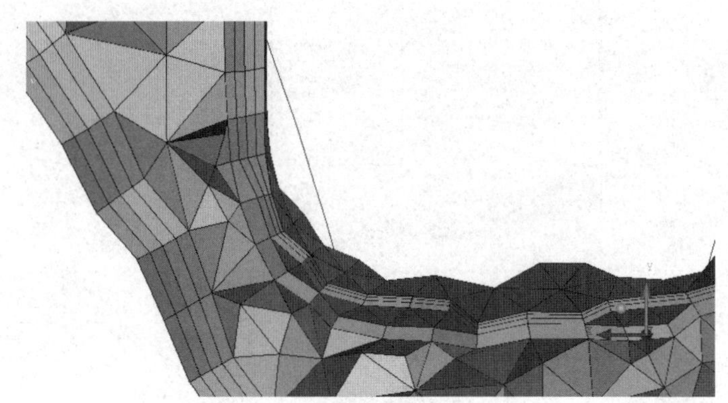

图 7-25　移动棱柱网格节点

步骤06 单击功能区内Edit Mesh（网格编辑）选项卡中的（平顺全局网格）按钮，弹出如图 7-26 所示的Smooth Elements Globally（平顺全局网格）面板，调节Up to value为 0.2，单击Apply按钮确认，在信息栏中显示网格质量信息，如图 7-27 所示。

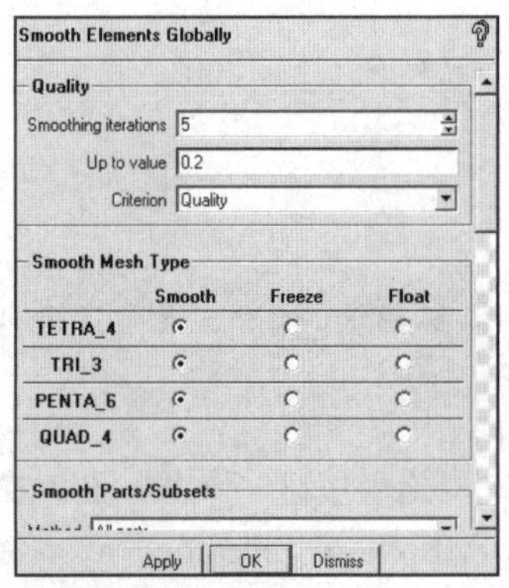

图 7-26　平顺全局网格面板

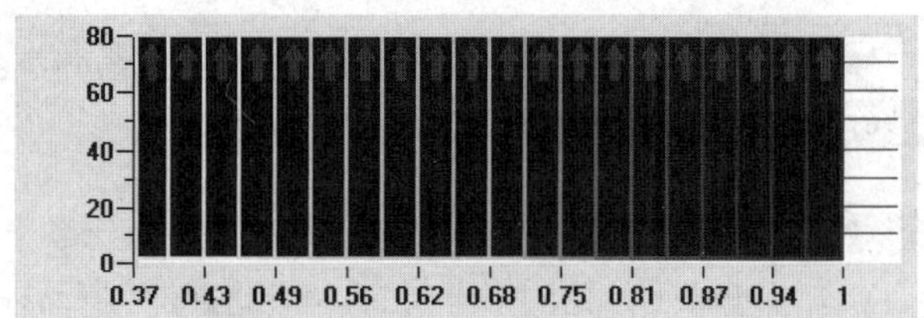

图 7-27　网格质量信息

7.2.7　网格输出

步骤01 单击功能区内Output（输出）选项卡中的（求解器设定）按钮，弹出如图 7-28 所示的Solver Setup（求解器设定）面板，Output Solver选择ANSYS Fluent，单击Apply按钮确认。

步骤02 单击功能区内Output（输出）选项卡中的（输出）按钮，弹出“打开网格文件”对话框，选择文件，单击“打开”按钮，弹出如图 7-29 所示的Ansys Fluent对话框，Grid dimension选择 3D，单击Done按钮确认完成。

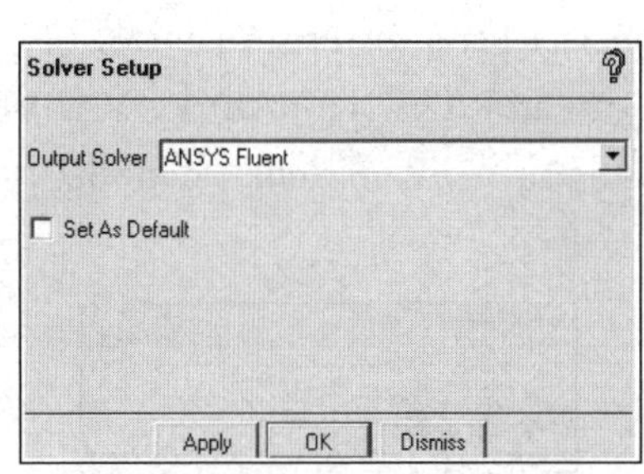

图 7-28　求解器设定面板

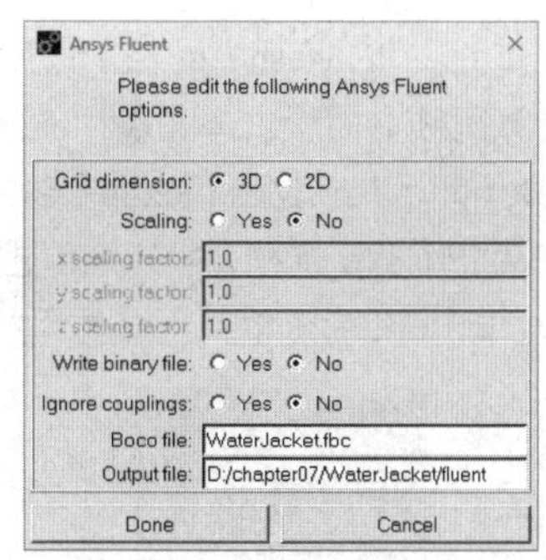

图 7-29　Ansys Fluent 对话框

7.3　阀门模型棱柱体网格生成

本节将在6.3节网格划分的基础上设置棱柱体网格，进一步优化模型划分的网格质量以提高计算精度。

7.3.1　启动ICEM CFD并打开分析项目

步骤 01　在Windows系统下启动ICEM CFD，进入ICEM CFD界面。

步骤 02　执行File→Open Project命令，弹出Open Project（打开项目）对话框，在“文件名”中输入valve，单击“OK”按钮确认关闭对话框。

7.3.2　网格检查

单击功能区内 Edit Mesh（网格编辑）选项卡中的（检查网格）按钮，弹出如图 7-30 所示的 Check Mesh（检查网格）面板，单击 Apply 按钮确认，在信息栏中显示网格检查结果，如图 7-31 所示。

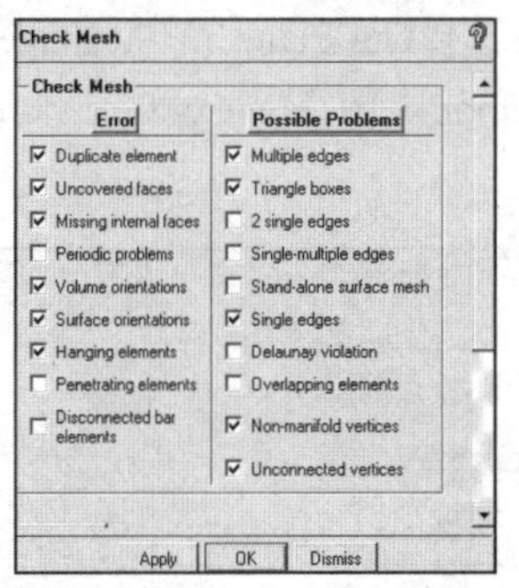

图 7-30　检查网格面板

```
Running diagnostics for Non-manifold vertices in subset "all"
No  problems  were found for Non-manifold vertices
Running diagnostics for Unconnected vertices in subset "all"
0 unconnected vertices were found.
Unconnected vertices are  OK
```

图 7-31　网格检查信息

7.3.3　生成棱柱网格

步骤 01　单击功能区内Mesh（网格）选项卡中的（全局网格设定）按钮，弹出如图 7-32 所示的Global Mesh Setup（全局网格设定）面板，单击（棱柱体参数）按钮，设置Number of layers为 2，单击Apply按钮确认。

步骤 02 单击功能区内Mesh（网格）选项卡中的（计算网格）按钮，弹出如图 7-33 所示的Compute Mesh（计算网格）面板。单击（棱柱体网格）按钮，单击Select Parts for Prism Layer按钮，弹出如图 7-34 所示的Part Mesh Setup（部件网格设定）对话框，勾选Part PART_1、VALVE、VALVESPHERE对应的Prism复选框，并分别单击Apply按钮和Dismiss按钮确认退出，在Compute Mesh（计算网格）面板单击OK按钮重新生成体网格文件，如图 7-35 所示。

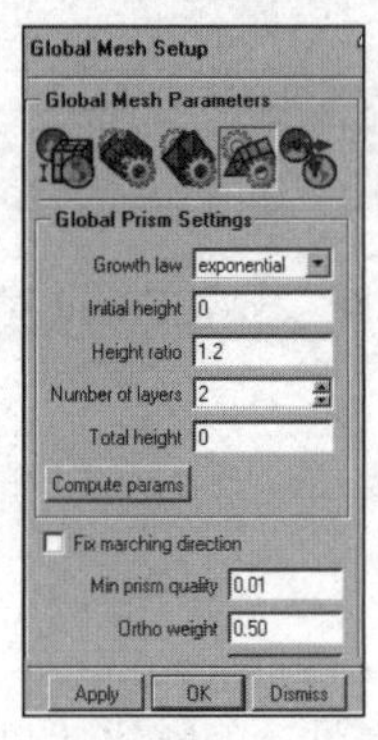

图 7-32　全局网格设定面板

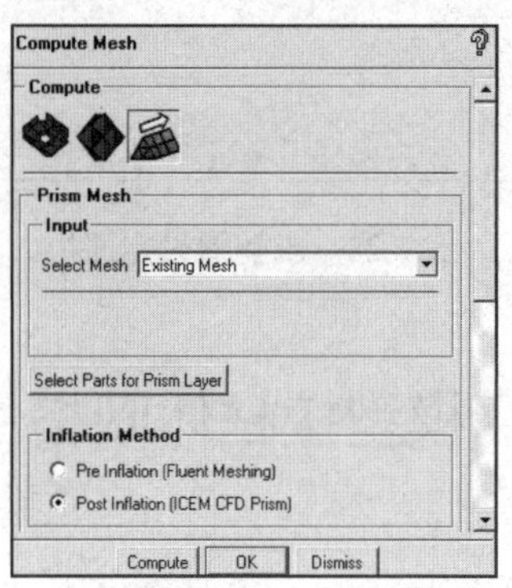

图 7-33　计算网格面板

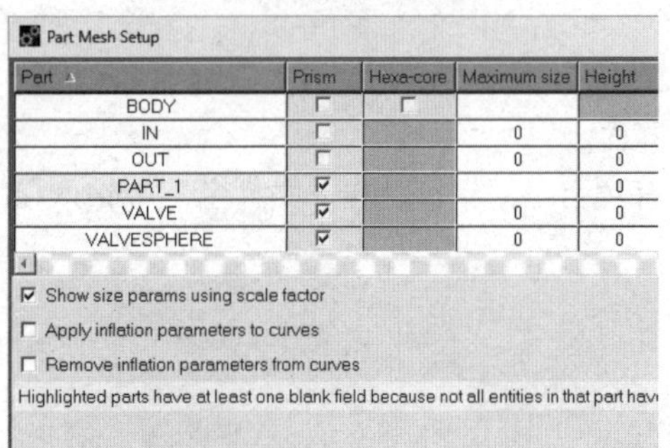

图7-34　Part Mesh Setup对话框

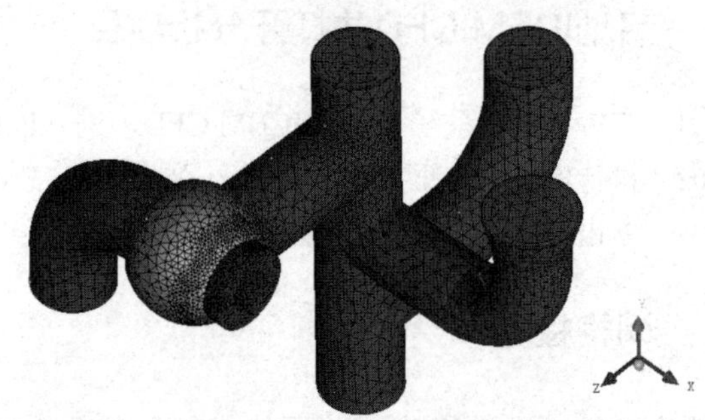

图7-35　体网格

步骤 03 在操作控制树中右击Mesh，弹出如图 7-36 所示的目录树，选择Cut Plane…→Manage Cut Plane，显示Manage Cut Plane（管理剖面）面板，如图 7-37 所示。在Method中选择by Coefficients，调整 Fraction Value值显示不同剖面的结果，如图 7-38 所示。

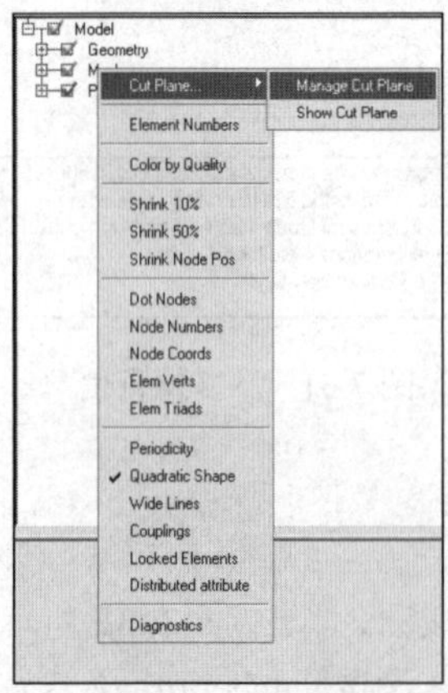

图 7-36　目录树

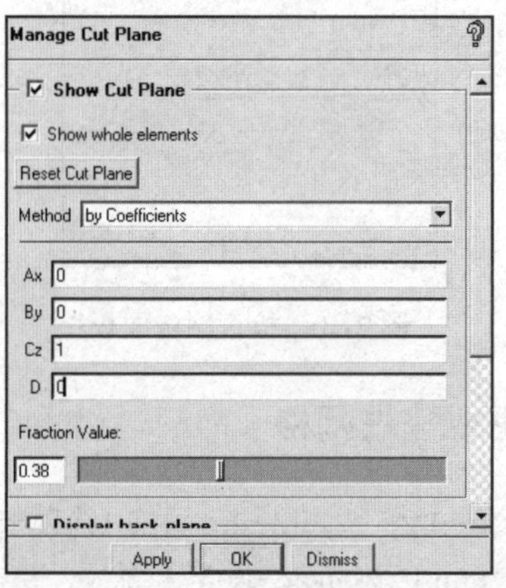

图 7-37　管理剖面面板

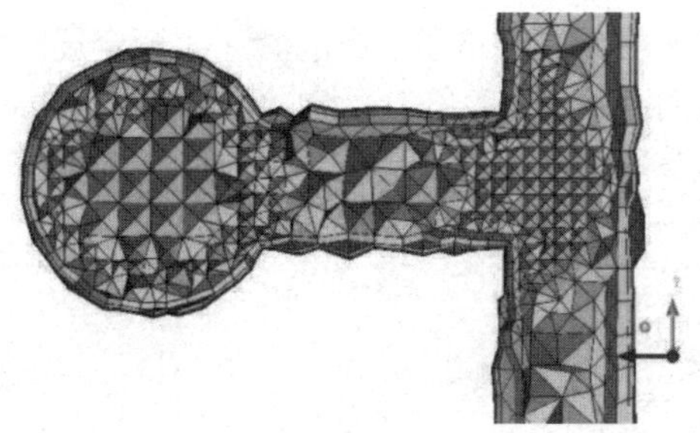

图 7-38　剖面显示

7.3.4 网格编辑

步骤 01　单击功能区内Edit Mesh（网格编辑）选项卡中的（分割网格）按钮，弹出如图 7-39 所示的Split Mesh（分割网格）面板，单击（分割三棱柱）按钮，勾选Split only specified layers复选框，设置Layer numbers为 0（首层），单击Apply按钮确认分割棱柱网格（见图 7-40）仅把首层（Layer 0）分成 3 层。

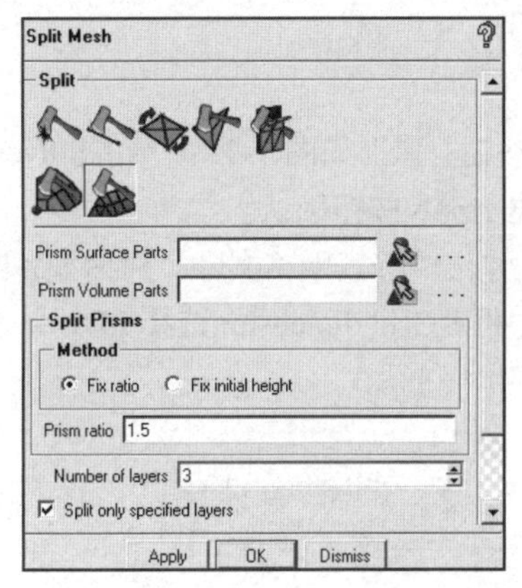

图 7-39　分割网格面板

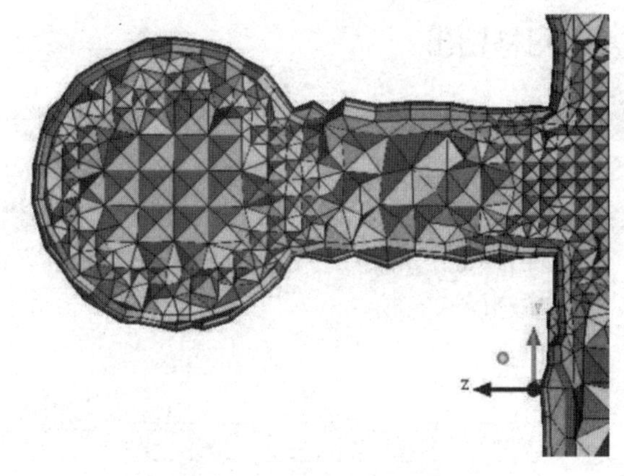

图 7-40　分割棱柱网格

步骤 02　单击功能区内Edit Mesh（网格编辑）选项卡中的（移动节点）按钮，弹出如图 7-41 所示的Move Nodes（移动节点）面板，单击按钮，设置Initial height为 0.1，单击Apply按钮确认移动棱柱网格节点，如图 7-42 所示。

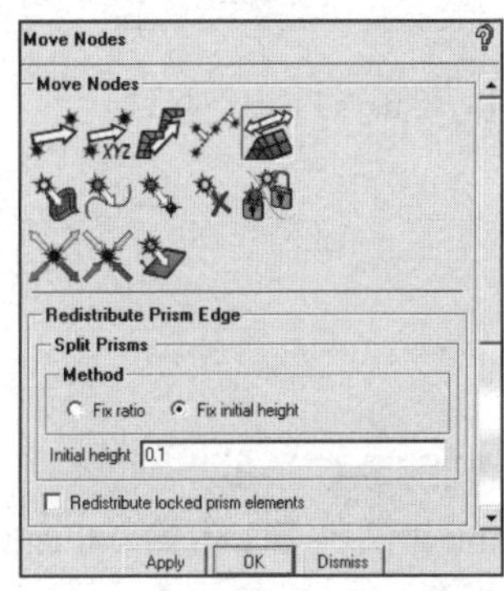

图 7-41　移动节点面板

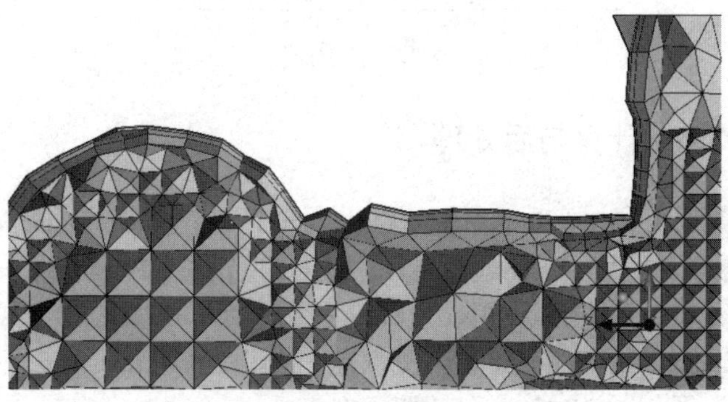

图 7-42　移动棱柱网格节点

步骤03 单击功能区内Edit Mesh（网格编辑）选项卡中的（平顺全局网格）按钮，弹出如图 7-43 所示的Smooth Elements Globally（平顺全局网格）面板，调节Up to value为 0.2，单击Apply按钮确认，在信息栏中显示网格质量信息，如图 7-44 所示。

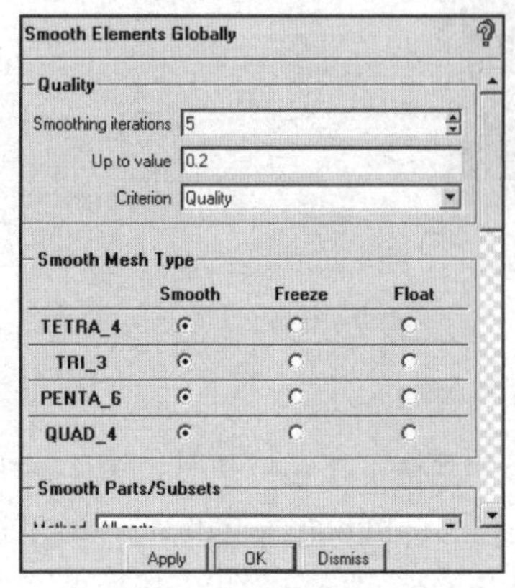

图 7-43　平顺全局网格面板

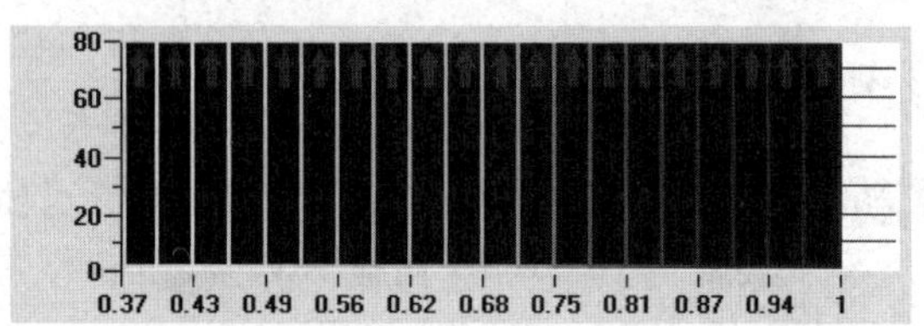

图 7-44　网格质量信息

7.3.5　网格输出

步骤01 单击功能区内Output（输出）选项卡中的（求解器设定）按钮，弹出如图 7-45 所示的Solver Setup（求解器设定）面板，Output Solver选择ANSYS Fluent，单击Apply按钮确认。

步骤02 单击功能区内Output（输出）选项卡中的（输出）按钮，弹出“打开网格文件”对话框，选择文件，单击“打开”按钮，弹出如图 7-46 所示Ansys Fluent对话框，Grid dimension选择 3D，单击Done按钮确认完成。

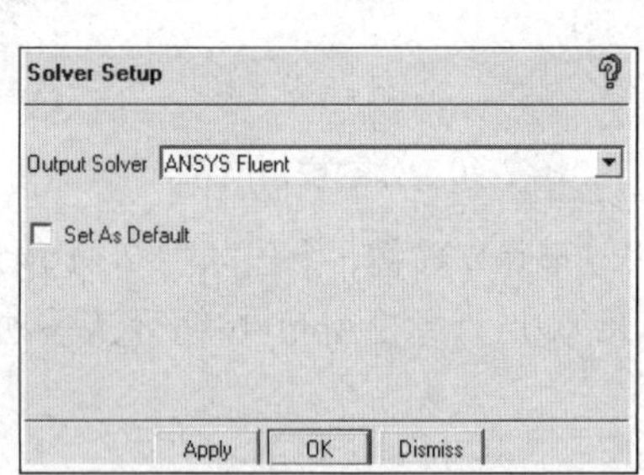

图 7-45　求解器设定面板

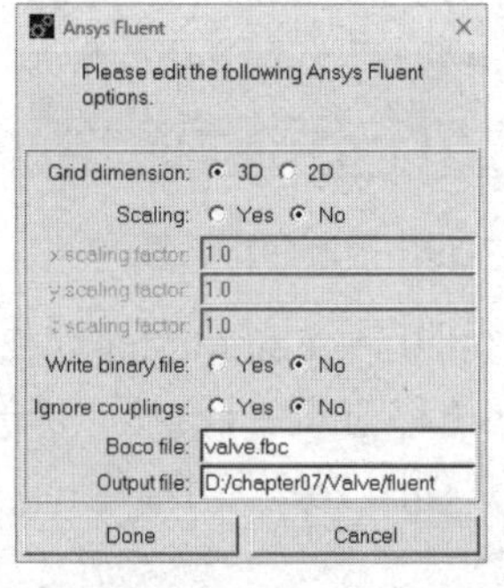

图 7-46　Ansys Fluent 对话框

7.3.6　计算与后处理

步骤01 在Windows系统下启动Fluent，进入Fluent Launcher界面。

步骤02 Dimension选择 3D，单击OK按钮进入Fluent界面。

步骤03 执行File→Read→Mesh命令，读入ICEM CFD生成的网格文件，如图 7-47 所示。

步骤04 在任务栏单击（保存）按钮进入Write Case对话框，在File name（文件名）中输入fluent.cas，单击OK按钮保存项目文件。

步骤05 执行Mesh→Check命令，检查网格质量，应保证Minimum Volume大于 0。

步骤06 执行Mesh→Scale命令，打开Scale Mesh（缩放网格）面板，定义网格尺寸单位，在Mesh Was Created In中选择mm，单击Scale按钮。

步骤07 执行Define→General命令，在Time中选择Steady。

步骤07 执行Define→Model→Viscous命令，选择k-epsilon（2 eqn）模型。

步骤09 执行Define→Boundary Conditions命令，定义边界条件，如图 7-48 所示。

- in：Type 选择 velocity-inlet（速度入口）边界条件，在 Velocity Magnitude（速度大小）中输入 2。
- out：Type 选择 pressure-outlet（压力出口）边界条件，将 Gauge Pressure 设置为 0。

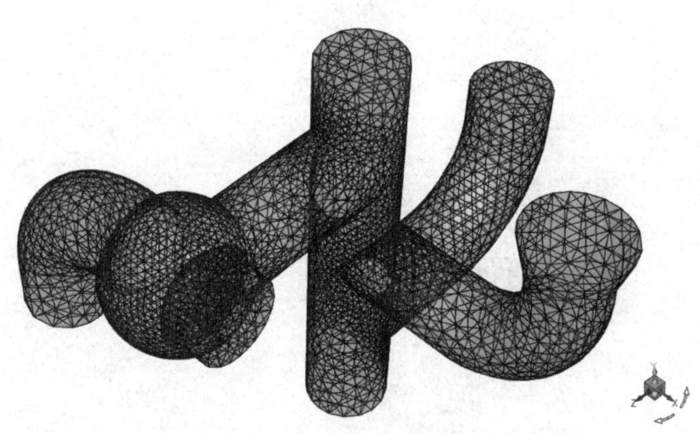

图 7-47　显示几何模型

图 7-48　边界条件面板

步骤10 执行Solve→Controls命令，弹出Solution Controls（设置松弛因子）面板，参数保持默认设置，单击OK按钮退出。

步骤11 执行Solve→Initialize命令，弹出Solution Initialization（设置初始值）面板，Compute From选择in，单击Initialize按钮进行计算初始化。

步骤12 执行Solve→Monitors→Residual命令，设置各个参数的收敛残差值为 1e-3，单击OK按钮确认。

步骤13 执行Solve→Run Calculation命令，迭代步数设置为 300，单击Calculate按钮开始计算。

步骤14 执行Surface→ISO Surface命令，设置生成Z=0m的平面，命名为x0。

步骤15 执行Display→Graphics and Animations→Contours命令，Contours of选择Velocity Magnitude，surfaces选择x0，单击Display按钮显示速度云图，如图 7-49 所示。

步骤16 执行Display→Graphics and Animations→Vector命令，Contours of选择Velocity Magnitude，surfaces选择x0，单击Display按钮显示速度矢量图，如图 7-50 所示。

步骤17 执行Display→Graphics and Animations→Contours命令，Contours of选择Static Pressure，surfaces选择x0，单击Display按钮显示压力云图，如图 7-51 所示。

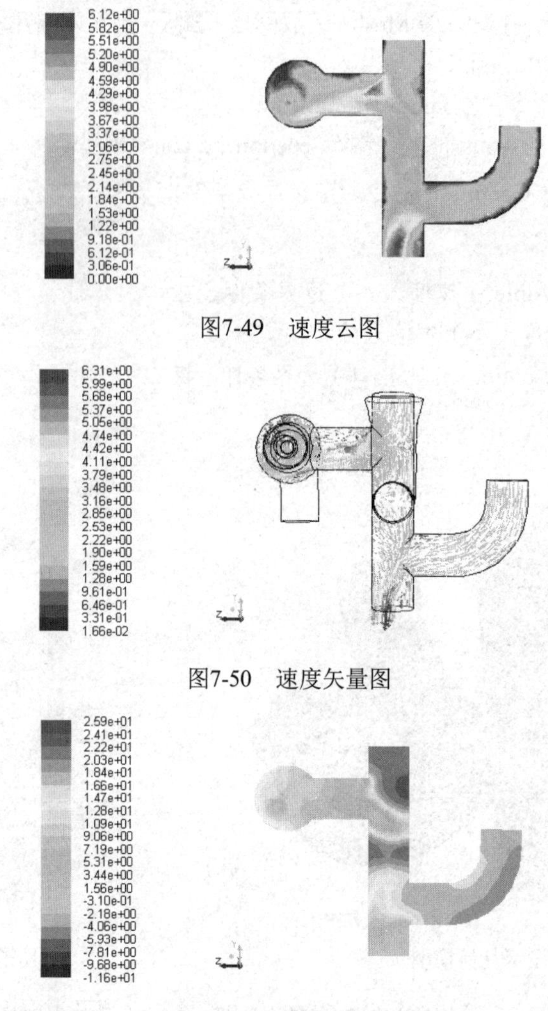

图7-49　速度云图

图7-50　速度矢量图

图7-51　压力云图

从上述计算结果可以看出，生成的网格能够满足计算要求，并且能够较好地模拟阀门内的流场问题。

7.4　弯管部件棱柱体网格生成

本节将在 6.4 节网格划分的基础上设置棱柱体网格，让读者对通过 ANSYS ICEM CFD 生成棱柱体网格的过程和棱柱体网格对计算结果的影响有一个初步认识。

7.4.1　启动ICEM CFD并打开分析项目

步骤01 在Windows系统下启动ICEM CFD，进入ICEM CFD界面。

步骤02 执行File→Open Project命令，弹出Open Project（打开项目）对话框，在“文件名”中输入icemcfd，单击“打开”按钮确认关闭对话框。

7.4.2　网格检查

单击功能区内Edit Mesh（网格编辑）选项卡中的（检查网格）按钮，弹出如图7-52所示的Check Mesh（检查网格）面板，单击Apply按钮确认，在信息栏中显示网格检查结果，如图7-53所示。

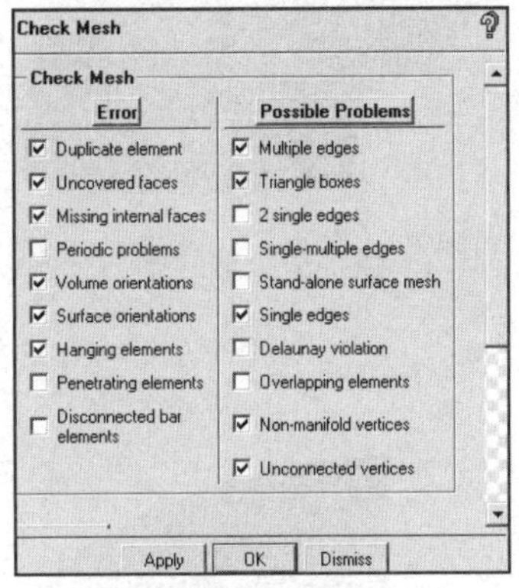

图 7-52　检查网格面板

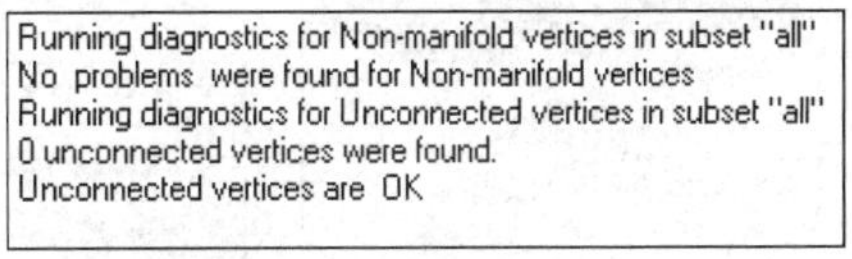

Running diagnostics for Non-manifold vertices in subset "all"
No problems were found for Non-manifold vertices
Running diagnostics for Unconnected vertices in subset "all"
0 unconnected vertices were found.
Unconnected vertices are OK

图 7-53　网格检查信息

7.4.3　生成棱柱网格

步骤 01　单击功能区内Mesh（网格）选项卡中的（全局网格设定）按钮，弹出如图 7-54 所示的Global Mesh Setup（全局网格设定）面板，单击（棱柱体参数）按钮，设置Number of layers 为 2，单击Apply按钮确认。

步骤 02　单击功能区内Mesh（网格）选项卡中的（计算网格）按钮，弹出如图 7-55 所示的Compute Mesh（计算网格）面板。单击（棱柱体网格）按钮，单击Select Parts for Prism Layer按钮，弹出如图 7-56 所示的Part Mesh Setup（部件网格设定）对话框，勾选Part CYLIN、ELBOW对应的Prism复选框，并分别单击Apply按钮和Dismiss按钮确认退出，在Compute Mesh（计算网格）面板中单击OK按钮重新生成体网格文件，如图 7-57 所示。

步骤 03　在操作控制树中右击Mesh，弹出如图 7-58 所示的目录树，选择Cut Plane...→Manage Cut Plane，显示Manage Cut Plane（管理剖面）面板，如图 7-59 所示，在Method中选择by Coefficients，调整Fraction Value值显示不同剖面的结果，如图 7-60 所示。

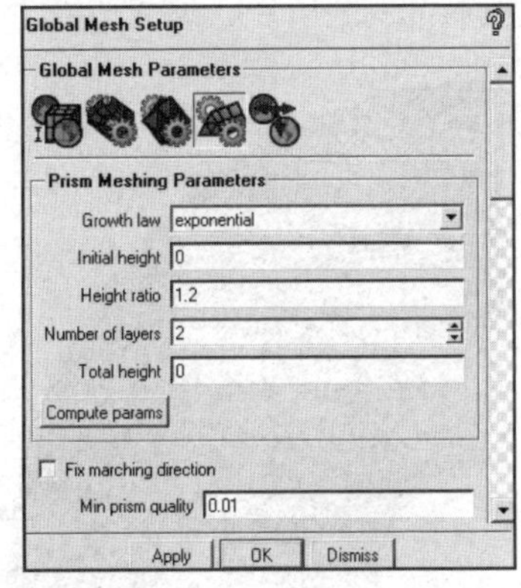

图 7-54　部件网格设定面板

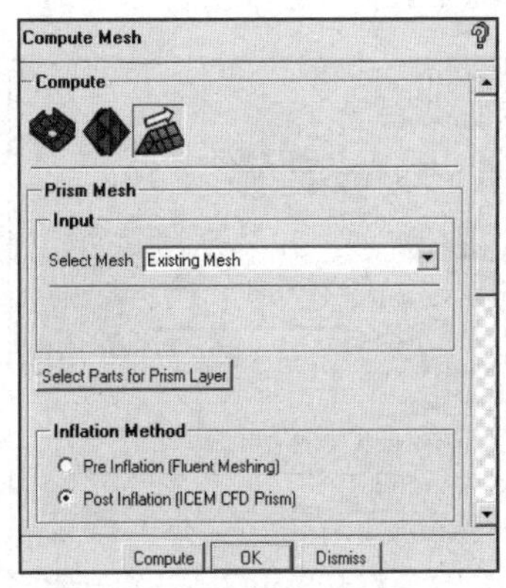

图 7-55　计算网格面板

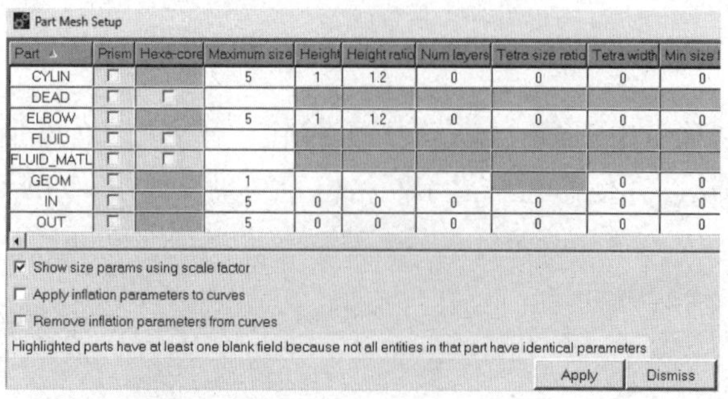

Part	Prism	Hexa-core	Maximum size	Height	Height ratio	Num layers	Tetra size ratio	Tetra width	Min size l
CYLIN	☐		5	1	1.2	0	0	0	0
DEAD	☐	☐							
ELBOW	☐		5	1	1.2	0	0	0	0
FLUID	☐	☐							
FLUID_MATL	☐	☐							
GEOM	☐		1					0	0
IN	☐		5	0	0	0	0	0	0
OUT	☐		5	0	0	0	0	0	0

图 7-56　Part Mesh Setup 对话框

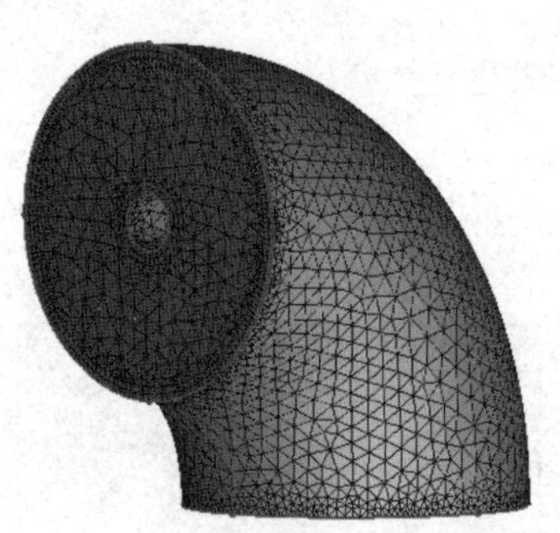

图 7-57　体网格

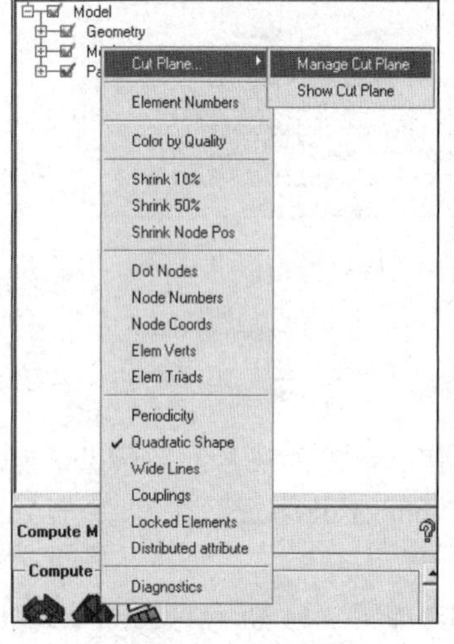

图 7-58　目录树

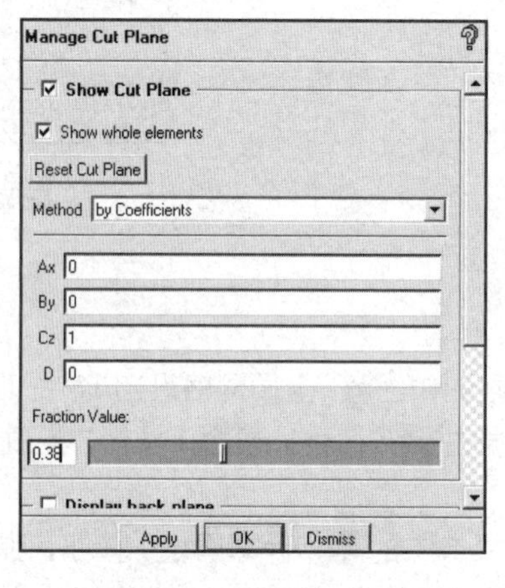

图 7-59　管理剖面面板

图 7-60　剖面显示

7.4.4　网格编辑

步骤 01　单击功能区内Edit Mesh（网格编辑）选项卡中的 （分割网格）按钮，弹出如图 7-61 所示的Split Mesh（分割网格）面板，单击 （分割三棱柱）按钮，勾选Split only specified layers复选框，设置Layer numbers为 0（首层），单击Apply按钮确认分割棱柱网格（见图 7-62）仅把首层（Layer 0）分成 3 层。

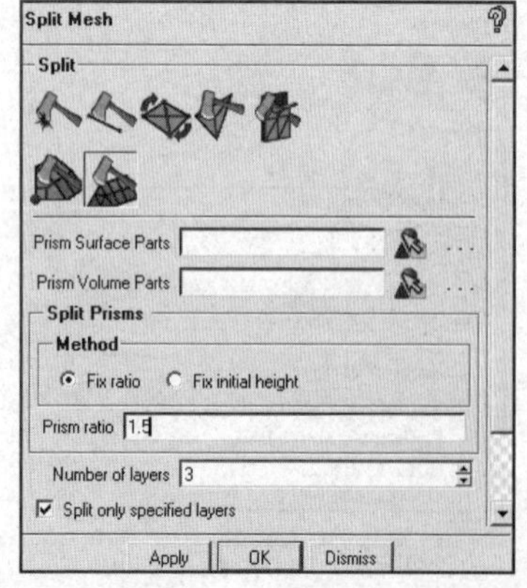

图 7-61　分割网格面板

图 7-62　分割棱柱网格

步骤02 单击功能区内Edit Mesh（网格编辑）选项卡中的（移动节点）按钮，弹出如图 7-63 所示的Move Nodes（移动节点）面板，单击按钮，设置Initial height为 0.1，单击Apply按钮，确认移动棱柱网格节点，如图 7-64 所示。

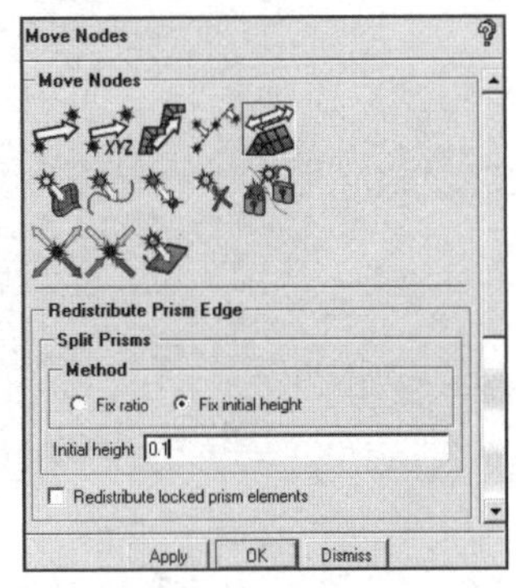

图 7-63　移动节点面板

图 7-64　移动棱柱网格节点

步骤03 单击功能区内Edit Mesh（网格编辑）选项卡中的（平顺全局网格）按钮，弹出如图 7-65 所示的Smooth Elements Globally（平顺全局网格）面板，调节Up to value为 0.2，单击Apply按钮确认，在信息栏中显示网格质量信息，如图 7-66 所示。

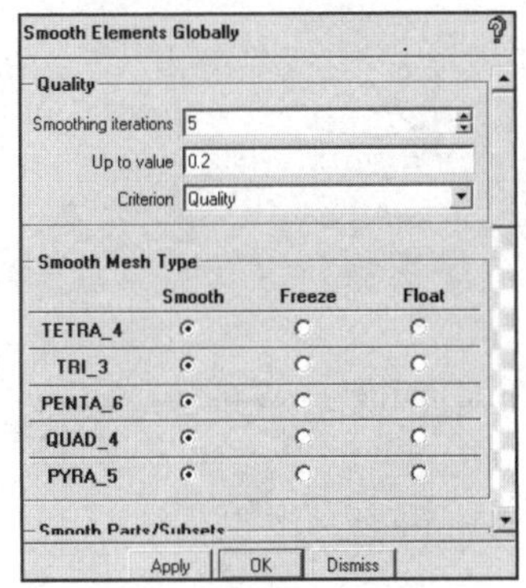

图 7-65　平顺全局网格面板

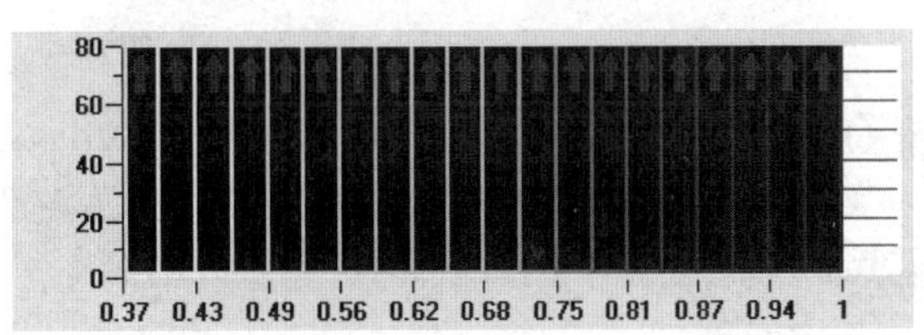

图 7-66　网格质量信息

7.4.5　网格输出

步骤01 单击功能区内Output（输出）选项卡中的（求解器设定）按钮，弹出如图 7-67 所示的Solver Setup（求解器设定）面板，Output Solver选择ANSYS Fluent，单击Apply按钮确认。

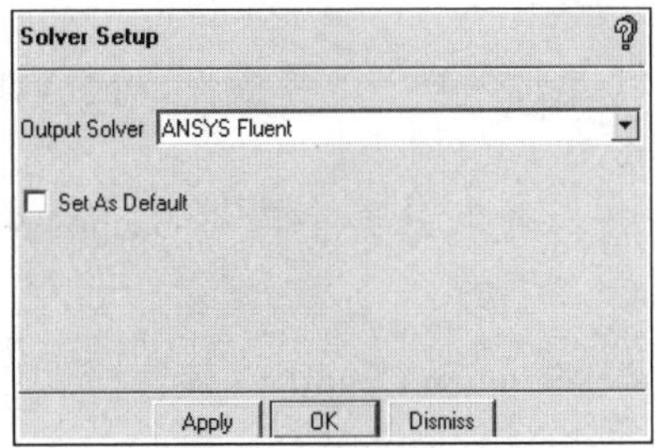

图7-67　求解器设定面板

步骤02　单击功能区内Output（输出）选项卡中的（输出）按钮，弹出“打开网格文件”对话框，选择文件，单击“打开”按钮，弹出如图 7-68 所示的Ansys Fluent对话框，Grid dimension选择 3D，单击Done按钮确认完成。

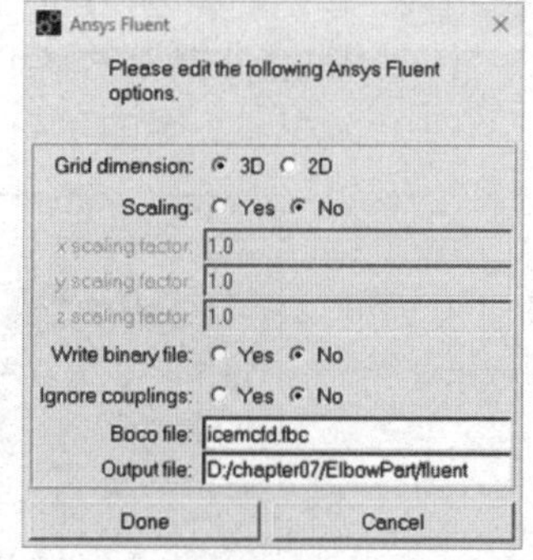

图7-68　Ansys Fluent对话框

7.4.6　计算与后处理

步骤01　在Windows系统下启动Fluent，进入Fluent Launcher界面。

步骤02　Dimension选择 3D，单击OK按钮进入Fluent界面。

步骤03　执行File→Read→Mesh命令，读入ICEM CFD生成的网格文件，如图 7-69 所示。

图7-69　显示几何模型

步骤04　在任务栏单击（保存）按钮进入Write Case对话框，在File name（文件名）中输入fluent.cas，单击OK按钮保存项目文件。

步骤05　执行Mesh→Check命令，检查网格质量，应保证Minimum Volume大于 0。

步骤06　执行Mesh→Scale命令，打开Scale Mesh（缩放网格）面板，定义网格尺寸单位，在Mesh Was Created In中选择mm，单击Scale按钮。

步骤07　执行Define→General命令，在Time中选择Steady。

步骤07　执行Define→Model→Viscous命令，选择k-epsilon（2 eqn）模型。

步骤09　执行Define→Boundary Conditions命令，定义边界条件，如图 7-70 所示。

- in：Type 选择 velocity-inlet（速度入口）边界条件，在 Velocity Magnitude（速度大小）中输入 5。
- out: Type 选择 pressure-outlet(压力出口)边界条件，将 Gauge Pressure 设置为。

图7-70　边界条件面板

步骤10　执行Solve→Controls命令，弹出Solution Controls（设置松弛因子）面板，参数保持默认设置，单击OK按钮退出。

步骤11　执行Solve→Initialize命令，弹出Solution Initialization（设置初始值）

面板，Compute From选择in，单击Initialize按钮进行计算初始化。

步骤 12 执行Solve→Monitors→Residual命令，设置各个参数的收敛残差值为 1e-3，单击OK按钮确认。

步骤 13 执行Solve→Run Calculation命令，迭代步数设置为 300，单击Calculate按钮开始计算。

步骤 14 迭代到第 68 步，计算收敛，收敛曲线如图 7-71 所示。

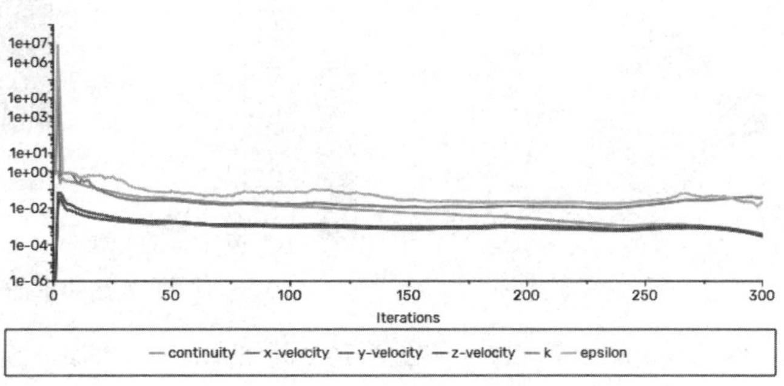

图 7-71 收敛曲线

步骤 15 执行Surface→ISO Surface命令，设置生成Z=0m的平面，命名为z0。

步骤 16 执行Display→Graphics and Animations→Contours命令，Contours of选择Velocity Magnitude，surfaces选择z0，单击Display按钮显示速度云图，如图 7-72 所示。

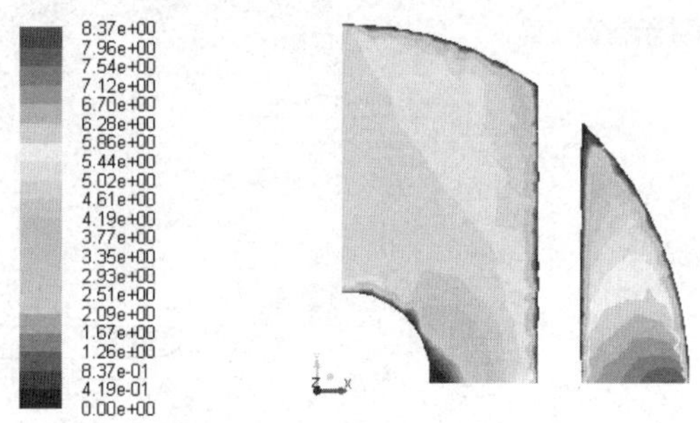

图7-72 速度云图

步骤 17 执行Display→Graphics and Animations→Vector命令，Contours of选择Velocity Magnitude，surfaces选择z0，单击Display按钮显示速度矢量图，如图 7-73 所示。

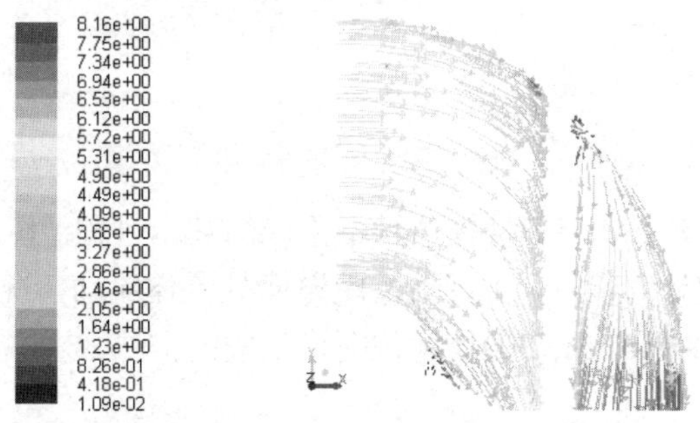

图7-73 速度矢量图

步骤 18 执行Display→Graphics and Animations→Contours命令，Contours of选择Pressure，surfaces选择z0，单击Display按钮显示压力云图，如图 7-74 所示。

步骤 19 执行Display→Graphics and Animations→Contours命令，Contours of选择Turbulence Wall Yplus， surfaces选择z0，单击Display按钮显示壁面Yplus云图，如图 7-75 所示。

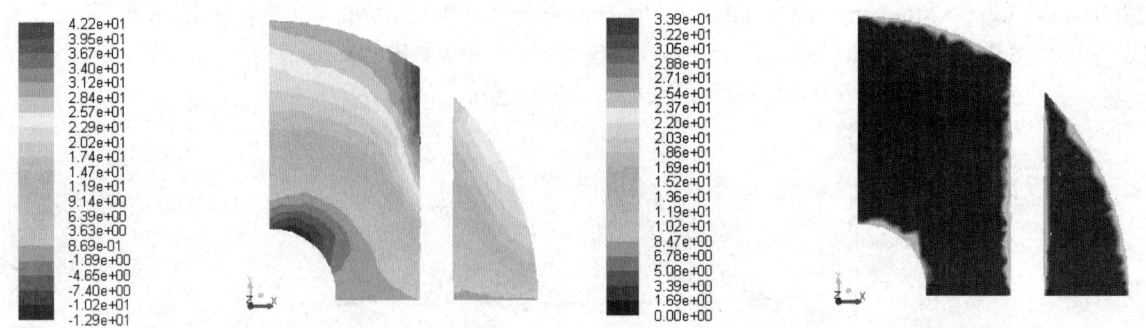

图 7-74　压力云图　　　　图 7-75　壁面 Yplus 云图

步骤 20 执行Report→Results Reports命令，弹出如图 7-76 所示的Reports面板，选择Surface Integrals，单击Set Up...按钮，弹出如图 7-77 所示的Surface Integrals对话框，在Report Type中选择Area，在Surface中选择in和out，单击Compute按钮计算得到进出口流量差。

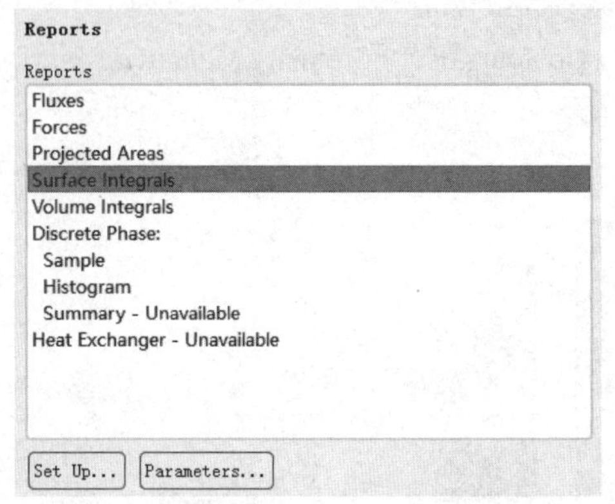

图7-76　Reports面板

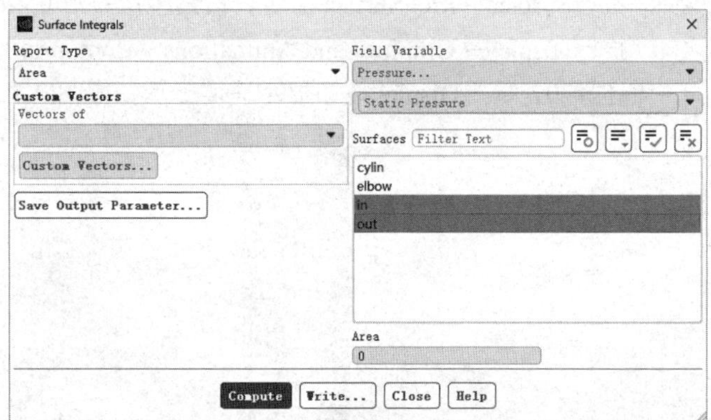

图7-77　Surface Integrals对话框

从上述计算结果可以看出，生成的网格能够满足计算要求，并且能够较好地模拟弯管部件内的流场问题。

7.5　本章小结

本章结合典型实例介绍了ICEM CFD棱柱体网格生成的基本过程。棱柱体网格是在划分非结构网格后，为进一步提高网格质量和计算精度，更好地反映壁面处流体流动情况，而特别划分的网格。通过对本章内容的学习，读者可以掌握ICEM CFD棱柱体网格生成的方法。

第 8 章

以六面体为核心的网格划分

导言

四面体或四面体/棱柱网格虽然具备很好的几何适应性，生成过程也较六面体网格简单，但是通常生成的网格单元数目较多，影响工程计算的效率。因此，对于内部体积空间较大的模型，有些网格单元完全可以由六面体单元替换，这样既保证了网格的几何适应性，又大大降低了网格的数目，提高了工程计算的效率。

本章将介绍ICEM CFD中以六面体为核心的网格生成方法，并通过具体实例详细讲解使用ICEM CFD生成以六面体为核心的网格的工作流程。

学习目标

❖ 使用ICEM CFD生成以六面体为核心的网格的方法
❖ 以六面体为核心的网格划分步骤
❖ 网格质量的检查方法
❖ 网格输出的基本步骤

8.1 以六面体为核心的网格概述

对于内部体积空间较大的复杂几何模型，ICEM CFD 可以通过生成以六面体为核心（Hexa-Core）的网格将指定大小的六面体单元插入模型网格中心，在与四面体单元连接处采用金字塔单元过渡，如图 8-1 所示。与纯粹的四面体网格相比，以六面体为核心的网格有更好的收敛性、计算速度以及更准确地求解分析结果。

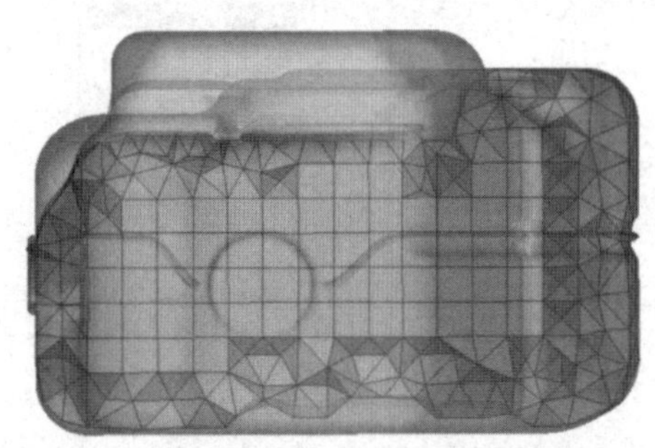

图8-1 Hexa-Core网格

使用 ICEM CFD 生成 Hexa-Core 网格的方法有以下两种。

- 通过 Set Meshing Params by Parts 在需要的单元勾选 Hexa-Core，指定六面体单元的 Max Size（即单元尺寸）来生成 Hexa-Core 网格。

- 通过 From geometry 或 From geometry and surface mesh 先创建四面体网格，然后按适当的过渡插入 Hexa-Core 单元。

From surface mesh 将先在几何体中插入 Hexa-Core 单元，然后逐步过渡到表面单元。

8.2　机翼模型Hexa-Core网格生成

本节将通过一个机翼几何模型网格生成的例子，让读者对在 ANSYS ICEM CFD 中生成 Hexa-Core 网格的过程有一个初步了解。

8.2.1　启动ICEM CFD并建立分析项目

步骤01　在Windows系统下启动ICEM CFD，进入ICEM CFD界面。

步骤02　执行File→Save Project命令，弹出Save Project As对话框，在“文件名”中输入icemcfd，单击OK按钮确认，关闭对话框。

8.2.2　导入几何模型

执行File→Geometry→Open Geometry命令，弹出Open Geometry File（打开几何文件）对话框，在“文件名”中输入geometry.tin，单击“打开”按钮确认。导入几何文件后，将在图形显示区显示几何模型，如图8-2所示。

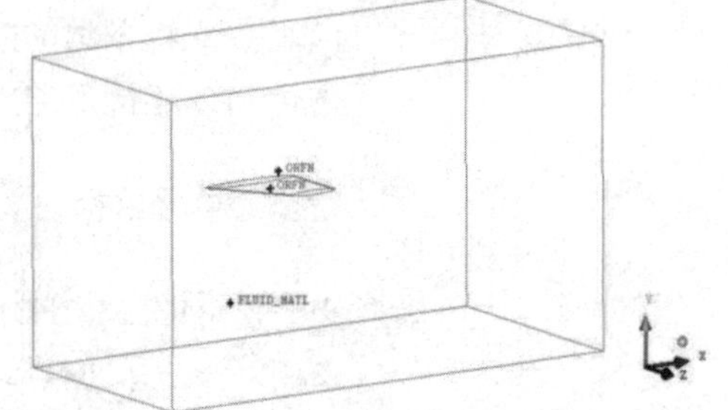

图8-2　几何模型

8.2.3　模型建立

步骤01　在操作控制树中右击Parts，弹出如图 8-3 所示的目录树，选择Create Part，弹出如图 8-4 所示的Create Part（生成边界）面板，在Part中输入IN，单击按钮，选择边界并单击鼠标中键确认，生成的入口边界如图 8-5 所示。

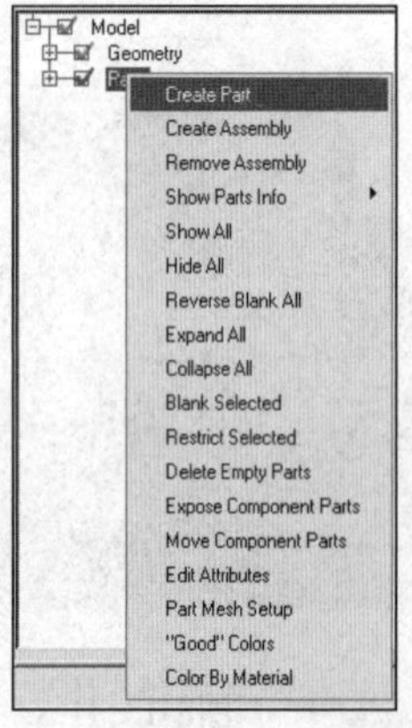

图 8-3　选择生成边界命令

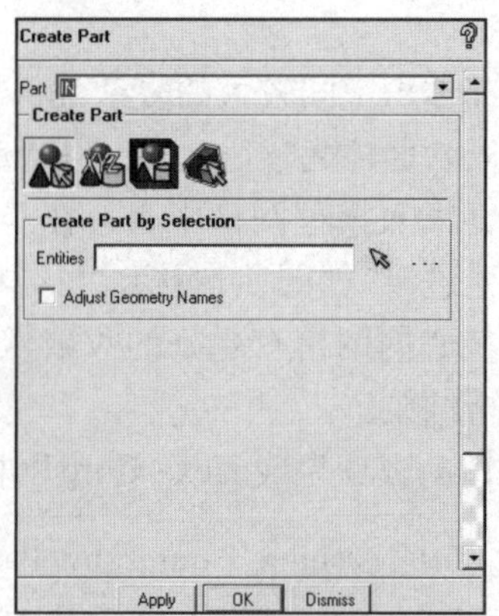

图 8-4　生成边界面板

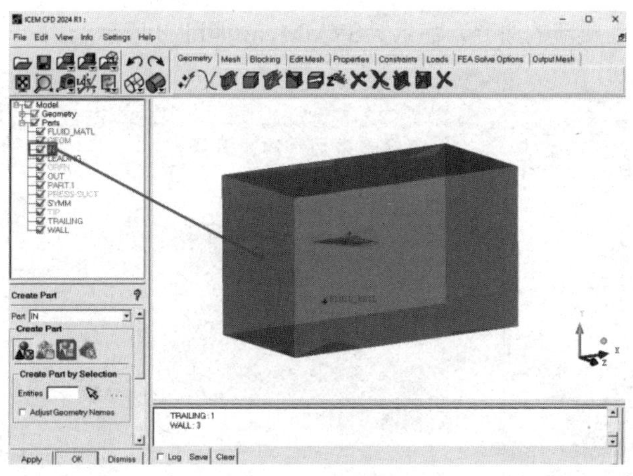

图8-5　入口边界

步骤 02　用步骤 01的方法生成出口边界，命名为OUT，如图 8-6 所示。

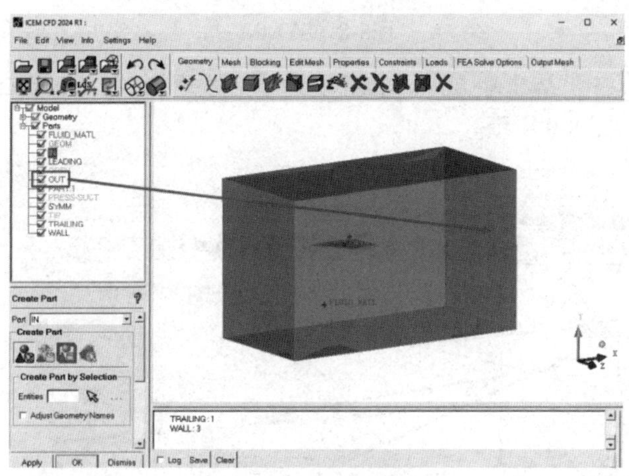

图8-6　出口边界

步骤 03　用步骤 01的方法生成新的边界，命名为WALL，如图 8-7 所示。

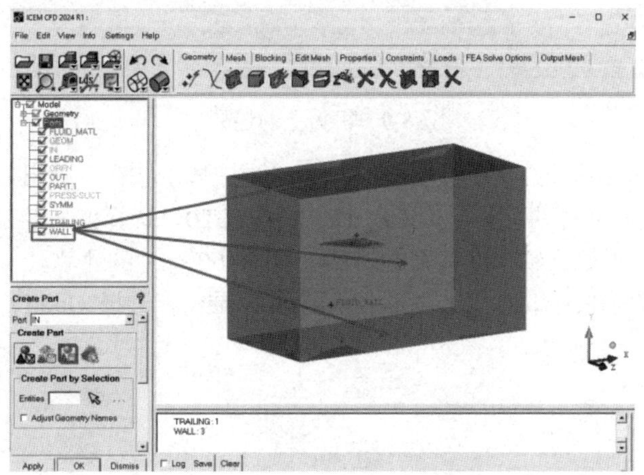

图8-7　WALL

步骤04　用步骤01的方法生成新的边界，命名为SYMM，如图 8-8 所示。

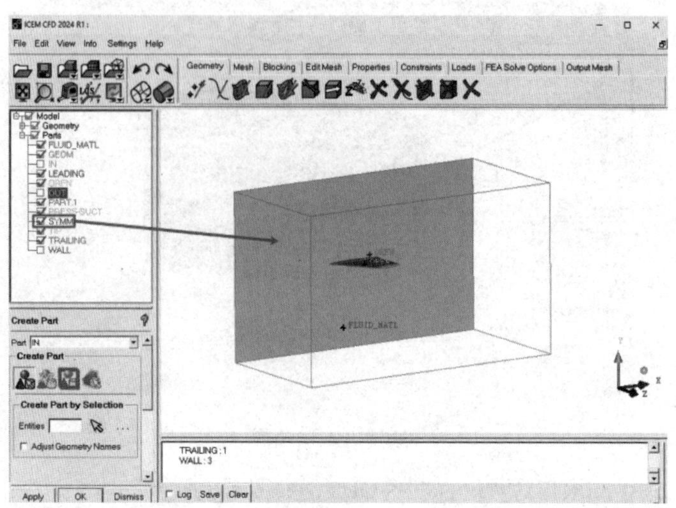

图8-8　SYMM

步骤05　用步骤01的方法在机翼上生成 4 个新的边界，分别命名为LEADING、TRAILING、TIP和PRESS_SUCT，如图 8-9 所示。

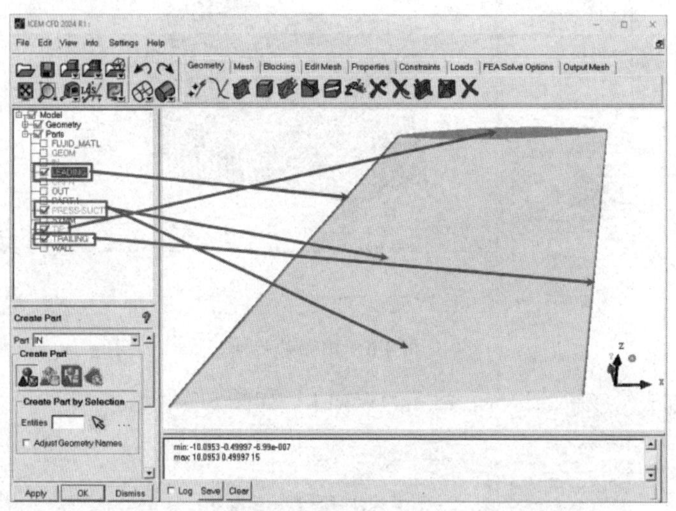

图8-9　机翼上的边界

步骤06　单击功能区内Geometry（几何）选项卡中的（生成体）按钮，弹出如图 8-10 所示的Create Part（生成边界）面板，单击按钮，输入Part名称为FLUID，选择如图 8-11 所示的两个屏幕位置，单击鼠标中键确认，并确保物质点在管的内部，同时也在叶片的外部。

步骤07　在操作控制树中右击Parts，弹出如图 8-12 所示的目录树，选择"Good"Colors命令。

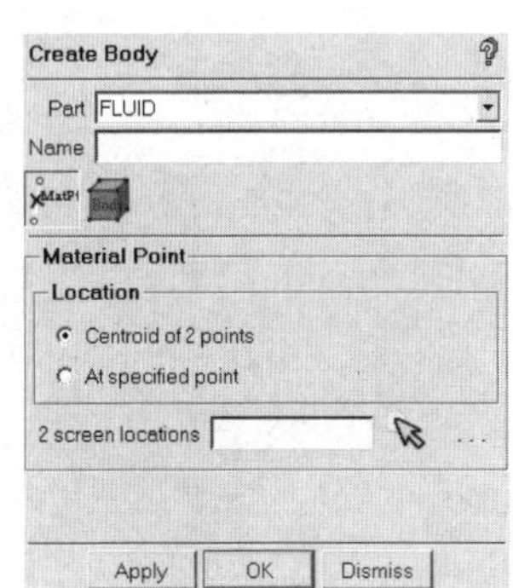

图8-10　生成体面板

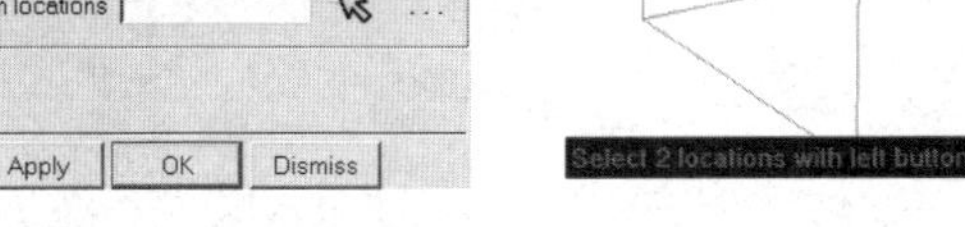

图8-11　选择点位置

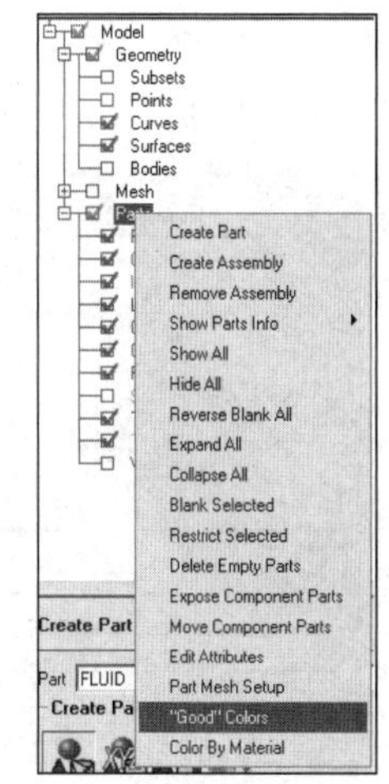

图8-12　选择"Good"Colors命令

8.2.4　网格生成

步骤01　单击功能区内Mesh（网格）选项卡中的（全局网格设定）按钮，弹出如图 8-13 所示的Global Mesh Setup（全局网格设定）面板，在Max element中输入 32，单击Apply按钮确认。

步骤02　在Global Mesh Setup（全局网格设定）面板中单击（棱柱体参数）按钮，如图 8-14 所示，设置Number of layers为 3，单击Apply按钮确认。

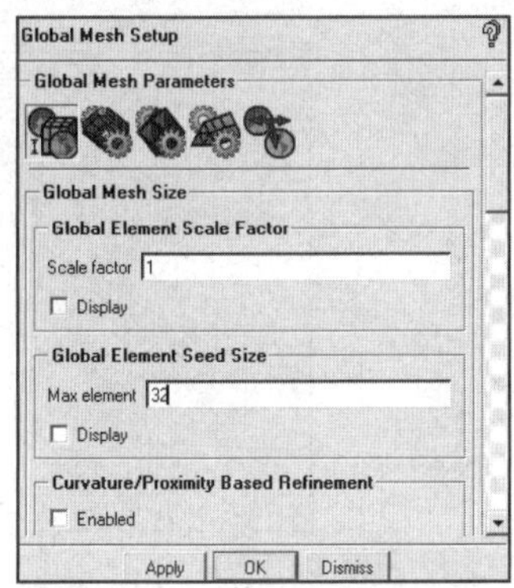

图 8-13　全局网格设定面板

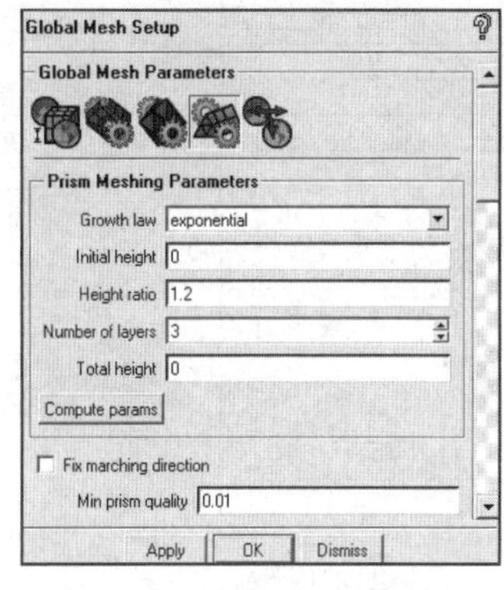

图 8-14　棱柱体网格设定面板

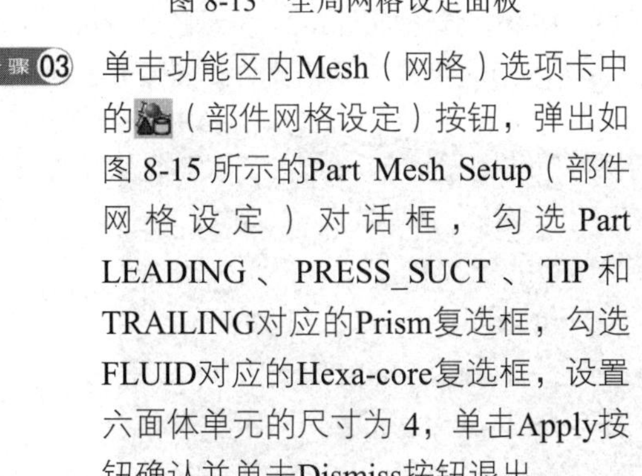

步骤03　单击功能区内Mesh（网格）选项卡中的（部件网格设定）按钮，弹出如图 8-15 所示的Part Mesh Setup（部件网格设定）对话框，勾选 Part LEADING、PRESS_SUCT、TIP 和TRAILING对应的Prism复选框，勾选FLUID对应的Hexa-core复选框，设置六面体单元的尺寸为 4，单击Apply按钮确认并单击Dismiss按钮退出。

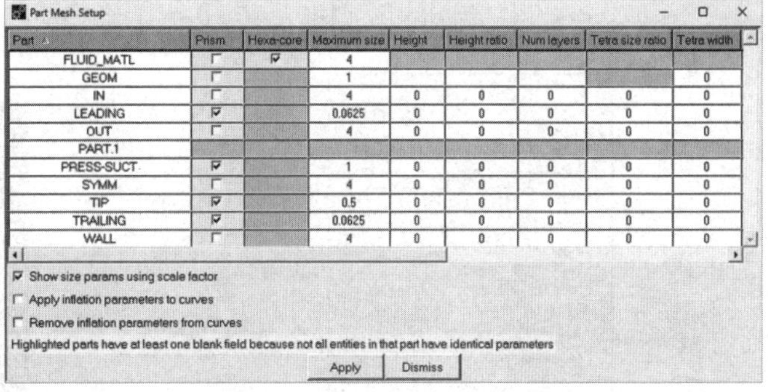

图8-15　部件网格设定对话框

步骤04　单击功能区内Geometry（几何）选项

卡中的 （创建点）按钮，弹出如图 8-16 所示的Create Point（创建点）对话框，单击 按钮，创建两个点（12, 0, 0）和（12, 0, 15），单击Apply按钮确认创建点，如图 8-17 所示。

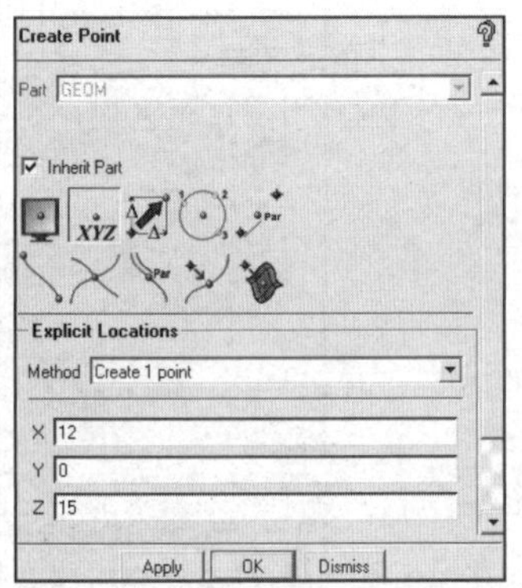

图 8-16 创建点对话框

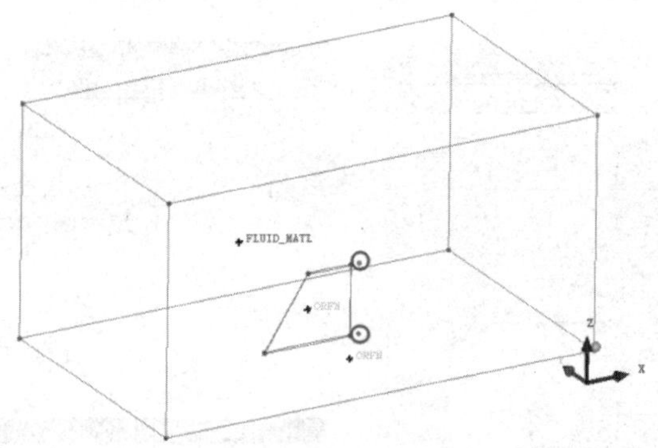

图 8-17 创建的点

步骤 05 单击功能区内Mesh（网格）选项卡中的 （网格加密）按钮，弹出如图 8-18 所示的Create Density（创建密度盒）面板，在Size中输入 0.25，在Width中输入 8，在Density Location下的From中选择Points，单击 按钮，选择步骤 04 创建的两个点，单击Apply按钮，确认显示网格加密区域，如图 8-19 所示。

步骤 06 单击功能区内Geometry（几何）选项卡中的 （删除点）按钮，弹出如图 8-20 所示的Delete Point（删除点）面板，选择步骤 04 创建的两个点并单击Apply按钮确认。

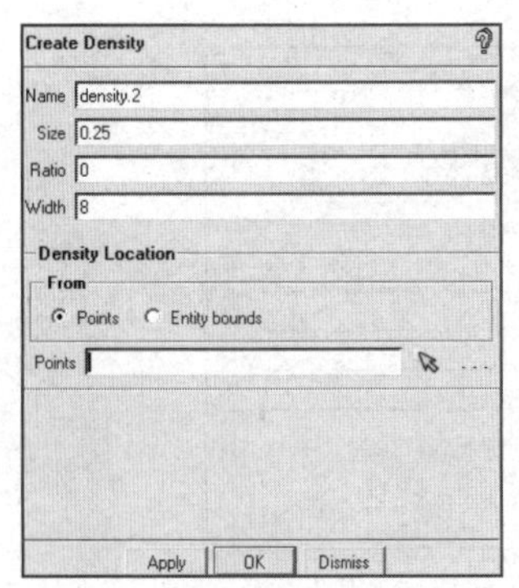

图 8-18 创建密度盒面板

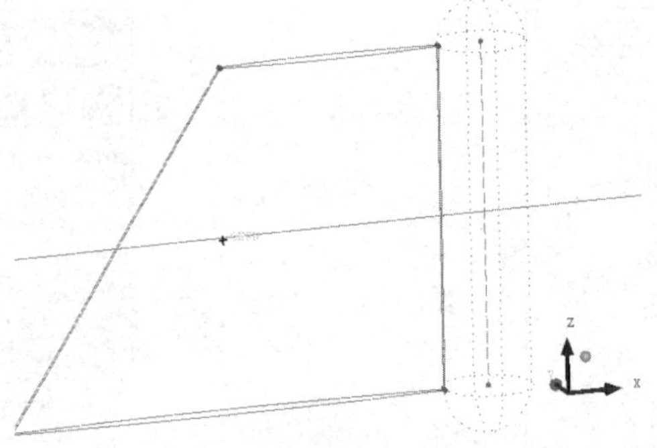

图 8-19 网格加密区域

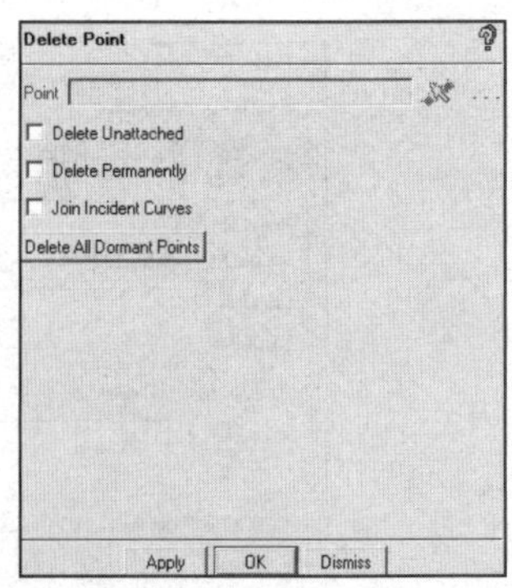

图 8-20 删除点面板

步骤 07 单击功能区内Mesh（网格）选项卡中的 （计算网格）按钮，弹出如图 8-21 所示的Compute Mesh（计算网格）面板，单击 （体网格）按钮，单击Apply按钮确认生成体网格文件，如图 8-22 所示。

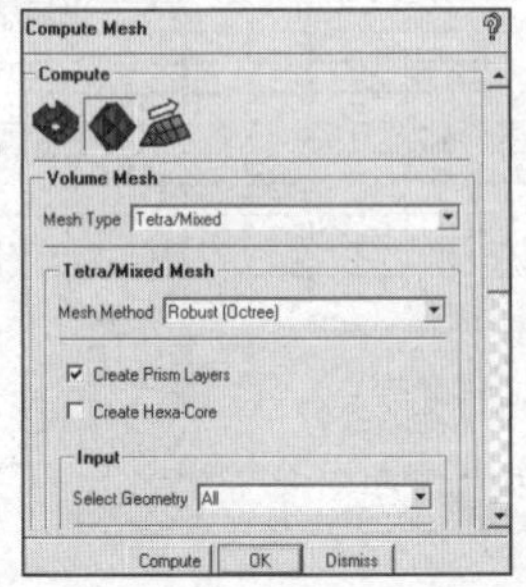

图 8-21 计算网格面板

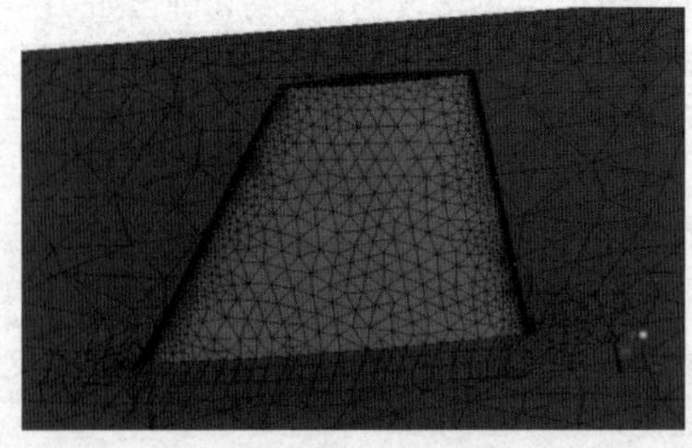

图 8-22 生成体网格

步骤07 在操作控制树中右击Mesh，弹出如图 8-23 所示的目录树，选择Cut Plane...→Manage Cut Plane，显示Manage Cut Plane(管理剖面)面板，如图 8-24 所示。在Method中选择by Coefficients，调整 Fraction Value值显示不同剖面的结果，如图 8-25 所示。

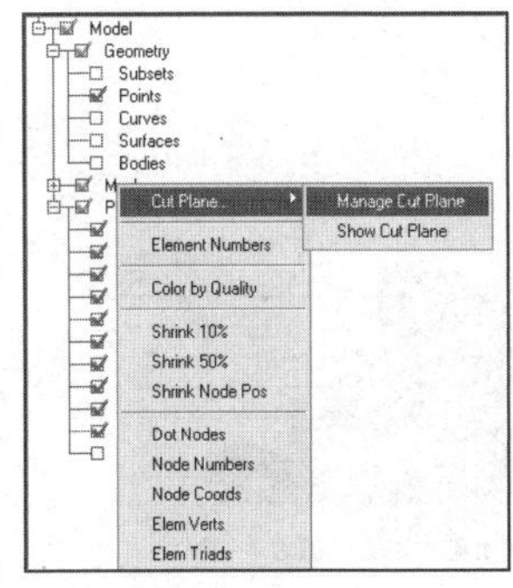

图8-23 目录树

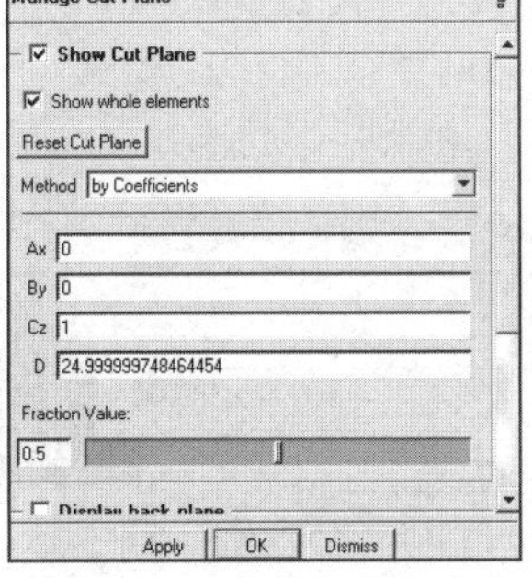

图8-24 管理剖面面板

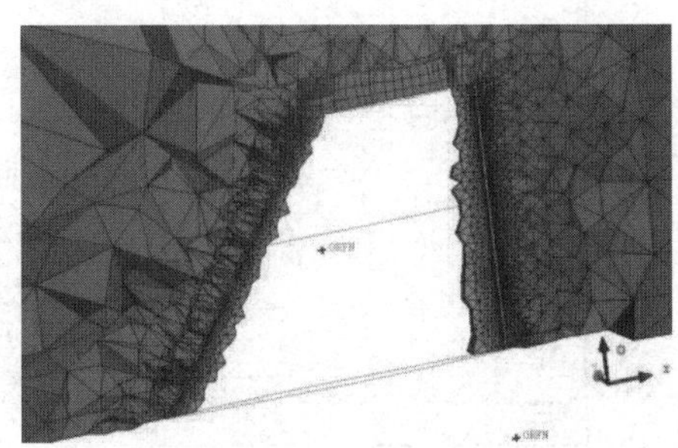

图8-25 剖面显示

设置 Smooth transition 可保证 Mesh Density 规则过渡。

步骤09 单击功能区内Edit Mesh（网格编辑）选项卡中的（平顺全局网格）按钮，弹出如图 8-26 所示的Smooth Elements Globally（平顺全局网格）面板，调节Up to value为 0.4，单击Apply按钮确认，在信息栏中显示网格质量信息，如图 8-27 所示。

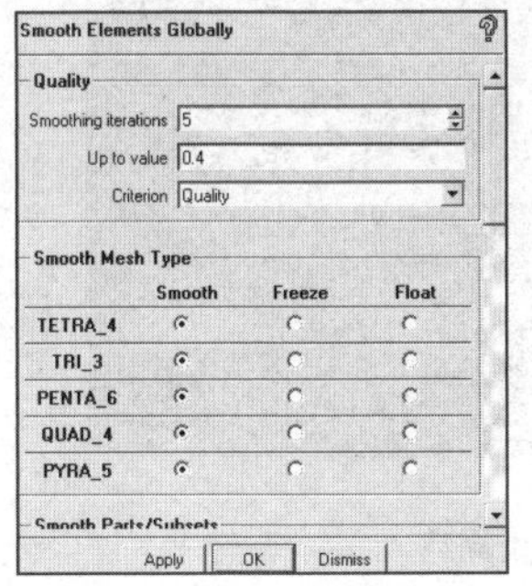

图8-26 平顺全局网格面板

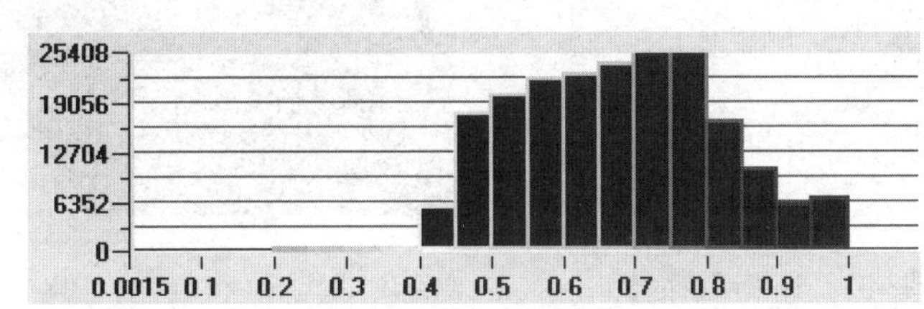

图8-27 网格质量信息

步骤10 单击功能区内Mesh（网格）选项卡中的（计算网格）按钮，弹出如图 8-28 所示的Compute Mesh（计算网格）面板，单击（棱柱体网格）按钮，单击OK按钮重新生成体网格文件，如图 8-29 所示。

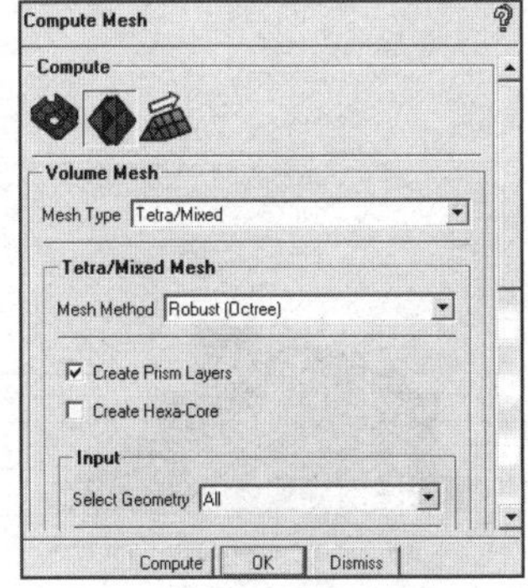

图 8-28 计算网格面板

图 8-29 体网格

步骤11 单击功能区内Edit Mesh（网格编辑）选项卡中的（平顺全局网格）按钮，弹出如图 8-30 所示的Smooth Elements Globally（平顺全局网格）面板，调节Up to value为 0.2，单击Apply按钮确认，在信息栏中显示网格质量信息，如图 8-31 所示。

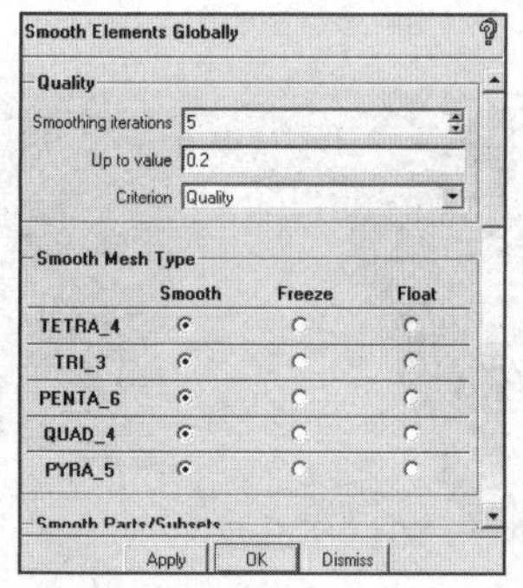

图8-30　平顺全局网格面板

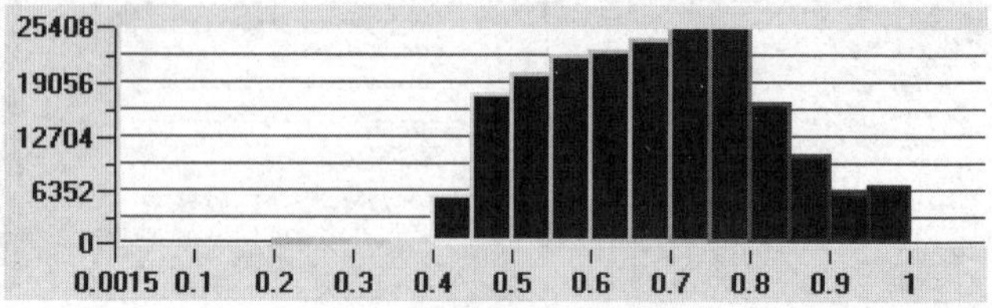

图8-31　网格质量信息

步骤12 单击功能区内Mesh（网格）选项卡中的（计算网格）按钮，弹出如图 8-32 所示的Compute Mesh（计算网格）面板，单击（体网格）按钮，勾选Create Prism Layers和Create Hexa-Core复选框，单击Apply按钮确认生成体网格文件，如图 8-33 所示。

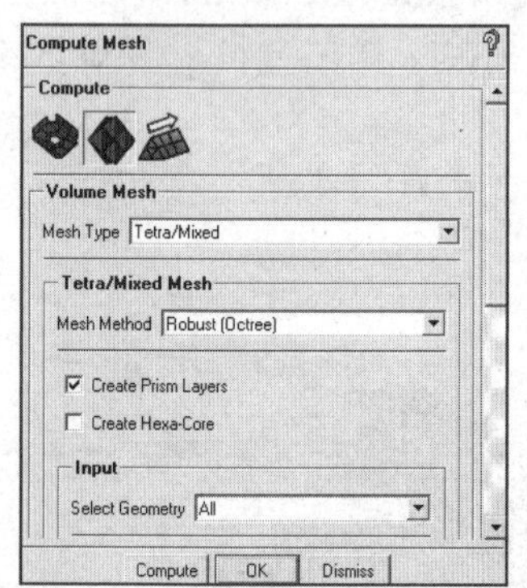

图8-32　计算网格面板

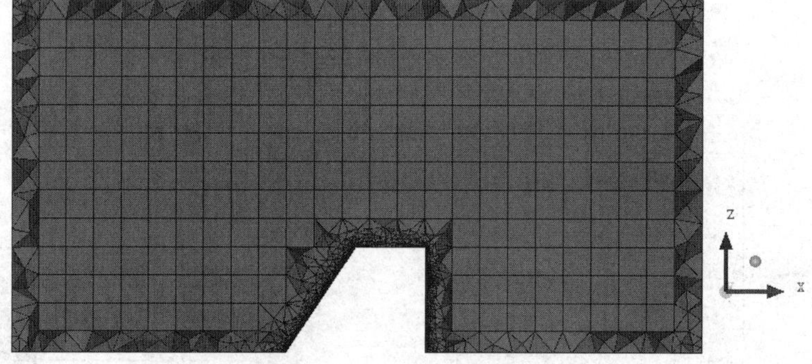

图8-33　生成体网格

步骤13 单击功能区内Edit Mesh（网格编辑）选项卡中的（平顺全局网格）按钮，弹出如图 8-34 所示的Smooth Elements Globally（平顺全局网格）面板，调节Up to value为 0.2，单击Apply按钮确认，在信息栏中显示网格质量信息，如图 8-35 所示。

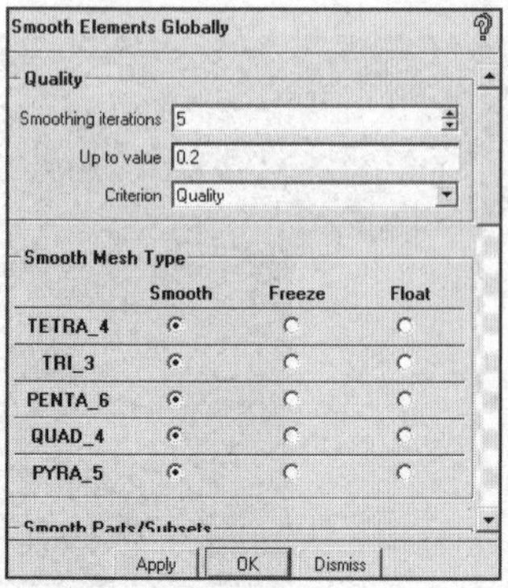

图 8-34　平顺全局网格面板

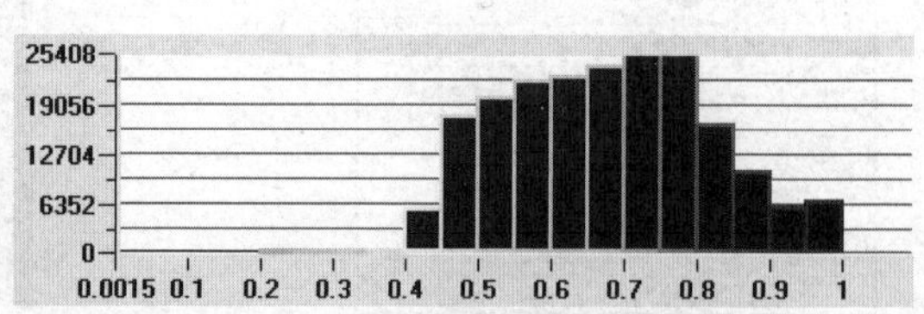

图 8-35　网格质量信息

8.2.5 网格输出

步骤 01 单击功能区内Output（输出）选项卡中的（求解器设定）按钮，弹出如图 8-36 所示的Solver Setup（求解器设定）面板，Output Solver选择ANSYS Fluent，单击Apply按钮确认。

步骤 02 单击功能区内Output（输出）选项卡中的（输出）按钮，弹出“打开网格文件”对话框，选择文件，单击“打开”按钮，弹出如图 8-37 所示Ansys Fluent对话框，Grid dimension选择 3D，单击Done按钮确认完成。

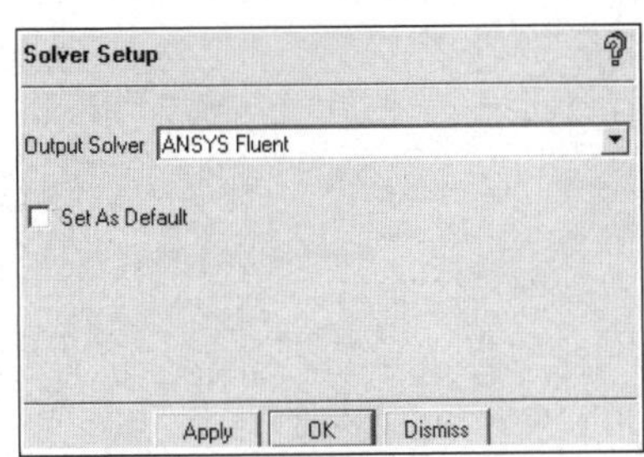

图 8-36　求解器设定面板

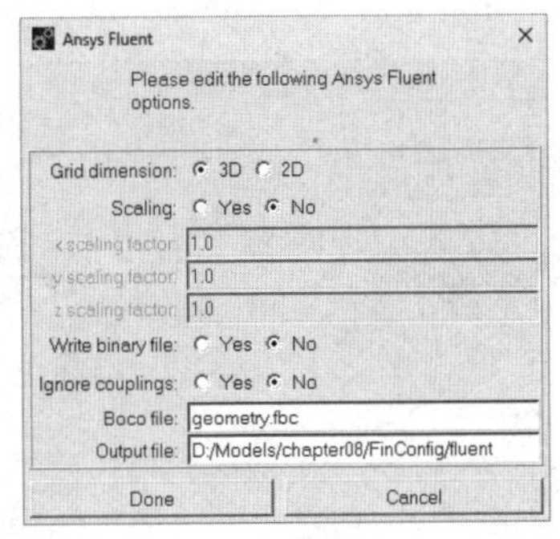

图 8-37　Ansys Fluent 对话框

8.2.6 计算与后处理

步骤 01 在Windows系统下启动Fluent，进入Fluent Launcher界面。

步骤 02 Dimension选择 3D，单击OK按钮进入Fluent界面。

步骤 03 执行File→Read→Mesh命令，读入ICEM CFD生成的网格文件，如图 8-38 所示。

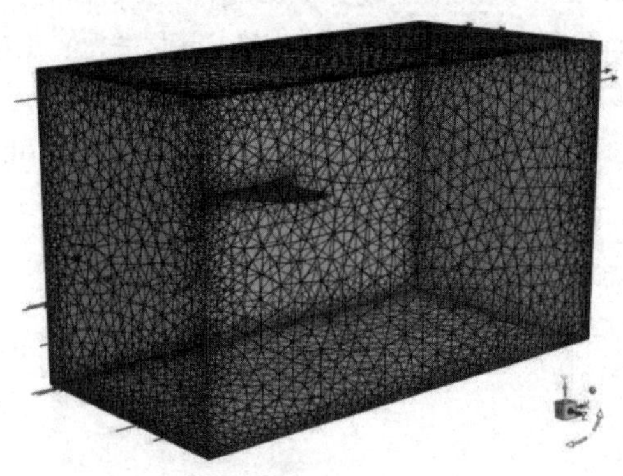

图8-38　显示几何模型

步骤 04 在任务栏单击（保存）按钮进入Write Case对话框，在File name（文件名）中输入fluent.cas，单击OK按钮保存项目文件。

步骤 05 执行Mesh→Check命令，检查网格质量，应保证Minimum Volume大于 0。

步骤 06 执行Define→General命令，在Time中选择Steady。

步骤 07 执行Define→Model→Viscous命令，选择k-epsilon（2 eqn）模型。

步骤 07 执行Define→Boundary Conditions命令，定义边界条件，如图 8-39 所示。

- in: Type 选择 velocity-inlet（速度入口）边界条件，在 Velocity Magnitude（速度大小）中输入 10。

- out：Type 选择 pressure-outlet（压力出口）边界条件，将 Gauge Pressure 设置为 0。

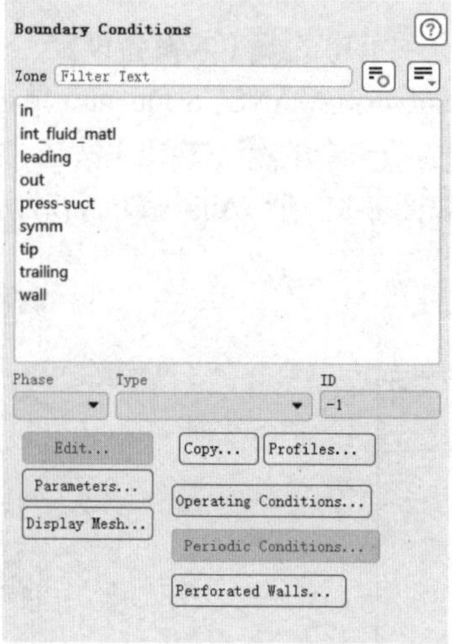

图8-39　边界条件面板

步骤09 执行Solve→Controls命令，弹出Solution Controls（设置松弛因子）面板，参数保持默认设置，单击OK按钮退出。

步骤10 执行Solve→Initialize命令，弹出Solution Initialization（设置初始值）面板，Compute From选择in，单击Initialize按钮进行计算初始化。

步骤11 执行Solve→Monitors→Residual命令，设置各个参数的收敛残差值为 1e-3，单击OK按钮确认。

步骤12 执行Solve→Run Calculation命令，迭代步数设置为 600，单击Calculate按钮开始计算。

步骤13 执行Surface→ISO Surface命令，设置生成Y=0.02m的平面，命名为y0。

步骤14 执行Graphics and Animation→Views命令，弹出Views对话框，在Mirror Planes中选择symm（见图8-40），单击Apply按钮确认。

步骤15 执行Display→Graphics and Animations→Contours命令，Contours of选择Velocity Magnitude，surfaces选择y0，单击Display按钮显示速度云图，如图 8-41 所示。

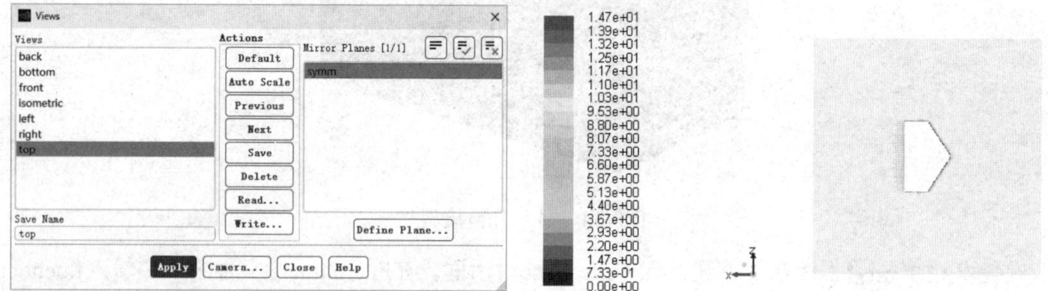

图8-40　Views对话框　　　图8-41　速度云图

步骤16 执行Display→Graphics and Animations→Vector命令，Contours of选择Velocity Magnitude，surfaces选择y0，单击Display按钮显示速度矢量图，如图 8-42 所示。

步骤17 执行Display→Graphics and Animations→Contours命令，Contours of选择Static Pressure，surfaces选择y0，单击Display按钮显示压力云图，如图 8-43 所示。

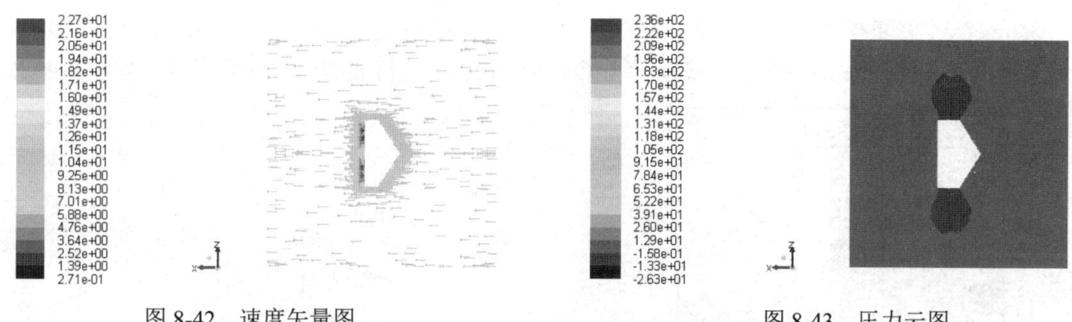

图 8-42　速度矢量图　　　　图 8-43　压力云图

从上述计算结果可以看出，生成的网格能够满足计算要求，并且能够较好地模拟机翼周围的流场问题。

8.3　管内叶片Hexa-Core网格生成

本节将以7.4节管内叶片几何模型的例子进行Hexa-Core网格划分，并在同样的边界条件下进行计算分析，与7.4节的计算结果形成对比。

8.3.1　启动ICEM CFD并建立分析项目

步骤 01　在Windows系统下启动ICEM CFD，进入ICEM CFD界面。

步骤 02　执行File→Save Project命令，弹出Save Project As对话框，在“文件名”中输入Bullet，单击OK按钮确认，关闭对话框。

8.3.2　导入几何模型

执行File→Geometry→Open Geometry命令，弹出Open Geometry File（打开几何文件）对话框，在“文件名”中输入geometry.tin，单击“打开”按钮确认。导入几何文件后，将在图形显示区显示几何模型，如图8-44所示。

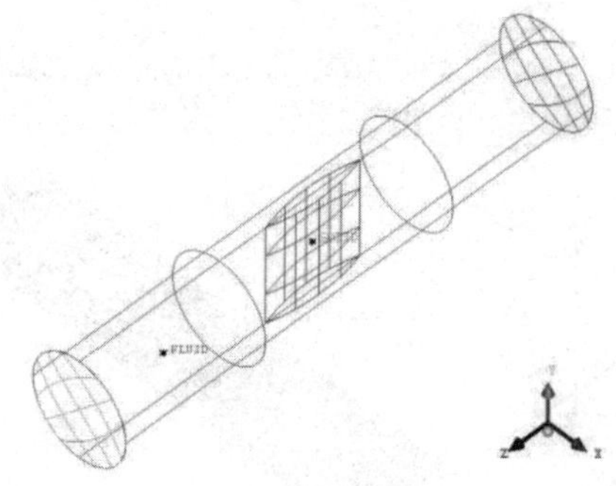

图8-44　几何模型

8.3.3　模型建立

步骤 01　单击功能区内Geometry（几何）选项卡中的（修复模型）按钮，弹出如图 8-45 所示的Repair

Geometry（修复模型）面板，单击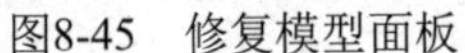按钮，在Tolerance中输入 0.1，勾选Filter points和Filter curves复选框，在Feature angle中输入 30，单击OK按钮确认，几何模型即可修复完毕，如图 8-46 所示。

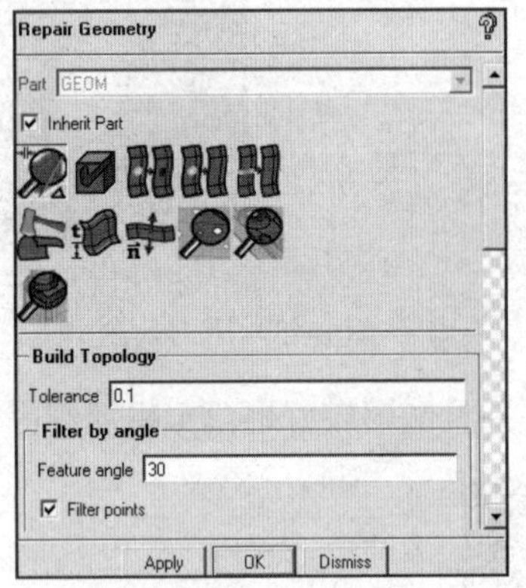

图8-45　修复模型面板

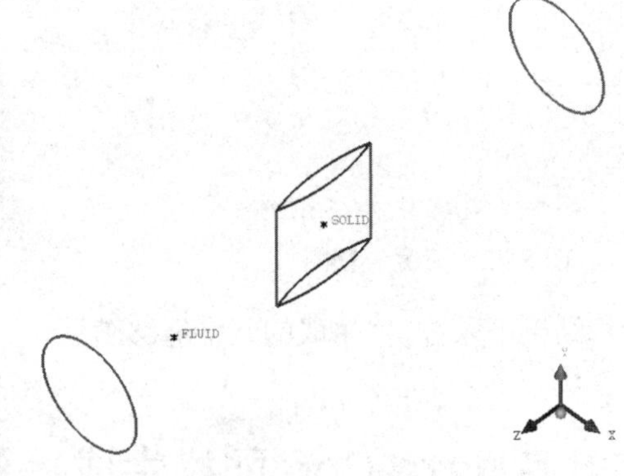

图8-46　修复后的几何模型

步骤02 在操作控制树中右击Parts，弹出如图 8-47 所示的目录树，选择Create Part，弹出如图 8-48 所示的Create Part（生成边界）面板，在Part中输入IN，单击按钮，选择边界并单击鼠标中键确认，生成的入口边界如图 8-49 所示。

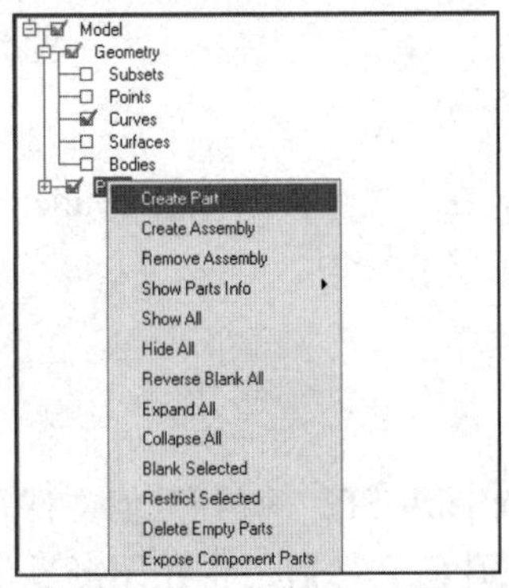

图8-47　选择生成边界命令

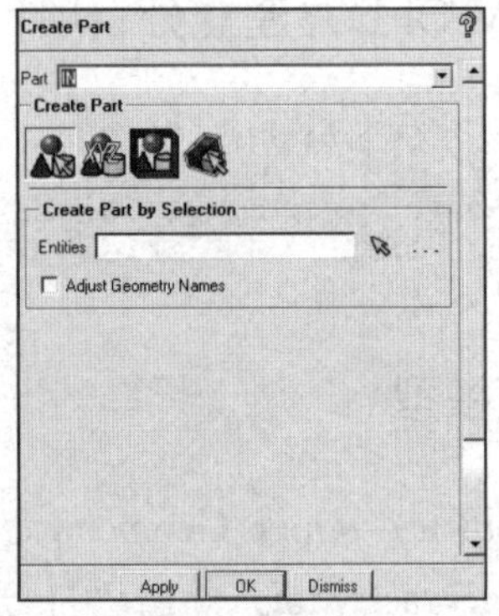

图8-48　生成边界面板

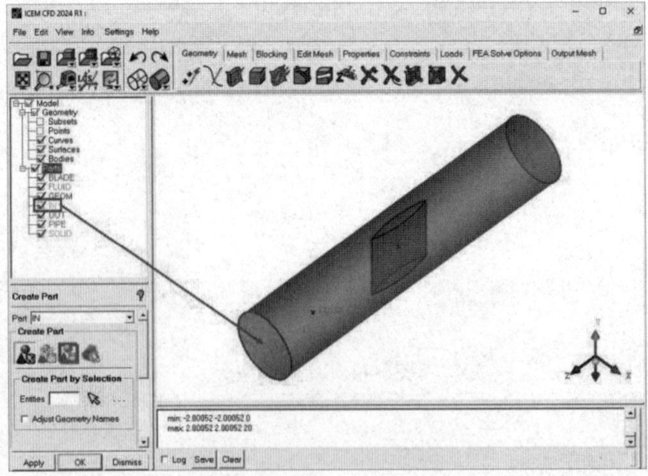

图 8-49　入口边界条件

步骤 03　用步骤 02 的方法生成出口边界，命名为OUT，如图 8-50 所示。

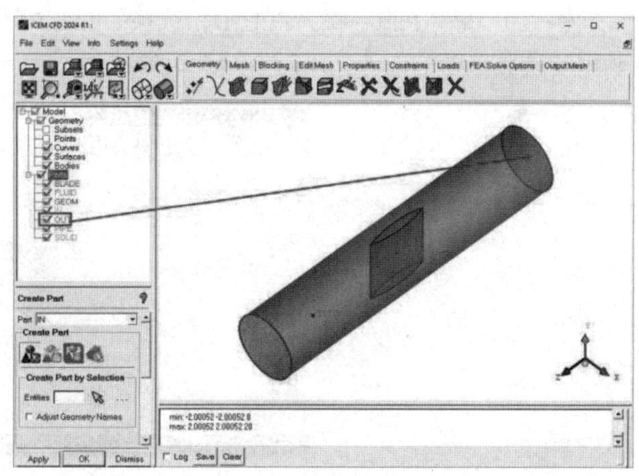

图 8-50　出口边界

步骤 04　用步骤 02 的方法生成新的边界，命名为BLADE，如图 8-51 所示。

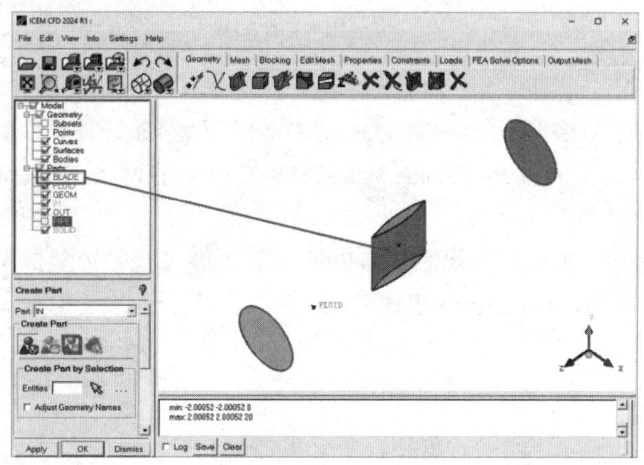

图 8-51　BLADE

步骤 05　用步骤 02 的方法生成新的边界，命名为PIPE，如图 8-52 所示。

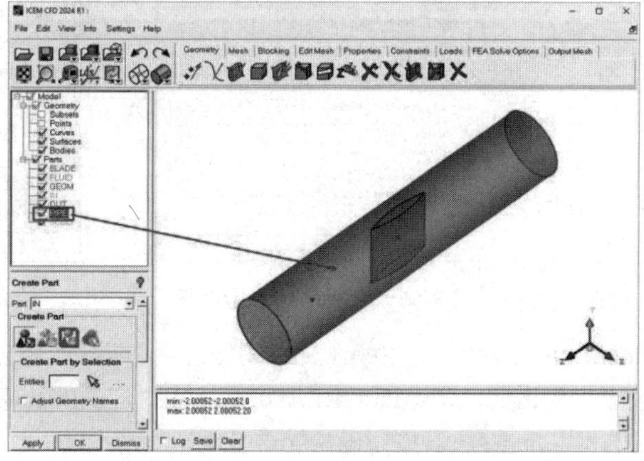

图 8-52　PIPE

步骤06 单击功能区内Geometry（几何）选项卡中的（生成体）按钮，弹出如图 8-53 所示的Create Body（生成体）面板，单击按钮，输入Part名称为FLUID，选择如图 8-54 所示的两个屏幕位置，单击鼠标中键确认，并确保物质点在管的内部，同时在叶片的外部。

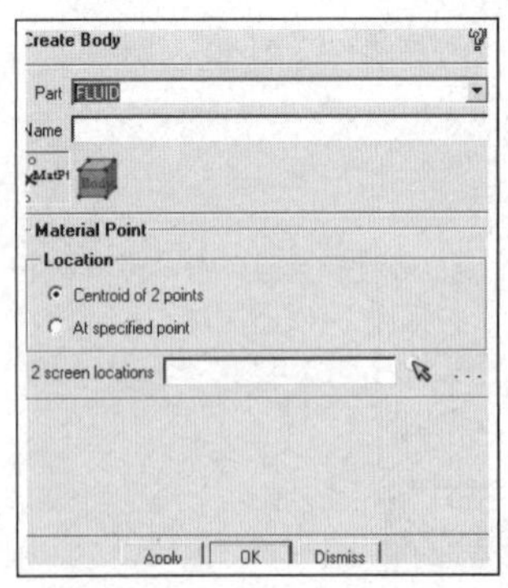

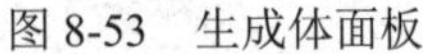

图 8-53　生成体面板

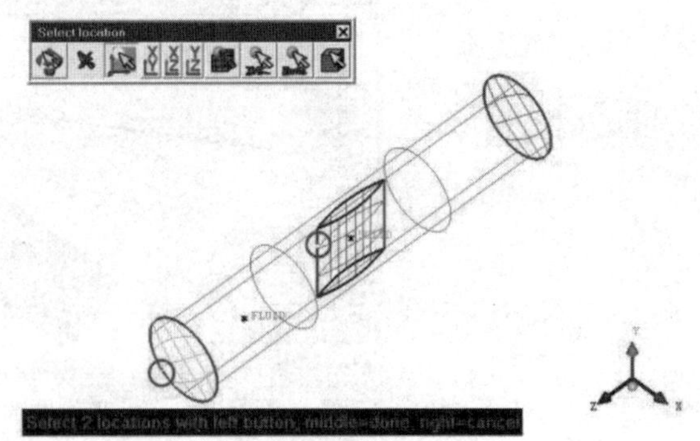

图 8-54　选择点位置

步骤07 在操作控制树中右击Parts，弹出如图 8-55 所示的目录树，选择"Good"Colors命令。

8.3.4　网格生成

步骤01 单击功能区内Mesh（网格）选项卡中的（全局网格设定）按钮，弹出如图 8-56 所示的Global Mesh Setup（全局网格设定）面板，在Scale factor中输入 1.0，在Max element中输入 16.0，单击Apply按钮确认。

步骤02 在Global Mesh Setup（全局网格设定）面板中，单击（棱柱体参数）按钮，如图 8-57 所示，设置Number of layers为 3，单击Apply按钮确认。

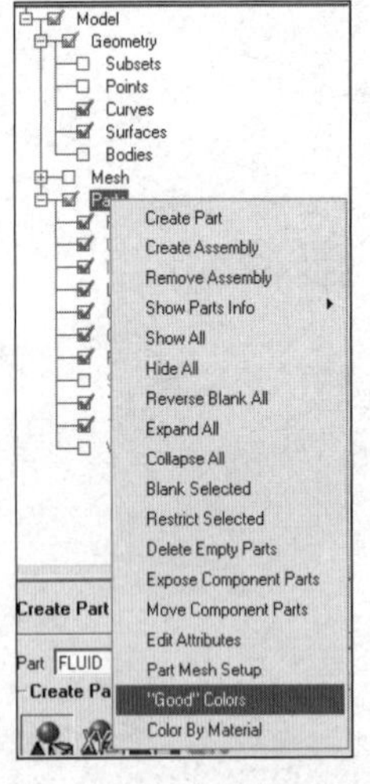

图 8-55　选择"Good"Colors 命令

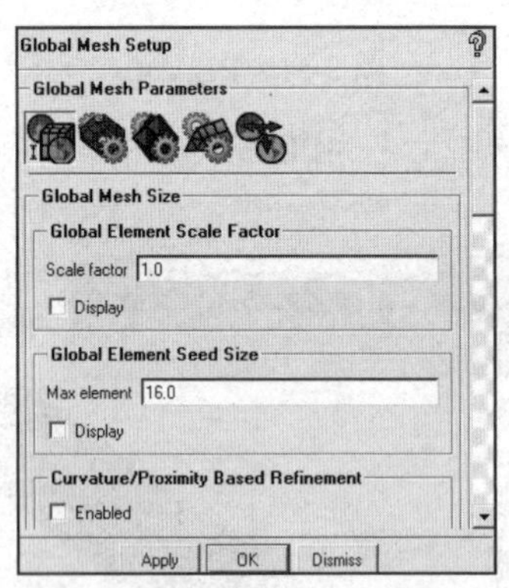

图 8-56　全局网格设定面板

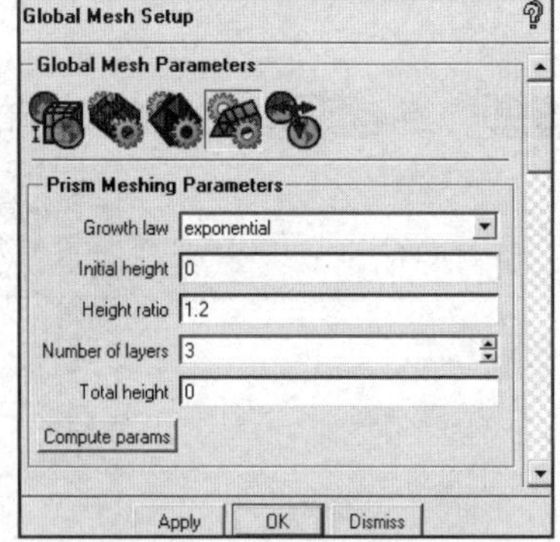

图 8-57　全局网格设定面板

步骤03 单击功能区内Mesh（网格）选项卡中的（部件网格设定）按钮，弹出如图 8-58 所示的Part Mesh Setup（部件网格设定）对话框，勾选Part BLADE和PIPE对应的Prism复选框，勾选FLUID_MATL对应的Hexa-core复选框，单击Apply按钮确认并单击Dismiss按钮退出。

Part Mesh Setup

Part	Prism	Hexa-core	Maximum size	Height	Height ratio	Num layers	Tetra size ratio	Tetra width
BLADE	☑		0.3	0.03	1.2	0	1.2	0
FLUID_MATL	☐	☑						
GEOM	☐		1	0.0				0
IN	☐		0.3	0	0	0	0	0
OUT	☐		0.3	0	0	0	0	0
PIPE	☑		0.3	0.03	1.2	0	1.2	0

☑ Show size params using scale factor

☐ Apply inflation parameters to curves

☐ Remove inflation parameters from curves

Highlighted parts have at least one blank field because not all entities in that part have identical parameters

Apply　Dismiss

图8-58　部件网格设定对话框

步骤 04 单击功能区内Mesh（网格）选项卡中的（计算网格）按钮，弹出如图 8-59 所示的Compute Mesh（计算网格）面板，单击（体网格）按钮，单击Apply按钮确认生成体网格文件，如图 8-60 所示。

步骤 05 单击功能区内Mesh（网格）选项卡中的（计算网格）按钮，弹出如图 8-61 所示的Compute Mesh（计算网格）面板，单击（棱柱体网格）按钮，单击OK按钮重新生成体网格文件，如图 8-62 所示。

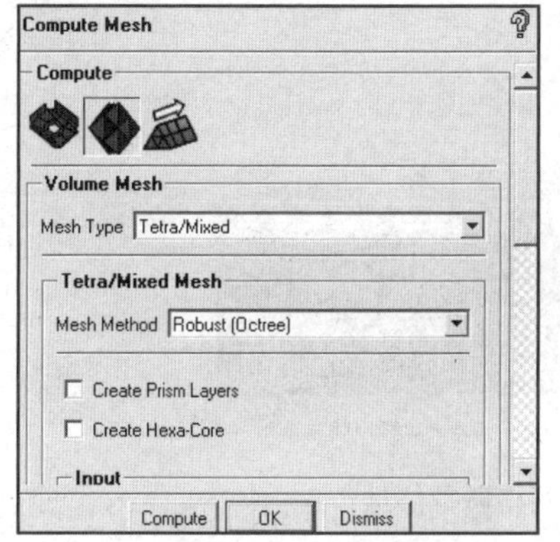

图 8-59　计算网格面板

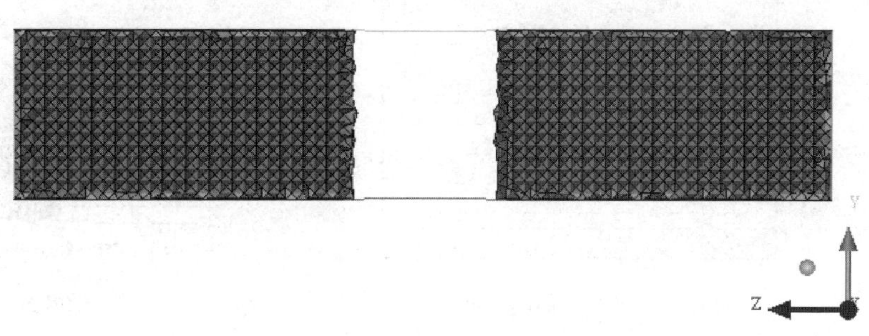

图 8-60　生成体网格

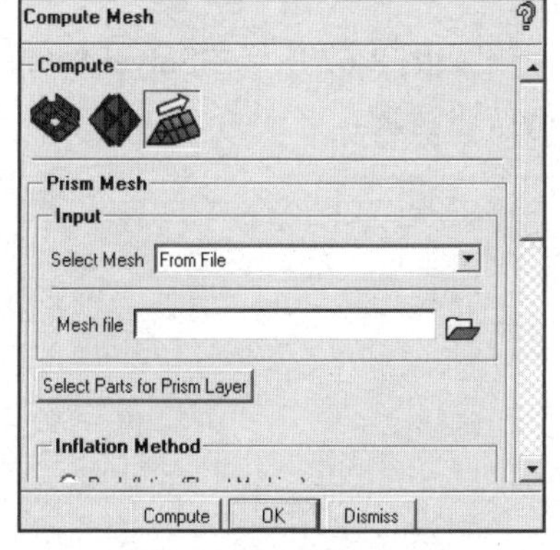

图 8-61　计算网格面板

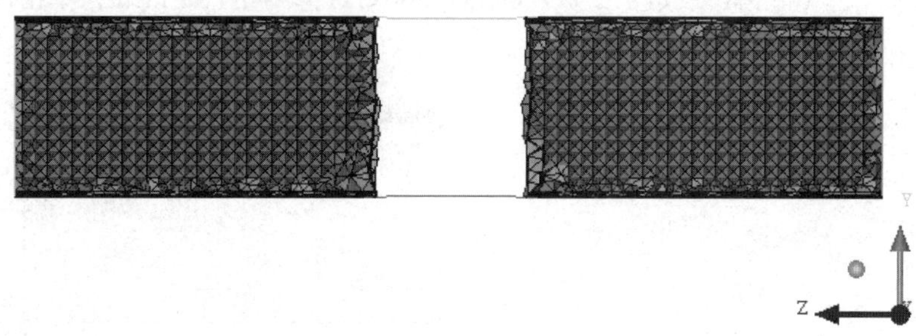

图 8-62　体网格

步骤 06 单击功能区内Mesh（网格）选项卡中的（计算网格）按钮，弹出如图 8-63 所示的Compute Mesh（计算网格）面板，单击（体网格）按钮，勾选Create Prism Layers和Create Hexa-Core复选框，单击Apply按钮确认生成体网格文件，如图 8-64 所示。

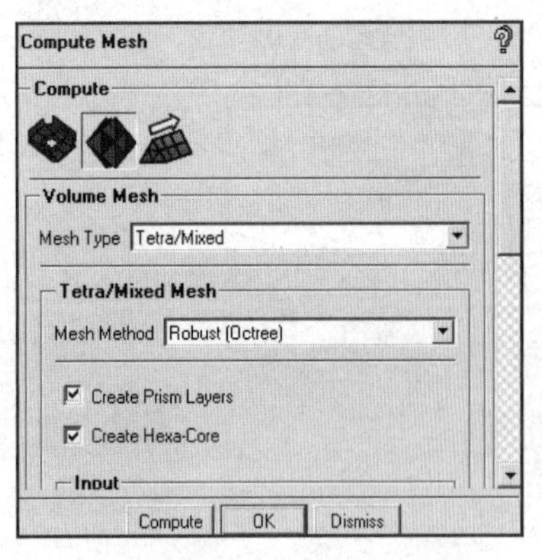

图 8-63 计算网格面板

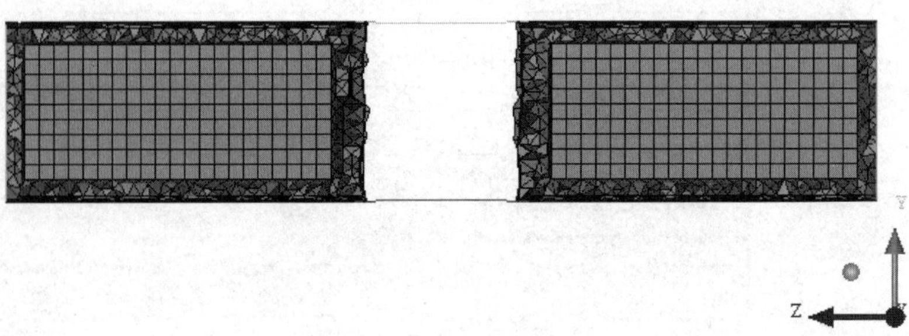

图 8-64 生成体网格

步骤07 单击功能区内Edit Mesh（网格编辑）选项卡中的（平顺全局网格）按钮，弹出如图 8-65 所示的Smooth Elements Globally（平顺全局网格）面板，调节Up to value为 0.2，单击Apply按钮确认，在信息栏中显示网格质量信息，如图 8-66 所示。

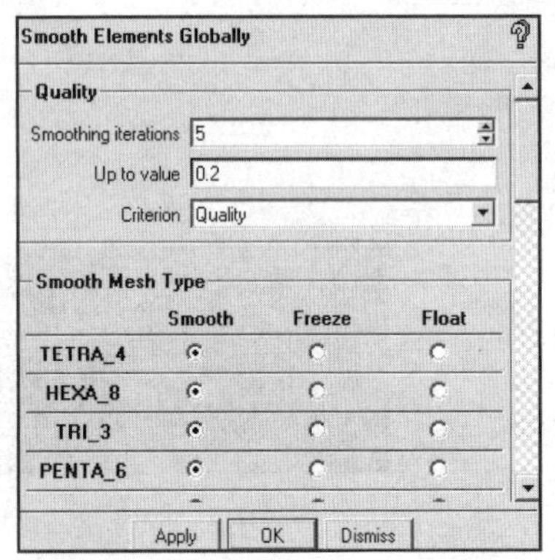

图8-65 平顺全局网格面板

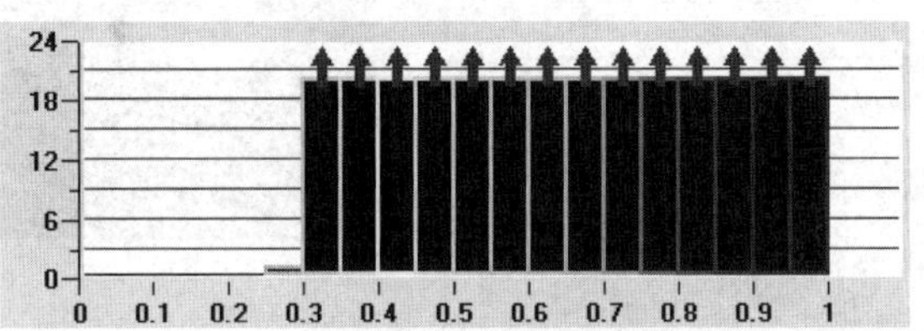

图8-66 网格质量信息

8.3.5 网格输出

步骤01 单击功能区内Output（输出）选项卡中的（求解器设定）按钮，弹出如图 8-67 所示的Solver Setup（求解器设定）面板，Output Solver选择ANSYS Fluent，单击Apply按钮确认。

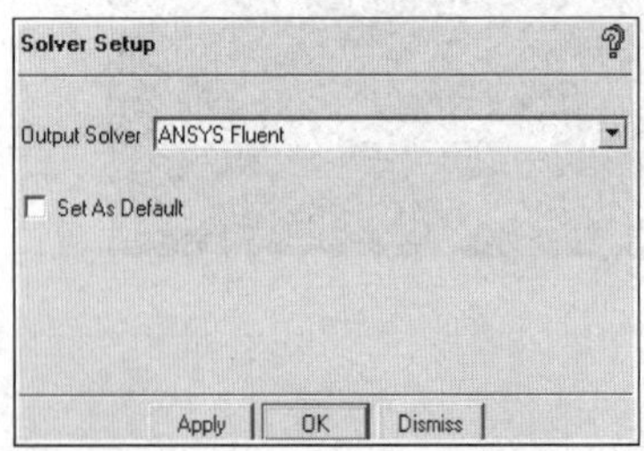

图8-67 求解器设定面板

步骤02 单击功能区内Output（输出）选项卡中的（输出）按钮，弹出“打开网格文件”对话框，选择文件，单击“打开”按钮，弹出如图 8-68 所示的Ansys Fluent对话框，Grid dimension选择 3D，单击Done按钮确认完成。

8.3.6 计算与后处理

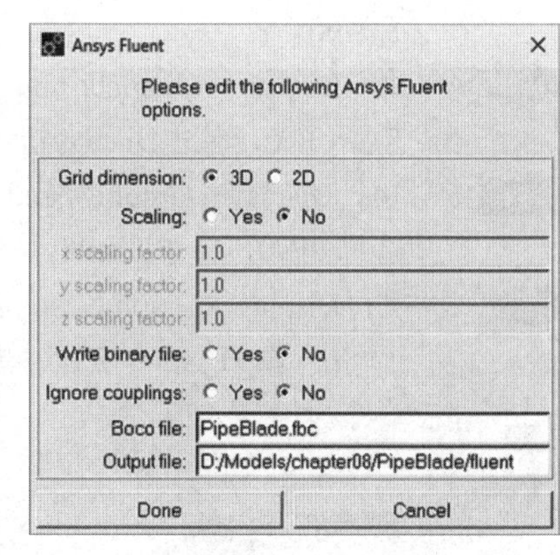

图8-68　Ansys Fluent对话框

步骤01 在Windows系统下启动Fluent，进入Fluent Launcher界面。

步骤02 Dimension选择 3D，单击OK按钮进入Fluent界面。

步骤03 执行File→Read→Mesh命令，读入ICEM CFD生成的网格文件，如图 8-69 所示。

步骤04 在任务栏单击（保存）按钮，进入Write Case对话框，在File name（文件名）中输入fluent.cas，再单击OK按钮保存项目文件。

步骤05 执行Mesh→Check命令，检查网格质量，应保证Minimum Volume大于 0。

步骤06 执行Define→General命令，在Time中选择Steady。

步骤07 执行Define→Model→Viscous命令，选择k-epsilon（2 eqn）模型。

步骤07 执行Define→Boundary Conditions命令，定义边界条件，如图 8-70 所示。

图8-69　显示几何模型

图8-70　边界条件面板

- in：Type 选择 velocity-inlet（速度入口）边界条件，在 Velocity Magnitude（速度大小）中输入 1。
- out：Type 选择 pressure-outlet（压力出口）边界条件，将 Gauge Pressure 设置为 0。

步骤09 执行Solve→Controls命令，弹出Solution Controls（设置松弛因子）面板，保持默认设置，单击OK按钮退出。

步骤10 执行Solve→Initialize命令，弹出Solution Initialization（设置初始值）面板，Compute From选择in，单击Initialize按钮进行计算初始化。

步骤11 执行Solve→Monitors→Residual命令，设置各个参数的收敛残差值为 1e-3，单击OK按钮确认。

步骤12 执行Solve→Run Calculation命令，迭代步数设置为 300，单击Calculate按钮开始计算。

步骤13 执行Surface→ISO Surface命令，设置生成X=0m的平面，命名为x0，设置生成Y=0.02m的平面，命名为y0。

步骤14 执行Display→Graphics and Animations→Contours命令，Contours of选择Velocity Magnitude，surfaces选择x0/y0，单击Display按钮，显示速度云图，如图 8-71 所示。

步骤15 执行Display→Graphics and Animations→Vector命令，Contours of选择Velocity Magnitude，surfaces选择x0/y0，单击Display按钮，显示速度矢量图，如图 8-72 所示。

步骤16 执行Display→Graphics and Animations→Contours命令，Contours of选择Static Pressure，surfaces选择x0/y0，单击Display按钮，显示压力云图，如图 8-73 所示。

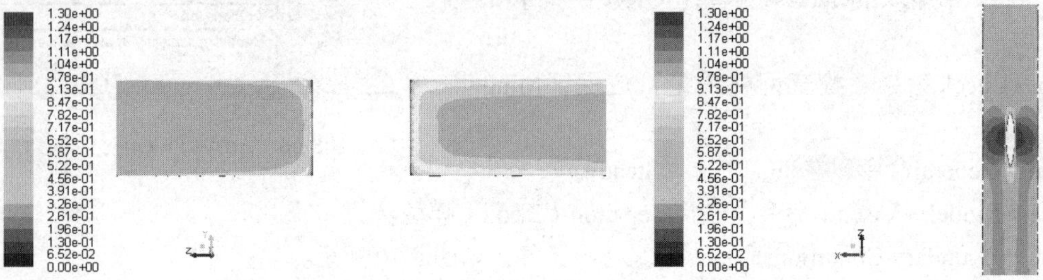

（a）x0平面 （b）y0平面

图8-71 速度云图

（a）x0平面 （b）y0平面

图8-72 速度矢量图

（a）x0平面 （b）y0平面

图8-73 压力云图

从上述计算结果可以看出，生成的网格能够满足计算要求，并且能够较好地模拟三维叶片的流场问题。

8.4 弯管部件Hexa-Core网格生成

本节将在7.4节网格划分的基础上设置Hexa-Core网格，在保证网格质量的前提下，可大大减少网格

的数量并提高计算的速度。

8.4.1　启动ICEM CFD并打开分析项目

步骤01　在Windows系统下启动ICEM CFD，进入ICEM CFD界面。

步骤02　执行File→Open Project命令，弹出Open Project（打开项目）对话框，在“文件名”中输入icemcfd，单击“打开”按钮确认关闭对话框。

8.4.2　网格生成

步骤01　单击功能区内Mesh（网格）选项卡中的（全局网格设定）按钮，弹出如图 8-74 所示的Global Mesh Setup（全局网格设定）面板，在Max element中输入 16，单击Apply按钮确认。

步骤02　单击功能区内Mesh（网格）选项卡中的（全局网格设定）按钮，弹出如图 8-75 所示的Global Mesh Setup（全局网格设定）面板，单击（棱柱体参数）按钮，设置Number of layers 为 2，单击Apply按钮确认。

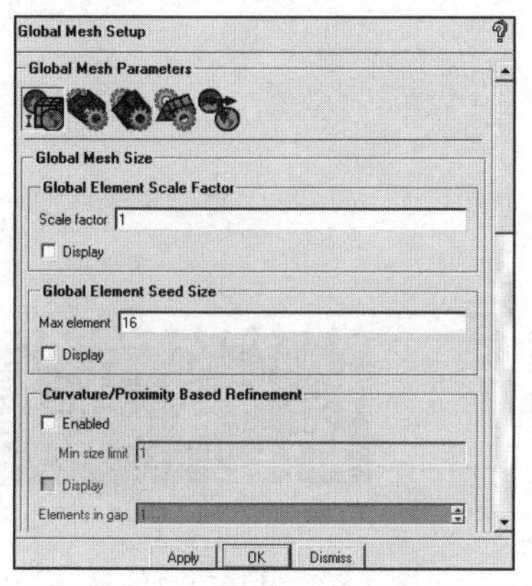

图 8-74　全局网格设定面板

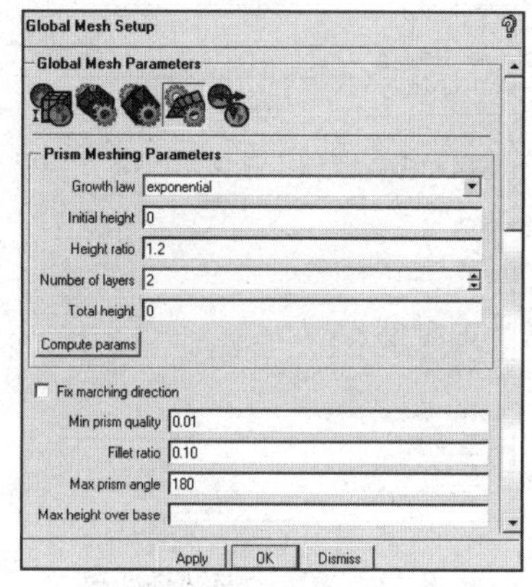

图 8-75　棱柱体网格设定面板

步骤03　单击功能区内Mesh（网格）选项卡中的（部件网格设定）按钮，弹出如图 8-76 所示的Part Mesh Setup（部件网格设定）对话框，勾选Part CYLIN和ELBOW对应的Prism复选框，勾选FLUID_MATL对应的Hexa-core复选框，单击Apply按钮确认并单击Dismiss按钮退出。

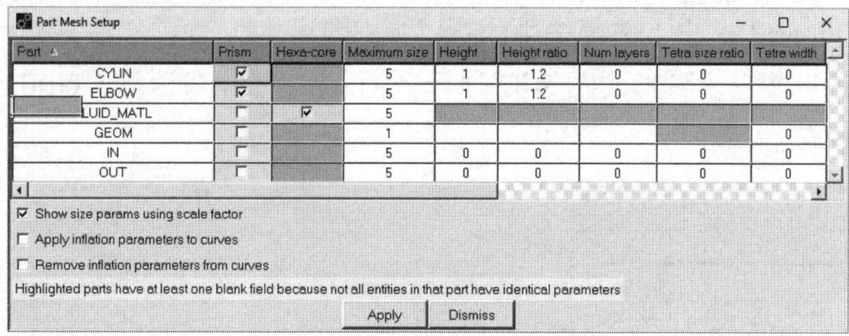

Part	Prism	Hexa-core	Maximum size	Height	Height ratio	Num layers	Tetra size ratio	Tetra width
CYLIN	☑		5	1	1.2	0	0	0
ELBOW	☑		5	1	1.2	0	0	0
LUID_MATL	☐	☑	5					
GEOM	☐		1					0
IN	☐		5	0	0	0	0	0
OUT	☐		5	0	0	0	0	0

图8-76　部件网格设定

步骤04　单击功能区内Mesh（网格）选项卡中的（计算网格）按钮，弹出如图 8-77 所示的Compute Mesh（计算网格）面板，单击（体网格）按钮，勾选Create Prism Layers和Create Hexa-Core复选框，单击Apply按钮确认生成体网格文件，如图 8-78 所示。

步骤05 单击功能区内Edit Mesh（网格编辑）选项卡中的（平顺全局网格）按钮，弹出如图 8-79 所示的Smooth Elements Globally（平顺全局网格）面板，调节Up to value为 0.2，单击Apply按钮确认，在信息栏中显示网格质量信息，如图 8-80 所示。

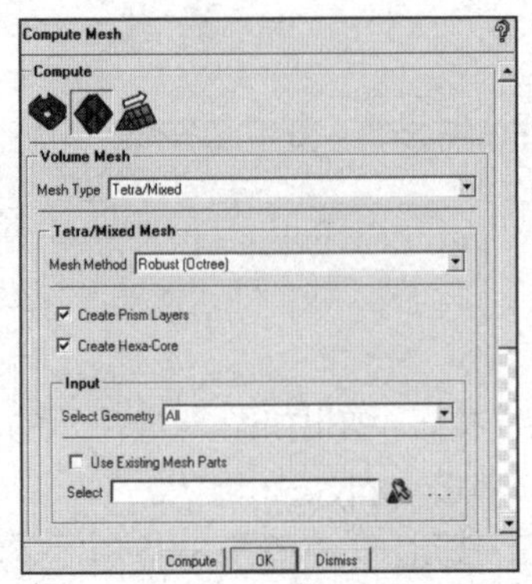

图 8-77　计算网格面板

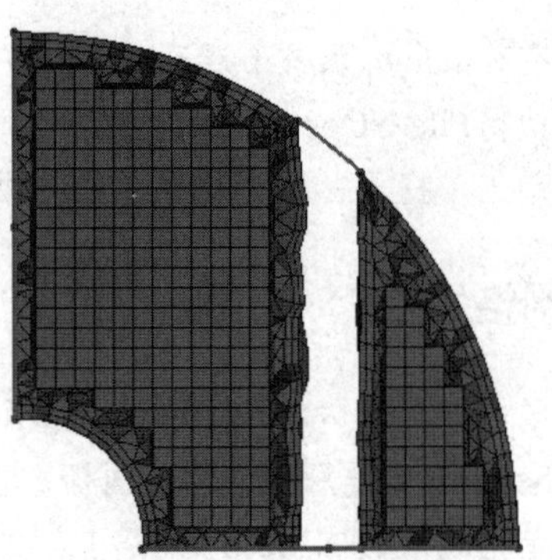

图 8-78　生成体网格

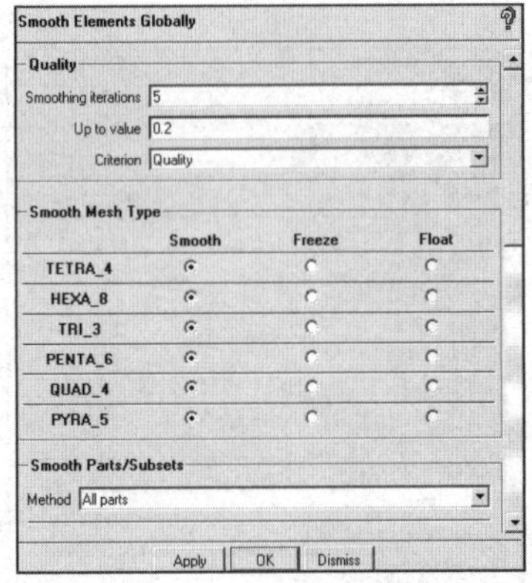

图 8-79　平顺全局网格面板

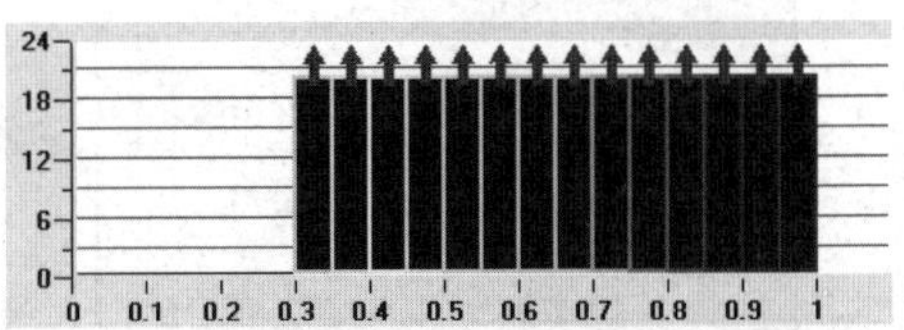

图 8-80　网格质量信息

8.4.3　网格输出

步骤01 单击功能区内Output（输出）选项卡中的（求解器设定）按钮，弹出如图 8-81 所示的Solver Setup（求解器设定）面板，Output Solver选择ANSYS Fluent，单击Apply按钮确认。

步骤02 单击功能区内Output（输出）选项卡中的（输出）按钮，弹出“打开网格文件”对话框，选择文件，单击“打开”按钮，弹出如图 8-82 所示的Ansys Fluent对话框，Grid dimension选择 3D，单击Done按钮确认完成。

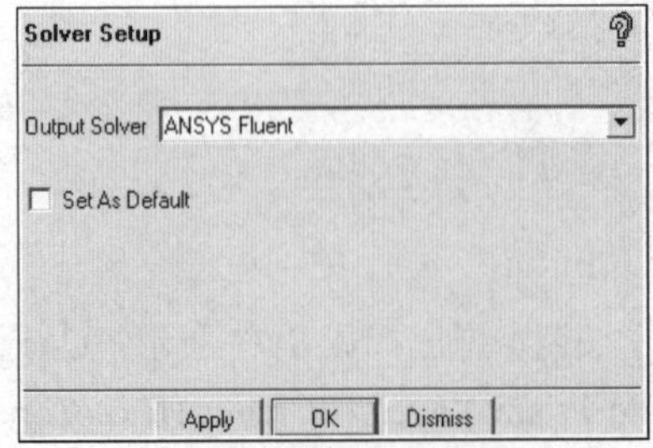

图 8-81　求解器设定面板

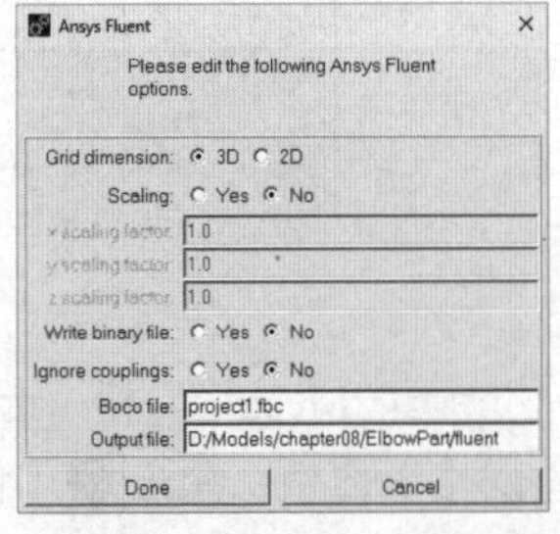

图 8-82　Ansys Fluent 对话框

8.4.4 计算与后处理

步骤01 在Windows系统下启动Fluent，进入Fluent Launcher界面。

步骤02 Dimension选择 3D，单击OK按钮，进入Fluent界面。

步骤03 执行File→Read→Mesh命令，读入ICEM CFD生成的网格文件，如图 8-83 所示。

步骤04 在任务栏单击（保存）按钮，进入Write Case对话框，在File name（文件名）中输入fluent.cas，单击OK按钮保存项目文件。

步骤05 执行Mesh→Check命令，检查网格质量，应保证Minimum Volume大于 0。

步骤06 执行Mesh→Scale命令，打开Scale Mesh（缩放网格）面板，定义网格尺寸单位，在Mesh Was Created In中选择mm，单击Scale按钮。

步骤07 执行Define→General命令，在Time中选择Steady。

步骤07 执行Define→Model→Viscous命令，选择k-epsilon（2 eqn）模型。

步骤09 执行Define→Boundary Conditions命令，定义边界条件，如图 8-84 所示。

- in: Type 选择 velocity-inlet（速度入口）边界条件，在 Velocity Magnitude（速度大小）中输入 5。
- out: Type 选择 pressure-outlet（压力出口）边界条件，将 Gauge Pressure 设置为 0。

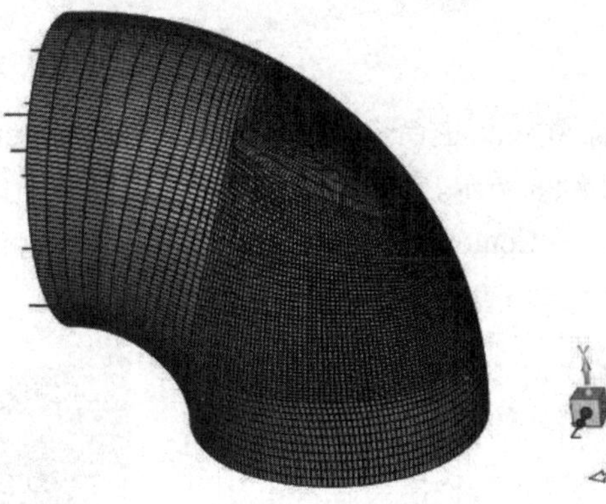

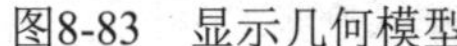

图8-83　显示几何模型

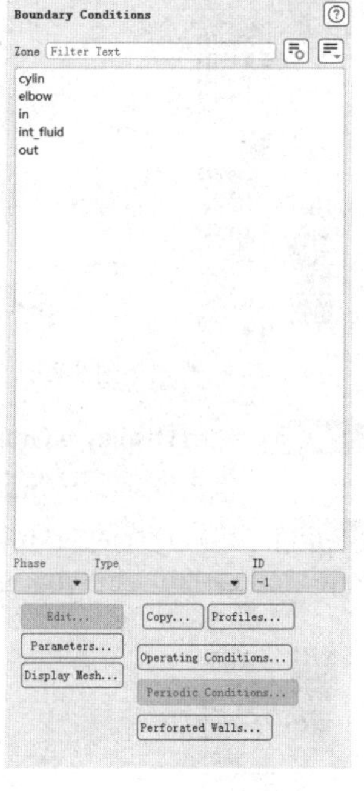

图8-84　边界条件面板

步骤10 执行Solve→Controls命令，弹出Solution Controls（设置松弛因子）面板，参数保持默认设置，单击OK按钮退出。

步骤11 执行Solve→Initialize命令，弹出Solution Initialization（设置初始值）面板，Compute From选择in，单击Initialize按钮进行计算初始化。

步骤12 执行Solve→Monitors→Residual命令，设置各个参数的收敛残差值为 1e-3，单击OK按钮确认。

步骤13 执行Solve→Run Calculation命令，迭代步数设置为 300，单击Calculate按钮开始计算。

步骤14 迭代到第 63 步，计算收敛，收敛曲线如图 8-85 所示。

步骤15 执行Surface→ISO Surface命令，设置生成Z=0m的平面，命名为z0。

步骤16 执行Display→Graphics and Animations→Contours命令，Contours of选择Velocity Magnitude，surfaces选择z0，单击Display按钮显示速度云图，如图 8-86 所示。

步骤17 执行Display→Graphics and Animations→Vector命令，Contours of选择Velocity Magnitude，surfaces选择z0，单击Display按钮显示速度矢量图，如图 8-87 所示。

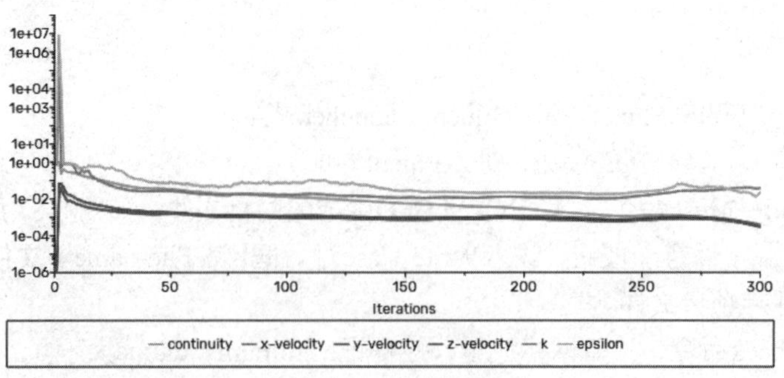

图 8-85　收敛曲线

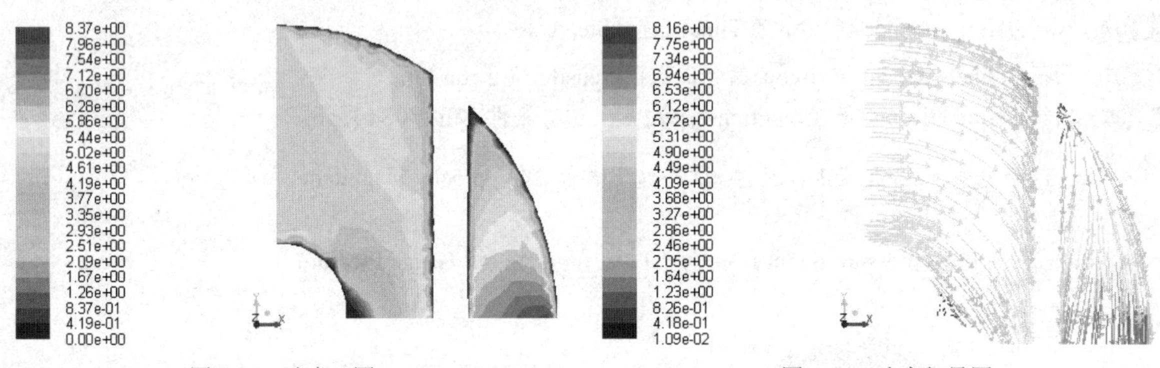

图 8-86　速度云图　　　　图 8-87　速度矢量图

步骤18　执行Display→Graphics and Animations→Contours命令，Contours of选择Pressure，surfaces选择z0，单击Display按钮显示压力云图，如图 8-88 所示。

步骤19　执行Display→Graphics and Animations→Contours命令，Contours of选择Turbulence Wall Yplus，surfaces选择z0，单击Display按钮显示壁面Yplus云图，如图 8-89 所示。

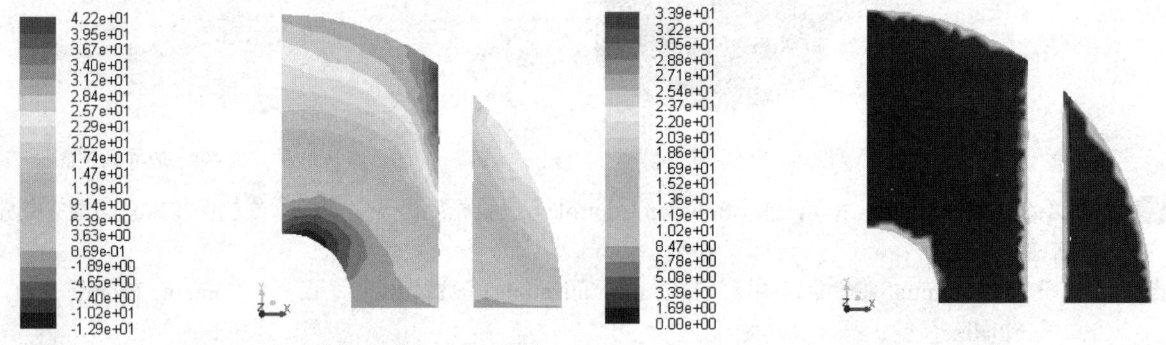

图 8-88　压力云图　　　　图 8-89　壁面 Yplus 云图

步骤20　执行Report→Results Reports命令，弹出如图 8-90 所示的Reports面板，选择Surface Integrals，单击Set Up…按钮，弹出如图 8-91 所示的Surface Integrals对话框，在Report Type中选择Mass Flow Rate，在Surface中选择in和out，单击Compute按钮计算得到进出口流量差。

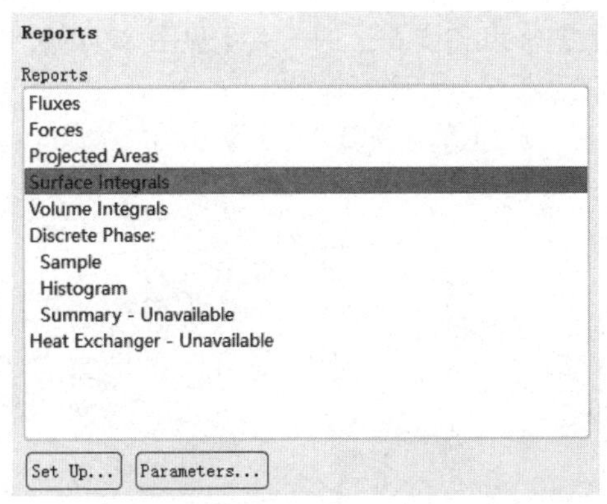

图 8-90　Reports 面板

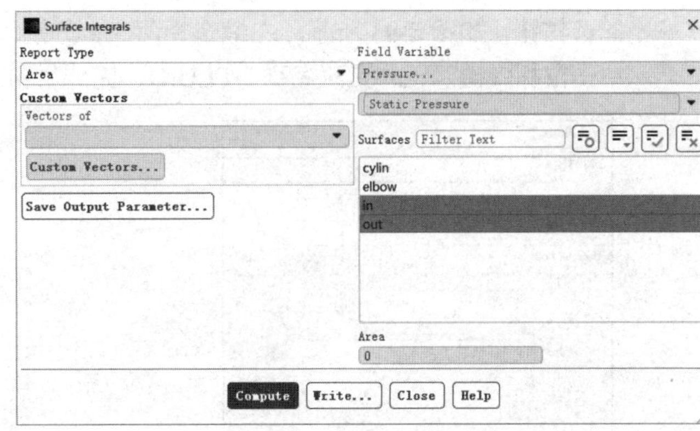

图 8-91　Surface Integrals 对话框

从上述计算结果可以看出，生成的网格能够满足计算要求，并且能够较好地模拟弯管部件内流场问题。

8.5　巡航导弹模型Hexa-Core网格生成

本节将通过一个巡航导弹模型的实例，讲解如何自动生成以六面体为主的网格，并在导弹的近壁面区域，主要使用六面体网格的基础上，生成棱柱网格以加密边界层。此外，还将展示如何对以六面体为主的体网格进行求解，计算导弹在海平面高度的大气中，以0.6马赫数的速度和0° 的飞行攻角进行巡航飞行时，压强、温度和速度等参数的变化情况。

8.5.1　启动ICEM CFD并建立分析项目

步骤01　在Windows系统下启动ICEM CFD，进入ICEM CFD界面。

步骤02　执行File→Save Project命令，弹出Save Project As对话框，在“文件名”中输入missile，单击OK按钮确认，关闭对话框。

8.5.2　导入几何模型

执行File→Geometry→Open Geometry命令，弹出Open Geometry File（打开几何文件）对话框，在“文件名”中输入geometry.tin，单击“打开”按钮确认。导入几何文件后，将在图形显示区显示几何模型，如图8-92所示。

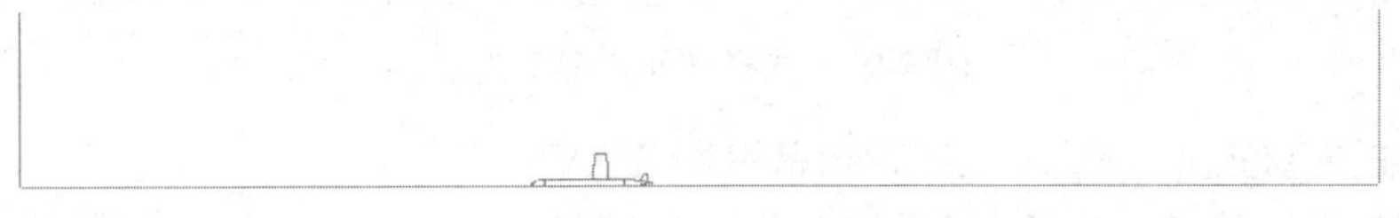

图8-92　几何模型

8.5.3　模型建立

步骤01　执行标签栏中的Geometry命令，单击按钮，弹出设置面板，单击按钮，选中Centroid of 2 points

单选按钮，如图 8-93 所示。左键选择两点，分别为外域上的一点和弹翼上的一点（见图 8-94），单击鼠标中键确认，更改名称为FLUID，完成材料点的创建。

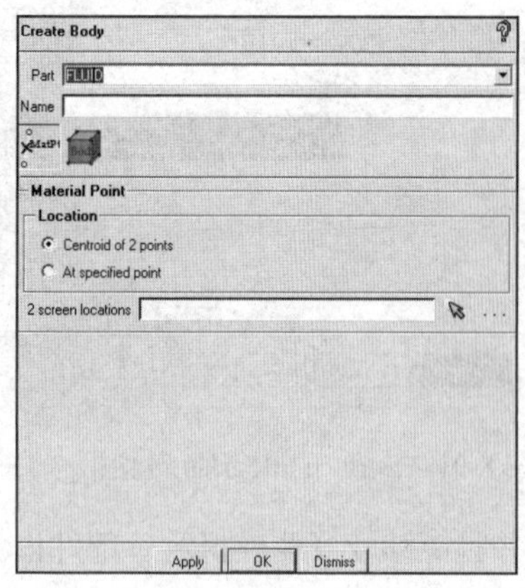

图 8-93　创建材料点操作

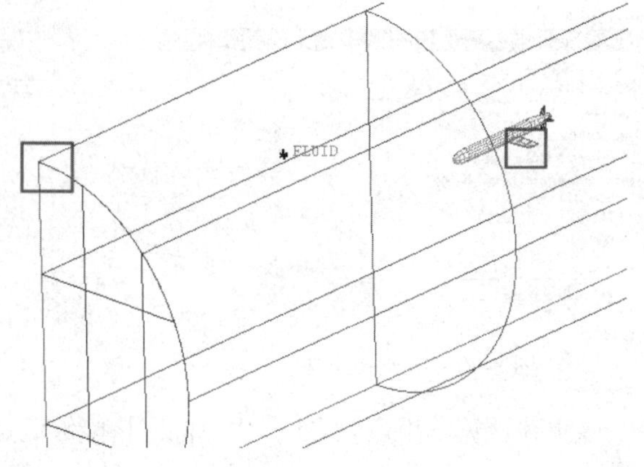

图 8-94　设置材料点选取点

步骤 02　定义Point。右击模型树中Model→Parts（见图 8-95），选择Create Part，弹出Create Part（生成边界）面板，如图 8-96 所示。定义Part名称为POINTS，单击按钮选择几何元素，弹出选择几何图形工具栏，如图 8-97 所示。关闭所有线面，只显示全部点，单击按钮，选择可见点并单击鼠标中键确认。

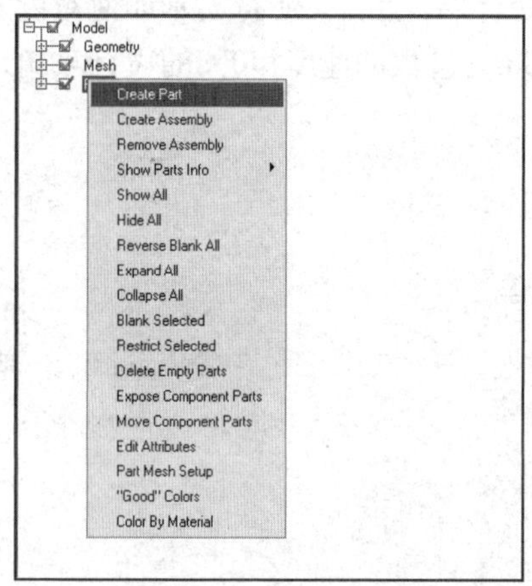

图 8-95　选择 Create Part

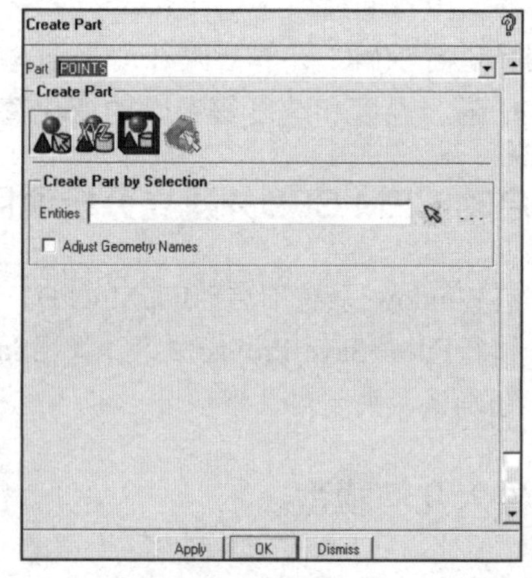

图 8-96　生成边界面板

图 8-97　选择几何图形工具栏

步骤 03　采用类似的方法定义所有线，定义Part名称为CURVES。

步骤 04　定义入口Part。定义Part名称为INLET，单击按钮，选择几何元素，选择导弹头部对应远方的半圆面并单击鼠标中键确定。利用同样的方法定义出口Part，输入名称OUTLET，选择导弹尾部对应的远方半圆面。定义名称为BOX的Part，选择圆柱面并单击鼠标中键确认。定义对称Part，名称为SYM，选择与导弹相交的平面。定义弹身Part，输入名称BODY，选择弹体曲面。定义垂平尾Part，输入名称TAIL，选择导弹垂尾及平尾。定义弹翼Part，输入名称WING。选择弹翼曲面，完成所有边界条件的定义。

步骤 05 完成几何模型的创建，如图 8-98 所示。执行File→Geometry→Save Geometry As命令保存几何模型，保存当前几何模型为missile .tin。

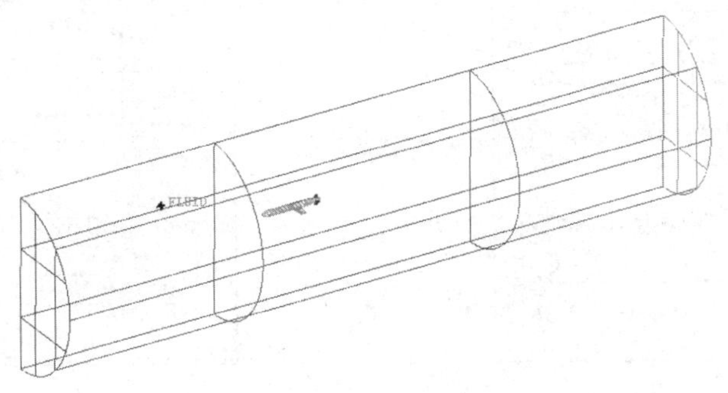

图 8-98 完成的几何模型

8.5.4 定义网格参数

步骤 01 定义网格全局尺寸。执行标签栏中的Blocking命令，单击按钮，弹出Global Mesh Setup（全局网格设定）面板，如图 8-99 所示。单击按钮，在Global Element Scale Factor栏中设置Scale factor值为 1.0，勾选Display复选框。在Global Element Seed Size栏中设置Max element值为 300，勾选Display复选框。显示限制全局最大网格尺寸，单击Apply按钮。

步骤 02 定义全局壳网格参数。执行标签栏中的Blocking命令，单击按钮，弹出Global Mesh Setup（全局网格设定）面板，如图 8-100 所示。单击按钮，在Mesh type下拉列表中选择All Tri，在Mesh method下拉列表中选择Patch Dependent，其余选项保持默认设置，单击Apply按钮。

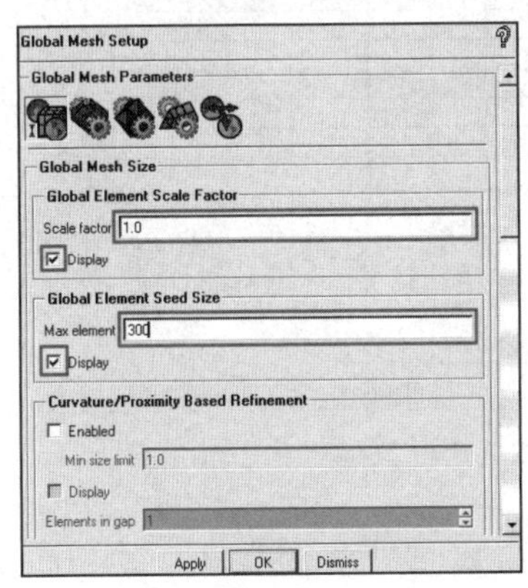

图 8-99 定义全局网格尺寸

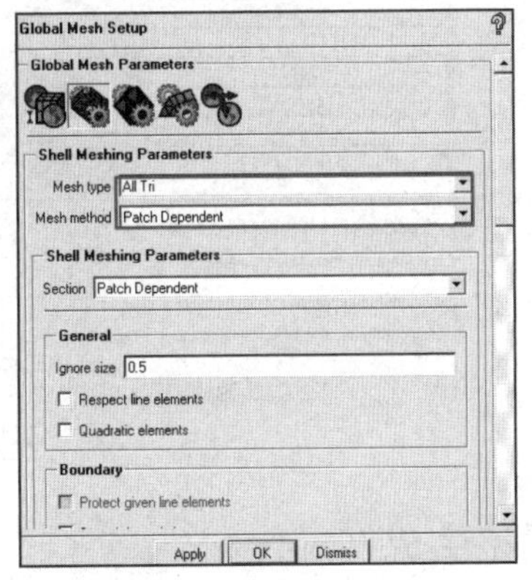

图 8-100 壳网格参数设置

步骤 03 定义全局体网格参数。执行标签栏中的Blocking命令，单击按钮，弹出Global Mesh Setup（全局网格设定）面板，如图 8-101 所示。单击按钮，在Mesh Type下拉列表中选择Tetra/Mixed，在Mesh Method下拉列表中选择Robust（Octree），其余选项保持默认设置，单击Apply按钮。

步骤 04 定义棱柱网格参数。执行标签栏中的Blocking命令，单击按钮，弹出Global Mesh Setup（全局网格设定）面板，如图 8-102 所示。单击按钮，在Growth law下拉列表中选择exponential，设置Initial height值为 0，Height ratio值为 1.2，Number of layers值为 3，其余选项保持默认设置，单击Apply按钮。

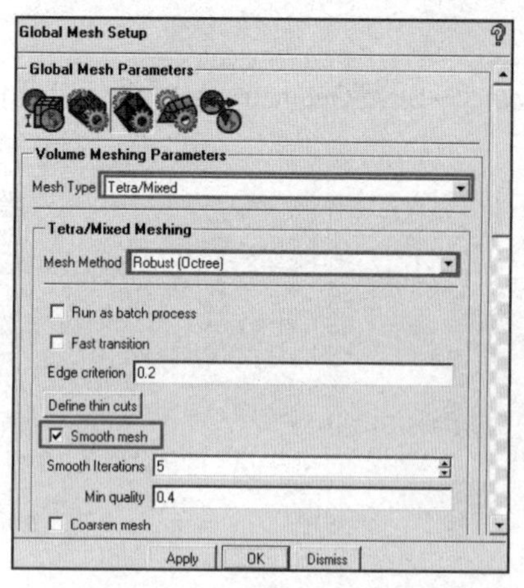

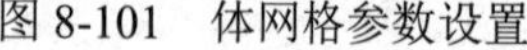
图 8-101　体网格参数设置

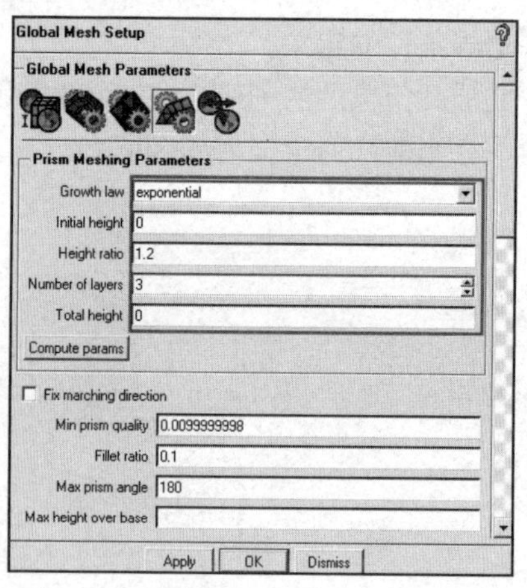

图 8-102　棱柱网格参数设置

步骤 05 执行标签栏中的Mesh命令，单击 (部件网格设定）按钮，弹出Part Mesh Setup（部件网格设定）面板，如图 8-103 所示。在名称BOX、INLET、OUTLET和SYM的Part栏中设置Maximum size值为 200，在名称为FLUID的Part栏中设置Maximum size值为 150，并勾选对应的Hexa-core复选框，在名称为BODY、TAIL、WING的Part栏中分别设置Maximum size值为 20、10、10，同时这 3 个Height值设置为 3、Height ratio值设置为 1.2、Num layers值设置为 4，其余选项保持默认设置，单击Apply按钮确认。单击Dismiss按钮退出设置面板。

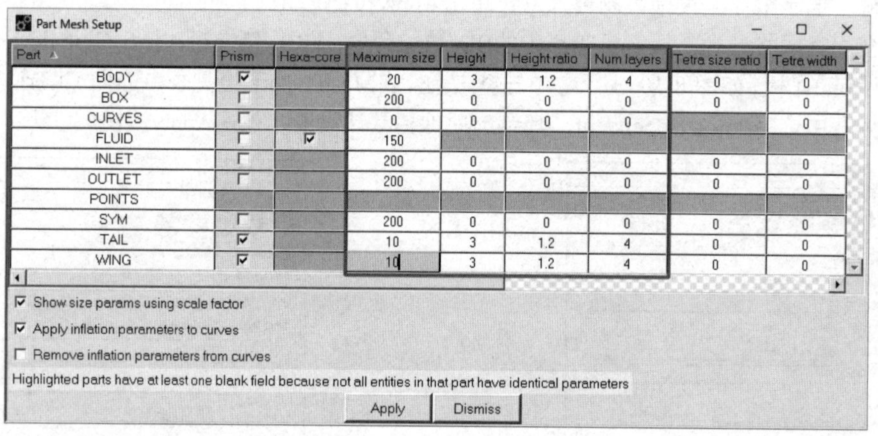

Part	Prism	Hexa-core	Maximum size	Height	Height ratio	Num layers	Tetra size ratio	Tetra width
BODY	☑		20	3	1.2	4	0	0
BOX	☐		200	0	0	0	0	0
CURVES	☐		0	0	0	0		0
FLUID	☐	☑	150					
INLET	☐		200	0	0	0	0	0
OUTLET	☐		200	0	0	0	0	0
POINTS								
SYM	☐		200	0	0	0	0	0
TAIL	☑		10	3	1.2	4	0	0
WING	☑		10	3	1.2	4	0	0

图8-103　定义Part网格参数

8.5.5 网格生成

步骤 01 执行标签栏中的Mesh命令，单击 按钮，弹出Compute Mesh（计算网格）面板，如图 8-104 所示。单击 按钮，其余参数保持默认设置，单击Compute按钮生成体网格，如图 8-105 所示。

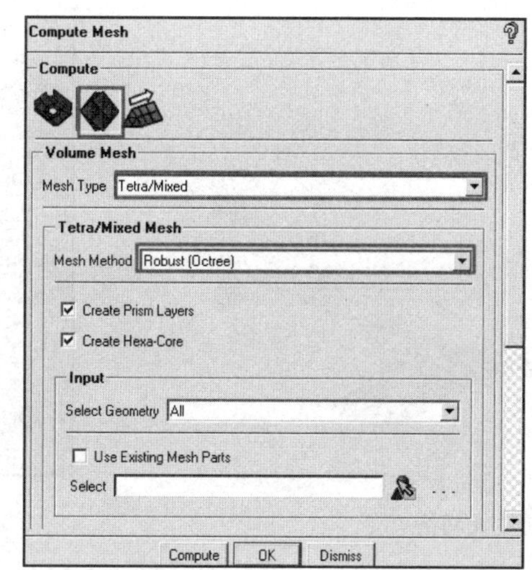

图 8-104　计算网格面板

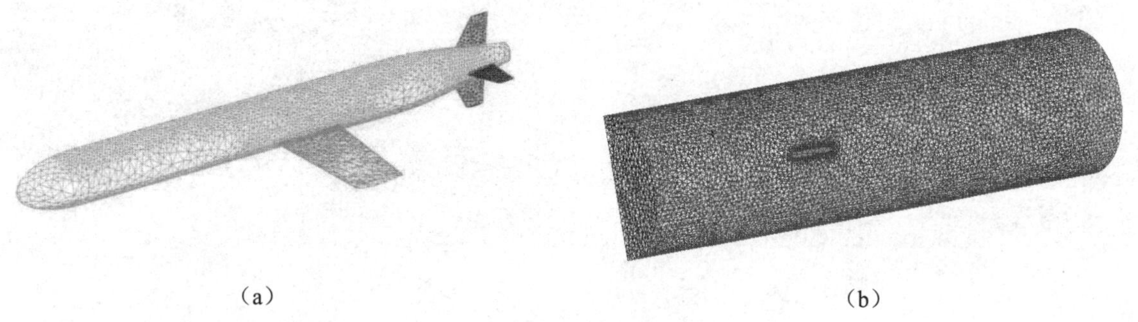

（a）　　（b）

图 8-105　生成体网格

步骤 02　对生成的网格进行定性观察和判定，经过观察，图 8-106 中飞艇艇身前面部分网格相对稀疏，这是由于FLUID中设置的网格尺寸太大与艇身过渡过于剧烈所致，重新定义Part参数设置中的FLUID中的Maximum size值为 80，同时更改BODY中的Maximum size值为 10。按照步骤 01的方法重新生成网格，观察弹身网格质量，如图 8-107 所示，网格尺寸大小已均匀分布。

步骤 03　生成棱柱网格。执行标签栏中的Mesh命令，单击按钮，弹出Compute Mesh（计算网格）面板，如图 8-108 所示。单击按钮，其余参数保持默认设置，单击Compute按钮生成近壁面棱柱体网格，如图 8-109 所示。

Part Mesh Setup

Part	Prism	Hexa-core	Maximum size	Height	Height ratio	Num layers	Tetra size ratio	Tetra width
BODY	☑		10	3	1.2	4	0	0
BOX	☐		200	0	0	0	0	0
CURVES	☐		0	0	0	0		0
FLUID	☐	☑	80					
INLET	☐		200	0	0	0	0	0
OUTLET	☐		200	0	0	0	0	0
POINTS								
SYM	☐		200	0	0	0	0	0
TAIL	☑		10	3	1.2	4	0	0
WING	☑		10	3	1.2	4	0	0

☑ Show size params using scale factor
☑ Apply inflation parameters to curves
☐ Remove inflation parameters from curves
Highlighted parts have at least one blank field because not all entities in that part have identical parameters
Apply　Dismiss

图8-106　部件网格设定

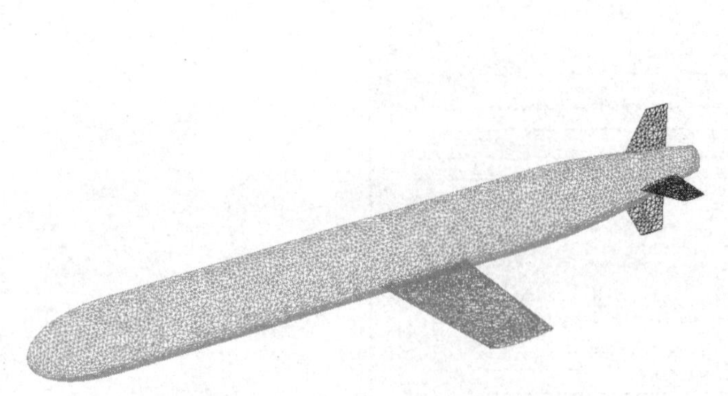

图 8-107 重新生成网格

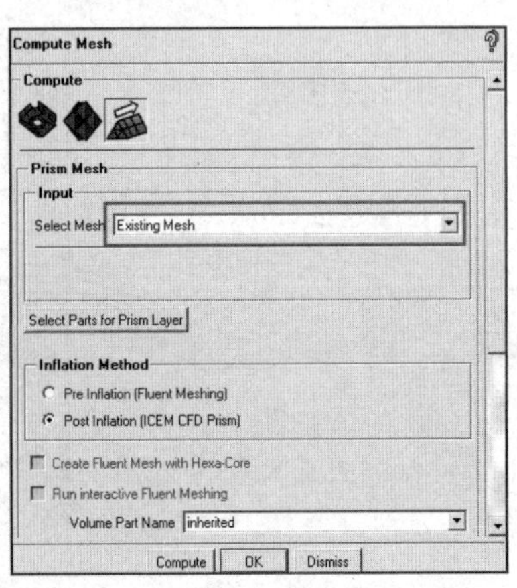

图 8-108 计算网格面板

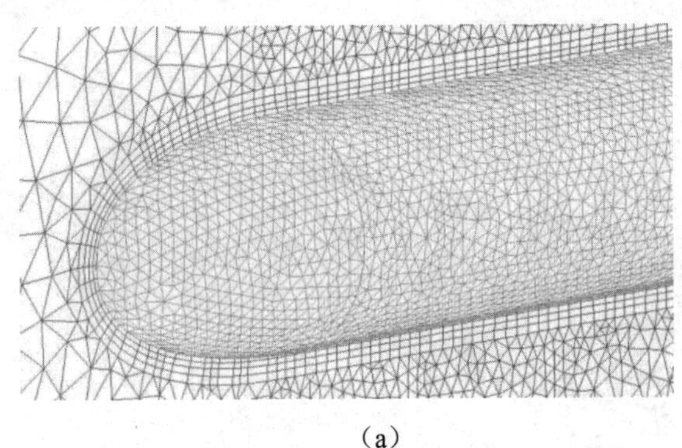

（a）

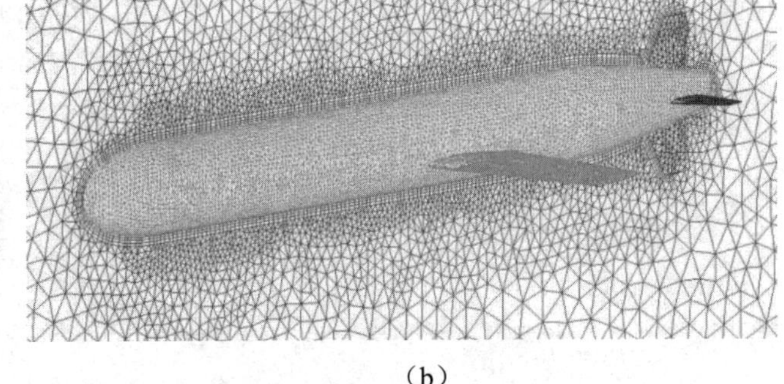

（b）

图 8-109 近壁面棱柱体网格

步骤 04 取消对模型树Model→Geometry的选择，即关闭几何模型。

步骤 05 右击模型树中的Model→Mesh，弹出如图 8-110 所示的目录树，选择Cut Plane…→Manage Cut Plane，弹出Manage Cut Plane（管理剖面）面板，如图 8-111 所示。在Method下拉列表中选择by Coefficients，在Ax、By、Cz中分别输入 1、0、0（表示垂直于Z轴平面的网格切片），Fraction Value的取值范围为 0～1，通过输入数值或拖动数值后的滚动条，观察任意位置的网格切面，单击Apply按钮。

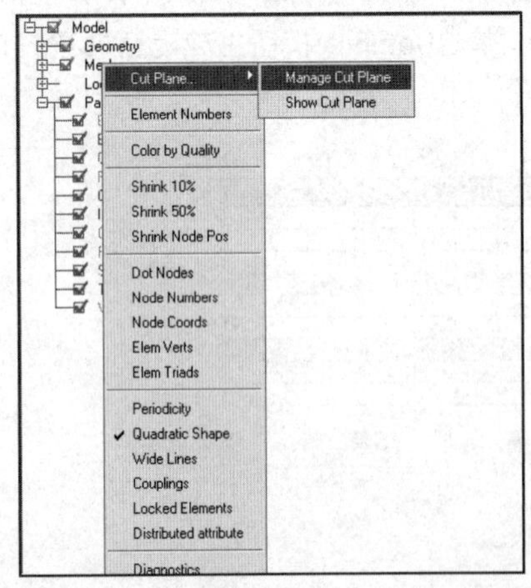

图 8-110 选择 Manage Cut Plane

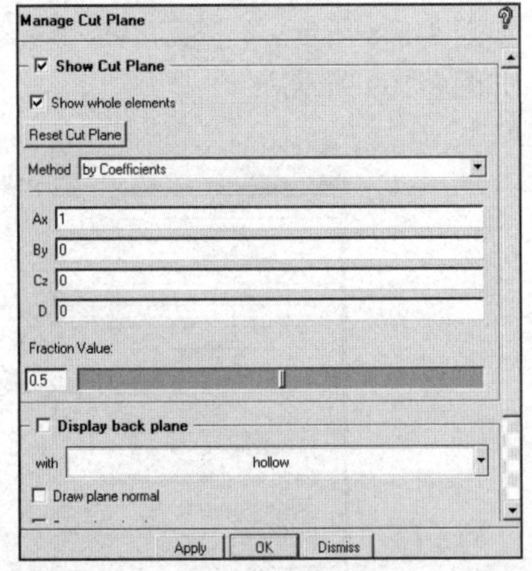

图 8-111 管理剖面面板

步骤 06 显示生成棱柱网格前不同位置的网格切面，如图 8-112 所示。按照步骤（5）的方法，还可以观察其他轴方向的网格切面（见图 8-113），如垂直Y轴的网格切面。

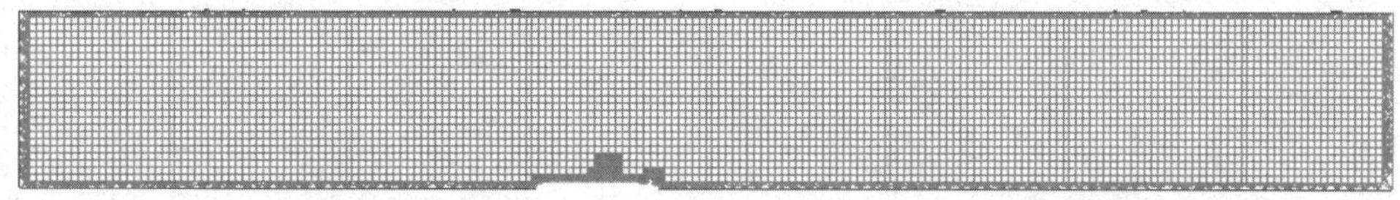

（a）

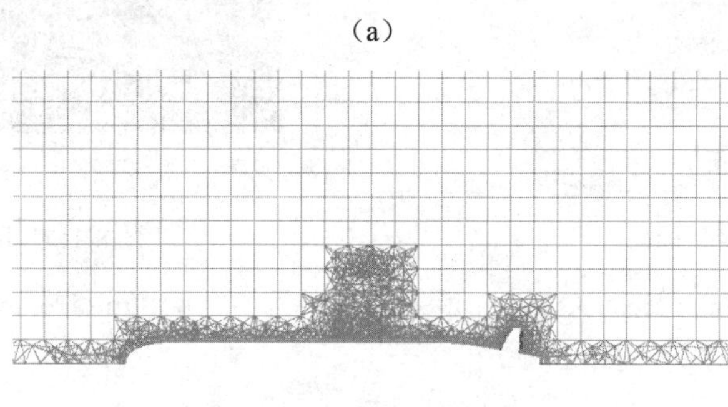

（b）

图 8-112　垂直 Z 轴的网格切面

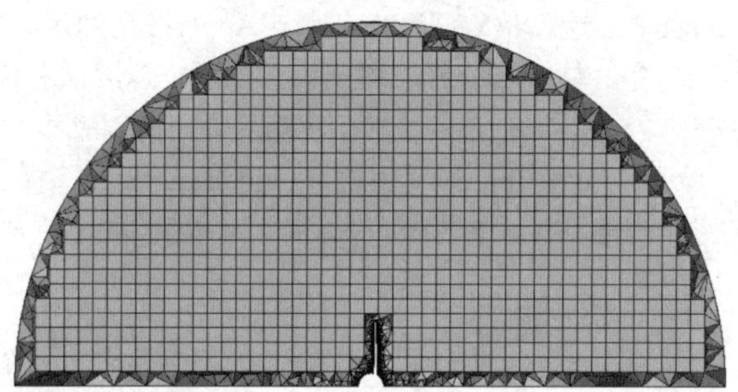

图 8-113　垂直 Y 轴的网格切面

步骤 07 显示生成棱柱网格后不同切面的网格，如图 8-114 和图 8-115 所示。

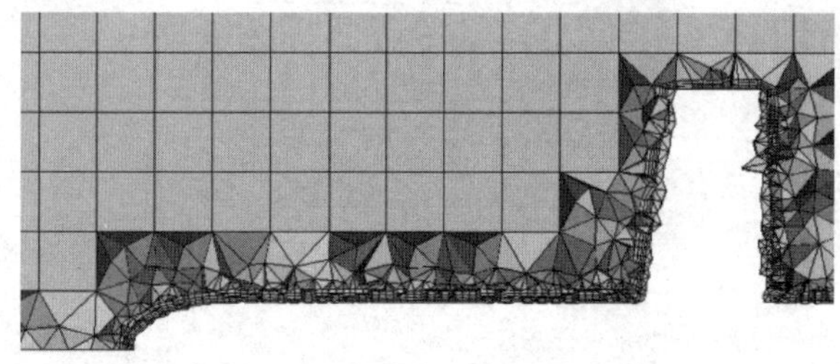

图 8-114　垂直 Z 轴的网格切面

图 8-115　垂直 X 轴的网格切面

步骤 07 执行标签栏中的Edit Mesh命令，单击 （检查网格）按钮，弹出Quality Metrics（质量指标）面板，如图 8-116 所示。在Mesh types to check栏中，LINE_2 选择No，TETRA_4、HEXA_8、TRI_3、PENTA_6、QUAD_4 和PYRA_5 选择Yes。Elements to check选择All，在Quality type下的Criterion下拉列表中选择Quality，单击Apply按钮，网格质量显示如图 8-117 所示。

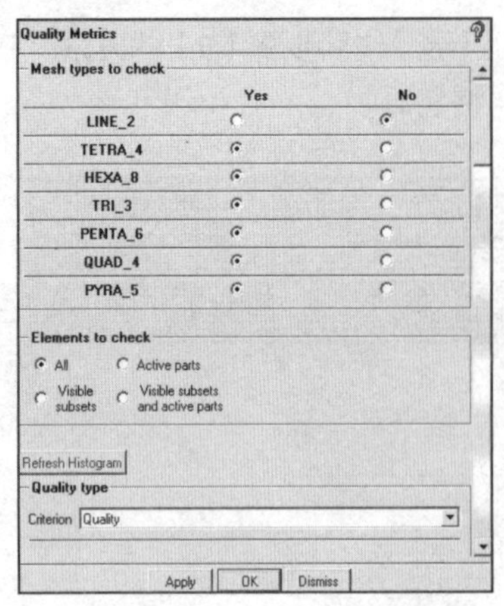

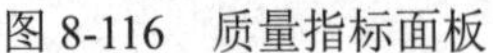

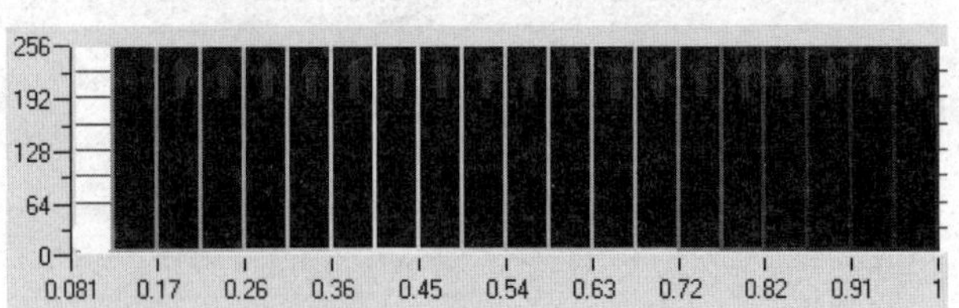

图 8-116　质量指标面板　　　图 8-117　网格质量分布

步骤 09　执行File→Mesh→Save Mesh As命令，保存当前的网格文件为missile.uns。

8.5.6　导出网格

步骤 01　执行标签栏中的Output命令，单击按钮，弹出Solver Setup（求解器设定）面板，如图 8-118 所示。在Output Solver下拉列表中选择ANSYS Fluent，单击Apply按钮确定。

步骤 02　执行标签栏中的Output命令，单击按钮，弹出设置面板，以默认名称保存.fbc和.atr文件，在弹出的对话框中单击No按钮，不保存当前项目文件，在随后弹出的对话框中选择保存的文件missile.uns。

步骤 03　然后弹出如图 8-119 所示的Ansys Fluent对话框，Grid dimension选择 3D，表示输出三维网格，在Boco file中将文件名修改为missile，单击Done按钮导出网格，导出完成后，可在设定的工作目录中找到missile.mesh。

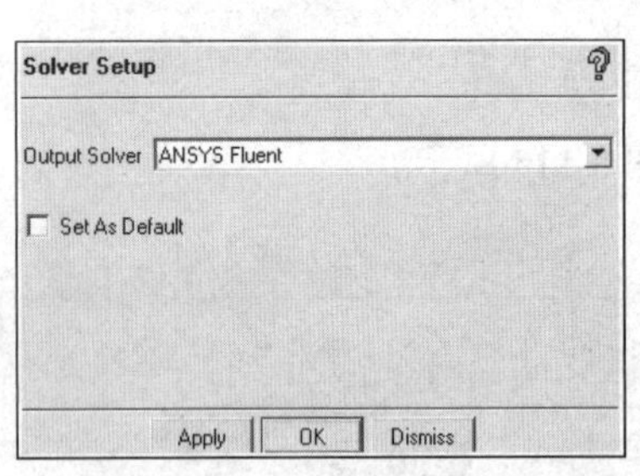

图 8-118　求解器设定面板

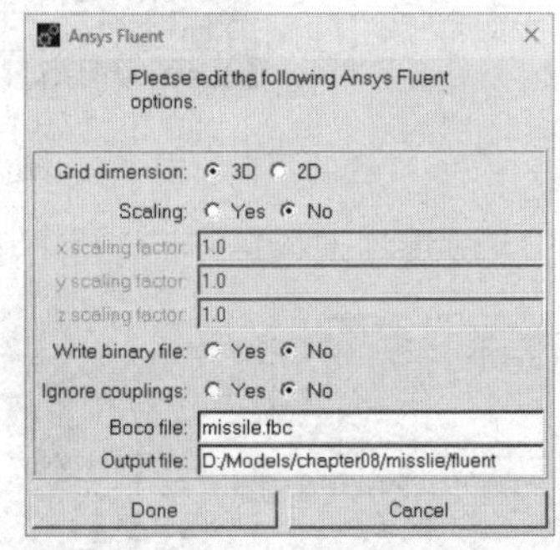

图 8-119　Ansys Fluent 对话框

8.5.7　计算与后处理

步骤 01　打开Fluent，选择 3D求解器。

步骤 02　执行File→Read→Mesh命令，选择生成的网格missile.mesh。

步骤 03　单击界面左侧流程中的General，单击Mesh栏下的Scale定义网格单位，弹出对话框，在Mesh Was Created In下拉列表中选择mm，单击Scale按钮，再单击Close按钮关闭对话框。

步骤 04　单击Mesh栏下的Check检查网格质量，注意Minimum Volume应大于 0。

步骤05 单击界面左侧流程中的General，在Solver栏下选择基于压力的稳态平面求解器，如图 8-120 所示。

步骤06 单击界面左侧流程中的Models，双击Energy弹出对话框，启动能量方程，单击OK按钮。双击Viscous，选择湍流模型，在列表中选择Viscous（Spalart-Allmaras（1 eqn））模型，其余参数保持默认设置，单击OK按钮，结果如图 8-121 所示。

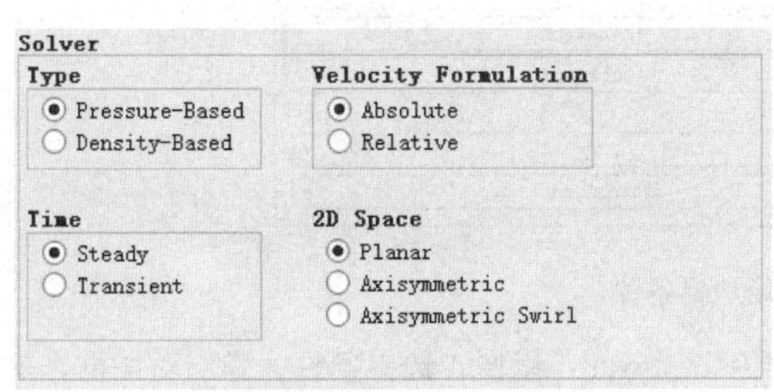

图 8-120　求解器设定

图 8-121　开启能量方程和湍流方程

步骤07 单击界面左侧流程中的Materials，定义材料。双击Fluid→air，弹出如图 8-122 所示的Create/Edit Materials对话框，在Density下拉列表中选择ideal-gas，其余参数保持默认设置，单击Change/Create按钮。

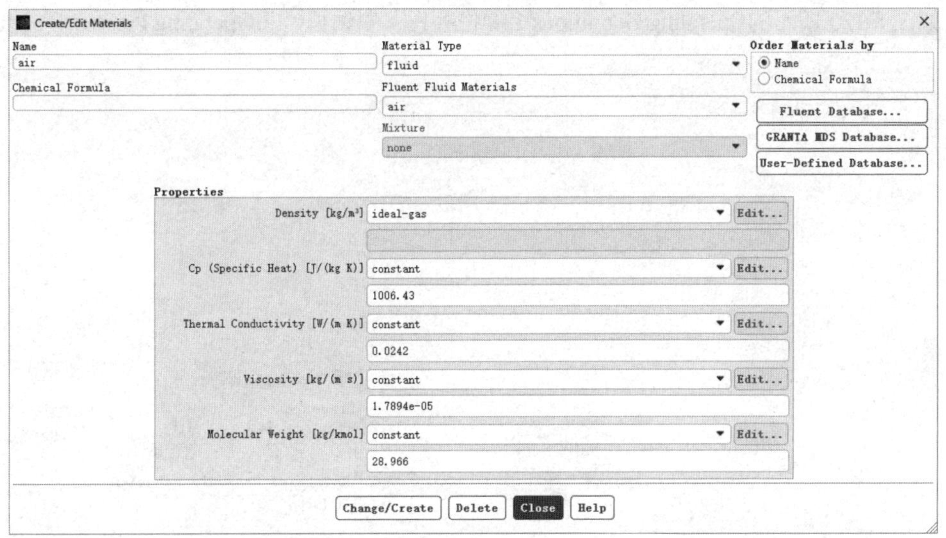

图 8-122　流体材料设定

步骤07 定义远场边界条件。选中inlet，在Type下拉列表中选择pressure-far-field（压力远场）边界条件，弹出对话框，单击Yes按钮，弹出另一个对话框，如图 8-123 所示，在Momentum栏中设置Gauge Pressure（pascal）值为 101325、Mach Number值为 0.6、X-Component of Flow Direction值为 1、Y-Component of Flow Direction值为 0、Z-Component of Flow Direction值为 0。在Thermal栏中设置Temperature值为 300，单击OK按钮。对名称为box和outlet的边界定义同样的边界条件。

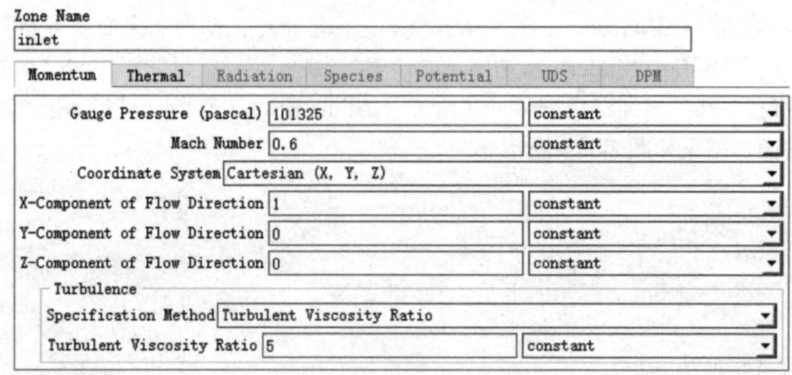

图 8-123　设置远场边界条件

步骤 09　定义物面边界条件。选中body，在Type下拉列表中选择wall（壁面）边界条件，弹出对话框，单击Yes按钮，弹出另一个对话框，参数保持默认设置，单击OK按钮。利用同样的方法定义tail和wing的边界条件为wall。

步骤 10　定义对称边界条件。选中sym，在Type下拉列表中选择symmetry，弹出对话框，单击Yes按钮，弹出另一个对话框，参数保持默认设置，单击OK按钮。

步骤 11　设置操作压力值。在Boundary Conditions面板（见图 8-124）中，单击Operating Conditions...按钮，弹出如图 8-125 所示的Operating Conditions（操作条件）对话框，将Operating Pressure[Pa]值更改为 0。

图 8-124　边界条件设置面板

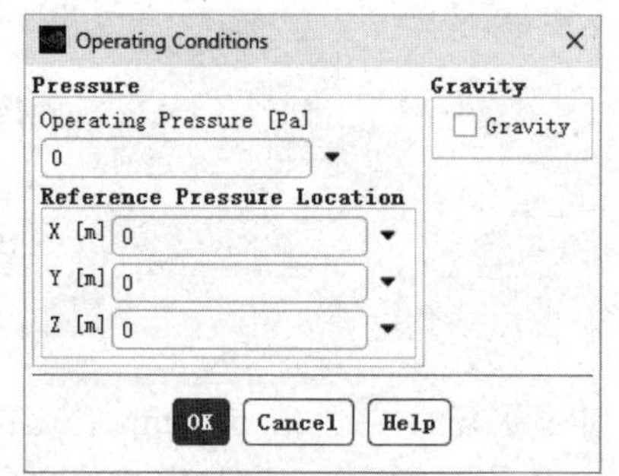

图 8-125　设置操作压力

步骤 12　定义参考值。单击界面左侧流程中的Reference Values，对计算参考值进行设置，在Compute from下拉列表中选中inlet，其他参数保持默认设置。

步骤 13　定义求解方法。单击界面左侧流程中的Solution Methods，对求解方法进行设置，为了提高精度，均可选用First Order Upwind（一阶迎风格式），如图 8-126 所示，其余参数保持默认设置即可。

步骤 14　定义克朗数和松弛因子。单击界面左侧流程中的Solution Controls，参数保持默认设置。

步骤15 定义收敛条件。单击界面左侧流程中的Monitors，双击Residual设置收敛条件，将continuity值修改为 1e-04，其余参数保持不变，单击OK按钮。

步骤16 定义阻力系数。单击界面上方的Solution，（见图 8-127），单击Definitions下的New按钮，弹出如图 8-128 所示的列表，依次选择Drag...选项，弹出如图 8-129 所示的Drag Report Definition（阻力报告定义）面板，设置阻力系数监视器，在Force Vector栏的X、Y、Z中分别输入 1、0 和 0，在Wall Zones栏中选中body和tail，单击OK按钮。

步骤17 定义升力系数。利用类似定义阻力系数的方法，单击界面左侧流程中的Monitors，单击Residuals, Statistic and Force Monitors下的Create按钮，弹出列表，选择Lift…选项，弹出如图 8-130 所示的Lift Report Definition（升力报告定义）面板，设置升力系数监视器，在Force Vector栏的X、Y、Z中分别输入 0、1 和 0，在Wall Zones栏中选中body和tail，单击OK按钮。

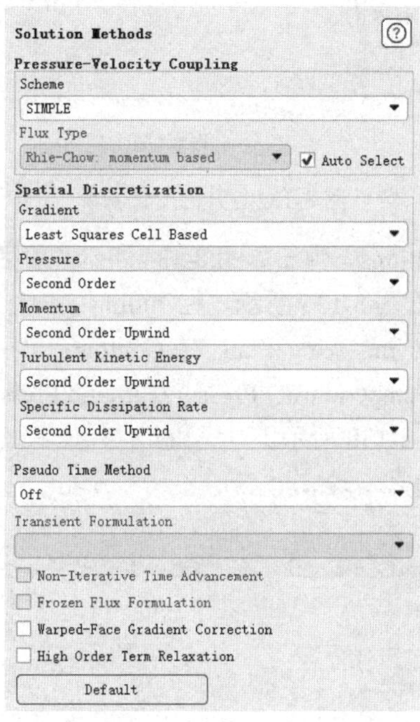

图 8-126　设置求解方法

图8-127　设置Definition面板

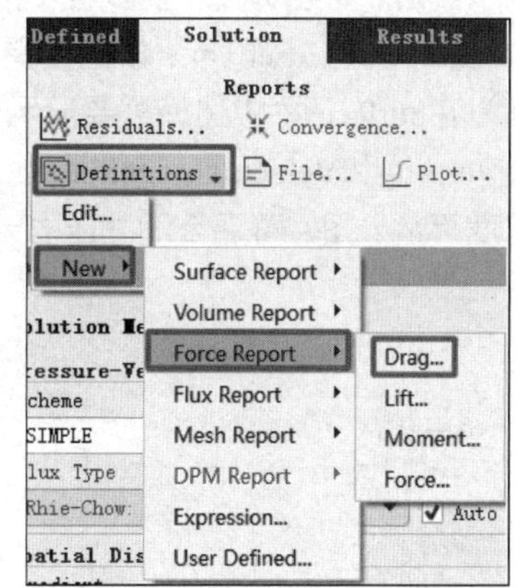

图 8-128　设置阻力系数

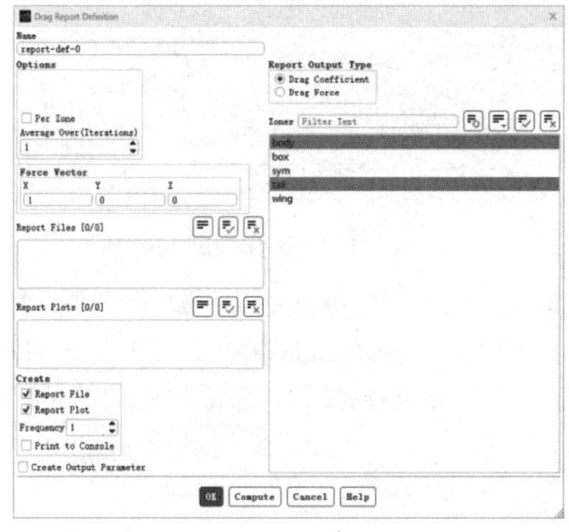

图 8-129　设置阻力系数

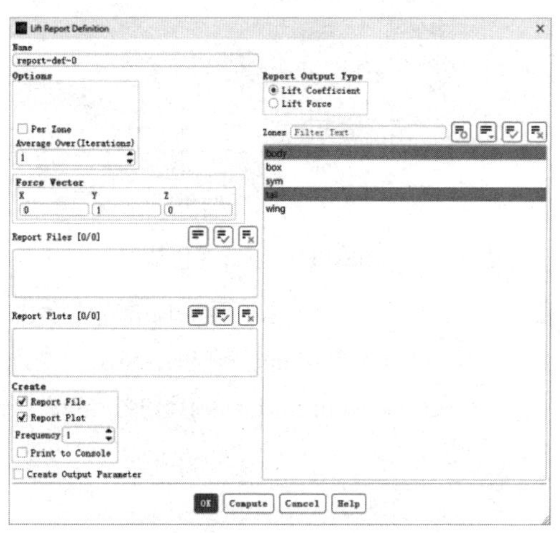

图 8-130　设置升力系数

步骤18　初始化。单击界面左侧流程中的Solution Initialization，在Compute from下拉列表中选中inlet，其他参数保持默认设置，单击Initialize按钮。

步骤19　求解。单击界面左侧流程中的Run Calculation，设置迭代次数为 1000，单击Calculate按钮，开始迭代计算，大约 600 步收敛。残差变化情况如图 8-131 所示，升力变化情况如图 8-132 所示，阻力变化情况如图 8-133 所示。

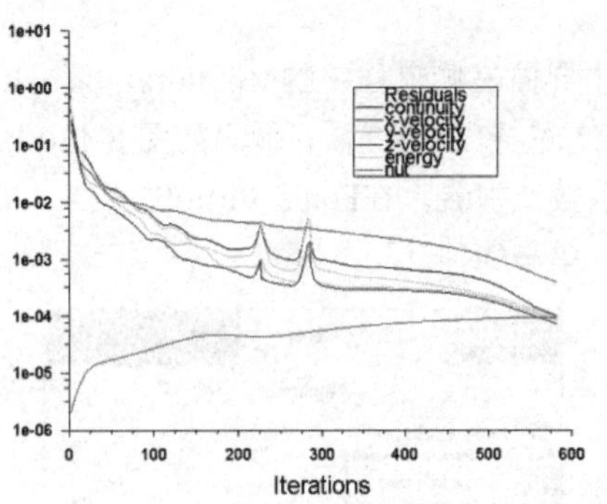

图 8-131　残差变化情况

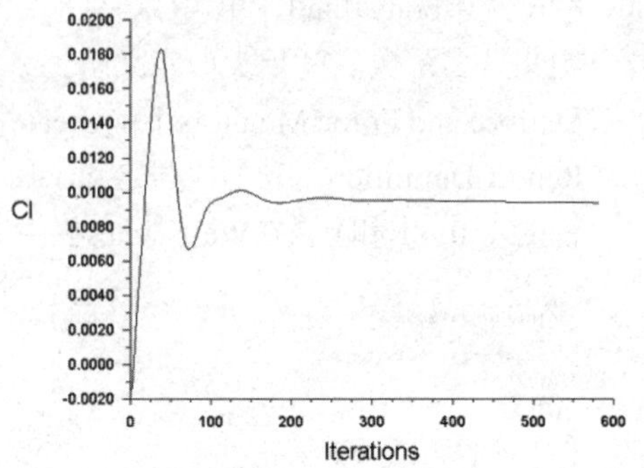

图 8-132　升力变化情况

步骤20　显示云图。单击界面左侧流程中的Graphics and Animations，弹出如图 8-134 所示的对话框，选择Contours，单击Set Up...按钮，弹出Contours对话框，如图 8-135 所示。在Options中勾选Filled复选框，在Surfaces栏中选择需要显示云图的面，如body、sym、wing和tail，在Contours of栏中分别选择Velocity和Velocity Magnitude、Temperature和Static Temperature、Pressure和Static Pressure，显示速度标量云图、静温云图和压力云图，如图 8-136～图 8-138 所示。

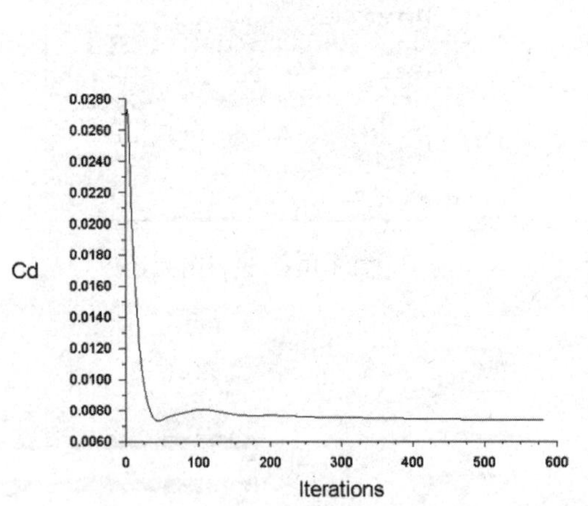

图8-133　阻力变化情况

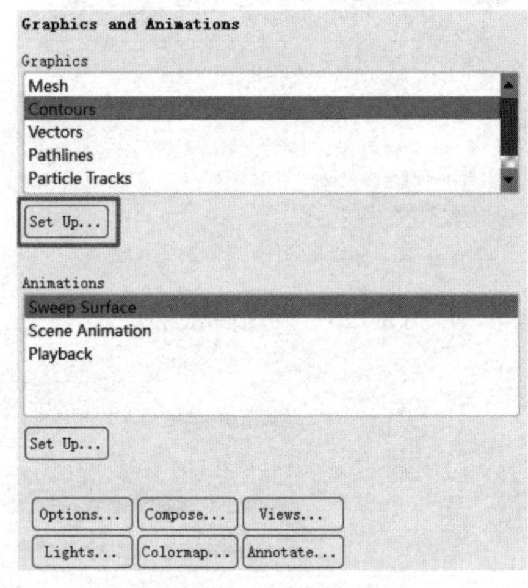

图8-134　选择Contours

步骤21　显示流线图。单击界面左侧流程中的Graphics and Animations，双击Pathlines，弹出对话框。在Style下拉列表中选择line，在Step Size中输入 1，在Steps中输入 5，在Path Skip中输入 4，设置流线间距；在Release from Surfaces中选择body、sym、wing和tail，单击Display按钮，得到如图 8-139 所示的流线图。

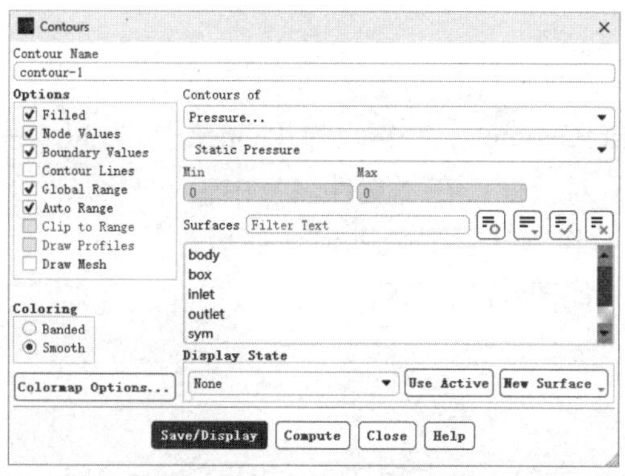

图8-135　云图设置面板

图 8-136　速度标量云图

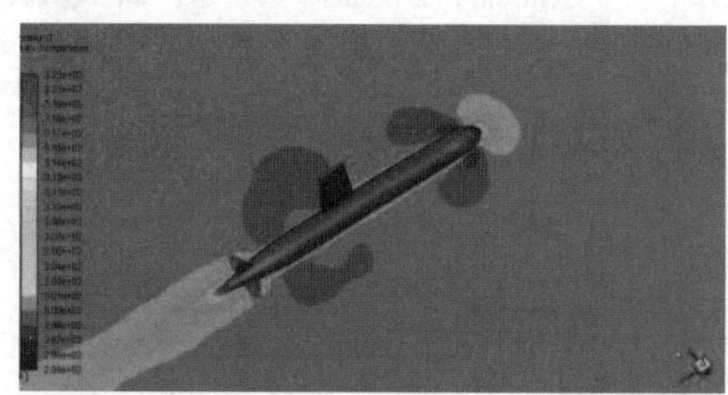

图 8-137　静温云图

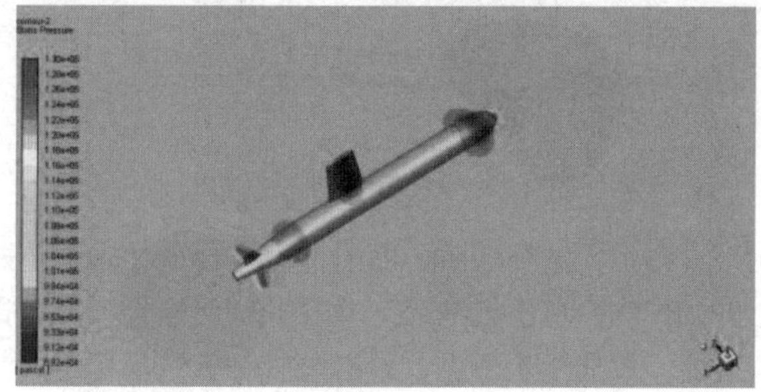

图 8-138　压力云图

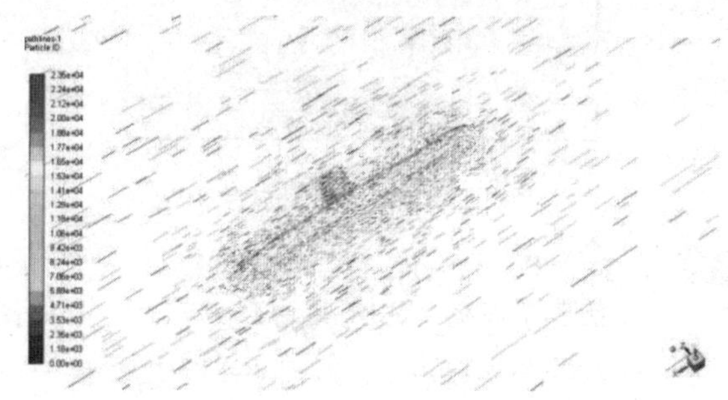

图 8-139　流线图

8.6　飞艇模型Hexa-Core网格生成

本节将以一个飞艇模型为例来讲解如何生成以六面体为主的自动体网格，并对以六面体为主的体网格进行求解，飞船返回舱以 30m/s 的速度、0° 攻角在大气中飞行。

8.6.1　启动ICEM CFD并建立分析项目

步骤 01　在Windows系统下启动ICEM CFD，进入ICEM CFD界面。

步骤 02　执行File→Save Project命令，弹出Save Project As对话框，在“文件名”中输入feiting，单击OK按钮确认，关闭对话框。

8.6.2　导入几何模型

执行File→Geometry→Open Geometry命令，弹出Open Geometry File（打开几何文件）对话框，在“文件名”中输入geometry.tin，单击“打开”按钮确认。导入几何文件后，将在图形显示区显示几何模型，如图8-140所示。

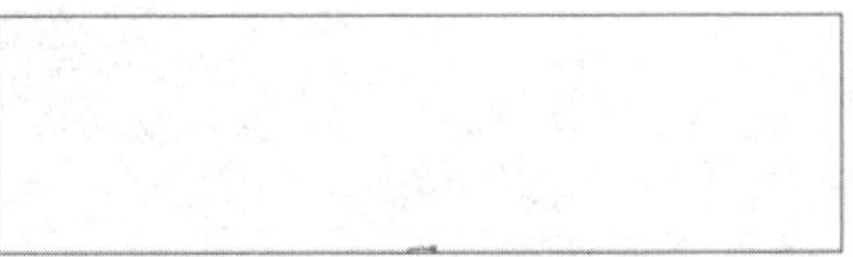

图8-140　几何模型

8.6.3　模型建立

步骤01　执行标签栏中的Geometry命令，单击按钮，弹出Create Body（生成体）面板，单击按钮，选中Centroid of 2 points单选按钮，如图 8-141 所示。左键选择两点，其中一点为如图 8-142 所示的外域上的一点，另一点为飞艇上的一点，单击鼠标中键确认，更改名称为FLUID，完成材料点的创建。

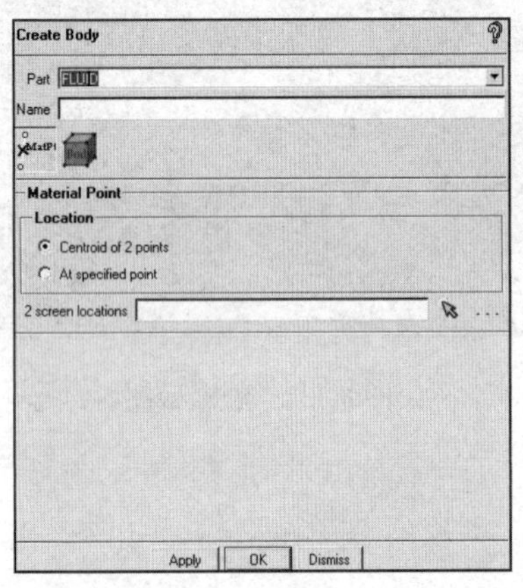

图 8-141　创建材料点操作

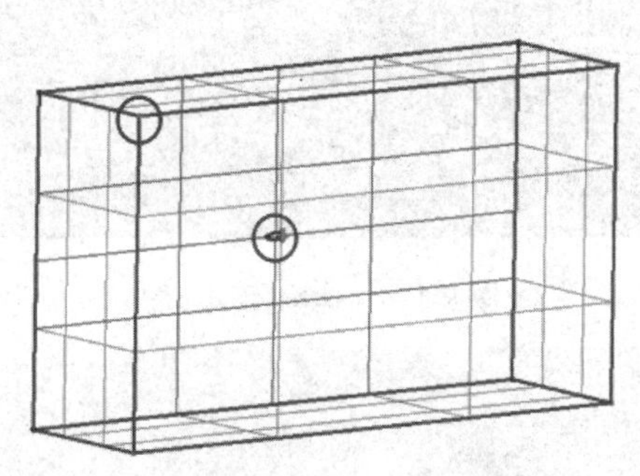

图 8-142　设置材料点选取点

步骤02　定义Point。右击模型树中的Model→Parts（见图 8-143），选择Create Part，弹出Create Part（生成边界）面板，如图 8-144 所示。定义Part名称为POINTS，单击按钮，选择几何元素，弹出选择几何图形工具栏，如图 8-145 所示。关闭所有线面，只显示全部点，单击按钮，选择可见点并单击鼠标中键确认。

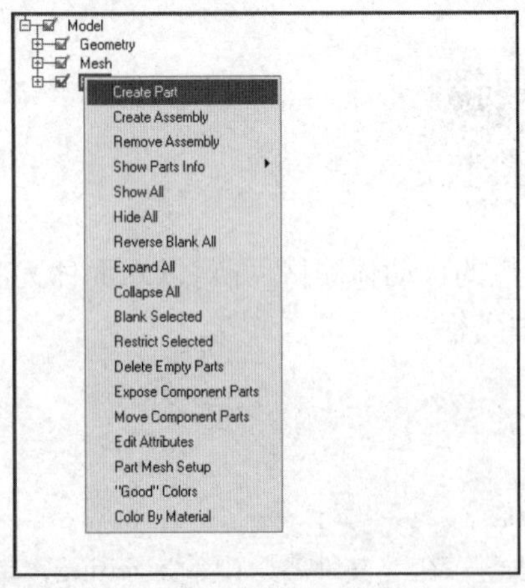

图 8-143　选择 Create Part

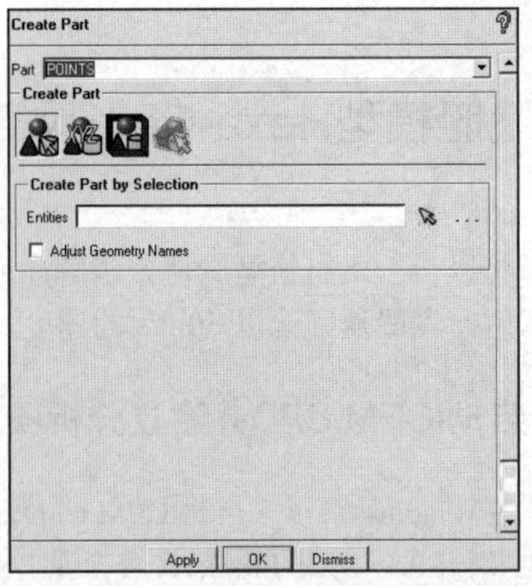

图 8-144　生成边界面板

图 8-145　选择几何图形工具栏

步骤03 采用类似的方法定义所有线，定义Part名称为CURVES。

步骤04 定义入口Part。定义Part名称为IN，单击按钮，选择几何元素，选择外域进口和飞艇外围三个面并单击鼠标中键确认。采用相同的方法定义出口Part，名称为OUT，选择飞艇尾部出口的一个平面。定义对称面Part，名称为SYM，选择与飞艇相交的对称面。定义飞艇艇身Part，名称为BODY，选择飞艇艇身曲面。定义飞艇平垂尾Part，名称为TAIL，选择飞艇的平尾和垂尾曲面，注意小曲面的选取。

步骤05 完成几何模型的创建，如图 8-146 所示。保存几何模型，执行File→Geometry→Save Geometry As命令，保存当前几何模型为feiting.tin。

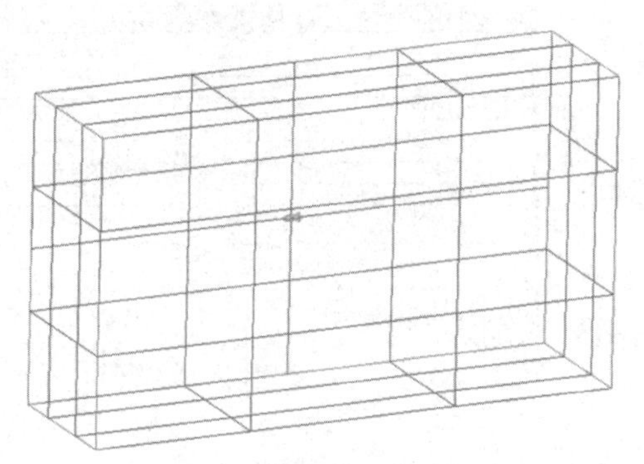

图8-146　几何模型

8.6.4　定义网格参数

步骤01 定义网格全局尺寸。执行标签栏中的Blocking命令，单击按钮，弹出Global Mesh Setup（全局网格设定）面板，如图 8-147 所示。单击按钮，在Global Element Scale Factor栏中设置Scale factor值为 1.0，勾选Display复选框。在Global Element Seed Size栏中设置Max element值为 8000.0，单击Apply按钮。

步骤02 定义全局壳网格参数。执行标签栏中的Blocking命令，单击按钮，弹出Global Mesh Setup（全局网格设定）面板，如图 8-148 所示。单击按钮，在Mesh type下拉列表中选择All Tri，在Mesh method下拉列表中选择Patch Dependent，其余选项保持默认设置，单击Apply按钮。

步骤03 定义全局体网格参数。执行标签栏中的Blocking命令，单击按钮，弹出Global Mesh Setup（全局网格设定）面板，如图 8-149 所示。单击按钮，在Mesh Type下拉列表中选择Tetra/Mixed，在Mesh Method下拉列表中选择Robust（Octree），其余选项保持默认设置，单击Apply按钮。

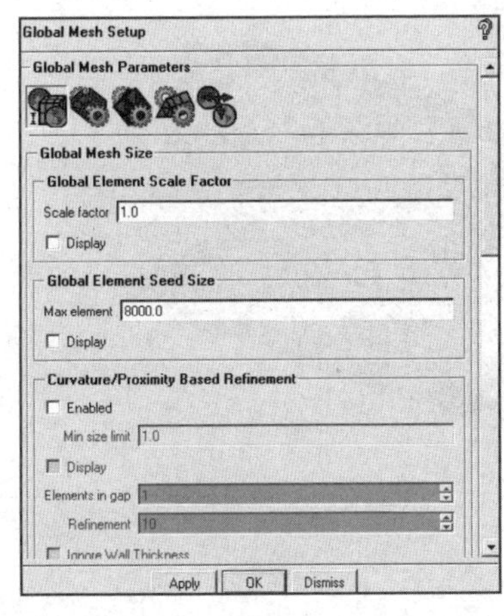

图 8-147　定义全局网格尺寸

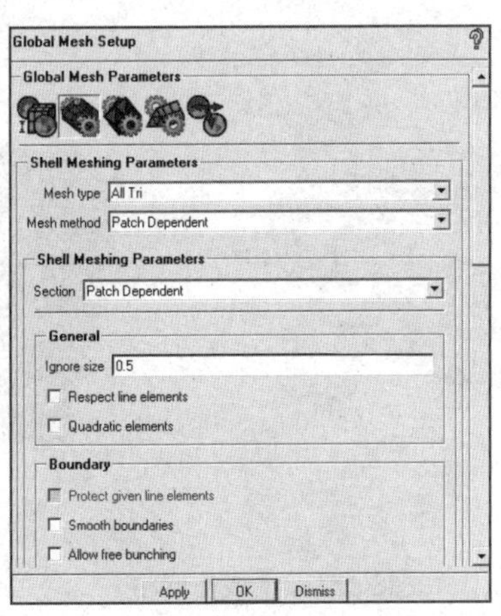

图 8-148　全局壳网格参数设置

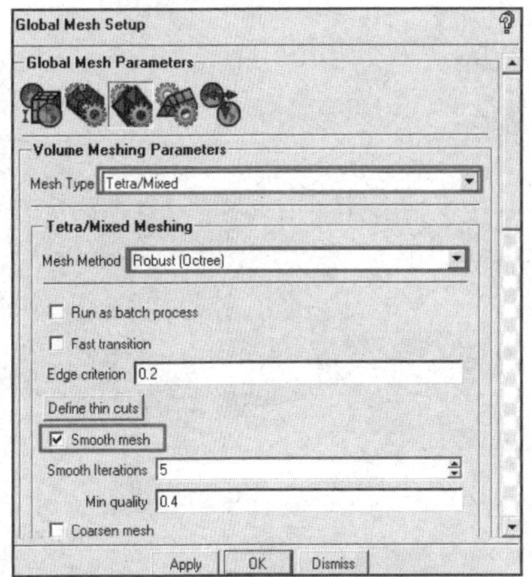

图 8-149　全局体网格参数设置

步骤 04 执行标签栏中的Mesh命令，单击按钮，弹出Part Mesh Setup（部件网格设定）面板，如图 8-150 所示。在名称为IN、OUT和SYM的Part栏中设置Maximum size为 4000，在名称为FLUID的Part栏中设置Maximum size值为 3000，并勾选Hexa-coret复选框，在名称为BODY、TAIL的Part栏中分别设置Maximum size值为 60，其余选项保持默认设置，单击Apply按钮确认，单击Dismiss按钮退出设置面板。

Part Mesh Setup

Part	Prism	Hexa-core	Maximum size	Height	Height ratio	Num layers	Tetra size ratio	Tetra width	Min size limit	Max deviation	Prism height limit fact	Prism growth la
BODY	☑		60	0	0	0	0	0	0	0	0	undefined
BOX	☐		4000	0	0	0	0	0	0	0	0	undefined
CURVES	☐		0	0	0	0		0	0	0	0	undefined
FLUID	☐	☑	3000									
IN	☐		4000	0	0	0	0	0	0	0	0	undefined
OUT	☐		4000	0	0	0	0	0	0	0	0	undefined
POINTS												
SYM	☐		4000	0	0	0	0	0	0	0	0	undefined
TAIL	☐		60	0	0	0	0	0	0	0	0	undefined

☑ Show size params using scale factor
☑ Apply inflation parameters to curves
☐ Remove inflation parameters from curves
Highlighted parts have at least one blank field because not all entities in that part have identical parameters
Apply　Dismiss

图8-150　定义Part网格参数

8.6.5　网格生成

步骤 01 执行标签栏中的Mesh命令，单击按钮，弹出Compute Mesh（计算网格）面板，如图 8-151 所示。单击按钮，其余参数保持默认设置，单击Compute按钮生成体网格，如图 8-152 所示。

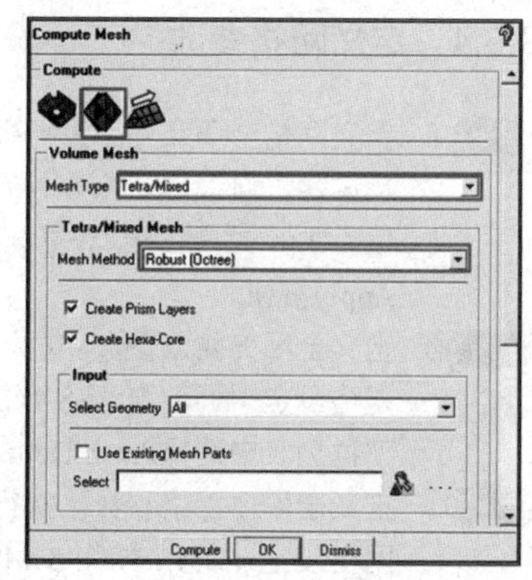

图8-151　计算网格面板

步骤 02 对生成的网格进行定性观察和判定。经过观察，飞艇艇身前面部分网格相对稀疏，这是由于FLUID中设置的网格尺寸太大与艇身过渡过于剧烈所致，重新定义Part参数设置中的FLUID的Maximum size值为 1500，按照步骤 01的方法重新生成网格，观察艇身网格质量，如图 8-153 所示，可以看到网格质量有所改善。

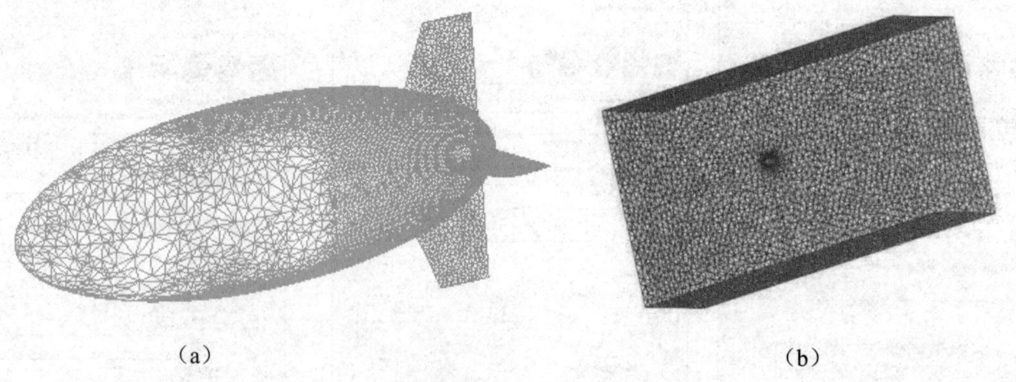

（a）　（b）

图8-152　生成体网格

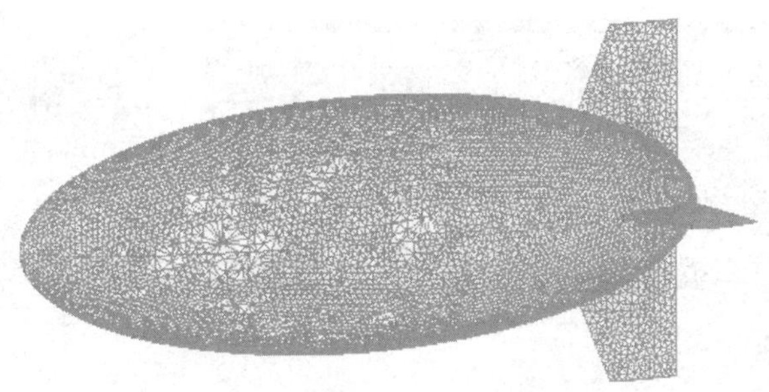

图8-153　重新艇身生成网格

步骤03 右击模型树中的Model→Mesh，弹出如图 8-154 所示的目录树，选择Cut Plane...→Manage Cut Plane，弹出Manage Cut Plane（管理剖面）面板，如图 8-155 所示。在Method下拉列表中选择by Coefficients，在Ax、By、Cz中分别输入 1、0、0（表示垂直X轴平面的网格切片），Fraction Value的取值范围为 0～1，通过输入数值或拖动数值后的滚动条，观察任意位置的网格切面，单击Apply按钮。

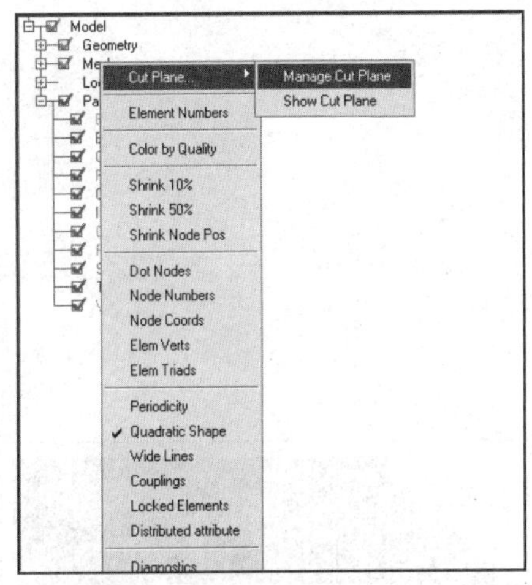

图 8-154　选择 Manage Cut Plane

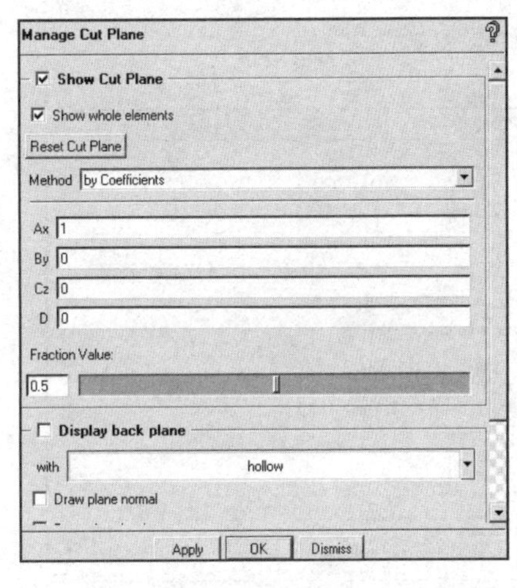

图 8-155　管理剖面面板

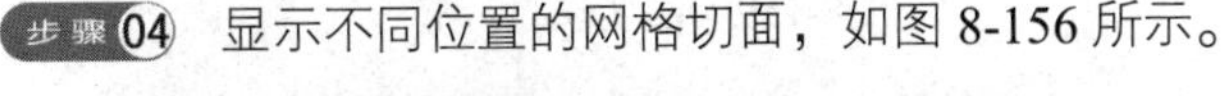

步骤04 显示不同位置的网格切面，如图 8-156 所示。

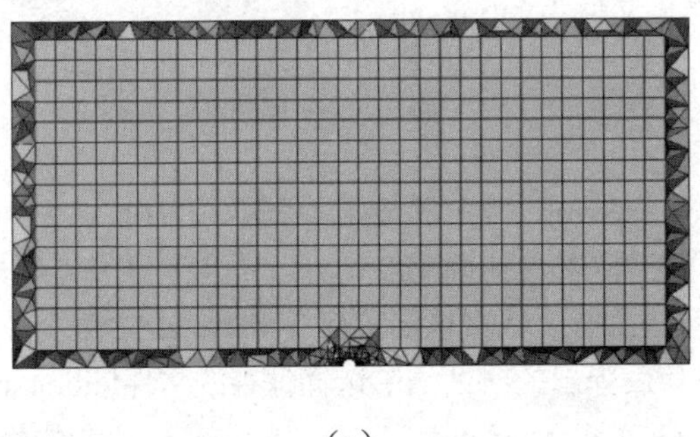

(a)

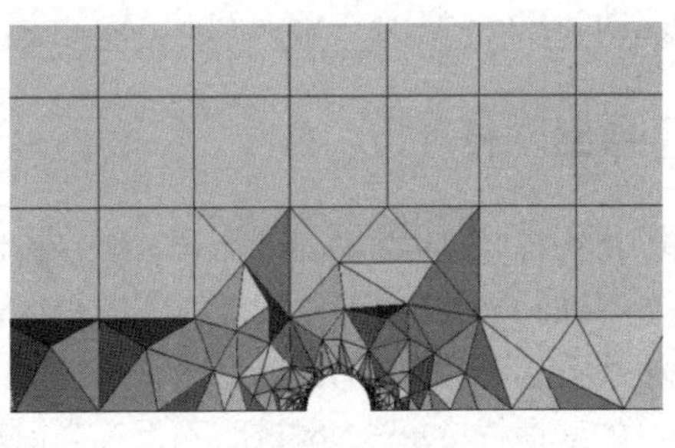

(b)

图 8-156　垂直 X 轴的网格切面

步骤05 按照步骤03的方法，还可以观察其他轴方向的网格切面，垂直Z轴的网格切面如图 8-157 所示。

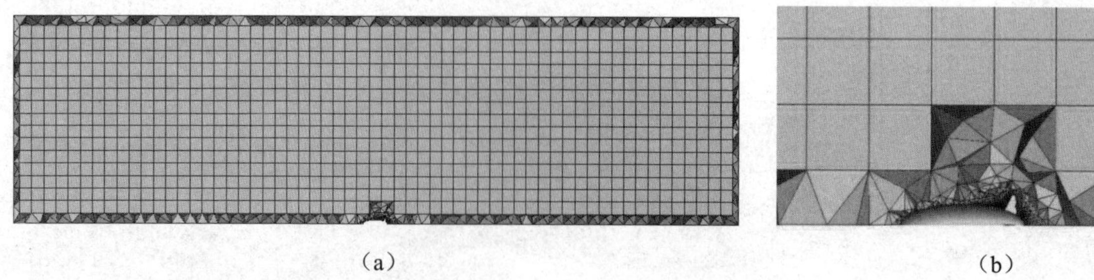

（a）　　　　　　　　　　（b）

图 8-157　垂直 Z 轴的网格切面

步骤 06　执行标签栏中的Edit Mesh命令，单击（检查网格）按钮，弹出Quality Metrics（质量指标）面板，如图 8-158 所示。在Mesh types to check栏的LINE_2 中选择No，TETRA_4、HEXA_8、TRI-3、PENTA_6、QUAD_4 和PYRA_5 选择Yes。Elements to check选择All，在Quality type的Criterion下拉列表中选择Quality，单击Apply按钮，网格质量显示如图 8-159 所示。

图 8-158　质量指标面板

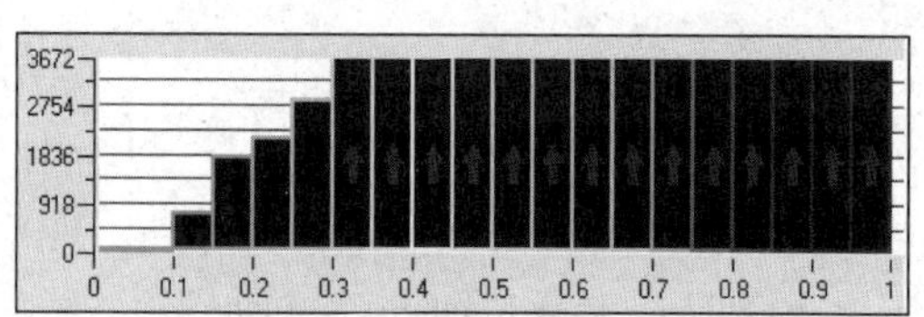

图 8-159　网格质量分布

步骤 07　执行File→Mesh→Save Mesh As命令，保存当前网格文件为feiting.uns。

8.6.6　导出网格

步骤 01　执行标签栏中的Output命令，单击按钮，弹出Solver Setup（求解器设定）面板，如图 8-160 所示。在Output Solver下拉列表中选择ANSYS Fluent，单击Apply按钮确定。

步骤 02　执行标签栏中的Output命令，单击按钮，弹出设置面板，以默认名称保存.fbc和.atr文件，在弹出的对话框中单击No按钮，不保存当前项目文件，在随后弹出的对话框中选择保存的文件feiting.uns。然后弹出如图 8-161 所示的Ansys Fluent对话框，Grid dimension选中 3D，表示输出三维网格，在Boco file中将文件名更改为project1.fbc，单击Done按钮导出网格，导出完成后，可在设定的工作目录中找到feiting.mesh。

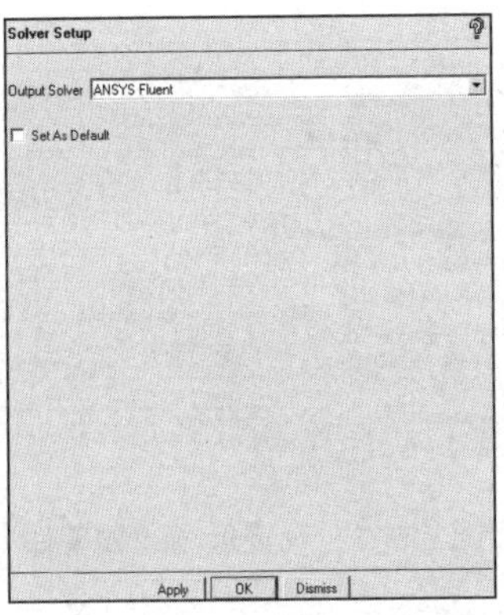

图 8-160　Solver Setup 面板

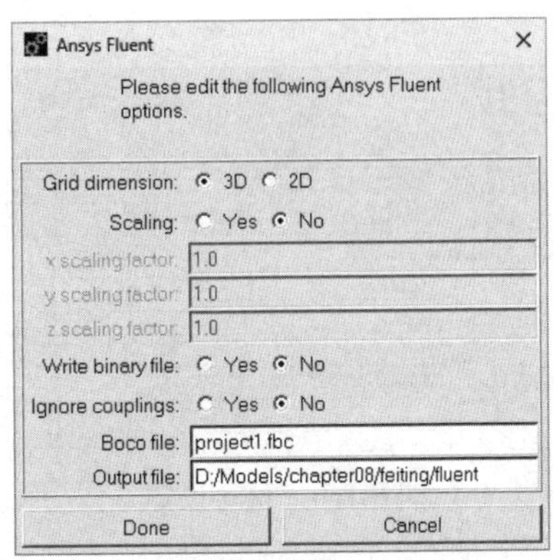

图 8-161　导出网格

8.6.7　计算与后处理

步骤01 打开Fluent，选择 3D求解器。

步骤02 执行File→Read→Mesh命令，选择生成的网格feiting.mesh。

步骤03 单击界面左侧流程中的General，单击Mesh栏下的Scale定义网格单位，弹出对话框，在Mesh Was Created In下拉列表中选择mm，单击Scale按钮，再单击Close按钮关闭对话框。

步骤04 单击Mesh栏下的Check检查网格质量，注意Minimum Volume应大于 0。

步骤05 单击界面左侧流程中的General，在Solver栏下分别选择Density-Based和Steady单选按钮，如图 8-162 所示。

步骤06 单击界面左侧流程中的Models，双击Energy弹出对话框，启动能量方程，单击OK按钮。双击Viscous，选择湍流模型，在列表中选择Viscouw（Spalart-Allmaras（1 eqn））模型，其余参数保持默认设置，单击OK按钮，如图 8-163 所示。

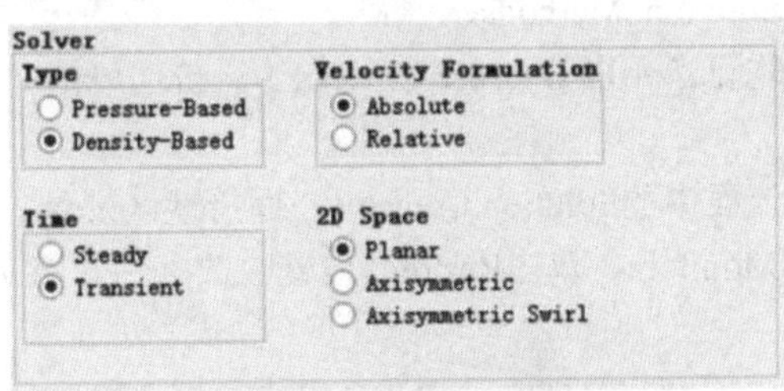

图8-162　求解器设定

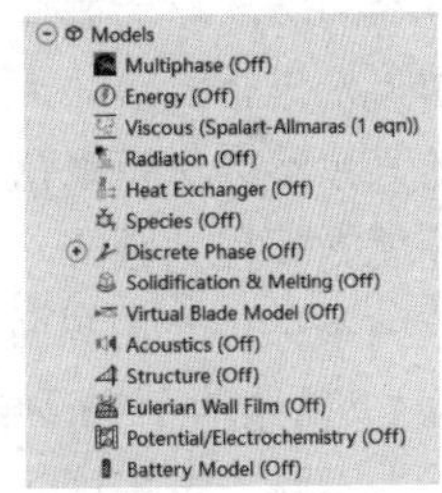

图8-163　开启能量方程并选择湍流模型

步骤07 单击界面左侧流程中的Materials，定义材料。双击Fluid→air，弹出如图 8-164 所示的对话框，保持默认设置，单击Change/Create按钮。

步骤07 单击界面左侧流程中的Boundary Conditions，对边界条件进行设置，由于在ICEM中建立网格时已经对可能用到的边界条件进行了命名，在这里体现了其便捷性，可以直接根据名称进行设置。

步骤09 定义入口边界条件。选中in，在Type下拉列表中选择velocity-inlet（速度入口）边界条件，弹出对话框，单击Yes按钮，弹出另一个对话框，如图 8-165 所示，在Velocity Specification Method下拉列表中选择Components，在Reference Frame下拉列表中选择Absolute，设置Supersonic/Initial Gauge Pressure（pascal）值为 101325、X-Velocity值为 30、Outflow Gauge Pressure（pascal）值为 101325。设置Thermal栏中的Temperature值为 300，单击OK按钮。

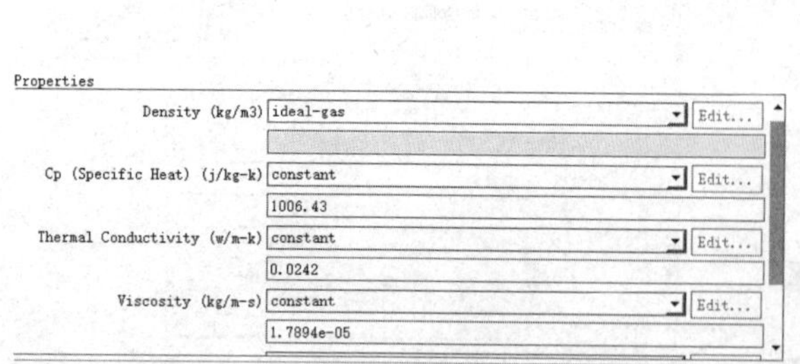

图 8-164　材料设定

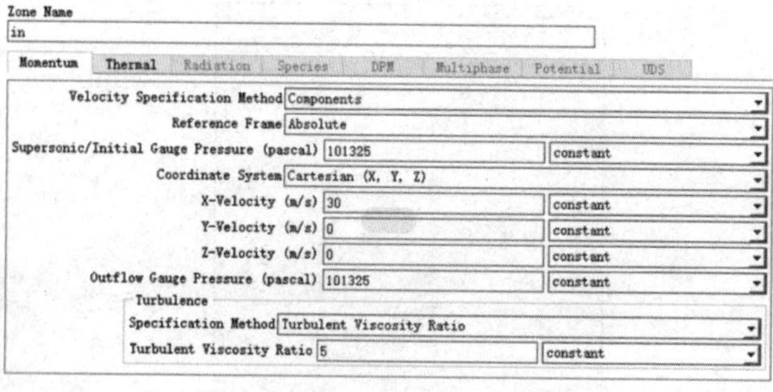

图 8-165　设置远场边界条件

步骤10 定义出口边界条件。选中out，在Type下拉列表中选择outflow（自由出流）边界条件，弹出对话框，单击Yes按钮，弹出另一个对话框，保持默认设置，单击OK按钮。

步骤11 定义物面边界条件。选中body，在Type下拉列表中选择wall（壁面）边界条件，弹出对话框，单击Yes按钮，弹出另一个对话框，保持默认设置，单击OK按钮。同样选中tail，在Type下拉列表中选择wall（壁面）边界条件，弹出对话框，单击Yes按钮，弹出另一个对话框，保持默认设置，单击OK按钮。

步骤12 定义对称边界条件。选中sym，在Type下拉列表中选择symmetry，弹出对话框，单击Yes按钮，弹出另一个对话框，保持默认设置，单击OK按钮。

步骤13 定义参考值。单击界面左侧流程中的Reference Values，对计算参考值进行设置，在Compute from下拉列表中选择in，更改Area值为 314，更改Length值为 10，其余参数保持默认设置，如图 8-166 所示。

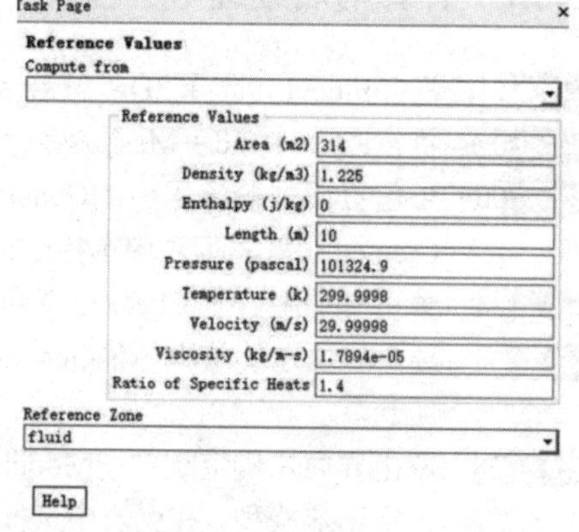

图8-166　设置参考值

步骤14 定义求解方法。单击界面左侧流程中的Solution Methods，对求解方法进行设置，为了计算快捷，均可选用First Order Upwind（一阶迎风格式），如图 8-167 所示，其余参数保持默认设置。

步骤15 定义克朗数和松弛因子。单击界面左侧流程中的Solution Controls，保持默认设置。

步骤16 定义收敛条件。单击界面左侧流程中的Monitors，双击Residual设置收敛条件，将continuity值更改为 1e-04，其余值不变，单击OK按钮。

步骤17 定义阻力系数。单击界面上方的Solution（见图 8-168），单击Definitions下的New按钮，弹出如图 8-169 所示的列表，依次选择Force Report→Drag...选项，弹出Drag Report Definition（阻力报告定义）面板设置，设置阻力系数，如图 8-170 所示。在Force Vector的X、Y、Z中分别输入 1、0 和 0，在Wall Zones栏中选中body和tail，单击OK按钮。

步骤18 定义升力系数。利用类似定义阻力系数的方法，单击界面左侧流程中的Monitors，单击Residuals, Statistic and Force Monitors下的Create按钮，弹出列表，选择Lift选项，弹出如图 8-171 所示的Leport Definition面板（升力报告定义），设置升力系数，在Force Vector的X、Y、Z中分别输入 0、1 和 0，在Wall Zones栏中选中body和tail，单击OK按钮。

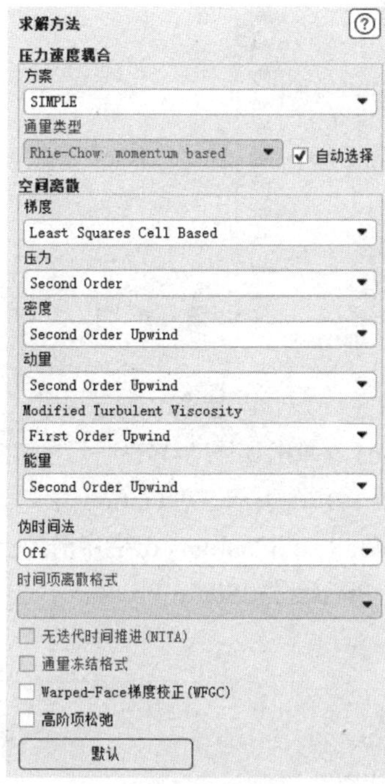

图 8-167　设置求解方法

图8-168　设置Definition面板

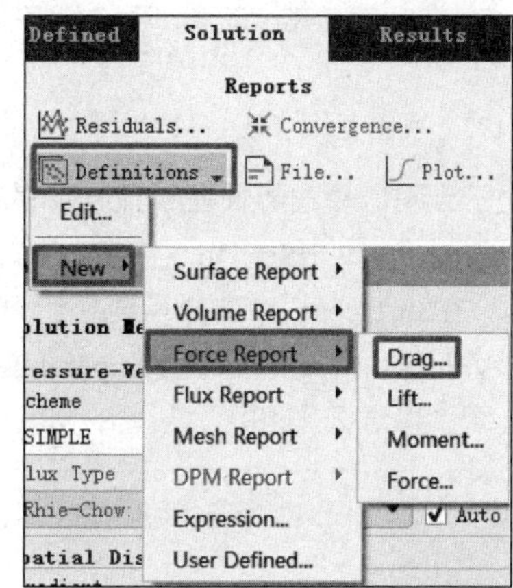

图 8-169　设置阻力系数

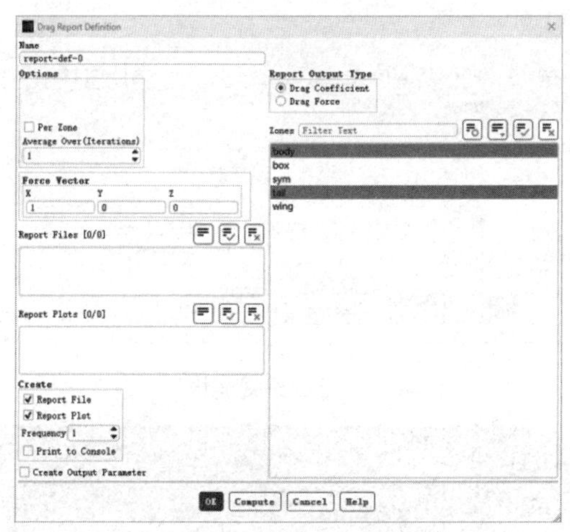

图 8-170　设置阻力系数

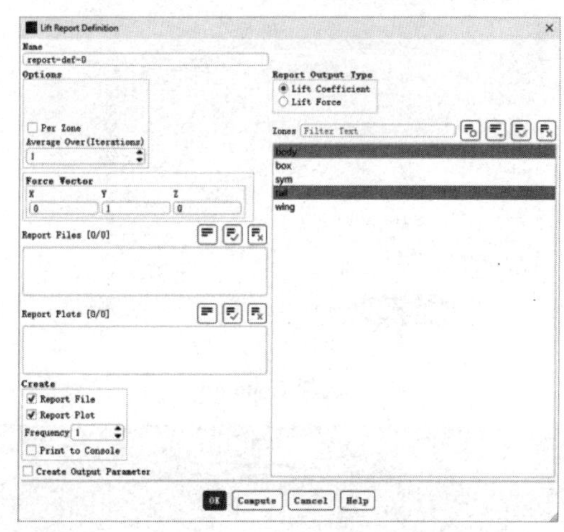

图 8-171　设置升力系数

步骤19　初始化。单击界面左侧流程中的Solution Initialization，在Compute from下拉列表中选择in，其他参数保持默认设置，单击Initialize按钮。

步骤20　求解。单击界面左侧流程中的Run Calculation，设置迭代次数为 600，单击Calculate按钮，开始迭代计算，大约 350 步收敛。残差变化情况如图 8-172 所示，升力变化情况如图 8-173 所示，阻力变化情况如图 8-174 所示。

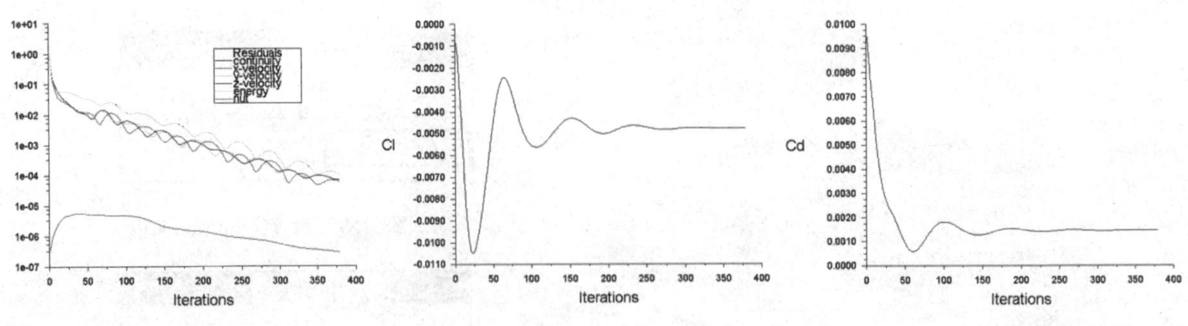

图 8-172　残差变化情况　　图 8-173　升力变化情况　　图 8-174　阻力变化情况

步骤 21　显示云图。单击界面左侧流程中的Graphics and Animations，弹出如图 8-175 所示的对话框。选择Contours，单击Set Up...按钮，弹出Contours对话框，如图 8-176 所示。在Options中勾选Filled复选框，在Surfaces栏中选择需要显示云图的面，如body、sym和tail，在Contours of栏中分别选择Velocity和Velocity Magnitude、Temperature和Static Temperature、Pressure和Static Pressure，显示速度标量云图、静温云图和压力云图，如图 8-177～图 8-179 所示。

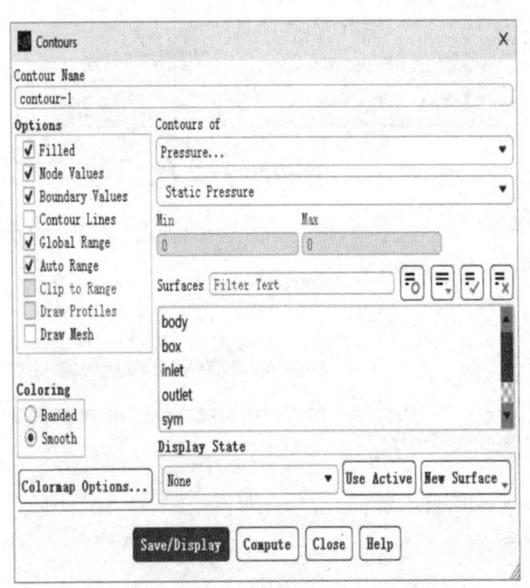

图 8-175　选择 Contours

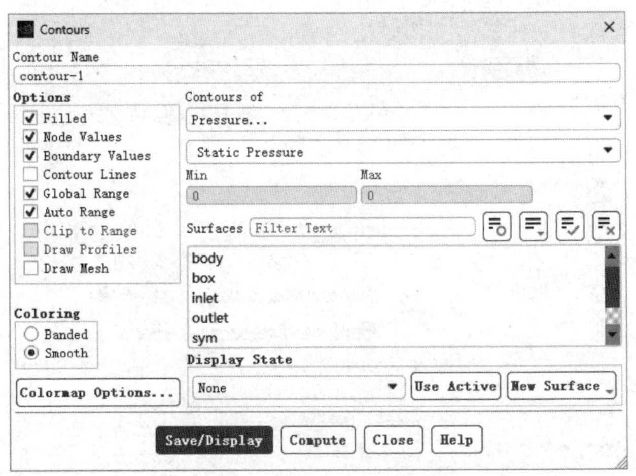

图 8-176　云图设置面板

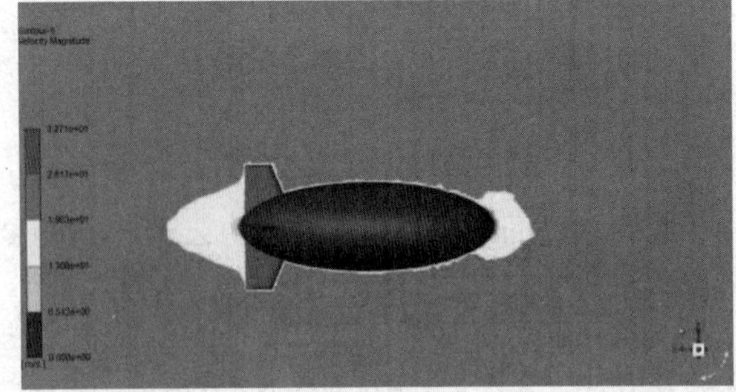

图 8-177　速度标量云图

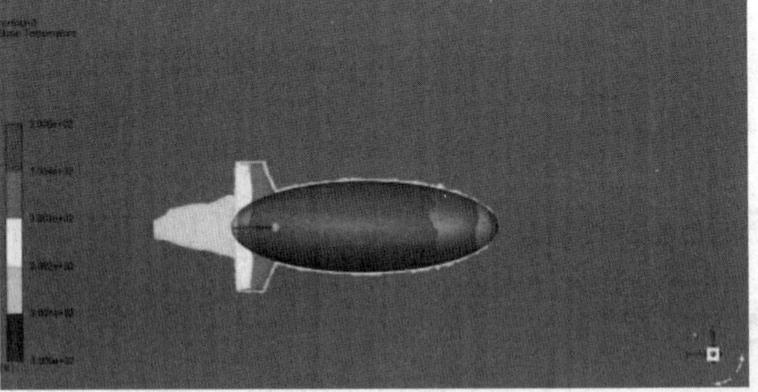

图 8-178　静温云图

步骤 22　显示流线图。单击界面左侧流程中的Graphics and Animations，选中Pathlines，单击set up按钮，弹出对话框。在Style下拉列表中选择line，在Step Size中输入 1，在Steps中输入 5，在Path Skip中输入值 1，设置流线间距；在Release from Surfaces中选择sym、body和tail，单击Display按钮，得到如图

8-180 所示的流线图。

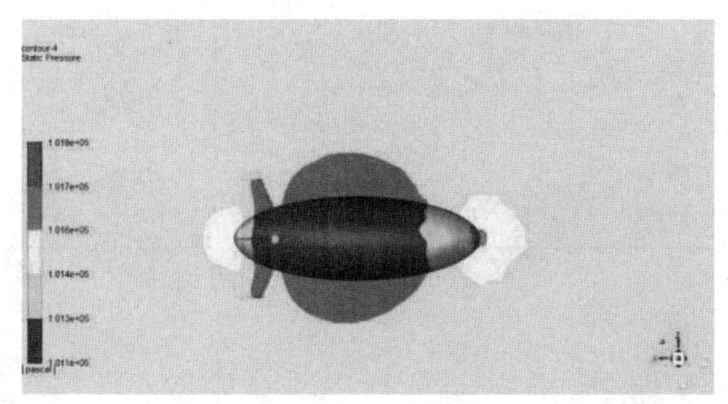

图 8-179　压力云图

图 8-180　流线图

8.7　本章小结

为取得更好的收敛性及计算速度，对于内部体积空间较大的复杂几何模型，ICEM CFD可以通过以六面体为核心（Hexa-Core）的网格生成方法将指定大小的六面体单元插入模型网格中心，在与四面体单元连接处采用金字塔单元过渡。

本章结合典型实例介绍了通过ICEM CFD生成以六面体为核心的网格的基本过程。通过对本章内容的学习，读者可以掌握通过ICEM CFD生成以六面体为核心的网格的方法。

第 9 章

混合网格划分

导言

混合网格是指在计算域中同时存在结构网格与非结构网格，如图9-1所示。在几何模型非常复杂的情况下，为了降低网格数量，需要对计算域进行适当的分割，模型相对简单的部分进行结构网格划分，而对于复杂部分则采用非结构网格的划分。本章将通过一个实例介绍在ICEM CFD中如何划分复杂几何模型混合网格的方法。

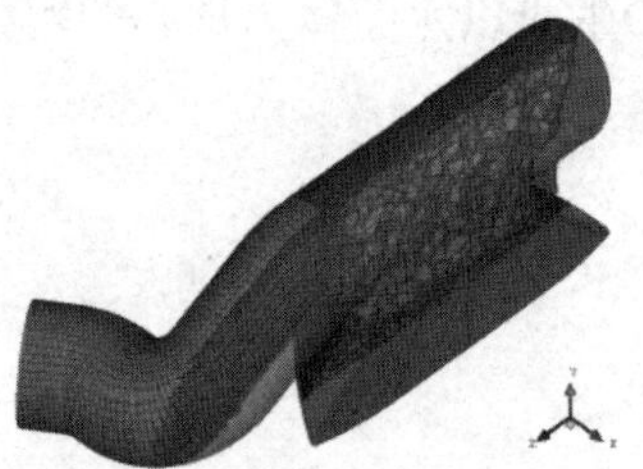

图9-1　混合网格

学习目标

- ICEM CFD混合网格的生成方法
- 网格质量的检查方法
- 网格输出的基本步骤

9.1　混合网格概述

混合网格划分其实是在一个模型中同时生成结构化网格和非结构化网格，因此在混合网格划分过程中，既用到了结构化网格的生成方法，也用到了非结构化网格的生成方法，同时注意这两种网格交接处的特殊处理。混合网格的生成过程如下：

步骤01 生成/导入几何模型。

步骤02 对几何模型进行处理。

步骤03 分割模型。

步骤04 分别生成结构化网格和非结构化网格。

步骤05 合并网格。

步骤06 检查网格质量。

步骤07 对网格进行编辑，提高网格质量。

9.2 管内叶片混合网格生成

本节将通过5.4节管内叶片几何模型的例子，让读者对ANSYS ICEM CFD进行混合网格划分的过程有一个初步了解。

9.2.1 启动ICEM CFD并建立分析项目

步骤01 在Windows系统下启动ICEM CFD，进入ICEM CFD界面。

步骤02 执行File→Save Project命令，弹出Save Project As对话框，在“文件名”中输入PipeBlade，单击OK按钮确认，关闭对话框。

9.2.2 导入几何模型

执行File→Geometry→Open Geometry命令，弹出Open Geometry File（打开几何文件）对话框，在“文件名”中输入geometry.tin，单击“打开”按钮确认。导入几何文件后，将在图形显示区显示几何模型，如图9-2所示。

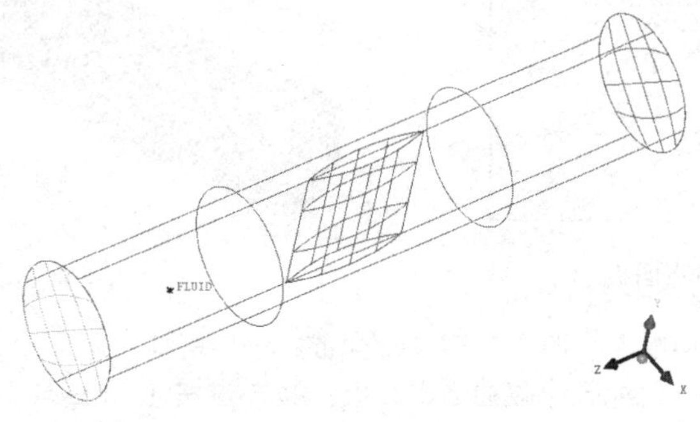

图9-2　几何模型

9.2.3 分割模型

步骤01 单击功能区内Geometry（几何）选项卡中的 （创建/修改曲线）按钮，弹出如图 9-3 所示的Create/Modify Curve（创建/修改曲线）面板，单击 按钮，选择两点并单击鼠标中键，创建如图9-4 所示的曲线。

图9-3　创建曲线面板

图9-4　创建曲线

步骤02 单击功能区内Geometry（几何）选项卡中的（创建点）按钮，弹出如图 9-5 所示的Create Point（创建点）面板。单击按钮，Method选择N point，在N points中输入 2，单击Curve旁的按钮，选择步骤01创建的曲线，创建如图 9-6 所示的两个点。

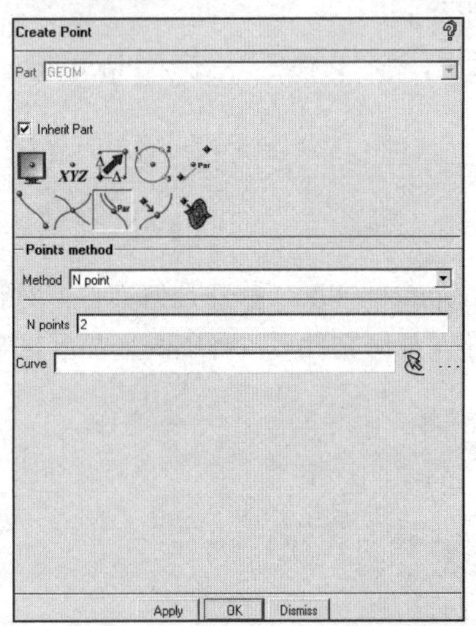

图9-5　创建点面板

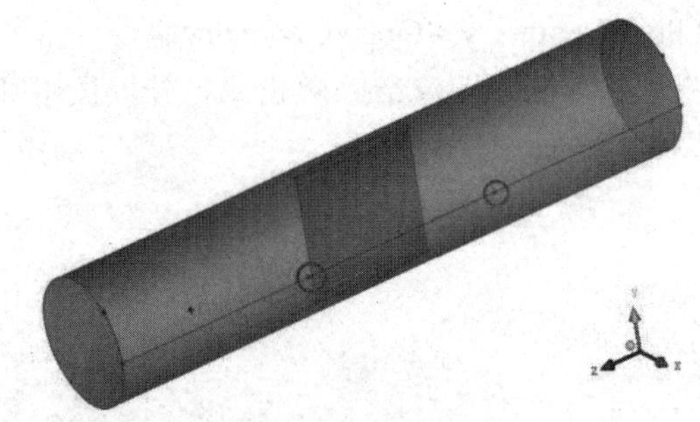

图9-6　创建点

步骤03 单击功能区内Geometry（几何）选项卡中的（创建/修改曲面）按钮，弹出如图 9-7 所示的Create/Modify Surface（创建/修改曲面）面板，单击按钮，Method选择By Plane，单击Surface(s)旁的按钮，选择圆柱表面，在Plane Setup的Method中选择Point and Plane，单击Through point旁的按钮，选择步骤01创建的点，在Normal中输入 0 0 1，将圆柱表面分割为 3 部分，如图 9-8 所示。

步骤04 在Create/Modify Surface（创建/修改曲面）面板中，单击按钮（见图 9-9），Method选择From 2-4 Curves，分别选择分割圆柱表面的曲线，单击鼠标中键确认，创建如图 9-10 所示的两个面。

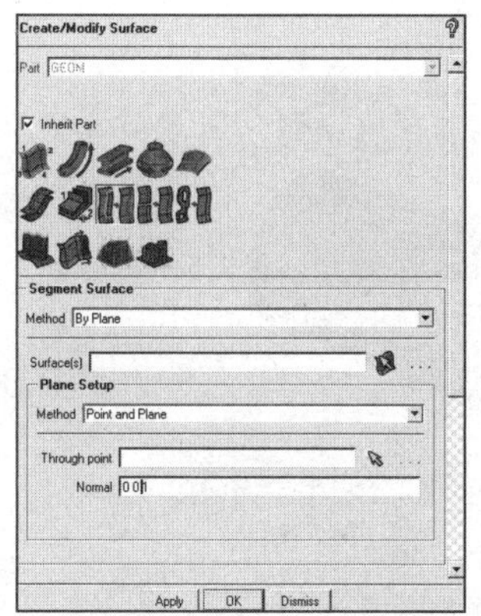

图9-7　创建/修改曲面

图9-8　分割曲面

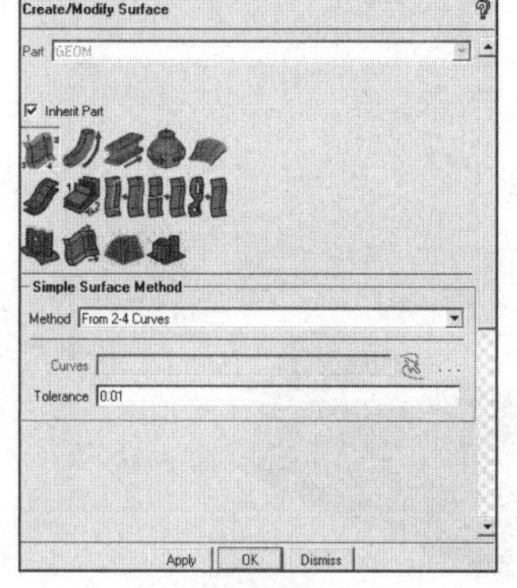

图9-9　创建/修改曲面

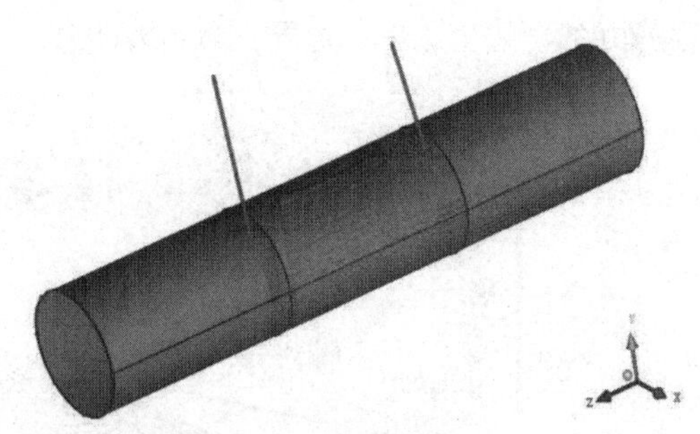

图9-10　创建曲面

9.2.4　模型建立

步骤 01　在操作控制树中右击Parts，弹出如图 9-11 所示的目录树，选择Create Part，弹出如图 9-12 所示的Create Part（生成边界）面板，在Part中输入IN，单击按钮，选择边界并单击鼠标中键确认，生成入口边界，如图 9-13 所示。

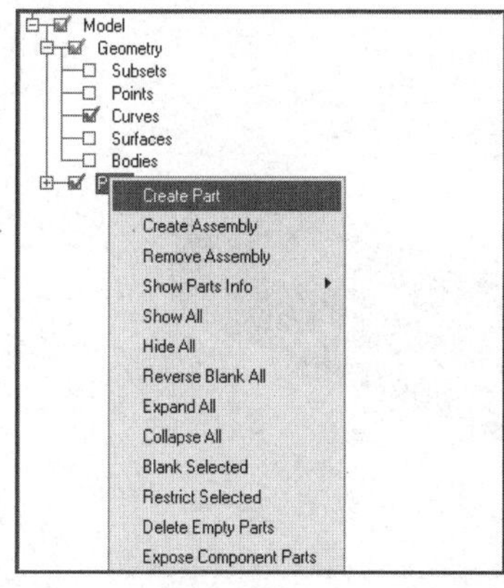

图9-11　选择生成边界命令

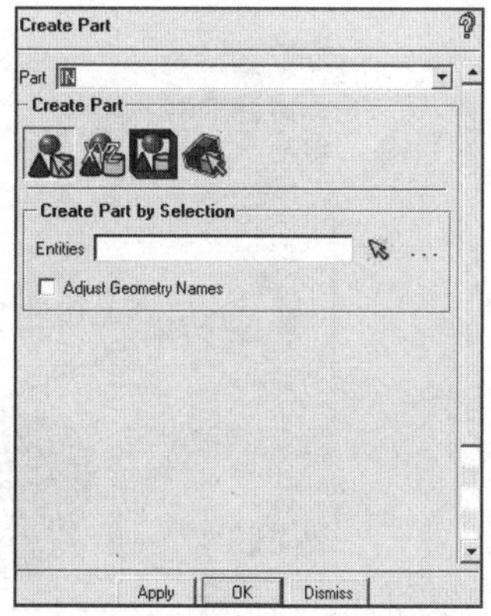

图9-12　生成边界面板

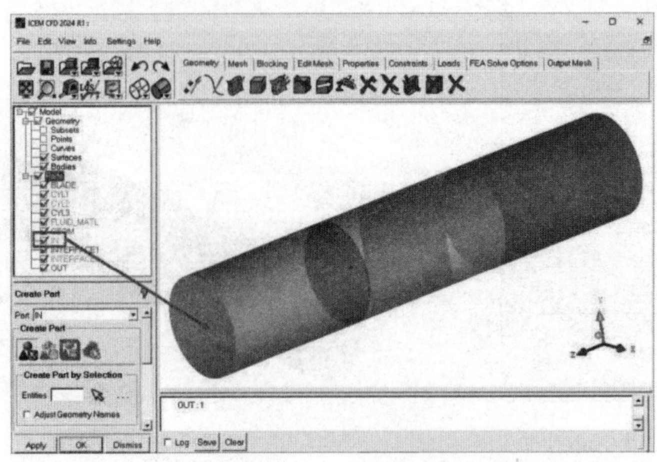

图9-13　入口边界

步骤02　用步骤01的方法生成出口边界，命名为OUT，如图 9-14 所示。

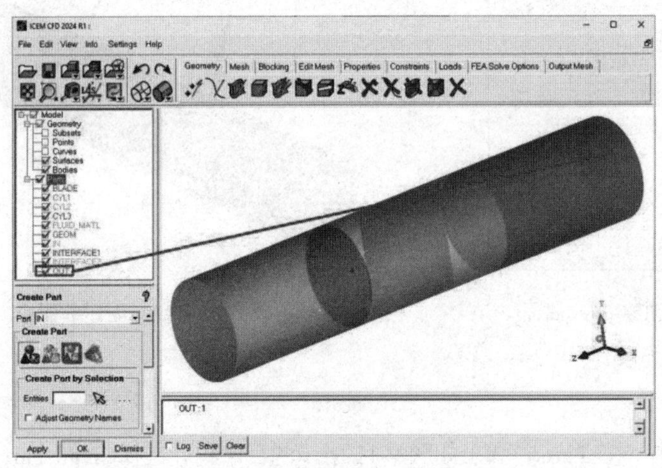

图9-14　出口边界

步骤03　用步骤01的方法生成圆柱壁面边界，分别命名为CYL1、CYL2 和CYL3，如图 9-15 所示。

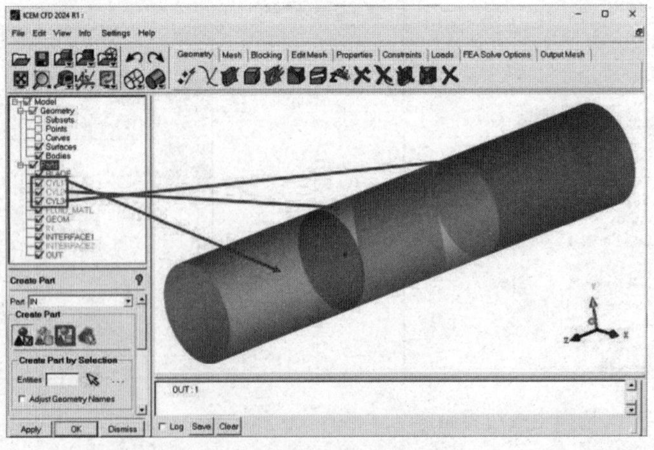

图9-15　壁面边界条件

步骤 04　用步骤 01 的方法生成新的边界，命名为INTERFACE1 和INTERFACE2，如图 9-16 所示。

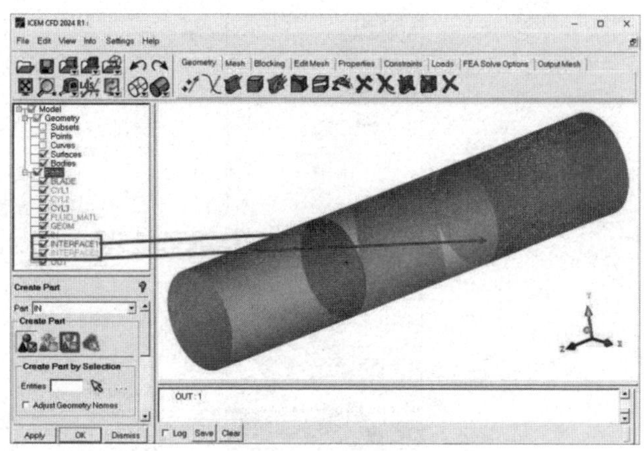

图9-16　INTERFACE1和INTERFACE2

步骤 05　用步骤 01 的方法生成新的边界，命名为BLADE，如图 9-17 所示。

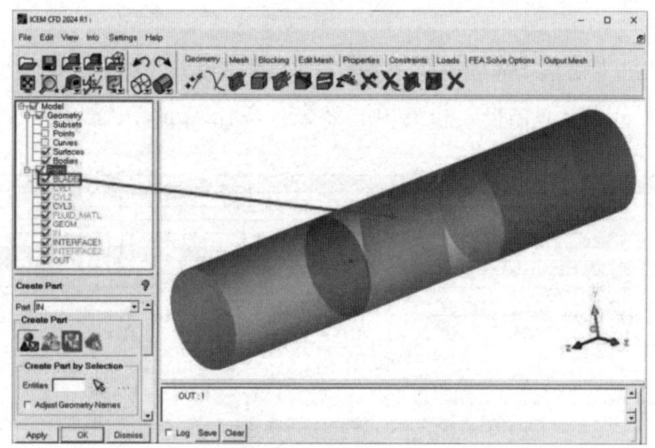

图9-17　BLADE

步骤 06　单击功能区内Geometry（几何）选项卡中的（生成体）按钮，弹出如图 9-18 所示的Create Body（生成体）面板，单击按钮，输入Part名称为FLUID，选择如图 9-19 所示的两个屏幕位置，单击鼠标中键确认，并确保物质点在弯管的内部，同时在圆柱的外部。

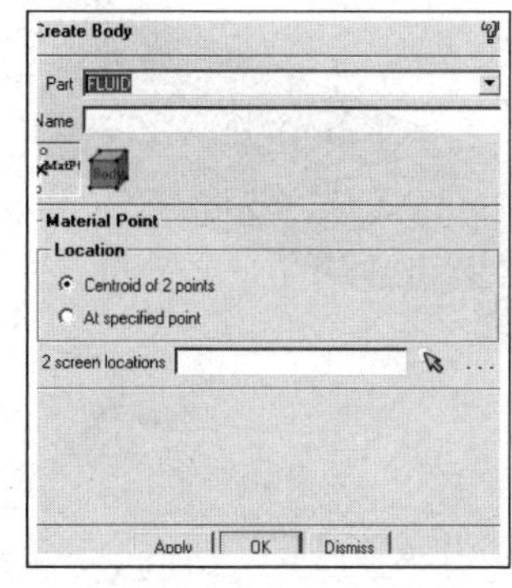

图9-18　生成体面板

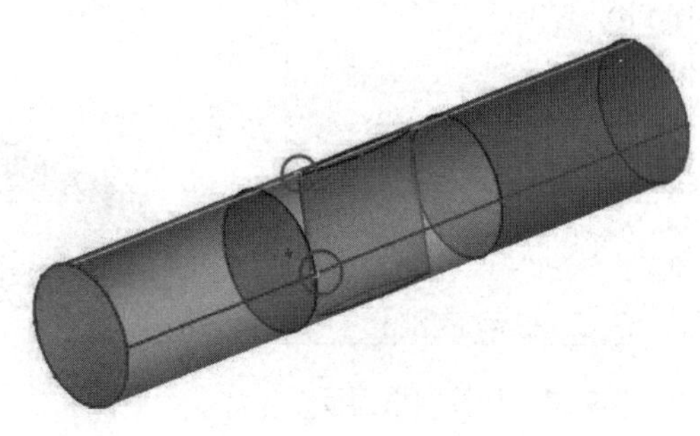

图9-19　选择点位置

步骤07　在操作控制树中右击Parts，弹出如图 9-20 所示的目录树，选择"Good"Colors命令。

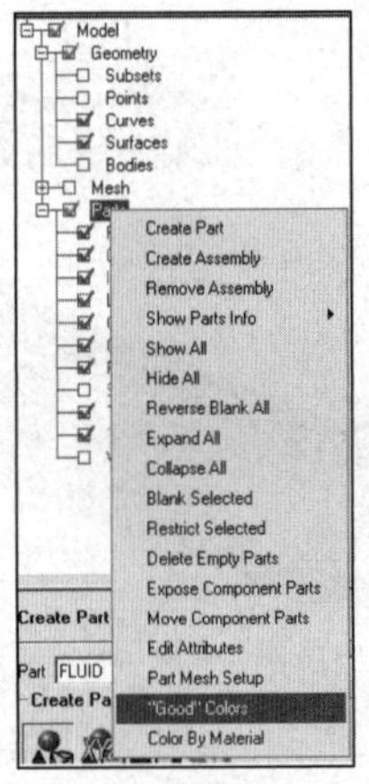

图9-20　选择"Good"Colors命令

9.2.5　生成四面体网格

步骤01　单击功能区内Mesh（网格）选项卡中的（部件网格设定）按钮，弹出如图 9-21 所示的Part Mesh Setup（部件网格设定）对话框，设置所有参数，单击Apply按钮确认，单击Dismiss按钮退出。

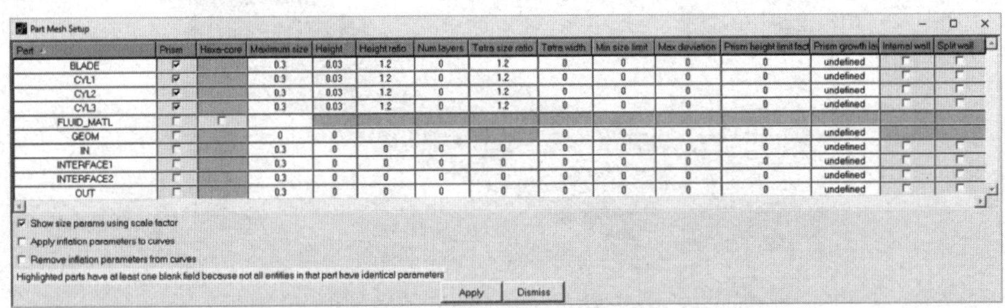

图9-21　部件网格设定对话框

步骤02　单击功能区内Mesh（网格）选项卡中的（计算网格）按钮，弹出如图 9-22 所示的Compute Mesh（计算网格）面板，单击（体网格）按钮，单击Apply按钮确认生成体网格文件，如图 9-23 所示。

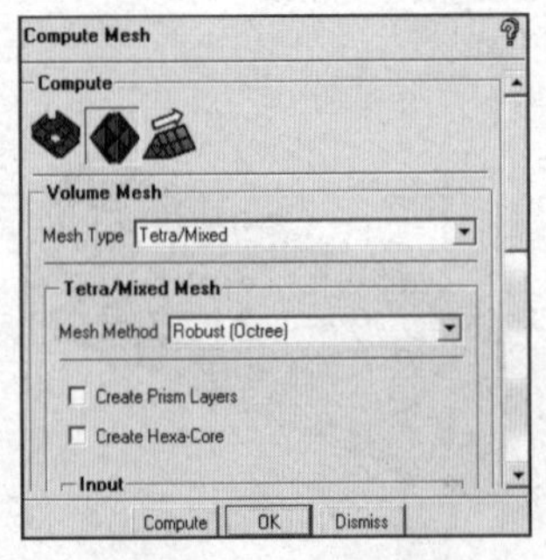

图9-22　计算网格面板

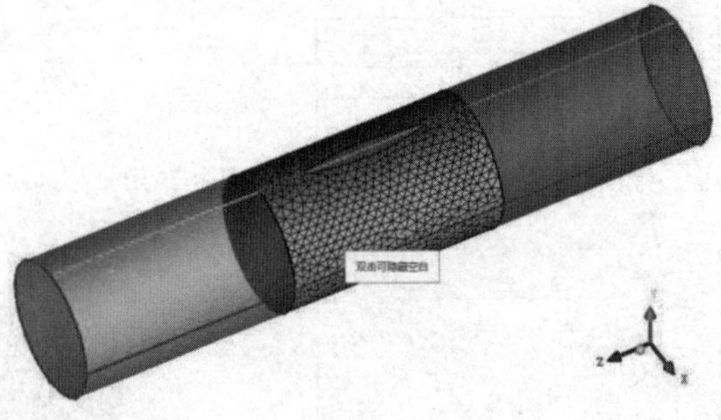

图9-23　生成体网格

9.2.6 生成六面体网格

步骤01 单击功能区内Blocking（块）选项卡中的（创建块）按钮，弹出如图 9-24 所示的Create Block（创建块）面板，单击按钮，单击OK按钮确认，创建的初始块如图 9-25 所示。

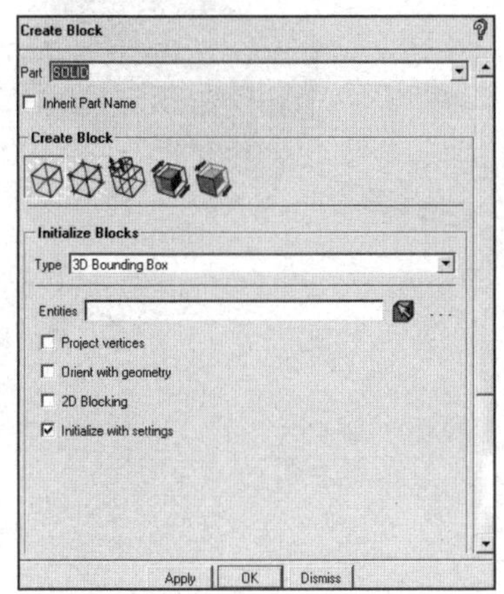

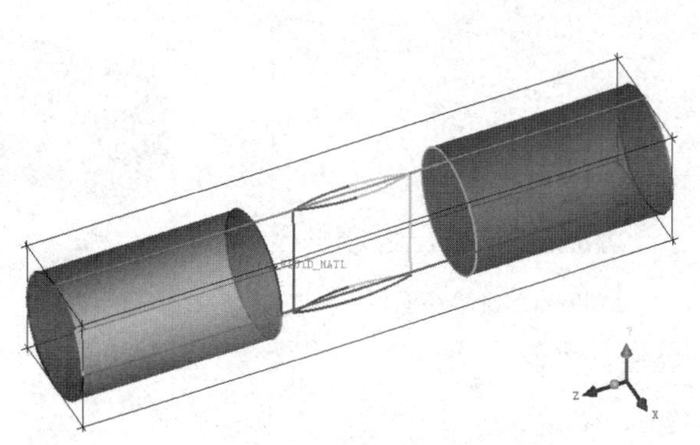

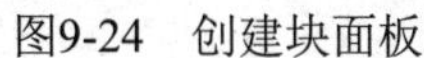
图9-24 创建块面板

图9-25 创建的初始块

步骤02 单击功能区内Blocking（块）选项卡中的（分割块）按钮，弹出如图 9-26 所示的Split Block（分割块）面板。单击按钮，单击Edge旁的按钮，在几何模型上单击要分割的边，新建一条边，新建的边垂直于选择的边，利用鼠标左键拖动新建的边到合适的位置，单击鼠标中键或Apply按钮完成操作，创建的分割块如图 9-27 所示。

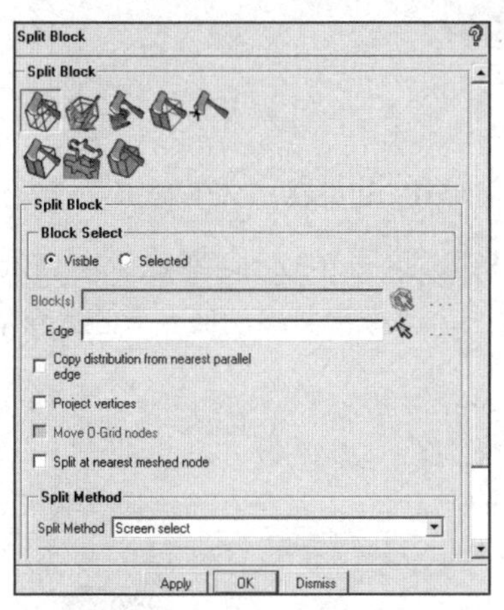

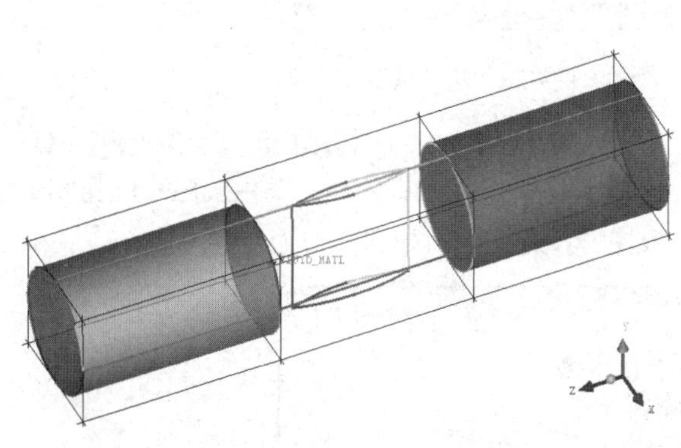

图9-26 分割块面板

图9-27 分割块

步骤03 单击功能区内Blocking（块）选项卡中的（删除块）按钮，弹出如图 9-28 所示的Delete Block（删除块）面板，选择下面两角的块并单击Apply按钮确认，删除块效果如图 9-29 所示。

步骤04 在Blocking Associations（块关联）面板中单击（边关联）按钮（见图 9-30），单击按钮，选择块上的端面的各个边并单击鼠标中键确认，然后单击按钮，选择模型上对应的曲线并单击鼠标中键确认，选择的曲线会自动组成一组，关联边和曲线的选取如图 9-31 所示。

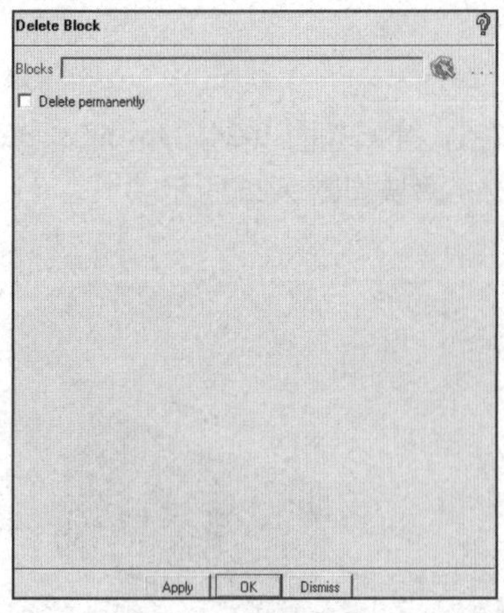

图9-28　删除块面板

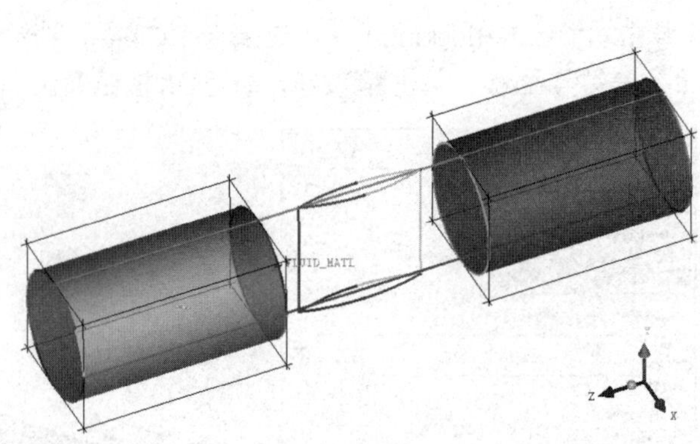

图9-29　删除块

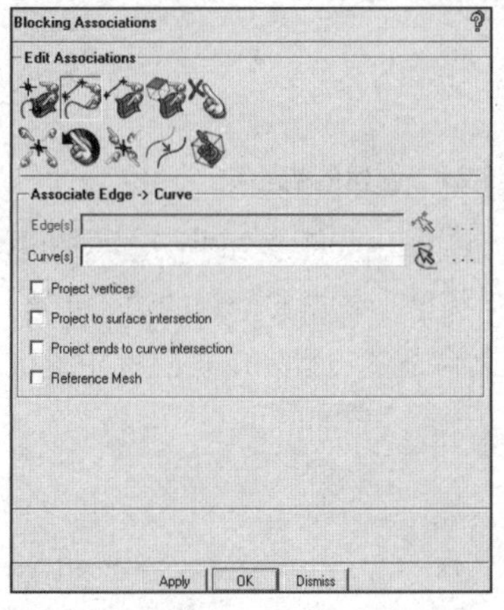

图9-30　边关联

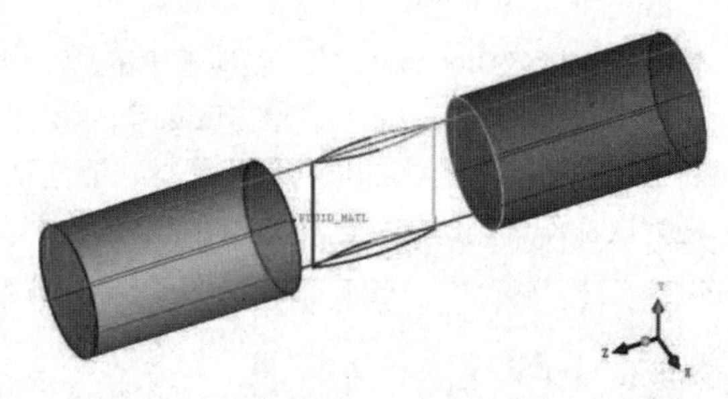

图9-31　边关联

步骤 05 单击功能区内Blocking（块）选项卡中的（O-Grid）按钮（见图 9-32），单击Select Block(s)旁的按钮，选择所有的块，单击Select Face(s)旁的按钮，选择管两端的面，单击Apply按钮完成操作，选择的面如图 9-33 所示。

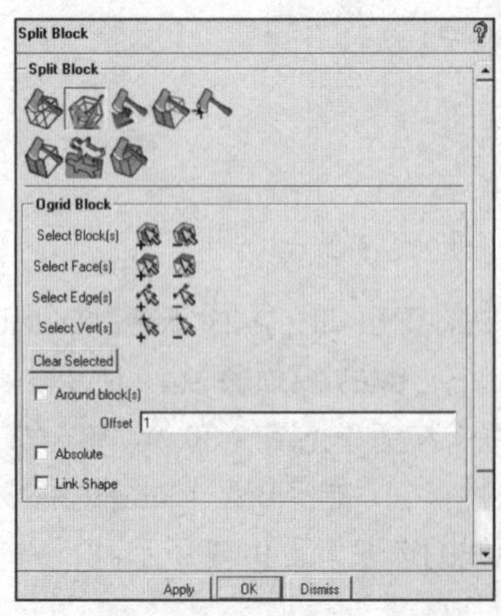

图9-32　分割块面板

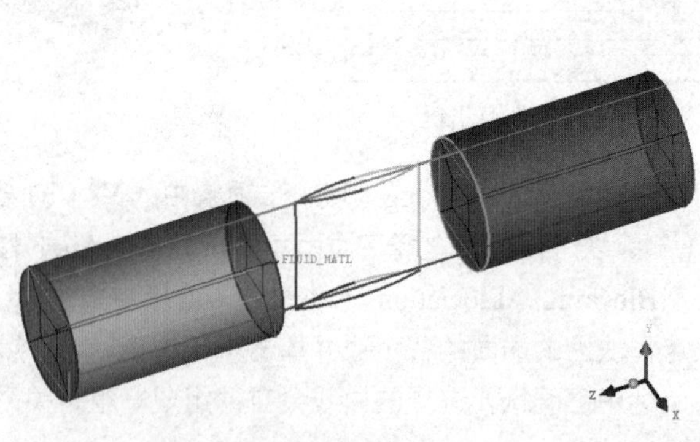

图9-33　选择的面

步骤06 单击功能区内Blocking（块）选项卡中的（预览网格）按钮，弹出如图 9-34 所示的Pre-Mesh Params（预网格参数）面板，单击按钮，选择Update All单选按钮，单击Apply按钮确认，显示预览网格，如图 9-35 所示。

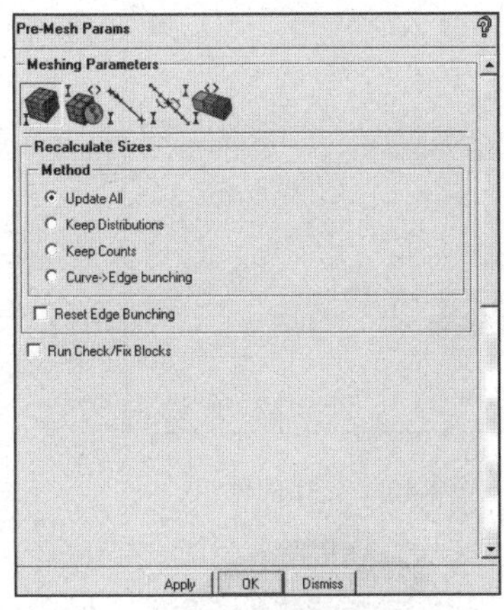

图9-34　预网格参数面板

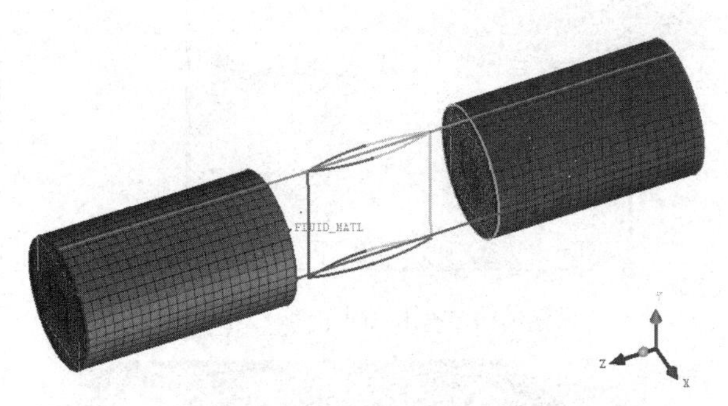

图9-35　预览网格

9.2.7　合并网格

步骤01 执行File→Mesh→Load from Blocking命令，弹出如图 9-36 所示的Mesh Exists对话框，单击Merge按钮导入六面体网格。

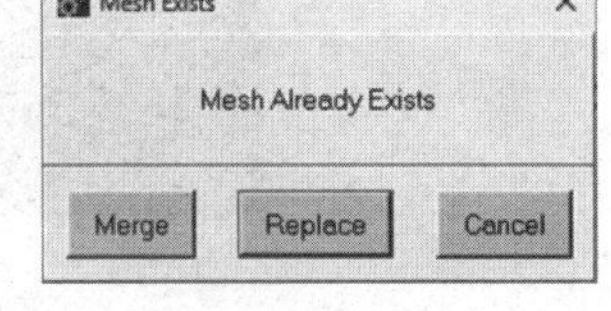

图9-36　Mesh Exists对话框

步骤02 同时勾选四面体网格和六面体网格（见图 9-37），在交界面处网格节点并没有对应，交界面网格如图 9-38 所示。

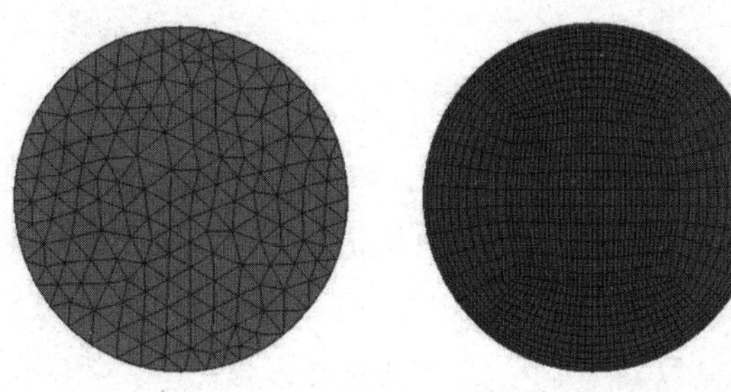

（a）四面体网格　　（b）六面体网格

图9-37　交界面体表面网格

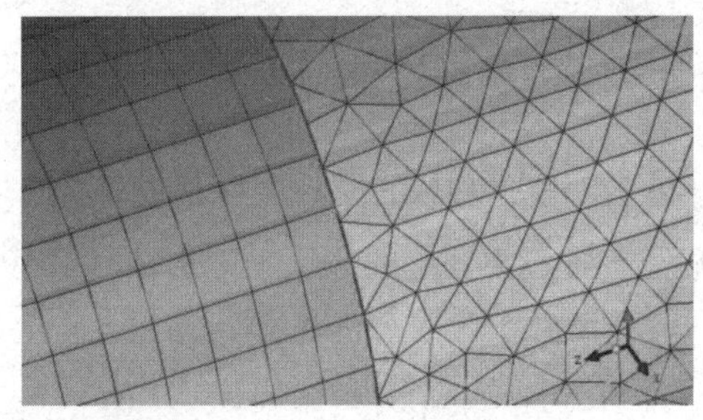

图9-38　交界面体表面网格

步骤03 单击功能区内Edit Mesh（网格编辑）选项卡中的（合并节点）按钮，弹出如图 9-39 所示的Merge Nodes（合并节点）面板，单击Merge surface mesh parts旁的按钮，弹出如图 9-40 所示的对话框，勾选INTERFACE1 和INTERFACE2 复选框，单击Accept按钮确认，单击Apply按钮确认合并节点，如图 9-41 所示。

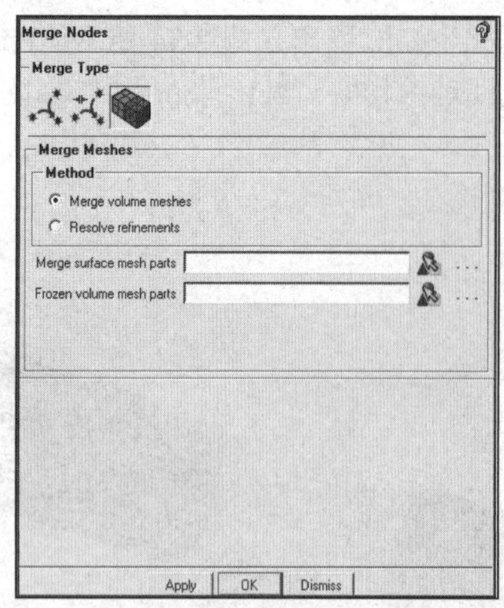

图9-39 合并节点面板

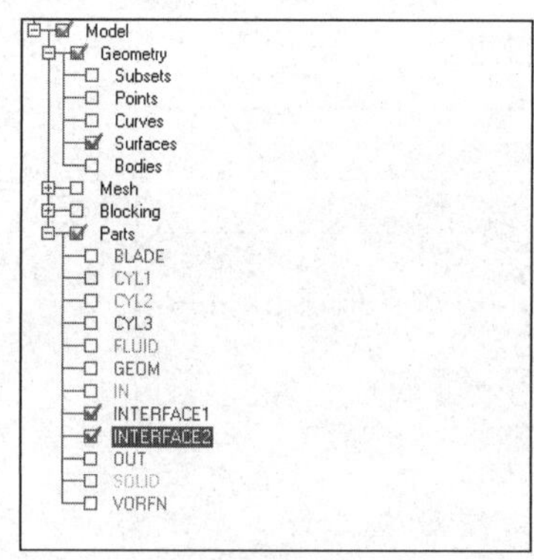

图9-40 选择部件

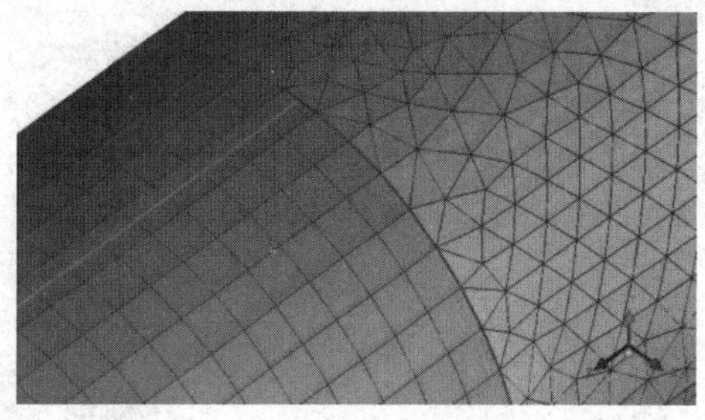

（a）圆柱表面网格

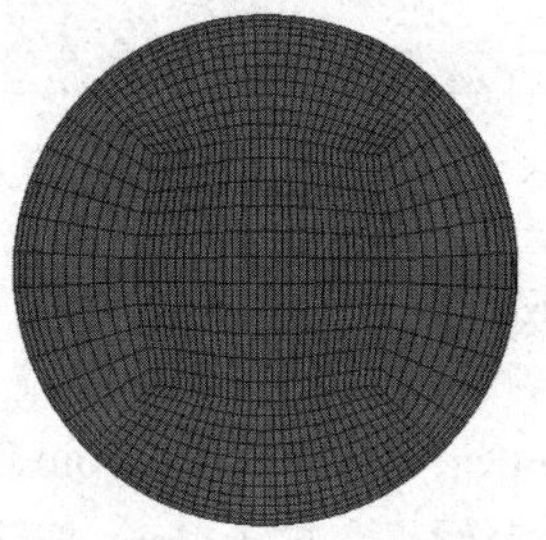

（b）INTERFACE面网格

图9-41 合并节点显示

9.2.8 网格质量检查

单击功能区内Edit Mesh（网格编辑）选项卡中的（检查网格）按钮，弹出如图9-42所示的Quality Metrics（质量指标）面板，单击Apply按钮确认，在信息栏中显示网格质量信息，如图9-43所示。

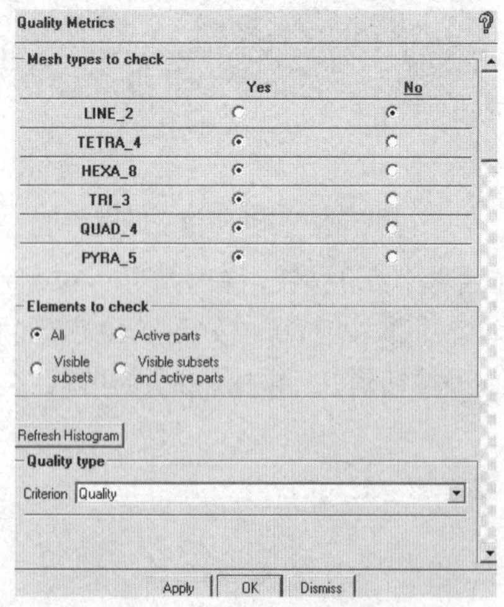

图9-42 质量指标面板

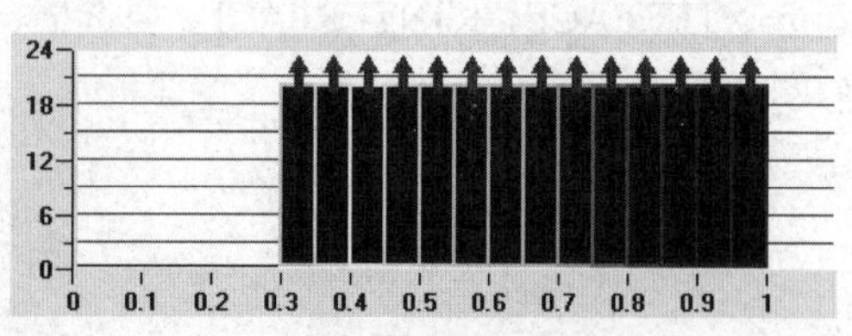

图9-43 网格质量信息

9.2.9　网格输出

步骤01　单击功能区内Output（输出）选项卡中的（求解器设定）按钮，弹出如图 9-44 所示的Solver Setup（求解器设定）面板，Output Solver选择ANSYS Fluent，单击Apply按钮确认。

步骤02　单击功能区内Output（输出）选项卡中的（边界条件）按钮，弹出如图 9-45 所示的Part boundary conditions（边界条件设置）面板，单击Accept按钮确认。

图9-44　求解器设定面板

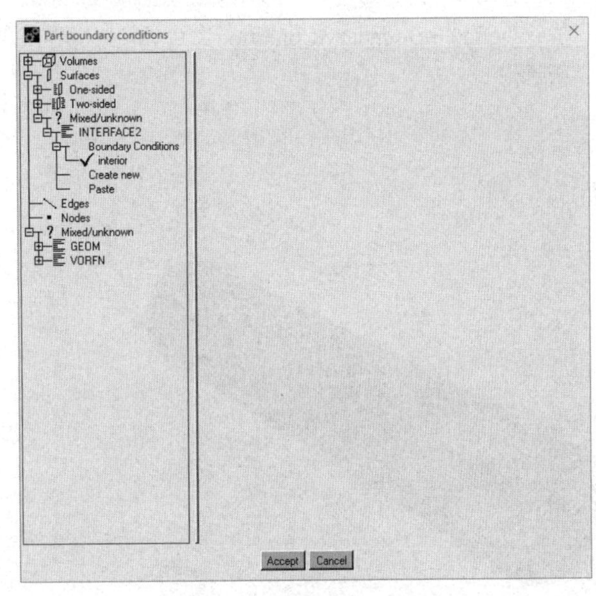

图9-45　边界条件设置面板

步骤03　单击功能区内Output（输出）选项卡中的（输出）按钮，弹出“打开网格文件”对话框，选择文件，单击“打开”按钮，弹出如图 9-46 所示的Ansys Fluent对话框，Grid dimension选择 3D，单击Done按钮确认完成。

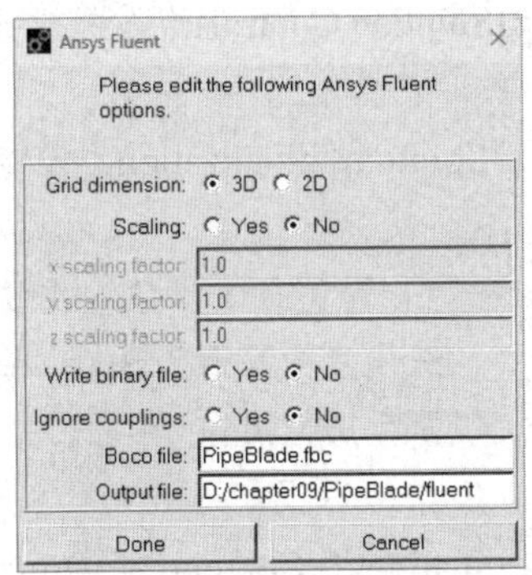

图9-46　Ansys Fluent对话框

9.2.10　计算与后处理

步骤01　在Windows系统下启动Fluent ，进入Fluent Launcher界面。

步骤02　Dimension选择 3D，单击OK按钮进入Fluent界面。

步骤03 执行File→Read→Mesh命令，读入ICEM CFD生成的网格文件，如图 9-47 所示。

步骤04 在任务栏单击（保存）按钮进入Write Case对话框，在File name（文件名）中输入fluent.cas，单击OK按钮保存项目文件。

步骤05 执行Mesh→Check命令，检查网格质量，应保证Minimum Volume大于 0。

步骤06 执行Define→General命令，在Time中选择Steady。

步骤07 执行Define→Model→Viscous命令，选择k-epsilon（2 eqn）模型。

步骤08 执行Define→Boundary Condition命令，定义边界条件，如图 9-48 所示。

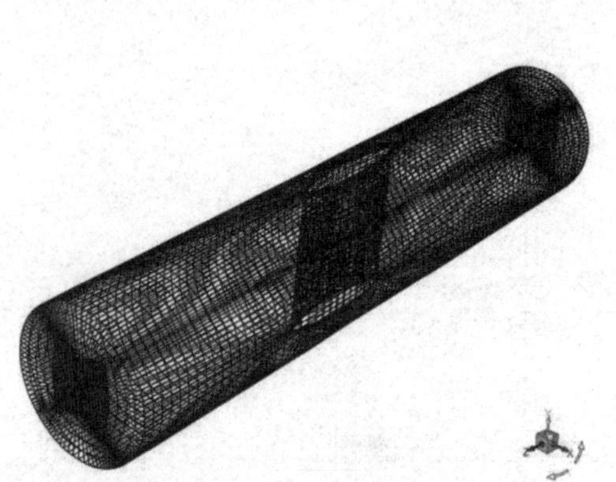

图9-47 显示几何模型

图9-48 边界条件面板

- in: Type 选择 velocity-inlet（速度入口）边界条件，在 Velocity Magnitude（速度大小）中输入 1。
- out: Type 选择 pressure-outlet（压力出口）边界条件，将 Gauge Pressure 设置为 0。

步骤09 执行Solve→Controls命令，弹出Solution Controls（设置松弛因子）面板，保持默认设置，单击OK按钮退出。

步骤10 执行Solve→Initialize命令，弹出Solution Initialization（设置初始值）面板，Compute From选择in，单击Initialize按钮进行计算初始化。

步骤11 执行Solve→Monitors→Residual命令，设置各个参数的收敛残差值为 1e-3，单击OK按钮确认。

步骤12 执行Solve→Run Calculation命令，迭代步数设置为 300，单击Calculate按钮开始计算。

步骤13 执行Surface→ISO Surface命令，设置生成X=0m的平面，命名为x0，设置生成Y=0.02m的平面，命名为y0。

步骤14 执行Display→Graphics and Animations→Contours命令，Contours of选择Velocity Magnitude，surfaces选择x0/y0，单击Display按钮显示速度云图，如图 9-49 所示。

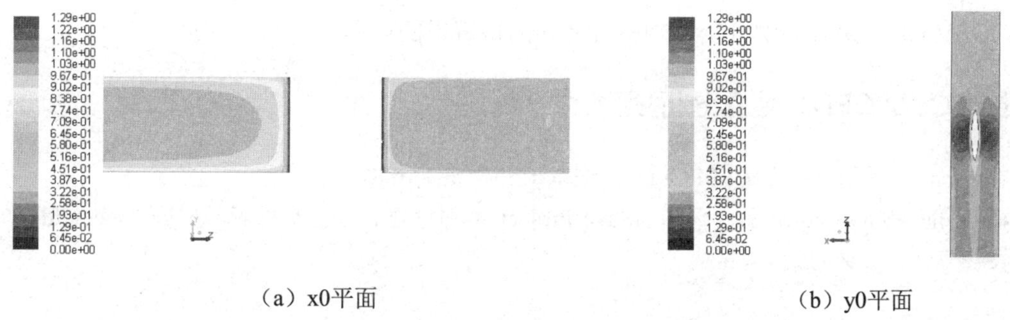

（a）x0平面　　　　（b）y0平面

图9-49　速度云图

步骤 15　执行Display→Graphics and Animations→Vector命令，Contours of选择Velocity Magnitude，surfaces选择x0/y0，单击Display按钮显示速度矢量图，如图 9-50 所示。

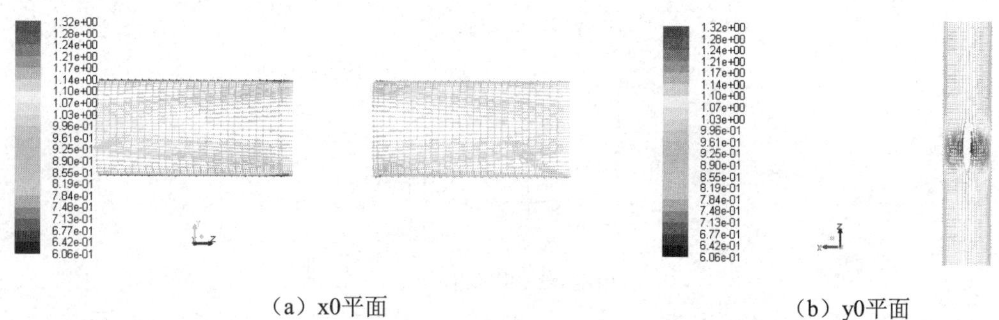

（a）x0平面　　　　（b）y0平面

图9-50　速度矢量图

步骤 16　执行Display→Graphics and Animations→Contours命令，Contours of选择Static Pressure，surfaces选择x0/y0，单击Display按钮显示压力云图，如图 9-51 所示。

（a）x0平面　　　　（b）y0平面

图9-51　压力云图

从上述计算结果可以看出，生成的网格能够满足计算要求，并且能够较好地模拟三维叶片流场问题。

9.3　弯管部件混合网格生成

本节将通过弯管部件几何模型的例子，让读者在了解结构/非结构网格划分知识的基础上，熟悉使

用ANSYS ICEM CFD 进行模型分割、网格合并和网格编辑的操作。

9.3.1　启动ICEM CFD并建立分析项目

步骤01　在Windows系统下启动ICEM CFD ，进入ICEM CFD 界面。

步骤02　执行File→Save Project命令，弹出Save Project As对话框，在“文件名”中输入icemcfd，单击OK按钮确认，关闭对话框。

9.3.2　导入几何模型

执行File→Geometry→Open Geometry命令，在弹出的Open Geometry File（打开几何文件）对话框中打开文件geometry.tin。导入几何文件后，将在图形显示区显示几何模型，如图9-52所示。

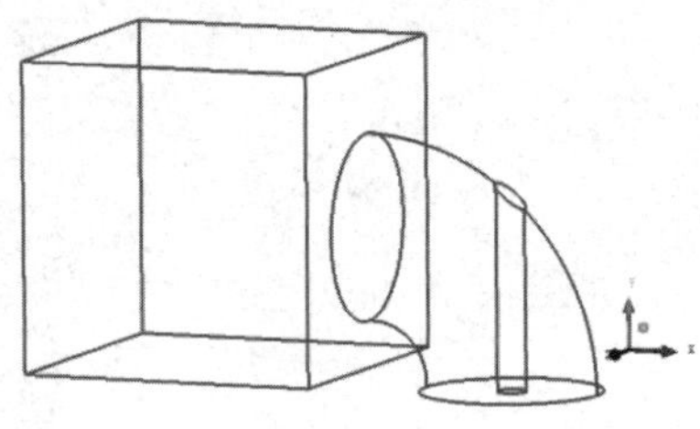

图9-52　几何模型

9.3.3　分割模型

步骤01　单击功能区内Geometry（几何）选项卡中的（修复模型）按钮，弹出如图 9-53 所示的Repair Geometry（修复模型）面板，单击按钮，在Tolerance中输入 0.1，勾选Filter points和Filter curves复选框，在Feature angle中输入 30，单击OK按钮确认，几何模型即可修复完毕，如图 9-54 所示。

步骤02　单击功能区内Geometry（几何）选项卡中的（创建/修改曲面）按钮，弹出如图 9-55 所示的Create/Modify Surface（创建/修改曲面）面板，单击按钮，Method选择From 2-4 Curves，单击Curves旁的按钮，选择立方体与弯管交界线，将圆柱表面分割为 3 部分，如图 9-56 所示。

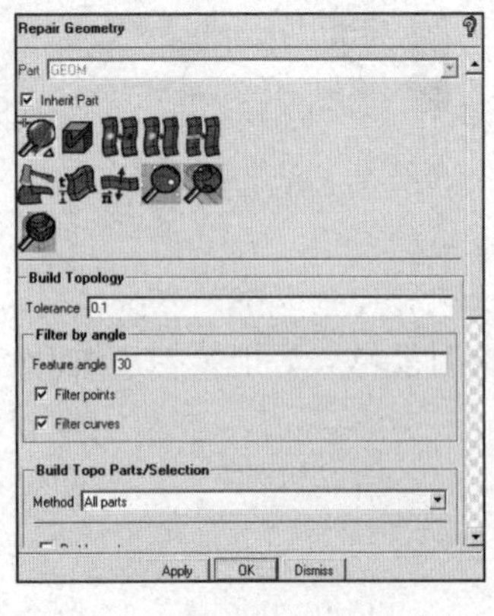

图9-53　修复模型面板

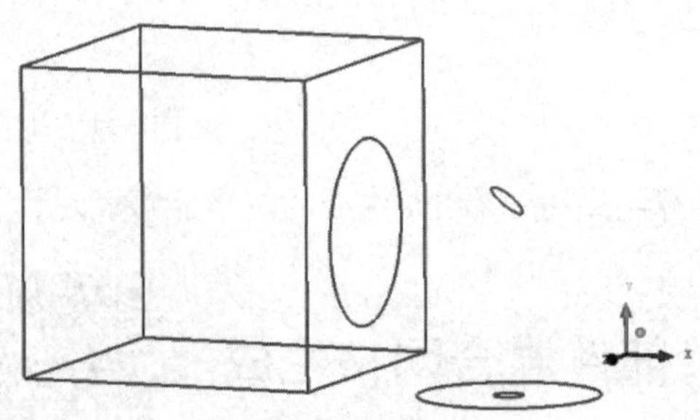

图9-54　修复后的几何模型

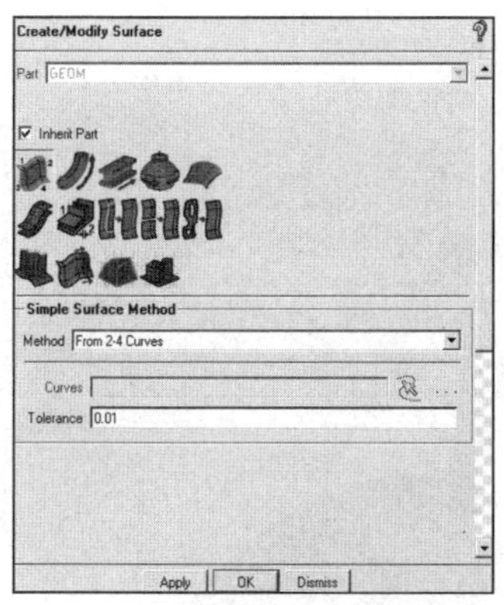

图9-55　创建/修改曲面

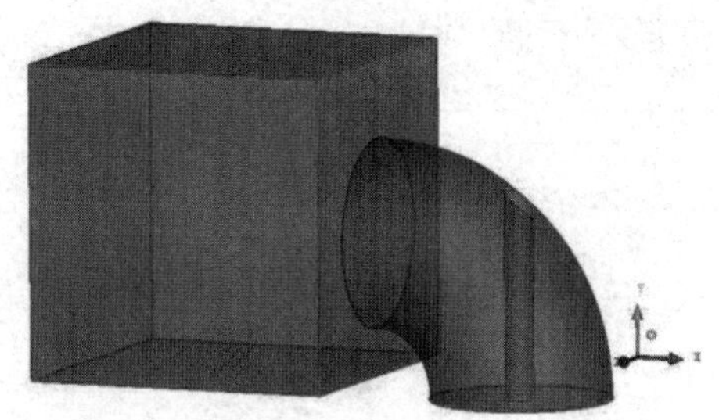

图9-56　分割曲面

9.3.4　模型建立

步骤 01　在操作控制树中右击Parts，弹出如图 9-57 所示的目录树，选择Create Part，弹出如图 9-58 所示的Create Part（生成边界）面板，在Part中输入IN，单击按钮，选择边界并单击鼠标中键确认，生成入口边界，如图 9-59 所示。

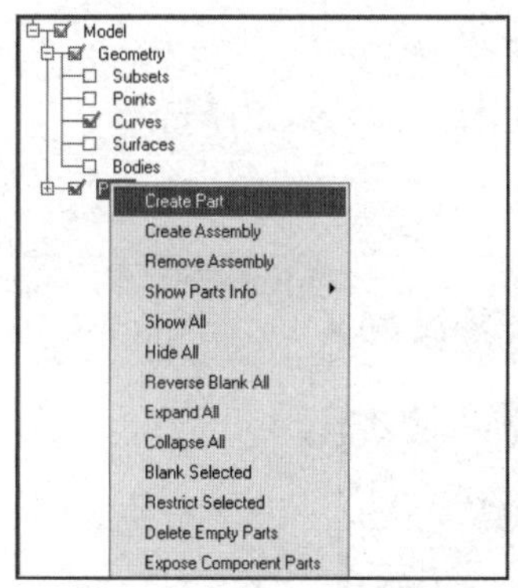

图9-57　选择生成边界命令

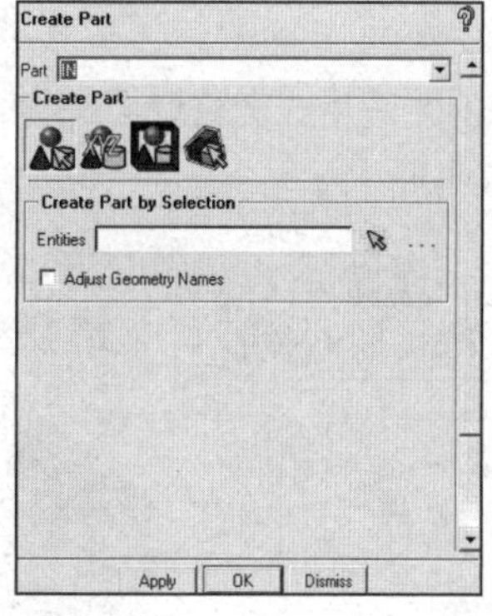

图9-58　生成边界面板

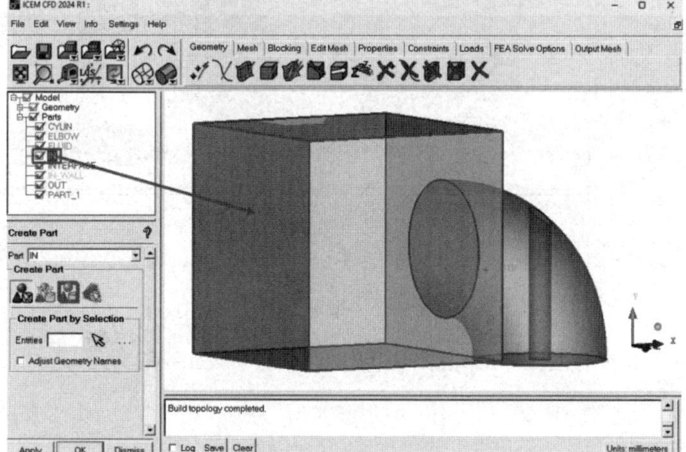

图9-59　入口边界

步骤02 用步骤01的方法生成出口边界，命名为OUT，如图 9-60 所示。

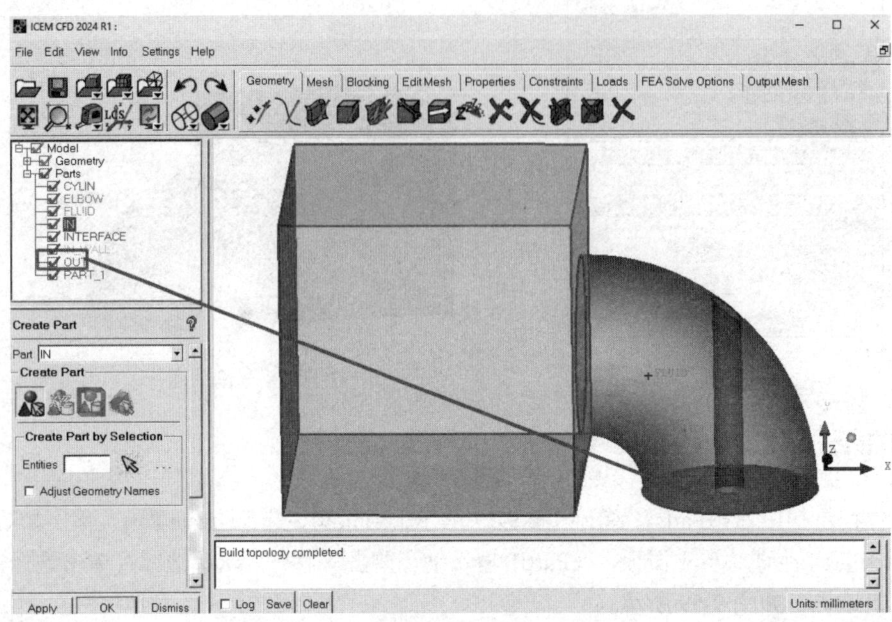

图9-60　出口边界

步骤03 用步骤01的方法生成圆柱壁面边界，命名为CYLIN，如图 9-61 所示。

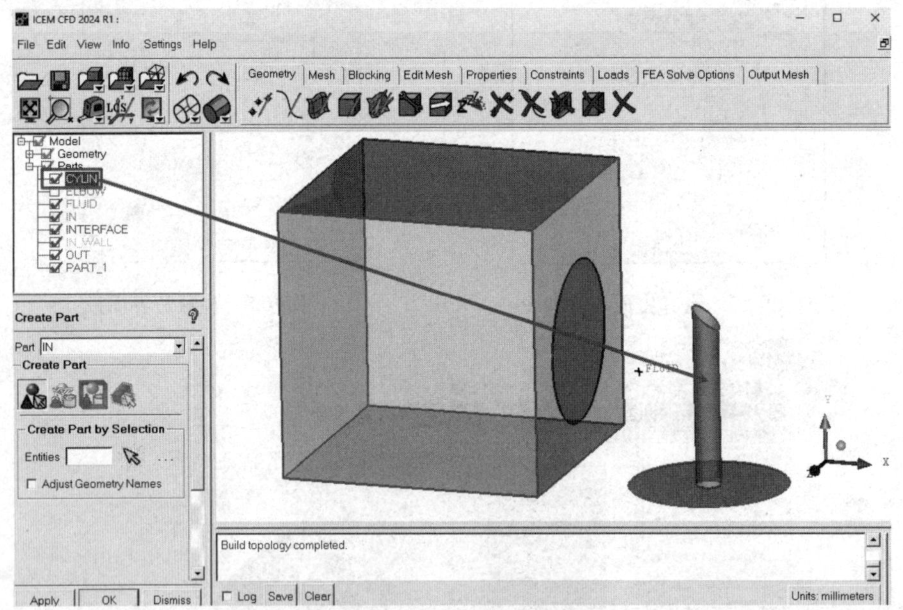

图9-61　壁面边界

步骤04 用步骤01方法生成新的边界，命名为INTERFACE，如图 9-62 所示。

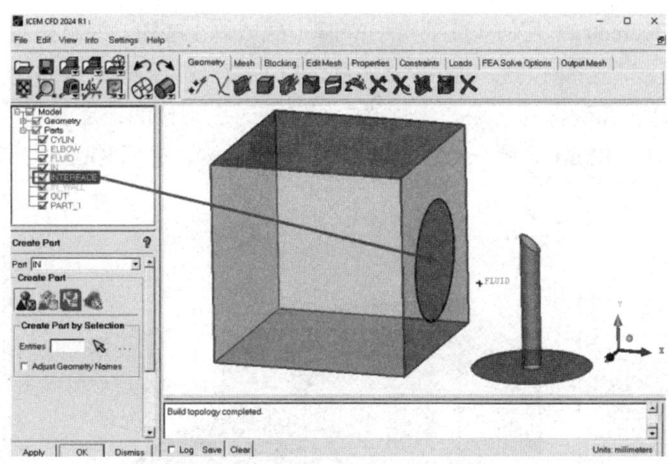

图9-62　INTERFACE

步骤05　用步骤01的方法生成新的边界，命名为ELBOW，如图 9-63 所示。

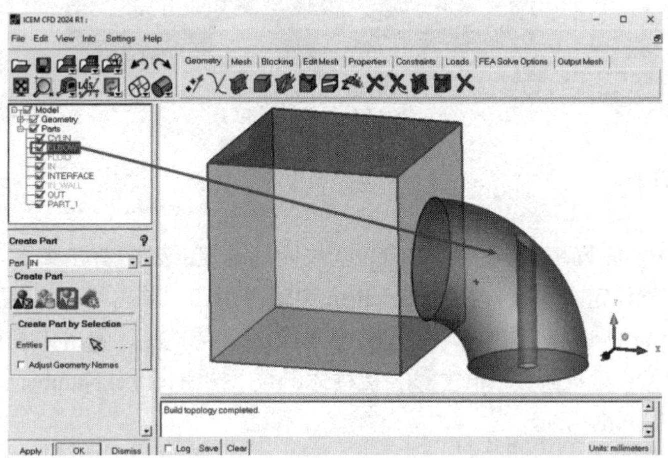

图9-63　ELBOW

步骤06　用步骤01方法生成新的边界，命名为IN_WALL，如图 9-64 所示。

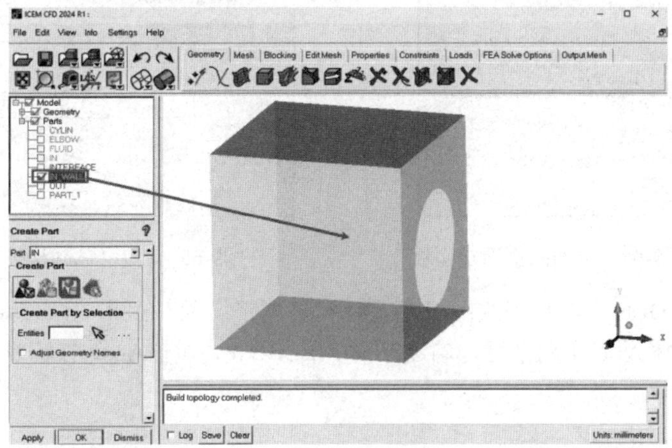

图9-64　IN_WALL

步骤07 单击功能区内Geometry（几何）选项卡中的（生成体）按钮，弹出如图 9-65 所示的Create Body（生成体）面板，单击按钮，输入Part名称为FLUID，选择如图 9-66 所示的两个屏幕位置，单击鼠标中键确认，并确保物质点在弯管的内部，同时在圆柱的外部。

步骤08 在操作控制树中右击Parts，弹出如图 9-67 所示的目录树，选择"Good"Colors命令。

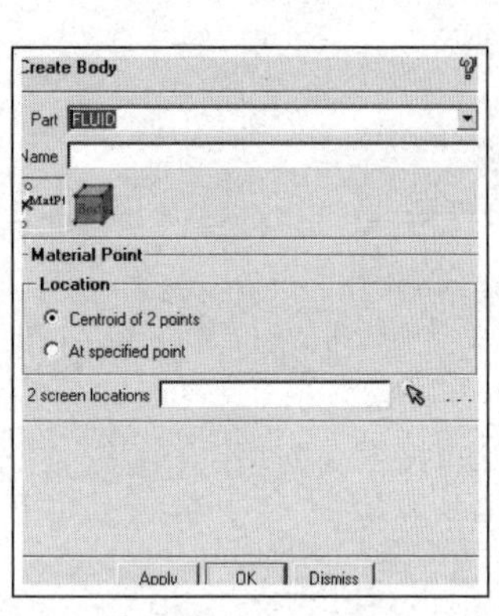

图9-65 生成体面板

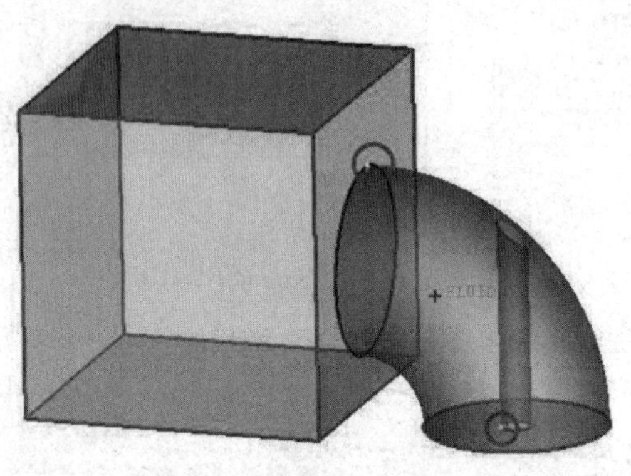

图9-66 选择点位置

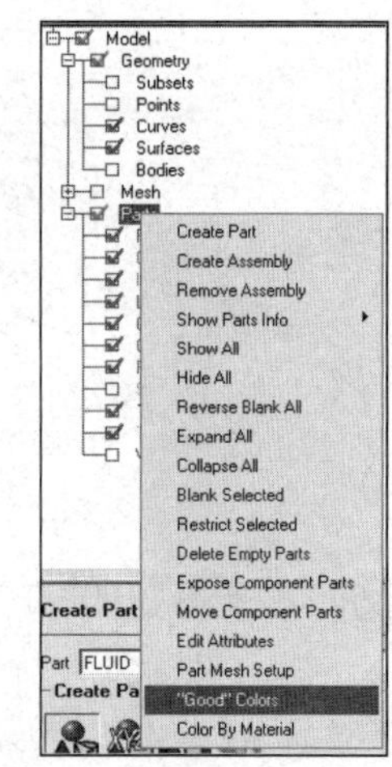

图9-67 选择"Good"Colors命令

9.3.5 生成四面体网格

步骤01 单击功能区内Mesh（网格）选项卡中的（全局网格设定）按钮，弹出如图 9-68 所示的Global Mesh Setup（全局网格设定）面板，在Max element中输入 16.0，单击Apply按钮确认。

步骤02 单击功能区内Mesh（网格）选项卡中的（全局网格设定）按钮，弹出如图 9-68 所示的Global Mesh Setup（全局网格设定）面板，单击（棱柱体参数）按钮，设置Number of layers为 3，单击Apply按钮确认，如图 9-69 所示。

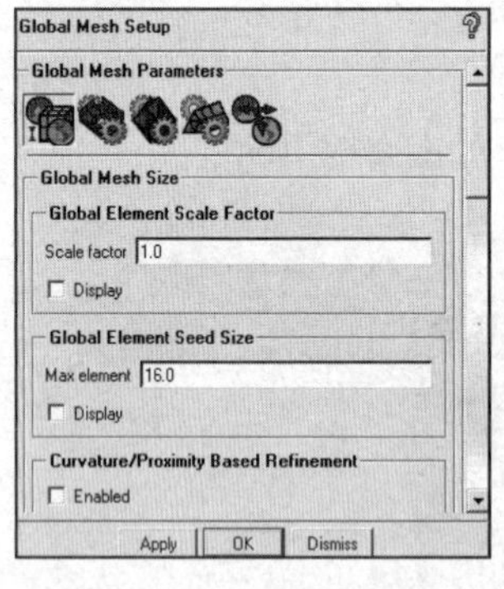

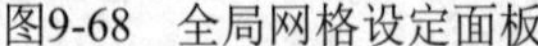

图9-68 全局网格设定面板

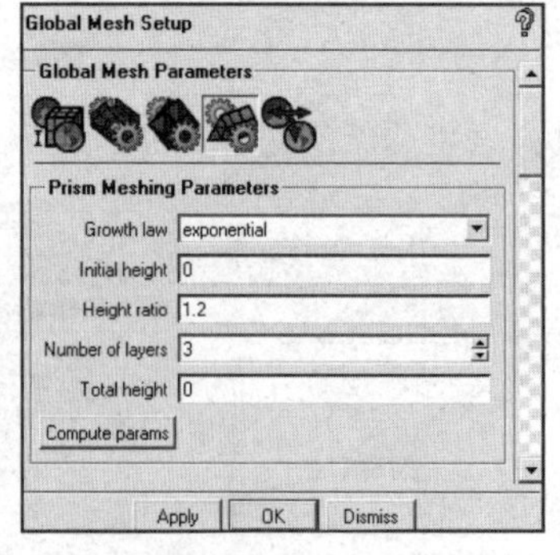

图9-69 棱柱体网格设定

步骤03 单击功能区内Mesh（网格）选项卡中的（部件网格设定）按钮，弹出如图 9-70 所示的Part Mesh Setup（部件网格设定）对话框，勾选Prism为ELBOW，单击Apply按钮确认，并单击Dismiss按钮退出。

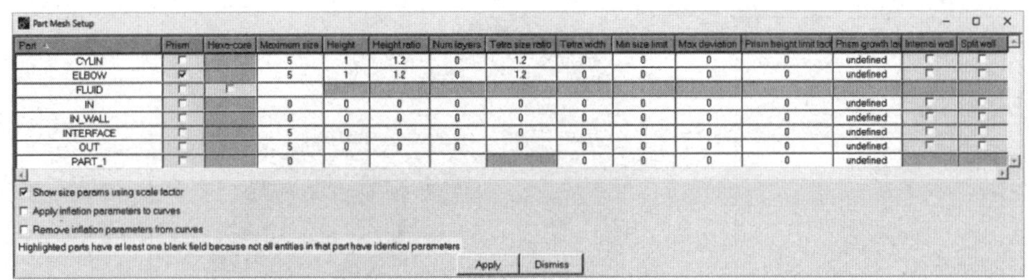

图9-70　部件网格设定对话框

步骤 04　单击功能区内Mesh（网格）选项卡中的（计算网格）按钮，弹出如图 9-71 所示的Compute Mesh（计算网格）面板，单击（体网格）按钮，勾选Create Prism Layers复选框，单击Apply按钮确认生成体网格文件，如图 9-72 所示。

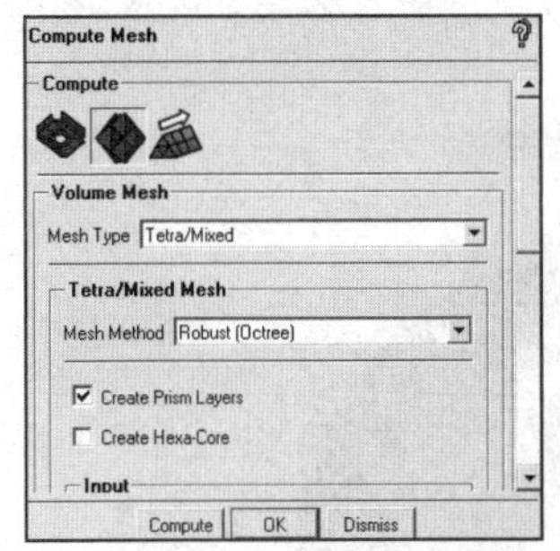

图9-71　计算网格面板

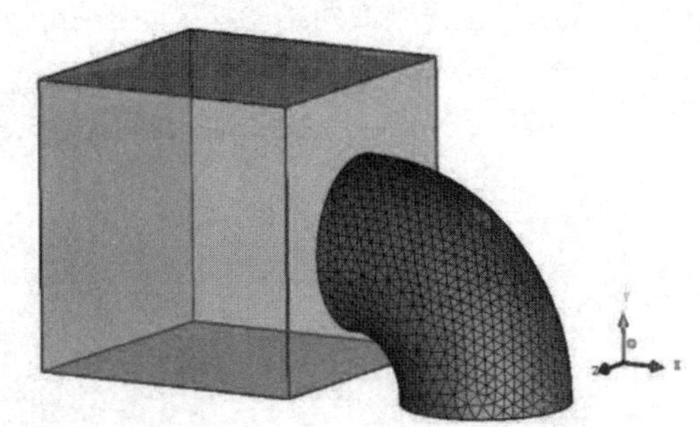

图9-72　生成体网格

9.3.6　生成六面体网格

步骤 01　单击功能区内Blocking（块）选项卡中的（创建块）按钮，弹出如图 9-73 所示的Create Block（创建块）面板，单击按钮，单击OK按钮确认，创建的初始块如图 9-74 所示。

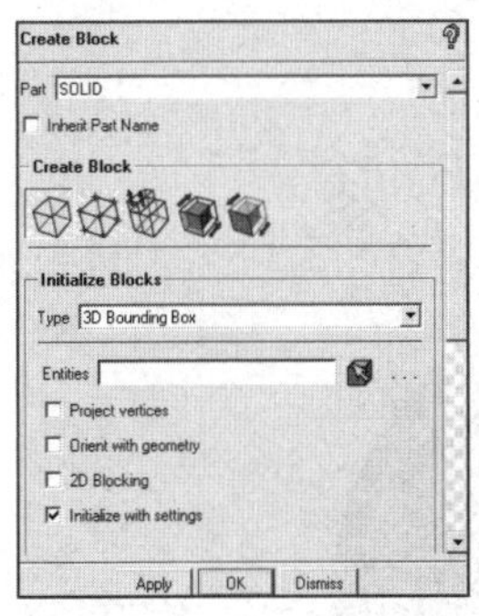

图9-73　创建块面板

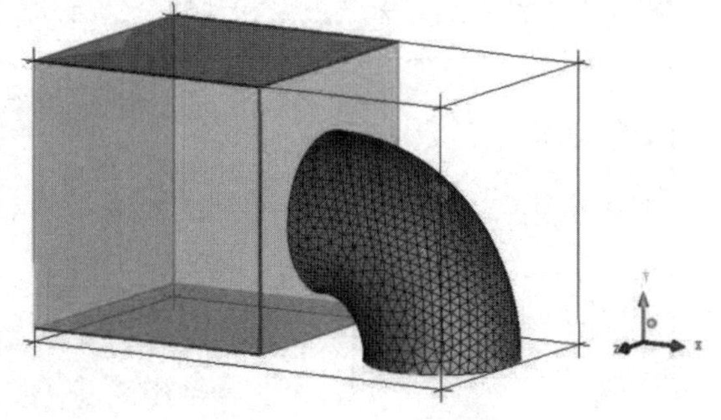

图9-74　创建的初始块

步骤 02　单击功能区内Blocking（块）选项卡中的（分割块）按钮，弹出如图 9-75 所示的Split Block（分割块）面板。单击按钮，单击Edge旁的按钮，在几何模型上单击要分割的边，新建一条边，新建的边垂直于选择的边，利用鼠标左键拖动新建的边到合适的位置，单击鼠标中键或Apply按钮完成操作，创建的分割块如图 9-76 所示。

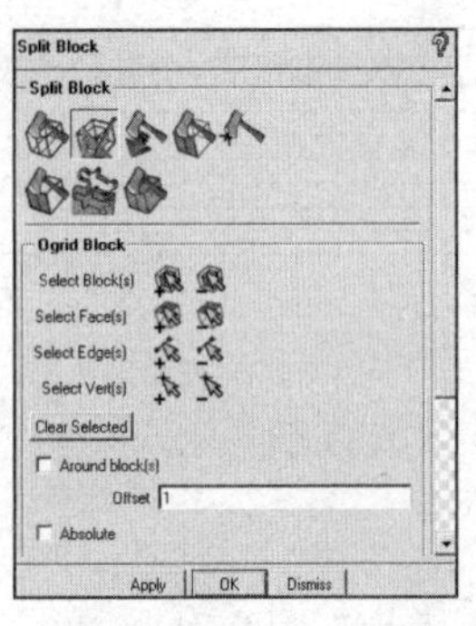

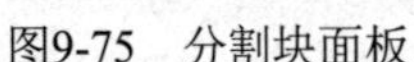

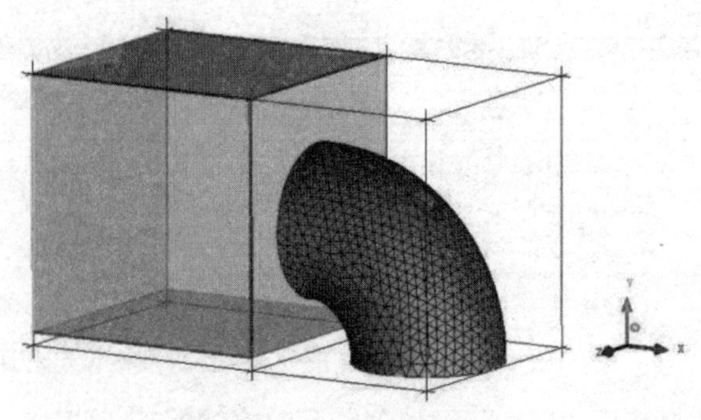

图9-75　分割块面板　　　　图9-76　分割块

步骤03 单击功能区内Blocking（块）选项卡中的（删除块）按钮，弹出如图 9-77 所示的Delete Block（删除块）面板，选择下面两角的块并单击Apply按钮确认，删除块效果如图 9-78 所示。

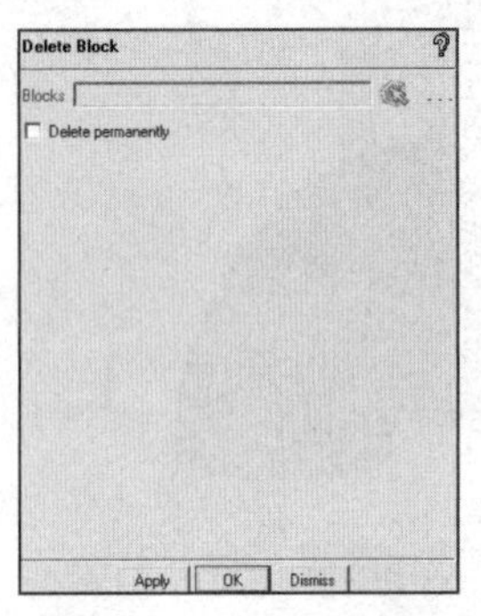

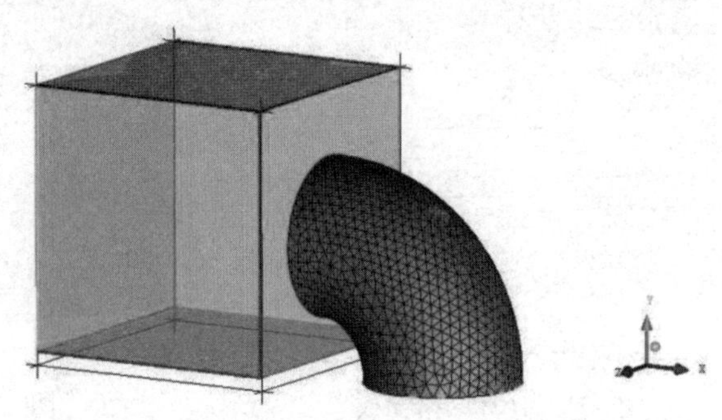

图9-77　删除块面板　　　　图9-78　删除块

步骤04 单击功能区内Blocking(块)选项卡中的(关联)按钮，弹出如图 9-79 所示的Blocking Associations（块关联）面板，单击（顶点关联）按钮，Entity类型选择Point，单击按钮，选择块上的一个顶点并单击鼠标中键确认，然后单击按钮，选择模型上的一个对应的几何点，块上的顶点会自动移动到几何点上，关联顶点和几何点的选取如图 9-80 所示。

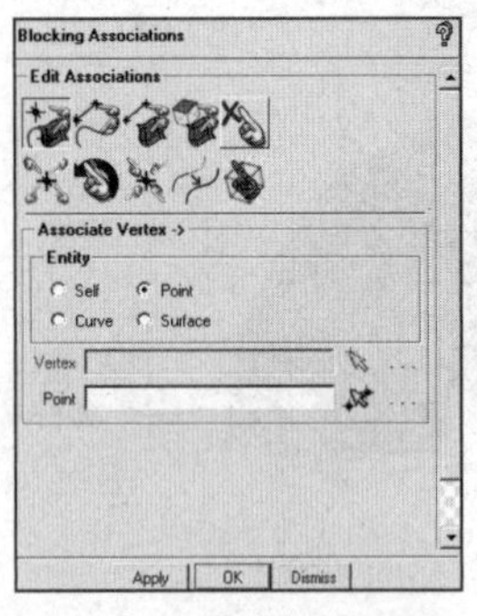

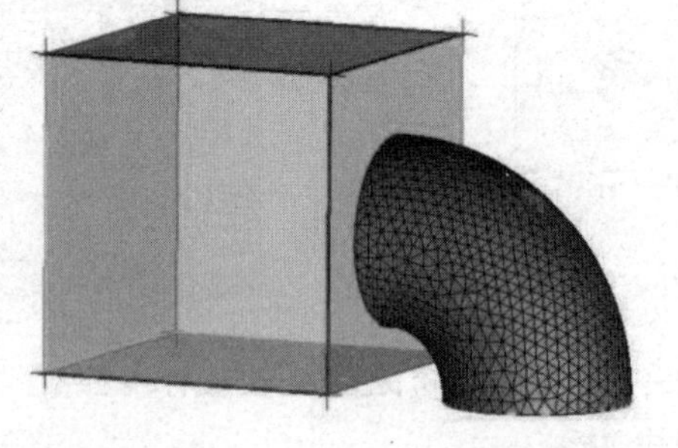

图9-79　块关联面板　　　　图9-80　顶点关联

步骤05 单击功能区内Blocking（块）选项卡中的（分割块）按钮，弹出如图 9-81 所示的Split Block（分割块）面板。单击按钮，单击Edge旁的按钮，在几何模型上单击要分割的边，新建一条边。新建的边垂直于选择的边，利用鼠标左键拖动新建的边到合适的位置，单击鼠标中键或Apply按钮，完成操作，创建的分割块如图 9-82 所示。

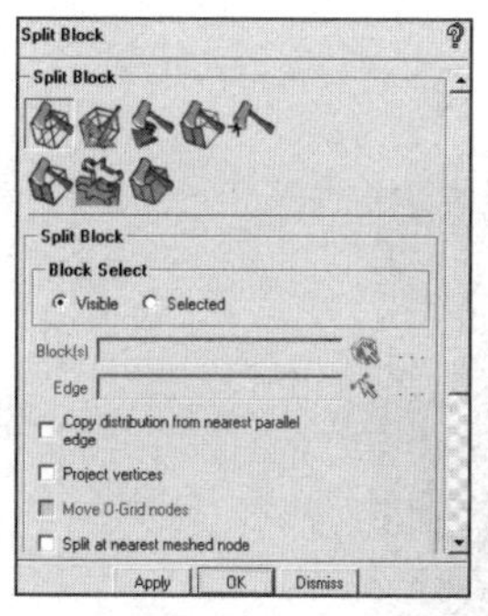

图9-81 分割块面板

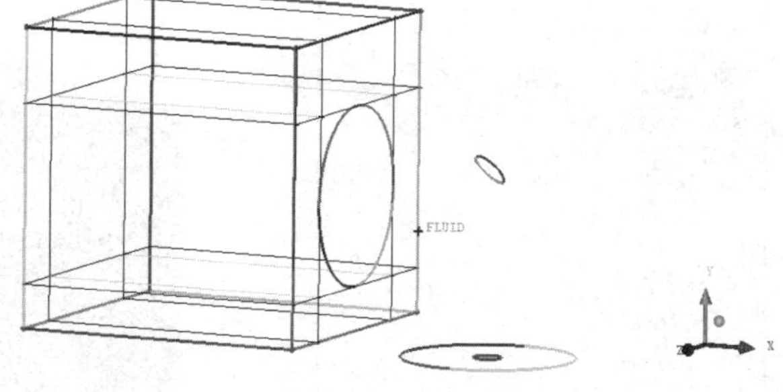

图9-82 分割块

步骤06 在Blocking Associations（块关联）面板中，单击（边关联）按钮（见图 9-83），单击按钮，选择块的端面上中间的边，并单击鼠标中键确认，然后单击按钮，选择模型上对应的INTERFACE面上的曲线并单击鼠标中键确认，选择的曲线会自动组成一组，关联边和曲线的选取如图 9-84 所示。

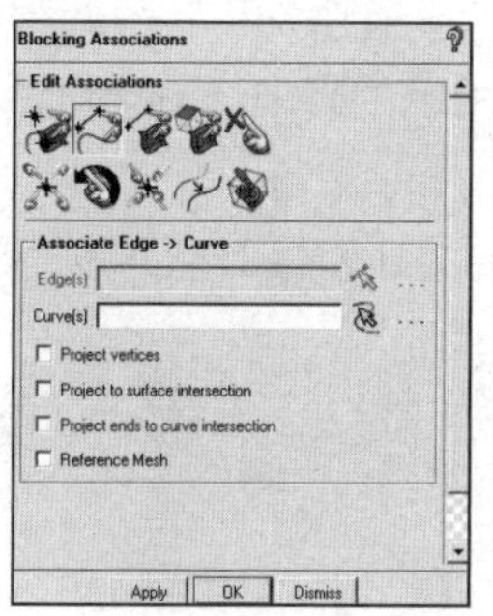

图9-83 边关联

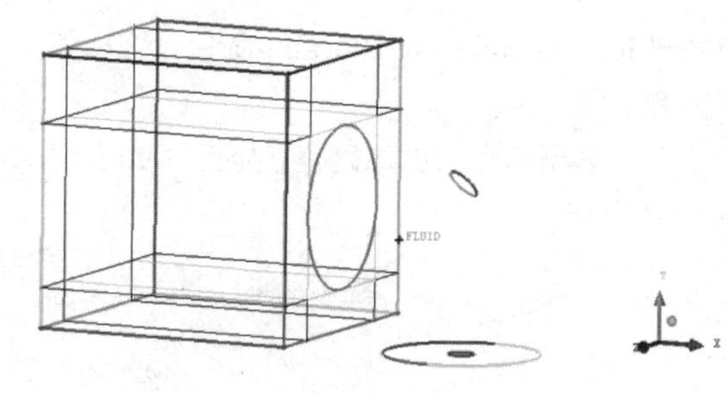

图9-84 边关联

步骤07 单击功能区内Blocking（块）选项卡中的（O-Grid）按钮（见图 9-85），单击Select Block(s)旁的按钮，选择中间的块，单击Select Face(s)旁的按钮，选择与弯管相连接的面，单击Apply按钮完成操作，选择的面如图 9-86 所示。

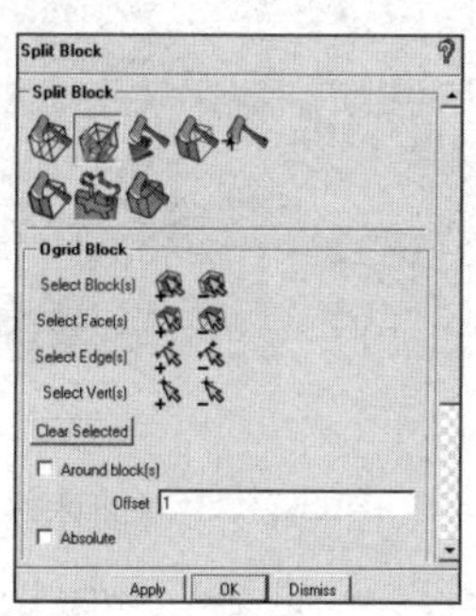

图9-85 分割块面板

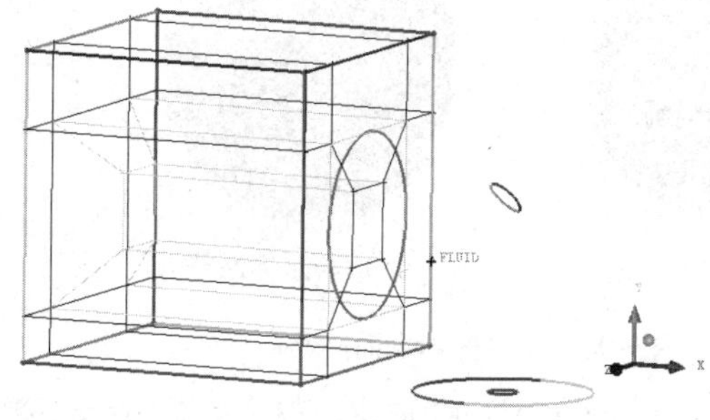

图9-86 选择的面显示

步骤08 单击功能区内Blocking（块）选项卡中的（预览网格）按钮，弹出如图 9-87 所示的Pre-Mesh Params（预网格参数）面板，单击按钮，选中Update All单选按钮，单击Apply按钮确认，显示预览网格，如图 9-88 所示。

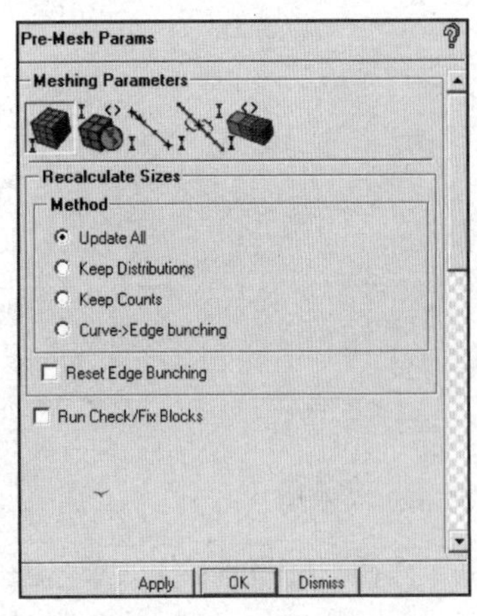

图9-87　预网格参数面板

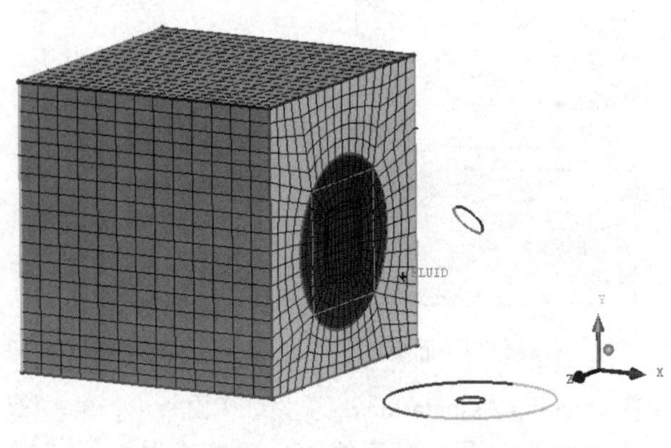

图9-88　预览网格

9.3.7　合并网格

步骤01 执行File→Mesh→Load from Blocking命令，弹出如图 9-89 所示的Mesh Exists对话框，单击Merge按钮导入六面体网格。

步骤02 同时勾选四面体网格和六面体网格，如图 9-90 所示，在交界面处网格节点并没有对应，交界面网格如图 9-91 所示。

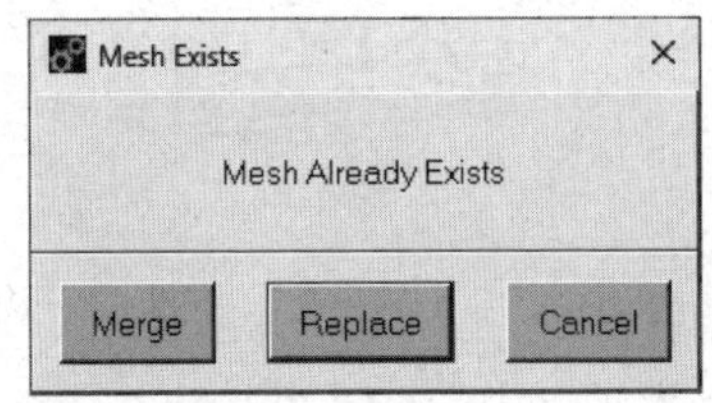

图9-89　网格合并对话框

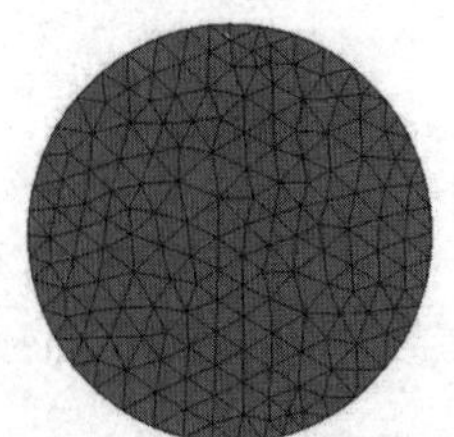

（a）四面体网格

（b）六面体网格

图9-90　交界面体表面网格

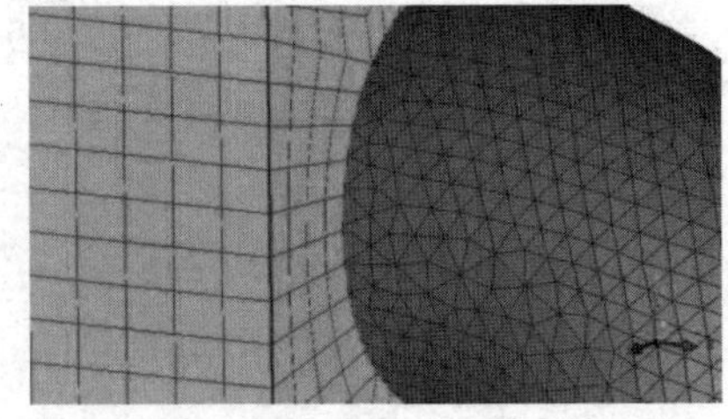

图9-91　交界面体表面网格

步骤03 单击功能区内Edit Mesh（网格编辑）选项卡中的（合并节点）按钮，弹出如图 9-92 所示的Merge Nodes（合并节点）面板，单击Merge surface mesh parts旁的按钮，弹出如图 9-93 所示的对话框，勾选INTERFACE1 和INTERFACE2 复选框，单击Accept按钮确认，单击Apply按钮确认合并节点，如图 9-94 所示。

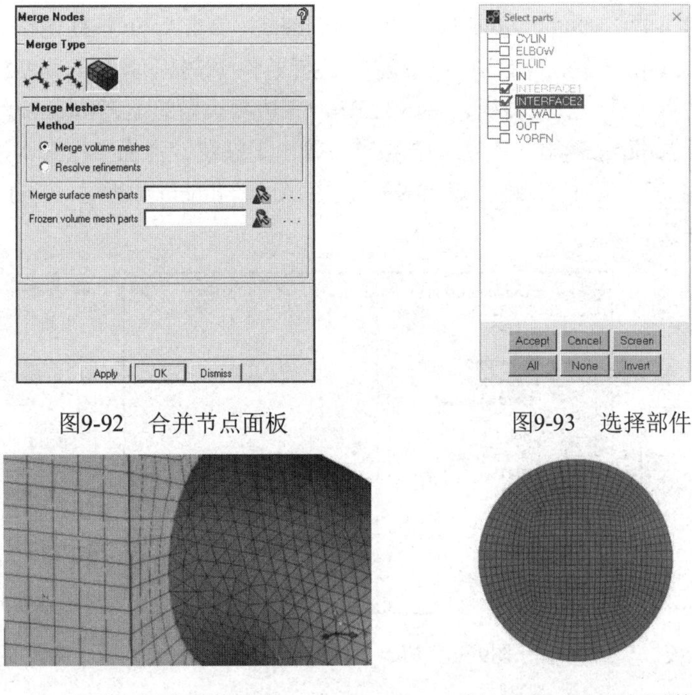

图9-92　合并节点面板　　　　图9-93　选择部件

（a）圆柱表面网格　　　　（b）INTERFACE面网格

图9-94　合并节点显示

9.3.8　网格质量检查

单击功能区内Edit Mesh（网格编辑）选项卡中的（光顺网格）按钮，弹出如图9-95所示的Smooth Elements Globally（光顺网格）面板，调节Up to value为0.2，单击Apply按钮确认，在信息栏中显示网格质量信息，如图9-96所示。

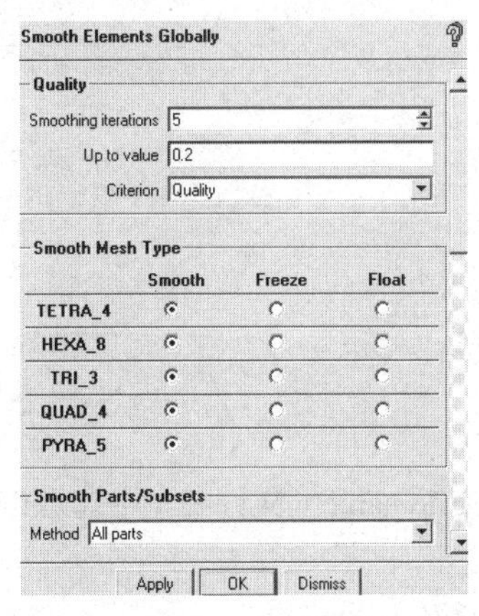

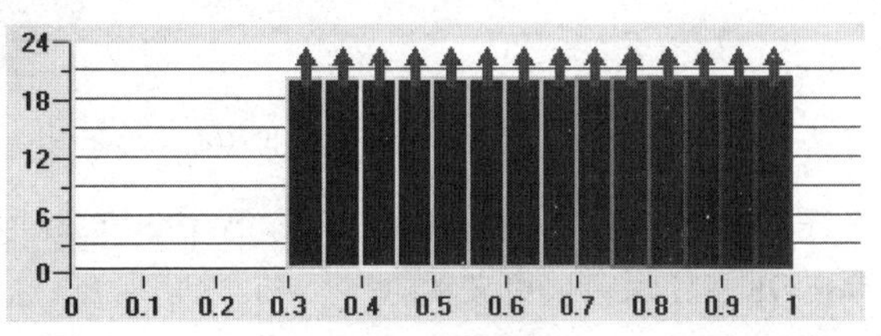

图9-95　光顺网格面板　　　　图9-96　网格质量信息

9.3.9　网格输出

步骤01　单击功能区内Output（输出）选项卡中的（求解器设定）按钮，弹出如图 9-97 所示的Solver Setup

（求解器设定）面板，Output Solver选择Ansys Fluent，单击Apply按钮确认。

步骤02 单击功能区内Output（输出）选项卡中的（边界条件）按钮，弹出如图 9-98 所示的Part boundary conditions（边界条件设置）面板，将INTERFACE边界类型设置为interior，单击Apply按钮确认。

步骤03 单击功能区内Output（输出）选项卡中的（输出）按钮，弹出"打开网格文件"对话框，选择文件，单击"打开"按钮，弹出如图 9-99 所示的Ansys Fluent对话框，Grid dimension选择 3D，单击Done按钮确认完成。

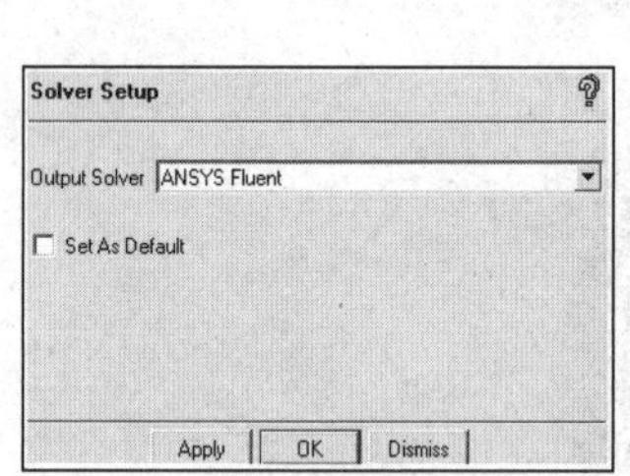

图9-97　求解器设定面板

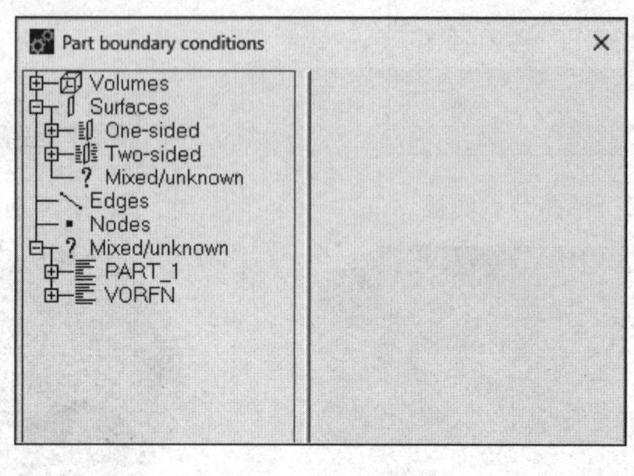

图9-98　边界条件设置面板

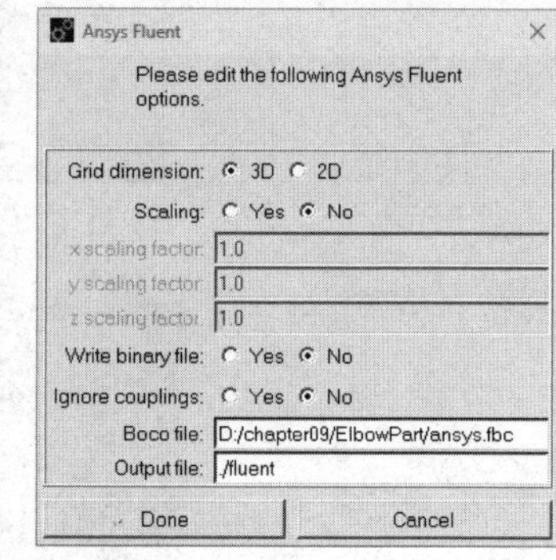

图9-99　Ansys Fluent对话框

9.3.10　计算与后处理

步骤01 在Windows系统下启动Fluent，进入Fluent Launcher界面。

步骤02 Dimension选择 3D，单击OK按钮进入Fluent界面。

步骤03 执行File→Read→Mesh命令，读入ICEM CFD生成的网格文件，如图 9-100 所示。

图9-100　显示几何模型

步骤04 在任务栏单击（保存）按钮，进入Write Case对话框，在File name（文件名）中输入fluent.cas，单击OK按钮保存项目文件。

步骤05 执行Mesh→Check命令，检查网格质量，应保证Minimum Volume大于 0。

步骤06 执行Mesh→Scale命令，打开Scale Mesh（缩放网格）面板，定义网格尺寸单位，在Mesh Was Created In中选择mm，单击Scale按钮。

步骤07 执行Define→General命令，在Time中选择Steady。

步骤08 执行Define→Model→Viscous命令，选择k-epsilon（2 eqn）模型。

步骤09 执行Define→Boundary Condition命令，定义边界条件，如图 9-101 所示。

- in: Type 选择 velocity-inlet（速度入口）边界条件，在 Velocity Magnitude（速度大小）中输入 5。
- out: Type 选择 pressure-outlet（压力出口）边界条件，将 Gauge Pressure 设置为 0。

图9-101　边界条件面板

步骤10 执行Solve→Controls命令，弹出Solution Controls（设置松弛因子）面板，保持默认设置，单击OK按钮退出。

步骤11 执行Solve→Initialize命令，弹出Solution Initialization（设置初始值）面板，Compute From选择in，单击Initialize按钮进行计算初始化。

步骤12 执行Solve→Monitors→Residual命令，设置各个参数的收敛残差值为1e-3，单击OK按钮确认。

步骤13 执行Solve→Run Calculation命令，迭代步数设置为 600，单击Calculate按钮开始计算。

步骤14 迭代到第 600 步，计算收敛，收敛曲线如图 9-102 所示。

步骤15 执行Surface→ISO Surface命令，设置生成Z=0m的平面，命名为z0。

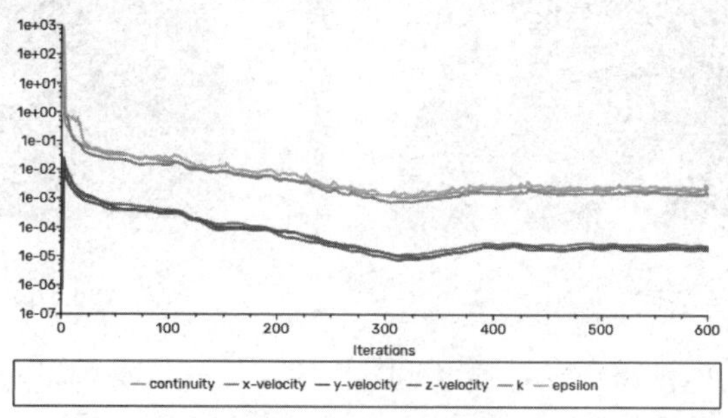

图9-102　收敛曲线

步骤16 执行Display→Graphics and Animations→Contours命令，Contours of选择Velocity Magnitude，surfaces选择z0，单击Display按钮显示速度云图，如图 9-103 所示。

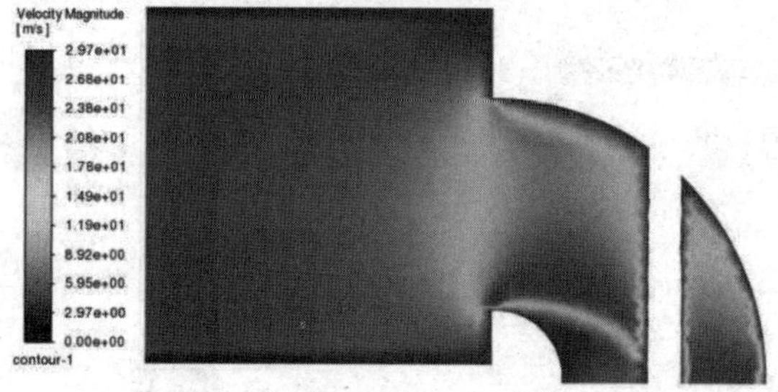

图9-103　速度云图

步骤17 执行Display→Graphics and Animations→Vector命令，Contours of选择Velocity Magnitude，surfaces选择z0，单击Display按钮显示速度矢量图，如图 9-104 所示。

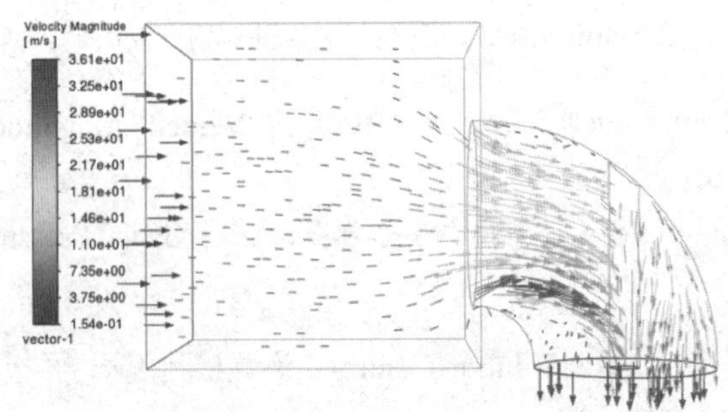

图9-104 速度矢量图

步骤18 执行Display→Graphics and Animations→Contours命令，Contours of选择Pressure，surfaces选择z0，单击Display按钮显示压力云图，如图 9-105 所示。

步骤19 执行Display→Graphics and Animations→Contours命令，Contours of选择Turbulence Wall Yplus，surfaces选择z0，单击Display显示壁面Yplus云图，如图 9-106 所示。

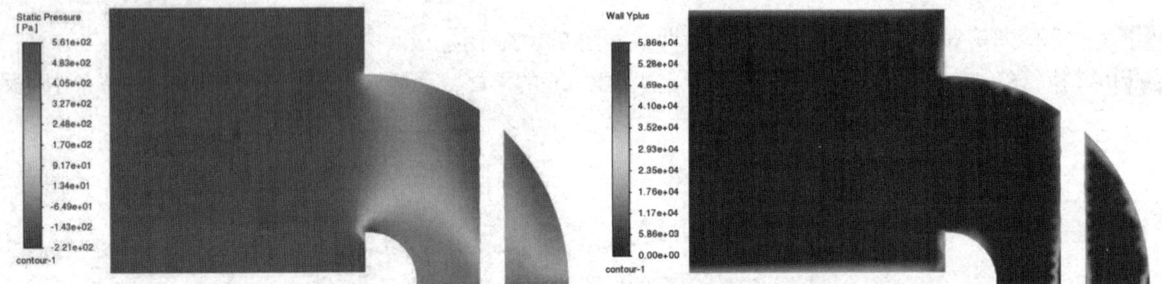

图9-105 压力云图　　　图9-106 壁面Yplus云图

步骤20 执行Report→Results Reports命令，弹出如图 9-107 所示的Reports面板，选择Surface Integrals，单击Set Up…按钮，弹出如图 9-108 所示的Surface Integrals对话框，在Report Type中选择Mass Flow Rate，在Surface中选择in和out，单击Compute按钮，计算得到进出口流量差。

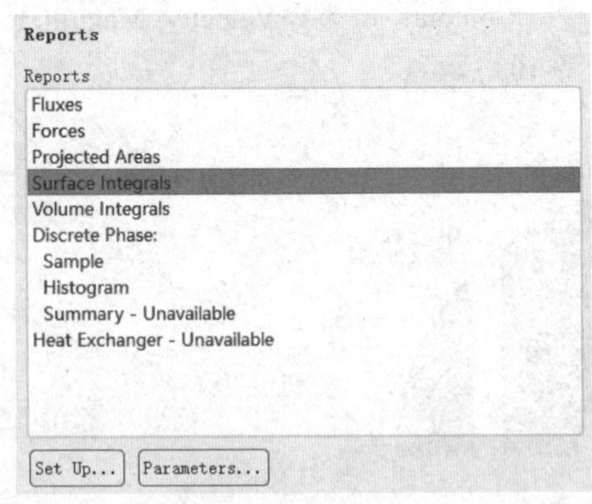

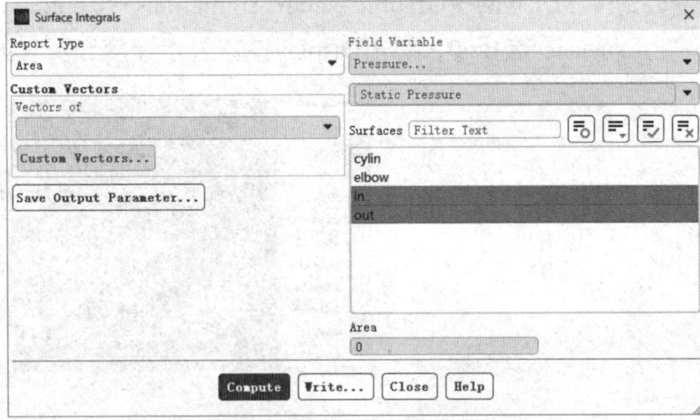

图9-107 Reports面板　　　图9-108 Surface Integrals对话框

从上述计算结果可以看出，生成的网格能够满足计算要求，并且能够较好地模拟弯管部件内的流场问题。

9.4 本章小结

在几何模型非常复杂的情况下，为了减少网格数量，需要对计算域进行适当的分割，并采用混合网格划分方法，即模型相对简单的部分进行结构网格划分，对于复杂部分则采用非结构网格划分。本章结合典型实例介绍了ICEM CFD混合网格生成的基本过程。通过对本章内容的学习，读者可以掌握ICEM CFD混合网格生成的操作方法。

第 10 章

曲面网格划分

 导言

曲面网格是指二维平面网格或三维曲面网格。曲面网格既可以用于固体力学中壳体的数值计算，又可以用于流体力学中非结构三维网格边界的生成。在流体力学问题中，二维平面网格也可看作曲面网格的一种特殊形式。

本章将介绍ICEM CFD中曲面网格的自动生成方法，并通过具体实例详细讲解使用ICEM CFD生成曲面网格的流程。

 学习目标

❖ 掌握使用ICEM CFD生成曲面网格的方法和流程

❖ 掌握网格的查看方法

10.1 曲面网格概述

本节介绍曲面网格的一些重要的基础知识，包括曲面网格的类型、网格划分流程等，以便于理解使用ICEM CFD软件生成曲面网格的相应方法。

10.1.1 曲面网格类型

ICEM CFD有多种曲面网格生成方法。Mesh Method（网格生成方法）的网格单元类型主要有以下几种。

- All Tri：所有网格单元类型为三角形。
- Quad w/one Tri：面上的网格单元大部分为四边形，最多允许有一个三角形网格单元。
- Quad Dominant：面上的网格单元大部分为四边形，允许有一部分三角形网格单元存在。这种网格类型多用于复杂的面，此时如果生成全部四边形网格，则会导致网格质量非常低。对于简单的几何，

该网格类型和 Quad w/one Tri 生成的网格效果相似。

- All Quad：所有网格单元类型为四边形。

Mesh Method有以下4种网格生成方法。

- AutoBlock：自动块方法，自动在每个面上生成二维的 Block，然后生成网格。
- Patch Dependent：根据面的轮廓线来生成网格，该方法能够较好地捕捉几何特征，创建以四边形为主的高质量网格。
- Patch Independent：网格生成过程不严格按照轮廓线，使用稳定的八叉树方法，生成网格的过程中能够忽略小的几何特征，适用于精度不高的几何模型。
- Shrinkwrap：是一种笛卡儿网格生成方法，会忽略大的几何特征，适用于复杂的几何模型快速生成面网格，此方法不适合薄板类实体的网格生成。

10.1.2 曲面网格的生成流程

ICEM CFD自动生成曲面网格的流程如下：

步骤01 Global Mesh Setup（全局网格设定）。

- （全局网格尺寸）：设定最大网格尺寸及比例来确定全局网格尺寸。
- （表面网格尺寸）：设定表面网格类型及生成方法。

步骤02 Mesh Size for Parts（部件网格设定）。

步骤03 Surface Mesh Setup（表面网格设定）：通过鼠标选择几何模型中的一个面或几个面，设定其网格尺寸。

步骤04 Curve Mesh Parameters（曲线网格参数）：设定几何模型中指定曲线的网格尺寸。

步骤05 Mesh Curve（生成曲线网格）：为一维曲线生成网格。

步骤06 Compute Mesh（计算网格）：根据前面的设置生成曲面网格。

后面几节将通过 5 个案例来介绍曲面网格的划分方法。

10.2 机翼模型曲面网格划分

本节将对一个机翼模型进行非结构网格划分，使读者对三维曲面非结构网格的划分流程有一定的了解。

10.2.1 启动ICEM CFD并建立分析项目

步骤01 在Windows系统下启动ICEM CFD，进入ICEM CFD界面。

步骤02 执行File→Save Project命令，弹出Save Project As对话框，在“文件名”中输入Wingbody，单击OK按钮确认，关闭对话框。

10.2.2 导入几何模型

执行File→Geometry→Open Geometry命令，弹出Open Geometry File（打开几何文件）对话框，在“文件名”中输入F6_complete.tin，单击“打开”按钮确认。导入几何文件后，将在图形显示区显示几何模型，如图10-1所示。

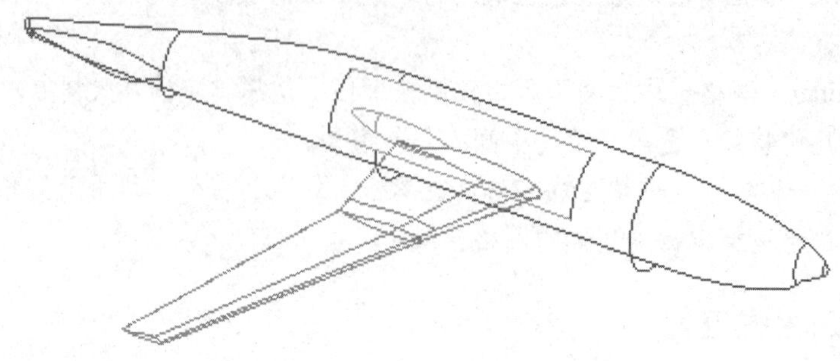

图10-1 几何模型

10.2.3 网格生成

步骤01 单击功能区内Mesh（网格）选项卡中的（全局网格设定）按钮，弹出如图 10-2 所示的Global Mesh Setup（全局网格设定）面板，在Max element中输入 1000，单击Apply按钮确认。

步骤02 单击功能区内Mesh（网格）选项卡中的（部件网格设定）按钮，弹出如图 10-3 所示的Part Mesh Setup（部件网格设定）对话框，设定所有参数，单击Apply按钮确认，单击Dismiss按钮退出。

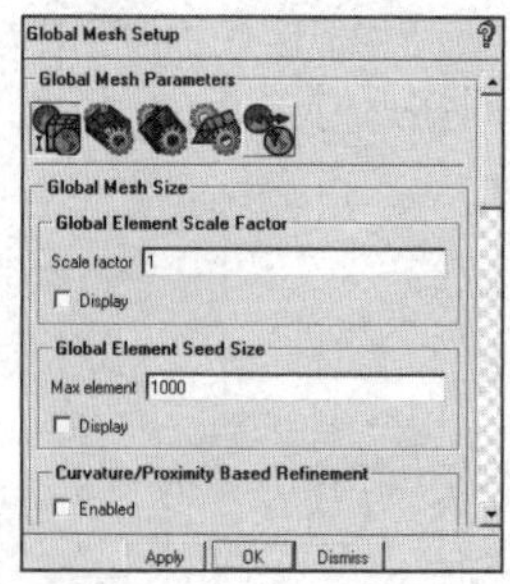

图10-2 全局网格设定面板

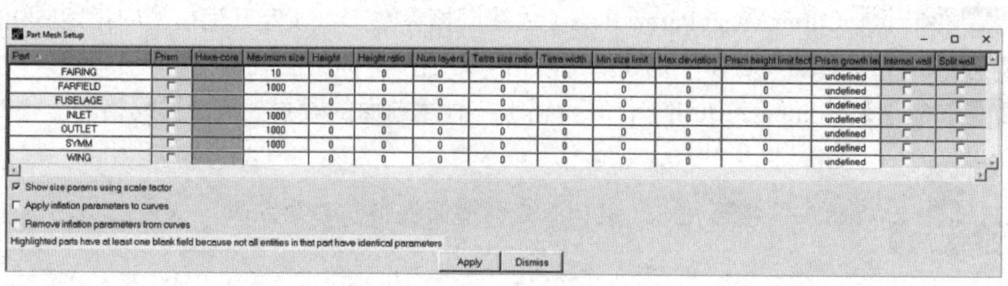

Part Mesh Setup

Part	Prism	Hexa-core	Maximum size	Height	Height ratio	Num layers	Tetra size ratio	Tetra width	Min size limit	Max deviation	Prism height limit fact	Prism growth la	Internal wall	Split wall
FAIRING			10	0	0	0	0	0	0	0	0	undefined		
FARFIELD			1000	0	0	0	0	0	0	0	0	undefined		
FUSELAGE				0	0	0	0	0	0	0	0	undefined		
INLET			1000	0	0	0	0	0	0	0	0	undefined		
OUTLET			1000	0	0	0	0	0	0	0	0	undefined		
SYMM			1000	0	0	0	0	0	0	0	0	undefined		
WING				0	0	0	0	0	0	0	0	undefined		

Show size params using scale factor
Apply inflation parameters to curves
Remove inflation parameters from curves
Highlighted parts have at least one blank field because not all entities in that part have identical parameters
Apply Dismiss

图10-3 部件网格设定对话框

步骤03 单击功能区内Mesh（网格）选项卡中的（全局网格设定）按钮，弹出如图 10-4 所示的Global Mesh Setup（全局网格设定）面板，单击（壳网格参数）按钮，Mesh type选择All Tri，Mesh method选择Patch Dependent，在Ignore size中输入 0.05，单击Apply按钮确认。

步骤04 单击功能区内Mesh（网格）选项卡中的（表面网格设定）按钮，弹出如图 10-5 所示的Surface Mesh Setup（表面网格设定）面板，单击按钮，弹出Select geometry（选择几何）工具栏，选择如图 10-6 所示的机翼前段和后端的曲面，在Maximum size中输入 5，Mesh method选择AutoBlock，单击Apply按钮确认。

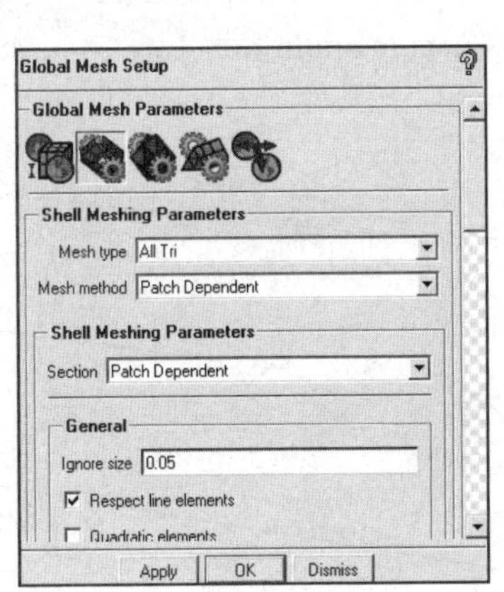

图10-4　全局网格设定面板

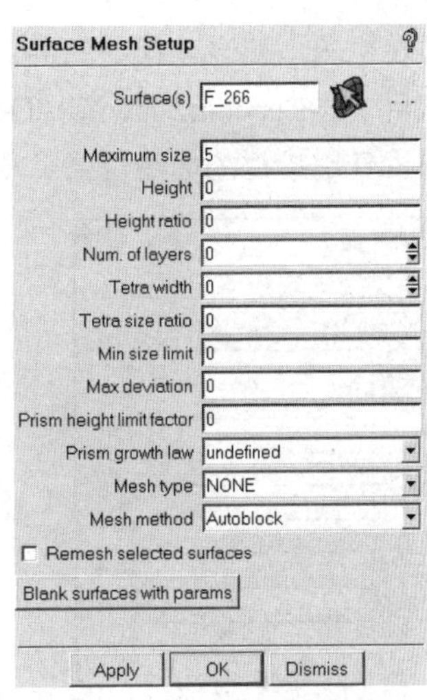

图10-5　表面网格设定面板

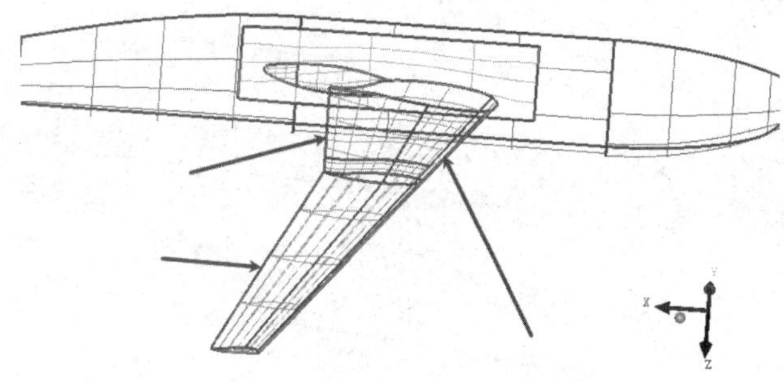

图10-6　选择曲面

步骤 05 在操作控制树中右击Geometry→Curves，弹出如图 10-7 所示的目录树，选择Curve Node Spacing，显示如图 10-8 所示的曲线上的节点。

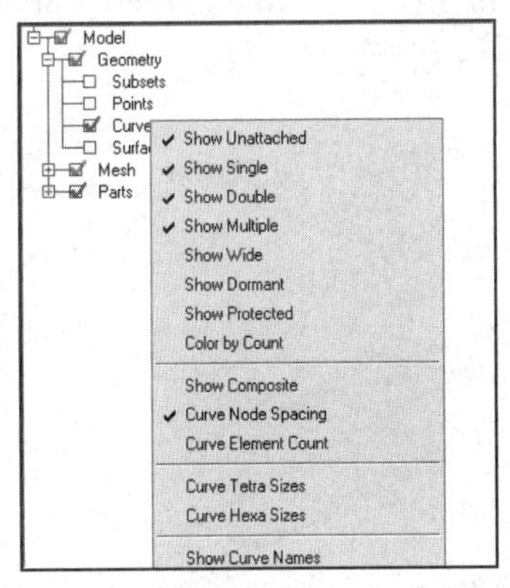

图10-7　目录树

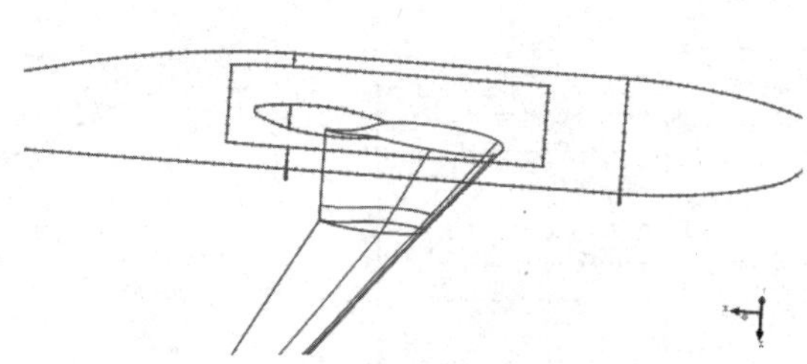

图10-8　显示曲线上的节点

步骤 06 单击功能区内Mesh（网格）选项卡中的（曲线网格参数）按钮，弹出如图 10-9 所示的Curve Mesh Setup（曲线网格设定）面板。Method选择Dynamic，单击Number of nodes旁的按钮，将鼠标指针放置在机翼与机身连接处的曲线位置，单击鼠标左键增加节点数目至 11（单击鼠标右键可减少节点数目），Bunching law选择Geometric 1，单击Bunching ratio旁的按钮，将鼠标指针放置在机翼与机身连接处的曲线位置，单击鼠标左键增加Bunching ratio值为 1.2，效果如图 10-10 所示。

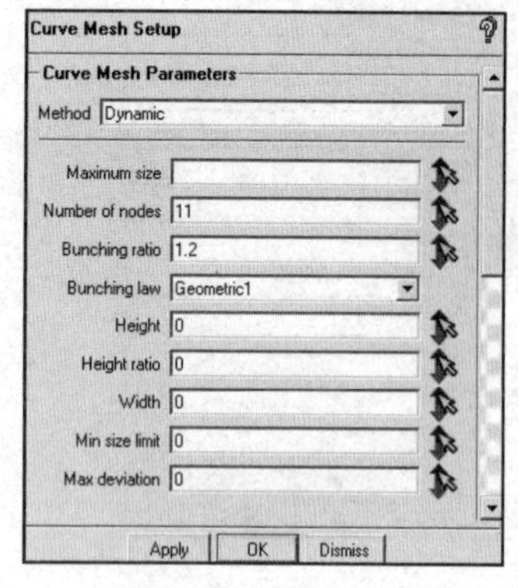

图10-9　曲线网格设定面板

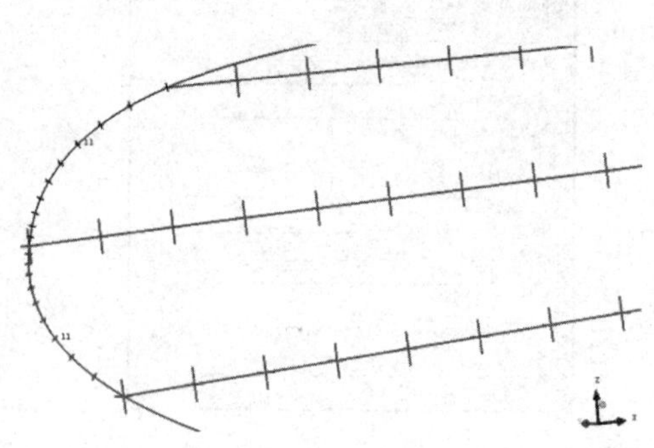
图10-10　曲线上的节点设置

步骤07　用步骤06的方法设置曲线，如图 10-11 所示。

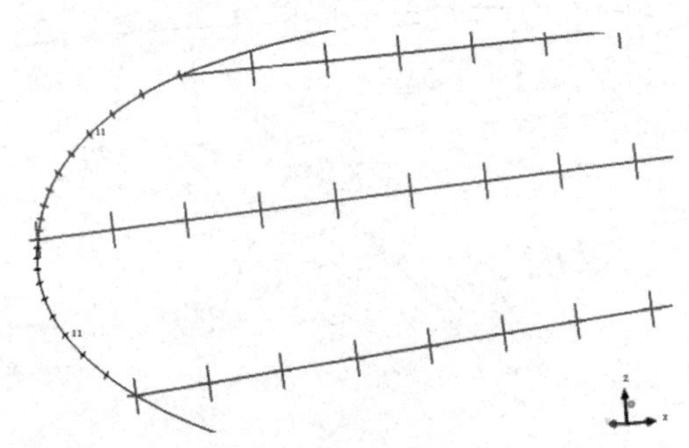
图10-11　曲线上的节点设置

步骤08　在Curve Mesh Setup（曲线网格设定）面板（见图 10-12）中，Method选择Copy Parameters，单击From Curve中Curve旁边的按钮，选择步骤06中设置的曲线，单击From Curve中Curve旁的按钮，选择平行的两条曲线，单击鼠标中键确认，如图 10-13 所示。

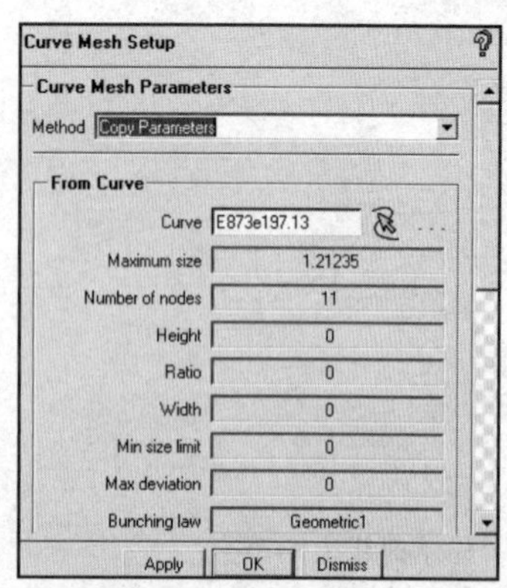

图10-12　曲线网格设定面板

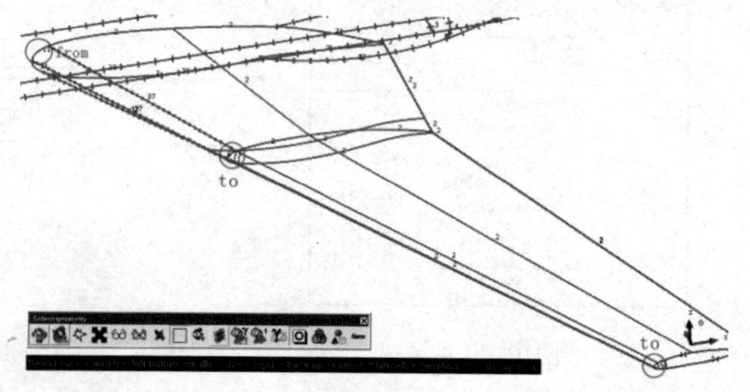

图10-13　曲线上的节点设置

步骤09　用步骤08的方法设置曲线，如图 10-14 所示。

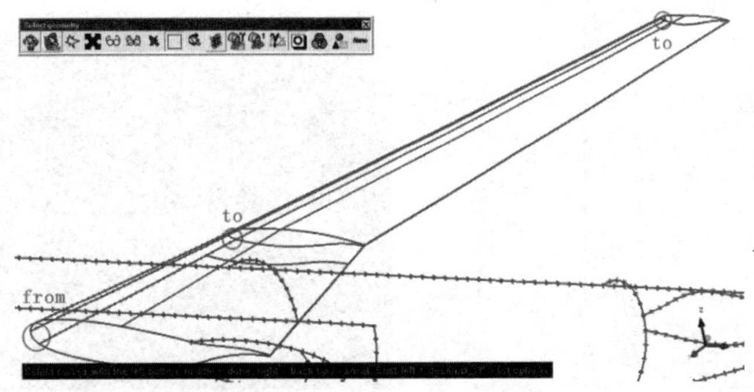

图10-14　曲线上的节点设置

步骤 10　用步骤 06的方法设置曲线，如图 10-15 和图 10-16 所示。

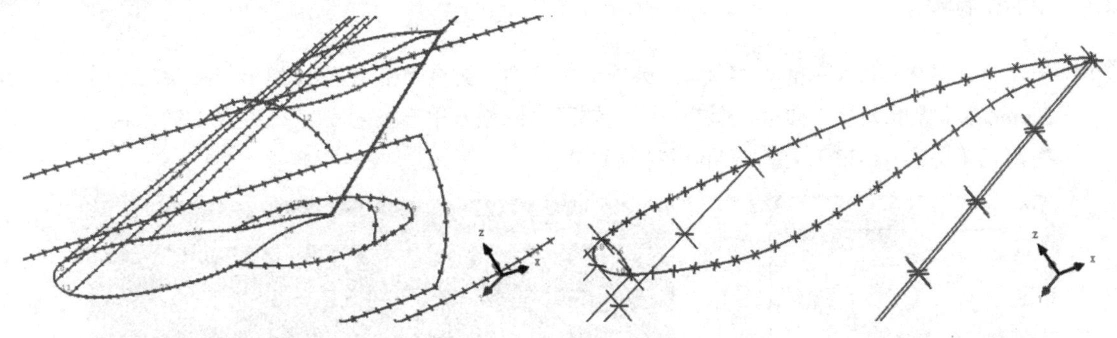

图10-15　曲线上的节点设置　　图10-16　曲线上的节点设置

步骤 11　在Curve Mesh Setup（曲线网格设定）面板（见图 10-17）中，Method选择General，单击Selected Curve(s)旁的按钮，选择机身前端曲线，在Maximum size中输入 5，单击鼠标中键确认，如图 10-18 所示。

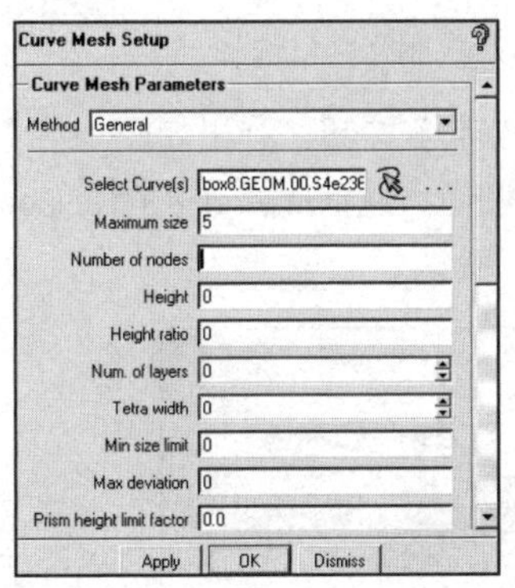

图10-17　曲线网格设定面板

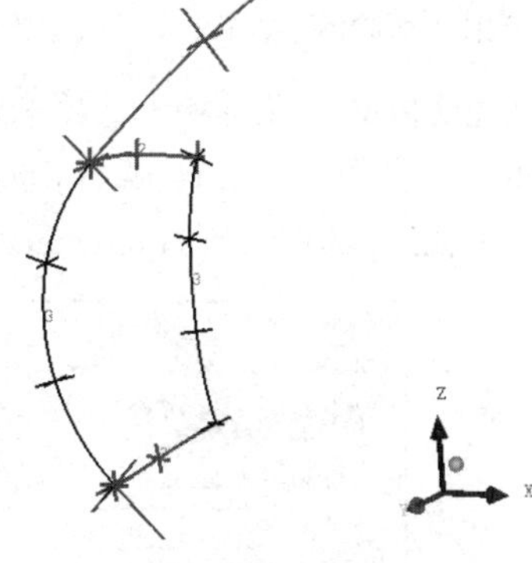

图10-18　曲线上的节点设置

步骤 12　单击功能区内Mesh（网格）选项卡中的（计算网格）按钮，弹出如图 10-19 所示的Compute Mesh（计算网格）面板，单击（曲面网格）按钮，单击Apply按钮确认生成曲面网格文件，如图 10-20 所示。

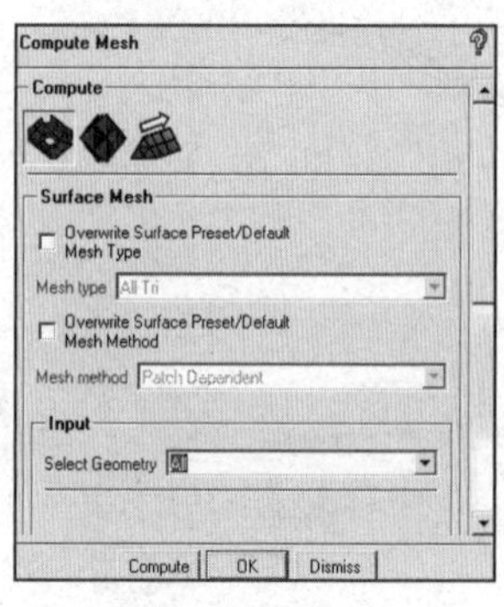

图10-19　计算网格面板

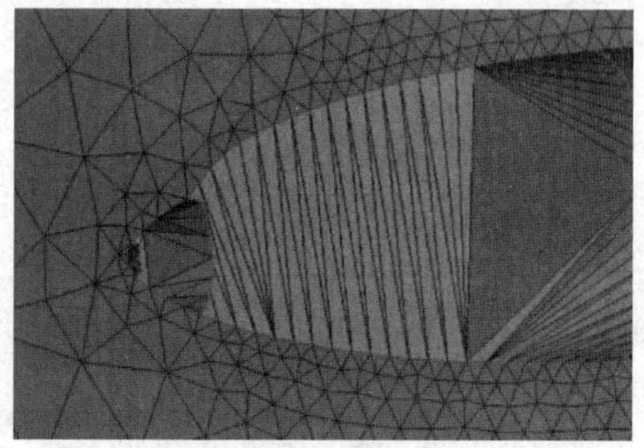

图10-20　生成曲面网格

10.2.4　网格编辑

步骤01 单击功能区内Edit Mesh（网格编辑）选项卡中的（删除网格）按钮，弹出如图 10-21 所示的Delete Elements（删除网格）面板，选择机身前端某个网格，单击按钮或在键盘上输入v，选择周边所有网格（见图 10-22），单击Apply按钮确认。

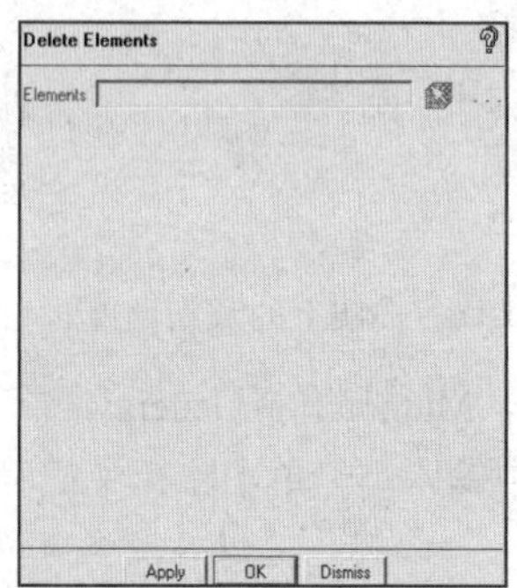

图10-21　删除网格面板

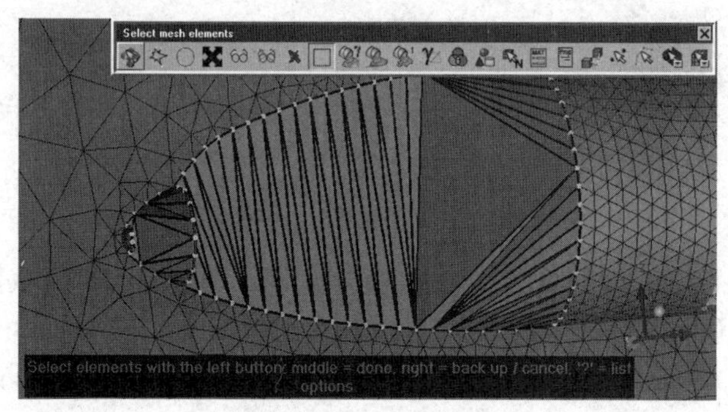

图10-22　删除网格选择

步骤02 单击功能区内Mesh（网格）选项卡中的（全局网格设定）按钮，弹出如图 10-23 所示的Global Mesh Setup（全局网格设定）面板，单击（壳网格参数）按钮，勾选General中的Respect line elements复选框，在Repair中设置Try harder为 3，单击Apply按钮确认。

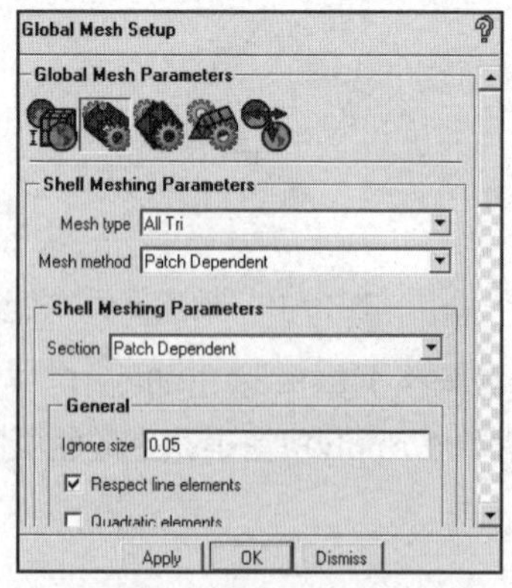

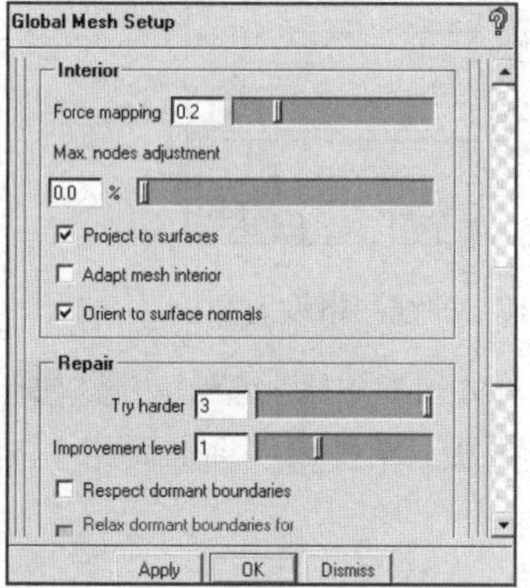

图10-23　全局网格设定面板

步骤 03 单击功能区内Mesh（网格）选项卡中的（计算网格）按钮，弹出如图 10-24 所示的Compute Mesh（计算网格）面板，单击（曲面网格）按钮，Select Geometry选择From Screen，选择步骤 01中删除网格的两个面，单击Apply按钮确认生成曲面网格文件，如图 10-25 所示。

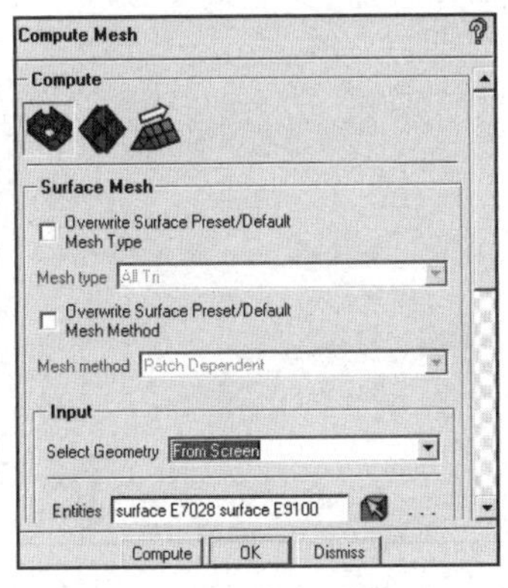

图 10-24 计算网格面板

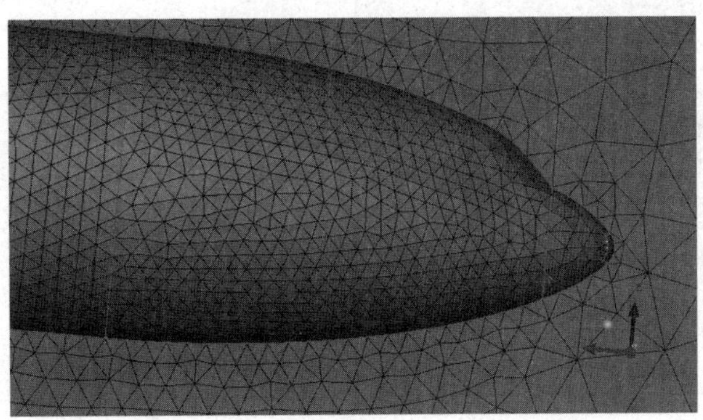

图 10-25 生成曲面网格

10.3 圆柱绕流曲面网格划分

本节通过对典型的圆柱绕流问题进行网格划分，介绍ICEM CFD中二维曲面模型建立、结构网格划分的方法和操作流程，并将网格导入Fluent中进行计算求解。

10.3.1 启动ICEM CFD并建立分析项目

步骤 01 在Windows系统下启动ICEM CFD，进入ICEM CFD界面。

步骤 02 执行File→Save Project命令，弹出Save Project As对话框，在“文件名”中输入icemcfd，单击OK按钮确认，关闭对话框。

10.3.2 建立几何模型

步骤 01 单击功能区内Geometry（几何）选项卡中的（创建点）按钮，弹出如图 10-26 所示的Create Point（创建点）面板，单击按钮，Method选择Create 1 point，坐标值输入（0,0,0），单击Apply按钮创建点。

步骤 02 用步骤 01的方法创建另外 4 个点，坐标值如表 10-1 所示，单击Apply按钮创建点位置，如图 10-27 所示。

表10-1 创建点坐标

序 号	X	Y	Z
1	-500	500	0
2	-500	-500	0
3	1500	500	0
4	1500	-500	0

步骤03 单击功能区内Geometry（几何）选项卡中的（创建曲线）按钮，弹出如图 10-28 所示的Create/Modify Curve（创建/修改曲线）面板，单击按钮，依次选取已创建的点创建曲线，如图10-29 所示。

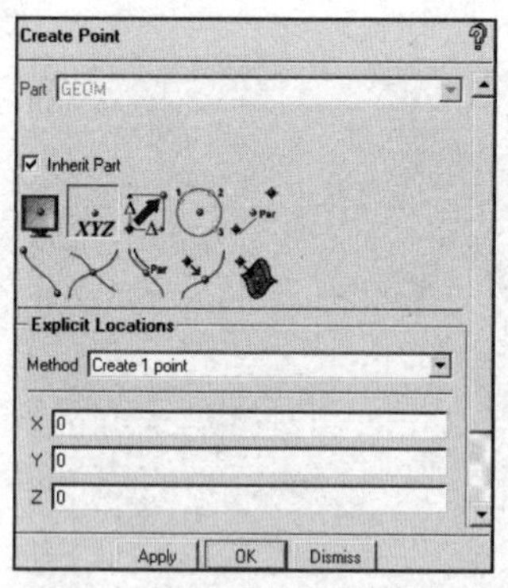

图10-26　创建点面板

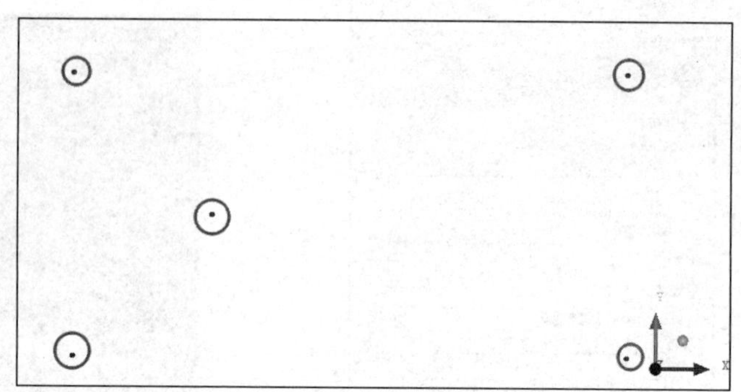

图10-27　几何模型

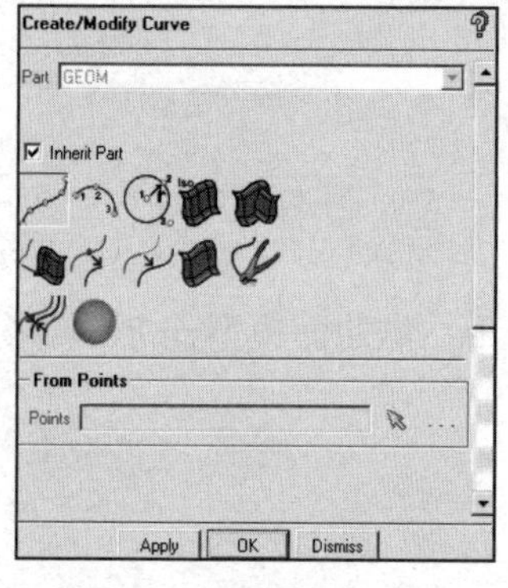

图10-28　创建/修改曲线面板

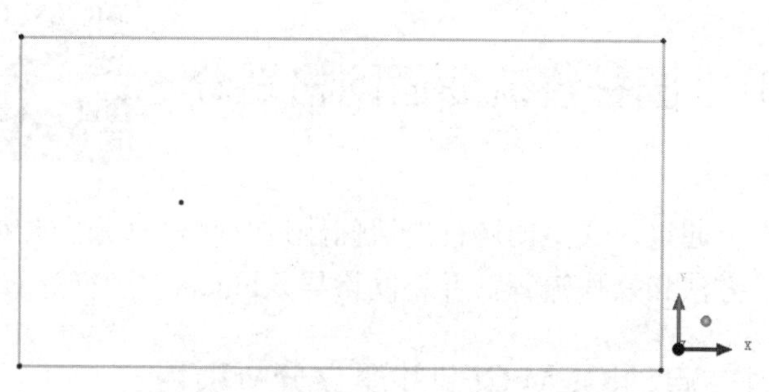

图10-29　创建曲线

步骤04 在Create/Modify Curve（创建/修改曲线）面板中单击按钮（见图 10-30），勾选Radius复选框并输入 50，选取圆心（0,0,0）点，再选取圆心周边任意两点创建圆，如图 10-31 所示。

图10-30　创建/修改曲线面板

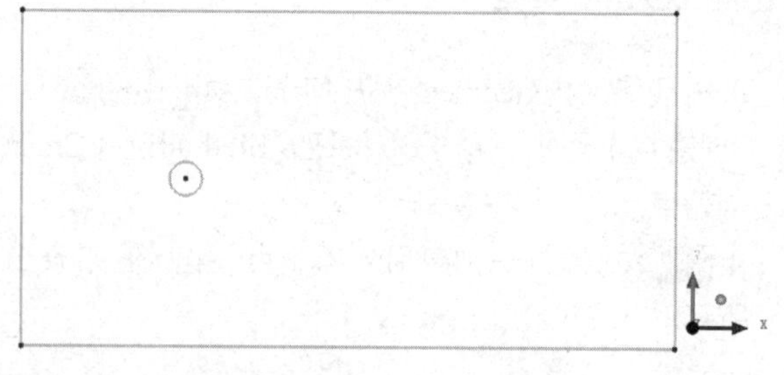

图10-31　创建圆

步骤05 单击功能区内Geometry（几何）选项卡中的（创建曲面）按钮，弹出如图 10-32 所示的Create/Modify Surface（创建/修改曲面）面板，单击按钮，Method选择From 2-4 Curves，选取**步骤03**创建的曲线，单击Apply按钮创建曲面，如图 10-33 所示。

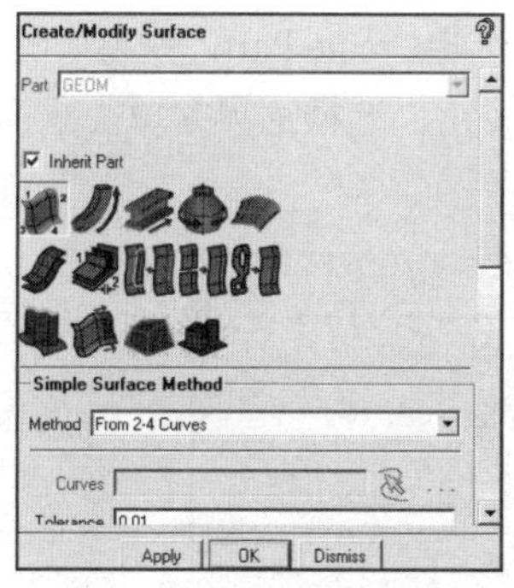

图10-32　创建/修改曲面面板

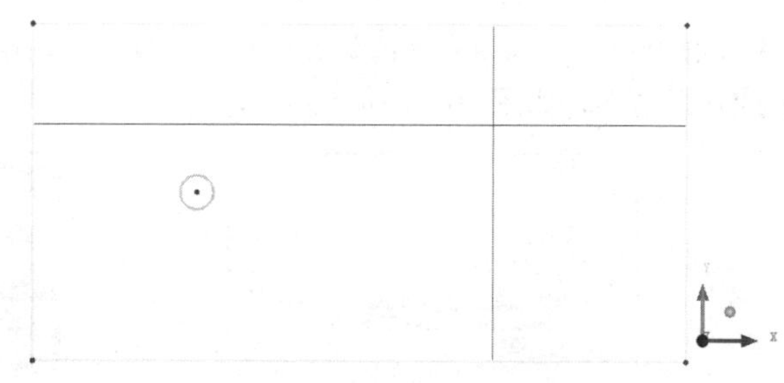

图10-33　创建曲面

步骤06 在Create/Modify Surface（创建/修改曲面）面板中单击按钮，如图 10-34 所示，选取曲面并选取圆作为分割曲线，单击Apply按钮分割曲面，如图 10-35 所示。

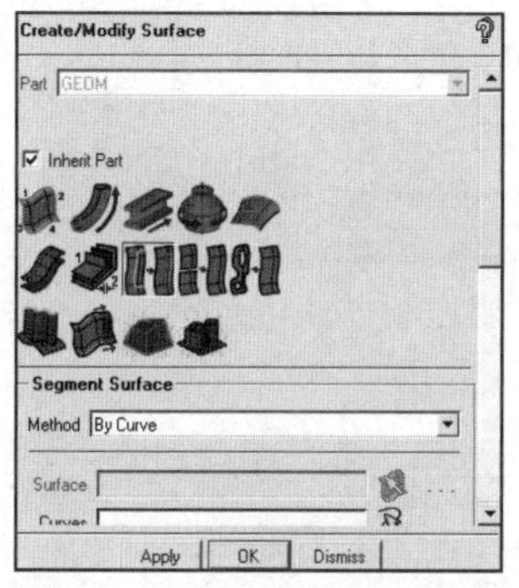

图10-34　创建/修改曲面面板

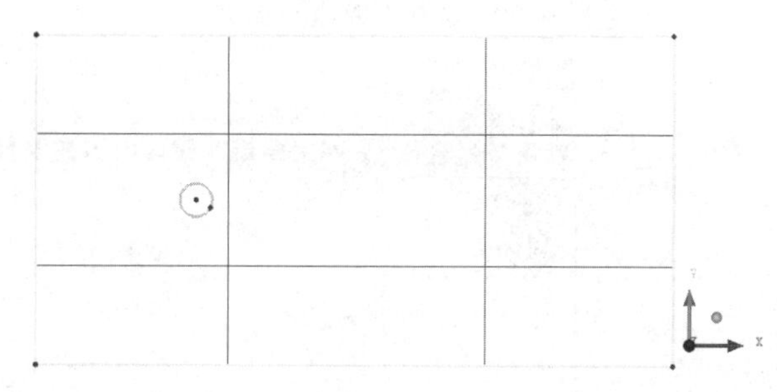

图10-35　分割曲面

步骤07 单击功能区内Geometry（几何）选项卡中的（删除曲面）按钮，弹出如图 10-36 所示的Delete Elements（删除曲面）面板，选取中间的圆形曲面，单击Apply按钮确认。

步骤08 单击功能区内Geometry（几何）选项卡中的（删除点）按钮，删除所有点，单击（删除曲线）按钮，删除所有曲线点。

步骤09 单击功能区内Geometry（几何）选项卡中的（修复模型）按钮，弹出如图 10-37 所示的Repair Geometry（修复模型）面板，单击按钮，在Tolerance中输入 1，单击OK按钮确认，几何模型即可修复完毕，如图 10-38 所示。

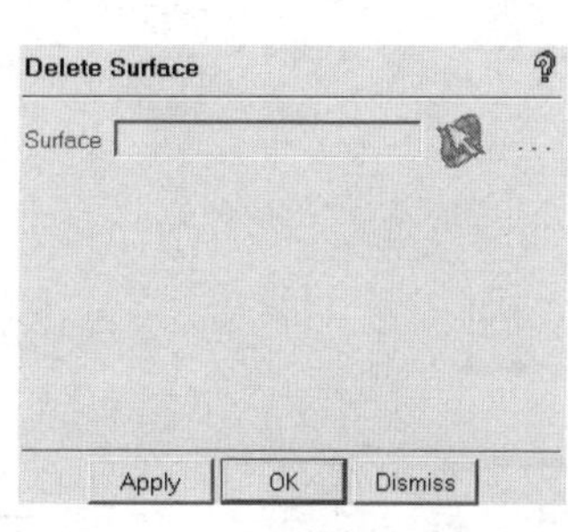

图10-36　删除曲面面板

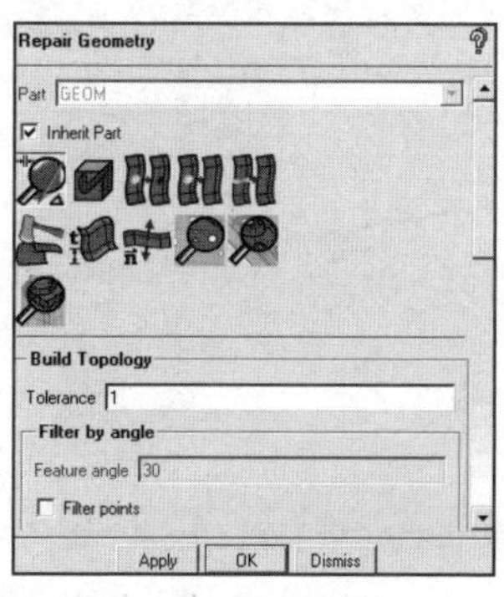

图10-37　修复模型面板

图10-38　修复后的几何模型

步骤10 在操作控制树中右击Parts，弹出如图 10-39 所示的目录树，选择Create Part，弹出如图 10-40 所示的Create Part（生成边界）面板，在Part中输入IN，单击按钮，选择边界并单击鼠标中键确认，生成入口边界，如图 10-41 所示。

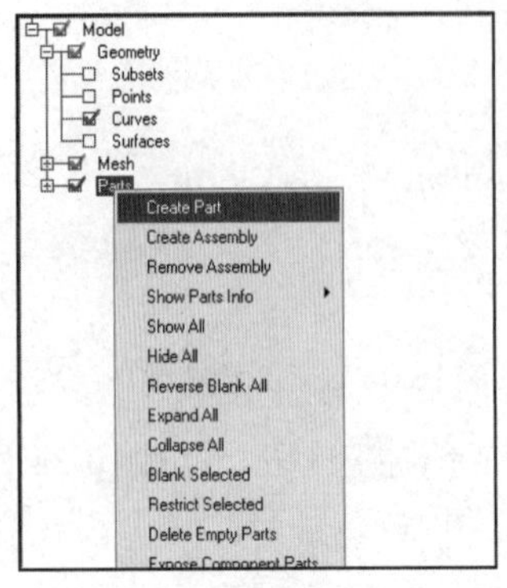

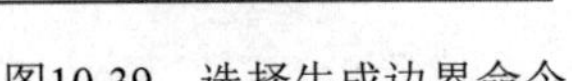
图10-39　选择生成边界命令

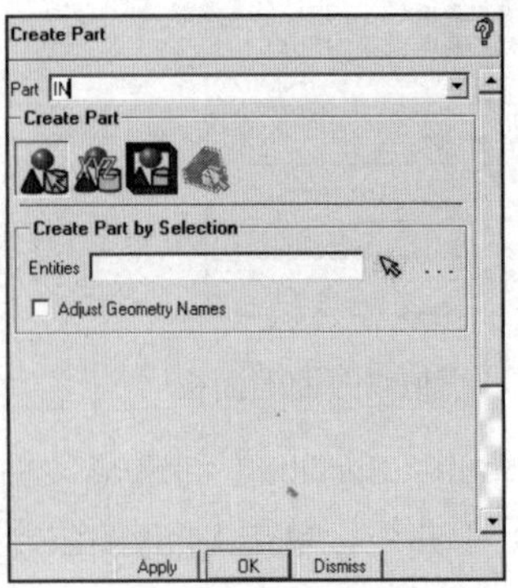

图10-40　生成边界面板

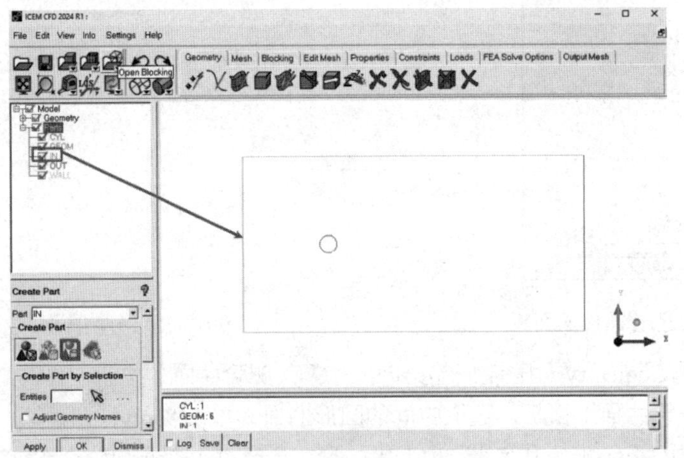

图10-41　入口边界

步骤11 用步骤10的方法生成出口边界，命名为OUT，如图 10-42 所示。

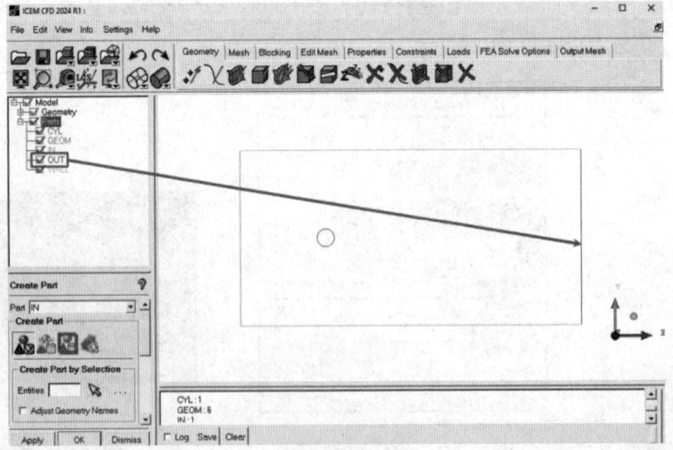

图10-42　出口边界

步骤12　用步骤10的方法生成新的边界，命名为CYL，如图 10-43 所示。

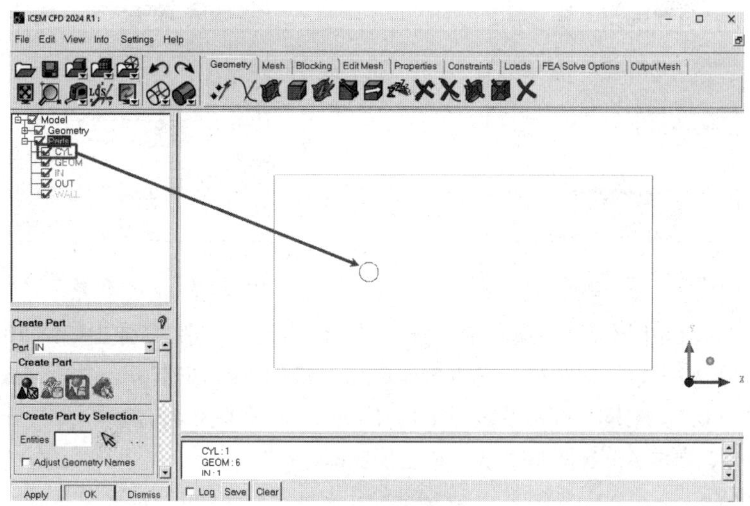

图10-43　CYL

步骤13　用步骤10的方法生成新的边界，命名为WALL，如图 10-44 所示。

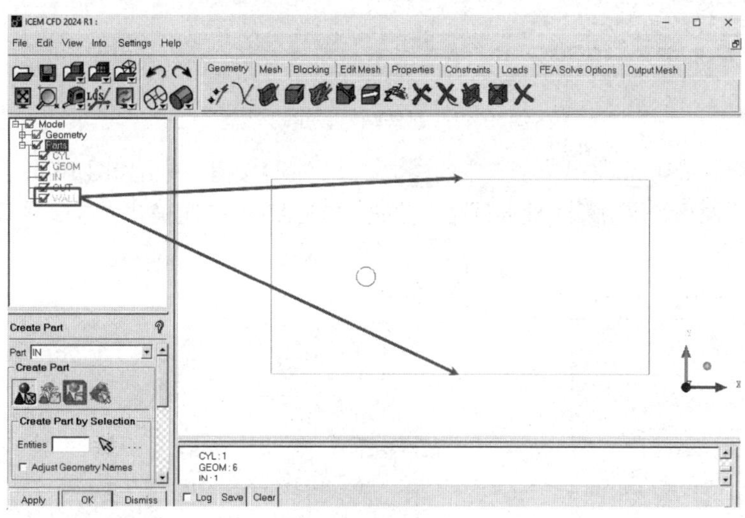

图10-44　WALL

10.3.3　网格生成

步骤01　单击功能区内Mesh（网格）选项卡中的（全局网格设定）按钮，弹出如图 10-45 所示的Global Mesh Setup（全局网格设定）面板，在Max element中输入 50，单击Apply按钮确认。

步骤02　单击功能区内Mesh（网格）选项卡中的（全局网格设定）按钮，弹出如图 10-46 所示的Global Mesh Setup（全局网格设定）面板，单击（壳网格参数）按钮，Mesh type选择All Tri，Mesh method选择Patch Dependent，在Ignore size中输入 0.05，单击Apply按钮确认。

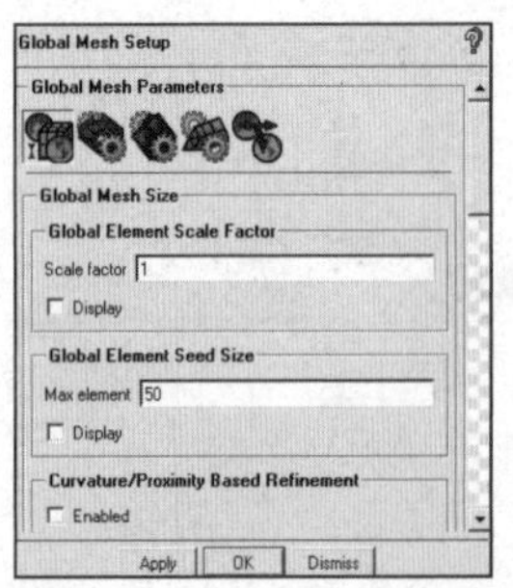

图10-45 全局网格设定面板

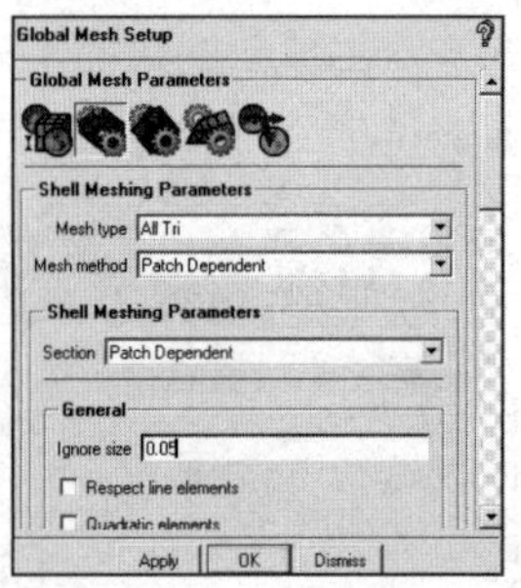

图1 0-46 壳网格参数设定

步骤03 单击功能区内Mesh（网格）选项卡中的（部件网格设定）按钮，弹出如图 10-47 所示的Part Mesh Setup（部件网格设定）对话框，勾选Part CYL对应的Prism复选框，并将Maximum size设置为 1，Height设置为 0.5，Height ratio设置为 1.1，Num layer设置为 4，勾选Apply inflation parameters to curves复选框，单击Apply按钮确认并单击Dismiss按钮退出。

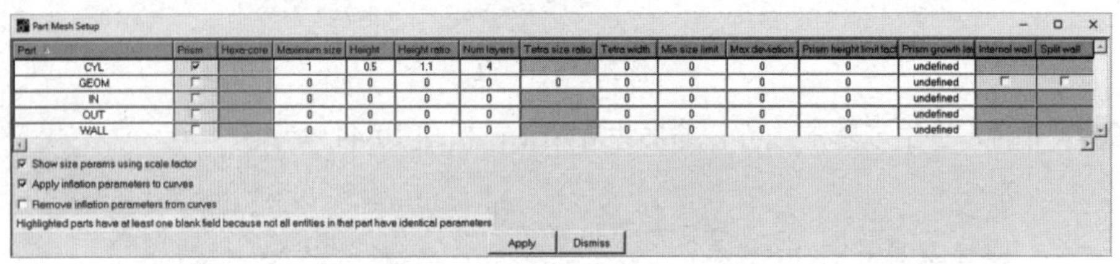

图10-47 部件网格设定对话框

步骤04 单击功能区内Mesh（网格）选项卡中的（计算网格）按钮，弹出如图 10-48 所示的Compute Mesh（计算网格）面板，单击（曲面网格）按钮，单击Apply按钮确认生成曲面网格文件，如图 10-49 所示。

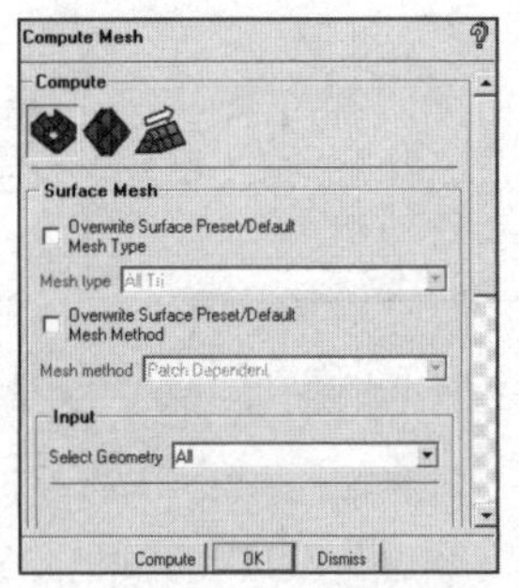

图10-48 计算网格面板

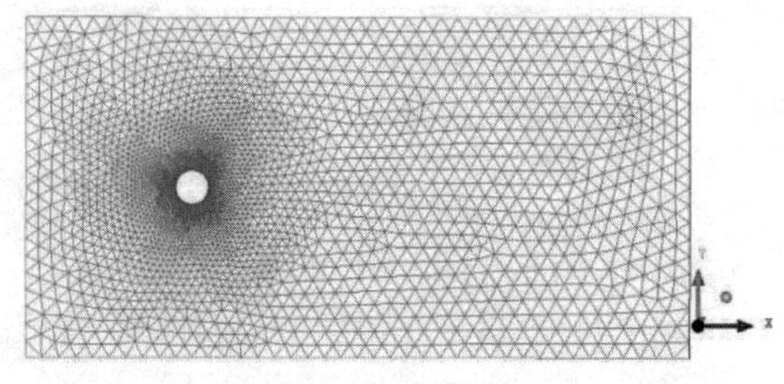

图10-49 生成曲面网格

10.3.4 网格质量检查

单击功能区内Edit Mesh（网格编辑）选项卡中的（检查网格）按钮，弹出如图10-50所示的Quality Metrics（质量指标）面板，单击Apply按钮确认，在信息栏中显示网格质量信息，如图10-51所示。单击网格质量信息图中的长度条，在这个范围内的网格单元会显示出来，如图10-52所示。

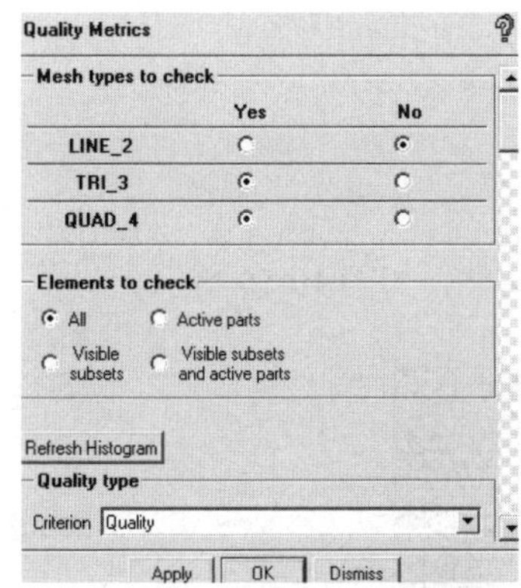

图10-50　质量指标面板

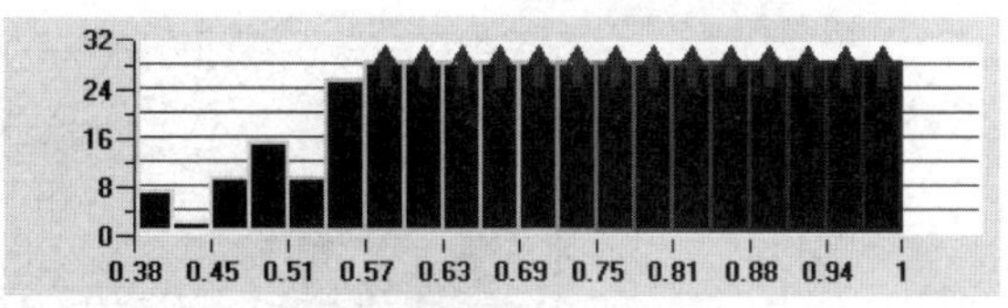

图10-51　网格质量信息

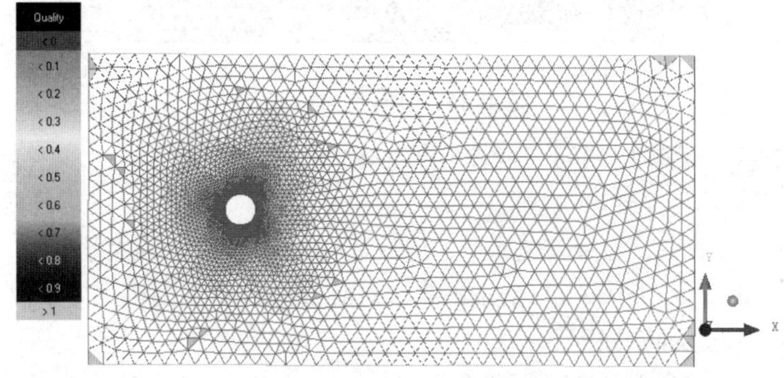

图10-52　网格显示

10.3.5　网格输出

步骤 01　单击功能区内Output(输出)选项卡中的 (求解器设定)按钮，弹出如图 10-53 所示的Solver Setup（求解器设定）面板，Output Solver选择ANSYS Fluent，单击Apply按钮确认。

步骤 02　单击功能区内Output（输出）选项卡中的 （输出）按钮，弹出“打开网格文件”对话框，选择文件，单击“打开”按钮，弹出如图 10-54 所示的Ansys Fluent对话框，Grid dimension选择 2D，单击Done按钮确认完成。

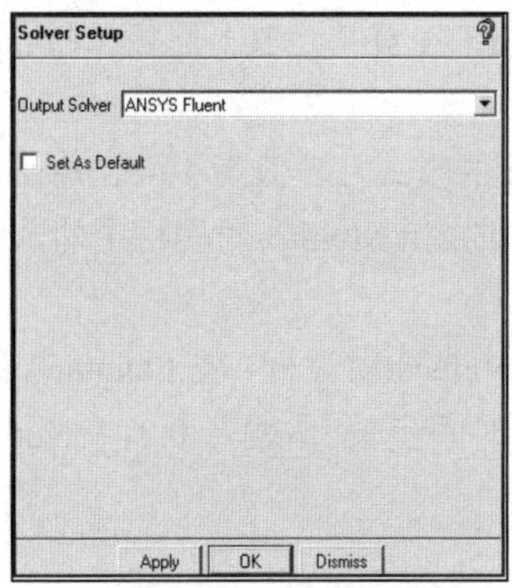

图10-53　求解器设定面板

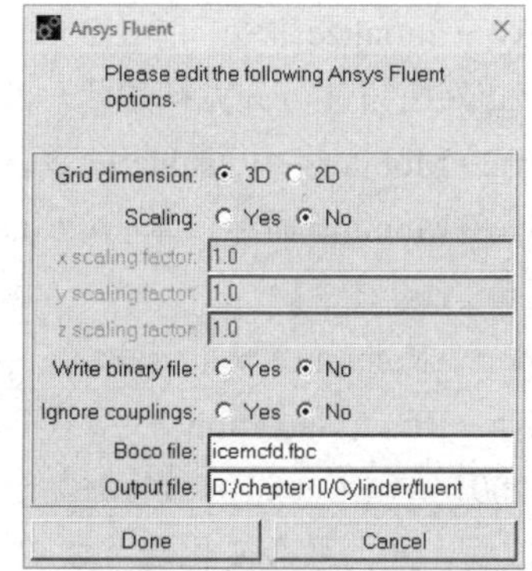

图10-54　Ansys Fluent对话框

10.3.6　计算与后处理

步骤 01　在Windows系统下启动Fluent，进入Fluent Launcher界面。

步骤 02　Dimension选择 2D，单击OK按钮进入Fluent界面。

步骤 03　执行File→Read→Mesh命令，读入ICEM CFD生成的网格文件，如图 10-55 所示。

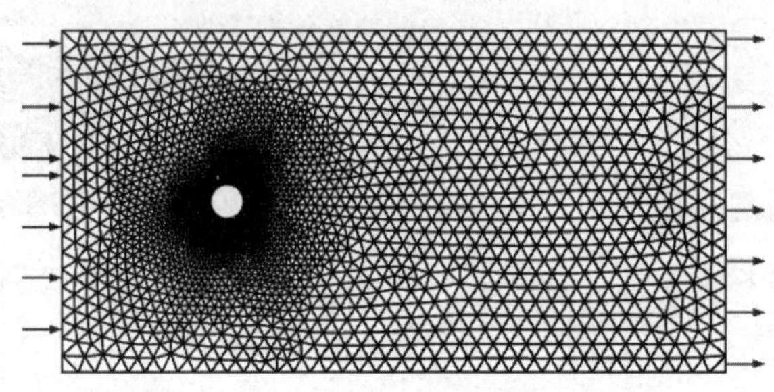

图10-55　显示几何模型

步骤 04　在任务栏单击（保存）按钮，进入Write Case对话框，在File name（文件名）中输入fluent.cas，单击OK按钮保存项目文件。

步骤 05　执行Mesh→Check命令，检查网格质量，应保证Minimum Volume大于 0。

步骤 06　执行Mesh→Scale命令，打开Scale Mesh（缩放网格）面板，定义网格尺寸单位，在Mesh Was Created In中选择mm，单击Scale按钮。

步骤 07　执行Define→General命令，在Time中选择Transient。

步骤 08　执行Define→Model→Viscous命令，选择Laminar（层流）模型。

步骤 09　执行Define→Boundary Condition命令，定义边界条件，如图 10-56 所示。

- in: Type 选择 velocity-inlet（速度入口）边界条件，在 Velocity Magnitude（速度大小）中输入 0.02。
- out: Type 选择 outflow（自由出流）边界条件。
- wall: Type 选择 wall（壁面）边界条件，Wall Motion 选择 Moving Wall（滑移壁面），在 Speed 中输入 0.02。

步骤 10　执行Solve→Controls命令，弹出Solution Controls（设置松弛因子）面板，保持默认设置，单击OK按钮退出。

步骤 11　执行Solve→Initialize命令，弹出Solution Initialization（设置初始值）面板，Compute From选择in，单击Initialize按钮进行计算初始化。

步骤 12　执行Solve→Monitors→Residual命令，设置各个参数的收敛残差值为 1e-8，单击OK按钮确认。

步骤 13　执行Solve→Monitors命令，单击Create Lift，在弹出的Lift Monitor对话框中勾选Plot复选框，Wall Zones选择Cyl。

步骤 14　执行Report→Reference Values命令，弹出Reference Valuesr对话框，在Length中输入 0.1。

步骤 15　执行Solve→Run Calculation命令，在Time Step Size（时间步长）中输入 0.2，在Number of Time Steps中输入 200，单击Calculate按钮开始计算。

步骤 16　计算完成后，升力系数变化情况如图 10-57 所示。

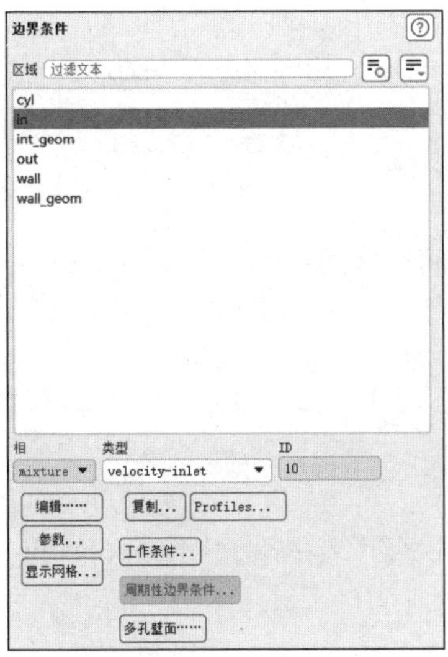

图10-56　边界条件面板

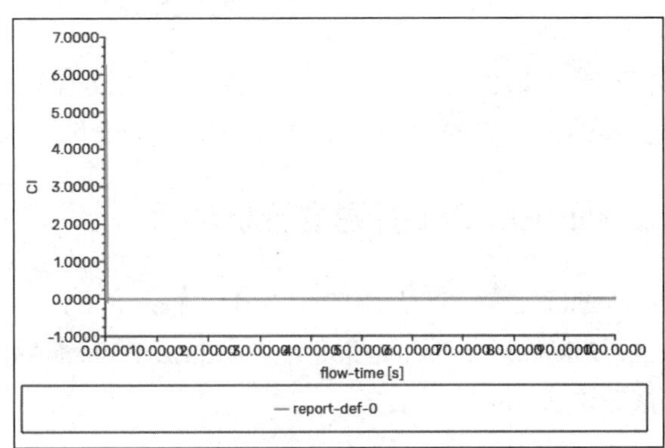

图10-57　升力系数

步骤17　执行Display→Graphics and Animations→Contours命令，Contours of选择Velocity Magnitude，取消选择Auto Range，速度大小范围选择为 0~0.015m/s，单击Display按钮显示速度云图，如图 10-58 所示。

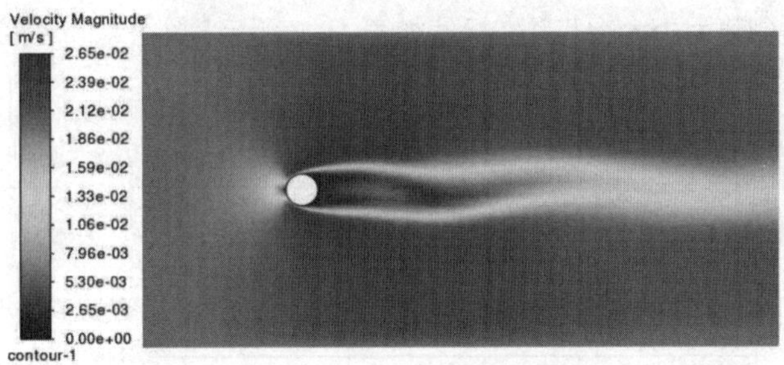

图10-58　速度云图1

步骤18　执行File→Read→Data命令，可显示其他时间步的速度云图，如图 10-59 所示。

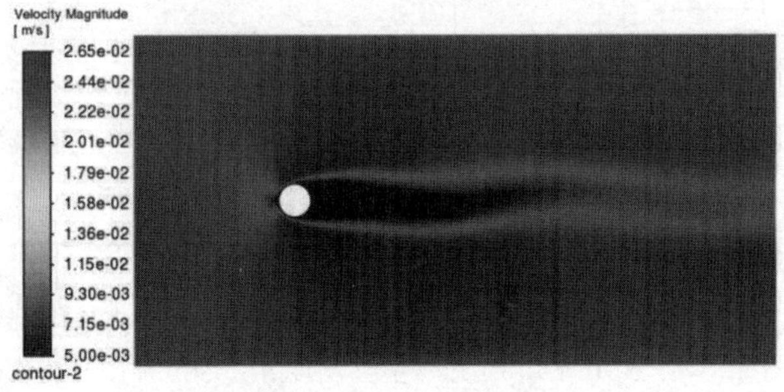

图10-59　速度云图2

从上述计算结果可以看出，生成的网格能够满足计算要求，并且能够较好地模拟二维圆柱绕流问题。

10.4　半圆曲面网格划分

本节将对半圆曲面进行非结构网格划分，使读者对三维曲面结构网格的划分流程和O-Grid的特殊处理有进一步的了解。

10.4.1　启动ICEM CFD并建立分析项目

步骤01　在Windows系统下启动ICEM CFD，进入ICEM CFD界面。

步骤02　执行File→Save Project命令，弹出Save Project As对话框，在“文件名”中输入icemcfd，单击OK按钮确认，关闭对话框。

10.4.2　建立几何模型

步骤01　单击功能区内Geometry（几何）选项卡中的（创建点）按钮，弹出如图 10-60 所示的Create Point（创建点）面板，单击按钮，Method选择Create 1 point，坐标值输入为（0,0,0），单击Apply按钮创建点。

步骤02　用步骤01的方法创建另外 4 个点，坐标值如表 10-2 所示，单击Apply按钮创建点位置，如图 10-61 所示。

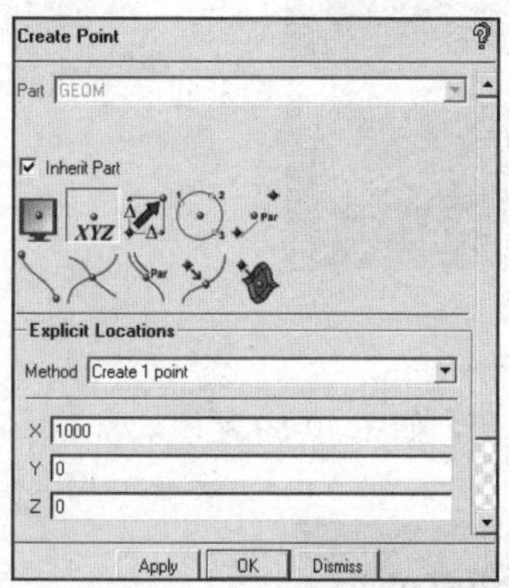

图10-60　创建点面板

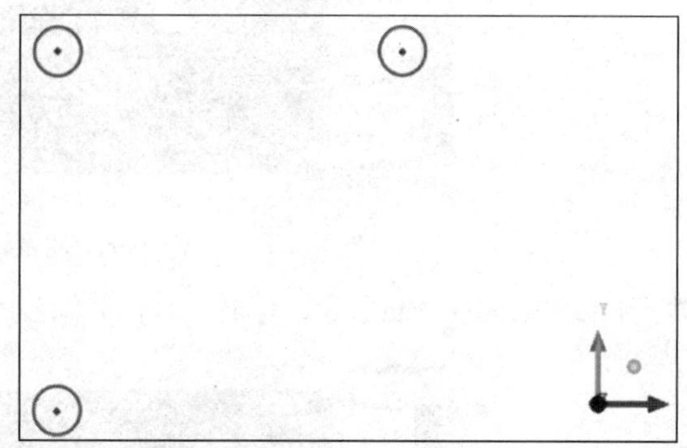

图10-61　几何模型

表10-2　创建点坐标

序　号	X	Y	Z
1	50	50	0
2	0	50	0

步骤03　单击功能区内Geometry（几何）选项卡中的（创建曲线）按钮，弹出如图 10-62 所示的Create/Modify Curve（创建/修改曲线）面板，单击按钮，选取圆心点（0,0,0），再选取圆心周边另外两个点创建圆弧，如图 10-63 所示。

图10-62　创建/修改曲线面板

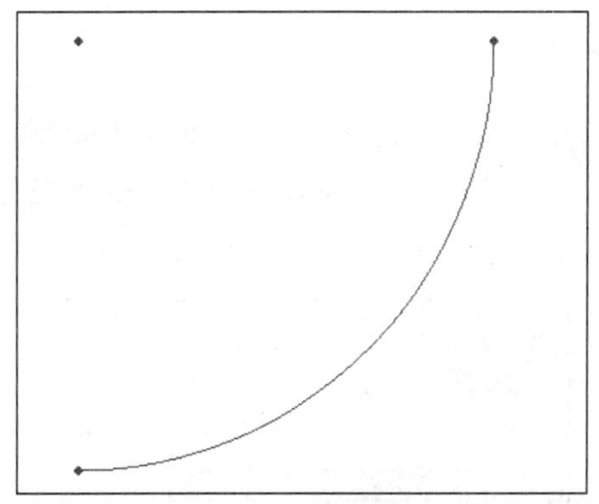

图10-63　创建圆弧

步骤04 单击功能区内Geometry（几何）选项卡中的（创建曲面）按钮，弹出如图 10-64 所示的Create/Modify Surface（创建/修改曲面）面板，单击按钮，选取旋转轴直线的两个点，再选取步骤03创建的曲线，单击Apply按钮创建曲面，如图 10-65 所示。

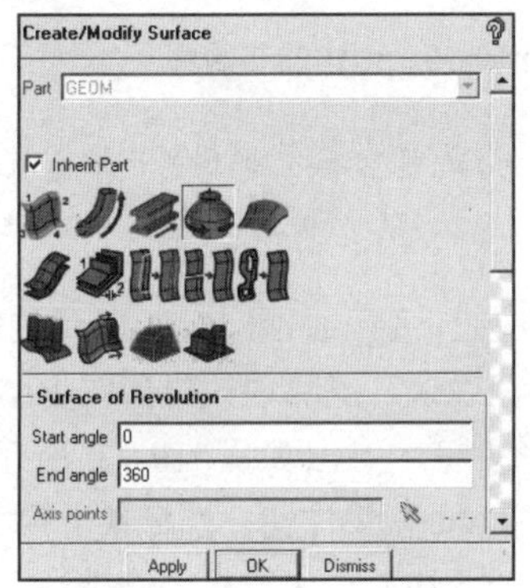

图10-64　创建/修改曲面面板

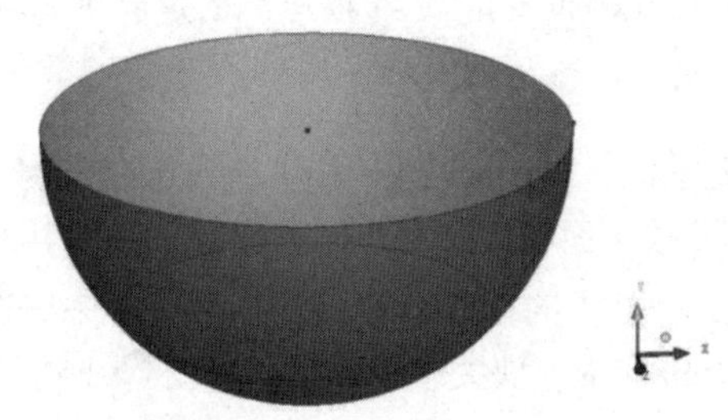

图10-65　创建曲面

步骤05 单击功能区内Geometry（几何）选项卡中的（删除曲线）按钮，弹出如图 10-66 所示的Delete Curve（删除曲线）面板，选取步骤03创建的曲线，单击Apply按钮确认。

步骤06 单击功能区内Geometry（几何）选项卡中的（修复模型）按钮，弹出如图 10-67 所示的Repair Geometry（修复模型）面板，单击按钮，单击OK按钮确认，几何模型即可修复完毕，如图 10-68 所示。

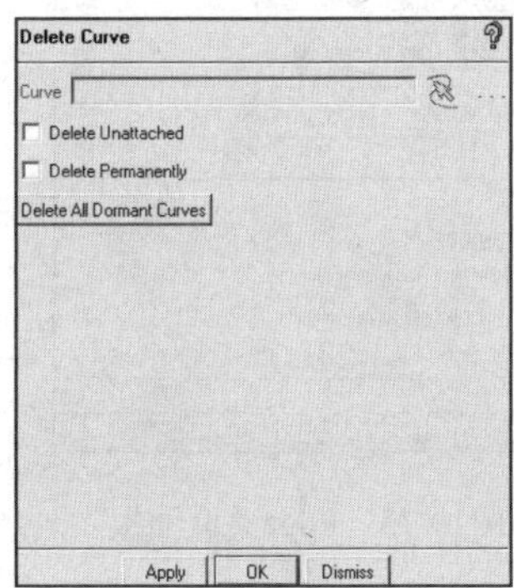

图10-66　删除曲面面板

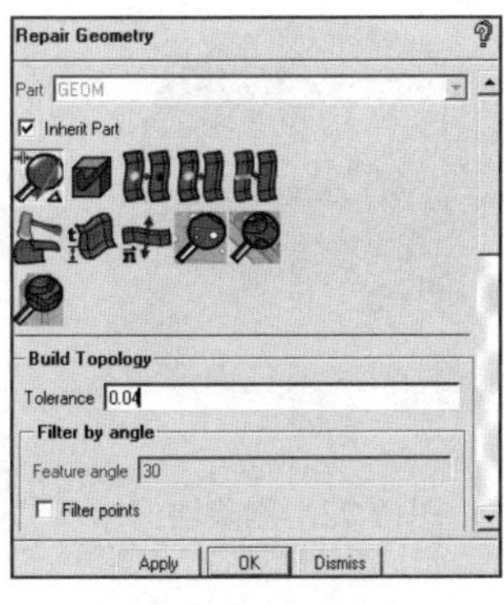

图10-67　修复模型面板

图10-68　修复后的几何模型

10.4.3 生成块

步骤01 单击功能区内Blocking（块）选项卡中的（创建块）按钮，弹出如图 10-69 所示的Create Block（创建块）面板，单击按钮，Type选择 3D Bounding Box，勾选 2D Blocking复选框，单击OK按钮确认，创建的初始块如图 10-70 所示。

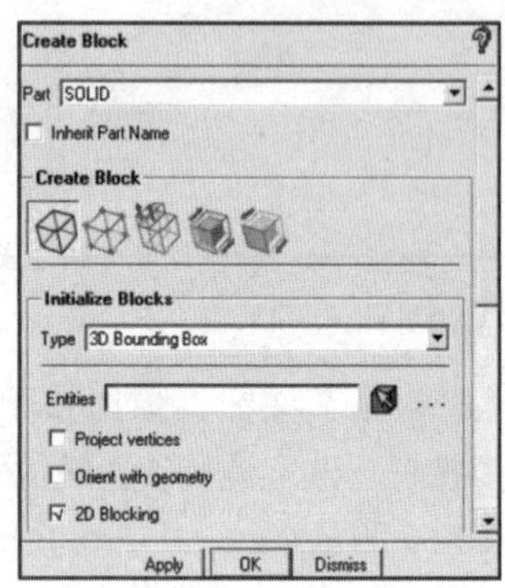

图10-69 创建块面板

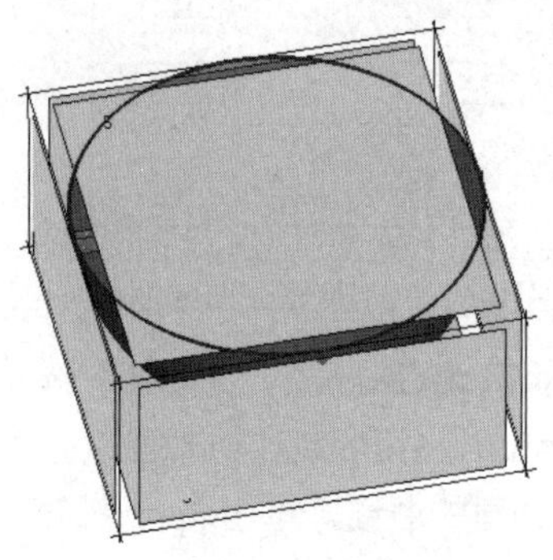

图10-70 创建的初始块

勾选2D Blocking复选框后，创建的块不再是实体块，而是包含模型的6个平面，这样便于三维曲面的网格生成。

步骤02 单击功能区内Blocking（块）选项卡中的（删除块）按钮，弹出如图 10-71 所示的Delete Block（删除块）面板，选择半圆曲面底部的块并单击Apply按钮确认，删除块效果如图 10-72 所示。

步骤03 单击功能区内Blocking（块）选项卡中的（关联）按钮，弹出如图 10-73 所示的Blocking Associations（块关联）面板，单击（边关联）按钮，再单击按钮，选择块上底面的 4 条边并单击鼠标中键确认，然后单击按钮，选择模型下面的曲线并单击鼠标中键确认，选择的曲线会自动组成一组，关联边和曲线的选取如图 10-74 所示。

步骤04 单击功能区内Blocking（块）选项卡中的（关联）按钮，弹出如图 10-75 所示的Blocking Associations（块关联）面板，单击（捕捉投影点）按钮，ICEM CFD将自动捕捉顶点到最近的几何位置，如图 10-76 所示。

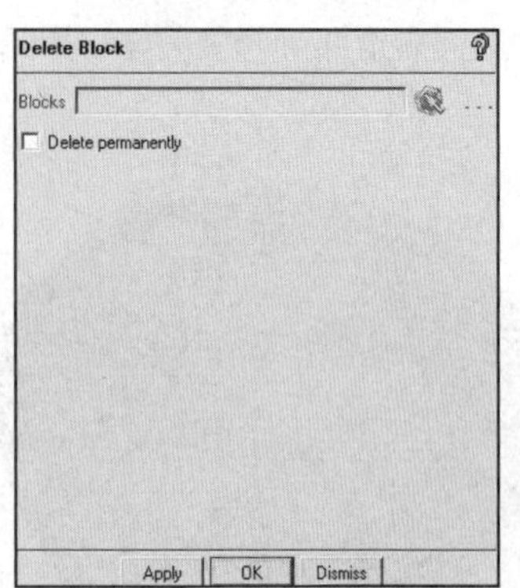

图10-71 删除块面板

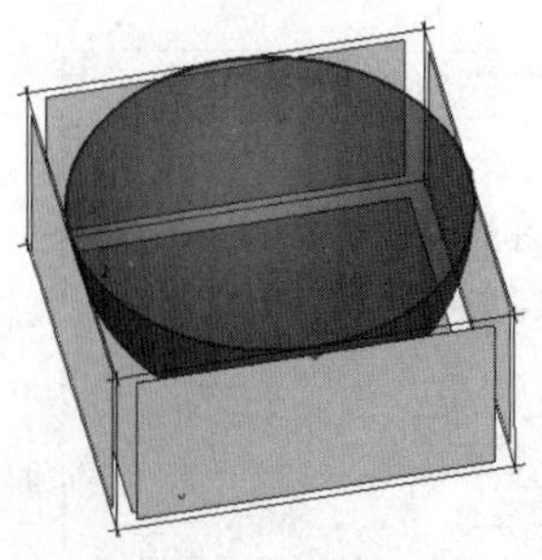

图10-72 删除块

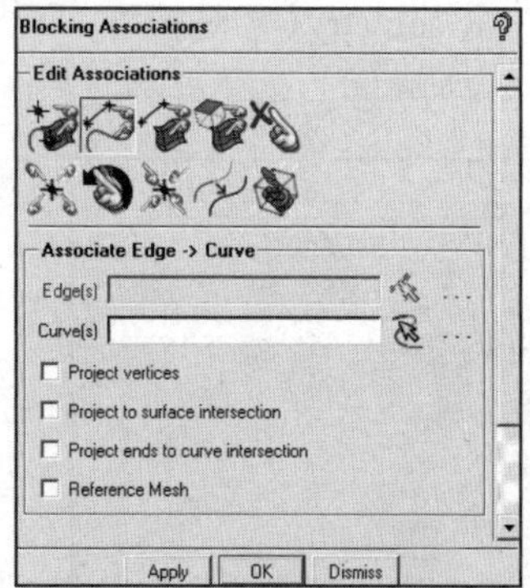

图10-73 Edge关联面板

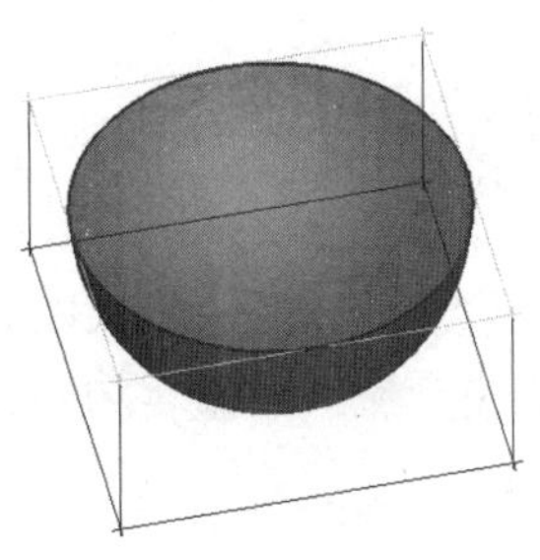

图10-74 边关联

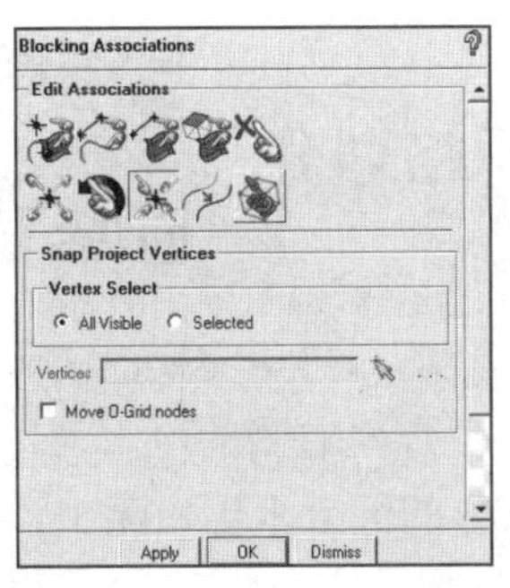

图10-75 块关联面板

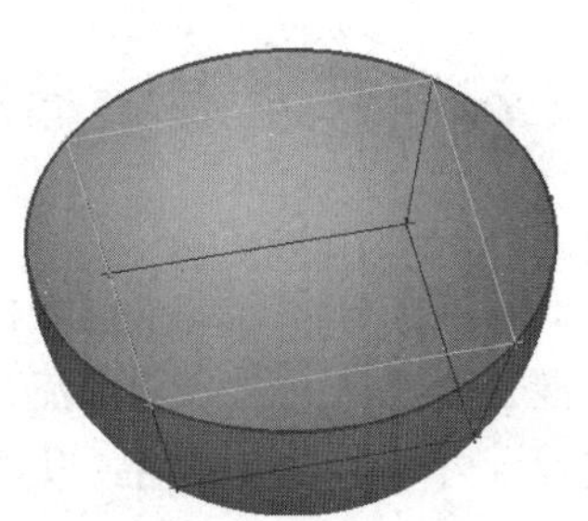

图10-76 顶点自动移动

10.4.4 网格生成

步骤 01 单击功能区内Mesh（网格）选项卡中的（全局网格设定）按钮，弹出如图 10-77 所示的Global Mesh Setup（全局网格设定）面板，在Max element中输入 2.0，单击Apply按钮确认。

步骤 02 单击功能区内Blocking（块）选项卡中的（预览网格）按钮，弹出如图 10-78 所示的Pre-Mesh Params（预网格参数）面板，单击按钮，选中Update All单选按钮，单击Apply按钮确认，显示预览网格，如图 10-79 所示。

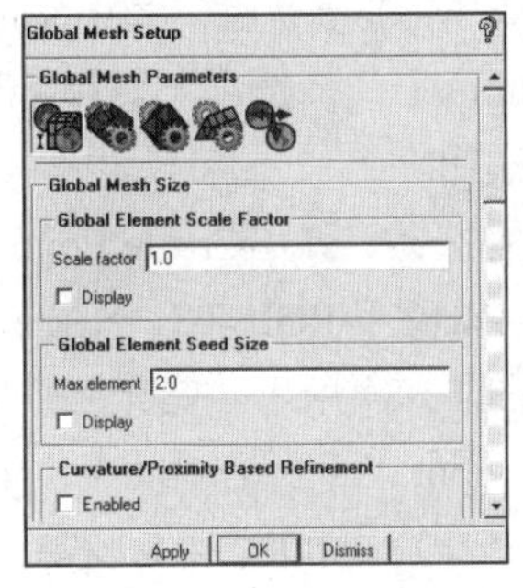

图10-77 全局网格设定面板

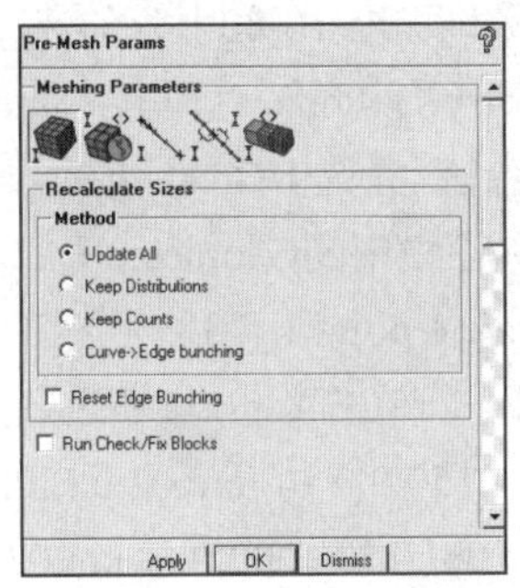

图10-78 预网格参数面板

图10-79 预览网格显示

10.4.5 网格质量检查

单击功能区内Blocking（块）选项卡中的（预网格质量直方图）按钮，弹出如图10-80所示的Pre-Mesh Quality（预网格质量）面板，单击Apply按钮确认，网格质量检查结果如图10-81所示。

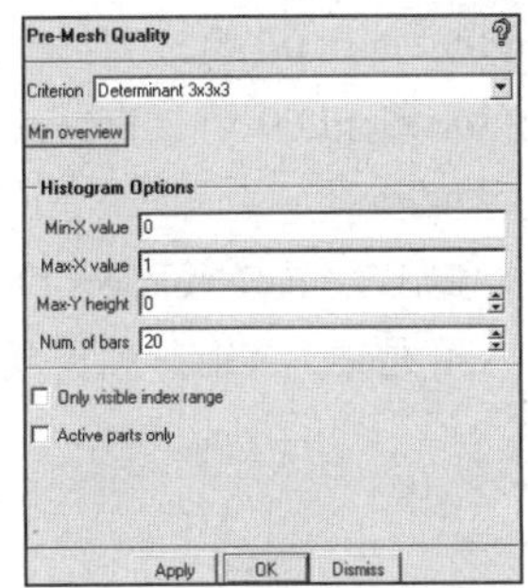

图10-80 预网格质量面板

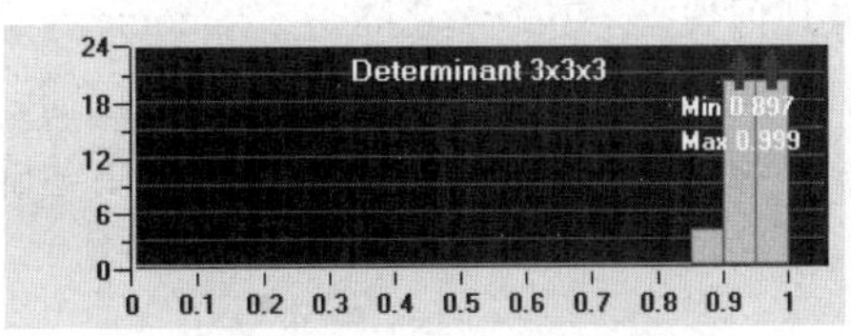

图10-81 网格质量检查结果

10.5 冷、热水混合器曲面网格划分

本节解决一个冷、热水混合器的内部流动和热量交换的实际问题，温度T=350K的热水以15m/s的速度从混合器左边的热水入口流入，与从混合器右侧的冷水入口以10m/s速度流入的温度为T=280K的冷水进行混合和能量交换后，从混合器下方的混合水出口流出。

10.5.1 启动ICEM CFD并建立分析项目

步骤01 在Windows系统下启动ICEM CFD，进入ICEM CFD界面。

步骤02 执行File→Save Project命令，弹出Save Project As对话框，在“文件名”中输入hunheqi，单击OK按钮确认，关闭对话框。

10.5.2 建立几何模型

步骤01 对有关创建几何模型的选项进行设置。单击Settings菜单栏，弹出下拉列表，单击Selection，弹出Settings-Selection（设置-选择）面板（见图 10-82），勾选Auto Pick Mode复选框。单击Settings菜单栏，弹出下拉列表，单击Geometry Options，弹出Geometry Options（几何选项）面板（见图 10-83），勾选Name new geometry复选框并选中Create new part单选按钮。

步骤02 通过输入坐标的方法创建点。执行标签栏中的Geometry命令，单击按钮，弹出Create Point（创建点）面板，单击按钮，选择Create 1 point（创建一个点），输入Part名称POINTS，Name使用默认名称，输入坐标值pnt.00（0,0,0），单击Apply按钮创建点，如图 10-84 所示。其余各点的创建方法与之相似，坐标分别为pnt.01（150,0,0）、pnt.02（150,−35,0）、pnt.03（210,−35,0）、pnt.04（210,−60,0）、pnt.05（150,−60,0）、pnt.06（150,−200,0）、pnt.07（75,−275,0）、pnt.08（12.5,−275,0）、pnt.09（12.5,−335,0）、pnt.10（0,−335,0）。创建所有点后显示点名称，右击模型树中的Points，选择Show Point Names，如图 10-85 所示。

步骤03 通过连接点的方式创建直线。执行标签栏中的Geometry命令，单击按钮，弹出Creat/Modify Curve（创建/修改曲线）面板，输入Part名称CURVES，Name使用默认名称，单击按钮，如图 10-86 所示。利用鼠标左键分别选择点pnt.00 和pnt.01 并单击鼠标中键确认，创建直线crv.00。利用同样的方法创建以下轮廓线：pnt.01 和pnt.02 组成直线crv.01，pnt.02 和pnt.03 组成直线crv.02，pnt.03 和pnt.04 组成直线crv.03，pnt.04 和pnt.05 组成直线crv.04，pnt.05 和pnt.06 组成直线crv.05，pnt.06 和pnt.07 组成直线crv.06，pnt.07 和pnt.08 组成直线crv.07，pnt.08 和pnt.09 组成直线crv.08，pnt.09 和pnt.10 组成直线crv.09。用和显示点名称相似的方法显示线名称。

步骤04 镜像几何模型。执行标签栏中的Geometry命令，单击按钮，弹出Transformation Tools（镜像工具）面板，如图 10-87 所示。单击按钮，勾选Copy复选框，平面轴为X轴，利用鼠标框选以创建部分弹体的全部点和线，单击鼠标中键确认。

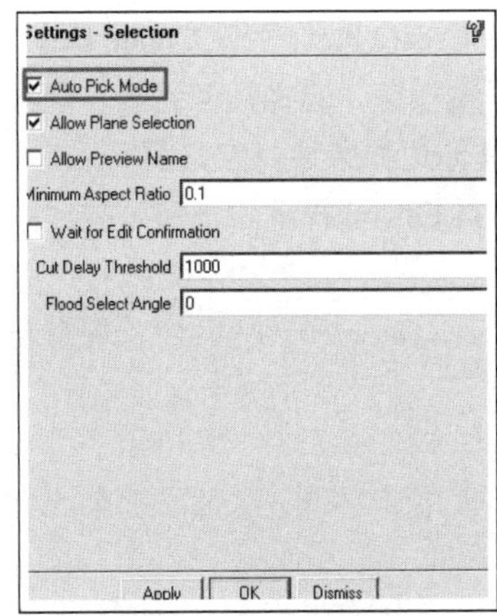

图 10-82 设置自动拾取

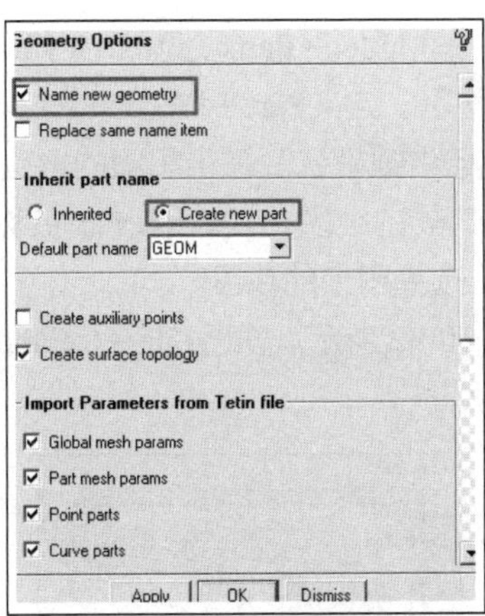

图 10-83 设置几何图形属性

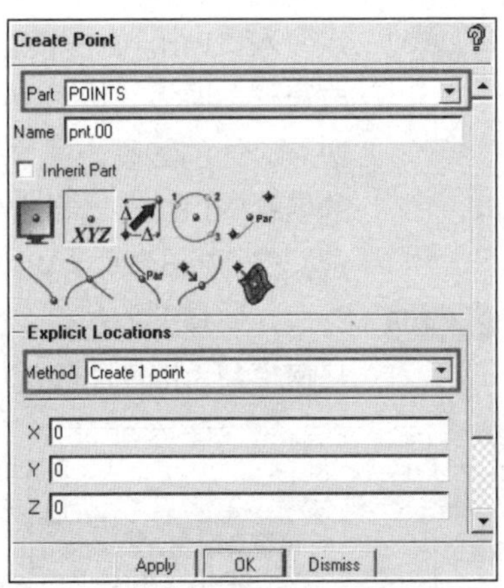

图 10-84 坐标创建点

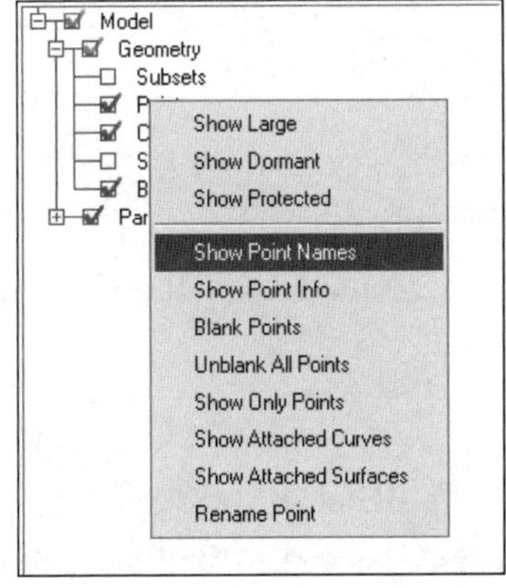

图 10-85 显示点名称

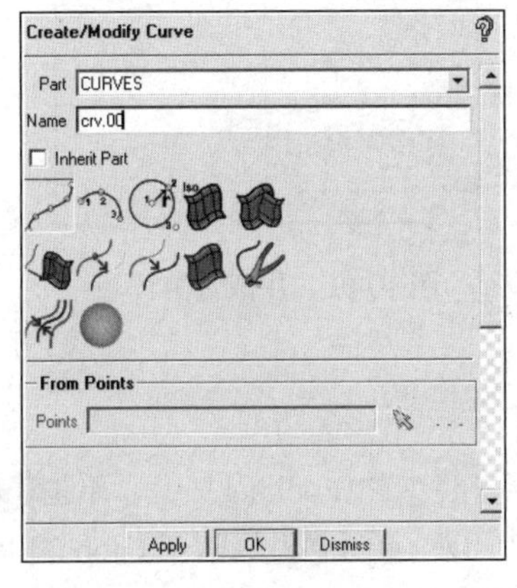

图 10-86 连接点方式创建线

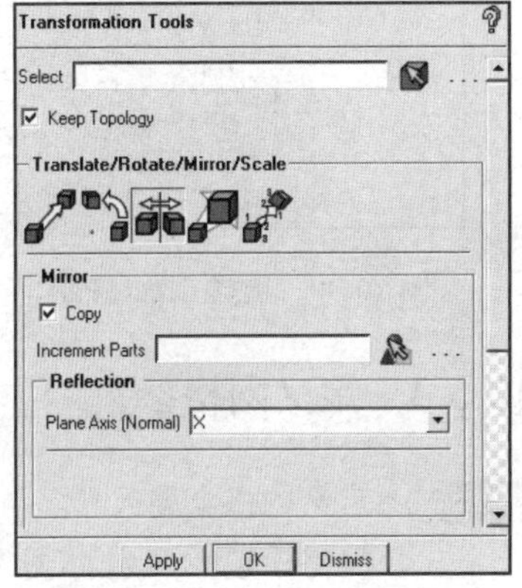

图 10-87 镜像操作

步骤05 执行标签栏中的Geometry命令，单击按钮，弹出Creat/Modify Surface（创建/修改曲面）面板，单击按钮，选择From 2-4 Curves，通过Curve创建Surface，如图 10-88 所示。依次选中修改过的几何模型外轮廓边线，单击鼠标中键确认。

步骤06 执行标签栏中的Geometry命令，单击按钮，弹出Create Body（生成体）面板，单击按钮，选中Centroid of 2 points单选按钮，如图 10-89 所示。选择点pnt.00 和pnt.06 并单击鼠标中键确认，完成材料点的创建，设置名称为FLUID。

图10-88 由线建面

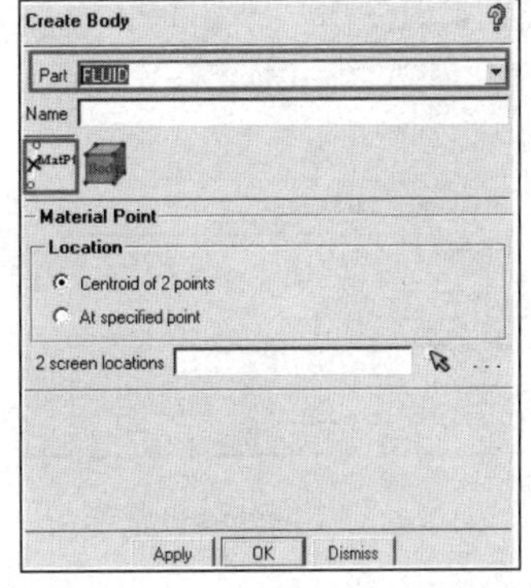

图10-89 创建材料点

步骤07 定义入口Part。右击模型树中的Model→Parts（见图 10-90），选择Create Part，弹出Create Part（生成边界）面板，如图 10-91 所示。定义Part名称为INLET1，单击按钮，选择几何元素，选择左边入口处的线段，并单击鼠标中键确认。采用相同的方法定义其他边界条件：定义另一入口Part的名称INLET2，选择右侧入口处的线段；定义出口Part名称为OUTLET，选择下方出口处的线段；定义壁面Part名称为WALL，选择剩余的线段。

步骤08 完成几何模型的创建，如图 10-92 所示。执行File→Geometry→Save Geometry As命令，保存当前几何模型为hunheqi.tin。

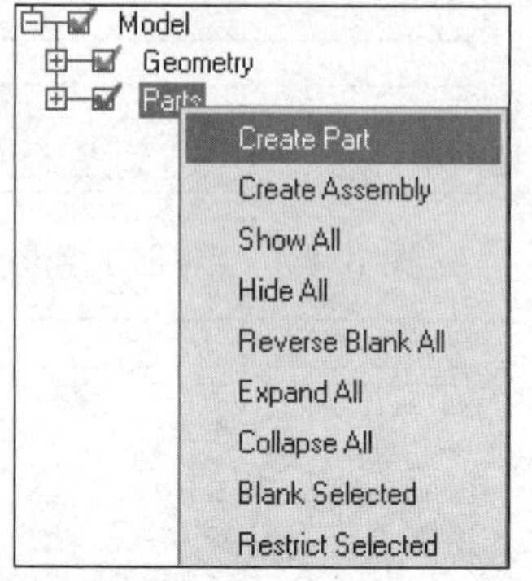

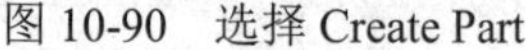
图 10-90　选择 Create Part

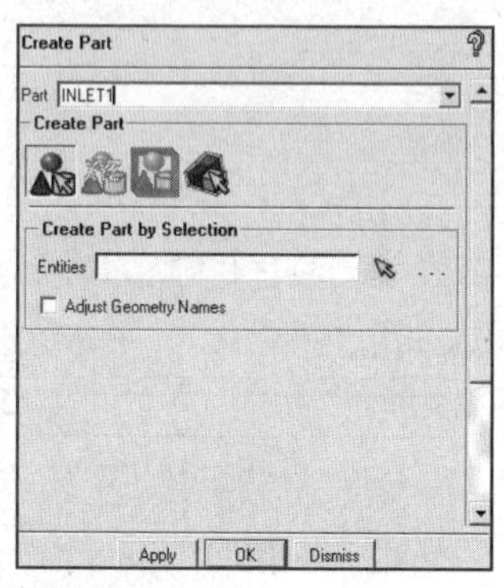

图 10-91　生成边界面板

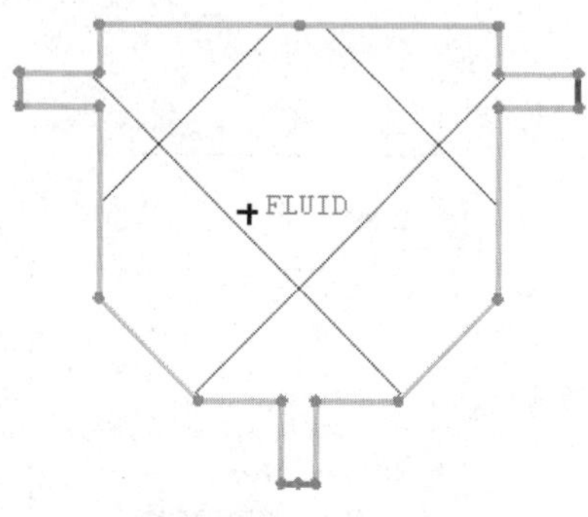

图 10-92　完成几何模型

10.5.3　定义网格参数

步骤01 定义网格全局尺寸。执行标签栏中的Blocking命令，单击按钮，弹出Global Mesh Setup（全局网格设定）面板，如图 10-93 所示。单击按钮，在Global Element Scale Factor栏中设置Scale factor值为 1.0，勾选Display复选框。在Global Element Seed Size栏中设置Max element值为 15.0，单击Apply按钮。

步骤02 定义全局壳网格参数。执行标签栏中的Blocking命令，单击按钮，弹出Global Mesh Setup（全局网格设定）面板，如图 10-94 所示。单击按钮，在Mesh type下拉列表中选择All Tri，在Mesh method下拉列表中选择Patch Dependent，其余选项保持默认设置，单击Apply按钮。

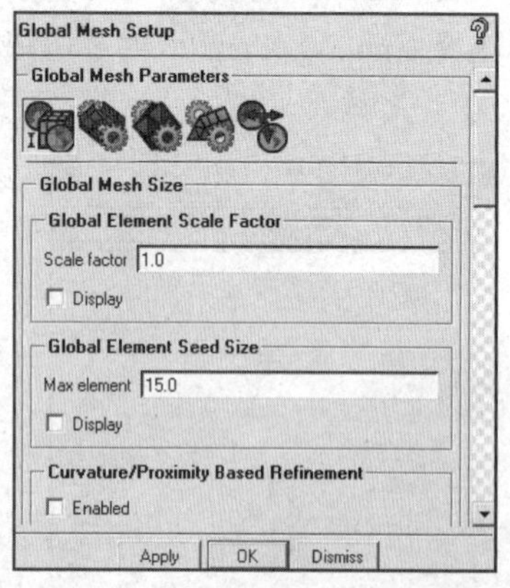

图10-93　全局网格设定面板

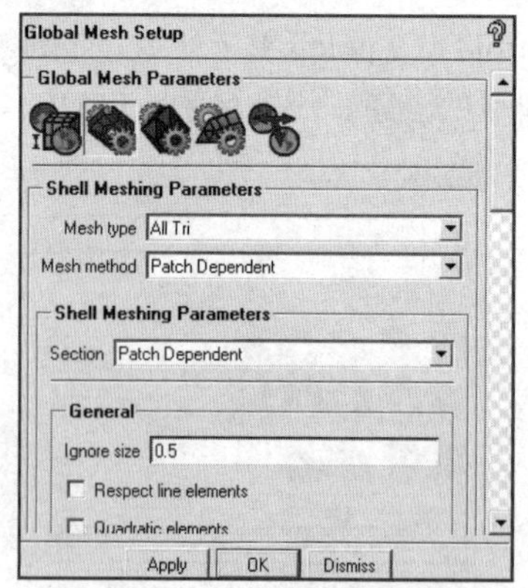

图10-94　全局壳网格参数设置

步骤03 执行标签栏中的Mesh命令，单击按钮，弹出Part Mesh Setup（部件网格设定）面板，如图 10-95

所示。在名称为SURFACES的Part栏中设置Maximum size值为 4，在名称为INLET1、INLET2、OUTLET的Part栏中设置Maximum size值为 2，其余选项保持默认设置，单击Apply按钮确认，单击Dismiss按钮退出。

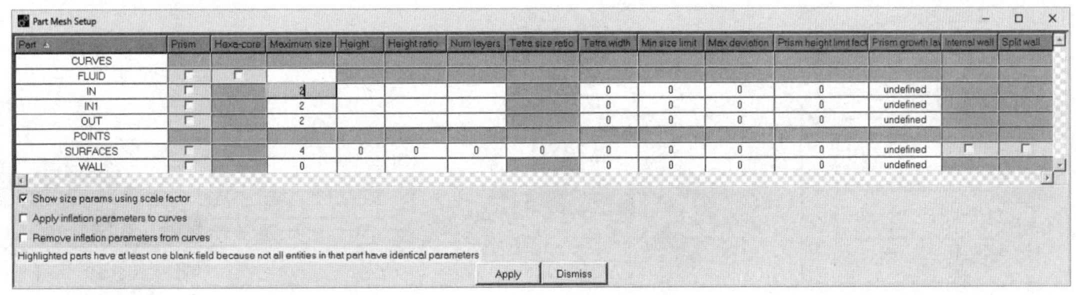

图10-95　设置Part网格尺寸

10.5.4　生成网格

步骤01 执行标签栏中的Mesh命令，单击按钮，弹出Compute Mesh（计算网格）面板，如图 10-96 所示。单击按钮，其余参数保持默认设置，单击Compute按钮生成非结构网格，如图 10-97 所示。

步骤02 取消模型树Model下对Mesh的勾选，隐藏已经生成的非结构网格，同样取消Geometry下对Points、Surfaces和Bodies的勾选，只显示Curves，便于观察和操作。右击Model→Geometry→Curves（见图 10-98），弹出选项列表，勾选Curve Node Spacing和Curve Element Count，显示曲线上的节点数和节点分布情况。

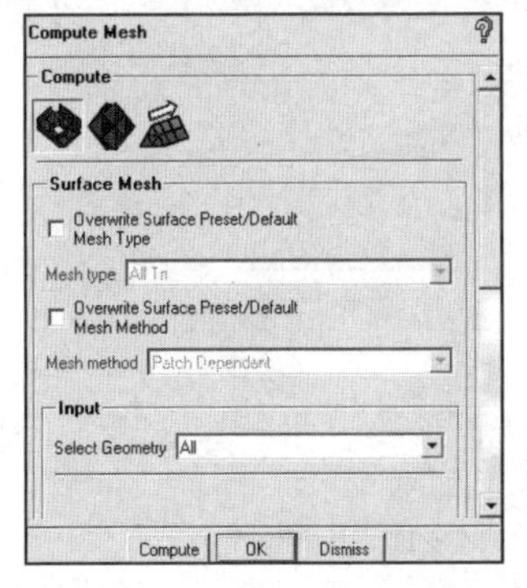

图10-96　生成网格面板

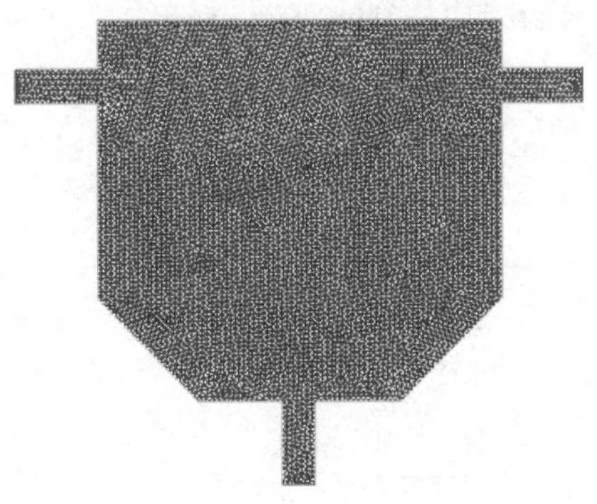

图10-97　生成非结构网格

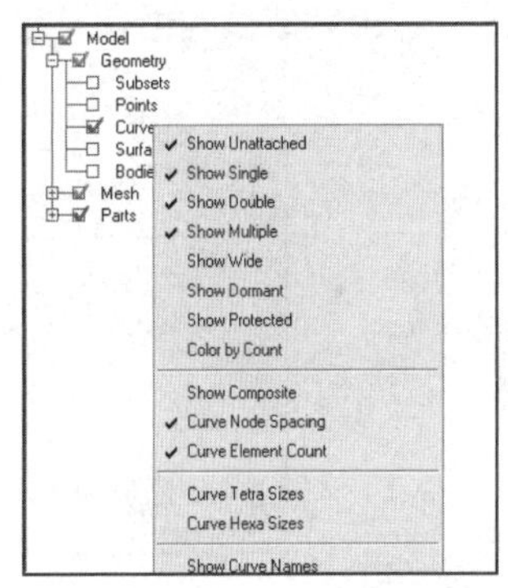

图10-98　显示曲线节点

步骤03 执行标签栏中的Mesh命令，单击按钮，弹出Curve Mesh Setup（曲线网格设定）面板，如图 10-99 所示。在Method下拉列表中选择General，选择入口INLET1 线段，单击鼠标中键确认，定义Number of nodes为 14，即节点数为 14，单击Apply按钮确定，完成对入口INLET1 线段网格参数的定义。利用相同的方式定义另外的入口和出口处线节点数以加密局部网格。按步骤01中的操作重新生成网格。

步骤04 检查网格质量。执行标签栏中的Edit Mesh命令，单击按钮，弹出Quality Metrics（质量指标）面板，如图 10-100 所示。在Mesh types to check栏中，LINE_2 选择No，TRI_3 选择Yes。Elements to check选择All，在Quality type的Criterion下拉列表中选择Quality，单击Apply按钮，网格质量显示如图 10-101 所示。

步骤05 执行File→Mesh→Save Mesh As命令，保存当前网格文件为hunheqi.uns。

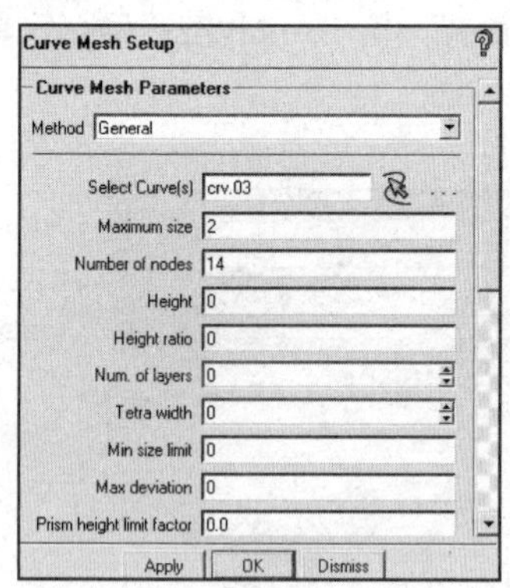

图 10-99 设置曲线节点参数

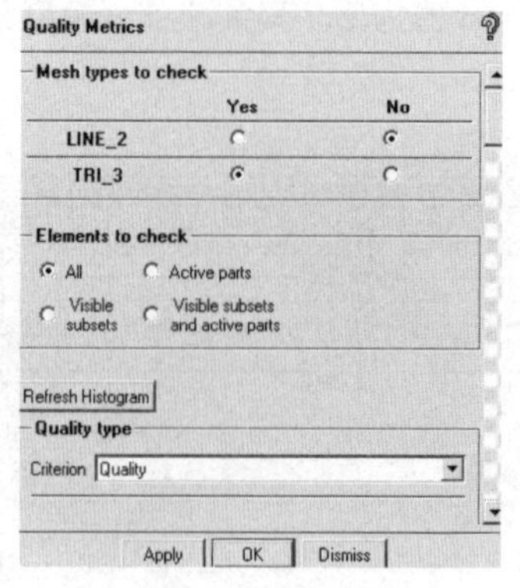

图 10-100 质量指标面板

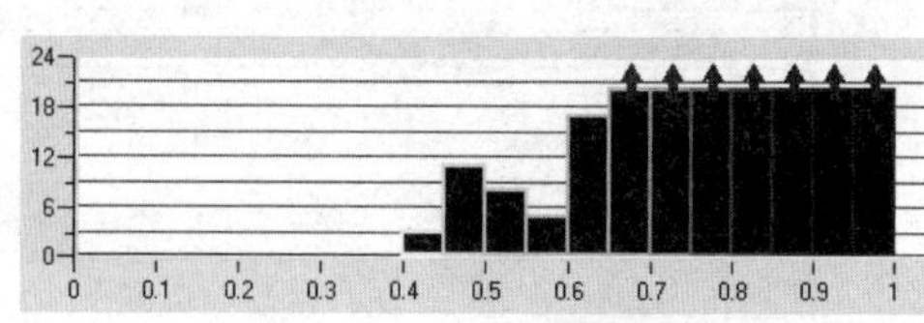

图 10-101 网格质量分布

10.5.5 导出网格

步骤01 执行标签栏中的Output命令，单击（求解器设定）按钮，弹出Solver Setup（求解器设定）面板，如图 10-102 所示。在Output Solver下拉列表中选择ANSYS Fluent，单击Apply按钮确定。

步骤02 执行标签栏中的Output命令，单击按钮，弹出设置面板，以默认名称保存.fbc和.atr文件，在弹出的对话框中单击No按钮，不保存当前项目文件，在随后弹出的对话框中选择保存文件hunheqi.uns。然后弹出如图 10-103 所示的Ansys Fluent对话框，在Grid dimension栏中选中 2D单选按钮，表示输出二维网格，在Output file栏中将文件名改为hunheqi，单击Done按钮导出网格，导出完成后，可在设定的工作目录中找到hunheqi.mesh。

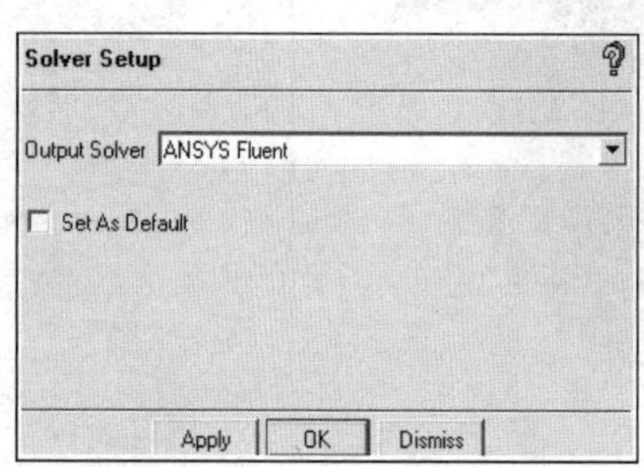

图10-102 求解器设定面板

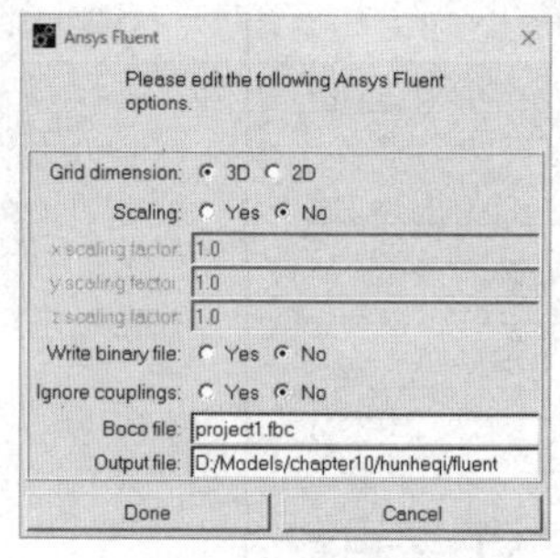

图10-103 导出网格

10.5.6 计算与后处理

步骤01 打开Fluent，选择 2D求解器。

步骤02 执行File→Read→Mesh命令，选择生成的网格hunheqi.mesh。

步骤03 单击界面左侧流程中的General，单击Mesh栏下的Scale定义网格单位，弹出对话框，在Mesh Was Created In下拉列表中选择mm，单击Scale按钮，再单击Close按钮关闭对话框。

步骤04 单击Mesh栏下的Check检查网格质量，注意Minimum Volume应大于 0。

步骤05 单击界面左侧流程中的General，在Solver栏下选择基于压力的稳态平面求解器，如图 10-104 所示。

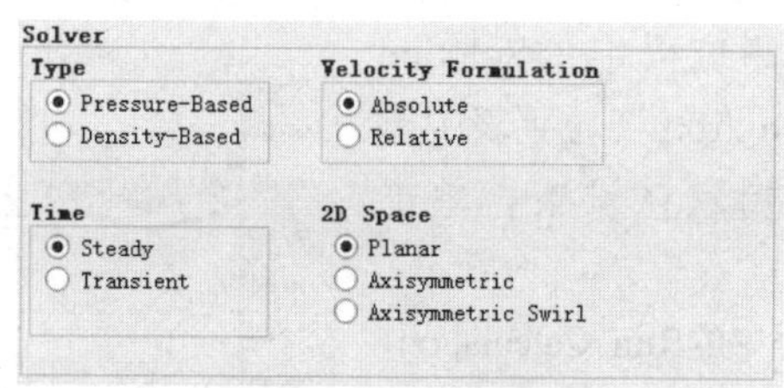

图10-104　求解器设定

步骤06 单击界面左侧流程中的Models，双击Energy，弹出对话框，启动能量方程，单击OK按钮。双击Viscous，选择湍流模型，在列表中选择k-epsilon（2 eqn），即k-ε两方程模型，其余参数保持默认，单击OK按钮。

步骤07 单击界面左侧流程中的Materials，定义材料。双击选择Fluid→Water-liquid，弹出对话框，保持默认设置。

步骤08 单击界面左侧流程中的Boundary Condition，对边界条件进行设置，由于在ICEM中建立网格时已经对可能用到的边界条件进行了命名，在这里体现了其便捷性，可以直接根据名称进行设置。

步骤09 定义入口。选中inlet1，在Type下拉列表中选择velocity-inlet（速度入口）边界条件，弹出对话框，单击Yes按钮，弹出另一个对话框，如图 10-105 所示，在Momentum栏中，设置Velocity Magnitude值为 15，Turbulent Intensity值为 5，Hydraulic Diameter值为 0.025。用同样的方法设置入口条件inlet2，在Momentum栏中设置Velocity Magnitude值为 10，Turbulent Intensity值为 5，Hydraulic Diameter值为 0.025。选中outlet，在Type下拉列表中选择outflow边界条件，弹出对话框，保持默认设置，单击OK按钮。选中wall，在Type下拉列表中选择wall（壁面）边界条件，弹出对话框，单击Yes按钮，弹出另一个对话框，保持默认设置，单击OK按钮。

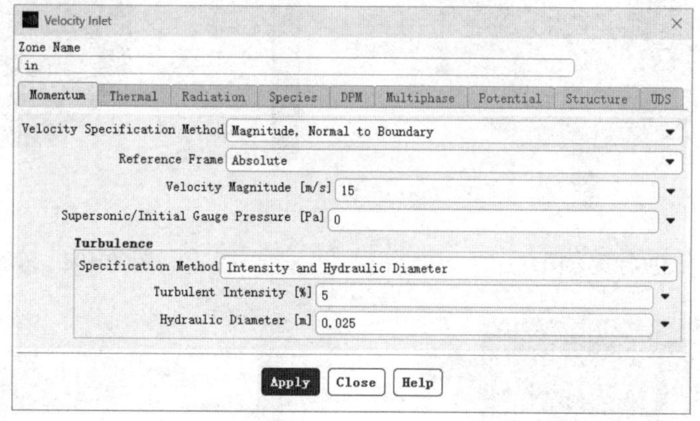

图10-105　设置入口边界条件

步骤10 定义参考值。单击界面左侧流程中的Reference Values，对计算参考值进行设置，在Compute from下拉列表中选择inlet1，参数值保持默认设置。

步骤11 定义求解方法。单击界面左侧流程中的Solution Methods，对求解方法进行设置，为了提高精度，均可选用Second Order Upwind（二阶迎风格式），其余参数默认设置即可。

步骤12 定义克朗数和松弛因子。单击界面左侧流程中的Solution Controls，保持默认设置。

步骤13 定义收敛条件。单击界面左侧流程中的Monitors，双击Residual设置收敛条件，continuity值改为1e-05，其余值不变，单击OK按钮。

步骤14 初始化。单击界面左侧流程中的Solution Initialization，在Compute from下拉列表中选中inlet1，其他参数保持默认设置，单击Initialize按钮。

步骤15 求解。单击界面左侧流程中的Run Calculation，设置迭代次数为 2000，单击Calculate按钮，开始迭代计算，大约 1500 步收敛。残差变化情况如图 10-106 所示。

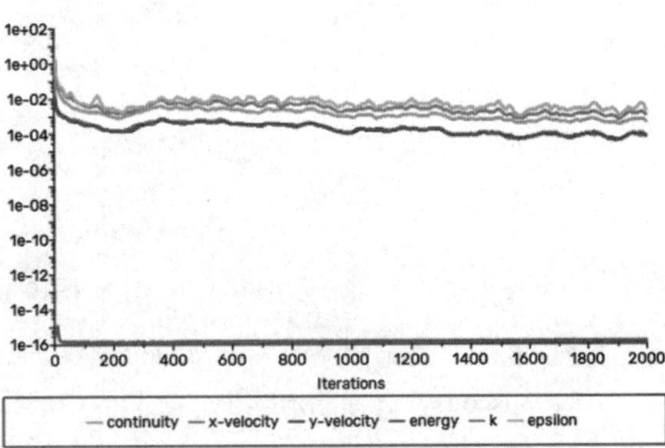

图10-106　残差变化情况

步骤16 显示云图。单击界面左侧流程中的Graphics and Animations，双击Contours，弹出对话框。在Options中勾选Filled复选框，在Contours of栏中分别选择Velocity和Velocity Magnitude、Temperature和Static Temperature、Pressure和Static Pressure，显示速度标量云图、静温云图和压力云图，如图 10-107～图 10-109 所示。

步骤17 显示流线图。单击界面左侧流程中的Graphics and Animations，双击Pathlines，弹出对话框。在Style下拉列表中选择line，在Step Size中输入 1，在Steps中输入 5，在Path Skip栏中输入 10，设置流线间距；在Release from Surfaces中选择int_surfaces，单击Display按钮，得到如图 10-110 所示的流线图。

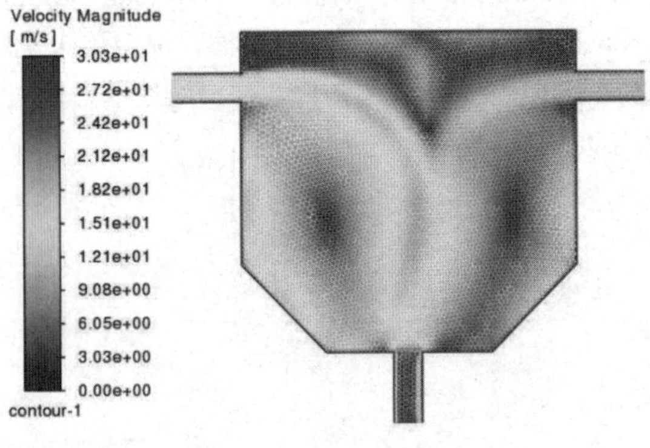

图10-107　速度标量云图

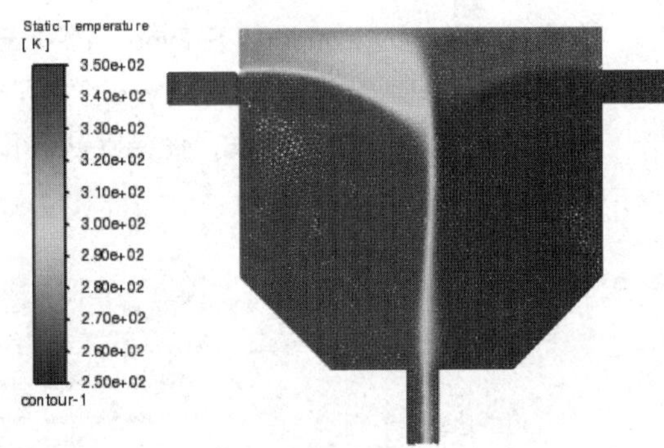

图10-108　静温云图

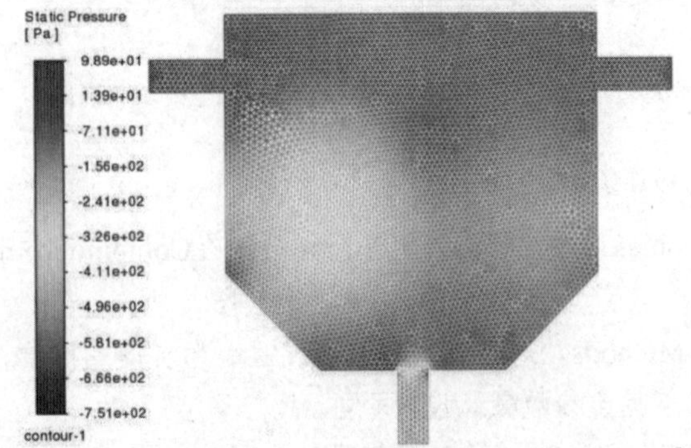

图10-109　压力云图

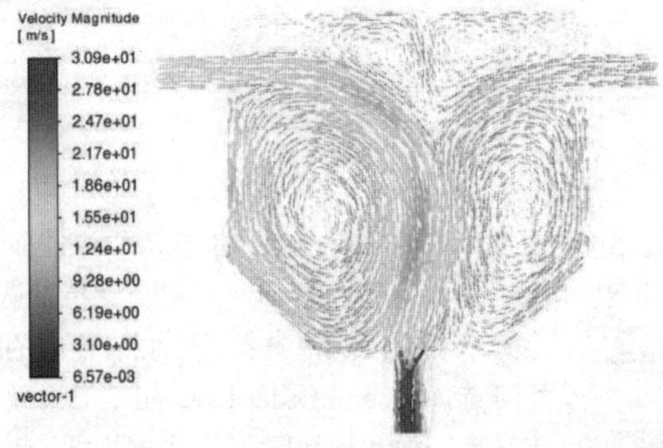

图10-110　流线图

10.6　二维喷管曲面网格划分

本节对一二维喷管进行非结构网格划分，并进行相应的数值计算。

10.6.1　启动ICEM CFD并建立分析项目

步骤01 在Windows系统下启动ICEM CFD，进入ICEM CFD界面。

步骤02 执行File→Save Project命令，弹出Save Project As对话框，在“文件名”中输入penguan，单击OK按钮确认，关闭对话框。

10.6.2　建立几何模型

步骤01 对有关创建几何模型的选项进行设置。单击Settings菜单栏，弹出下拉列表，单击Selection，弹出Settings-Selection（设置-选择）面板（见图 10-111），勾选Auto Pick Mode复选框。单击Settings菜单栏，弹出下拉列表，单击Geometry Options，弹出Geometry Options（几何选项）面板（见图 10-112），勾选Name new geometry复选框并选中Create new part单选按钮。

步骤02 通过输入坐标的方法创建点。执行标签栏中的Geometry命令，单击按钮，弹出Create Point（创建点）面板，单击按钮，选择Create 1 point（创建一个点），输入Part名称POINTS，Name使用默认名称，输入坐标值pnt.00（0,0,0），单击Apply按钮创建点，如图 10-113 所示。其余各点的创建方法与之相似，坐标分别为pnt.01（0,300,0）、pnt.02（550,300,0）、pnt.03（1050,160,0）、pnt.04（1250,160,0）、pnt.05（1750,300,0）、pnt.06（2300,300,0）、pnt.07（2300,0,0）。创建所有点后显示点名称，右击模型树中的Points，选择Show Point Names，如图 10-114 所示。

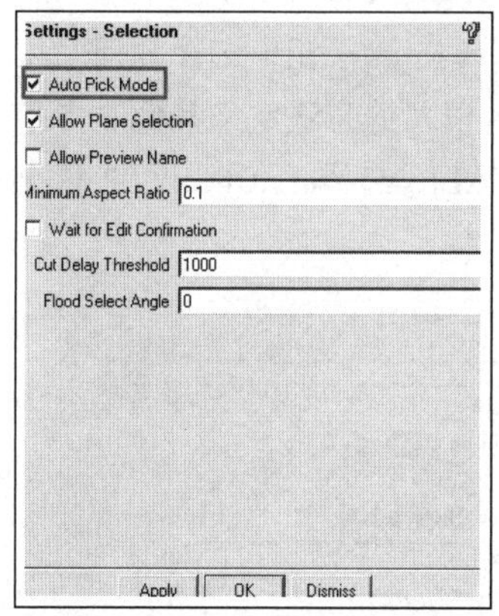

图10-111　设置自动拾取

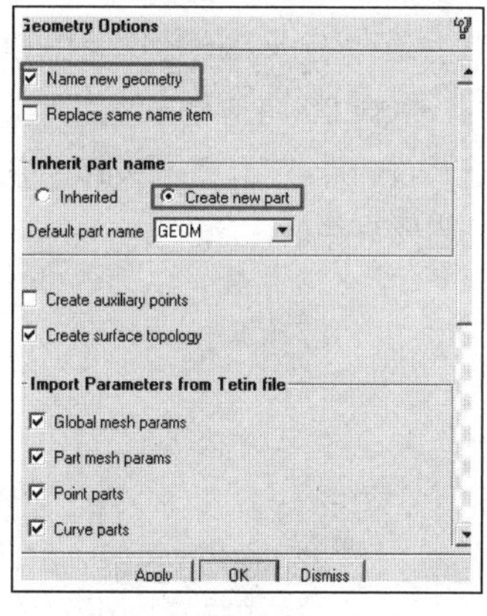

图10-112　设置几何图形属性

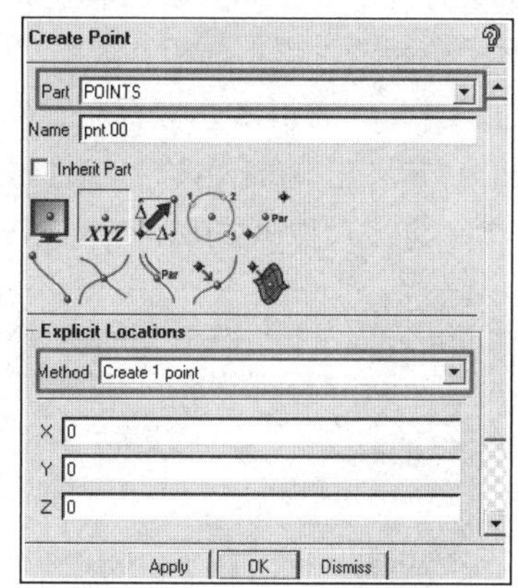

图10-113　坐标创建点

步骤03 通过连接点的方式创建直线。执行标签栏中的Geometry命令，单击按钮，弹出Create/Modify Curve（创建/修改曲线）面板，输入Part名称CURVES，Name使用默认名称，单击按钮，如图 10-115 所示。利用鼠标左键分别选择点pnt.00 和pnt.01 并单击鼠标中键确认，创建直线crv.00。利用同样的方法创建以下轮廓线：pnt.01 和pnt.02 组成直线crv.01，pnt.02、pnt.03、pnt.04 和pnt.05 组成曲线crv.02，pnt.05 和pnt.06 组成直线crv.03，pnt.06 和pnt.07 组成直线crv.04，pnt.07 和pnt.00

组成直线crv.05。用和显示点名称相似的方法显示线名称。

步骤04 执行标签栏中的Geometry命令，单击按钮，弹出Create/Modify Surface（创建/修改曲面）面板，单击按钮，选择From 2-4 Curves，通过Curve创建Surface，如图 10-116 所示。依次选中修改过的几何模型外轮廓边线并单击鼠标中键确认，得到完整的几何模型，如图 10-117 所示。

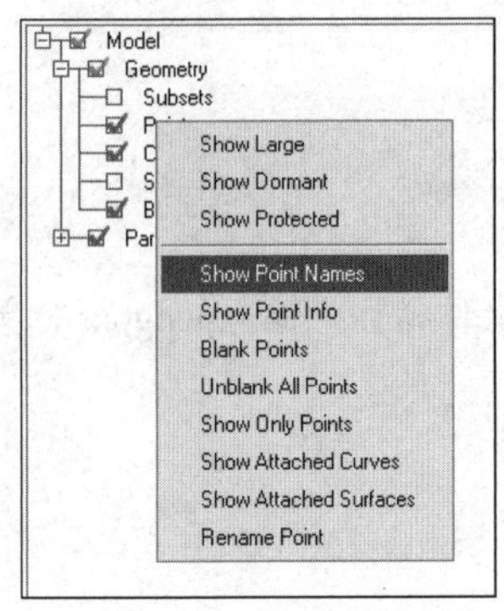

图10-114　显示点名称

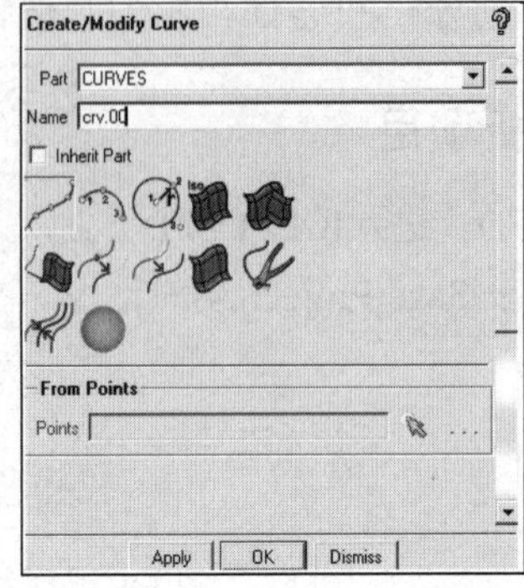

图10-115　以连接点方式创建线

图10-116　由线建面

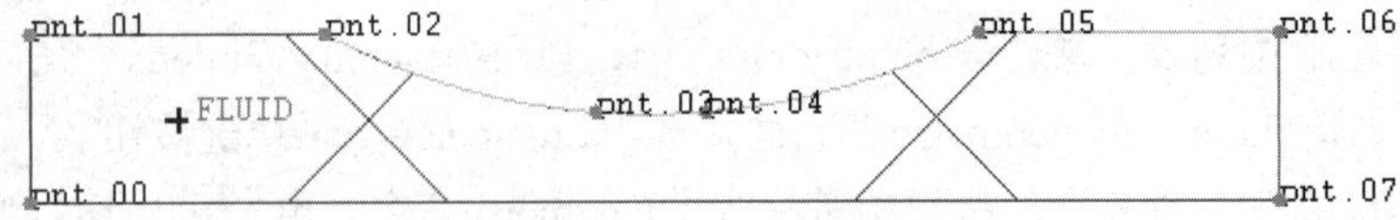

图10-117　完整的几何模型

步骤05 执行标签栏中的Geometry命令，单击按钮，弹出Create Body（生成体）面板，单击按钮，选中Centroid of 2 points单选按钮，如图 10-118 所示。利用鼠标左键选择点pnt.00 和pnt.02 并单击鼠标中键确认，完成材料点的创建，默认名为FLUID。

步骤06 定义入口Part。右击模型树中的Model→Parts（见图 10-119），选择Create Part，弹出Create Part（生成边界）面板，如图 10-120 所示。定义Part名称为INLET，单击按钮，选择几何元素，选择crv.00 并单击鼠标中键确定，此时crv.00 将自动改变颜色。采用相同的方法定义其他边界条件：定义出口Part名称为OUTLET，选择crv.04；定义壁面Part名称为WALL，选择crv.01、crv.02 和crv.03；定义对称边界Part名称为SYM，选择直线crv.05。

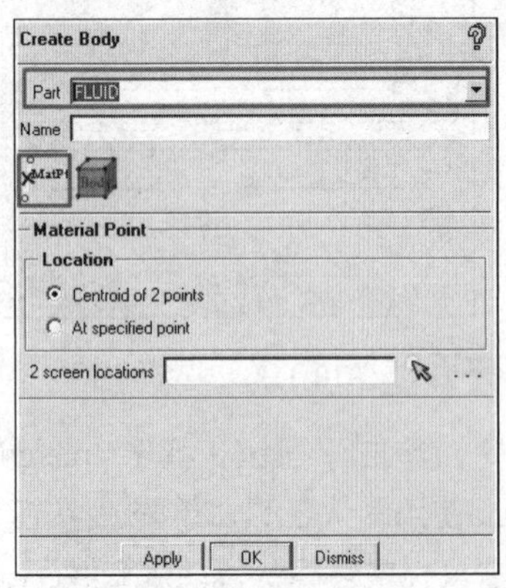

图10-118　创建材料点

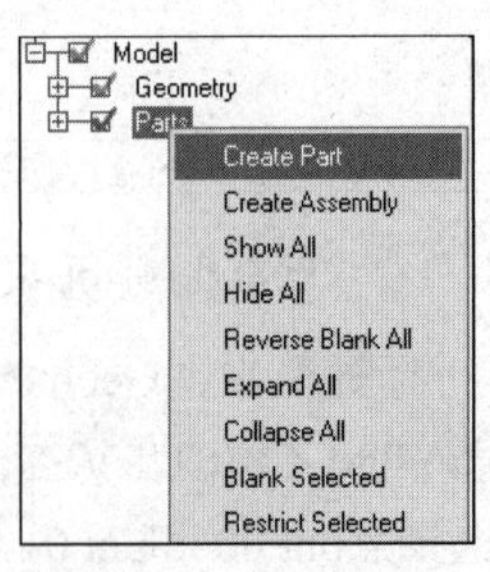

图10-119　选择Create Part

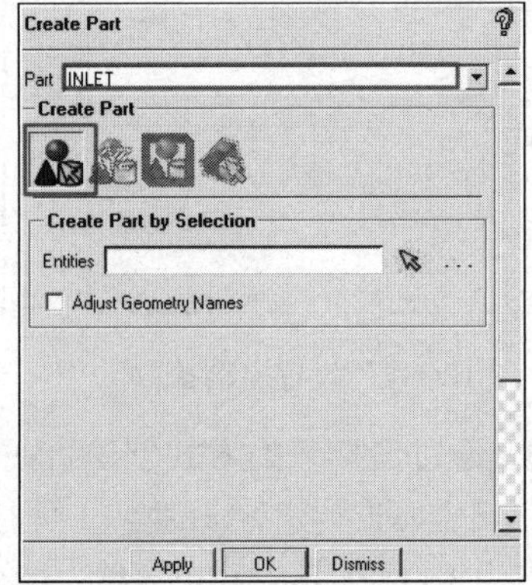

图10-120　生成边界面板

步骤 07 完成几何模型的创建。保存几何模型，执行File→Geometry→Save Geometry As命令，保存当前几何模型为penguan.tin。

10.6.3 定义网格参数

步骤 01 定义网格全局尺寸。执行标签栏中的Blocking命令，单击按钮，弹出Global Mesh Setup（全局网格设定）面板，如图 10-121 所示。单击按钮，在Global Element Scale Factor栏中设置Scale factor值为 1，勾选Display复选框。在Global Element Seed Size栏中设置Max element值为 50，单击Apply按钮。

步骤 02 定义全局壳网格参数。执行标签栏中的Blocking命令，单击按钮，弹出Global Mesh Setup（全局网格设定）面板，如图 10-122 所示。单击按钮，在Mesh type下拉列表中选择All Tri，在Mesh method下拉列表中选择Patch Dependent，其余参数保持默认设置，单击Apply按钮。

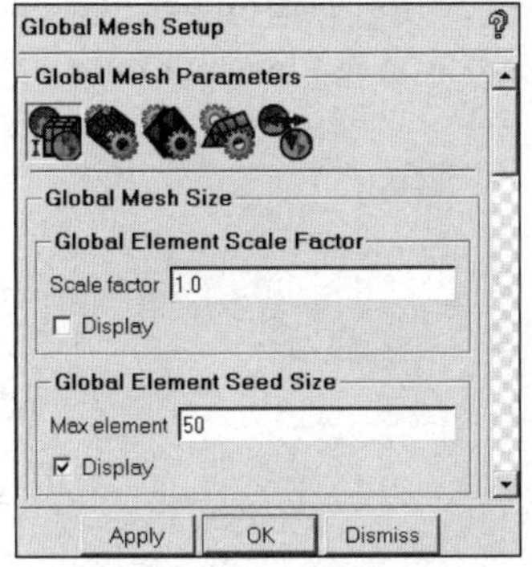

图10-121　全局网格设定面板

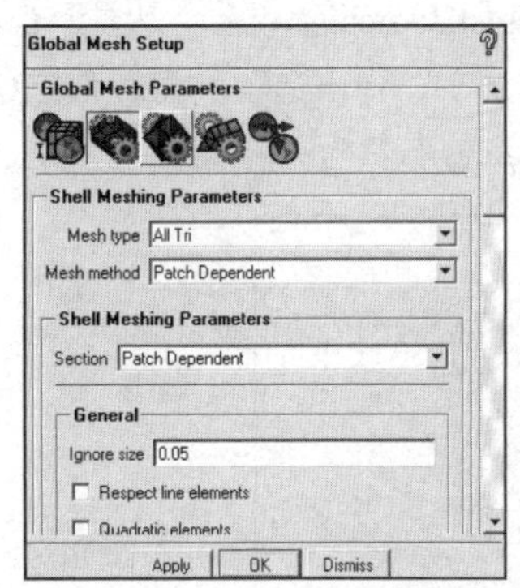

图10-122　定义全局壳网格参数

步骤 03 执行标签栏中的Mesh命令，单击按钮，弹出Part Mesh Setup（部件网格设定）面板，如图 10-123 所示。在名称为SURFACES的Part栏中设置Maximum size值为 15，在名称为WALL的Part复选框栏中勾选Prim复选框生成边界层网格，设置Maximum size值为 15、Height值为 3、Height ratio值为 1.2、Num layers值为 5，勾选Apply inflation parameters to curves复选框，其余参数保持默认设置，单击Apply按钮确认，单击Dismiss按钮退出。

Part Mesh Setup

Part	Prism	Hexa-core	Maximum size	Height	Height ratio	Num layers	Tetra size ratio	Tetra width	Min size limit	Max deviation	Prism height limit fact	Prism growth lav	Internal wall	Split wall
FLUID	☐	☐												
INLET	☐		10.3448	0	0	0		0	0	0	0	undefined		
OUTLET	☐		10.3448	0	0	0		0	0	0	0	undefined		
POINTS														
SURFACES	☐		15	0	0	0	0	0	0	0	0	undefined	☐	☐
SYM	☐		0	0	0	0		0	0	0	0	undefined		
WALL	☑		15	3	1.2	5		0	0	0	0	undefined		

☑ Show size params using scale factor
☑ Apply inflation parameters to curves
☐ Remove inflation parameters from curves
Highlighted parts have at least one blank field because not all entities in that part have identical parameters
Apply　Dismiss

图10-123　设置Part网格参数

10.6.4 生成网格

步骤 01 执行标签栏中的Mesh命令，单击按钮，弹出Compute Mesh（计算网格）面板，如图 10-124 所示。单击按钮，其余参数保持默认设置，单击Compute按钮生成非结构网格，如图 10-125 所示。

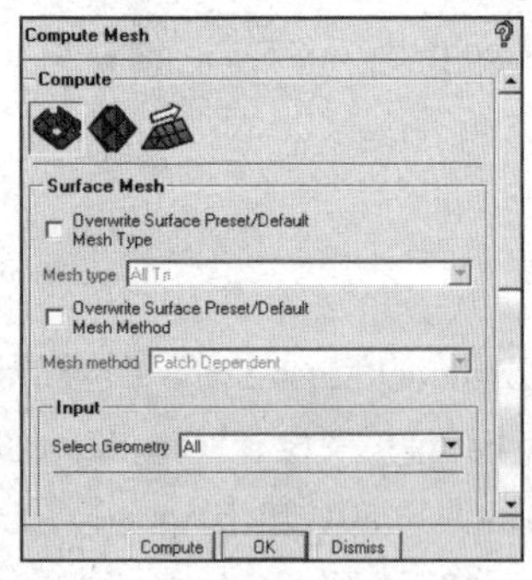

图10-124　生成网格面板

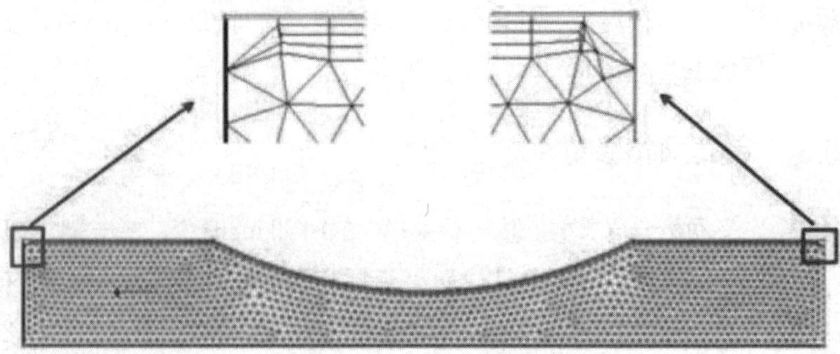

图10-125　生成网格

步骤02　取消模型树Model下对Mesh的勾选，隐藏已经生成的非结构网格，同样取消Geometry下对Points、Surfaces和Bodies的勾选，只显示Curves，便于观察和操作。右击Model→Geometry→Curves（见图 10-126），弹出选项列表，勾选Curve Node Spacing和Curve Element Count，显示曲线上的节点数和节点分布情况，结果如图 10-127 所示。

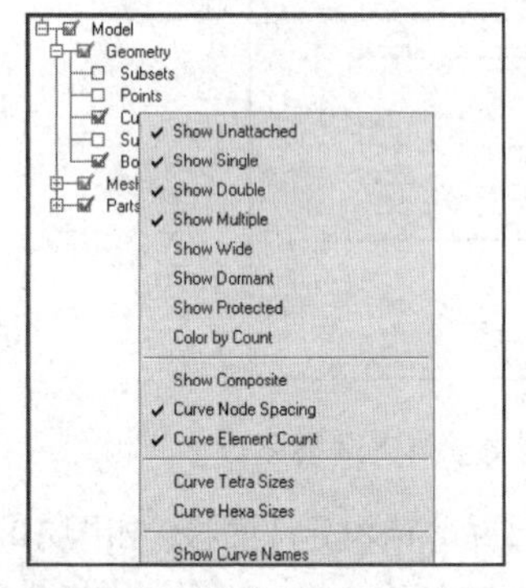

图10-126　显示节点分布

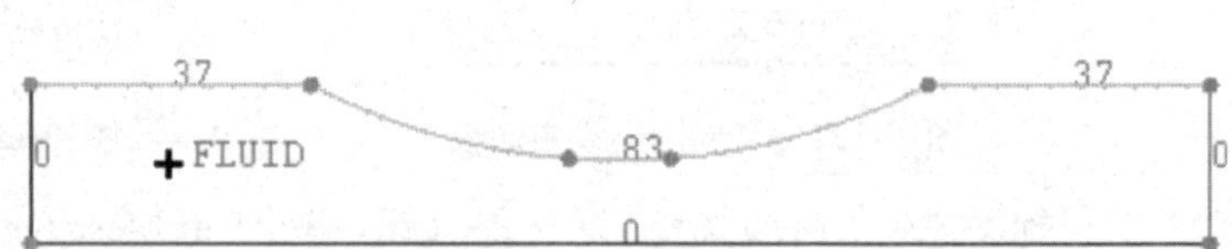

图10-127　初始节点分布情况

步骤03　执行标签栏中的Mesh命令，单击按钮，弹出Curve Mesh Setup（曲线网格设定）面板，如图 10-128 所示。在Method下拉列表中选择General，选择crv.00 并单击鼠标中键确认，定义Number of nodes为 30，即节点数为 30，在Bunching law下拉列表中选择BiGeometric，勾选Curve direction复选框，定义Spacing 1=10、Ratio 1=2、Spacing 2=3、Ratio 2=1.2，单击Apply按钮确定，完成对crv.00 网格参数的定义。采用相同的参数定义crv.04 的网格尺寸，完成后节点的分布情况如图 10-129 所示。

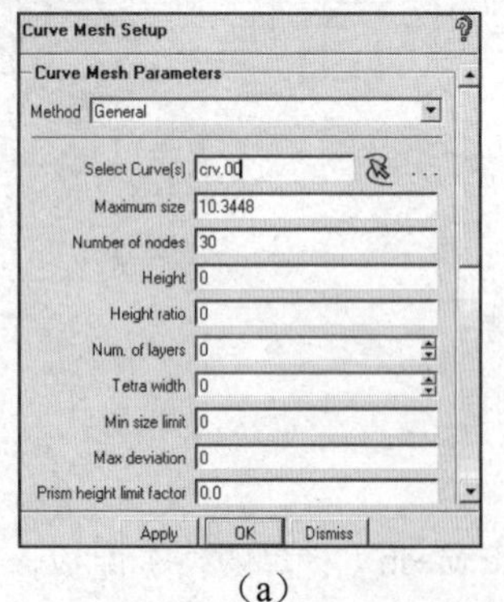

（a）

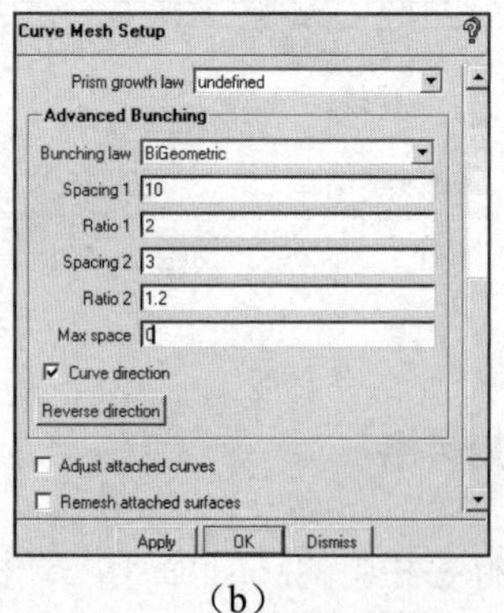

（b）

图10-128　节点参数定义

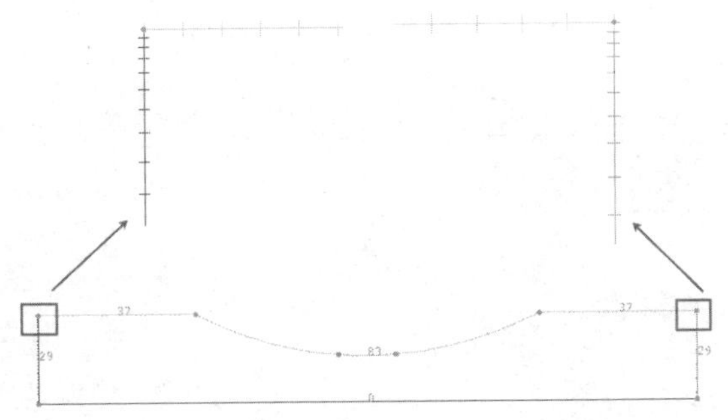

图10-129　修改完成后节点的分布情况

步骤04　用步骤01的方法重新生成网格，如图 10-130 所示。

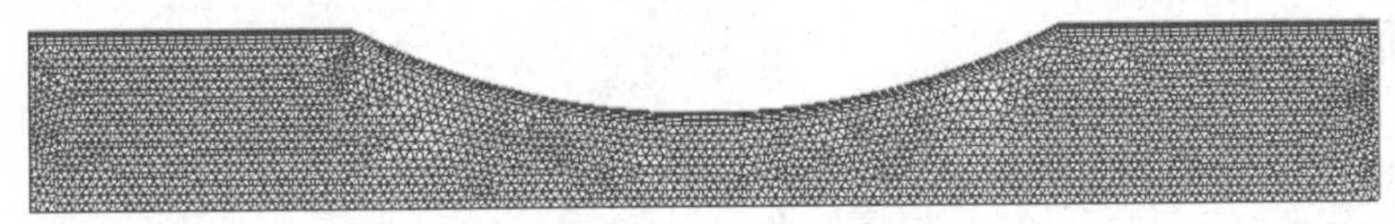

图10-130　生成网格

步骤05　执行标签栏中的Edit Mesh命令，单击按钮，弹出Quality Metrics（质量指标）面板，如图 10-131 所示。在Mesh types to check栏中，LINE_2 选择No，TRI_3 和QUAD_4 选择Yes。Elements to check 选择All，在Quality type的Criterion下拉列表中选择Quality，单击Apply按钮，网格质量显示如图 10-132 所示。

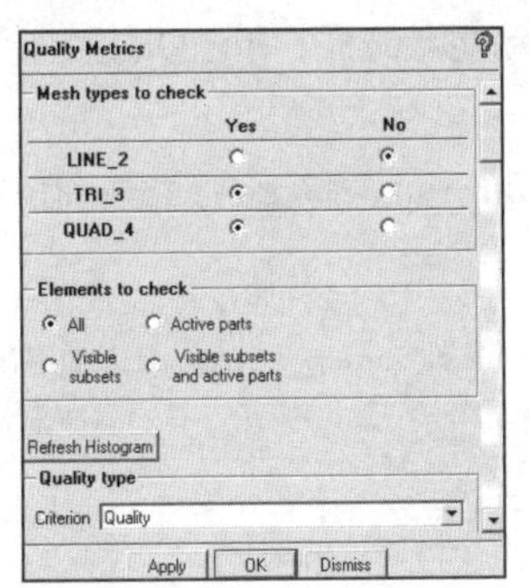

图10-131　质量指标面板

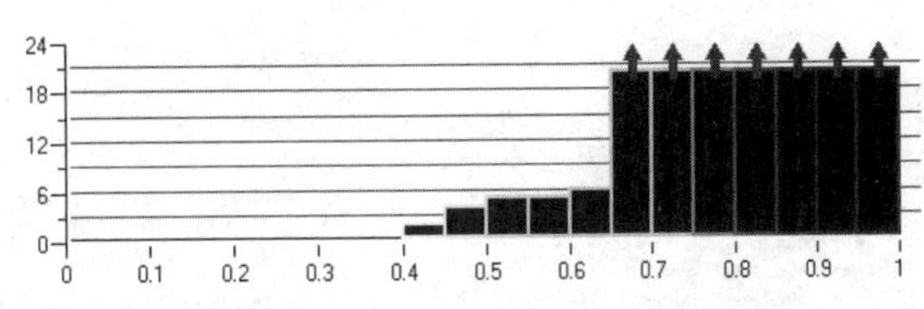

图10-132　网格质量分布

步骤06　执行File→Mesh→Save Mesh As命令，保存当前网格文件为penguan.uns。

10.6.5　导出网格

步骤01　执行标签栏中的Output命令，单击按钮，弹出Solver Setup（求解器设定）面板，如图 10-133 所示。在Output Solver下拉列表中选择ANSYS Fluent，单击Apply按钮确定。

步骤02　执行标签栏中的Output命令，单击按钮，弹出设置面板，以默认名称保存.fbc和.atr文件，在弹出的对话框中单击No按钮，不保存当前项目文件，在随后弹出的对话框中选择保存的文件penguan.uns。然后弹出如图 10-134 所示的ANSYS Fluent对话框，在Grid dimension栏中选中 2D单选按钮，表示输出二维网格，在Output file栏中将文件名改为penguan，单击Done按钮导出网格，导出完成后，可在设定的工作目录中找到penguan.mesh。

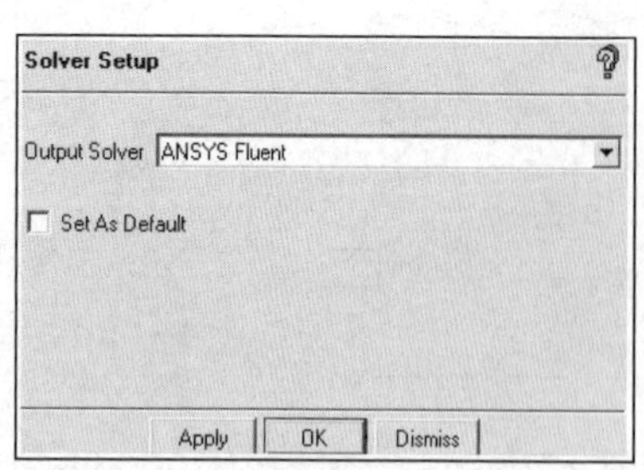

图10-133　求解器设定面板

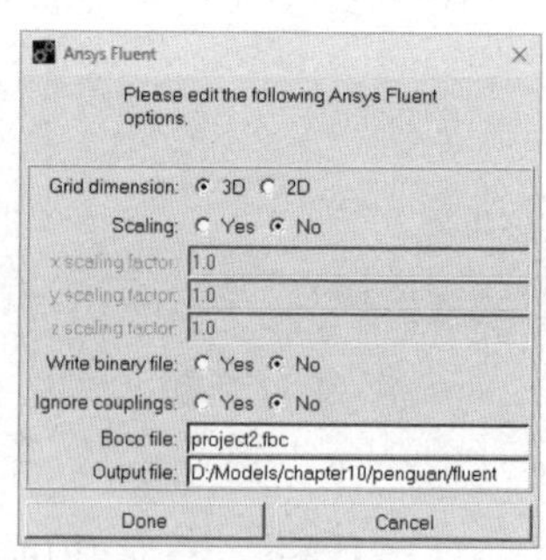

图10-134　导出网格

10.6.6　计算与后处理

步骤01 打开Fluent，选择 2D求解器。

步骤02 执行File→Read→Mesh命令，选择生成的网格penguan.mesh。

步骤03 单击界面左侧流程中的General，单击Mesh栏下的Scale定义网格单位，弹出对话框，在Mesh Was Created In下拉列表中选择mm，单击Scale按钮，单击Close按钮关闭对话框。

步骤04 单击Mesh栏下的Check检查网格质量，注意Minimum Volume应大于 0。

步骤05 单击界面左侧流程中的General，在Solver栏下分别选择基于压力的稳态平面求解器，如图 10-135 所示。

步骤06 单击界面左侧流程中的Models，双击Energy弹出对话框，启动能量方程，单击OK按钮。双击Viscous，选择湍流模型，在列表中选择Inviscid，单击OK按钮。

步骤07 单击界面左侧流程中的Materials，定义材料。双击选择Fluid→air，弹出对话框，在Density下拉列表中选择ideal-gas，结果如图 10-136 所示。

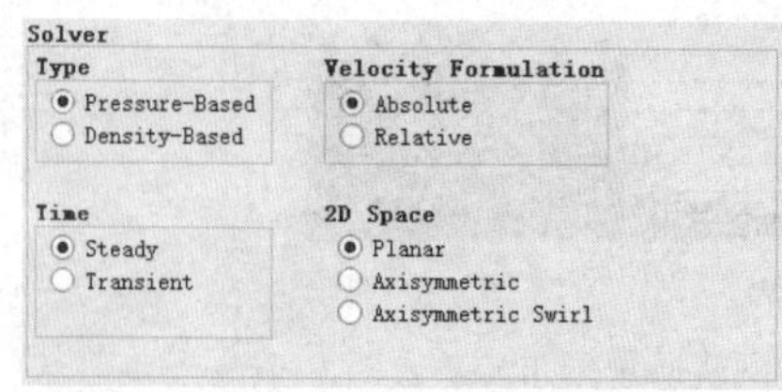

图10-135　求解器设定

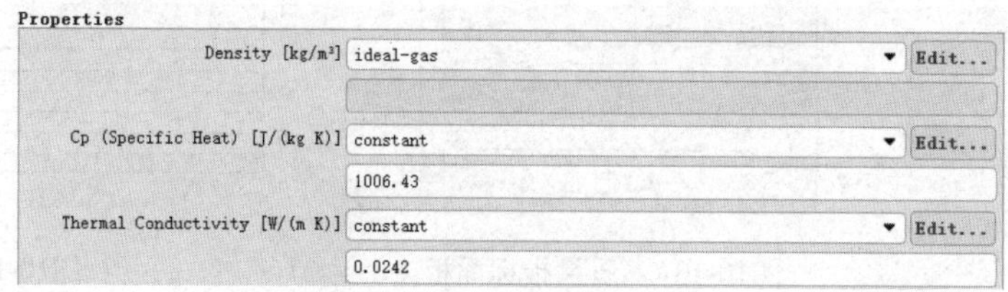

图10-136　定义材料属性

步骤08 定义入口。选中inlet，在Type下拉列表中选择pressure-inlet（压力入口）边界条件，弹出对话框，单击Yes按钮，弹出另一个对话框，如图 10-137 所示。设置Gauge Total Pressure[Pa]值为 101325，设置Supersonic/Initial Gauge Pressure[Pa]值为 9000。在Thermal栏中，设置Temperature[Pa]值为 300。选中outlet，在Type下拉列表中选择pressure-outlet（压力出口）边界条件，弹出对话框，单击Yes按钮，弹出另一个对话框，如图 10-138 所示，在Momentum栏中，设置Gauge Pressure[Pa]值为 3738.9。在Thermal栏中，设置Temperature值为 300。选中wall，在Type下拉列表中选择wall（壁面）边界条件，弹出对话框，单击Yes按钮，弹出另一个对话框，参数保持默认设置，单击OK按钮。选中sym，在Type下拉列表中选择axis（轴）边界条件，弹出对话框，保持默认设置，单击OK按钮。

步骤09 定义参考值。单击界面左侧流程中的Reference Values，对计算参考值进行设置，在Compute from

下拉列表中选择inlet，参数保持默认设置。

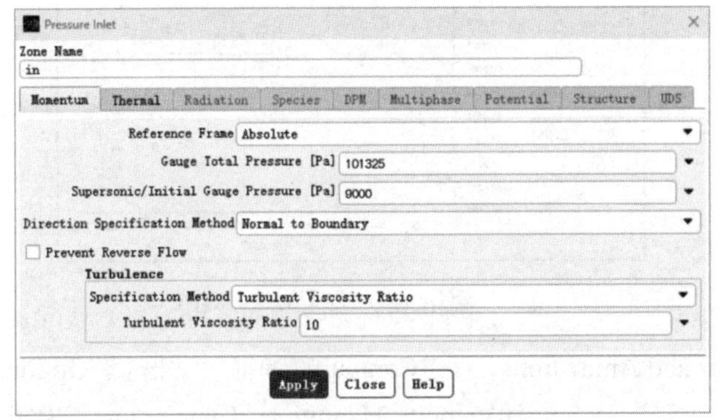

图10-137　设置入口边界条件

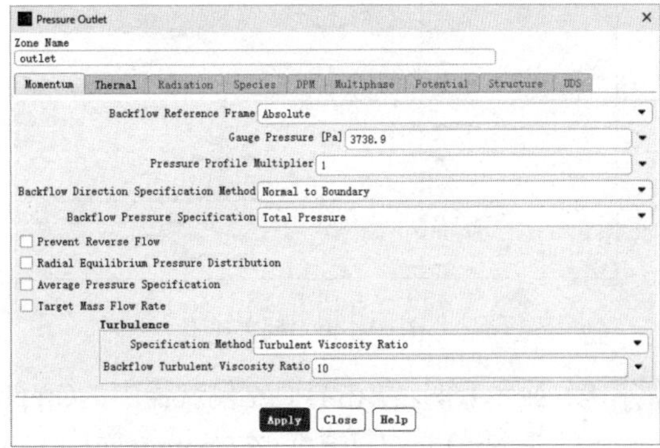

图10-138　设置出口边界条件

步骤10 定义求解方法。单击界面左侧流程中的Solution Methods，对求解方法进行设置，为了提高精度，均可选用Second Order Upwind（二阶迎风）格式，其余参数保持默认设置。

步骤11 定义克朗数和松弛因子。单击界面左侧流程中的Solution Controls，参数保持默认设置。

步骤12 定义收敛条件和监视器。单击界面左侧流程中的Monitors，双击Residual设置收敛条件，将continuity值更改为 1e-05，其余参数保持不变，单击OK按钮。依次单击Solving→Definition→New按钮，弹出Surface Report Definition对话框，如图 10-139 所示，创建监视器。在Report Type下拉列表中选择Mass Flow Rate，在Surfaces栏中选中outlet，监视出口流量变化，单击OK按钮确定。

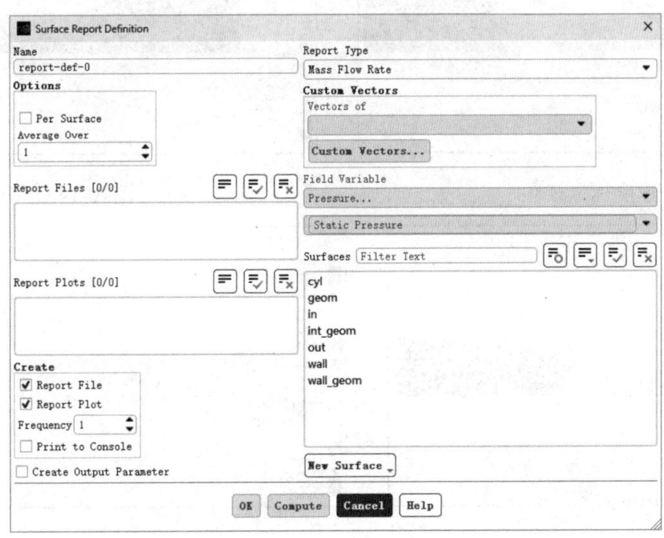

图10-139　定义监视器

步骤13 初始化。单击界面左侧流程中的Solution Initialization，在Compute from下拉列表中选择inlet，其余参数保持默认设置，单击Initialize按钮。

步骤14 求解。单击界面左侧流程中的Run Calculation，设置迭代次数为 2000，单击Calculate按钮，开始迭代计算。由于残差设置的值较小，大约在 1100 步收敛，残差变化情况如图 10-140 所示。出口流量趋于稳定时，可认定为计算已经收敛，如图 10-141 所示。

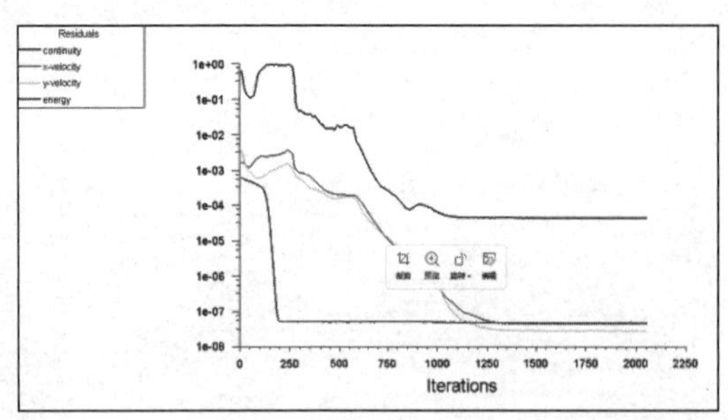

图10-140　残差变化

图10-141　出口流量变化

步骤15　显示云图。单击界面左侧流程中的Graphics and Animations，双击Contours，弹出对话框。在Options中勾选Filled复选框，在Contours of栏中分别选择Velocity和Velocity Magnitude、Temperature和Static Temperature、Pressure和Static Pressure，显示速度标量云图、静温云图和压力云图，如图 10-142～图 10-144 所示。

步骤16　显示流线图。单击界面左侧流程中的Graphics and Animations，双击Pathlines，弹出对话框。在Style下拉列表中选择line，设置Step Size值为 1、Steps值为 50，在Path Skip栏中输入 100，设置流线间距，在Release from Surfaces栏中选择int_surfaces，单击Display按钮，得到如图 10-145 所示的流线图。

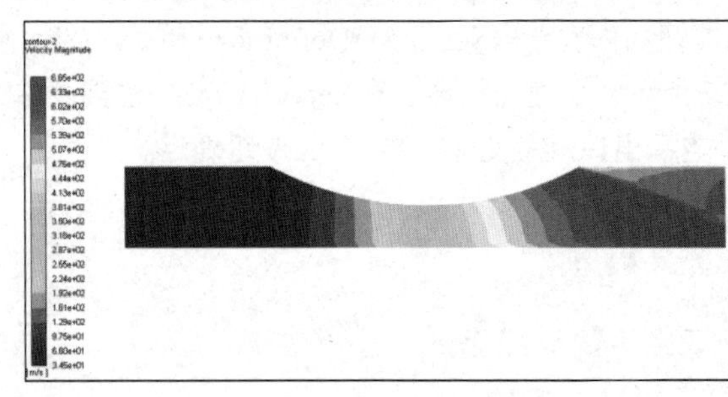

图10-142　速度标量云图

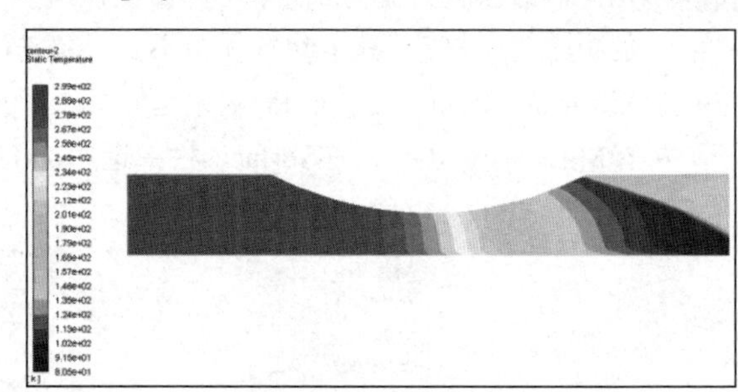

图10-143　静温云图

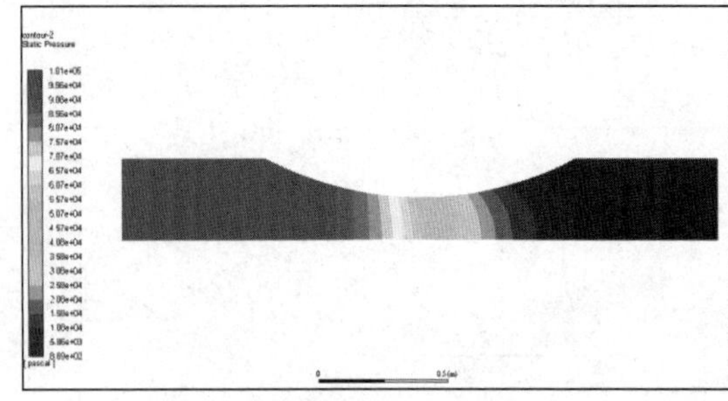

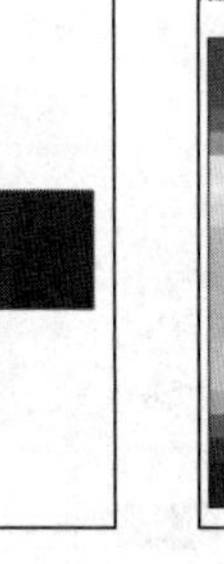

图10-144　压力云图

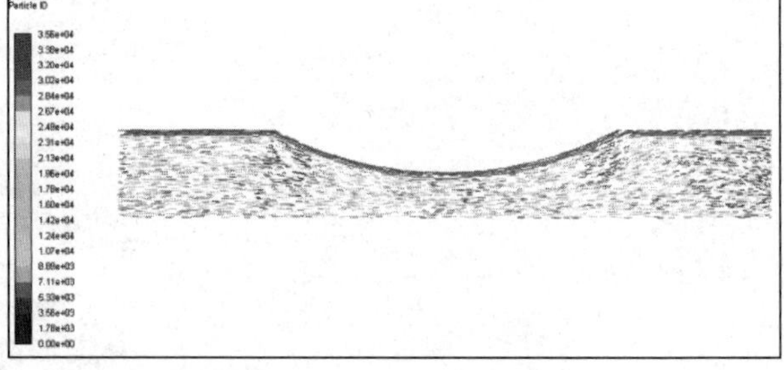

图10-145　流线图

10.7　本章小结

本章通过网格划分实例着重讲解了曲面网格的划分方法和操作流程，包括结构网格和非结构网格。通过对本章内容的学习，读者可以掌握ICEM CFD曲面网格的基本知识，熟悉ICEM CFD曲面网格生成的基本操作、几何建模方法、网格生成以及计算分析的应用方法和操作流程。

第 11 章

网 格 编 辑

导言

网格生成后，需要对网格的质量进行检查，查看是否能够满足计算要求，若不满足，则需要对网格进行必要的编辑与修改，在ICEM CFD中的网格编辑选项可实现这样的目的。

本章将介绍ICEM CFD中的网格编辑功能的使用方法，并通过具体实例详细讲解使用ICEM CFD进行网格编辑的工作流程。

学习目标

❖ 掌握网格质量的检查方法

❖ 掌握使用ICEM CFD进行网格编辑的方法和操作流程

11.1 网格编辑的基本功能

在ICEM CFD中，由网格编辑选项来进行网格质量查看和修改的操作，网格编辑选项如图11-1所示。

图11-1 网格编辑选项

（1）Create Elements（生成元素）：手动生成不同类型的元素。元素类型包括点、线、三角形、矩形、四面体、棱柱、金字塔、六面体等，如图11-2所示。

（2）Extrude Mesh（扩展网格）：通过拉伸面网格生成体网格，如图11-3所示。

扩展网格的方法包括以下4种。

- Extrude by element normal（通过单元拉伸）。
- Extrude along curve（沿曲线拉伸）。

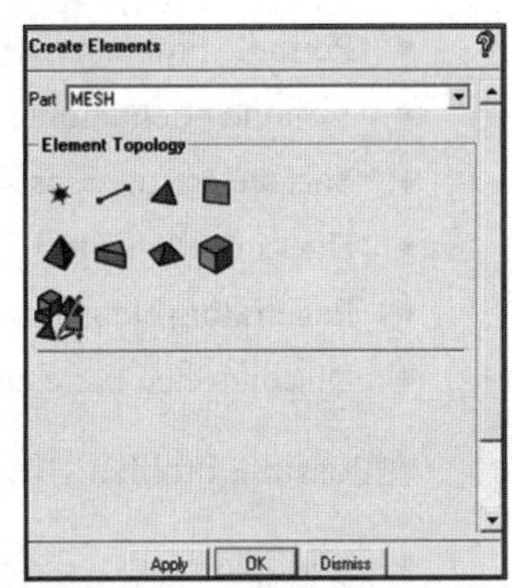

图11-2 生成元素

- Extrude by vector（沿矢量方向拉伸）。
- Extrude by rotation（通过旋转拉伸）。

（3）Check Mesh（检查网格）：检查并修复网格，提高网格质量，如图11-4所示。

- Error（错误）：最有可能出现问题的地方，如求解器转换、求解器输出、求解过程/结果收敛。
- Possible Problems（可能导致不正确的结果）：未被清除干净的表面网格，包括不需要的单元及不需要的孔或间隙。
- Set defaults（默认值）：将会选择大多数情况下的诊断标准。
- Check mode（检测模式）：Create subsets 模式，为每一个判断标准创建一个自己的子集；Check/fix each 模式，提供自动的问题修补功能。

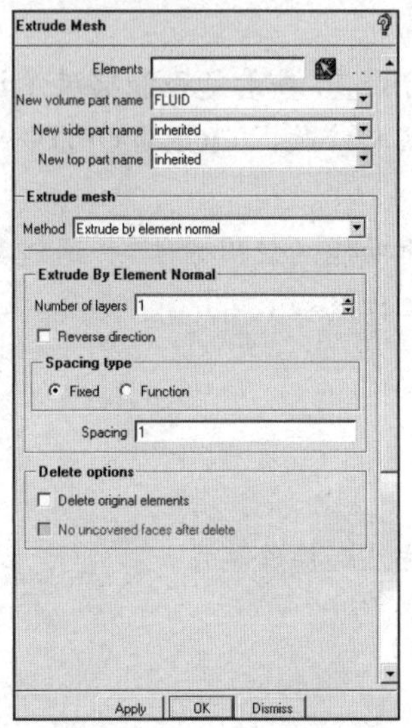

图11-3　扩展网格

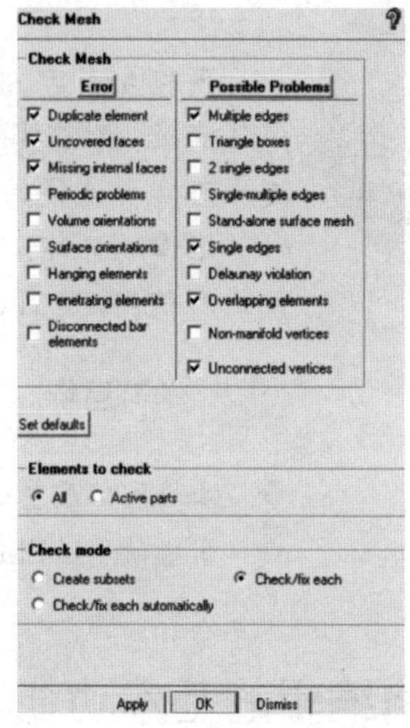

图11-4　检查网格

在Error中，检查的内容如下。

- Duplicate element：查找和其他单元分享所有节点并且类型相同的单元。
- Uncovered faces：正常情况下，所有的体积网格单元的面不是与其他体积单元的面相贴，就是与面网格单元相接（边界处）。
- Missing internal faces：在不同 Part 任何一对体网格之间，不存在面网格单元。
- Periodic problems：检查周期性表面上的节点数是否一致。
- Volume orientations：寻找节点顺序不符合右手法则定义的单元（单元节点的排序）。
- Surface orientations：存在分享同一个面单元的体单元（重叠）。
- Hanging elements：线（杆）元素有一个自由的节点（节点没有被另一个杆单元分享）。
- Penetrating elements：面单元与其他面单元相交或穿过其他面单元。
- Disconnected bar elements：杆单元存在两个节点都没有与其他杆单元相连。

在Possible Problems中，检查的内容如下。

- Multiple edges：3 个以上单元共享一条边。

- Triangle boxes：4 个三角形网格组构成一个四面体，在其中没有实际的体积单元。
- 2 single edges：面单元有两个自由的边（没有另一个面单元相连）。
- Single-multiple edges：同时拥有单边和多连接边的单元。
- Stand-alone surface mesh：不和体网格单元分享面的面网格单元。
- Single edges：至少有一条单边（不与其他单元分享）的面网格单元。
- Delaunay violation：面网格单元的节点落在相邻单元的外接圆内。
- Overlapping elements：覆盖相同曲面但没有共同节点的三角形面网格单元（面网格折叠）。
- Non-manifold vertices：与此点相接的单元的边不封闭。
- Unconnected vertices：检查并移除不与任何单元连接的点。

（4）Quality Metrics（质量指标）：显示查看网格质量，如图11-5所示。

（5）Smooth Elements Globally（平顺全局网格）：修剪自动生成的网格，删去质量低于某值的网格节点，提高网格质量，如图11-6所示。

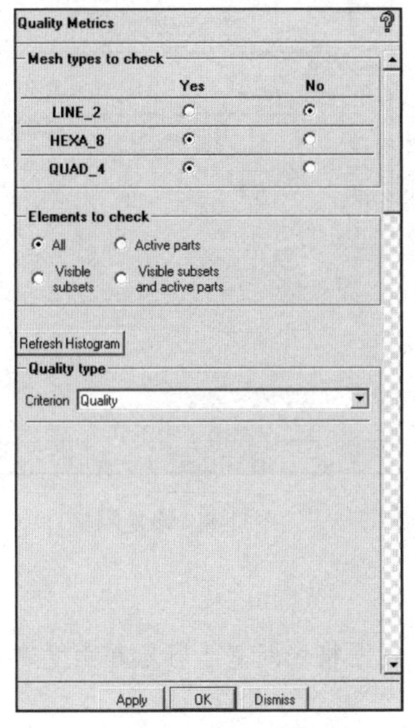

图11-5　显示网格质量

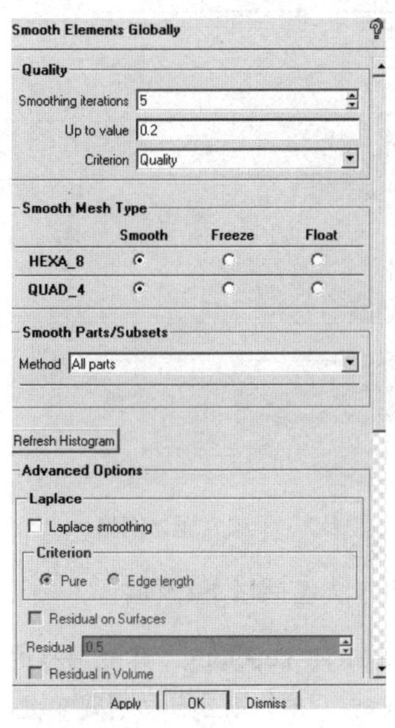

图11-6　平顺全局网格

平顺全局网格的类型有以下3种。

- Smooth（平顺）：通过平顺特定类型的单元来提高网格质量。
- Freeze（冻结）：通过冻结特定类型的单元使得在平顺过程中该单元不被改变。
- Float（浮动）：通过几何约束来控制特定类型的单元在平顺过程中的移动。

（6）Smooth Hexahedral Mesh-Orthogonal（平顺六面体网格）：修剪非结构化网格，提高网格质量，如图11-7所示。

平顺类型包括以下两种。

- Orthogonality（正交）：平顺将努力保持正交性和第一层的高度。

- Laplace（拉普拉斯）：平顺将尝试通过设置控制函数来使网格均一化。

冻结选项包括以下两个。

- All Surface Boundaries（所有表面边界）：冻结所有边界点。
- Selected Parts（选择部分）：冻结所选择部分的边界点。

（7）Repair Mesh（修复网格）：手动修复质量较差的网格，如图11-8所示。

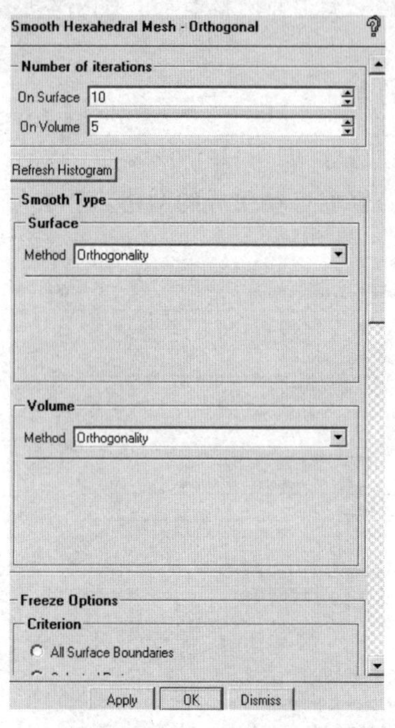

图11-7　平顺六面体网格

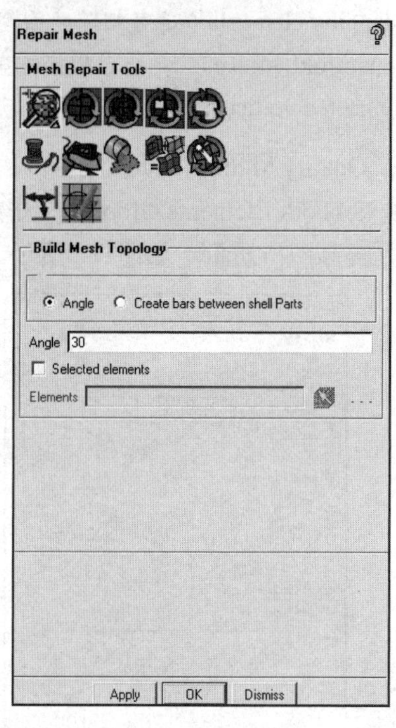

图11-8　修复网格

修复网格的方法包括以下12种。

- Build Mesh Topology（建立网格的拓扑结构）：在网格之间基于容差和角度建立网格的投影，在有尖锐的边/角的地方自动创建单元/节点。
- Remesh Elements（重新划分网格）：在所选单元的范围内重新划分网格。
- Remesh Bad Elements(重新划分质量较差的单元网格)：删除质量较低的单元且重新生成网格。
- Find/Close Holes in Mesh（发现/关闭网格中的孔）：在单元碎片中定位空洞且使用所选择的单元类型封闭空洞。
- Mesh From Edges（网格边缘）：选择网格单元的单边，形成封闭的区域，并用所选择的单元类型填充封闭空洞。
- Stitch Edges（缝边）：使用所选边界封闭缝隙（通常为“单边”），通过合并对面的节点使两边的网格一致。
- Smooth Surface Mesh（光顺表面网格）。
- Flood Fill / Make Consistent（填充/使一致）：重新定义与体网格结合的部分，通常在封闭空洞之后修补“缝隙”。

- Associate Mesh With Geometry（关联网格）：表面网格和最近的表面结合。
- Enforce Node, Remesh（加强节点，重新划分网格）：使单元与独立的节点一致起来。
- Make/Remove Periodic（指定/删除周期性）：通过选择节点对创建/移除周期性匹配。
- Mark Enclosed Elements（标记封闭单元）。

（8）Merge Nodes（合并节点）：通过合并节点来提高网格质量，如图11-9所示。合并节点的类型包括以下三种：

- Merge Interactive（合并选定节点）。
- Merge Tolerance（根据容差合并节点）。
- Merge Meshes（合并网格）。

（9）Split Mesh（分割网格）：通过分割网格来提高网格质量，如图11-10所示。分割网格的类型包括以下7种：

- Split Nodes（分割节点）。
- Split Edges（分割边界）。
- Swap Edges（交换边界）。
- Split Tri Elements（分割三角单元）。
- Split Internal Wall（分割内部墙）。
- Y-Split Hexas at Vertex（分割六面体单元）。
- Split Prisms（分割三棱柱）。

（10）Move Nodes（移动节点）：通过移动节点来提高网格质量，如图11-11所示。

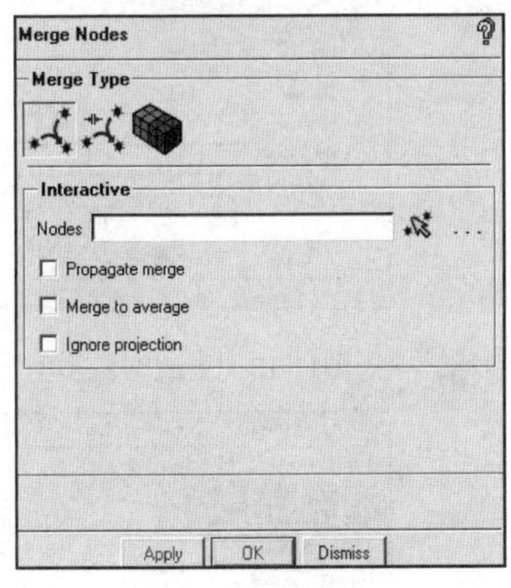

图 11-9　合并节点

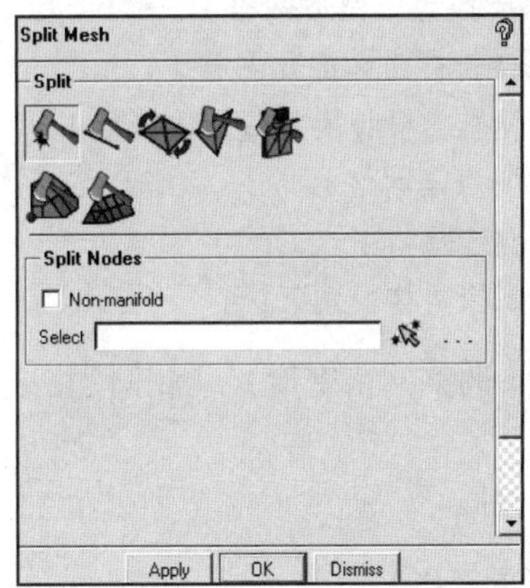

图 11-10　分割网格

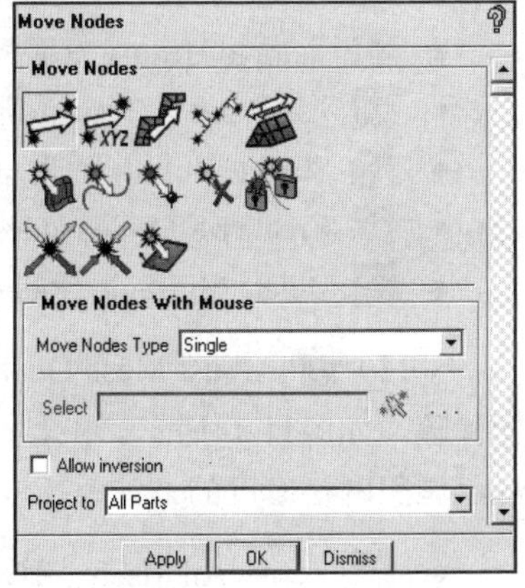

图 11-11　移动节点

移动节点的类型包括以下13种。

- Interactive（移动选取的节点）。
- Exact（修改节点的坐标值）。
- Offset Mesh（偏置网格）。
- Align Nodes（定义参考方向）。
- Redistribute Prism Edge（重新分配三棱柱边界）。

- Project Node to Surface（投影节点到面）。
- Project Node to Curve（投影节点到曲线）。
- Project Node to Point（投影节点到点）。
- Un-Project Nodes（非投影节点）。
- Lock/Unlock Elements（锁定/解锁单元）。
- Snap Project Nodes（选取投影节点）。
- Update Projection（更新投影）。
- Project Nodes to Plane（投影节点到平面）。

（11）Mesh Transformation Tools（转换网格）：通过移动、旋转、镜像和缩放等方法来提高网格质量，如图11-12所示。

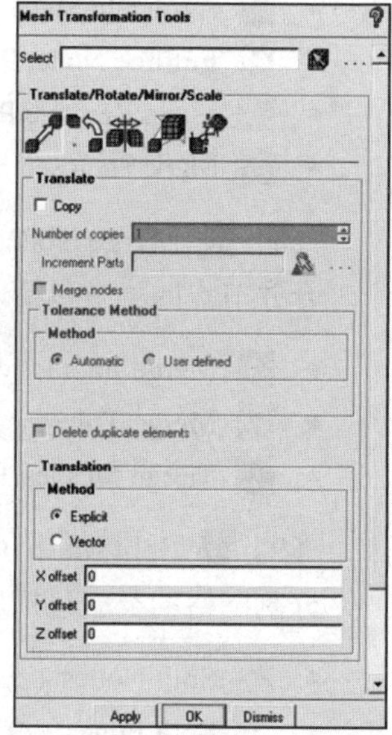

图11-12　转换网格

转换网格的方法包括以下4种。

- Translate（移动）。
- Rotate（旋转）。
- Mirror（镜像）。
- Scale（缩放）。

（12）Covert Mesh Type（更改网格类型）：通过更改网格类型来提高网格质量，如图11-13所示。

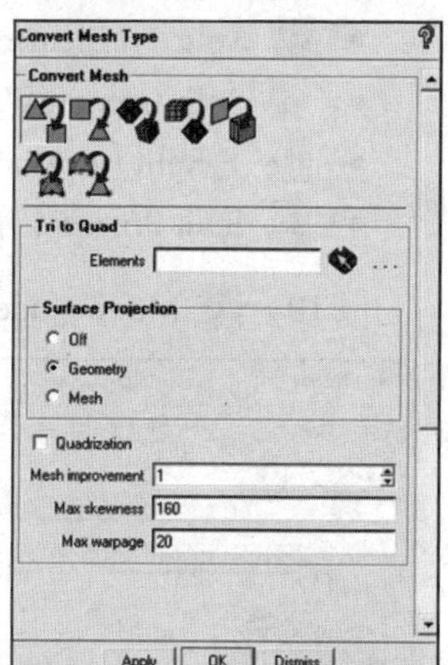

图11-13　更改网格类型

更改网格类型的方法包括以下7种。

- Tri to Quad（三角形网格转换为四边形网格）。
- Quad to Tri（四边形网格转换为三角形网格）。
- Tetra to Hexa（四面体网格转换为六面体网格）。
- All Types to Tetra（所有类型网格转换为四面体网格）。
- Shell to Solid（面网格转换为体网格）。
- Create Mid Side Nodes（创建网格中点）。
- Delete Mid Side Nodes（删除网格中点）。

（13）Adjust Mesh Density（调整网格密度）：加密网格或使网格变稀疏，如图11-14所示。

图11-14　调整网格密度

调整网格密度的方法包括以下4种。

- Refine All Mesh（加密所有网格）。
- Refine Selected Mesh（加密选择的网格）。
- Coarsen All Mesh（粗糙所有网格）。
- Coarsen Selected Mesh（粗糙选择的网格）。

（14）Renumber Mesh（网格重新编号）：为网格重新编号，如图11-15所示。

网格重新编号的方法包括以下两种。

- User Defined（用户定义）。

- Optimize Bandwidth（优化带宽）。

（15）Adjust Mesh Thickness（调整网格厚度）：修改选定节点的网格厚度，如图11-16所示。调整网格厚度的方法包括以下三种。

- Calculate（计算）：网格厚度将自动通过表面单元厚度计算得到。
- Remove（去除）：去除网格厚度。
- Modify selected nodes（修改选择的节点）：修改单个节点的网格厚度。

（16）Re-orient Mesh（再定位网格）：使网格在一定方向上重新定位，如图11-17所示。

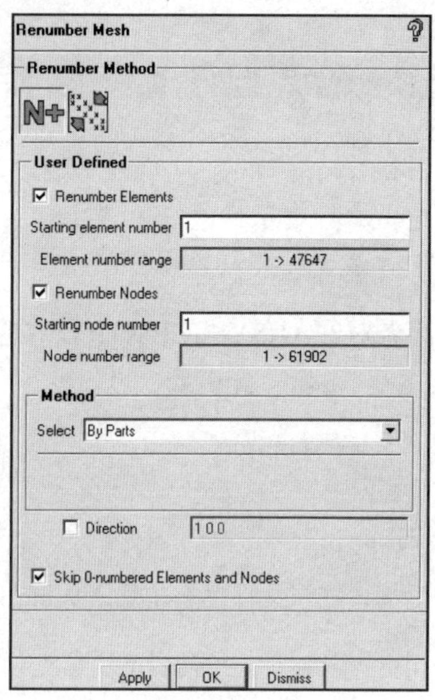

图11-15　重新网格编号

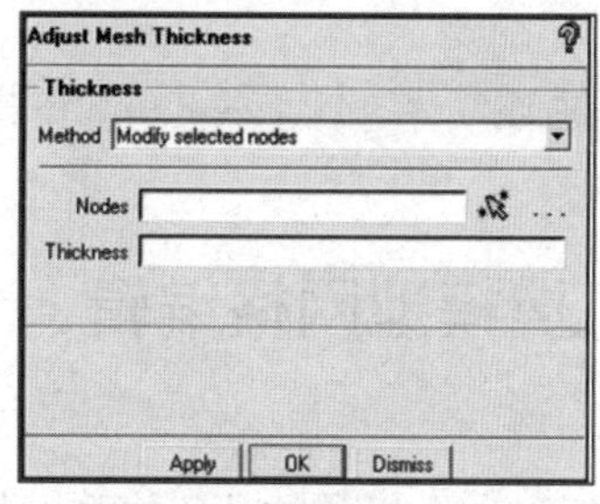

图11-16　调整网格厚度

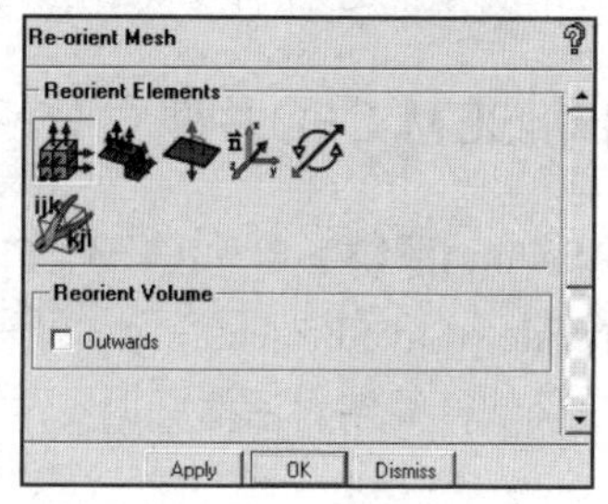

图11-17　再定位网格

再定位网格的方法包括以下6种。

- Reorient Volume（再定位几何体）。
- Reorient Consistent（再定位一致性）。
- Reverse Direction（反转方向）。
- Reorient Direction（再定位方向）。
- Reverse Line Element Direction（反转线单元方向）。
- Change Element IJK（改变单元方向）。

（17）Delete Nodes（删除节点）：删除选择的节点，如图11-18所示。

（18）Delete Elements（删除网格）：删除选择的网格，如图11-19所示。

（19）Edit Distributed Attribute（编辑分布属性）：通过编辑网格单元的分布属性提高网格质量，如图11-20所示。

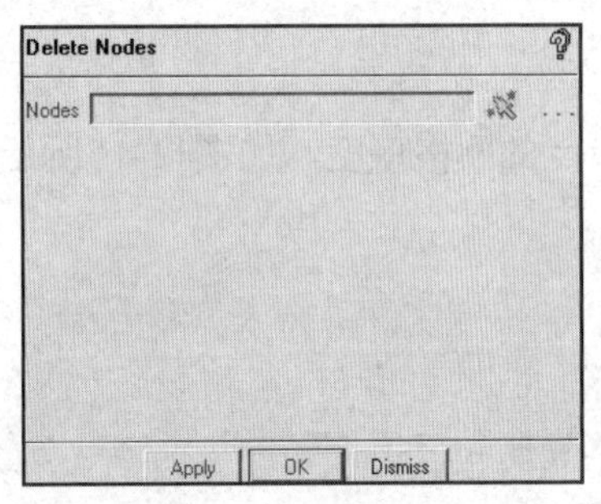

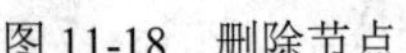

图 11-18　删除节点

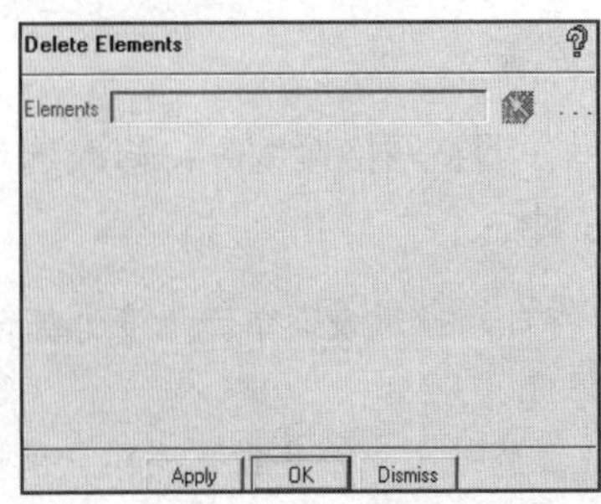

图 11-19　删除网格

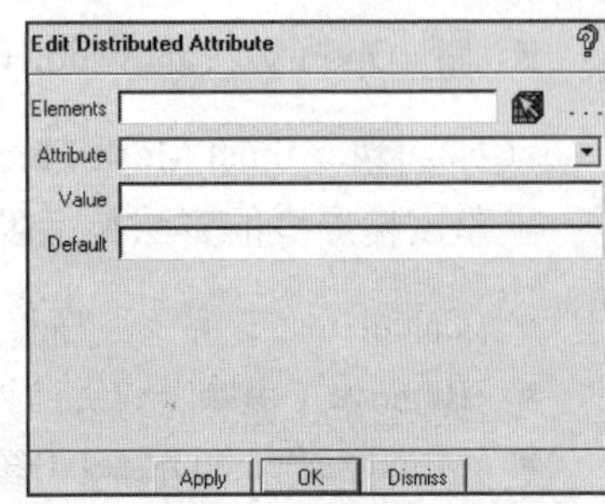

图 11-20　编辑分布属性

后面几节将通过 3 个案例来介绍网格编辑及提高网格质量的方法。

11.2　机翼模型网格编辑

本节将通过一个机翼的几何模型网格生成的例子，让读者对在ANSYS ICEM CFD中进行网格编辑操作，提高网格质量的过程有一个初步了解。

11.2.1　启动ICEM CFD并建立分析项目

步骤 01　在Windows系统下启动ICEM CFD，进入ICEM CFD界面。

步骤 02　执行File→Save Project命令，弹出Save Project As对话框，在“文件名”中输入WingEdit，单击OK按钮确认，关闭对话框。

11.2.2　导入几何模型

执行File→Geometry→Open Geometry命令，弹出Open Geometry File（打开几何文件）对话框，在“文件名”中输入WingEdit.tin，单击“打开”按钮确认。导入几何文件后，将在图形显示区显示几何模型，如图11-21所示。

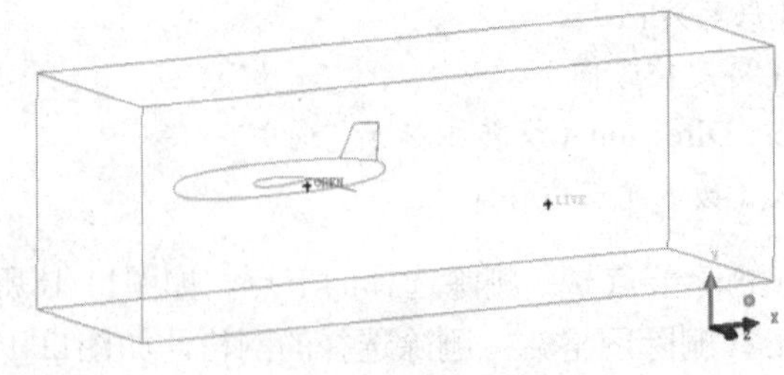

图11-21　几何模型

11.2.3　网格生成

步骤 01　单击功能区内Mesh（网格）选项卡中的（全局网格设定）按钮，弹出如图 11-22 所示的Global

Mesh Setup（全局网格设定）面板，在Scale factor中输入 0.025，在Max element中输入 16，单击Apply按钮确认。

步骤02 在Global Mesh Setup（全局网格设定）面板中单击（体网格参数）按钮，如图 11-23 所示。Mesh Type选择Tetra/Mixed，Mesh Method选择Robust（Octree），单击Apply按钮确认。

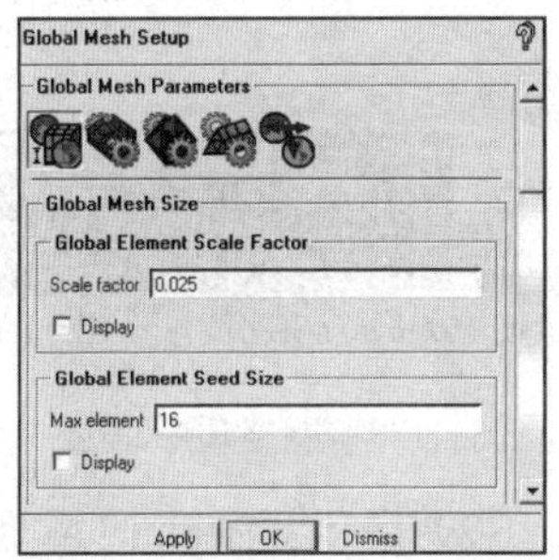

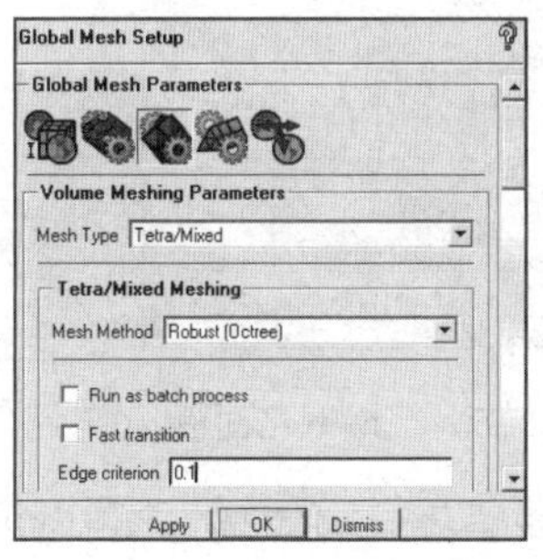

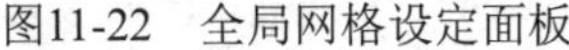

图11-22　全局网格设定面板　　图11-23　体网格设定

步骤03 单击功能区内Mesh（网格）选项卡中的（部件网格设定）按钮，弹出如图 11-24 所示的Part Mesh Setup（部件网格设定）对话框，设定所有参数，单击Apply按钮确认并单击Dismiss按钮退出。

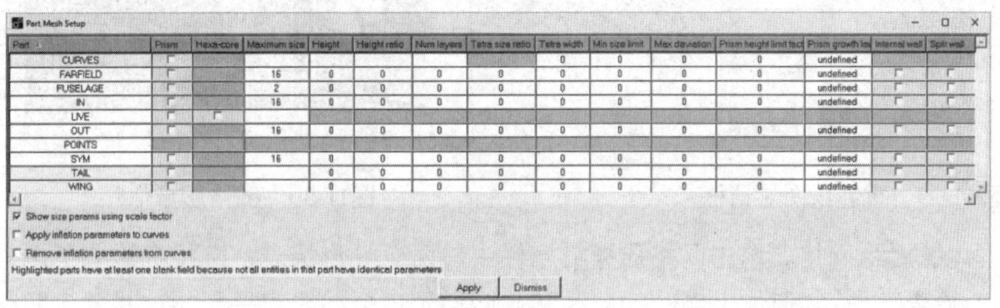

图11-24　部件网格设定对话框

步骤04 单击功能区内Mesh（网格）选项卡中的（计算网格）按钮，弹出如图 11-25 所示的Compute Mesh（计算网格）面板，单击（体网格）按钮，单击Compute 按钮确认生成网格文件，如图 11-26 所示。

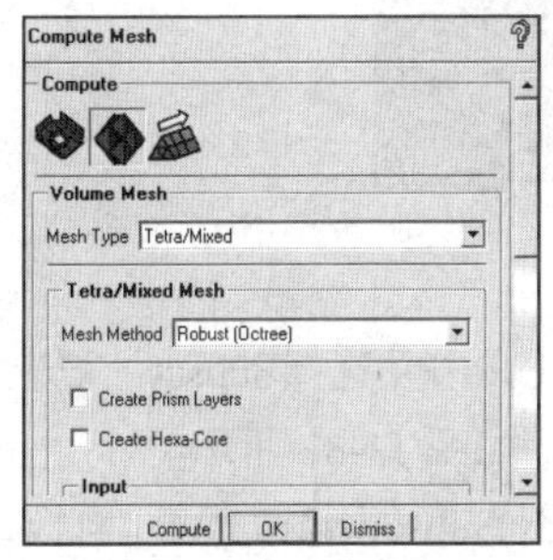

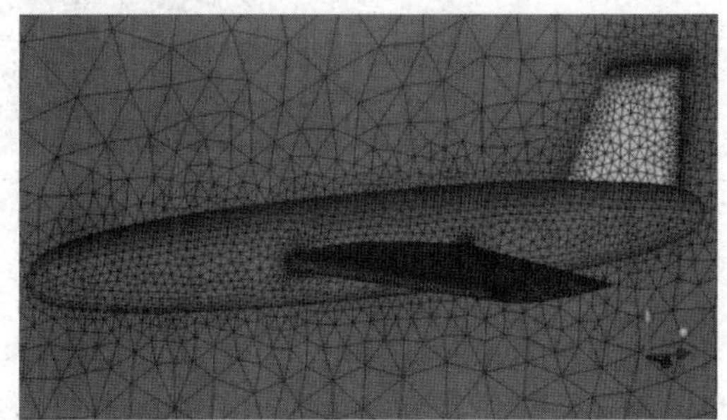

图11-25　计算网格面板　　图11-26　生成曲面网格

11.2.4　网格编辑

步骤01 单击功能区内Edit Mesh（网格编辑）选项卡中的（光顺网格）按钮，弹出如图 11-27 所示的Smooth Elements Globally（光顺网格）面板，调节Up to value为 0.2，单击Apply按钮确认，在信息栏中显示网格质量信息，如图 11-28 所示。

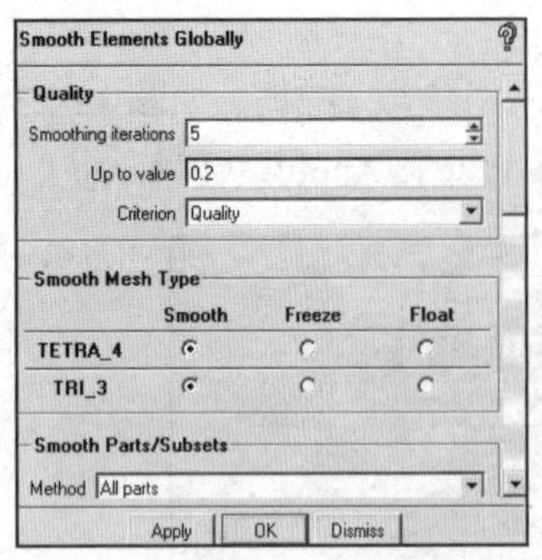

图11-27　光顺网格面板

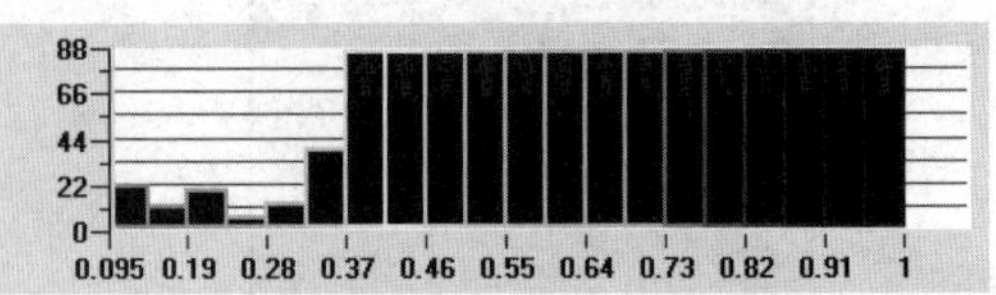

图11-28　网格质量信息

步骤02 在网格质量信息栏处右击，选择Replot，弹出如图 11-29 所示的Replot（重新绘图）对话框，在Min X value中输入 0.0，在Max X value中输入 1.0，在Max Y height中输入 16，在Num bars中输入 20，网格质量信息栏将重新显示，如图 11-30 所示。

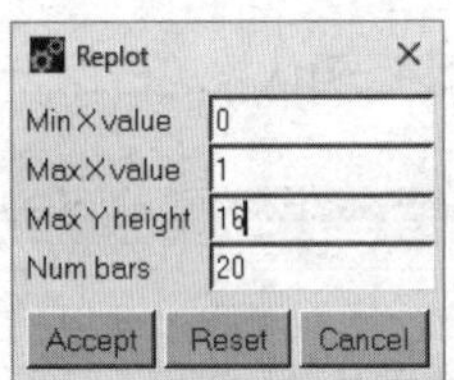

图11-29　重新绘图对话框

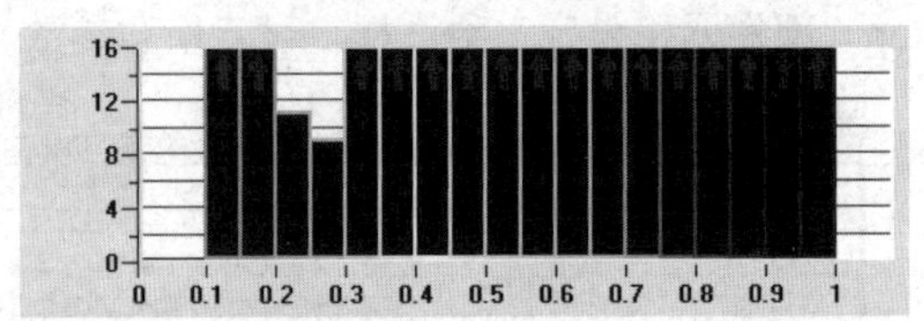

图11-30　网格质量信息

步骤03 先处理尾翼后缘网格。单击网格质量信息栏中前两个柱形标志，选择在这些范围内的单元（见图 11-31），检查表面，几何体上额外的曲线和点增加了多余的约束是影响这些单元网格质量的原因。

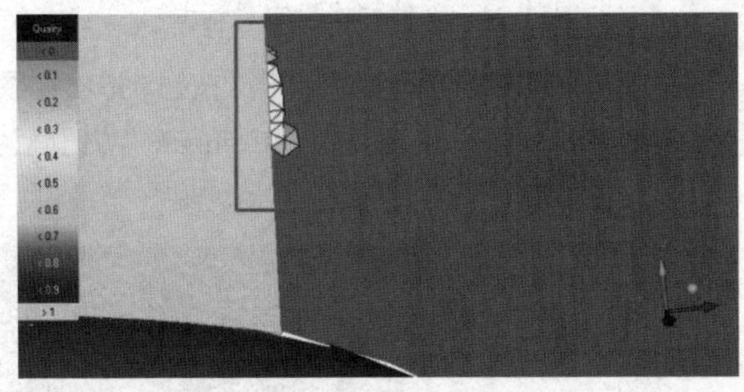

图11-31　检查网格

步骤04 当网格质量信息栏中前两个柱形图表被选择时，在柱状图处右击并选择Subset，被选中的单元被放到一个名为Quality的诊断子集中，它位于Mesh分支下面，如图 11-32 所示。

步骤05 在Quality处右击并选择Modify，弹出如图 11-33 所示的Modify Subset（修改子集）面板，单击（增加层）按钮，在Num layers中输入 2，取消选择Also volume elements复选框，单击Apply按钮确认。

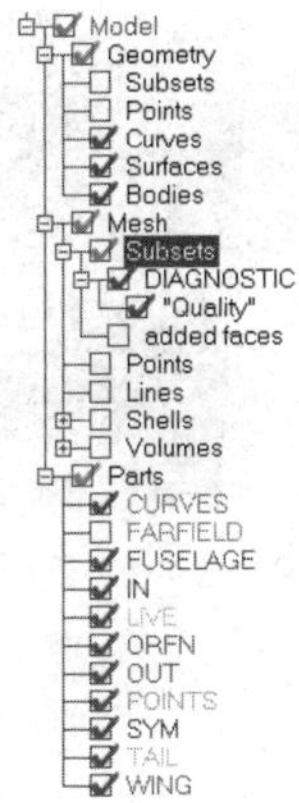

图11-32　Quality诊断子集

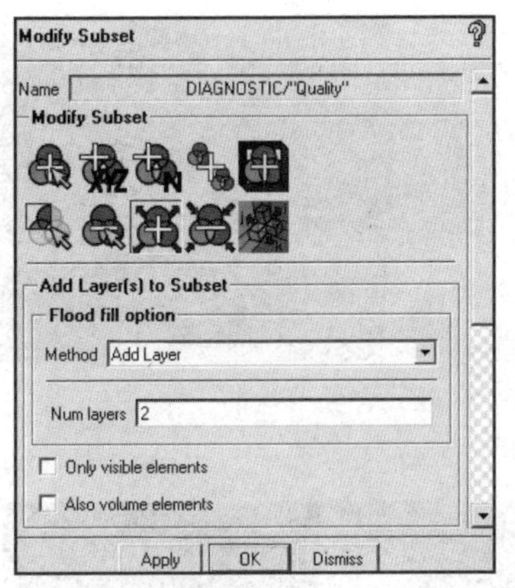

图11-33　修改子集面板

步骤 06 在Modify Subset（修改子集）面板中单击（从子集删除），如图 11-34 所示。单击（选择所有体单元）按钮，单击鼠标中键完成选择并单击Apply按钮确认，如图 11-35 所示。

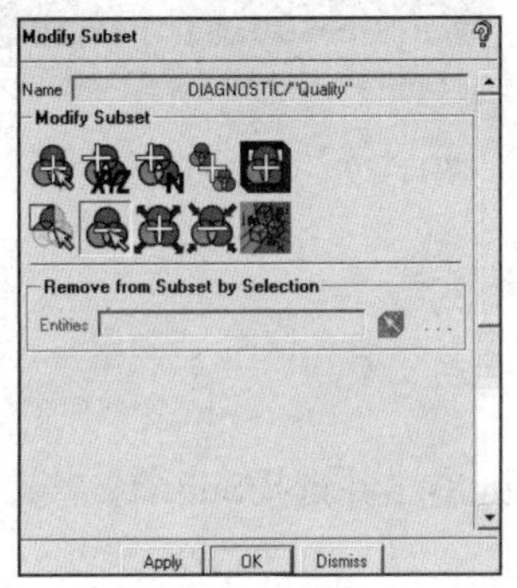

图11-34　修改子集面板

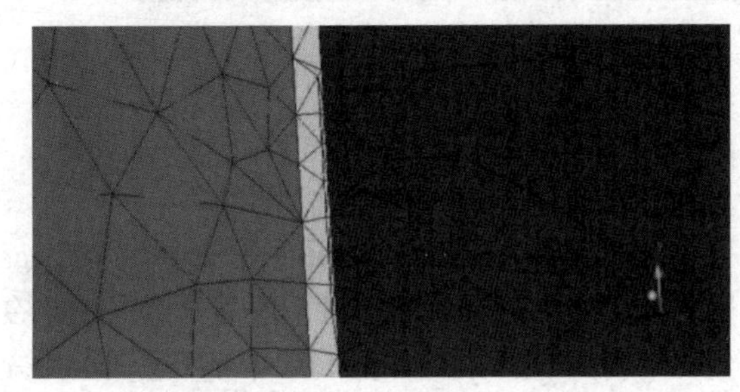

图11-35　从子集删除所有体单元

步骤 07 单击功能区内Edit Mesh（网格编辑）选项卡中的（合并节点）按钮，弹出如图 11-36 所示的Merge Nodes（合并节点）面板。单击按钮，勾选Ignore projection复选框，在模型树上显示subset关闭Shells，在Mesh处右击并选择Dot Nodes，在屏幕上选择两个节点，如图 11-37 所示，其中第一个节点被保存，第二个节点被移动，继续处理此问题（8~9 个位置），单击Apply按钮确认合并节点，如图 11-38 所示。

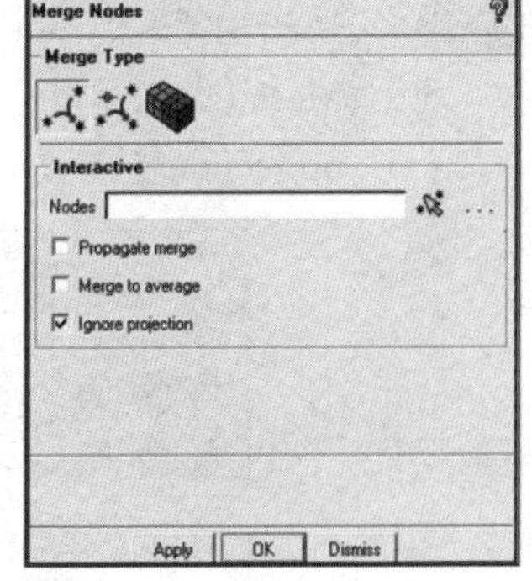

图11-36　合并节点面板

手动的节点移动也可以通过Edit Mesh→Move Nodes→ Interactive命令实现。

步骤 08 单击功能区内Edit Mesh（网格编辑）选项卡中的（光顺网格）按钮，再次光顺网格，单击Apply按钮确认，在信息栏中显示网格质量信息，如图 11-39 所示。

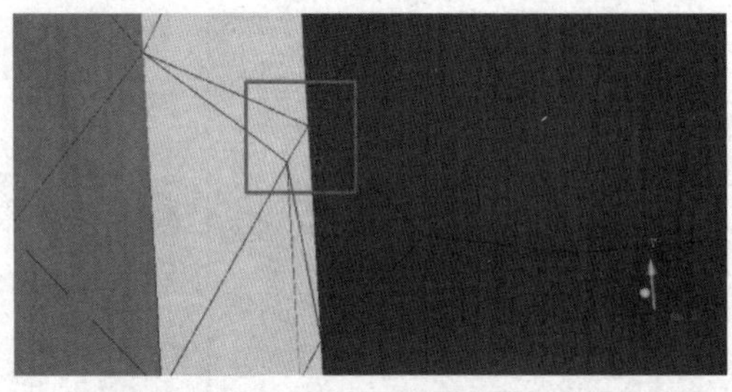

（a）合并节点前

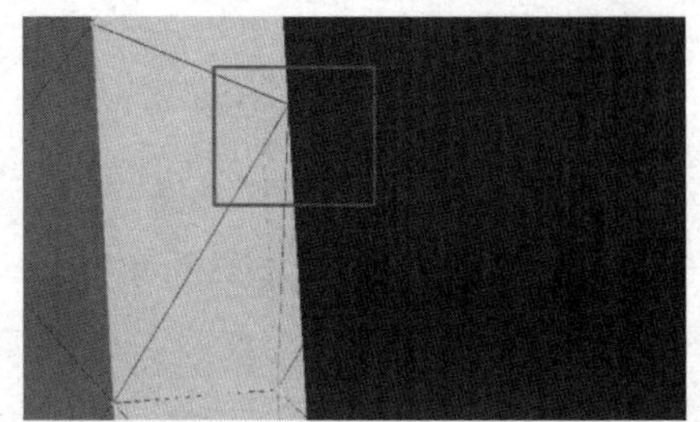

（b）合并节点后

图11-37　选择节点

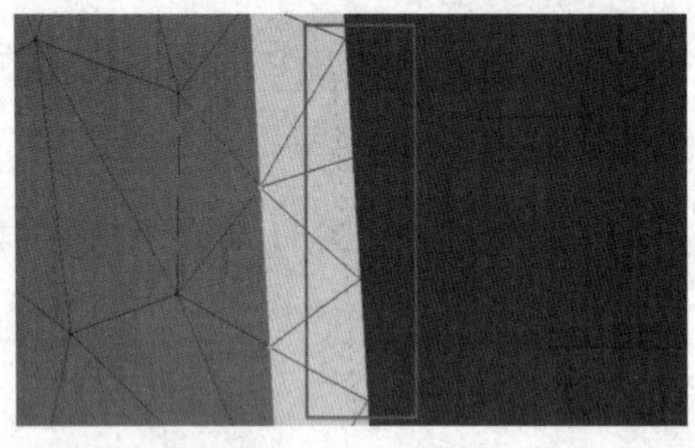

图11-38　合并节点显示

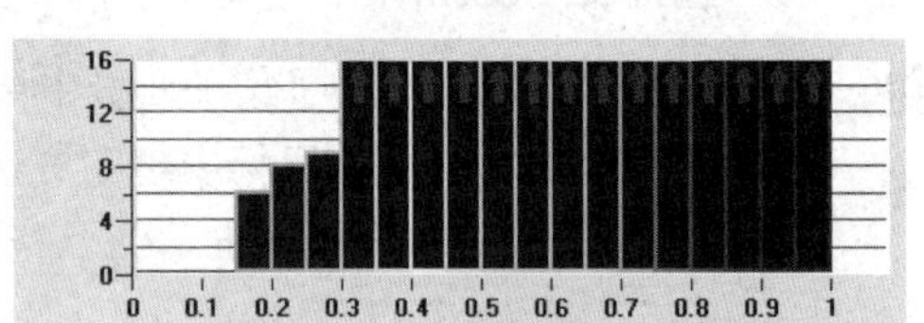

图11-39　网格质量信息

在手动编辑网格之后，一定要再进行一次光顺以确保网格质量。

步骤09　在操作控制树中的子集名Quality处右击并选择Clear。

步骤10　当网格质量信息栏中前 4 个柱形图表被选择时，在柱状图处右击并选择Subset，被选中的单元被放到一个名为Quality的诊断子集中，它位于Mesh分支下面。

步骤11　在Quality处右击并选择Modify，弹出如图 11-40 所示的Modify Subset（修改子集）面板，单击（增加层）按钮，在Num layers中输入 2，勾选Also volume elements复选框，单击Apply按钮确认。

步骤12　单击功能区内Edit Mesh（网格编辑）选项卡中的（修改网格）按钮，弹出如图 11-41 所示的Repair Mesh（修改网格）面板，单击（Remesh Elements）按钮，将Mesh type设置为Tetra，勾选Surface projection复选框，选择所有体网格，单击Apply按钮确认。

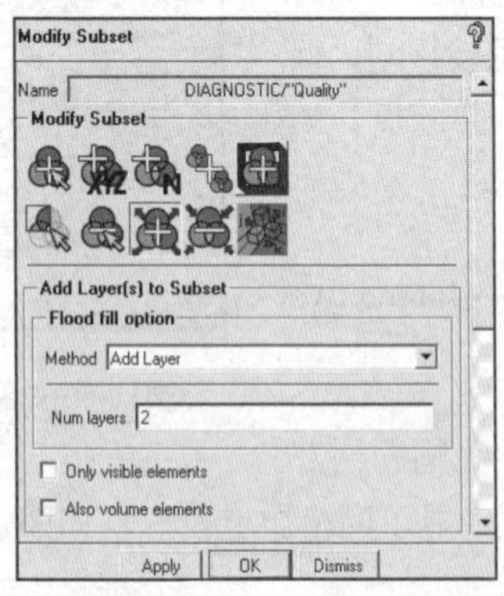

图11-40　修改子集面板

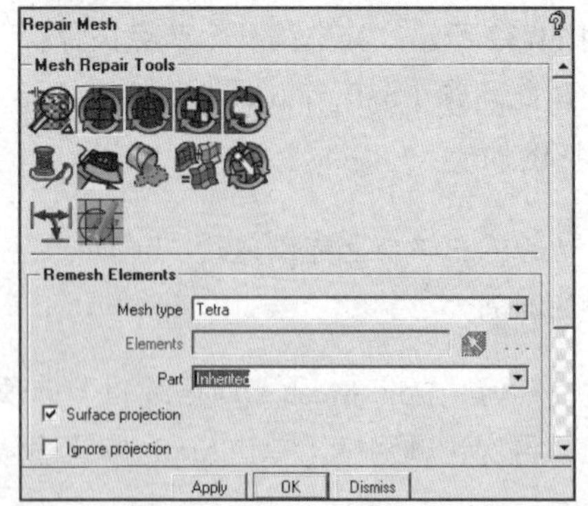

图11-41　修改网格面板

步骤13　单击功能区内Edit Mesh（网格编辑）选项卡中的（光顺网格）按钮，再次光顺网格，单击Apply

按钮确认，在信息栏中显示网格质量信息，如图 11-42 所示。

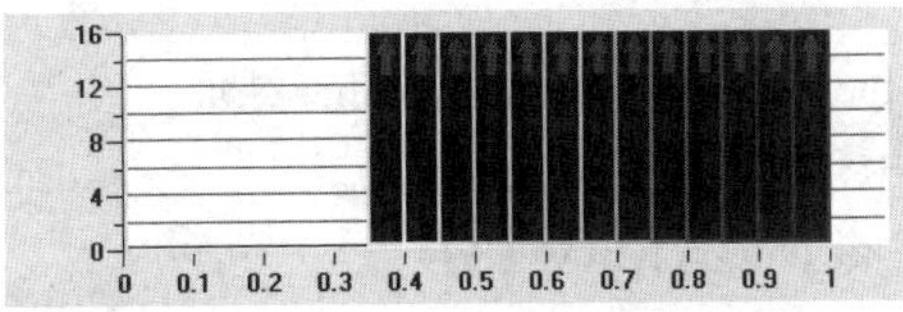

图11-42　网格质量信息

步骤 14 单击功能区内Edit Mesh(网格编辑)选项卡中的(检查网格)按钮，弹出如图 11-43 所示的Check Mesh（检查网格）面板，单击Apply按钮确认，在信息栏中显示网格检查结果，如图 11-44 所示。

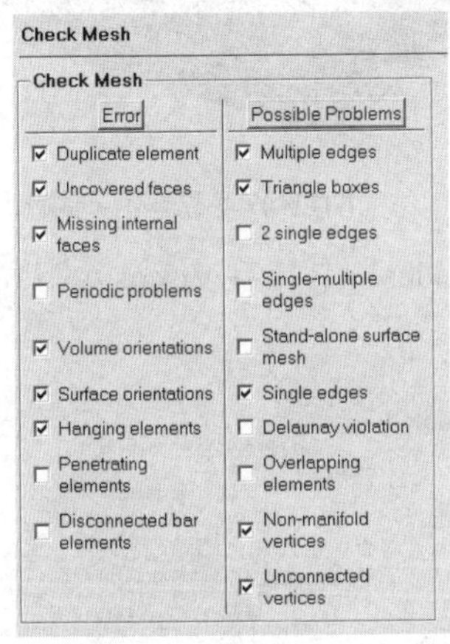

图11-43　检查网格面板

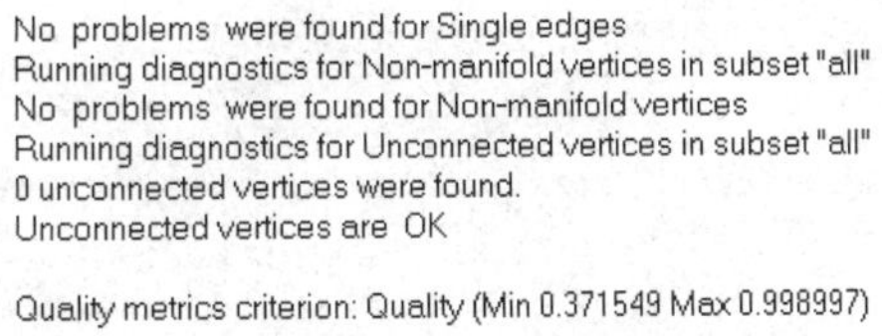

No problems were found for Single edges
Running diagnostics for Non-manifold vertices in subset "all"
No problems were found for Non-manifold vertices
Running diagnostics for Unconnected vertices in subset "all"
0 unconnected vertices were found.
Unconnected vertices are OK

Quality metrics criterion: Quality (Min 0.371549 Max 0.998997)

图11-44　网格检查信息

11.2.5　网格输出

步骤 01 单击功能区内Output(输出)选项卡中的(求解器设定)按钮，弹出如图 11-45 所示的Solver Setup（求解器设定）面板，Output Solver选择ANSYS Fluent，单击Apply按钮确认。

步骤 02 单击功能区内Output（输出）选项卡中的（输出）按钮，弹出"打开网格文件"对话框，选择文件，单击"打开"按钮，弹出如图 11-46 所示的Ansys Fluent对话框，Grid dimension选择 3D，单击Done按钮确认完成。

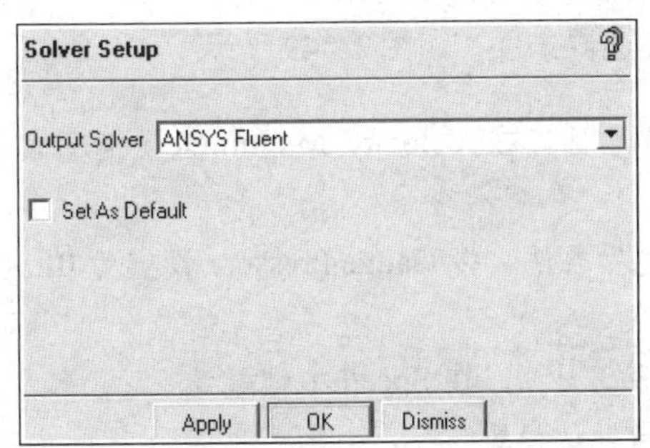

图11-45　求解器设定面板

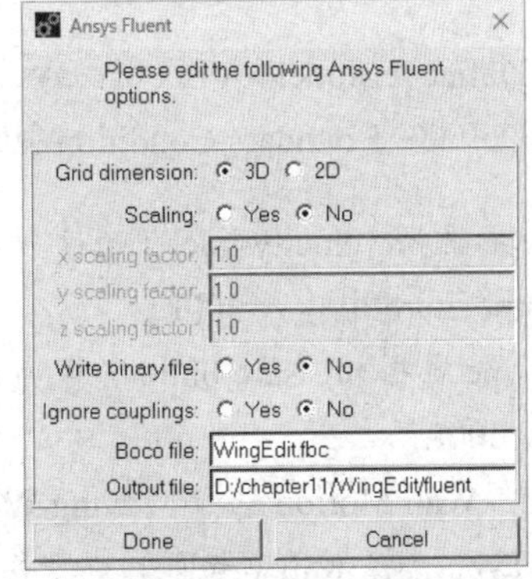

图11-46　Ansys Fluent对话框

11.2.6　计算与后处理

步骤01　在Windows系统下启动Fluent，进入Fluent Launcher界面。

步骤02　Dimension选择 3D，单击OK按钮进入Fluent界面。

步骤03　执行File→Read→Mesh命令，读入ICEM CFD生成的网格文件，如图 11-47 所示。

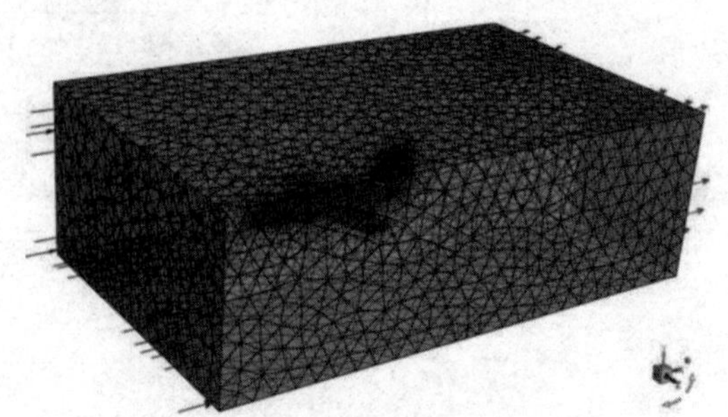

图11-47　显示几何模型

步骤04　在任务栏单击（保存）按钮进入Write Case对话框，在File name（文件名）中输入fluent.cas，单击OK按钮保存项目文件。

步骤05　执行Mesh→Check命令，检查网格质量，应保证Minimum Volume大于 0。

步骤06　执行 Define→General 命令，在 Time 中选择Steady。

步骤07　执行Define→Material命令，在Density下拉列表中选择ideal-gas，在Viscosity下拉列表中选择sutherland，如图 11-48 所示。

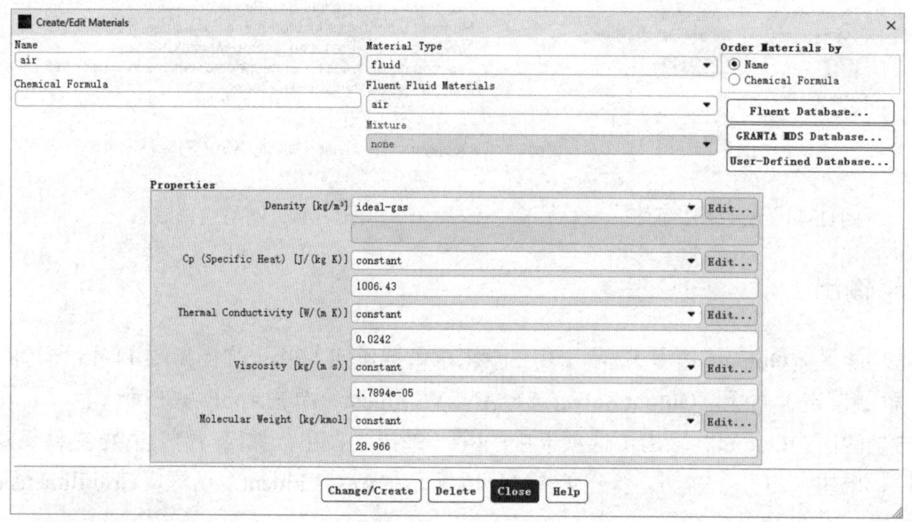

图11-48　定义材料

步骤08　执行Define→Model→Viscous命令，选择k-epsilon（2 eqn）模型。

步骤09　执行Define→Boundary Condition命令，定义边界条件，如图 11-49 所示。

- in：Type 选择 velocity-inlet（速度入口）边界条件，在 Velocity Magnitude（速度大小）中输入 5，在 Temperature 中输入 300K。
- out：Type 选择 pressure-outlet（压力出口）边界条件，将 Gauge Pressure 设置为 0，在 Temperature 中输入 300K。
- farfield：Wall Motion 选择 Moving Wall（滑移壁面），在 Speed 中输入 5。
- wall：Type 选择 wall（壁面）边界条件，保持默认设置。

步骤10　执行Solve→Methods命令，Pressure-Velocity Coupling选择Coupled，Pressure的离散格式设置为

Second Order，其余各个变量均为二阶迎风格式，如图 11-50 所示。

Boundary Conditions
Zone Filter Text
in
int_fluid_matl
leading
out
press-suct
symm
tip
trailing
wall
Phase Type ID
mixture symmetry 18
Edit... Copy... Profiles...
Parameters... Operating Conditions...
Display Mesh... Periodic Conditions...
Perforated Walls...

图11-49　边界条件面板

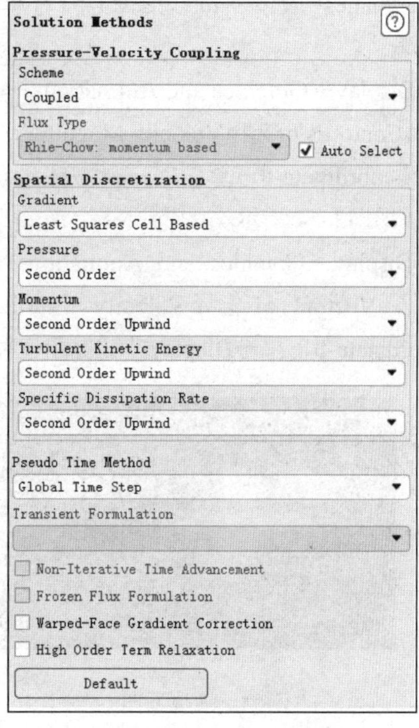

图11-50　离散格式面板

步骤11　执行Solve→Controls命令，弹出Solution Controls（设置松弛因子）面板，在Flow Courant Number中输入 50，将Momentum和Pressure的松弛因子均设置为 0.5。

步骤12　执行Solve→Initialize命令，弹出Solution Initialization（设置初始值）面板，Initialization Methods选择Hybrid Initialization，单击Initialize按钮进行计算初始化。

步骤13　执行Solve→Monitors→Residual命令，设置各个参数的收敛残差值为 1e-3，单击OK按钮确认。

步骤14　执行Solve→Run Calculation命令，迭代步数设置为 300，单击Calculate按钮开始计算。

步骤15　执行Display→Graphics and Animations→Contours命令，Contours of选择Velocity Magnitude，surfaces选择symm，单击Display按钮显示速度云图，如图 11-51 所示。

步骤16　执行Display→Graphics and Animations→Vectors命令，Vectors of选择Velocity，surfaces选择symm，单击Display按钮显示速度矢量图，如图 11-52 所示。

图11-51　速度云图

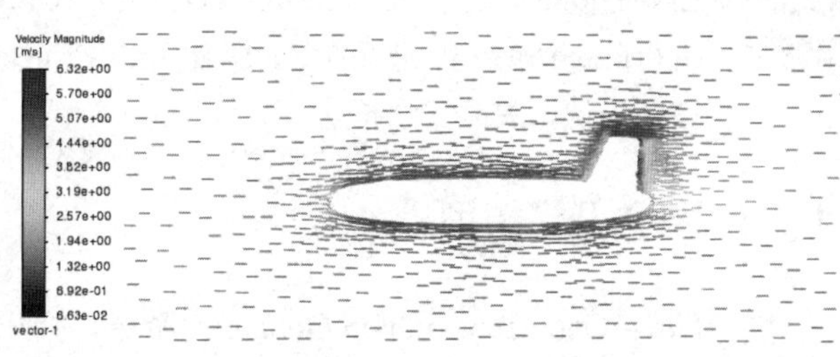

图11-52　速度矢量图

步骤17　执行Surface→ISO Surface命令，设置生成Y=0m的平面，默认命名为y-coordinate-8。

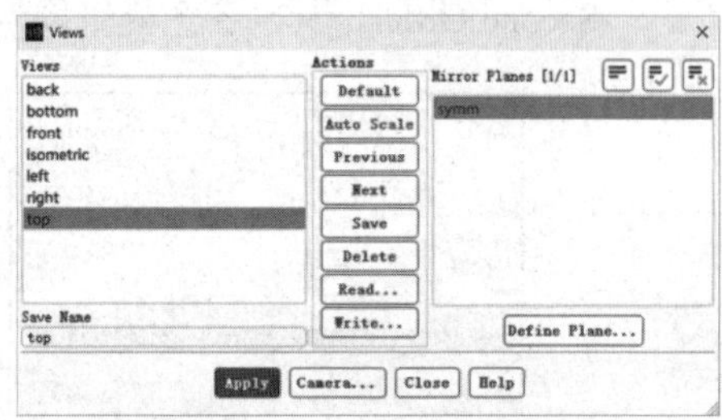

图11-53　Views对话框

步骤18　执行Display→Views命令，弹出Views对话框，在Mirror Planes中选择sym(见图 11-53)，单击Apply按钮确认。

步骤19　执行Display→Graphics and Animations→Contours命令，Contours of选择Velocity Magnitude，surfaces选择y-coordinate-8，单击Display按钮显示速度云图，如图 11-54 所示。

步骤20　执行Display→Graphics and Animations→Vectors命令，Vectors of选择Velocity，surfaces选择y-coordinate-8，单击Display按钮显示速度矢量图，如图 11-55 所示。

图11-54　速度云图

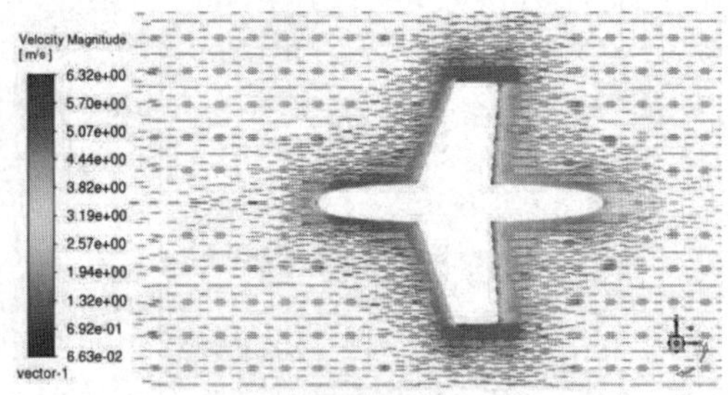

图11-55　速度矢量图

从上述计算结果可以看出，生成的网格能够满足计算要求，并且能够较好地模拟机翼周边流场情况。

11.3　导管模型网格编辑

本节将通过一个导管的几何模型网格生成的例子，使读者对在ANSYS ICEM CFD中由二维面网格拉伸生成三维体网格的操作过程有一个初步了解。

11.3.1　启动ICEM CFD并建立分析项目

步骤01　在Windows系统下启动ICEM CFD，进入ICEM CFD界面。

步骤02　执行File→Save Project命令，弹出Save Project As对话框，在“文件名”中输入icemcfd，单击OK按钮确认，关闭对话框。

11.3.2　导入几何模型

执行File→Geometry→Open Geometry命令，弹出Open Geometry File（打开几何文件）对话框，在“文件名”中输入conduit.tin，单击“打开”按钮确认。导入几何文件后，将在图形显示区显示几何模型，如图11-56所示。

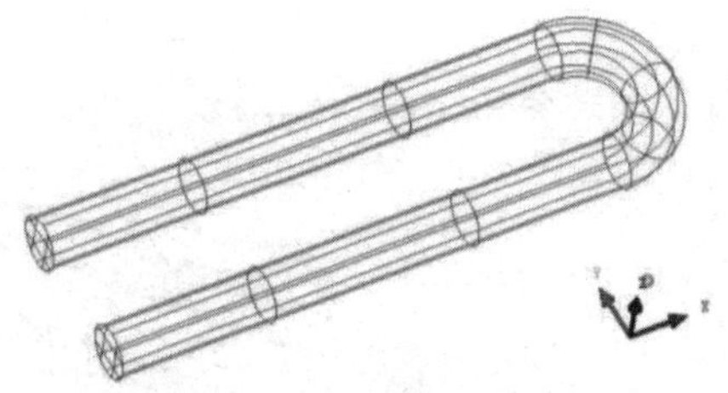

图11-56　几何模型

11.3.3　模型建立

步骤01　单击功能区内Geometry（几何）选项卡中的（修复模型）按钮，弹出如图 11-57 所示的Repair Geometry（修复模型）面板，单击按钮，在Tolerance中输入 0.1，勾选Filter points和Filter curves复选框，在Feature angle中输入 30，单击OK按钮确认，几何模型即可修复完毕，如图 11-58 所示。

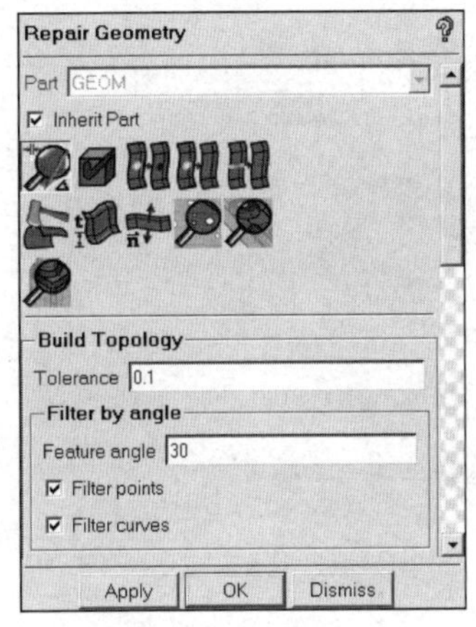

图11-57　修复模型面板

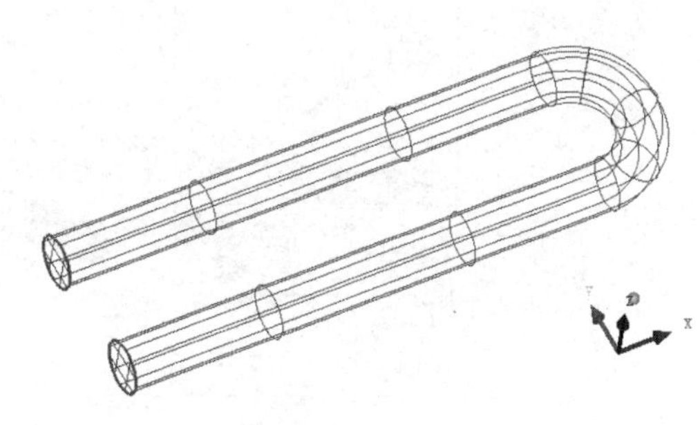

图11-58　修复后的几何模型

步骤02　在操作控制树中右击Parts，弹出如图 11-59 所示的目录树，选择Create Part，弹出如图 11-60 所示的Create Part（生成边界）面板，在Part中输入IN，单击按钮，选择边界并单击鼠标中键确认，生成的边界如图 11-61 所示。

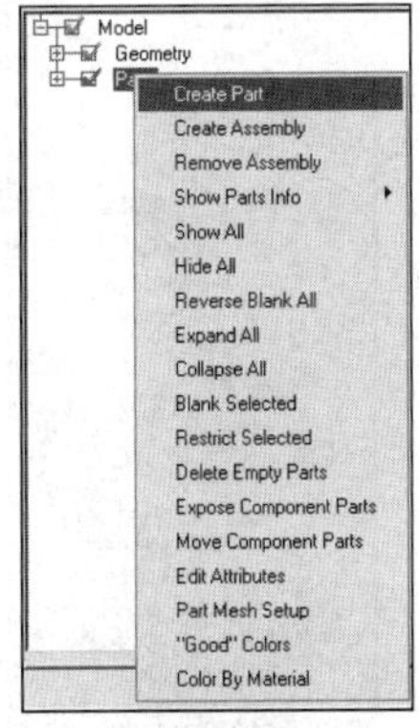

图11-59　选择生成边界命令

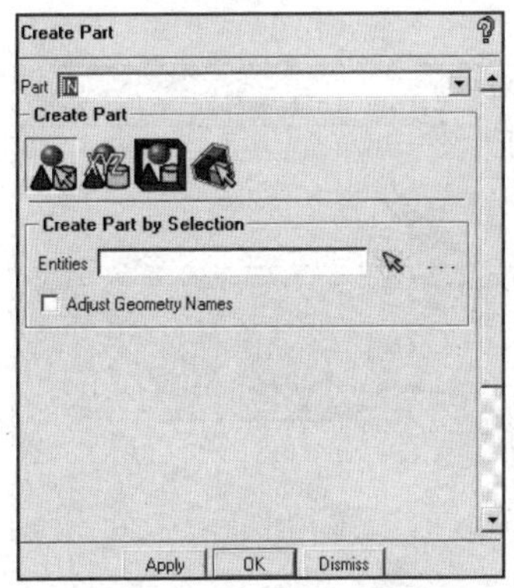

图11-60　生成边界面板

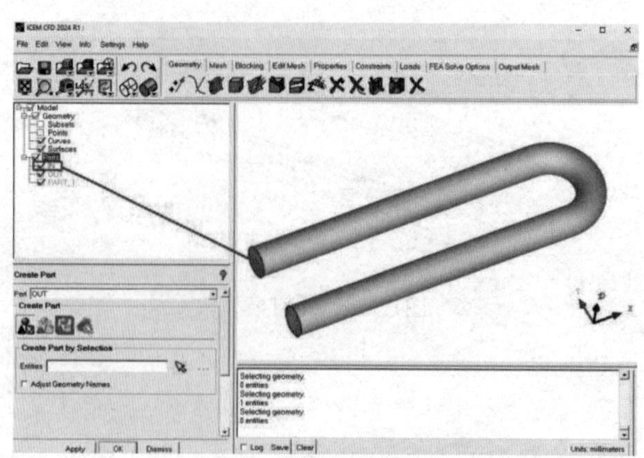

图11-61　边界

步骤 03　用步骤 02的方法生成边界，命名为OUT，如图 11-62 所示。

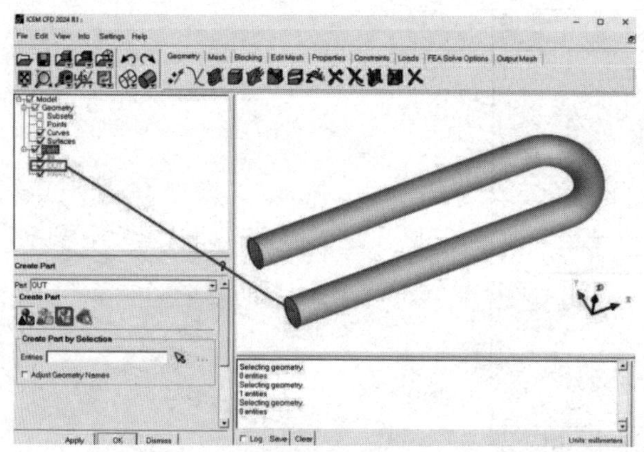

图11-62　OUT

步骤 04　单击功能区内Geometry（几何）选项卡中的（生成体）按钮，弹出如图 11-63 所示的Create Body（生成体）面板，单击按钮，单击OK按钮确认生成体。

步骤 05　在操作控制树中右击Parts，弹出如图 11-64 所示的目录树，选择"Good"Colors命令。

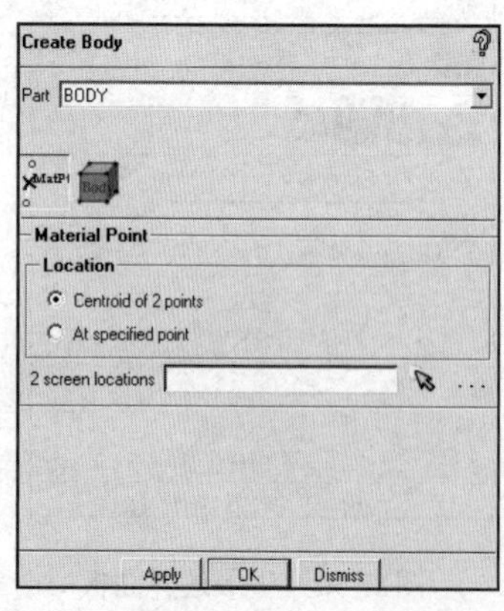

图11-63　生成体面板

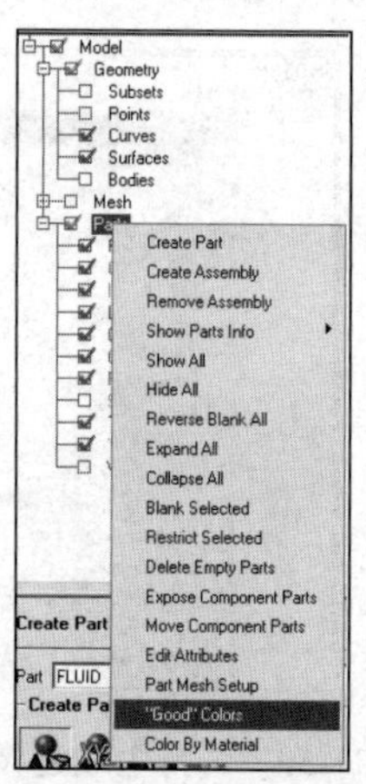

图11-64　选择"Good"Colors命令

11.3.4 生成块

步骤01 单击功能区内Blocking（块）选项卡中的（创建块）按钮，弹出如图 11-65 所示的Create Block（创建块）面板，单击按钮，Type选择 2D Planar，单击OK按钮确认，创建的初始块如图 11-66 所示。

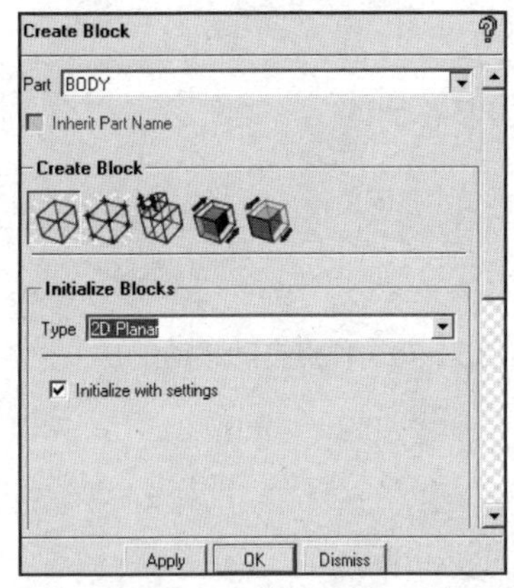

图11-65　创建块面板

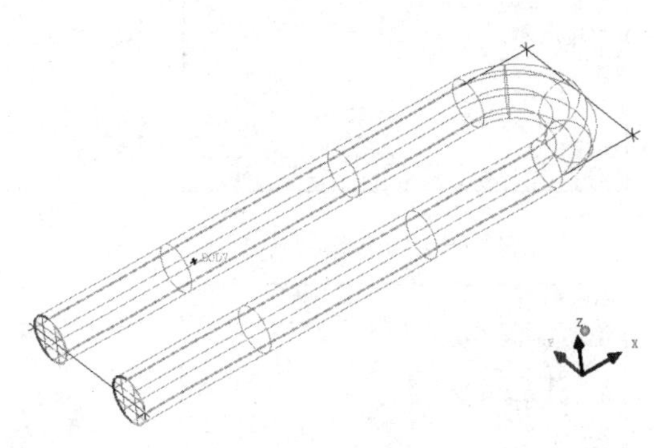

图11-66　创建的初始块

步骤02 在Blocking Associations（块关联）面板中单击（边关联）按钮（见图 11-67），单击按钮，选择块上的各个边并单击鼠标中键确认，然后单击按钮，选择模型上入口对应的曲线并单击鼠标中键确认，选择的曲线会自动组成一组，关联边和曲线的选取如图 11-68 所示。

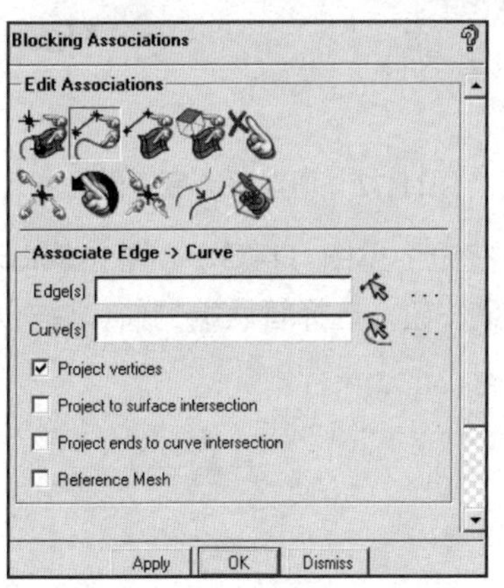

图11-67　边关联

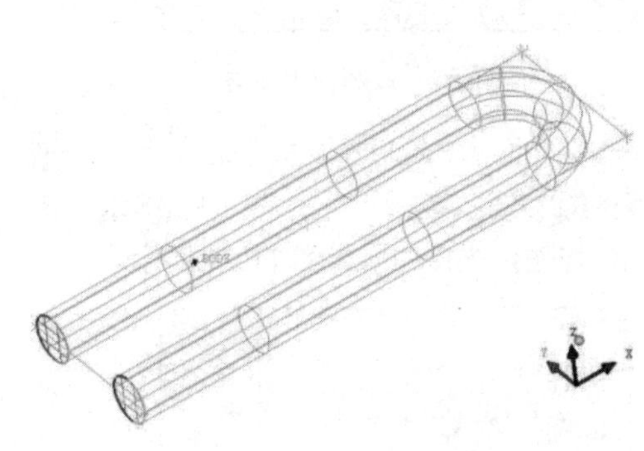

图11-68　边关联

步骤03 单击功能区内Blocking（块）选项卡中的（关联）按钮，弹出如图 11-69 所示的Blocking Associations（块关联）面板，单击（捕捉投影点）按钮，ICEM CFD将自动捕捉顶点到最近的几何位置，如图 11-70 所示。

步骤04 单击功能区内Blocking（块）选项卡中的（移动顶点）按钮，弹出如图 11-71 所示的Move Vertices（移动顶点）面板，单击按钮，再单击按钮，选择块上的一个顶点，然后按住鼠标左键拖动顶点到理想的位置，单击鼠标中键完成操作，顶点移动后的位置如图 11-72 所示。

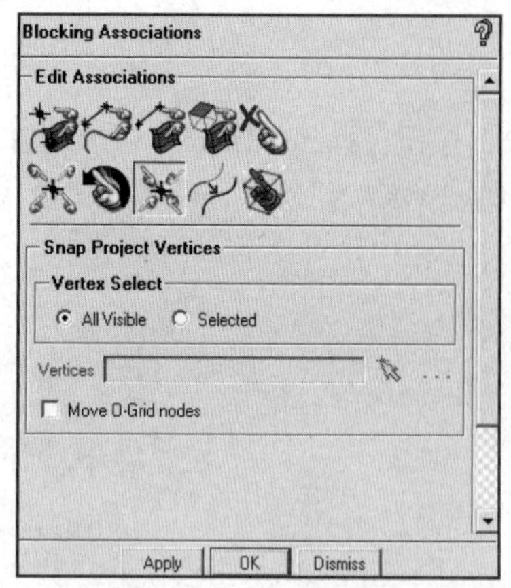

图11-69　块关联面板

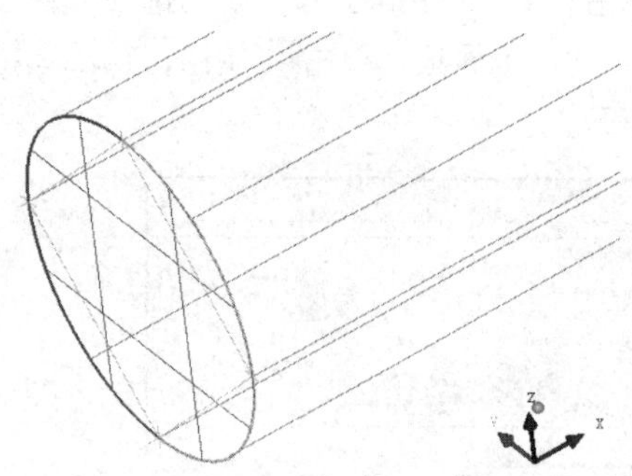

图11-70　顶点自动移动

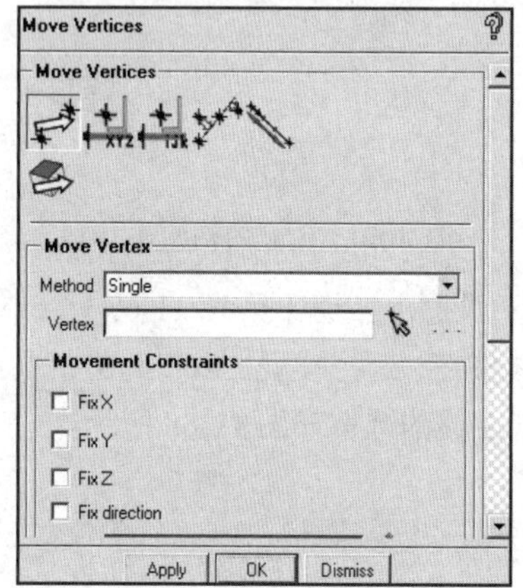

图11-71　移动顶点面板

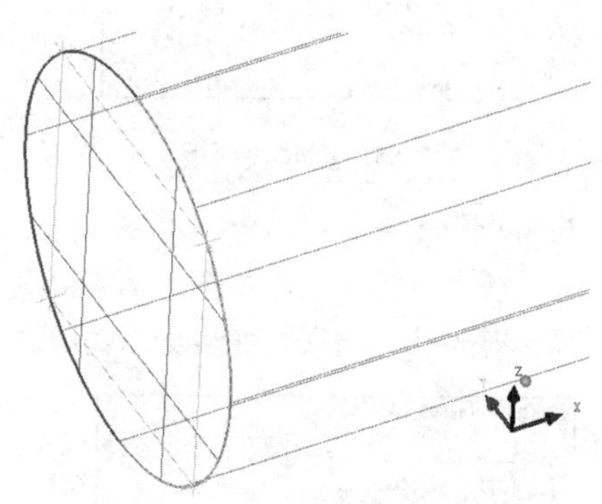

图11-72　顶点移动后的位置

步骤05 单击功能区内Blocking（块）选项卡中的（O-Grid）按钮（见图 11-73），单击Select Block(s)旁的按钮，选择所有的块，单击Select Block(s)旁的按钮，选择管两端的面，单击Apply按钮完成操作，选择的面如图 11-74 所示。

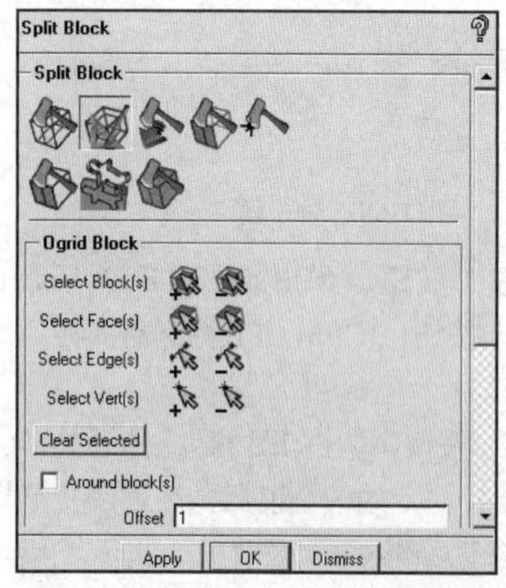

图11-73　分割块面板

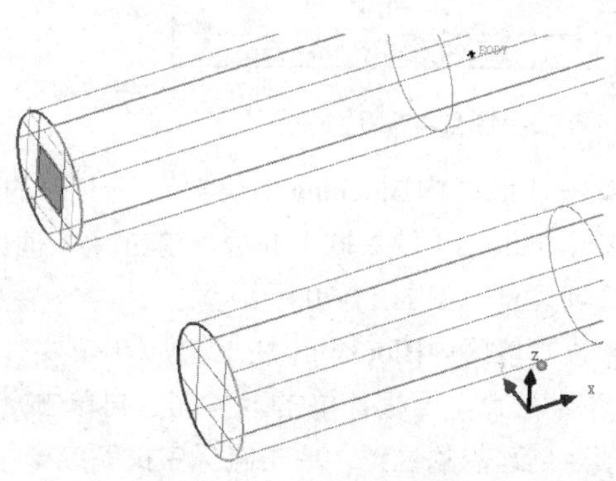

图11-74　选择面显示

11.3.5 网格生成

步骤01 单击功能区内Mesh（网格）选项卡中的（全局网格设定）按钮，弹出如图 11-75 所示的Global Mesh Setup（全局网格设定）面板，在Scale factor中输入 1.0，在Max element中输入 2.0，单击Apply按钮确认。

步骤02 单击功能区内Blocking（块）选项卡中的（预览网格）按钮，弹出如图 11-76 所示的Pre-Mesh Params（预网格参数）面板，单击按钮，选中Update All单选按钮，单击Apply按钮确认，显示预览网格，如图 11-77 所示。

图11-75 全局网格设定面板

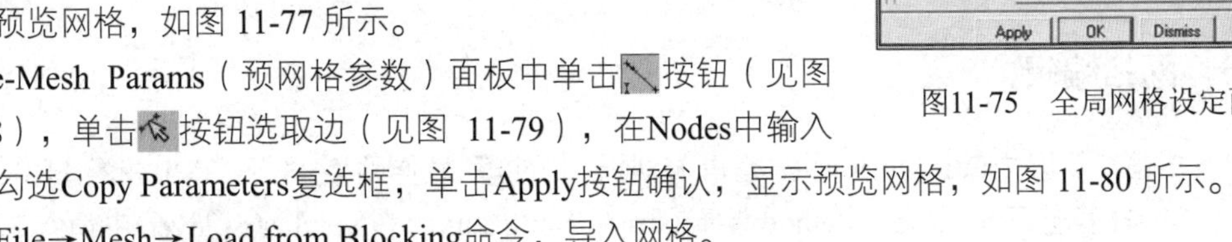

步骤03 在Pre-Mesh Params（预网格参数）面板中单击按钮（见图 11-78），单击按钮选取边（见图 11-79），在Nodes中输入 10，勾选Copy Parameters复选框，单击Apply按钮确认，显示预览网格，如图 11-80 所示。

步骤04 执行File→Mesh→Load from Blocking命令，导入网格。

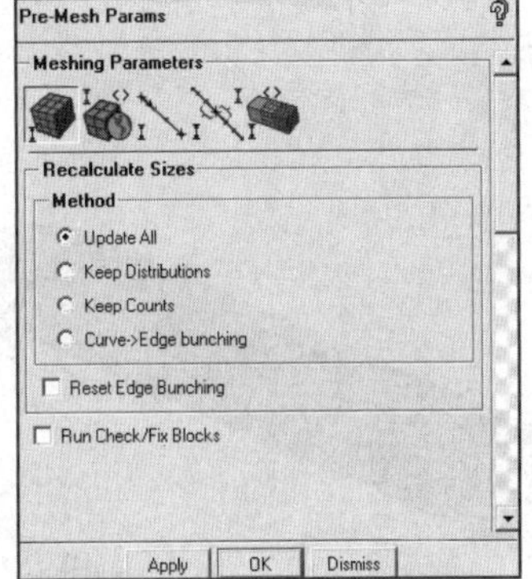

图11-76 预网格参数面板

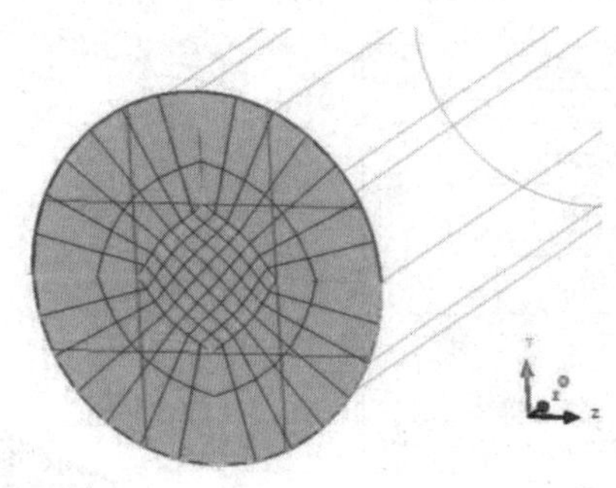

图11-77 预览网格显示

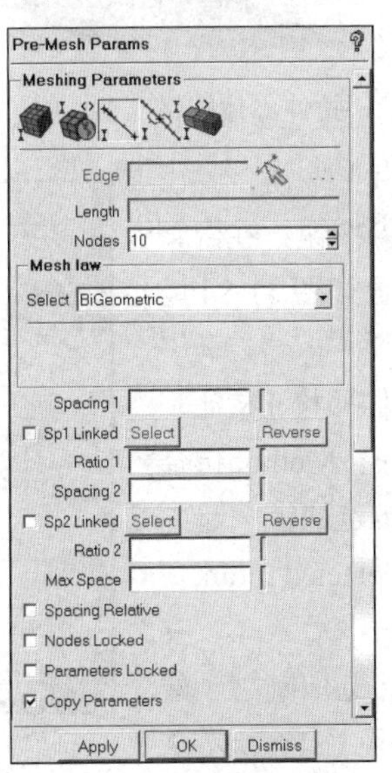

图 11-78 预网格参数面板

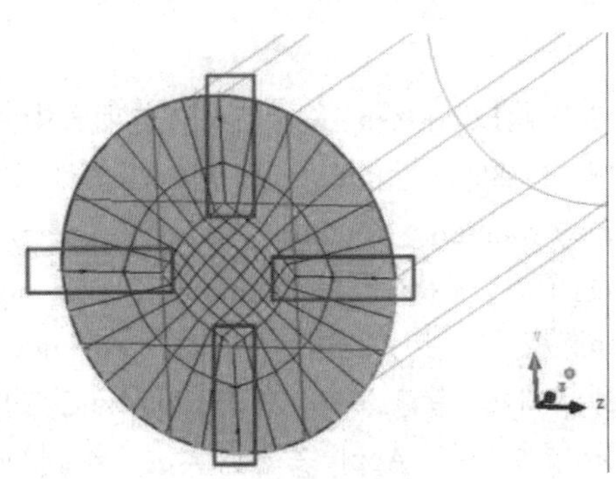

图 11-79 选取边显示

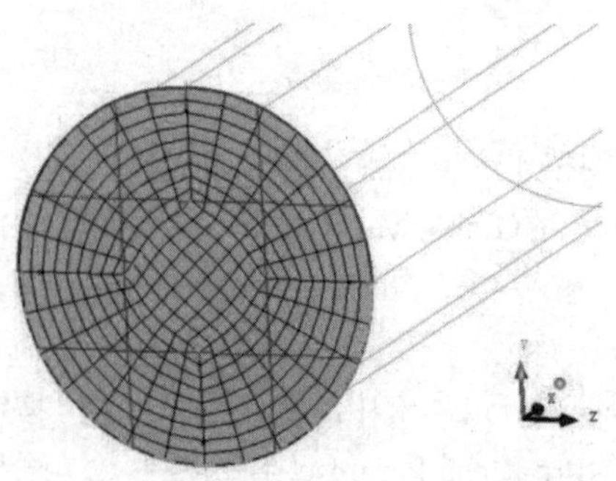

图11-80　预览网格显示

11.3.6　网格编辑

步骤01　单击功能区内Edit Mesh（网格编辑）选项卡中的（拉伸网格）按钮，弹出如图 11-81 所示的Extrude Mesh（拉伸网格）面板，Method选择Extrude along curve，在Number of layers中输入 50，单击Elements旁的按钮，选取刚刚创建的平面网格，单击Extrude curve旁的按钮，选取圆管旁的一条母线，单击Apply按钮确认，拉伸出体网格，如图 11-82 所示。

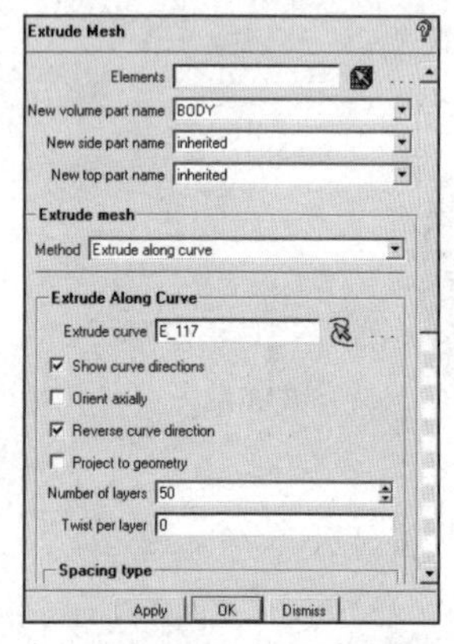

图11-81　拉伸网格面板

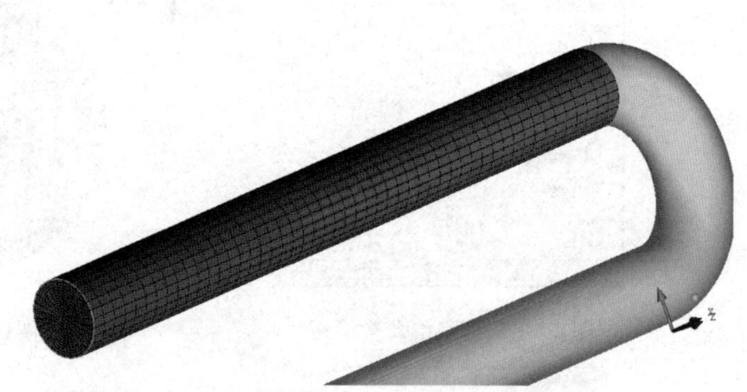

图11-82　拉伸出体网格

步骤02　单击功能区内Geometry（几何）选项卡中的（创建点）按钮，弹出如图 11-83 所示的Create Point（创建点）面板，单击按钮，在网管处选取 6 个点，创建出弯管圆弧的两个圆心，创建点位置如图 11-84 所示。

步骤03　单击功能区内Edit Mesh（网格编辑）选项卡中的（拉伸网格）按钮，弹出如图 11-85 所示的Extrude Mesh（拉伸网格）面板，Method选择Extrude by rotation，Rotation中Axis选择Vector，2 points选取上一步中创建的两个点，Center of Rotation中Center point选择Selected point，Location选取上一步中创建的一个点；在Angle per layer中输入 6，在Number of layers中输入 30，单击Elements旁的按钮，选取刚刚创建的体网格端面，单击Apply按钮确认，拉伸出体网格，如图 11-86 所示。

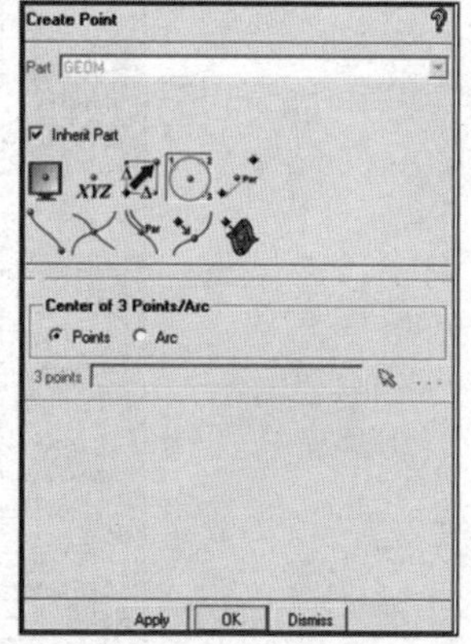

图11-83　创建点面板

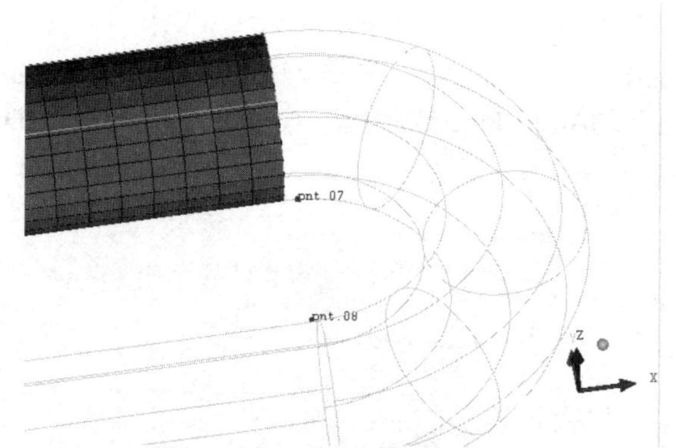

图11-84　创建点

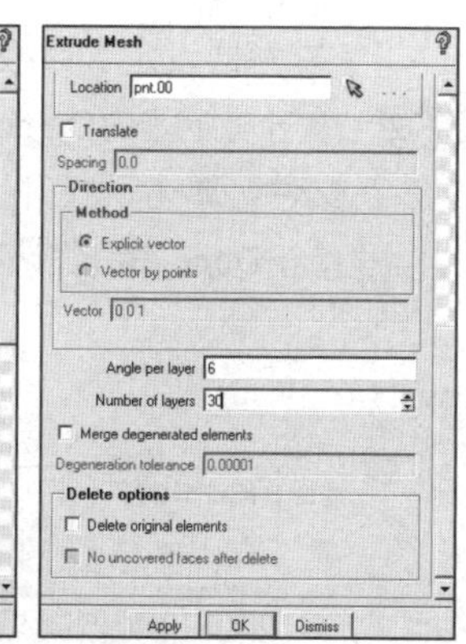

图11-85　拉伸网格面板

步骤04　用步骤01的方法拉伸出圆柱体网格，如图 11-87 所示。

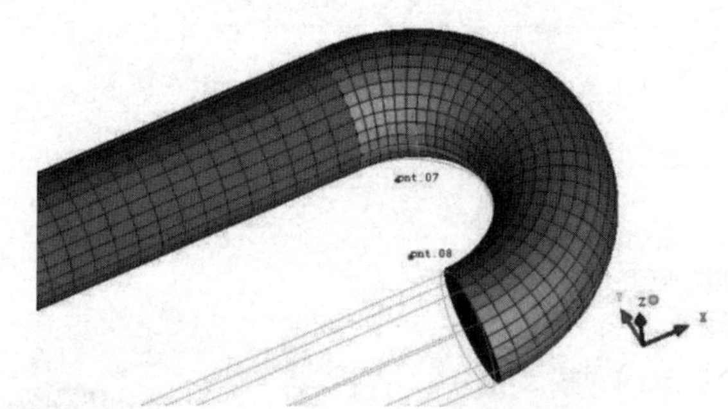

图11-86　拉伸出体网格

图11-87　拉伸出圆柱体网格

步骤05　单击功能区内Edit Mesh（网格编辑）选项卡中的（检查网格）按钮，弹出如图 11-88 所示的Quality Metrics（质量指标）面板，单击Apply按钮确认，在信息栏中显示网格质量信息，如图 11-89 所示。

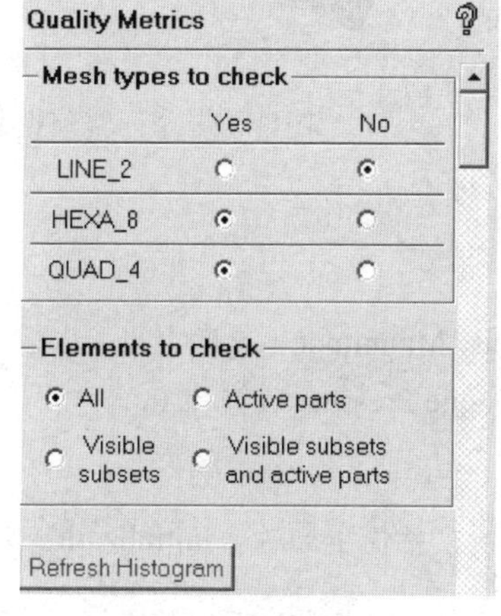

图11-88　质量指标面板

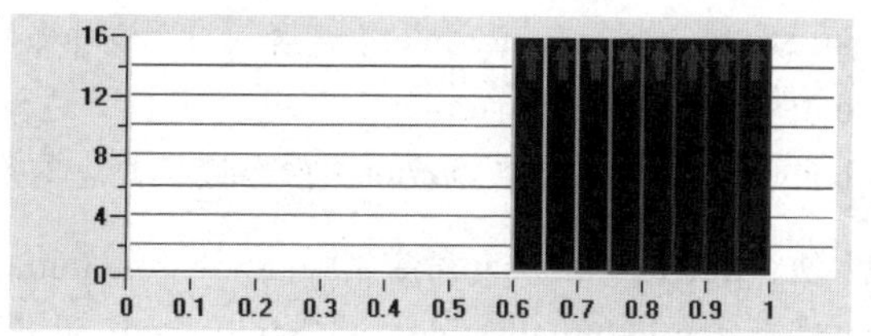

图11-89　网格质量信息

11.3.7　网格输出

步骤01　单击功能区内Output（输出）选项卡中的（求解器设定）按钮，弹出如图 11-90 所示的Solver Setup

（求解器设定）面板，Output Solver选择ANSYS Fluent，单击Apply按钮确认。

步骤 02 单击功能区内Output（输出）选项卡中的（输出）按钮，弹出“打开网格文件”对话框，选择文件，单击“打开”按钮，弹出如图 11-91 所示的Ansys Fluent对话框，Grid dimension选择 3D，单击Done按钮确认完成。

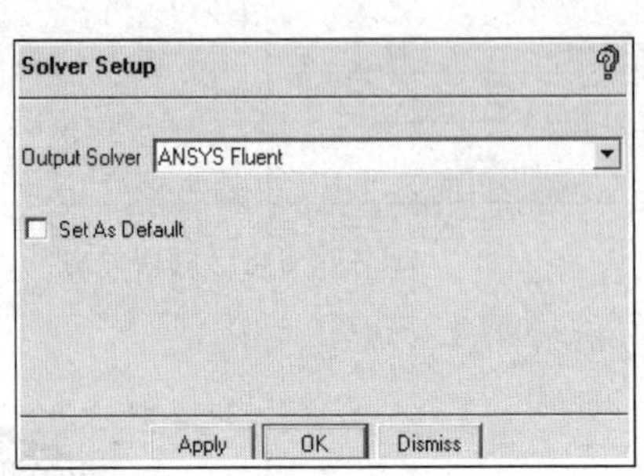

图11-90　求解器设定面板

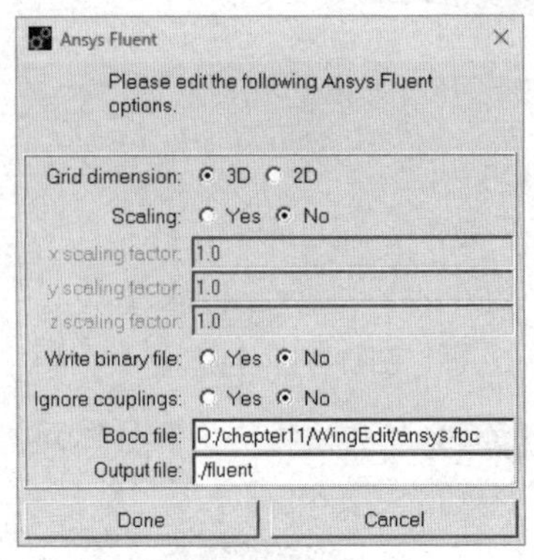

图11-91　Ansys Fluent对话框

11.3.8　计算与后处理

步骤 01 在Windows系统下启动Fluent，进入Fluent Launcher界面。

步骤 02 Dimension选择 3D，单击OK按钮进入Fluent界面。

步骤 03 执行File→Read→Mesh命令，读入ICEM CFD生成的网格文件，如图 11-92 所示。

图11-92　显示几何模型

步骤 04 在任务栏单击（保存）按钮进入Write Case对话框，在File name（文件名）中输入fluent.cas，单击OK按钮保存项目文件。

步骤 05 执行Mesh→Check命令，检查网格质量，应保证Minimum Volume大于 0。

步骤 06 执行Define→General命令，在Time中选择Steady。

步骤 07 执行Define→Model→Viscous命令，选择k-epsilon（2 eqn）模型。

步骤 08 执行Define→Boundary Condition命令，定义边界条件。

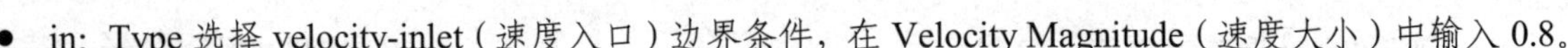

- in: Type 选择 velocity-inlet（速度入口）边界条件，在 Velocity Magnitude（速度大小）中输入 0.8。
- out: Type 选择 pressure-outlet（压力出口）边界条件，将 Gauge Pressure 设置为 0。
- body002: Type 选择 interior（内部边界）边界条件。

步骤 09 执行Solve→Initialize命令，弹出Solution Initialization（设置初始值）面板，Initialization Methods选择Hybrid Initialization，单击Initialize按钮进行计算初始化。

步骤 10 执行Solve→Monitors→Residual命令，设置各个参数的收敛残差值为 1e-3，单击OK按钮确认。

步骤 11 执行Solve→Run Calculation命令，迭代步数设置为 300，单击Calculate按钮开始计算。

步骤 12 执行Surface→ISO Surface命令，设置生成Z=0m的平面，默认命名为z-coordinate-6。

步骤 13 执行Display→Graphics and Animations→Contours命令，Contours of选择Velocity Magnitude， surfaces选择z-coordinate-6，单击Display按钮显示速度云图，如图 11-93 所示。

步骤14 执行Display→Graphics and Animations→Vectors命令，Vectors of选择Velocity，surfaces选择z-coordinate-6，单击Display按钮显示速度矢量图，如图 11-94 所示。

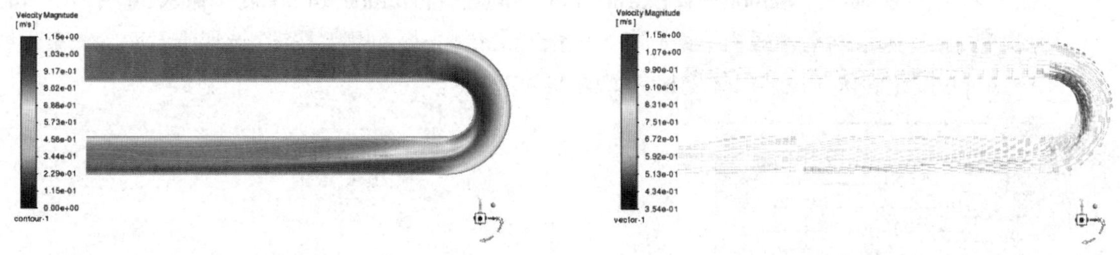

图11-93　速度云图　　　　图11-94　速度矢量图

步骤15 执行Display→Graphics and Animations→Contours命令，Contours of选择Pressure，surfaces选择z-coordinate-6，单击Display按钮显示压力云图，如图 11-95 所示。

图11-95　压力云图

从上述计算结果可以看出，生成的网格能够满足计算要求，并且能够较好地模拟机翼周边流场情况。

11.4　弯管部件网格编辑

本节将对9.3节的弯管几何模型网格进行进一步的扩展，通过二维面网格拉伸成三维体网格，以减少出口边界对计算域内流程的影响，提高计算精度。

11.4.1　启动ICEM CFD并打开分析项目

步骤01 在Windows系统下启动ICEM CFD，进入ICEM CFD界面。

步骤02 执行File→Open Project命令，弹出Open Project（打开项目）对话框，在“文件名”中输入icemcfd，单击“打开”按钮确认关闭对话框。

11.4.2　网格编辑

步骤01 单击功能区内Edit Mesh（网格编辑）选项卡中的（拉伸网格）按钮，弹出如图 11-96 所示的Extrude Mesh（拉伸网格）面板，Method选择Extrude along curve，在Number of layers中输入 50，单击Elements旁的按钮，选取刚刚创建的平面网格，单击Extrude curve旁的按钮，选取圆管旁的一条母线，单击Apply按钮确认，拉伸出体网格，如图 11-97 所示。

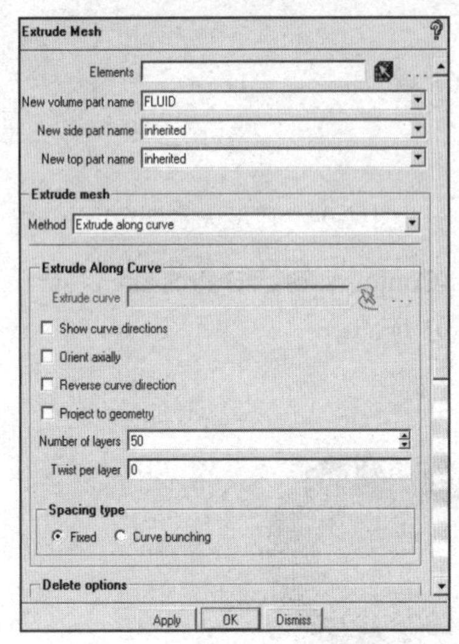

图11-96　拉伸网格面板

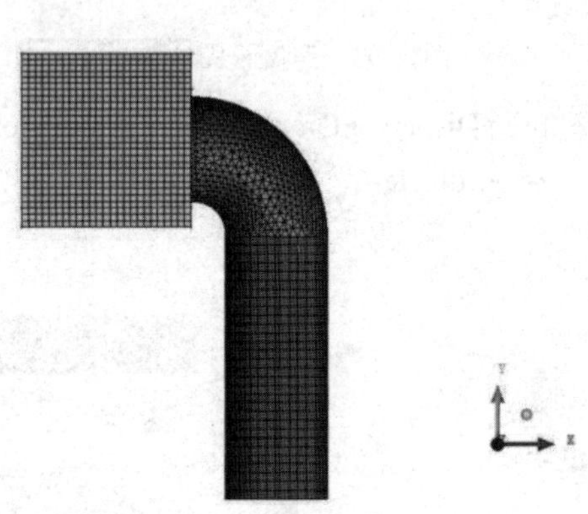

图11-97　拉伸出体网格

步骤02 单击功能区内Edit Mesh（网格编辑）选项卡中的（检查网格）按钮，弹出如图 11-98 所示的Quality Metrics（质量指标）面板，单击Apply按钮确认，在信息栏中显示网格质量信息，如图 11-99 所示。

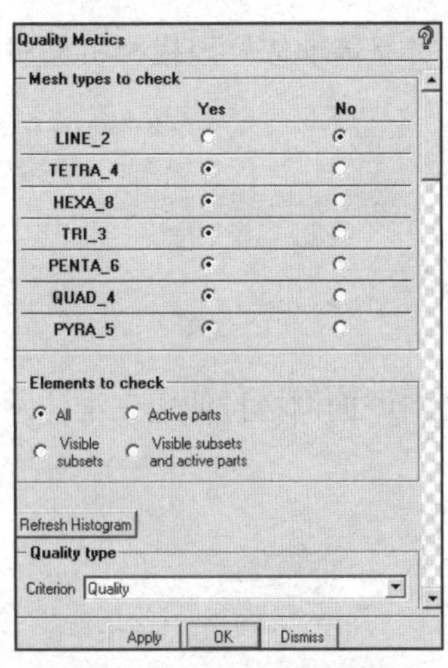

图11-98　质量指标面板

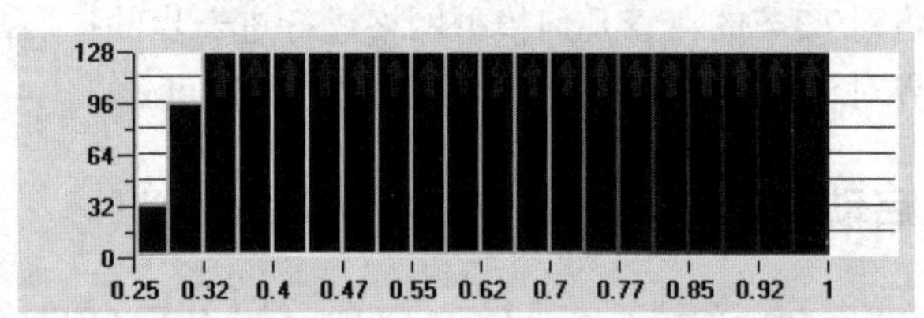

图11-99　网格质量信息

11.4.3　网格输出

步骤01 单击功能区内Output（输出）选项卡中的（求解器设定）按钮，弹出如图 11-100 所示的Solver Setup

（求解器设定）面板，Output Solver选择ANSYS Fluent，单击Apply按钮确认。

步骤02 单击功能区内Output（输出）选项卡中的（输出）按钮，弹出“打开网格文件”对话框，选择文件，单击“打开”按钮，弹出如图 11-101 所示的Ansys Fluent对话框，Grid dimension选择 3D，单击Done按钮确认完成。

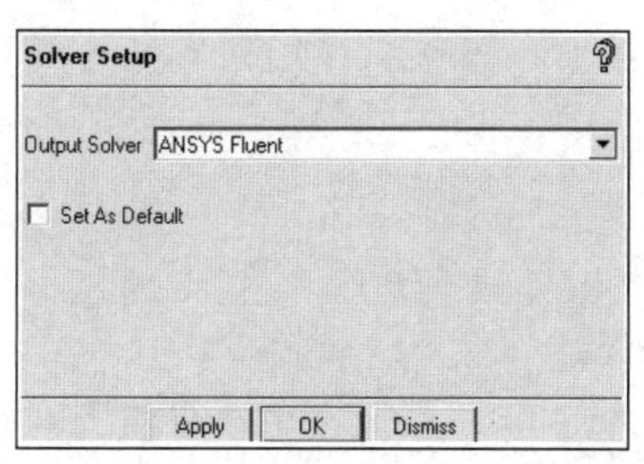

图11-100　求解器设定面板

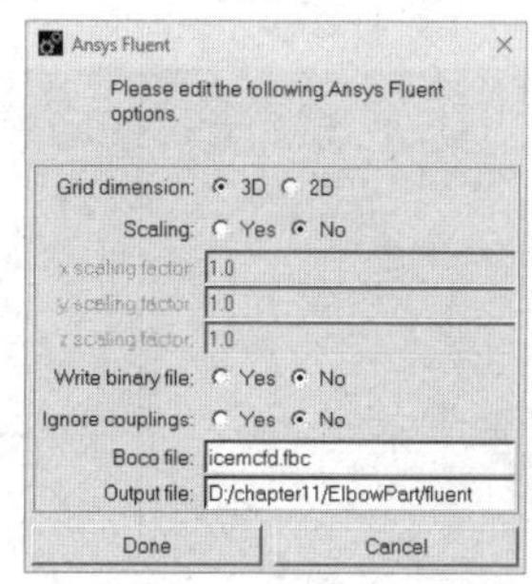

图11-101　Ansys Fluent对话框

11.4.4　计算与后处理

步骤01 在Windows系统下启动Fluent，进入Fluent Launcher界面。

步骤02 Dimension选择 3D，单击OK按钮进入Fluent界面。

步骤03 执行File→Read→Mesh命令，读入ICEM CFD生成的网格文件，如图 11-102 所示。

步骤04 在任务栏单击（保存）按钮进入Write Case对话框，在File name（文件名）中输入fluent.cas，单击OK按钮保存项目文件。

步骤05 执行Mesh→Check命令，检查网格质量，应保证Minimum Volume大于 0。

步骤06 执行Mesh→Scale命令，打开Scale Mesh（缩放网格）面板，定义网格尺寸单位，在Mesh Was Created In中选择mm，单击Scale按钮。

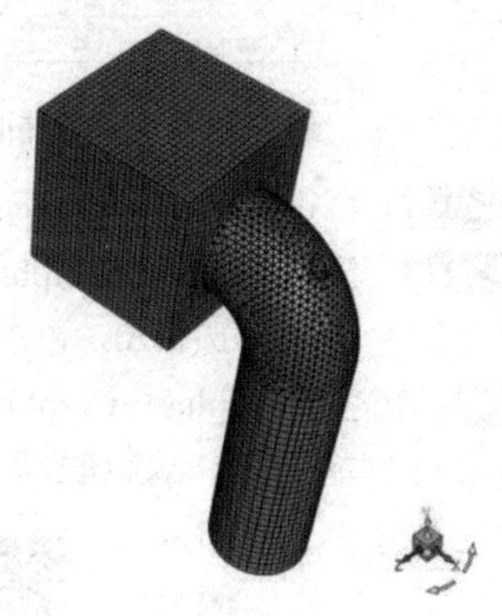

图11-102　显示几何模型

步骤07 执行Define→General命令，在Time中选择Steady。

步骤08 执行Define→Model→Viscous命令，选择k-epsilon（2 eqn）模型。

步骤09 执行Define→Boundary Condition命令，定义边界条件，如图 11-103 所示。

- in：Type 选择 velocity-inlet（速度入口）边界条件，在 Velocity Magnitude（速度大小）中输入 5。
- out：Type 选择 pressure-outlet（压力出口）边界条件，将 Gauge Pressure 设置为 0。

步骤10 执行Solve→Controls命令，弹出Solution Controls（设置松弛因子）面板，保持默认设置，单击OK按钮退出。

步骤11 执行Solve→Initialize命令，弹出Solution Initialization（设置初始值）面板，Compute From选择in，单击Initialize按钮进行计算初始化。

步骤12 执行Solve→Monitors→Residual命令，设置各个参数的收敛残差值为 1e-3，单击OK按钮确认。

步骤13 执行Solve→Run Calculation命令，迭代步数设置为 300，单击Calculate按钮开始计算。

步骤14 迭代到第 187 步，计算收敛，收敛曲线如图 11-104 所示。

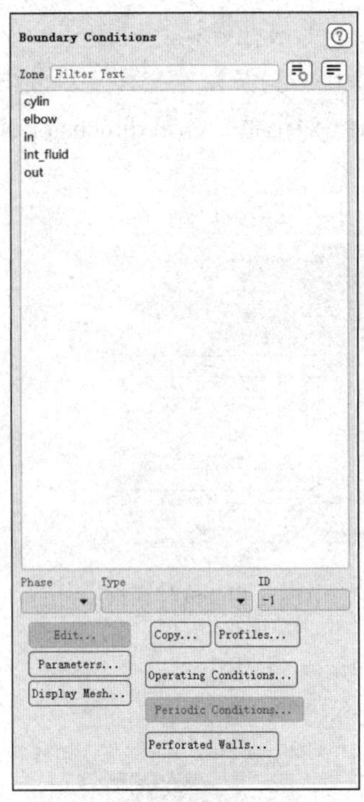

图11-103　边界条件面板

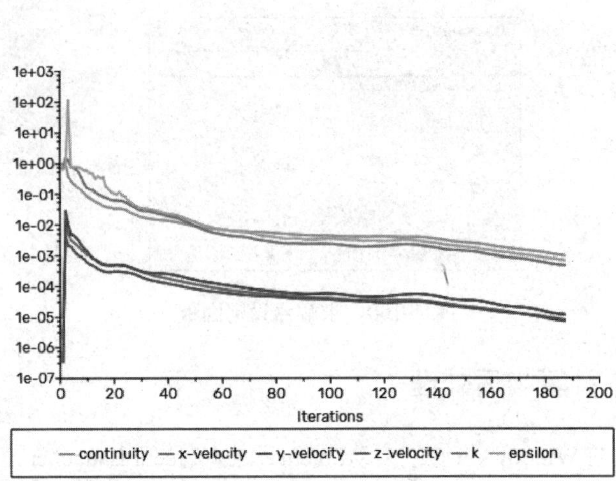

图11-104　收敛曲线

步骤15　执行Surface→ISO Surface命令，设置生成Z=0m的平面，命名为z0。

步骤16　执行Display→Graphics and Animations→Contours命令，Contours of选择Velocity Magnitude，surfaces选择z0，单击Display按钮显示速度云图，如图 11-105 所示。

步骤17　执行Display→Graphics and Animations→Vector命令，Contours of选择Velocity，surfaces选择z0，单击Display按钮显示速度矢量图，如图 11-106 所示。

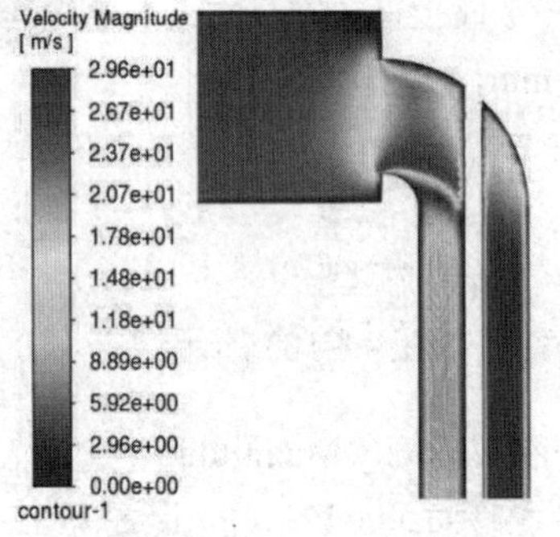

图11-105　速度云图

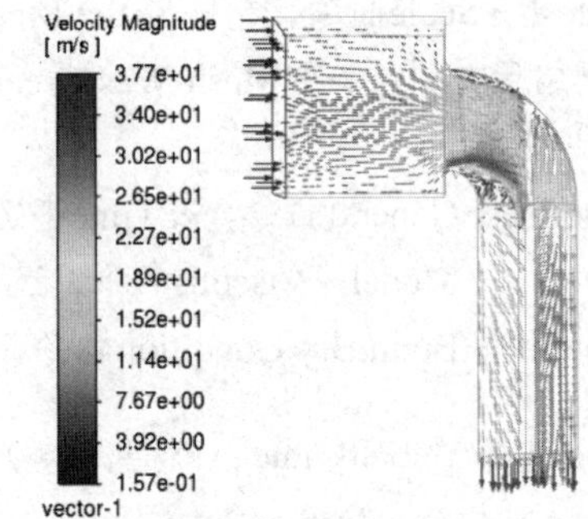

图11-106　速度矢量图

步骤18　执行Display→Graphics and Animations→Contours命令，Contours of选择Pressure，surfaces选择z0，单击Display按钮显示压力云图，如图 11-107 所示。

步骤19　执行Display→Graphics and Animations→Contours命令，Contours of选择Turbulence Wall Yplus，surfaces选择z0，单击Display按钮显示壁面Yplus云图，如图 11-108 所示。

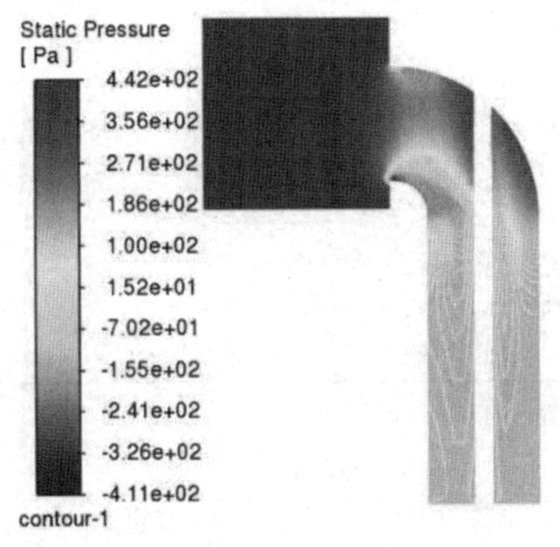

图11-107　压力云图

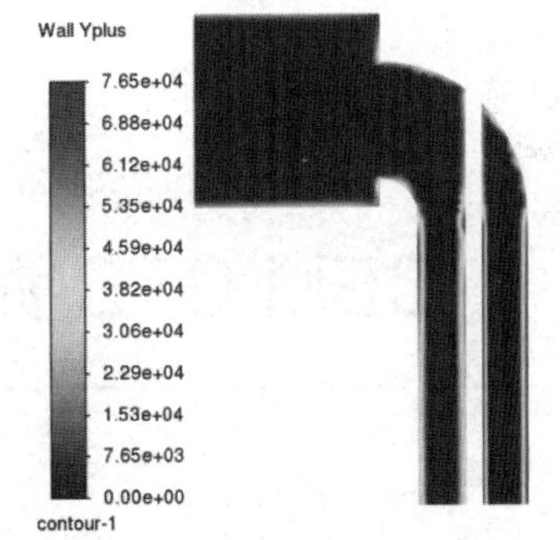

图11-108　壁面Yplus云图

步骤 20　执行Report→Results Reports命令，弹出如图 11-109 所示的Reports面板，选择Surface Integrals，单击Set Up…按钮，弹出如图 11-110 所示的Surface Integrals对话框，在Report Type中选择Mass Flow Rate，在Surface中选择in和out，单击Compute按钮计算得到进出口流量差。

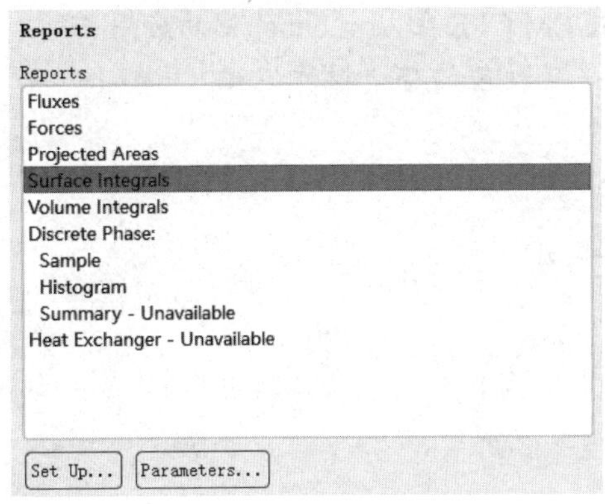

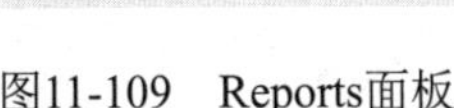

图11-109　Reports面板

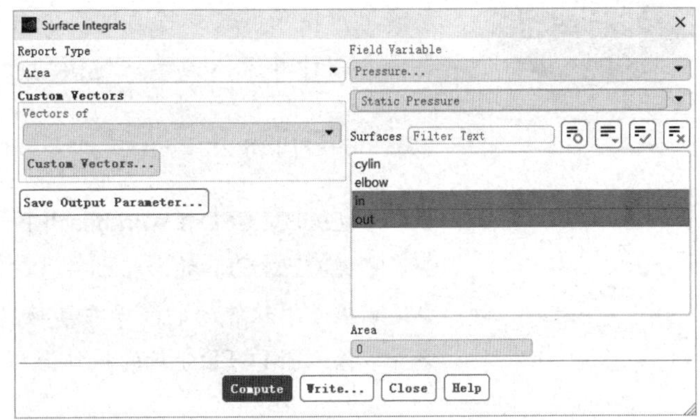

图11-110　Surface Integrals对话框

从上述计算结果可以看出，生成的网格能够满足计算要求，并且能够较好地模拟弯管部件内的流场问题。

11.5　本章小结

本章介绍了ICEM CFD网格编辑的基本过程，包括网格质量的判断、网格质量的提高方法、网格处理的基本操作，最后给出了运用ICEM CFD进行网格编辑的典型实例。通过对本章内容的学习，读者可以掌握ICEM CFD网格编辑的方法和操作流程。

第 12 章

ICEM CFD协同仿真

12

导言

Workbench是ANSYS公司提出的协同仿真环境，在Workbench中可以协同多种软件，如网格软件、结构分析软件、流体分析软件等来分析复杂问题，方便用户使用。本章将通过实例来介绍ICEM CFD在Workbench中的应用并简要地介绍计算流体力学从建模到计算结果后处理的整个操作流程。

学习目标

- ❖ 掌握ICEM CFD在Workbench中的创建方法
- ❖ 掌握ICEM CFD的网格划分方法
- ❖ 掌握不同软件间的数据共享与更新
- ❖ 掌握ICEM CFD分析的操作流程

12.1 弯管的稳态流动分析

本节将通过弯管的稳态流动分析来介绍如何在ANSYS Workbench中启动设置ICEM CFD，让读者对ICEM CFD在Workbench中的应用有一个初步了解。

12.1.1 启动Workbench并建立分析项目

步骤01 在Windows系统下启动Workbench，进入ANSYS Workbench界面。

步骤02 双击主界面Toolbox（工具箱）中的Component Systems（组件系统）→Geometry（几何结构）选项，即可在项目管理区创建分析项目A，如图 12-1 所示。

步骤03 在工具箱的Component Systems（组件系统）→ICEM CFD选项上按住鼠标左键，并将其拖动到项目管理区，悬挂在项目A的A2 栏Geometry（几何结构）上，当项目A2 的Geometry（几何结构）栏红色高亮显示时，即可释放鼠标创建项目B。项目A和项目B中的Geometry（几何结构）栏（A2和B2）之间出现了一条线相连，表示它们之间的几何结构数据可共享，如图 12-2 所示。

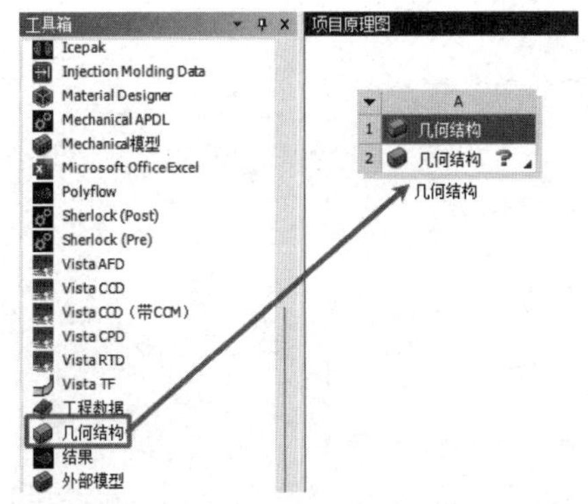

图12-1　创建Geometry（几何结构）分析项目

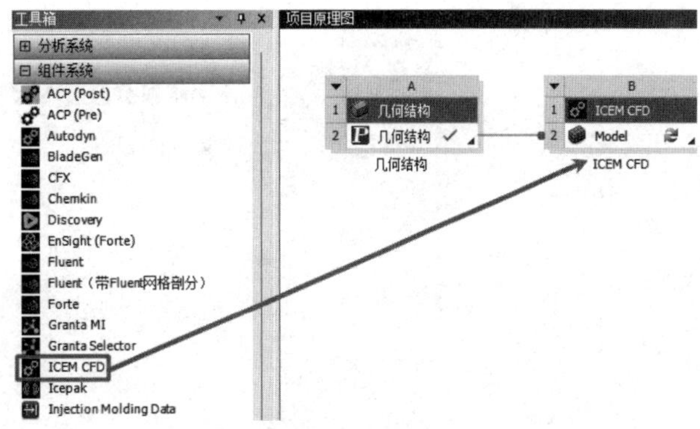

图12-2　创建ICEM CFD分析项目

步骤04　在工具箱的Component Systems（组件系统）→Fluent选项上按住鼠标左键，将其拖动到项目管理区，悬挂在项目B的B2 栏Model上，当项目B2 的Model栏红色高亮显示时，即可释放鼠标创建项目C。项目B和项目C中的Geometry（几何结构）栏（B2 和C2）之间出现了一条线相连，表示它们之间的数据可共享，如图 12-3 所示。

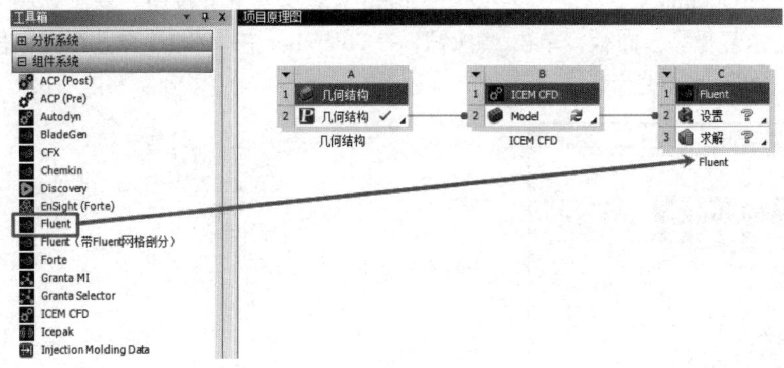

图12-3　创建Fluent分析项目

12.1.2　导入几何体

步骤01　在A2 栏的Geometry（几何结构）上右击，在弹出的快捷菜单中选择Import Geometry（导入几何体模型）→Browse…（浏览）命令，弹出“打开”对话框。

步骤02　在弹出的“打开”对话框中选择文件路径，导入tube几何体文件，此时A2 栏Geometry（几何结构）后的 ? 变为✓，表示实体模型已经存在。

12.1.3　划分网格

步骤01　双击项目B中的B2 栏Model项，进入如图 12-4 所示的界面，在该界面下进行模型的网格划分。

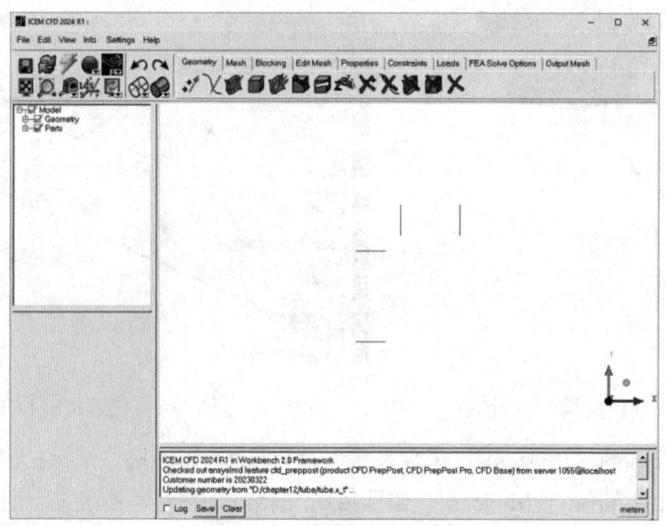

图12-4　网格划分界面

步骤 02 单击功能区内Geometry（几何）选项卡中的（修复模型）按钮，弹出如图 12-5 所示的Repair Geometry（修复模型）面板，单击按钮，在Tolerance中输入 1，单击OK按钮确认，几何模型将修复完毕，如图 12-6 所示。

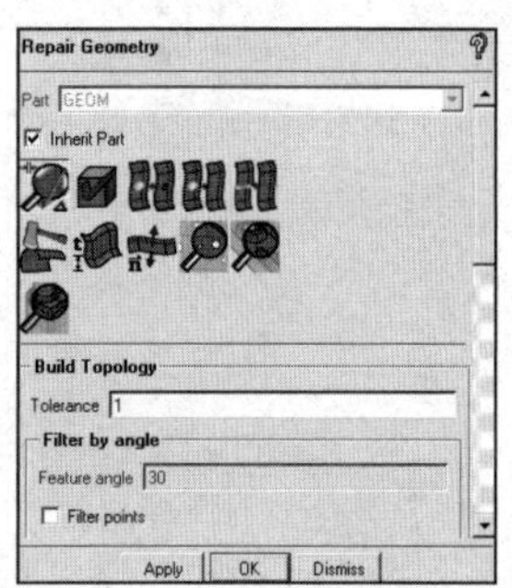

图12-5　修复模型面板

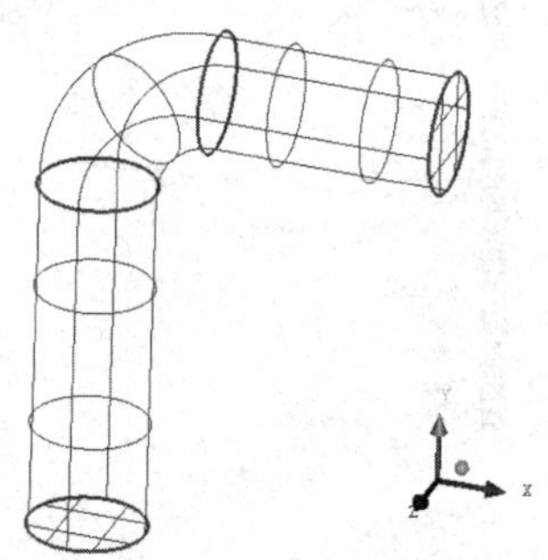

图12-6　修复后的几何模型

步骤 03 在操作控制树中右击Parts，弹出如图 12-7 所示的目录树，选择Create Part，弹出如图 12-8 所示的Create Part（生成边界）面板，在Part中输入IN，单击按钮，选择边界并单击鼠标中键确认，生成入口边界条件，如图 12-9 所示。

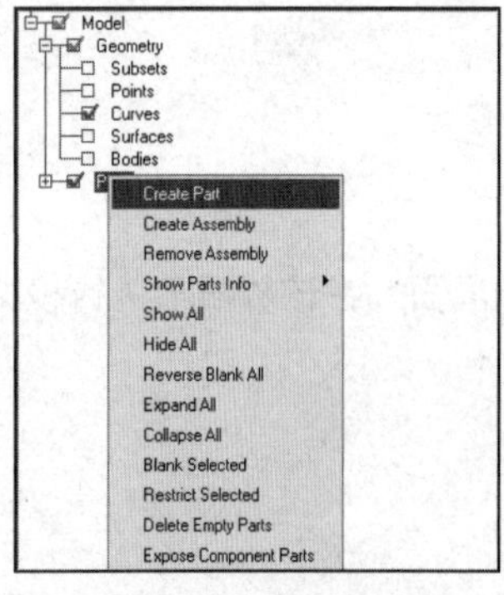

图12-7　选择生成边界命令

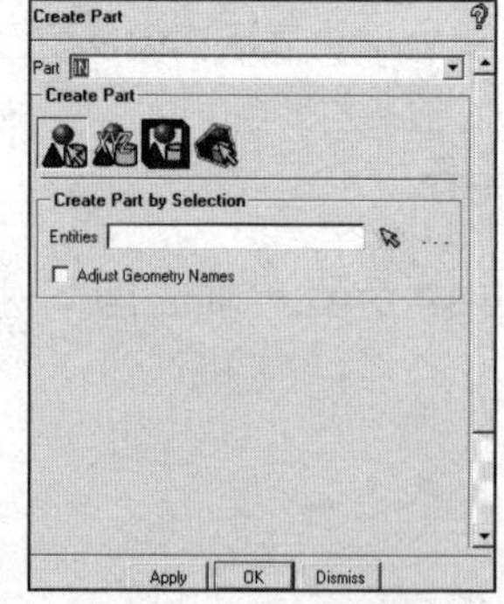

图12-8　生成边界面板

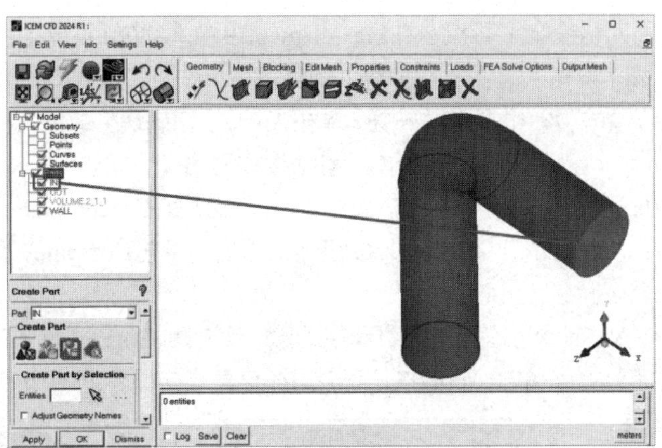

图12-9 入口边界条件

步骤04 用步骤03的方法生成出口边界条件，命名为OUT，如图 12-10 所示。

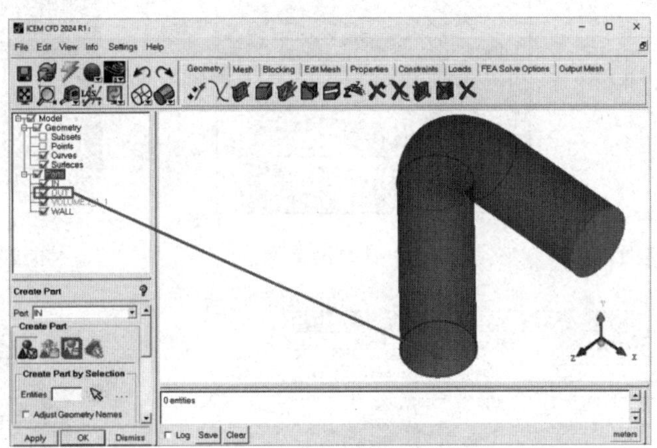

图12-10 出口边界条件

步骤05 用步骤03的方法生成新的Part，命名为WALL，如图 12-11 所示。

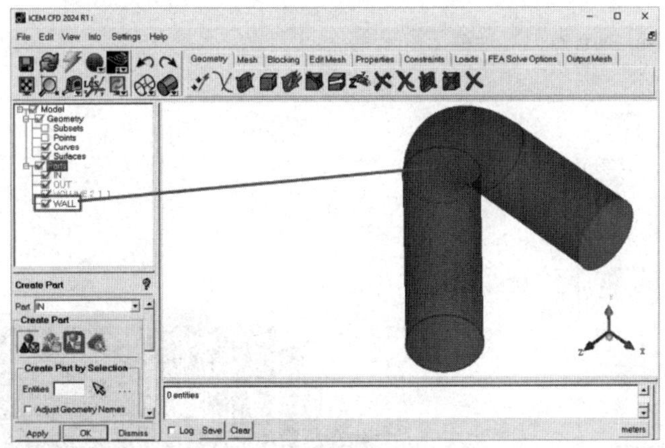

图12-11 WALL

步骤06 单击功能区内Mesh（网格）选项卡中的 （全局网格设定）按钮，弹出如图 12-12 所示的Global

Mesh Setup（全局网格设定）面板，在Max element中输入 0.001，单击Apply按钮确认。

步骤07 单击功能区内Mesh（网格）选项卡中的（计算网格）按钮，弹出如图 12-13 所示的Compute Mesh（计算网格）面板，单击（体网格）按钮，单击Apply按钮确认生成体网格文件，如图 12-14 所示。

步骤08 在Compute Mesh（计算网格）面板中单击（棱柱网格），单击Select Parts for Prism Layer，弹出Prism Parts Data对话框，勾选WALL对应的Prism复选框，在Height ratio中输入 1.3，在Num layers中输入 5，如图 12-15 所示。单击Apply按钮确认退出，单击Compute按钮重新生成体网格，如图 12-16 所示。

步骤09 单击功能区内Edit Mesh（网格编辑）选项卡中的（检查网格）按钮，弹出如图 12-17 所示的Quality Metrics（质量指标）面板，单击Apply按钮确认，在信息栏中显示网格质量信息，如图 12-18 所示。

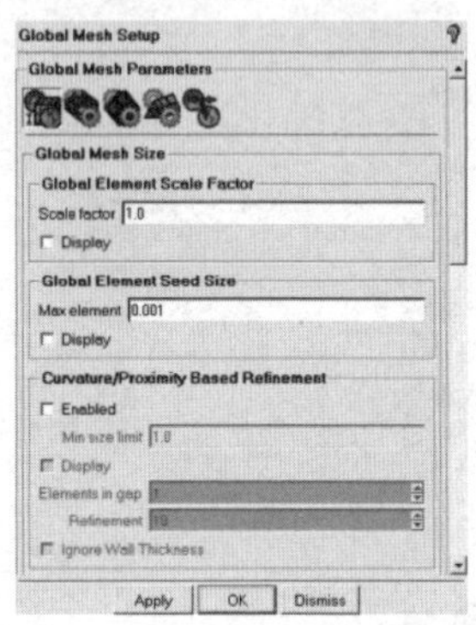

图12-12　全局网格设定面板

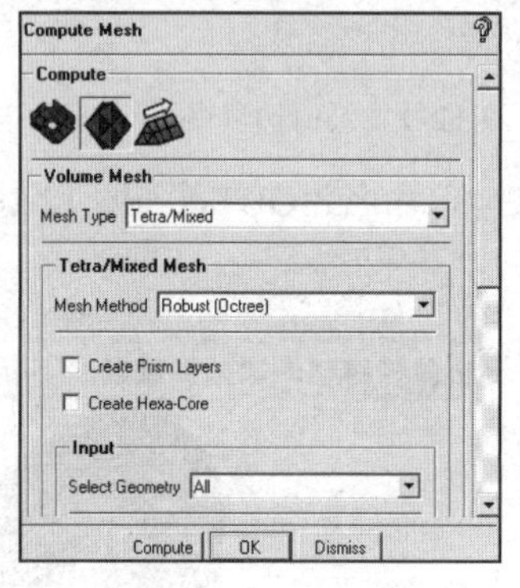

图12-13　计算网格面板

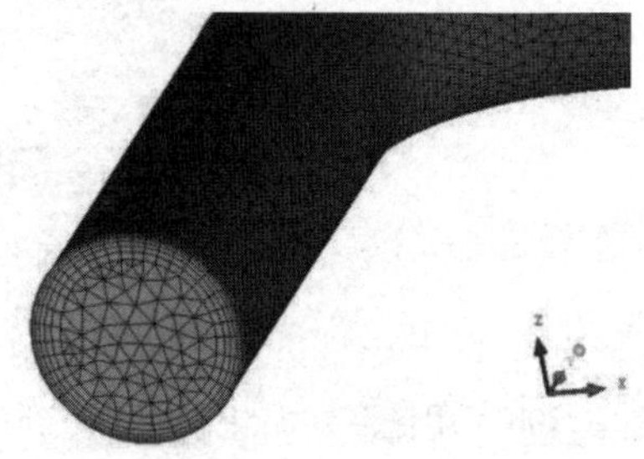

图12-14　生成体网格

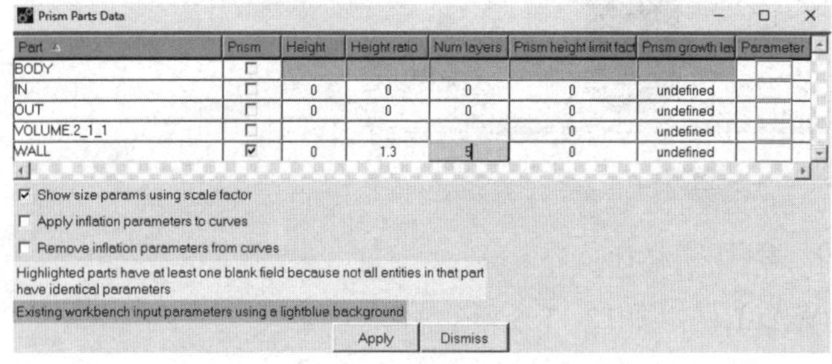

图12-15　Prism Parts Data对话框

图12-16　生成体网格

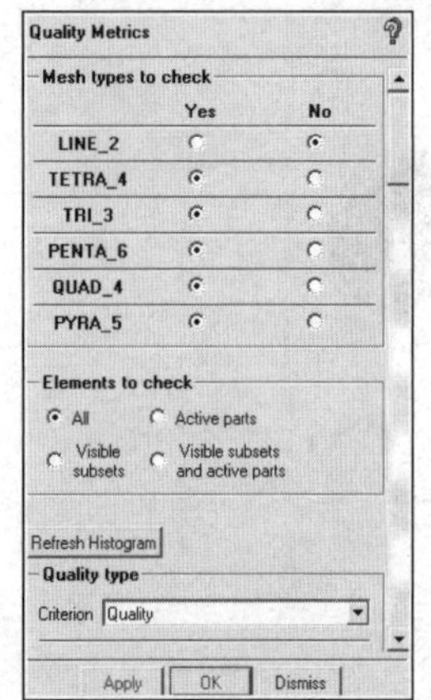

图12-17　质量指标面板

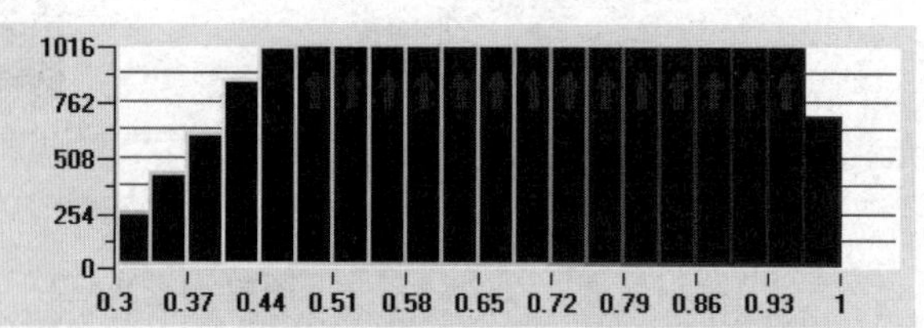

图12-18　网格质量信息

步骤10 生成的网格质量为 0.3~1，一般建议删除网格质量在 0.4 以下的网格。单击功能区内Edit Mesh（网格编辑）选项卡中的（平顺全局网格）按钮，弹出如图 12-19 所示的Smooth Elements Globally（平顺全局网格）面板，在Up to value中输入 0.4，单击Apply按钮确认显示如图 12-20 所示的平顺后的体网格。

步骤11 执行主菜单File→Exit命令，在弹出的对话框中单击OK按钮，保存项目并返回Workbench主界面。

步骤12 右击Workbench界面中的B2 Model项，选择快捷菜单中的Update（更新）项，完成网格数据往Fluent分析模块中的传递，如图 12-21 所示。

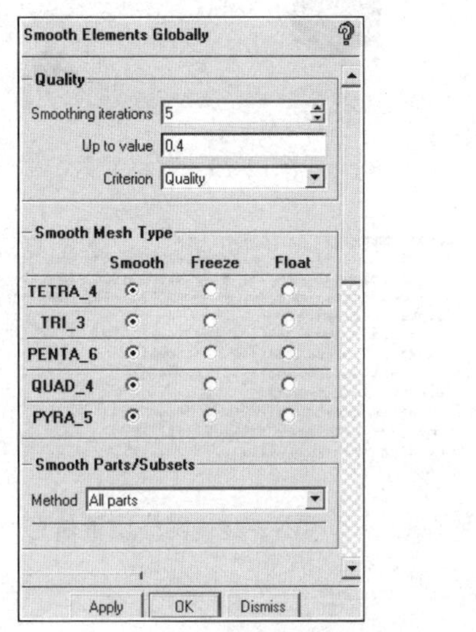

图12-19　平顺全局网格面板

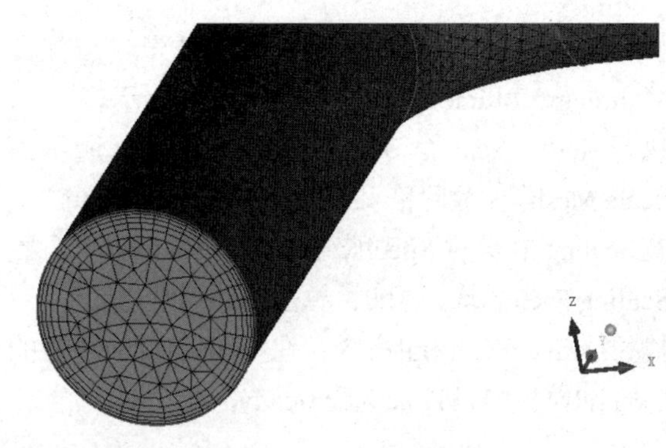

图12-20　平顺后的体网格

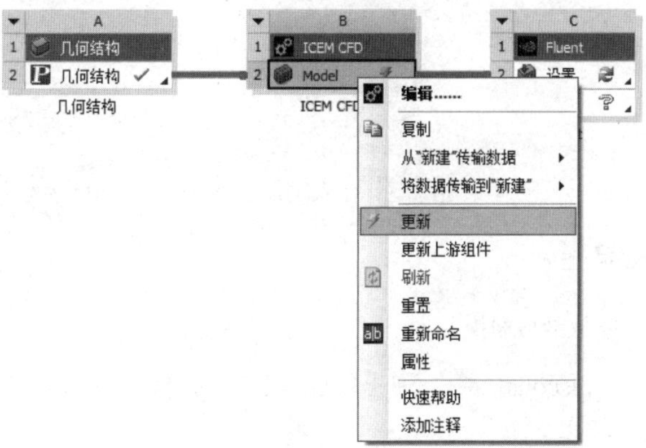

图12-21　更新网格数据

12.1.4 边界条件

步骤01 双击C2 栏的Setup项，打开Fluent，进入Fluent Launcher界面，如图 12-22 所示，Dimension选择 3D，单击OK按钮进入Fluent界面。

步骤02 模型网格将直接被导入，如图 12-23 所示。

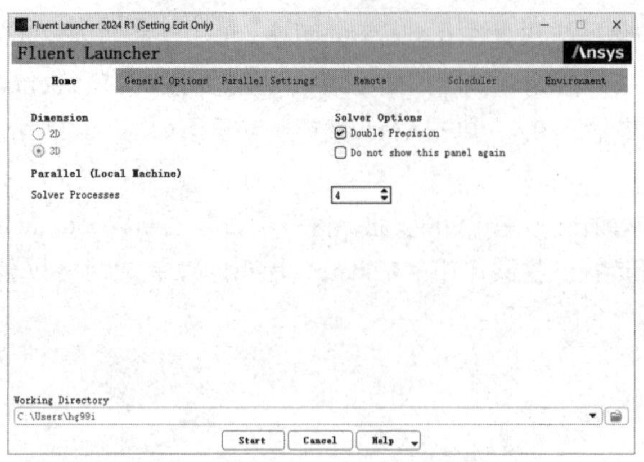

图12-22　Fluent Launcher界面

图12-23　网格导入

步骤03 执行Mesh→Check命令，检查网格质量，应保证Minimum Volume大于0，如图 12-24 所示。

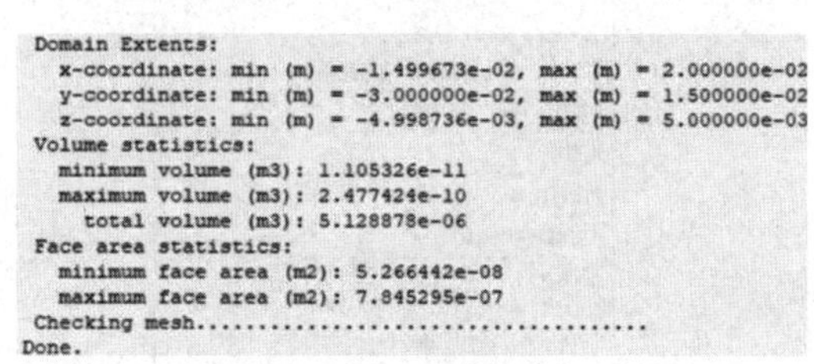

图12-24　网格质量信息

步骤04 执行Mesh→Scale命令，打开如图 12-25 所示的Scale Mesh（缩放网格）面板，定义网格尺寸单位，在Scaling中选择Specify Scaling Factors，设置Scaling Factors均为 100，单击Scale按钮。

步骤05 执行Define→General命令，在如图 12-26 所示的General面板中，Time选择Steady。

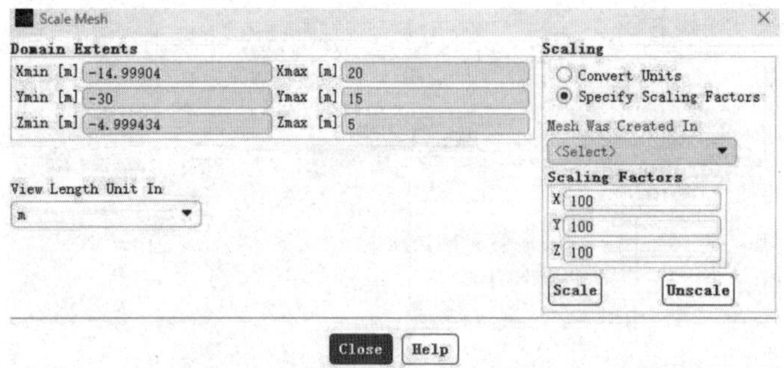

图12-25　缩放网格面板

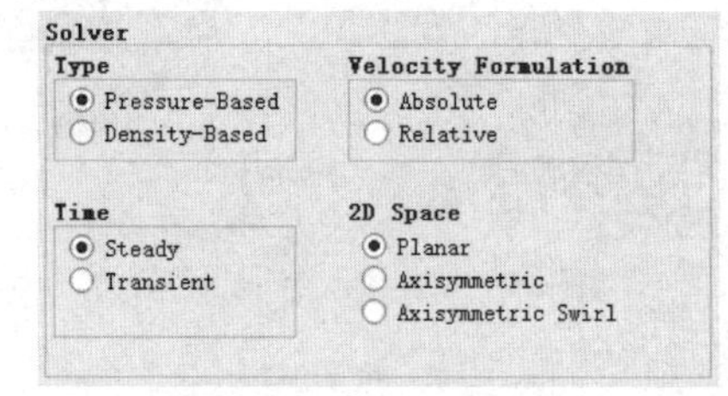

图12-26　General面板

步骤06 执行Define→Model→Viscous命令，弹出如图 12-27 所示的Viscous Model（湍流模型）面板，选择k-epsilon（2 eqn）模型。

步骤07 执行Define→Boundary Conditions命令，定义边界条件，如图 12-28 所示。

- in: Type 选择为 velocity-inlet（速度入口）边界条件，在 Velocity Magnitude（速度大小）中输入 20。
- out: Type 选择为 pressure-outlet（压力出口）边界条件，将 Gauge Pressure 设置为 0。

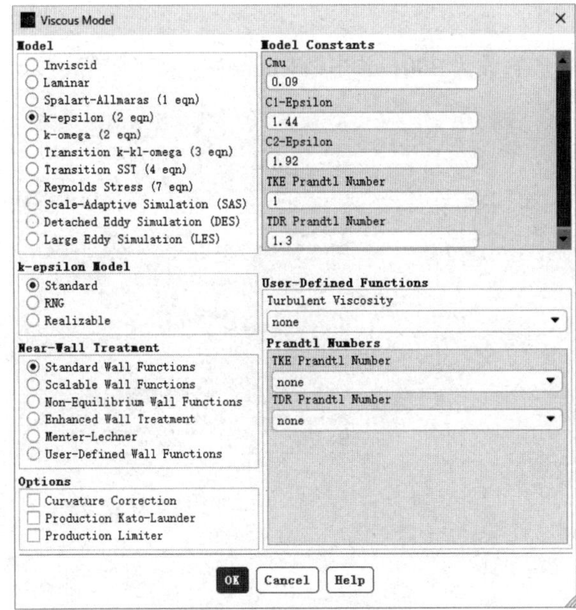

图12-27 湍流模型面板

图12-28 边界条件面板

12.1.5 初始条件

执行Solve→Initialize命令，弹出Solution Initialization（设置初始值）面板，Compute from选择in，单击Initialize按钮进行计算初始化，如图12-29所示。

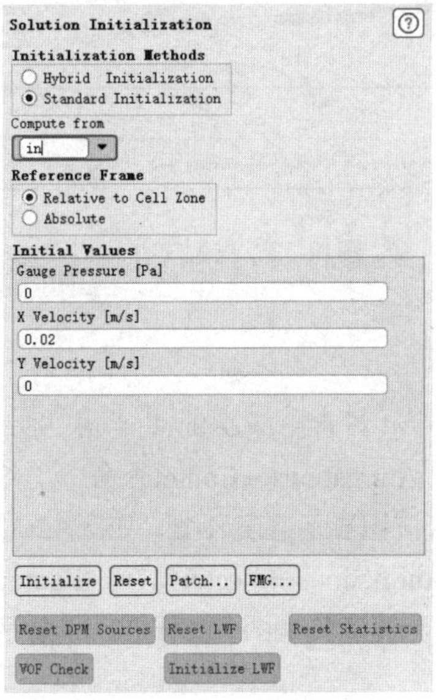

图12-29 设置初始值面板

12.1.6 求解控制

步骤01 执行Solution→Monitors→Residual命令，设置各个参数的收敛残差值为 1e-3，单击OK按钮确认，如图 12-30 所示。

步骤 02 执行Solve→Run Calculation命令，迭代步数设为 300，单击Calculate按钮开始计算，如图 12-31 所示。

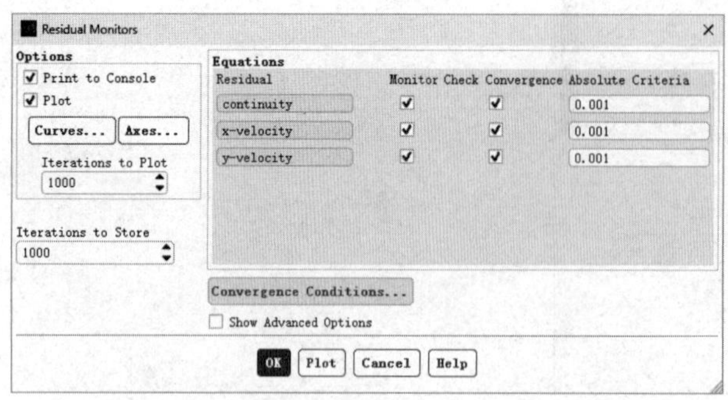

图12-30　残差设置

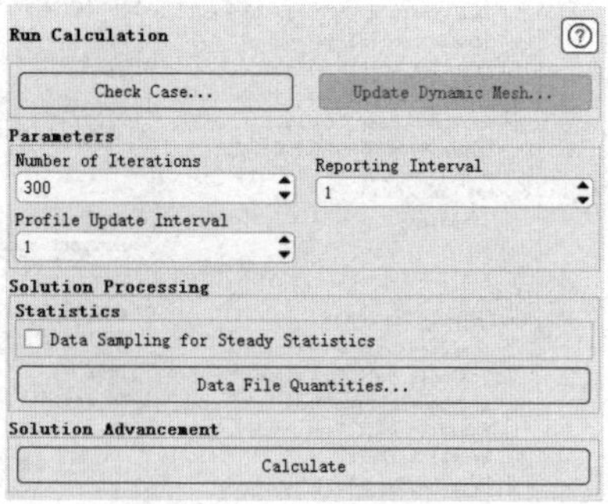

图12-31　计算设置

12.1.7 计算求解

求解开始后，收敛曲线窗口将显示残差收敛曲线的即时状态，直至所有残差值达到1e-03，如图12-32所示。

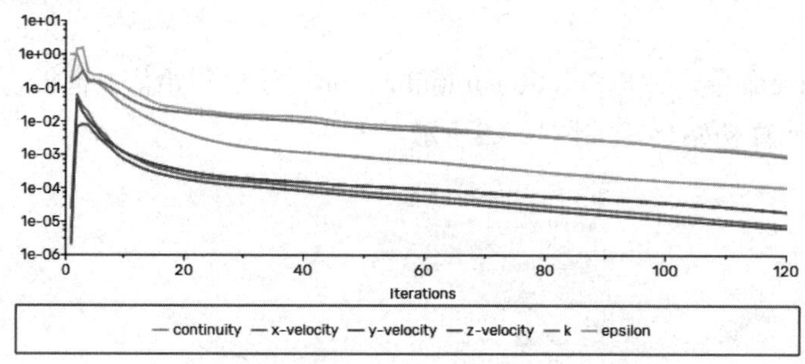

图12-32　求解文件窗口

12.1.8 结果后处理

步骤 01 执行Surface→ISO Surface命令，设置生成Z=0m的平面，命名为z0。

步骤 02 执行Display→Graphics and Animations→Contours命令，Contours of选择Velocity Magnitude，surfaces选择z0，单击Display按钮显示速度云图，如图 12-33 所示。

步骤 03 执行Display→Graphics and Animations→Vector命令，Contours of选择Velocity Magnitude，surfaces选择z0，单击Display按钮显示速度矢量图，如图 12-34 所示。

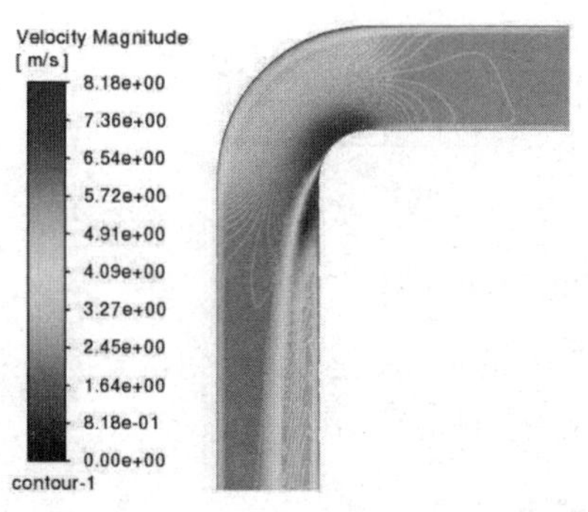

图12-33　速度云图

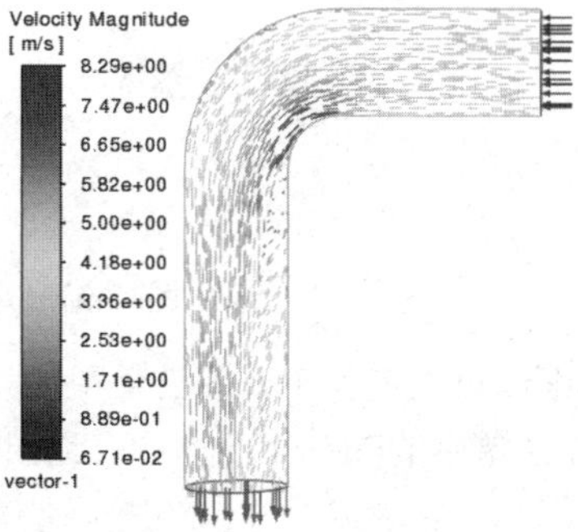

图12-34　速度矢量图

步骤 04 执行Display→Graphics and Animations→Contours命令，Contours of选择Pressure，surfaces选择z0，单击Display按钮显示压力云图，如图 12-35 所示。

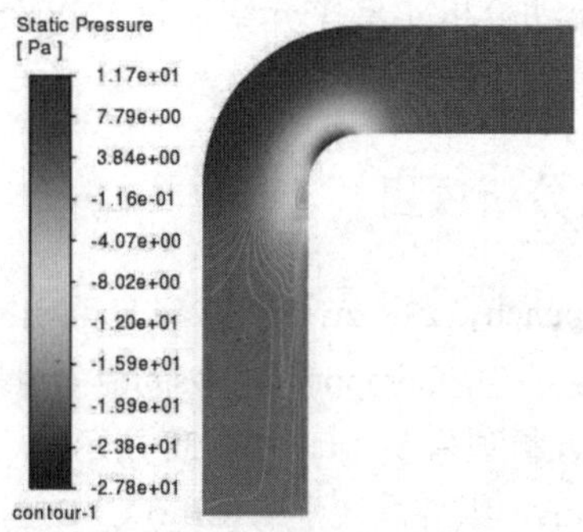

图12-35　压力云图

步骤 05 执行Display→Graphics and Animations→Contours命令，Contours of选择Turbulence Wall Yplus，surfaces选择z0，单击Display按钮显示壁面Yplus云图，如图 12-36 所示。

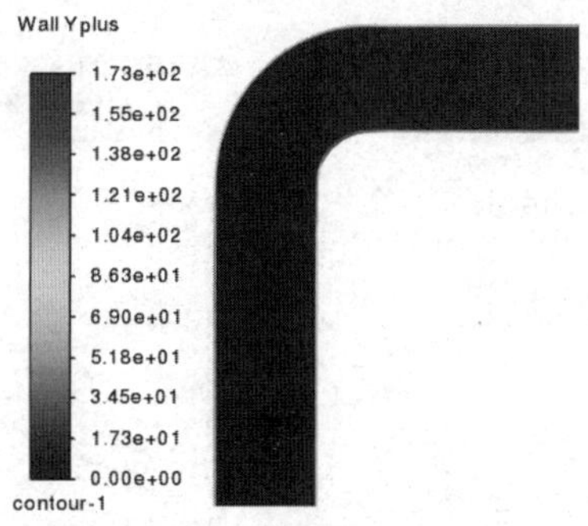

图12-36　壁面Yplus云图

12.1.9　保存与退出

步骤 01 执行主菜单中的File→Exit命令，退出Fluent模块，返回Workbench主界面。此时主界面的项目管理区中显示的分析项目均已完成，如图 12-37 所示。

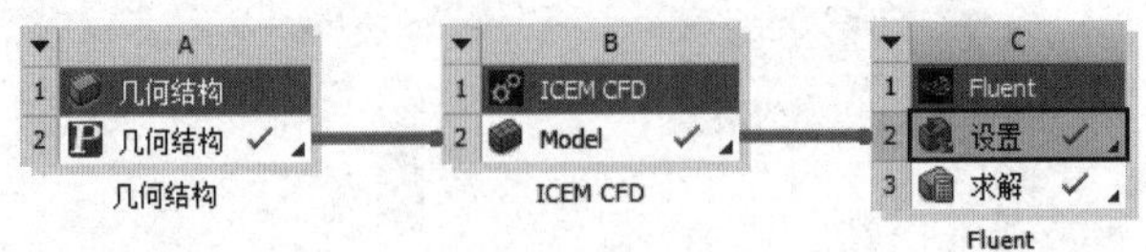

图12-37　项目管理区中的分析项目

步骤 02 在Workbench主界面中，单击常用工具栏中的（保存）按钮，保存包含分析结果的文件。

步骤 03 执行主菜单中的File→Exit命令，退出Workbench主界面。

12.2　三通管道内的气体流动分析

本节将通过三通管道内的气体流动分析实例来介绍通过ANSYS Workbench启动设置ICEM CFD，并划分结构化网格的操作方法。

12.2.1　启动Workbench并建立分析项目

步骤 01 在Windows系统下启动Workbench，进入ANSYS Workbench界面。

步骤 02 双击主界面Toolbox（工具箱）中的Component Systems（组件系统）→Geometry（几何结构）选项，即可在项目管理区创建分析项目A，如图 12-38 所示。

步骤 03 在工具箱的Component Systems（组件系统）→ICEM CFD选项上按住鼠标左键，将其拖动到项目管理区，悬挂在项目A的A2 栏Geometry（几何结构）上，当A2 栏 Geometry（几何结构）红色高亮显示时，即可释放鼠标创建项目B。项目A和项目B中的Geometry（几何结构）栏（A2 和B2）之间出现了一条线相连，表示它们之间的几何结构数据可共享，如图 12-39 所示。

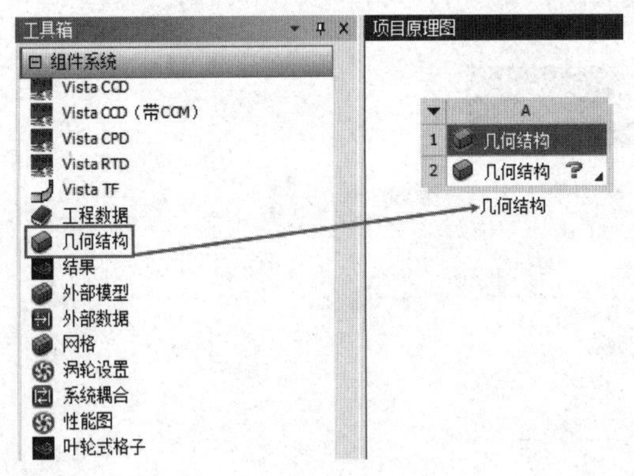

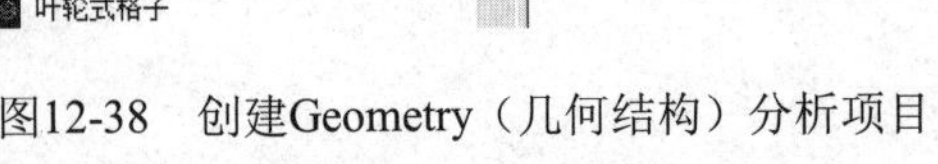

图12-38　创建Geometry（几何结构）分析项目

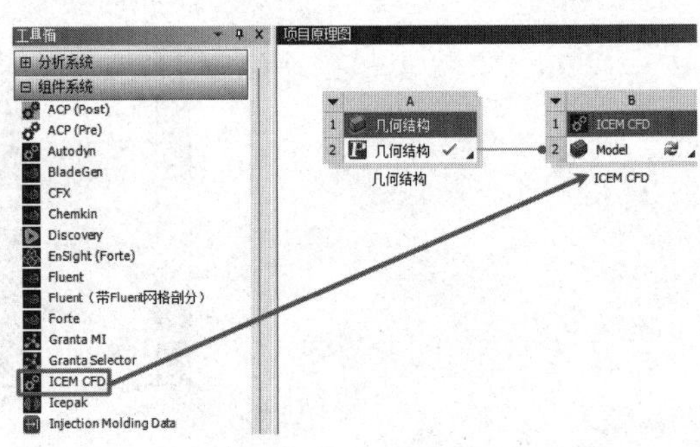

图12-39　创建ICEM CFD分析项目

步骤 04 在工具箱的Component Systems（组件系统）→Fluent选项上按住鼠标左键，将其拖动到项目管理区中，悬挂在项目B的B2 栏Model上，当B2 栏Model红色高亮显示时，即可释放鼠标创建项目C。项目B和项目C中的Geometry（几何结构）栏（B2 和C2）之间出现了一条线相连，表示它们之间的数据可共享，如图 12-40 所示。

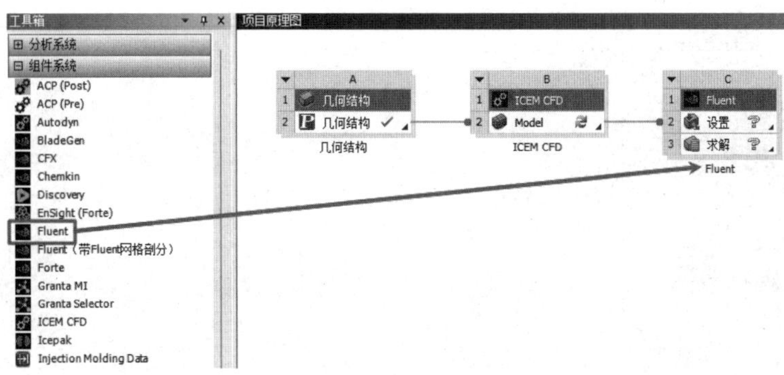

图12-40　创建Fluent分析项目

12.2.2　导入几何体

步骤01　在A2 栏的Geometry（几何结构）上右击，在弹出的快捷菜单中选择Import Geometry（导入几何体模型）→Browse...（浏览），弹出“打开”对话框。

步骤02　在弹出的“打开”对话框中选择文件路径，导入tube几何体文件，此时A2 栏Geometry（几何结构）后的 ? 变为✓，表示实体模型已经存在。

12.2.3　划分网格

步骤01　双击项目B中的B2 栏的Model项，进入如图 12-41 所示的界面，在该界面下进行模型的网格划分。

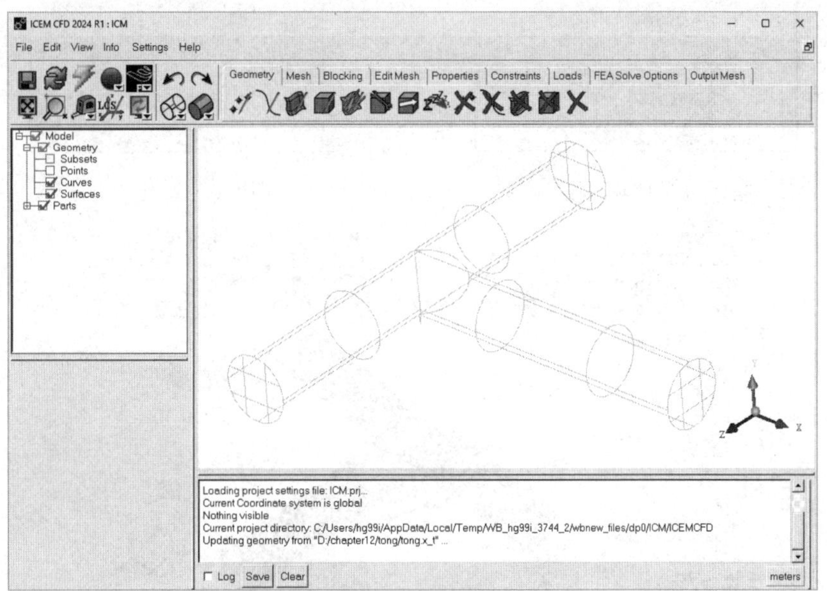

图12-41　网格划分

步骤02　单击功能区内Geometry（几何）选项卡中的（修复模型）按钮，弹出如图 12-42 所示的Repair Geometry（修复模型）面板，单击按钮，在Tolerance中输入 0.1，单击OK按钮确认，几何模型将修复完毕，如图 12-43 所示。

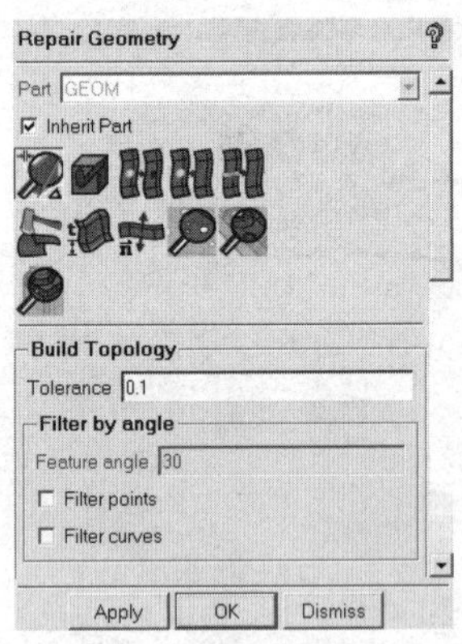

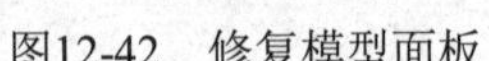

图12-42 修复模型面板

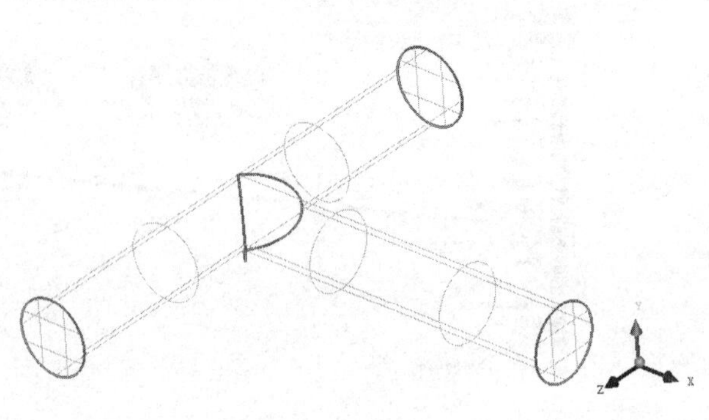

图12-43 修复后的几何模型

步骤03 在操作控制树中右击Parts，弹出如图 12-44 所示的目录树，选择Create Part，弹出如图 12-45 所示的Create Part（生成边界）面板，在Part中输入IN，单击按钮，选择边界并单击鼠标中键确认，生成入口边界条件，如图 12-46 所示。

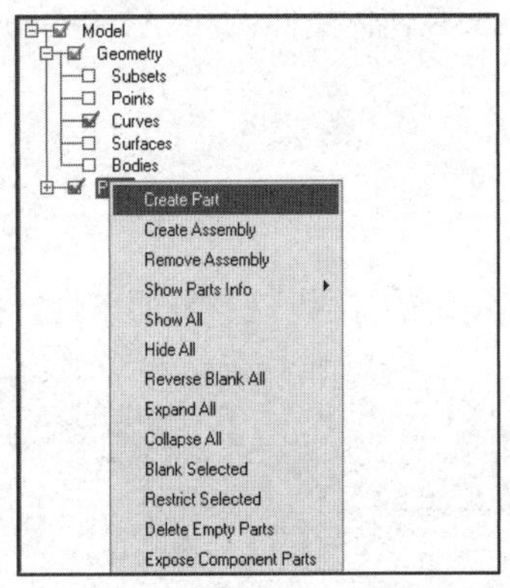

图12-44 选择Create Part

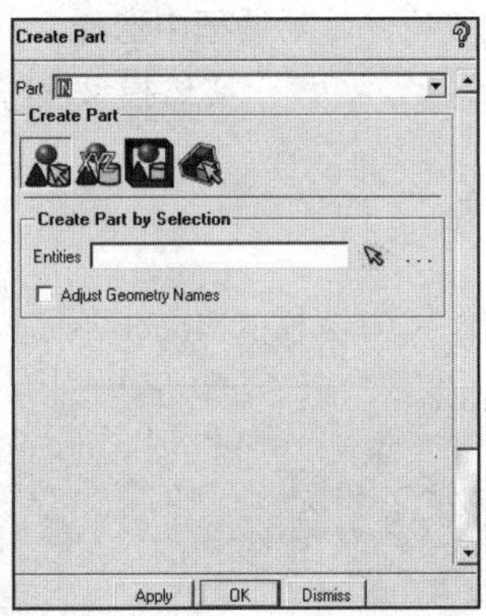

图12-45 生成边界面板

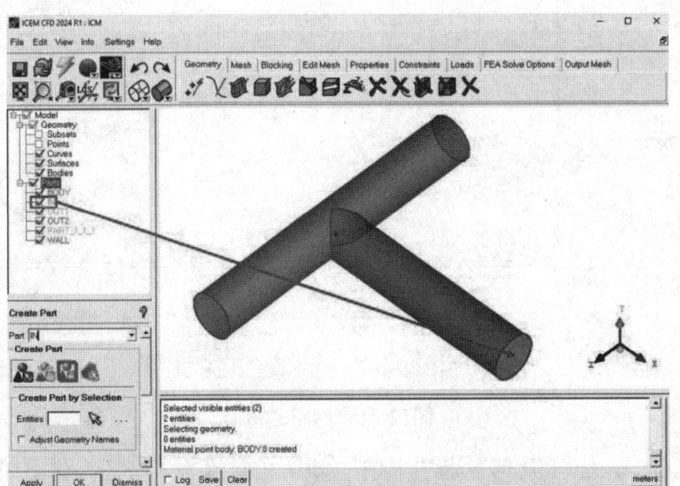

图12-46 入口边界条件

步骤04 用步骤03的方法生成出口边界条件，分别命名为OUT1、OUT2，如图 12-47 所示。

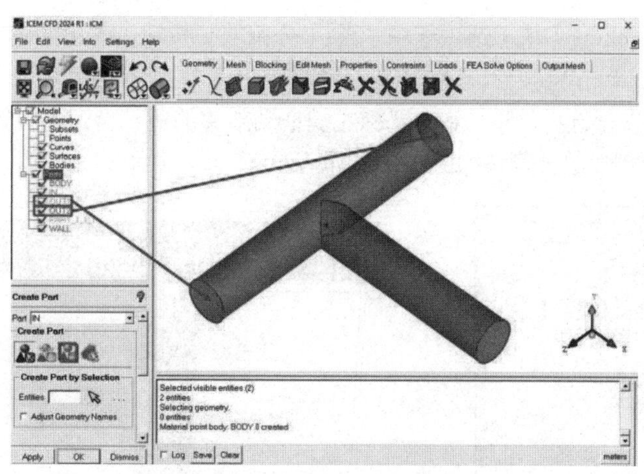

图12-47　出口边界条件

步骤 05　用步骤 03的方法生成新的Part，命名为WALL，如图 12-48 所示。

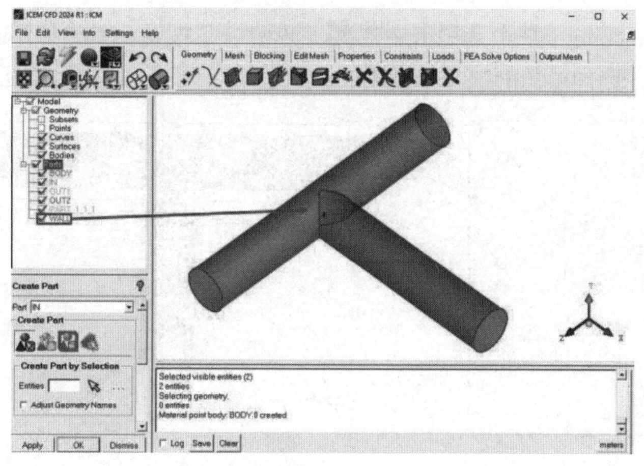

图12-48　WALL

步骤 06　单击功能区内Blocking（块）选项卡中的（创建块）按钮，弹出如图 12-49 所示的Create Block（创建块）面板，单击按钮，Part选择CREATED_MATERIAL，Type选择 3D Bounding Box，单击OK按钮确认，创建的初始块如图 12-50 所示。

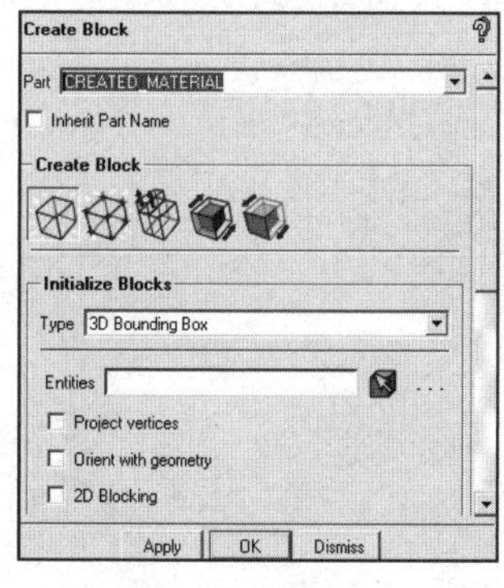

图12-49　创建块面板

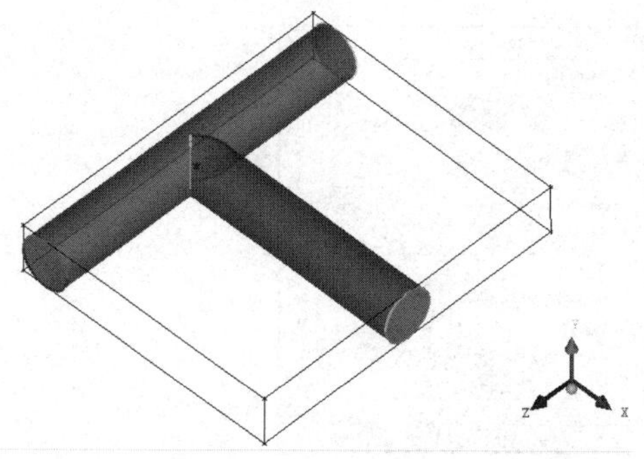

图12-50　创建的初始块

步骤07 单击功能区内Blocking（块）选项卡中的（分割块）按钮，弹出如图 12-51 所示的Split Block（分割块）面板。单击按钮，单击Edge旁的按钮，在几何模型上单击要分割的边，新建一条边，新建的边垂直于选择的边，利用鼠标左键拖动新建的边到合适的位置，单击鼠标中键或Apply按钮完成操作，创建的分割块如图 12-52 所示。

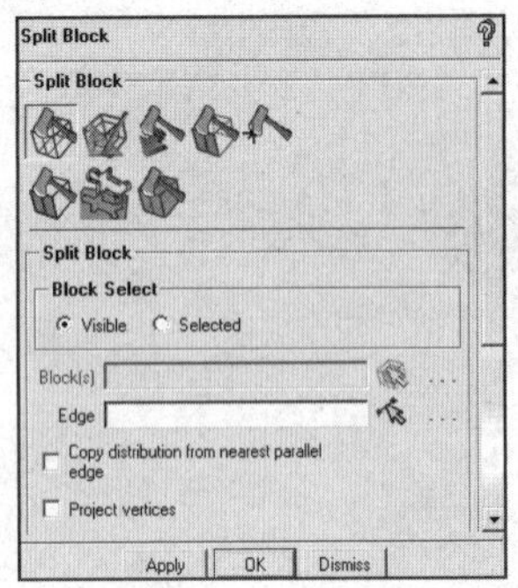

图12-51　分割块面板

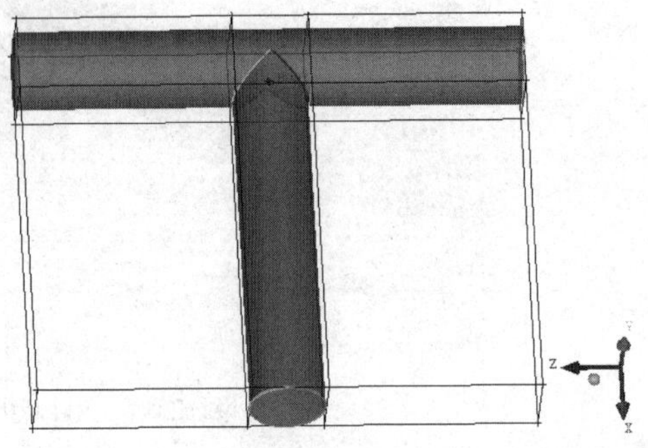

图12-52　分割块

步骤08 单击功能区内Blocking（块）选项卡中的（删除块）按钮，弹出如图 12-53 所示的Delete Block（删除块）面板，选择顶角的块并单击Apply按钮确认，删除块效果如图 12-54 所示。

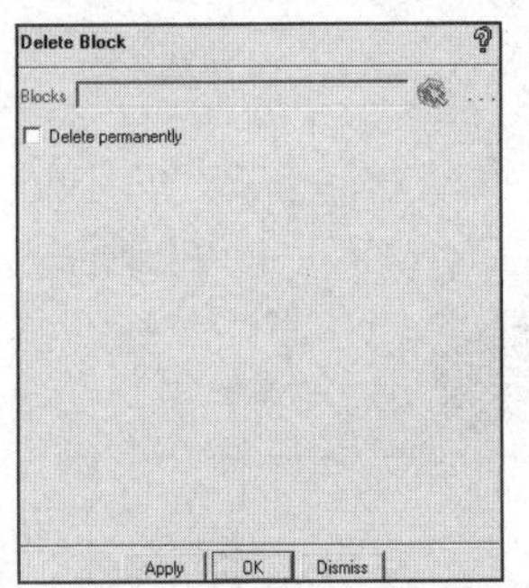

图12-53　删除块面板

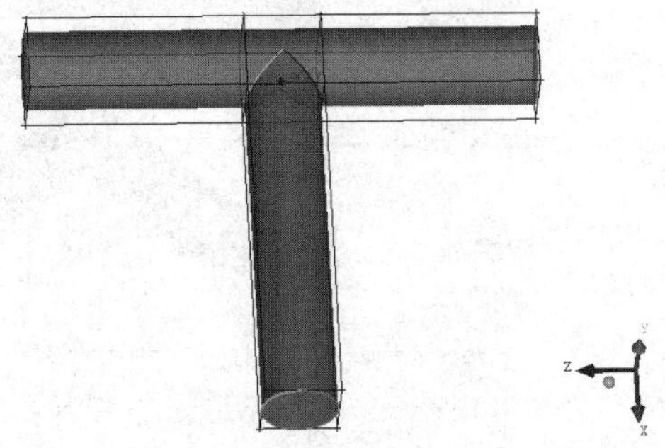

图12-54　删除块

步骤09 单击功能区内Blocking（块）选项卡中的（关联）按钮，弹出如图 12-55 所示的Blocking Associations（块关联）面板，单击（边关联）按钮，勾选Project vertices复选框，单击按钮，选择块上环绕大圆柱自由端的 4 条边并单击鼠标中键确认，然后单击按钮，选择模型自由端面的曲线并单击鼠标中键确认，选择的曲线会自动组成一组，关联边和曲线的选取如图 12-56 所示。

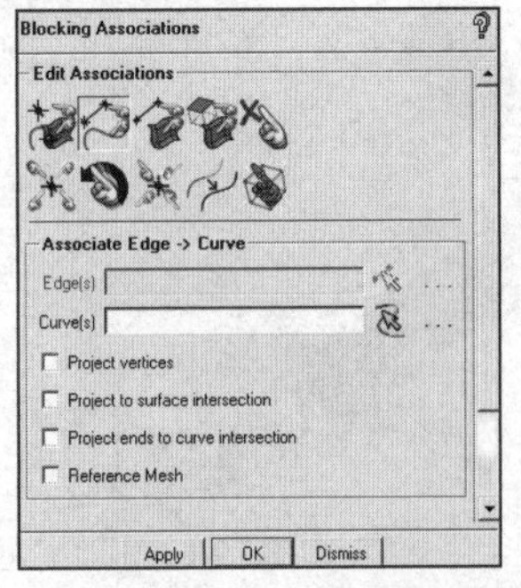

图12-55　Edge关联面板

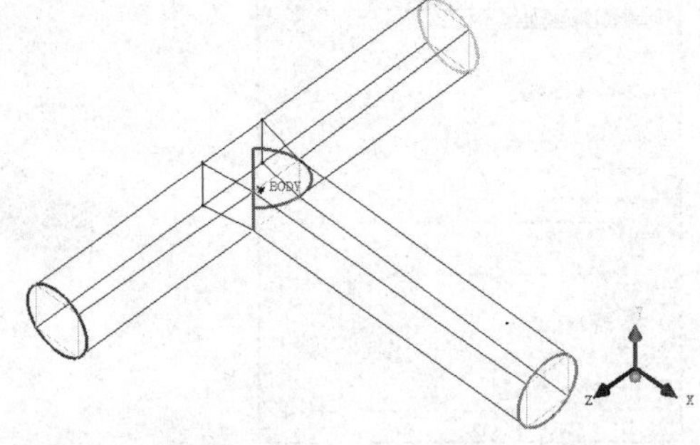

图12-56　边关联

步骤 10 单击功能区内Blocking（块）选项卡中的（O-Grid）按钮（见图 12-57），选择如图 12-58 所示的块和面，单击Apply按钮完成操作。

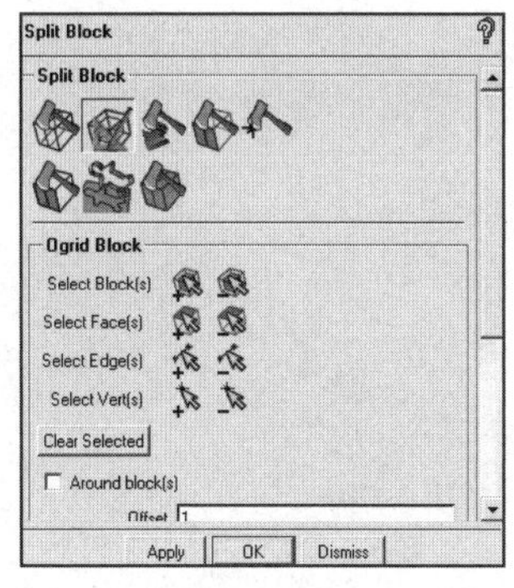

图12-57　分割块面板

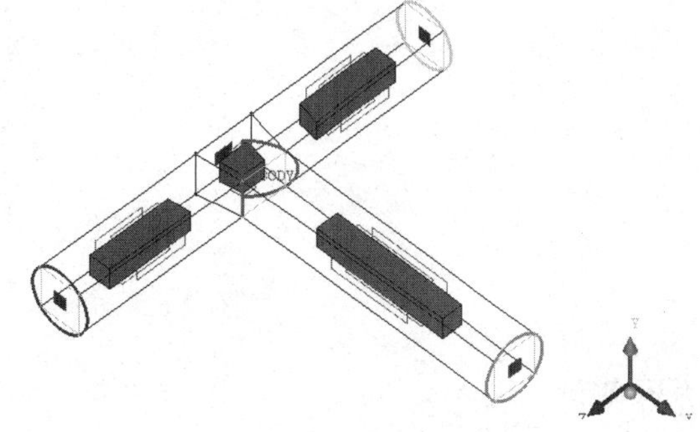

图12-58　选择面显示

步骤 11 单击功能区内Mesh（网格）选项卡中的（全局网格设定）按钮，弹出如图 12-59 所示的Global Mesh Setup（全局网格设定）面板，在Max element中输入 1，单击Apply按钮确认。

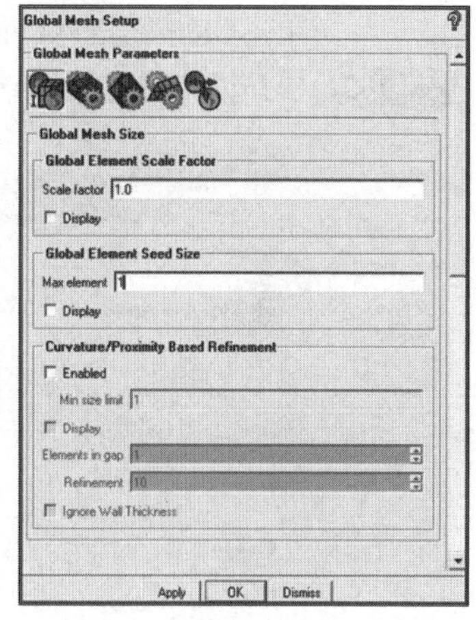

图12-59　全局网格设定面板

步骤 12 单击功能区内Blocking（块）选项卡中的（预览网格）按钮，弹出如图 12-60 所示的Pre-Mesh Params（预网格参数）面板，单击按钮，选中Update All单选按钮，单击Apply按钮确认，显示预览网格，如图 12-61 所示。

步骤 13 执行File→Mesh→Load from Blocking命令，导入由块创建的网格。

步骤 14 执行主菜单的File→Exit命令，在弹出的对话框中单击OK按钮，保存项目并返回Meshing界面。

步骤 15 在Meshing中执行主菜单的File→Close Meshing命令，退出网格划分界面，返回Workbench主界面。

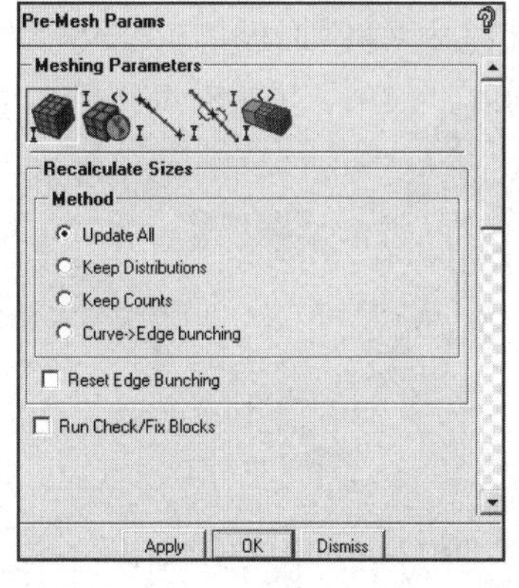

图12-60　预网格参数面板

图12-61　预览网格显示

步骤 16 右击Workbench界面中的B2 Model项，选择快捷菜单中的Update（更新）项，完成网格数据往Fluent分析模块中的传递，如图 12-62 所示。

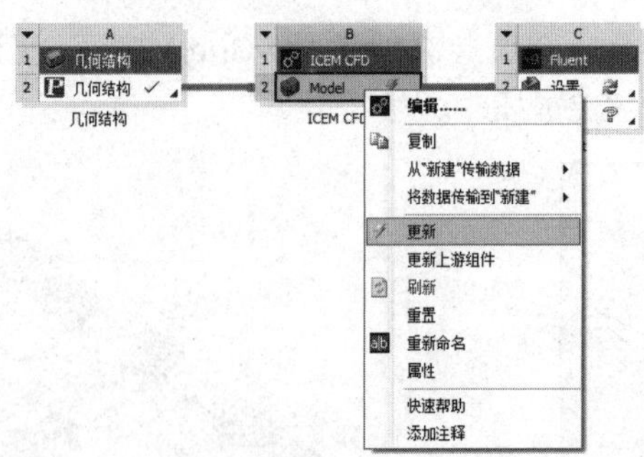

图12-62　更新网格数据

12.2.4　边界条件

步骤 01　双击C2 栏的Setup项，打开Fluent，进入Fluent Launcher界面，如图 12-63 所示，Dimension选择 3D，单击OK按钮进入Fluent界面。

步骤 02　模型网格将直接被导入，如图 12-64 所示。

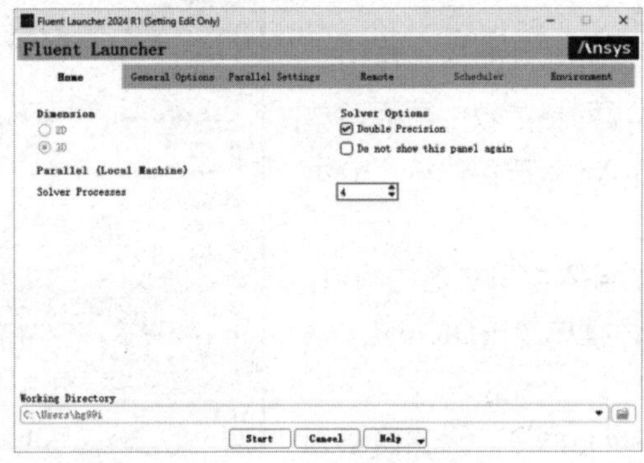

图12-63　Fluent Launcher界面

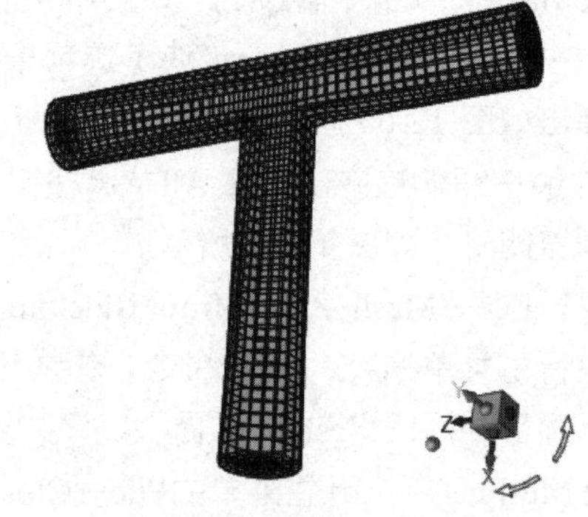

图12-64　网格导入

步骤 03　执行Mesh→Check命令，检查网格质量，应保证Minimum Volume大于 0，如图 12-65 所示。

步骤 04　执行Mesh→Scale命令，打开如图 12-66 所示的Scale Mesh（缩放网格）面板，定义网格尺寸单位，在Scaling中选择Specify Scaling Factors，设置Scaling Factors均为 100，单击Scale按钮。

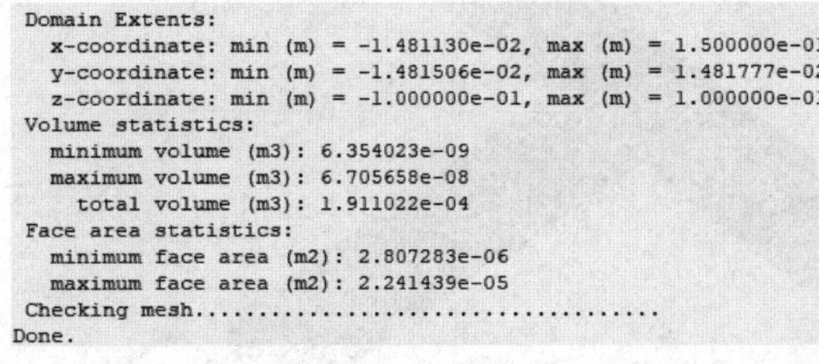

```
Domain Extents:
  x-coordinate: min (m) = -1.481130e-02, max (m) = 1.500000e-01
  y-coordinate: min (m) = -1.481506e-02, max (m) = 1.481777e-02
  z-coordinate: min (m) = -1.000000e-01, max (m) = 1.000000e-01
Volume statistics:
  minimum volume (m3): 6.354023e-09
  maximum volume (m3): 6.705658e-08
    total volume (m3): 1.911022e-04
Face area statistics:
  minimum face area (m2): 2.807283e-06
  maximum face area (m2): 2.241439e-05
Checking mesh.....................................
Done.
```

图12-65　网格质量信息

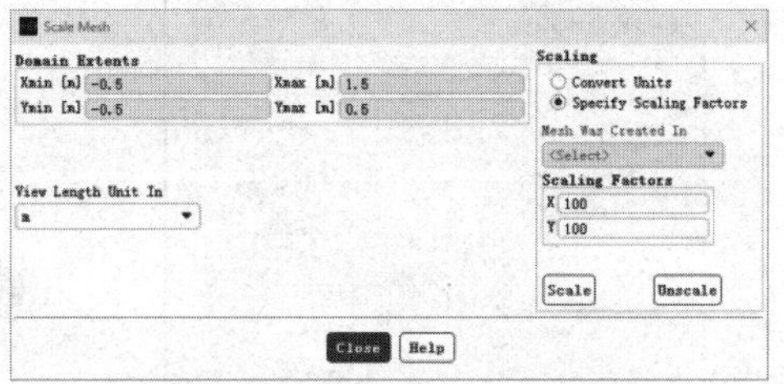

图12-66　缩放网格面板

步骤 05　执行Define→General命令，在如图 12-67 所示的General面板中，Time选择Steady。

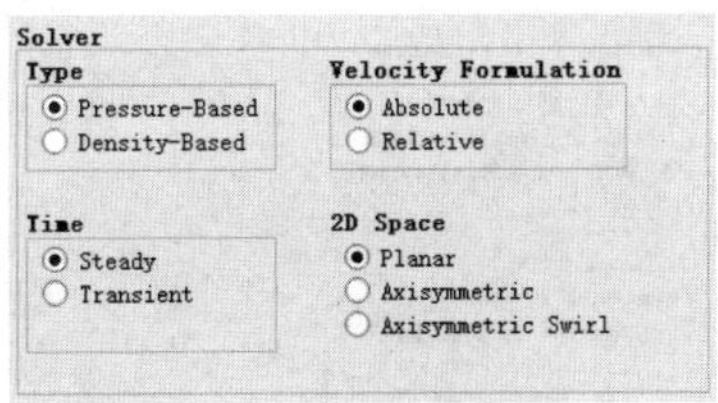

图12-67 General面板

步骤06 执行Define→Model→Viscous命令，弹出如图 12-68 所示的Viscous Model（湍流模型）面板，选择k-epsilon（2 eqn）模型。

步骤07 执行Define→Boundary Condition命令，定义边界条件，如图 12-69 所示。

- in: Type 选择为 velocity-inlet（速度入口）边界条件，在 Velocity Magnitude（速度大小）中输入 5。
- out: Type 选择为 pressure-outlet（压力出口）边界条件，将 Gauge Pressure 设置为 0。

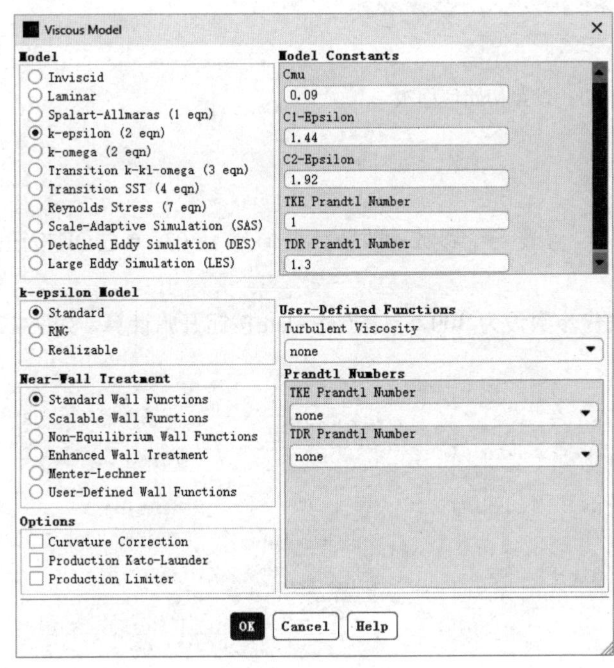

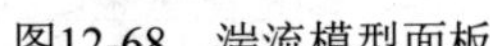
图12-68 湍流模型面板

图12-69 边界条件面板

12.2.5 初始条件

执行Solve→Initialize命令，弹出Solution Initialization（设置初始值）面板，Compute From选择in，单击Initialize按钮进行计算初始化，如图12-70所示。

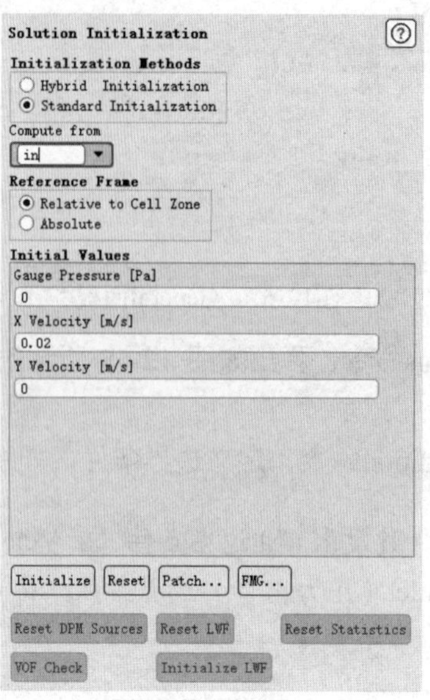

图12-70　设置初始值面板

12.2.6　求解控制

步骤01　执行Solution→Monitors→Residual命令，设置各个参数的收敛残差值为 1e-03，单击OK按钮确认，如图 12-71 所示。

步骤02　执行Solve→Run Calculation命令，迭代步数设为 300，单击Calculate按钮开始计算，如图 12-72 所示。

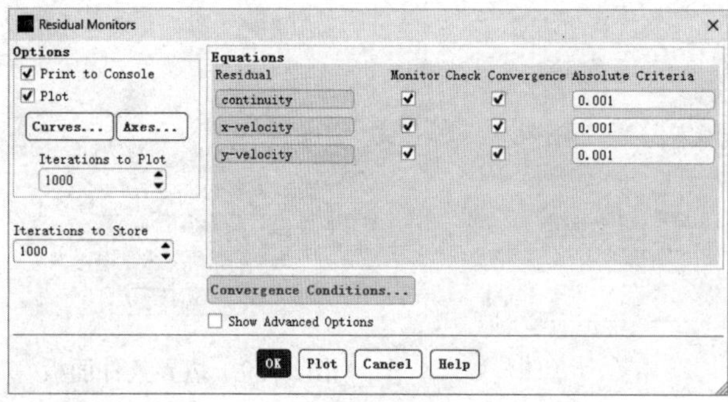

图12-71　残差设置对话框

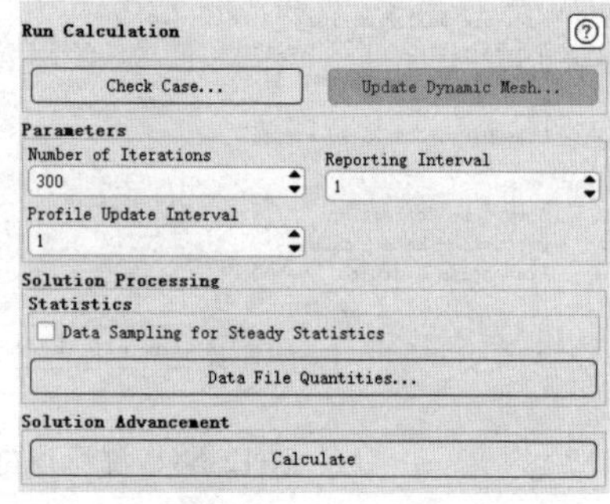

图12-72　计算设置面板

12.2.7　计算求解

求解开始后，收敛曲线窗口将显示残差收敛曲线的即时状态，直至所有残差值达到1e-03，如图12-73所示。

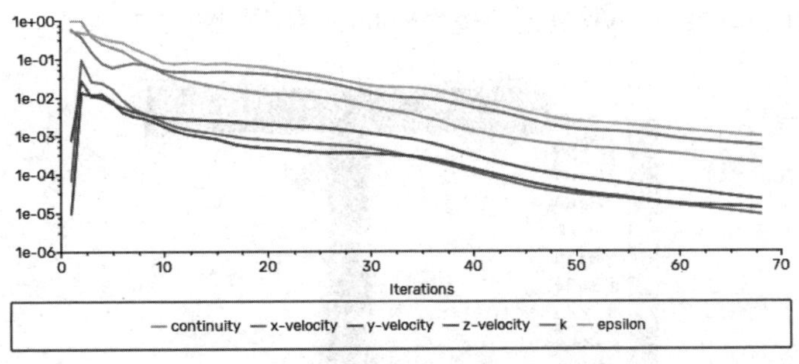

图12-73 求解文件窗口

12.2.8 结果后处理

步骤01 执行Surface→ISO Surface命令，设置生成Z=0m的平面，命名为z0。

步骤02 执行Display→Graphics and Animations→Contours命令，Contours of选择Velocity Magnitude，surfaces选择z0，单击Display按钮显示速度云图，如图 12-74 所示。

步骤03 执行Display→Graphics and Animations→Vector命令，Contours of选择Velocity Magnitude，surfaces选择z0，单击Display按钮显示速度矢量图，如图 12-75 所示。

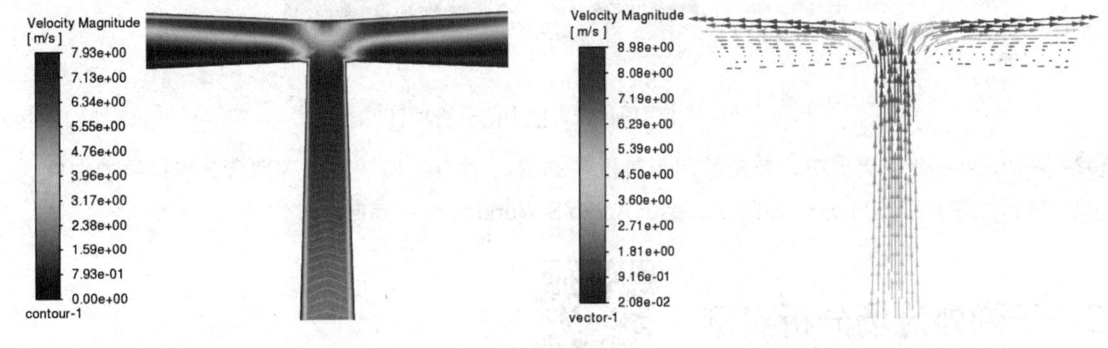

图12-74 速度云图 图12-75 速度矢量图

步骤04 执行Display→Graphics and Animations→Contours命令，Contours of选择Pressure，surfaces选择z0，单击Display按钮显示压力云图，如图 12-76 所示。

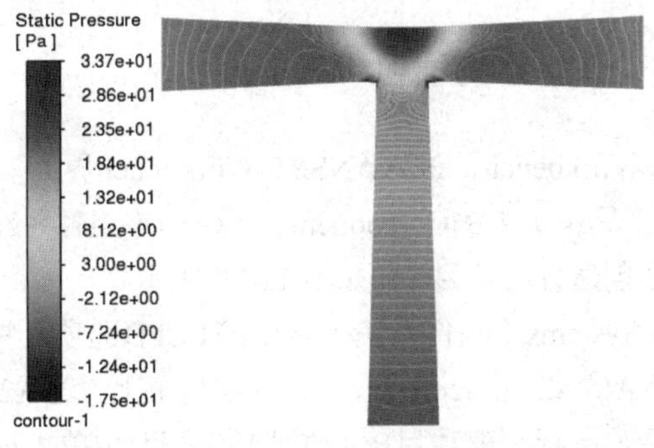

图12-76 压力云图

步骤05 执行Display→Graphics and Animations→Contours命令，Contours of选择Turbulence Wall Yplus， surfaces选择z0，单击Display按钮显示壁面Yplus云图，如图 12-77 所示。

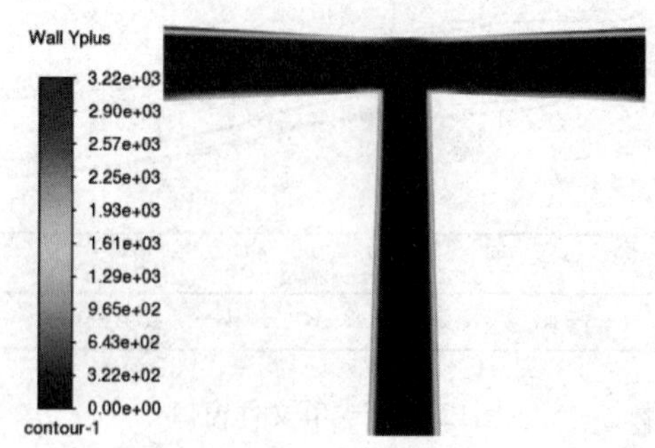

图12-77 壁面Yplus云图

12.2.9 保存与退出

步骤 01 执行主菜单中的File→Exit命令，退出Fluent模块，返回Workbench主界面。此时主界面的项目管理区中显示的分析项目均已完成，如图 12-78 所示。

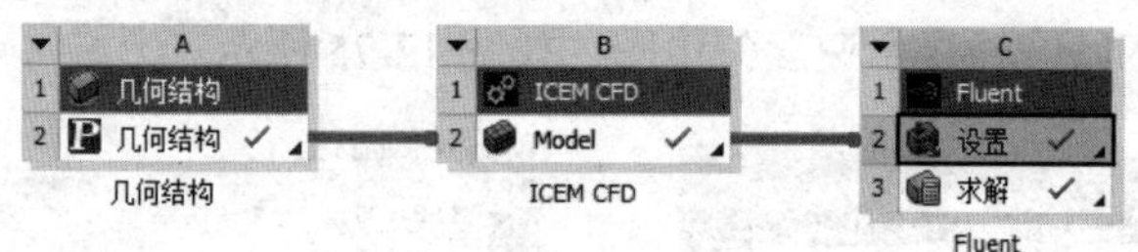

图12-78 项目管理区中的分析项目

步骤 02 在Workbench主界面中，单击常用工具栏中的 （保存）按钮，保存包含分析结果的文件。

步骤 03 执行主菜单中的File→Exit命令，退出ANSYS Workbench主界面。

12.3 子弹外流场分析实例

本节将学习通过ANSYS Workbench进行子弹外流场问题的CFD计算分析，包括非结构网格的划分和Fluent的计算分析。

12.3.1 启动Workbench并建立分析项目

步骤 01 在Windows系统下启动Workbench，进入ANSYS Workbench界面。

步骤 02 双击主界面Toolbox（工具箱）中的Component Systems（组件系统）→Geometry（几何结构）选项，即可在项目管理区创建分析项目A，如图 12-79 所示。

步骤 03 在工具箱的Component Systems（组件系统）→ICEM CFD选项上按住鼠标左键，将其拖动到项目管理区中，悬挂在项目A的A2 栏Geometry（几何结构）上，当A2 栏的Geometry（几何结构）红色高亮显示时，即可释放鼠标创建项目B。项目A和项目B中的Geometry（几何结构）栏（A2 和B2）之间出现了一条线相连，表示它们之间的几何结构数据可共享，如图 12-80 所示。

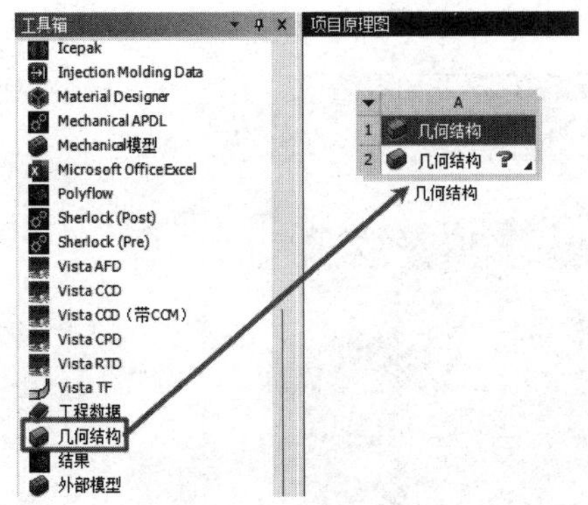

图12-79 创建Geometry（几何结构）分析项目

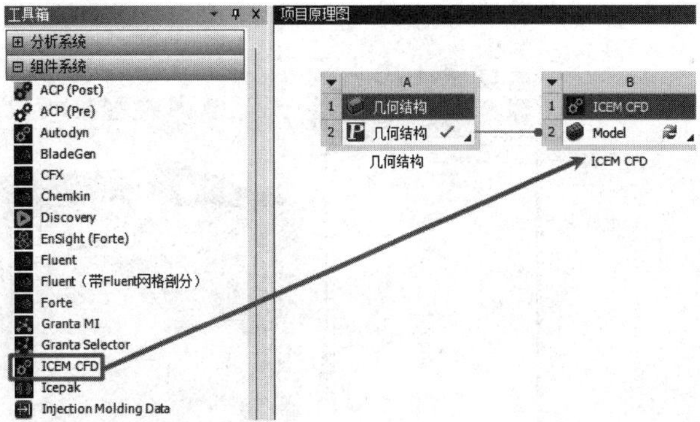

图12-80 创建ICEM CFD分析项目

步骤04 在工具箱的Component Systems（组件系统）→Fluent选项上按住鼠标左键，将其拖动到项目管理区中，悬挂在项目B的B2 栏Model上，当B2 栏的Model红色高亮显示时，即可释放鼠标创建项目C。项目B和项目C中的Geometry（几何结构）栏（B2 和C2）之间出现了一条线相连，表示它们之间的数据可共享，如图 12-81 所示。

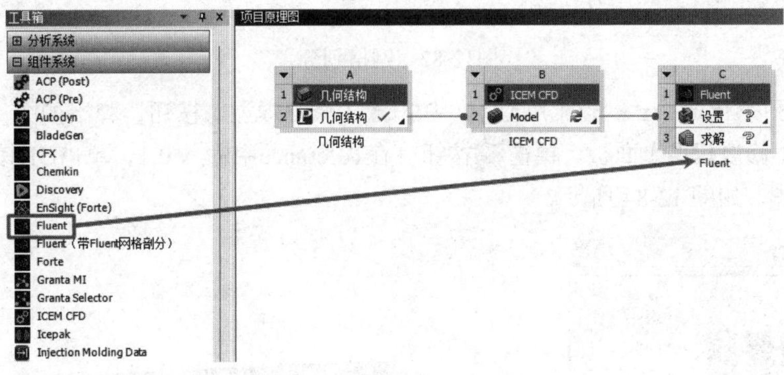

图12-81 创建Fluent分析项目

12.3.2 导入几何体

步骤01 在A2 栏的Geometry（几何结构）上右击，在弹出的快捷菜单中选择Import Geometry（导入几何体模型）→Browse…（浏览）命令，弹出“打开”对话框。

步骤02 在弹出的“打开”对话框中选择文件路径，导入tube几何体文件，此时A2 栏Geometry(几何结构）后的 ? 变为✓，表示实体模型已经存在。

12.3.3 划分网格

步骤01 双击项目B中的B2 栏的Model项，进入如图 12-82 所示的界面，在该界面下进行模型的网格划分。

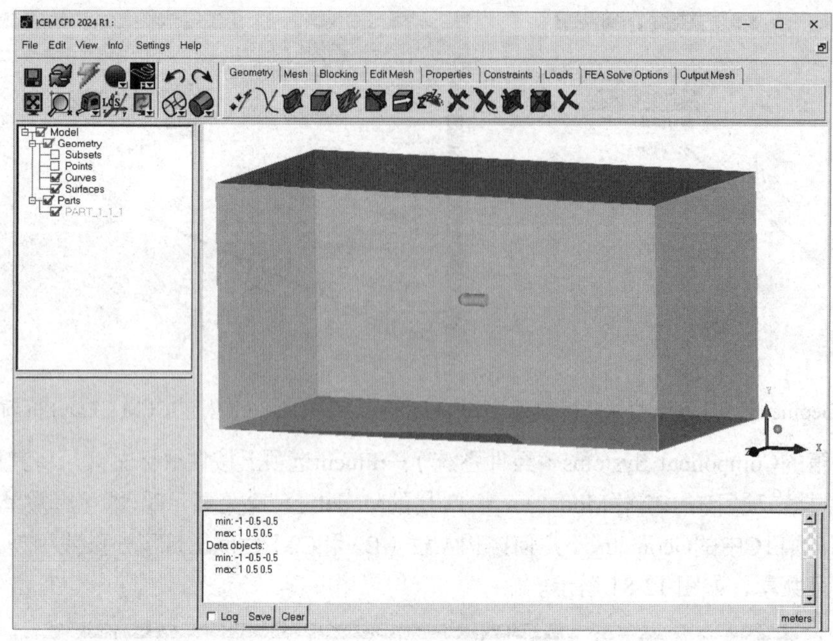

图12-82　网格划分

步骤02 单击功能区内Geometry（几何）选项卡中的（修复模型）按钮，弹出如图 12-83 所示的Repair Geometry（修复模型）面板，单击按钮，在Tolerance中输入 0.1，单击OK按钮确认，几何模型将修复完毕，如图 12-84 所示。

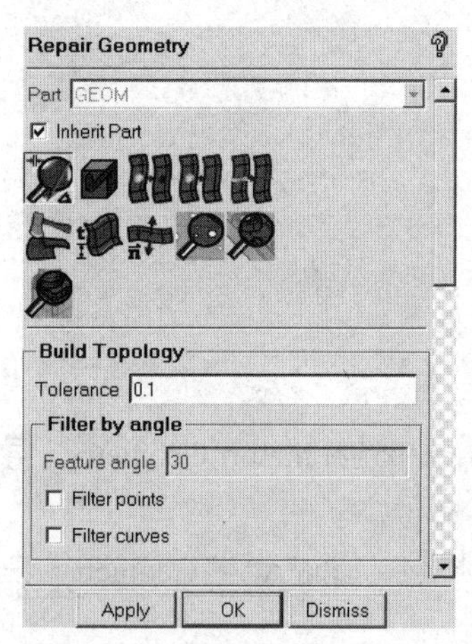

图12-83　修复模型面板

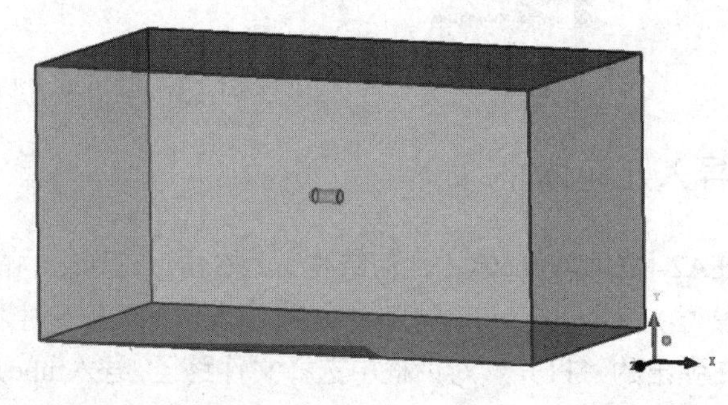

图12-84　修复后的几何模型

步骤03 在操作控制树中右击Parts，弹出如图 12-85 所示的目录树，选择Create Part，弹出如图 12-86 所示的Create Part（生成边界）面板，在Part中输入IN，单击按钮选择边界并单击鼠标中键确认，生成边界条件，如图 12-87 所示。

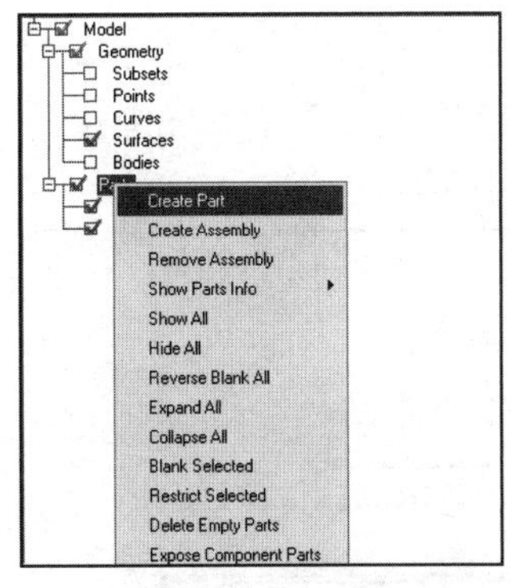

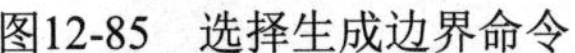

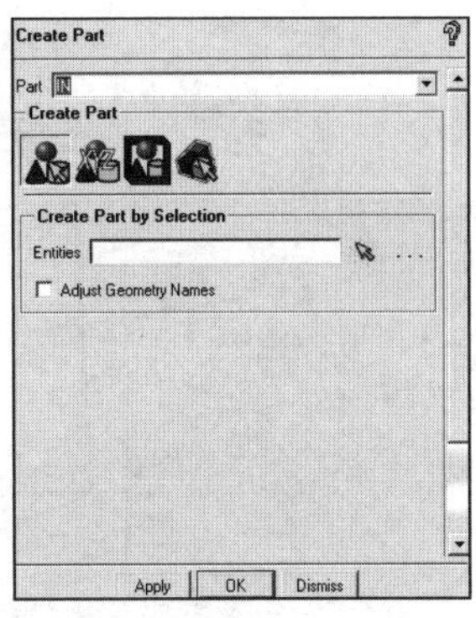

图12-85　选择生成边界命令　　　图12-86　生成边界面板

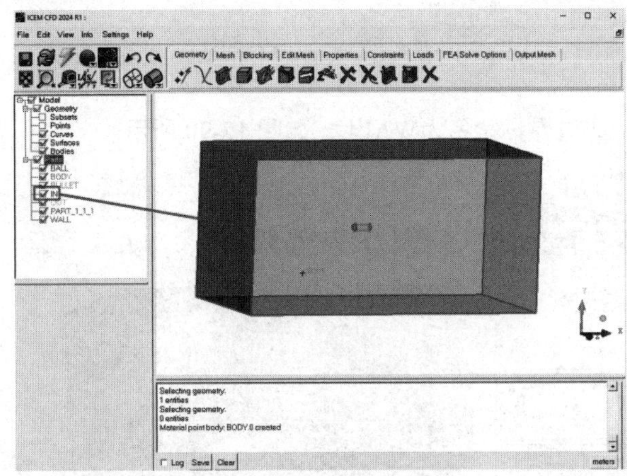

图12-87　IN

步骤04　用步骤03的方法生成边界，命名为OUT，如图 12-88 所示。

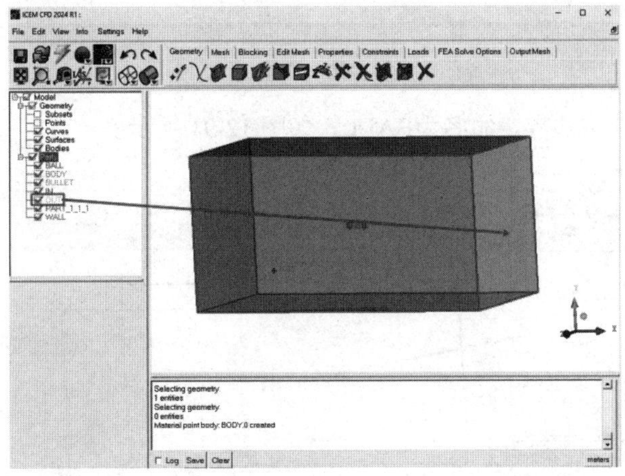

图12-88　OUT

步骤05　用步骤03的方法生成边界，命名为BULLET，如图 12-89 所示。

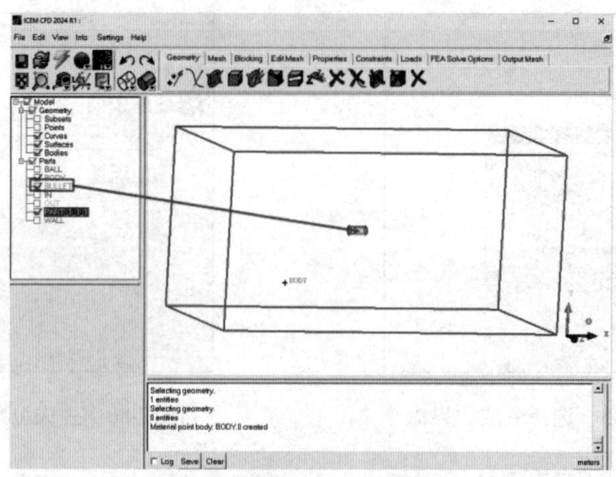

图12-89　BULLET

步骤06　用步骤03的方法生成边界，命名为WALL，如图 12-90 所示。

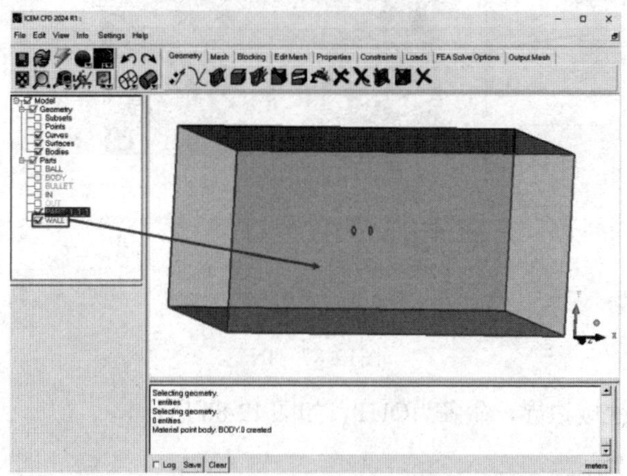

图12-90　WALL

步骤07　用步骤03的方法生成边界，命名为BALL，如图 12-91 所示。

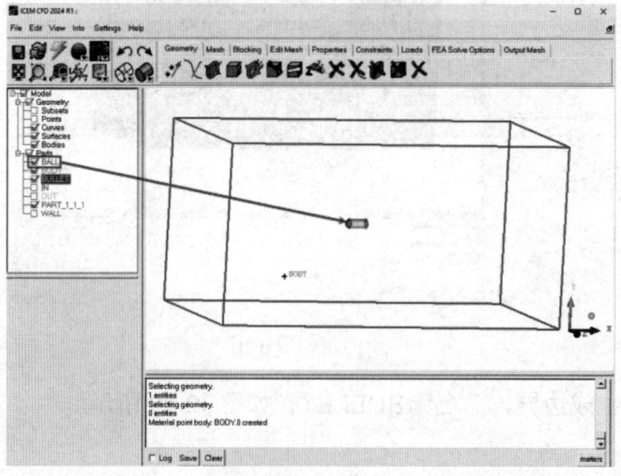

图12-91　BALL

步骤08　单击功能区内Geometry（几何）选项卡中的（生成体）按钮，弹出如图 12-92 所示的Create Body（生成体）面板，单击按钮，Part输入名称为FLUID，选择如图 12-93 所示的两个屏幕位置，单击鼠标中键确认，并确保物质点在弯管的内部，同时在子弹的外部。

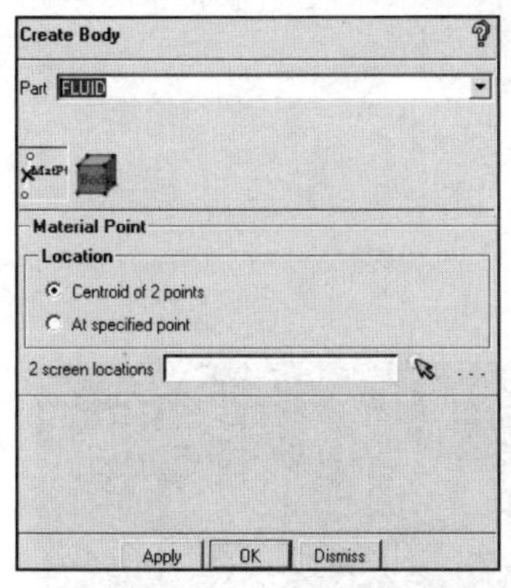

图12-92　生成体面板

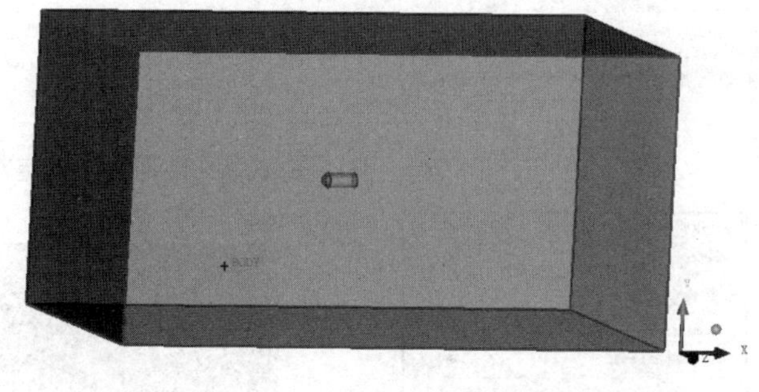

图12-93　选择点位置

步骤09　单击功能区内Mesh（网格）选项卡中的（全局网格设定）按钮，弹出如图 12-94 所示的Global Mesh Setup（全局网格设定）面板，在Max element中输入 0.05，单击Apply按钮确认。

步骤10　单击功能区内Mesh（网格）选项卡中的（全局网格设定）按钮，弹出如图 12-95 所示的Global Mesh Setup（全局网格设定）面板，单击（棱柱体参数）按钮，设置Number of layers为 2，单击Apply按钮确认。

步骤11　单击功能区内Mesh（网格）选项卡中的（部件网格设定）按钮，弹出如图 12-96 所示的Part Mesh Setup（部件网格设定）对话框，勾选Prism为BALL、BULLET和WALL，单击Apply按钮确认并单击Dismiss按钮退出。

步骤12　单击功能区内Mesh（网格）选项卡中的（计算网格）按钮，弹出如图 12-97 所示的Compute Mesh（计算网格）面板，单击（体网格）按钮，勾选Create Prism Layers复选框，单击Apply按钮确认生成体网格文件，如图 12-98 所示。

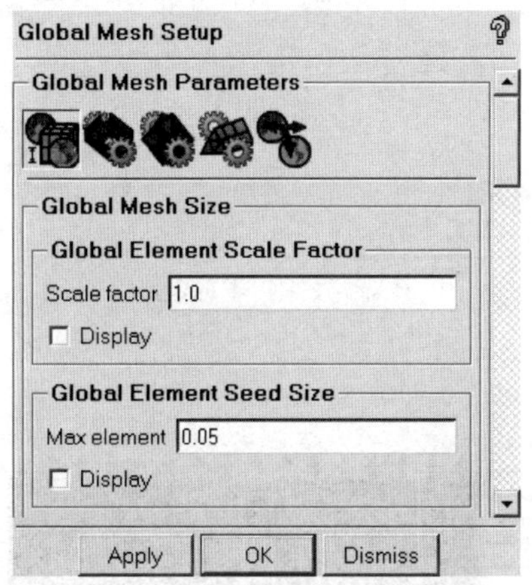

图12-94　全局网格设定面板

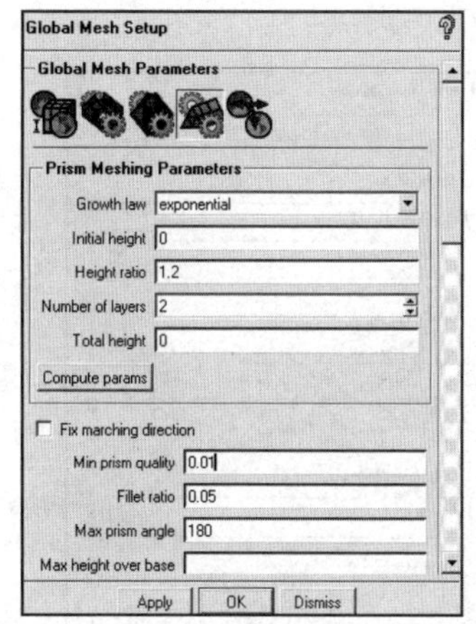

图12-95　棱柱体网格设定面板

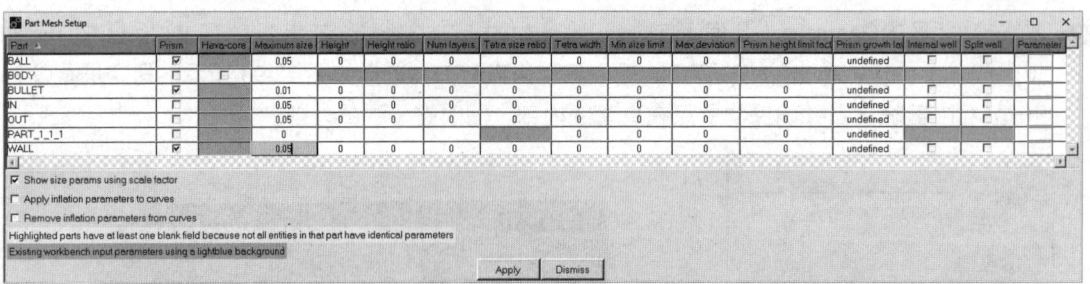

图12-96　部件网格设定对话框

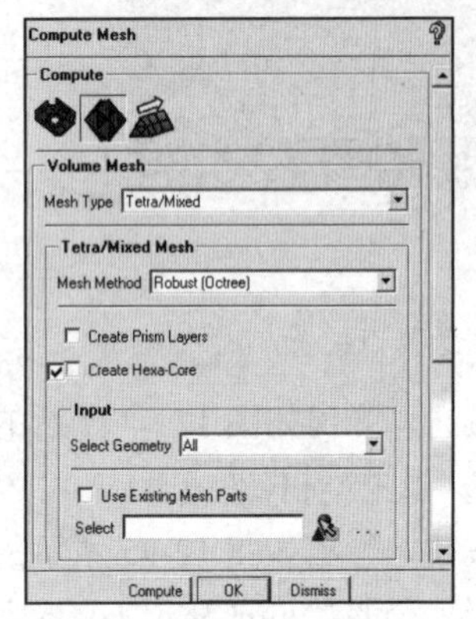

图12-97　计算网格面板

图12-98　生成体网格

步骤13　单击功能区内Edit Mesh（网格编辑）选项卡中的（光顺网格）按钮，弹出如图 12-99 所示的Smooth Elements Globally（光顺网格）面板，调节Up to value为 0.20，单击Apply按钮确认，在信息栏中显示网格质量信息，如图 12-100 所示。

步骤14　执行主菜单的File→Exit命令，在弹出的对话框中单击OK按钮，保存项目并返回Meshing界面。

步骤15　在Meshing中执行主菜单的File→Close Meshing命令，退出网格划分界面，返回Workbench主界面。

步骤16　右击Workbench界面中的B2 Model项，选择快捷菜单中的Update项，完成网格数据往Fluent分析模块中的传递。

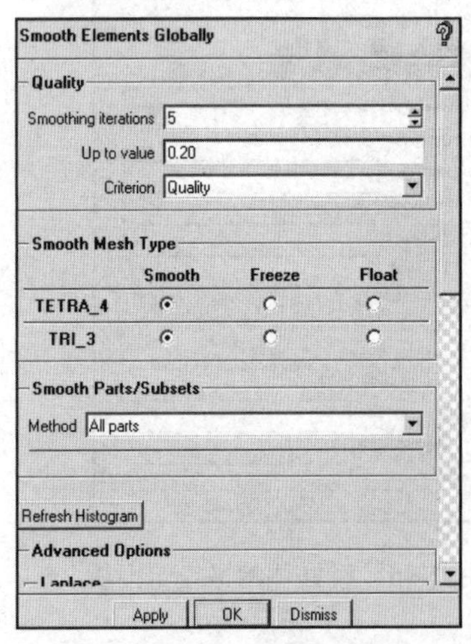

图12-99　光顺网格面板

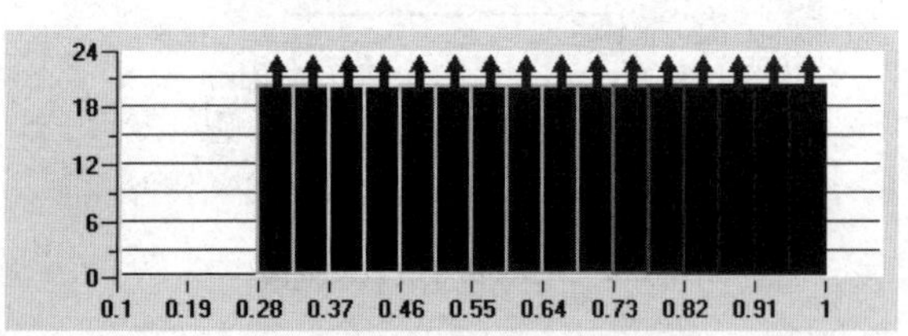

图12-100　网格质量信息

12.3.4 边界条件

步骤01 双击C2 栏的Setup项，打开Fluent，进入Fluent Launcher界面，如图 12-101 所示，Dimension选择3D，单击OK按钮进入Fluent界面。

步骤02 模型网格将直接被导入，如图 12-102 所示。

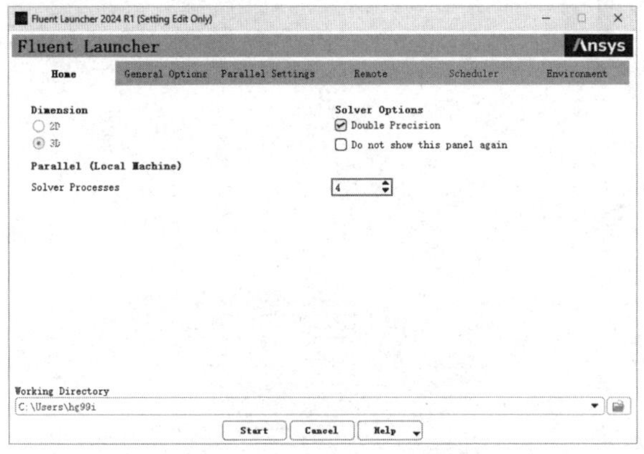

图12-101　Fluent Launcher界面

图12-102　网格导入

步骤03 执行Mesh→Check命令，检查网格质量，应保证Minimum Volume大于 0，如图 12-103 所示。

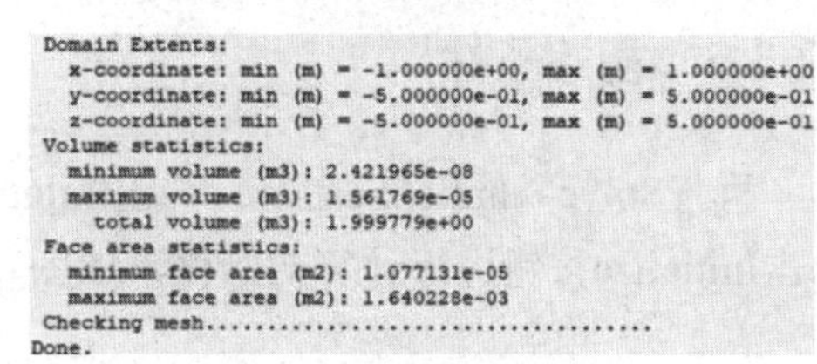

```
Domain Extents:
   x-coordinate: min (m) = -1.000000e+00, max (m) = 1.000000e+00
   y-coordinate: min (m) = -5.000000e-01, max (m) = 5.000000e-01
   z-coordinate: min (m) = -5.000000e-01, max (m) = 5.000000e-01
 Volume statistics:
   minimum volume (m3): 2.421965e-08
   maximum volume (m3): 1.561769e-05
     total volume (m3): 1.999779e+00
 Face area statistics:
   minimum face area (m2): 1.077131e-05
   maximum face area (m2): 1.640228e-03
 Checking mesh.....................................
Done.
```

图12-103　网格质量信息

步骤04 执行Mesh→Scale命令，打开如图 12-104 所示的Scale Mesh（缩放网格）面板，定义网格尺寸单位，在Mesh Was Created In中选择m，单击Scale按钮。

步骤05 执行Define→General命令，在如图 12-105 所示的General面板中，Time选择Steady。

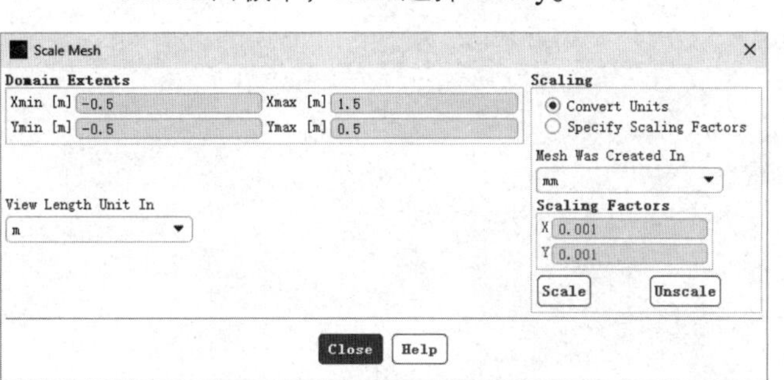

图12-104　缩放网格面板

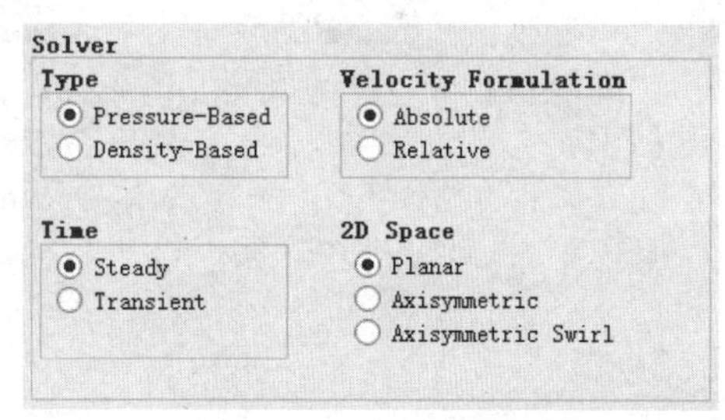

图12-105　General面板

步骤06 执行Define→Model→Viscous命令，弹出如图 12-106 所示的Viscous Model（湍流模型）面板，选择k-epsilon（2 eqn）模型。

步骤07 执行Define→Boundary Condition命令，定义边界条件，如图 12-107 所示。

- in: Type 选择 velocity-inlet（速度入口）边界条件，在 Velocity Magnitude（速度大小）中输入 20。
- out: Type 选择 pressure-outlet（压力出口）边界条件，将 Gauge Pressure 设置为 0。

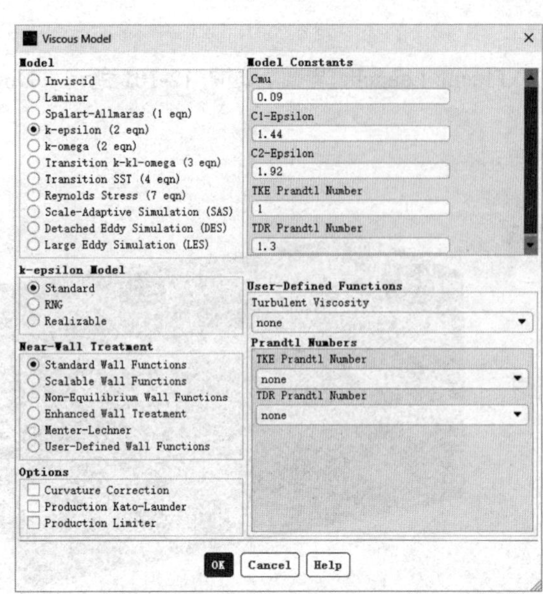

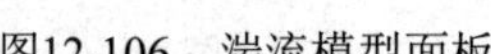

图12-106 湍流模型面板　　图12-107 边界条件面板

12.3.5 初始条件

执行Solve→Initialize命令，弹出Solution Initialization（设置初始值）面板，Compute from选择in，单击Initialize按钮进行计算初始化，如图12-108所示。

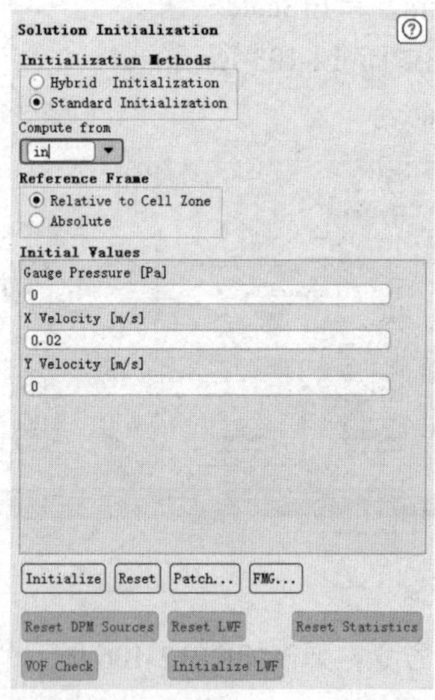

图12-108 设置初始值面板

12.3.6 计算求解

步骤01 执行Solution→Monitors→Residual命令，设置各个参数的收敛残差值为 1e-03，单击OK按钮确认，如图 12-109 所示。

步骤02 执行Solve→Run Calculation命令，迭代步数设置为 300，单击Calculate按钮开始计算，如图 12-110 所示。

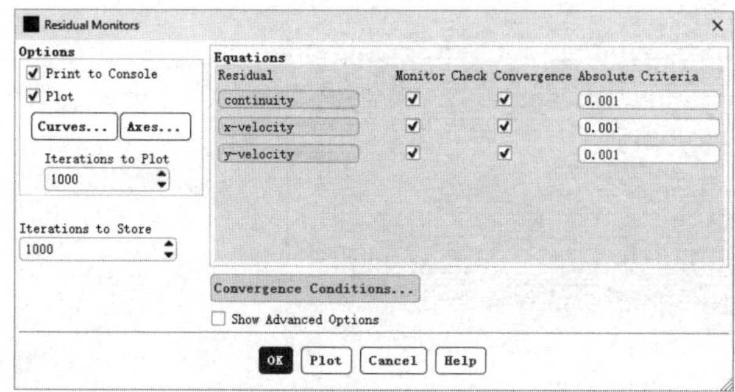

图12-109　残差设置

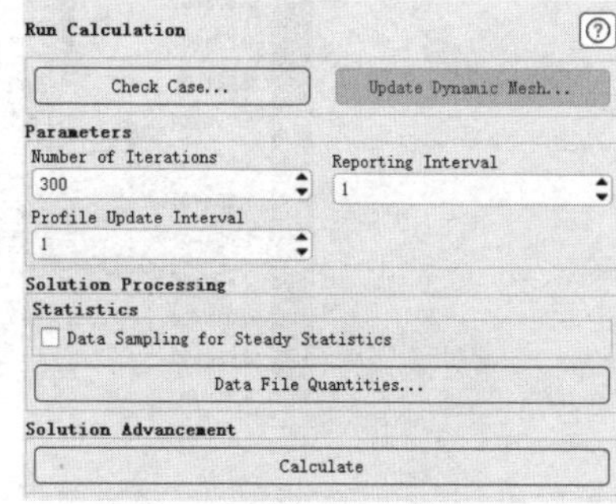

图12-110　计算设置

步骤03 求解开始后，收敛曲线窗口将显示残差收敛曲线的即时状态，直至所有残差值达到 1e-3，如图 12-111 所示。

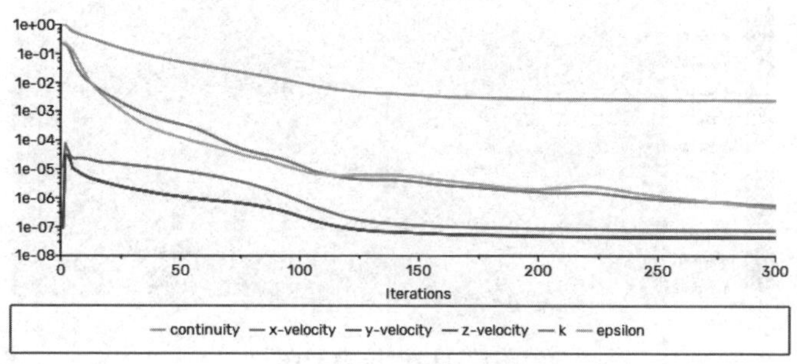

图12-111　求解文件窗口

12.3.7　结果后处理

步骤01 执行Surface→ISO Surface命令，设置生成Z=0m的平面，命名为z0。

步骤02 执行Display→Graphics and Animations→Contours命令，Contours of选择Velocity Magnitude，surfaces选择z0，单击Display按钮显示速度云图，如图 12-112 所示。

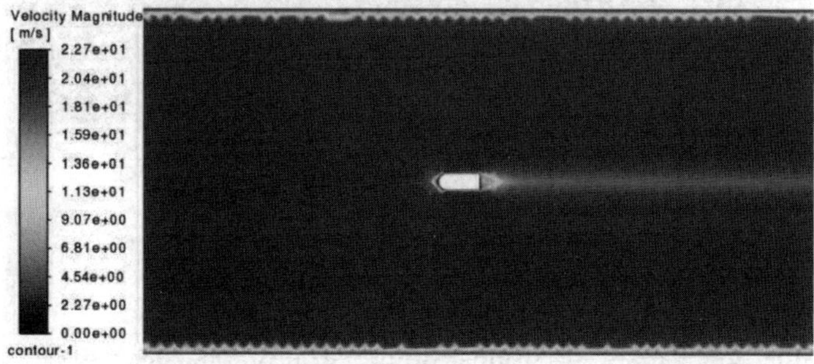

图12-112　速度云图

步骤 03 执行Display→Graphics and Animations→Vector命令，Contours of选择Velocity Magnitude，surfaces选择z0，单击Display按钮显示速度矢量图，如图 12-113 所示。

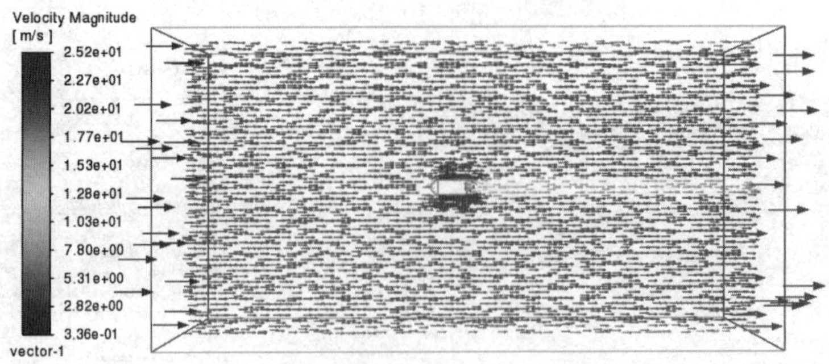

图12-113　速度矢量图

步骤 04 执行Display→Graphics and Animations→Contours命令，Contours of选择Pressure，surfaces选择z0，单击Display按钮显示压力云图，如图 12-114 所示。

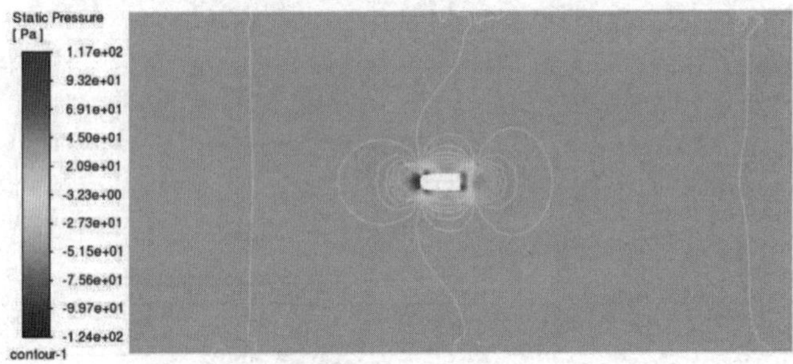

图12-114　压力云图

步骤 05 执行Display→Graphics and Animations→Contours命令，Contours of选择Turbulence Wall Yplus，surfaces选择z0，单击Display按钮显示壁面Yplus云图，如图 12-115 所示。

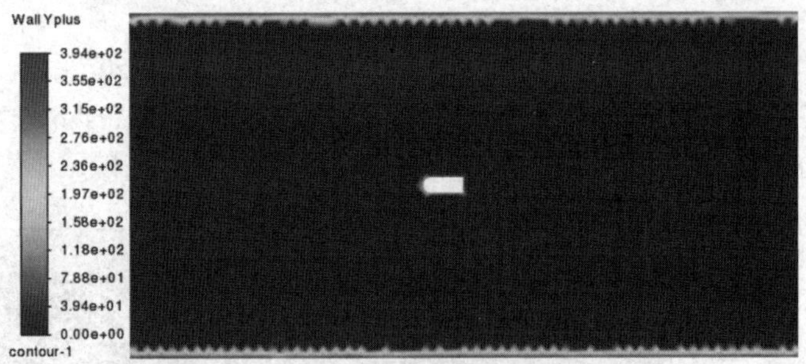

图12-115　壁面Yplus云图

12.3.8　保存与退出

步骤 01 执行主菜单的File→Quit命令，退出Fluent模块，返回Workbench主界面。此时主界面中的项目管理区中显示的分析项目均已完成。

步骤02 在Workbench主界面中，单击常用工具栏中的 （保存）按钮，保存包含分析结果的文件。

步骤03 执行主菜单的File→Exit命令，退出ANSYS Workbench主界面。

12.4 本章小结

本章通过实例介绍了ICEM CFD在Workbench中应用的工作流程。通过对本章内容的学习，读者可以掌握ICEM CFD在Workbench中的创建方法、网格划分方法以及不同软件间的数据共享与更新。

参 考 文 献

[1] 付德熏，马延文. 计算流体动力学[M]. 北京：高等教育出版社，2002.

[2] 陶文铨. 数值传热学[M]. 第2版. 西安：西安交通大学出版社，2001.

[3] 苏铭德. 计算流体力学基础[M]. 北京：清华大学出版社，1997.

[4] 章梓雄，董曾南. 粘性流体力学[M]. 北京：清华大学出版社，1998.

[5] 孙纪宁. ANSYS CFX对流传热数值模拟基础应用教程[M]. 北京：国防工业出版社，2010.

[6] J. D. Anderson，Computational Fluid Dynamics: The Basics with Applications. McGrawHill. 1995，北京：清华大学出版社，2002.